Blick zurück nach vorn. Zur Entwicklung der Geographiedidaktik in Deutschland seit 1969

Blick zurück nach vorn

Zur Entwicklung der Geographiedidaktik in Deutschland seit 1969

Anke Uhlenwinkel

Bibliografische Information der Deutschen Nationalbibliothek:
Die Deutsche Nationalbibliothek verzeichnet diese Publikation in der Deutschen Nationalbibliografie; detaillierte bibliografische Daten sind im Internet über http://dnb.dnb.de abrufbar.

Herstellung und Verlag: BoD – Books on Demand, Norderstedt

ISBN: 978-3-7562-1267-5

INHALTSVERZEICHNIS

0 VORWORT

Die hier vorgelegte Arbeit erzählt die Fachgeschichte der Geographiedidaktik
von ihren Anfängen in den 1960er und 70er Jahren bis zur Bologna-Reform. Sie
ist im Sinne von Gerhard Hard keine „gute Geschichte", denn sie läuft auf keinen zuvor bestimmten Endpunkt hinaus, sondern beschreibt die vielen verschiedenen Argumentationsstränge, die es immer schon gegeben hat und die miteinander einmal mehr, einmal weniger im Gespräch waren. Man könnte sie von
daher als vielperspektivisch und nicht zuletzt in vielen Teilen auch kontrovers
beschreiben – ein Merkmal für eine „schlechte Geschichte"?
Dem Text liegt meine 2006 eingereichte Habilitationsschrift zugrunde. Er wurde
leicht überarbeitet. Eine Reihe von Abbildungen wurden herausgenommen.
Dies betrifft insbesondere, aber nicht nur, die Fotos meiner Interviewpartner.
Die Publikation derartiger Fotos wäre unter heutigen Bedingungen nicht mehr
opportun. Zudem lassen sich von nahezu allen Personen Bilder im Netz finden.
Ebenfalls verzichtet wurde auf den Anhang, der Schulbuchseiten von Vertretern
verschiedener Ansätze zeigt. Sie hatten ursprünglich einen rein illustrativen
Charakter. Eine Analyse der Seiten hinsichtlich ihrer didaktischen Stärken und
Schwächen, die nach wie vor reizvoll wäre, hätte den Rahmen der Habilitationsschrift gesprengt. Sie vorzunehmen sollte einem eigenen Projekt vorbehal-
ten bleiben.

Dass dieser Text in einem großen zeitlichen Abstand zu seiner Entstehung veröffentlicht wird, verdankte sich zunächst der erzählten Geschichte, deren damalige Rezeption auf unerwarteten Unwillen stieß, der seinerseits als eine Vor-
stufe der heute sogenannten „cancel culture" betrachtet werden kann. Später
kamen biographische Faktoren hinzu, die für von „cancel culture" Betroffene
nicht untypisch sind. Inzwischen aber ist Zeit und Ruhe, das Projekt zu seinem
gebührlichen Abschluss zu bringen.

Verbunden damit ist die Hoffnung, dass die sich inzwischen deutlicher abzeichnenden Folgen der Schulreformen nach PISA und der Bologna-Reform an den

Universitäten für die Geographiedidaktik auf dem Hintergrund dieser Geschichte besser abgeschätzt werden können.

Ich danke meinen damaligen Gutachtern Wolfgang Schramke, Hans-Dietrich Schultz und Jürgen Lethmate für ihre Kommentare und Hinweise. Ich danke insbesondere Hans-Dietrich Schultz, dem es nicht gelungen war, mich von der Universität Bremen an die HU Berlin abzuwerben, dass er mich trotzdem bis heute durch alle Höhen und Tiefen mit Rat und Tat begleitet hat. Und ich danke ihm und Gerhard Hard dafür, dass sie hartnäckig darauf bestanden hat, dieses Buch doch noch zu veröffentlichen. Zudem danke ich den vielen hier nicht explizit genannten „Gefährten überall im Land" (Taylor) und darüber hinaus. Und ich danke, um es in Heike Egners Worten zu sagen, „dem Leben, das einigen Schurken erlaubt hat, meinen eingeschlagenen Weg abrupt zu beenden".

1 EINE JUNGE DISZIPLIN AUF DEM WEG INS ERWACHSENENALTER

Mit der Bildungsreform der 60er und 70er Jahre haben die Erziehungswissenschaften an den Universitäten in vielen europäischen Ländern einen enormen Aufschwung erfahren (Hofstetter, Schneuwly 2000, S. 9): an zahlreichen Orten wurden neue Lehrstühle errichtet und die institutionellen Rahmenbindungen für die Entwicklung dieser Wissenschaft geschaffen. In Deutschland wurden gleichzeitig auch die Fachdidaktiken eingerichtet (Merzyn 2002, S. 94). Sie standen im Prinzip vor derselben Aufgabe wie die Erziehungswissenschaften: Sie mussten sich im Umfeld der bereits existierenden Wissenschaften etablieren, d. h. sie mussten ihren Forschungsgegenstand bestimmen (Hofstetter, Scheuwly 2000, S. 4), „große", die Disziplin übergreifende Fragestellungen entwickeln (ebd., S. 9), Konzepte und theoretische Modelle erstellen (ebd., S. 4), Regeln für die wissenschaftliche Arbeit definieren (ebd., S. 4) und die Ausbildung des Nachwuchses organisieren (ebd., S. 4f). Wie die Erziehungswissenschaften mussten sich die Fachdidaktiken dabei in zwei Spannungsfeldern bewegen, die die Disziplinen zugleich beleben und in Frage stellen konnten (ebd., S. 5). Das erste Spannungsfeld ergibt sich aus dem Verhältnis zu den anderen, bereits etablierten Wissenschaften (Merzyn 2002, S. 94f). Für die Erziehungswissenschaften sind das vor allem die „Mutterwissenschaften" Philosophie, Psychologie und Soziologe (ebd., S. 6). Für die Fachdidaktiken sind es in den meisten Fällen zunächst, und vielleicht auch nur scheinbar, die jeweiligen Fachwissenschaften – scheinbar, weil es durchaus gute Gründe dafür gibt, die Fachdidaktik als eine Erziehungswissenschaft anzusehen (vgl. Köck 1990; Jank, Meyer 2002, S. 29f; Merzyn 2002, S. 103f; Schramke, Uhlenwinkel 2002, S. 200f). Das zweite Spannungsfeld ergibt sich aus dem Verhältnis von theoriegeleiteter Forschung und praktischer Anwendung, sei es im Rahmen des Schulunterrichts oder der Bildungspolitik (Hofstetter, Schneuwly 2000, S. 6). Diese Problematik findet sich nicht nur in den Erziehungswissenschaften und den Fachdidaktiken, sie ist im Prinzip für alle Fächer kennzeichnend, besonders aber für jene, die einen direkten Bezug auf ein Berufsfeld aufweisen (ebd., S. 7). Für die Geographiedidaktik kann sich dieses Spannungsfeld allerdings als zweifach problematisch erweisen, hat sich doch bereits ihre Mutterwissenschaft „in einem bestimmten Verhältnis zum Staat institutionalisiert" (Lévy 2005, S. 135), in dem sie „die Aufgabe übernommen [hat], das staatliche Territorium zu naturalisieren und so insbesondere in der Schule an der Schaffung eines staatlichen Gemeinschaftssinnes mitzuwirken" (ebd., S. 135).

Wie haben die jungen Disziplinen ihre Etablierung gemeistert? Für die Erziehungswissenschaften in verschiedenen europäischen Ländern kommen Hofstetter und Schneuwly (2000) in einer Synopse zu ernüchternden Ergebnissen:

- Es gibt kaum übergreifende Fragestellungen. Die Forschung ist fragmentiert, wobei die einzelnen Projekte oft sehr klein sind (ebd., S. 9).
- Die Forschung zeigt kaum eigenständige Theoriebildung und führt kaum zu einem verbesserten Gesamtverständnis (ebd., S. 10).
- Die Qualität der Forschung entspricht nicht den Standards der Sozialwissenschaften (ebd., S. 10).
- Die finanziellen Ressourcen sind gering (ebd., S. 10).
- Internationale Kontakte sind selten (ebd., S 10).
- Die interne Nachwuchsförderung ist begrenzt (S. 10 – vgl. Merzyn 2002, S. 95).
- Der Konflikt zwischen praktischer Anwendung und Theoriebildung führt eher zu Lagerbildungen als zu konstruktiven Weiterentwicklungen (Hofstetter, Schneuwly 2000, S. 10).

Diese Ergebnisse sind ernüchternd. Sie sollten aber mehr zum Nachdenken anregen als beunruhigen. Geht man davon aus, dass auch „epistemologische[.] Wendepunkte" (Lévy 2005, S. 134) in den etablierten Wissenschaften wie etwa der „'linguistic turn' – also das Bewußtwerden der zentralen Bedeutung von Sprache für das menschliche Handeln" (ebd., S. 134) - oft mehrere Jahrzehnte brauchen, um sich allgemein durchzusetzen, dann ist die dreißig- bis vierzigjährige Disziplingeschichte der Erziehungswissenschaften und Fachdidaktiken vergleichsweise kurz. Im Grunde genommen umfasst diese Zeit gerade eine, bestenfalls anderthalb Forschergenerationen. Da Disziplingeschichte immer von Menschen gemacht wird, ist es diese eine, erste Generation, die auch in der Geographiedidaktik für den Stand der strukturellen Etablierung des Faches verantwortlich ist.

In der Community der deutschen Geographiedidaktiker waren zu Beginn des 21. Jahrhunderts 51 Professoren aktiv, d. h. im Dienst (Schramke, Uhlenwinkel 2002, S. 193). Für 38 von ihnen stand im Laufe von weniger als 10 Jahren die Pensionierung an (ebd., S. 191). Sie stellten die jüngere Gruppe der ersten Generation von Geographiedidaktikern, die die Reformen der 70er Jahre persönlich miterlebt haben, sei es als engagierte Mitarbeiter oder als distanzierte Beobachter. Die Väter dieser Reformen waren um das Jahr 2000 bereits im Ruhestand, obwohl der Altersunterschied zwischen ihnen und den Jüngeren oft nur wenige Jahre betrug.

Diese erste Generation von Geographiedidaktikern, die mit ihren Ideen, ihren Leistungen und ihren Versäumnissen im Mittelpunkt dieser Arbeit steht, war aber nicht nur verantwortlich für die Ausgestaltung der strukturellen Rahmenbedingungen des jungen Faches. Ihre Aufgabe musste – zumindest implizit – auch darin bestehen, ein „Regelwerk der Bedeutungen und Symbole" (Helbrecht 2003, S. 149) zu schaffen, mit dessen Hilfe die Identität des Faches nach innen und außen dargestellt und gefestigt werden konnte. Mittel der kollektiven Identitätsbildung sind sowohl das kommunikative als auch das kulturelle Gedächtnis (Erll 2005, S. 27). Das kommunikative Gedächtnis entsteht „durch Alltagsinteraktionen [und] hat die Geschichtserfahrungen der Zeitgenossen zum Inhalt" (ebd., S. 28). Im Rahmen der Fachdidaktik entwickelt sich das kommunikative Gedächtnis bei Tagungen, Verbandssitzungen, auf Exkursionen oder am Telefon, also überall dort, wo Fachdidaktiker aufeinandertreffen und sich „Geschichten erzählen". Diese Geschichten müssen „keineswegs vollständig, konsistent und linear sein – sie bestehen im Gegenteil häufig aus ziemlich widersprüchlichen Fragmenten" (Welzer 2005, S. 165f), die es den einzelnen

Mitgliedern der Kommunikationsgemeinschaft erlauben, „konstruktive Verknüpfungen her[zu]stellen, die mit den tatsächlichen Ereignissen nichts oder nur wenig zu tun haben" (ebd., S. 31). Obwohl sich so jeder seine eigene Geschichte bastelt, erlaubt es die häufige Wiederholung der Erinnerung allen Kommunikationspartnern, „von der Fiktion ausgehen, sie würden über dasselbe sprechen und sich an dasselbe erinnern" (ebd., S. 165). Unter der Hand aber entsteht eine „kunstvolle Montage, zu der im Lauf der Jahre immer etwas hinzugefügt und aus der etwas anderes entfernt wird" (ebd., S. 166). Die Bedeutungszuschreibungen des kommunikativen Gedächtnisses sind somit im höchsten Grade veränderlich (Erll 2005, S. 28), sie spiegeln immer nur das wieder, was im Moment des Erinnerns als relevant angesehen wird. Im Gegensatz zum kommunikativen Gedächtnis handelt es sich beim kulturellen Gedächtnis „um eine an feste Objektivationen gebundene, hochgradig gestiftete und zeremonialisierte [...] Erinnerung" (ebd., S. 28), die „einen festen Bestand an Inhalten und Sinnstiftungen" (ebd., S. 28) transportiert. Im Rahmen der Fachdidaktik, die kaum über Denkmäler (ebd., S. 23) oder institutionalisierte Feste (ebd., S.28) verfügt, artikuliert sich das kulturelle Gedächtnis vor allem in Rückblicken, Festreden, Memoranden und Lehrplanempfehlungen. Wie das kommunikative Gedächtnis ist auch das kulturelle Gedächtnis „ein retrospektives Konstrukt" (ebd., S. 28), das sich allerdings durch eine größere „Geformtheit" (ebd., S. 28), „Organisiertheit" (ebd., S. 29) und „Verbindlichkeit" (ebd., S. 29) auszeichnet.

Sowohl das kommunikative als auch das kulturelle Gedächtnis der Geographiedidaktik wird vor allem von jenen Vertretern der Geographiedidaktik geformt, die über das Umfeld der eigenen Universität hinaus über das zu verfügen scheinen, was Kotre „Generativität" nennt (Kotre 2004). Er versteht darunter das „Bedürfnis, die eigene Substanz in Formen von Leben und Werk einzubringen, die das Selbst überleben" (ebd., S. 22). Generativität ist weder mit Kreativität (ebd., S. 35) noch mit Verantwortlichkeit (ebd., S. 36) gleichzusetzen, denn sie bezieht sich nicht nur auf Fertigkeiten und Überzeugungen, die weitergegeben werden sollen, sondern auch auf diejenigen - meist jüngeren - Menschen, die diese Fertigkeiten und Überzeugungen in ihr eigenes Tun integrieren sollen (ebd., S. 26). Der Anteil von Menschen, die über eine solche Generativität verfügen, liegt nach amerikanischen Untersuchungen bei Männern im Alter von 47 Jahren zwischen 31 (Arbeiter) und 41 (Harvard-Absolventen) Prozent (ebd., S. 40), bei Harvard-Absolventen im Alter von 60 Jahren sogar bei 83 Prozent (ebd., S. 40).

Die generativen Vertreter der ersten Geographiedidaktiker-Generation haben, besonders dann, wenn sie die Bühne verlassen, mit einem Problem zu tun, das per Definition in ihrem Weg angelegt ist: sie müssen loslassen lernen (ebd., S. 186) und mit den Resultaten ihrer Bemühungen umgehen können, auch und gerade dann, wenn die junge Generation ihre Ideen und Vorstellungen auf eine ganz eigene Art weiterentwickelt (ebd., S. 206). An dieser Stelle wird die Beschäftigung mit der jüngeren Geschichte des Faches zukunftsrelevant, denn die jüngere Generation, die im ersten Jahrzehnt des 21. Jahrhunderts auf die Professorenstellen nachrückt, muss sich „im Kontext von *Deutungen* und *Gegendeutungen* selbst einen Weg zwischen Vergangenheit, Gegenwart und Zukunft (...) suchen, um eine *eigene* professionelle Identität zu entwickeln" (Schultz 2004a, S. 186 – Herv. i. O.) und womöglich selbst einen generativen Weg einzuschlagen. Dazu ist es kaum hilfreich, die „'wahre' und einzig ‚richtige' Geschichte" (ebd., S. 186) der Geographiedidaktik zu erzählen, an deren „Ende die gegenwärtigen Fachdidaktiker stehen" (ebd., S. 186). Vielmehr muss es darum gehen, die unterschiedlichen Interessen und Interpretationen der einzelnen Fachvertreter aufzuzeigen und Spielräume deutlich zu machen (ebd., S. 186). Diese Freiräume zu erkennen und für die eigene Entwicklung zu nutzen, ist die Aufgabe der Jüngeren.

Jahr	Alter von ...			Ereignisse
	Haubrich	Lethmate	M. Hemmer	
1932				Gründung Saudi-Arabiens Entdeckung des Neutrons
1933	1			Machtübernahme Hitlers Erste öffentliche Buchverbrennung
1934	2			Der „Lange Marsch" der Roten Armee
1935	3			Rassentrennung an Schulen Verbot von „Niggerjazz"
1936	4			Gesetz über die Hitlerjugend Golden Gate Bridge eröffnet
1937	5			Nylon patentiert
1938	6			Otto Hahn gelingt die Kernspaltung
1939	7			Beginn des Zweiten Weltkriegs
1940	8			Höhlen von Lascaux entdeckt
1941	9			Konstruktion der ersten funktionstüchtigen programmierten Rechenmaschine
1942	10			Farbfilme für das Kino
1943	11			„Das Sein und das Nichts" von J.-P. Sartre
1944	12			Bretton Woods (IWF, Weltbank)
1945	13			Kapitulation USA werfen die erste Atombombe auf Hiroshima ab
1946	14			Nazi werden wegen „Verbrechen gegen die Menschlichkeit" angeklagt
1947	15			Unabhängigkeit Indiens Bau des ersten Transistors
1948	16	1		Allgemeine Erklärung der Menschenrechte
1949	17	2		Gründung der BRD
1950	18	3		2 Mio. Arbeitslose (> 13%) Beginn des Koreakriegs
1951	19	4		Erstes AKW liefert Strom
1952	20	5		Erste Tagesschau; 800 Haushalte besitzen einen Fernseher
1953	21	6		Neue Produktionstechnik für Kunststoffe Hillary und ein Sherpa erreichen als erste den Gipfel des Mount Everest

16

1954	22	7		Erster Industrieroboter
1955	23	8		Gastarbeiterabkommen mit Italien 1. Linienflug der Deutschen Lufthansa nach dem 2. Weltkrieg[1] Gründung der Condor Ferienfluggesellschaft
1956	24	9		„Look Back In Anger" von John Osborne wird in London uraufgeführt
1957	25	10		Sputnik-Schock EWG gegründet Atomunfall in Windscale
1958	26	11		1,2 Millionen Fernsehgeräte
1959	27	12		Antarktis-Abkommen
1960	28	13		Brasilia eingeweiht
1961	29	14		Mauerbau
1962	30	15		Unabhängigkeit Algeriens Kubakrise Reiseunternehmen der Neckermann Versand KG wird gegründet Erste Single der Beatles: „Love Me Do"
1963	31	16	1	Start: Fussball-Bundesliga „I have a dream..." Martin Luther King Kennedy ermordet
1964	32	17	2	1-millionster Gastarbeiter Krieg in Vietnam eskaliert
1965	33	18	3	Arbeitslosenrate 0,7%
1966	34	19	4	Indira Gandhi wird indische Premierministerin Erste Condor-Langstrecken-flüge nach Thailand, Ceylon, Kenia und in die Dominikanische Republik
1967	35	20	5	Farbfernsehen startet Student wird von Polizei erschossen (Berlin)
1968	36	21	6	Studentenunruhen in Paris
1969	37	22	7	Erste Mondlandung
1970	38	23	8	Bau des ersten Jumbo-Jets (Boing 747) Assuan-Staudamm fertiggestellt
1971	39	24	9	Erster Mikroprozessor Einführung des Bafög
1972	40	25	10	„Radikalenerlass"
1973	41	26	11	Ölkrise „Lucy" gefunden
1974	42	27	12	Terrakotta-Armee in der Nähe von Xi'an entdeckt

---

1 In diesem ersten Jahr beförderte die Deutsche Lufthansa 74.000 Passagiere – so viele wie 2005 an einem durchschnittlichen Vormittag (ZDF 2005).

				Militärputsch beendet Diktatur in Portugal
1975	43	28	13	Erster PC
1976	44	29	14	Protest gegen Atomkraftwerk in Brokdorf Chemieunfall in Soveso
1977	45	30	15	1 Mio. Arbeitslose
1978	46	31	16	Erstes Retortenbaby in Großbritannien geboren
1979	47	32	17	Margaret Thatcher gewählt Nato-Doppelbeschluss
1980	48	33	18	Ronald Reagan gewählt Freie Republik Wendland geräumt
1981	49	34	19	MTV geht auf Sendung Griechenland tritt EG bei
1982	50	35	20	Kohl gewählt Friedensdemonstrationen
1983	51	36	21	Grüne erstmals im Bundestag
1984	52	37	22	AIDS-Virus entdeckt „Terminator I" im Kino
1985	53	38	23	Erster Smogalarm Stufe III
1986	54	39	24	Atomunfall in Tschernobyl Spanien und Portugal treten EG bei
1987	55	40	25	Doppel-Null-Lösung („Abrüstung") Erstes Guns'n'Roses Album „Appetite for Destruction" erscheint
1988	56	41	26	Rücktritt Reagans
1989	57	42	27	Fall der Mauer
1990	58	43	28	Rücktritt Thatchers World Wide Web entwickelt
1991	59	44	29	Mumie eines Steinzeitmenschen („Ötzi") in den Alpen gefunden
1992	60	45	30	Umweltgipfel in Rio Rassenunruhen in Los Angeles Europäischer Binnenmarkt tritt in Kraft
1993	61	46	31	Brandanschlag in Solingen Huntington publiziert seine These vom „Clash of Civilizations"
1994	62	47	32	Letztes von 6 Quarks nachgewiesen Eurotunnel fertiggestellt
1995	63	48	33	Giftanschlag in der U-Bahn von Tokio
1996	64	49	34	Kofi Annan wird der erste schwarze Generalsekretär der UNO „Neckermann Polska" wird gegründet; damit werden die Geschäfte auf Osteuropa ausgeweitet
1997	65	50	35	„Pathfinder" auf Mars

1998	66	51	36	Ende der Ära Kohl
1999	67	52	37	Vollständig erhaltenes Mammut gefunden
2000	68	53	38	„Einstieg in den Ausstieg" der Atomenergie
2001	69	54	39	Euro-Einführung Anschlag auf das World Trade Center in New York
2002	70	55	40	Weltkindergipfel in New York
2003	71	56	41	SARS-Krise in Asien (SARS = Severe Acute Respiratory Syndrome) In Mexiko läuft der letzte VW-Käfer vom Band Arnold Schwarzenegger wird Gouverneur von Kalifornien
2004	72	57	42	EU-Erweiterung nach Osten Terroranschlag auf Madrider Bahnhöfe Olympische Sommerspiele in Athen

Tab. 1: Einige gesellschaftliche Eckpunkte in der Geschichtlichkeit dreier Geographiedidaktiker[2]

(Quellen: Geburtsjahre aus: Dittmann, 2001; historische Ereignisse ausgewählt aus: Die interaktive Jahrhundert-Chronik, 2001, ergänzt durch: Baratta 2002, Sp. 847 und Sp. 1040; 2003, Sp. 1084 und 1117; 2004, S. 10, 13, 18 und 178; Ehlers 1996, S. 338; Know-Library 2005; ZDF 2005)

Beide – sowohl die ältere als auch die jüngere Generation – müssen sich bei dem Prozess der Weitergabe und Weiterentwicklung von Ideen der eigenen Geschichtlichkeit (Hentig 1996, S. 85) oder Historizität (Mayring 2002, S. 34) bewusst sein. In der Geschichtlichkeit des eigenen Seins sieht von Hentig „eine gern verdrängte Realität" (ebd. S. 92), die sich weder durch ein ausgeprägtes „Geschichtsbewusstsein" (ebd., S. 92) noch durch „Geschichtswissen" (ebd., S. 92) erhellen lasse. Vielmehr bezeichnet er mit Geschichtlichkeit „die

---

2 Gut 70 Lebensjahre auf einige „repräsentative Eckdaten" zu reduzieren, kommt einer Quadratur des Kreises gleich. Selbst Günter Grass (1995) kann rund 150 Jahre deutscher Geschichte nicht in weniger als 37 Geschichten verdichten; es ist eben ein „weites Feld". Und der Fischer Weltalmanach nennt in seiner Jahreschronik für den Zeitraum von Juli 2004 bis Juni 2005 allein 122 Ereignisse (Baratta 2005, S. 10-21). Deswegen habe ich hier „auf den Anspruch intendierter Vollständigkeit" (Brieske, Fieberg 2006, S. 46) verzichtet und eine Auswahl getroffen, die vielleicht gerade aufgrund des Fehlens von erwarteten Ereignissen zum Nachdenken anregt (ebd., S. 46). Ausgewählt wurden sowohl Ereignisse, die zu Veränderungen des Alltags, aber auch der fachlichen – geographischen wie pädagogischen - Sichtweisen führen konnten, als auch Ereignisse, die selbst von allgemein interessierten Erwachsenen oft kaum wahrgenommen werden, obwohl ihnen in bestimmten Wissenschaften eine große Bedeutung zukommt. Daneben finden sich einige, aber nicht zu viele politische Eckdaten, die die Einordnung erleichtern sollen.

19

Schwierigkeit, Identität im Wandel zu erkennen und die Chance für Veränderung und Vielfalt in der Geltung von bleibenden Gesetzen" (ebd., S. 92f). Ein Bewusstsein der eigenen Geschichtlichkeit beinhaltet für ihn sowohl die bewusste Reflexion des eigenen Lebenskontextes (ebd., S. 86) als auch ein „Bewusstsein von epochalen Veränderungen in der Welt durch Fernsehen und Computer, Gentechnik und Atomenergie" (ebd., S. 94). Schon bei einer überaus oberflächlichen Betrachtung der Geschichtlichkeit von Geographiedidaktikern als Geschichtlichkeit verschiedener Generationen zeigen sich deutliche Schwierigkeiten für Verständigungsprozesse zwischen Positionen, „die keine einfache Kausalität [haben], sich auch nicht aus mehreren Kausalitäten zusammensetzen [lassen]" (ebd., S. 87), sondern in den jeweiligen Lebensgeschichten gewachsen sind (ebd., S. 87). Hartwig Haubrich, dessen Kindheit in die Jahre des Nationalsozialismus fällt, vermutet in seinen Erinnerungen, dass diese Zeit „für die heutige Generation ein Leben auf einem anderen Stern" (Haubrich 2004) bedeute. Trotz der unfraglich düsteren *deutschen* Geschichte fallen in diese Jahre aber auch Entdeckungen, Erfindungen und Hervorbringungen, die bis heute Menschen *weltweit* faszinieren oder für sie nützlich sind, sei es nun der Bau der Golden Gate Bridge, die Entdeckung der Höhlen von Lascaux oder die Entwicklung des Farbfilms. Alle diese Dinge gehörten für die nachfolgende Generation bereits zur unhinterfragten Umgebung. Diese erste Nachkriegsgeneration erlebte in ihrer Jugend die Verbreitung des Massenmedium Fernsehens, das für die darauffolgende Generation genauso zum alltäglichen Umfeld gehörte wie die Gastarbeiter, die inzwischen nach Deutschland gekommen sind. Jede Generation ist somit in je eigene gesellschaftspolitische Umstände eingebunden, erlebt die gleichen gesellschaftspolitischen Umstände in einem anderen Lebensalter. Jeder einzelne Vertreter der verschiedenen Generationen wiederum erlebt diese Bedingungen aufgrund unterschiedlicher Lebensumstände und Erfahrungen anders und in der Regel „völlig einmalig" (ebd., S. 87).

Die Identität eines Faches wird von der Geschichtlichkeit und Generativität seiner Vertreter geprägt. Um es den nachwachsenden Geographiedidaktikern

möglich zu machen, ihren jeweiligen Standort zu definieren, bedarf es aber auch einer komplexen Geschichte, die über das derzeitige Funktionsgedächtnis des Faches hinausgeht, das „als formatives Selbstbild das Leben bestimmt und dem Handeln Orientierung gibt" (Assmann 1999, S. 134f). Natürlich ist auch eine komplexe Geschichte das Konstrukt des jeweiligen Autors, denn die „historischen Zusammenhänge werden nicht *ge*funden, sonders *er*funden, sie liegen nicht schon vor, sondern sie entstehen erst in der Werkstatt des Historikers" (Schultz 2004a, S. 182 – Herv. i. O.). Dieses Konstrukt ist allerdings bereits die Beobachtung der Beobachtung, ein „Gedächtnis zweiter Ordnung, ein Gedächtnis des Gedächtnisses, das in sich aufnimmt, was seinen vitalen Bezug zur Gegenwart verloren hat" (Assmann 1999, S. 134). Ob die komplexen Geschichten am Ende gut sind oder nicht, das hängt zwar auch davon ab, ob sie ihrem Gegenstand gerecht werden (ebd., S. 183), vor allem aber geht es darum, Geschichten zu erzählen, die „in sich kohärent und widerspruchsfrei sind, ein Lektürevergnügen bieten und eine *fruchtbare* (nicht etwa wahre) Perspektive auf die Vergangenheit eröffnen" (ebd., S. 182f – Herv. i. O.).
In dieser Arbeit soll der Versuch unternommen werden, eine solche komplexere Geschichte zu erzählen. Bevor ich das tue, möchte ich allerdings zunächst kurz betrachten, welche Geschichten das kulturelle Gedächtnis des Faches bisher bereithält – und welche eher nicht.

2 GUTE GESCHICHTEN, SCHLECHTE GESCHICHTEN UND EINE KOMPLEXE GESCHICHTE

Als 1978 auf einer Tagung in Münster eine erste Bilanz zu den Reformen seit dem Kieler Geographentag 1969 gewagt werden sollte, wies Hard (1979) mit Blick auf die Fachwissenschaft darauf hin, dass Geographen, besonders dann, wenn sie „sich zur Methodologie und Geschichte ihrer Disziplin äußern" (Hard 1979, S. 14), dazu neigten, „gute Geschichten zu erzählen". Unter einer „guten Geschichte" verstand er dabei unter Bezug auf Schreier eine Geschichte, „die die anerkannten Werte bestätigt und die herrschende Ordnung als die beste erscheinen lässt" (Schreier 1978, S. 90f; zit. n. Hard 1979, S. 14). Dabei könne es vorkommen, dass zur gleichen Zeit auffallend unterschiedliche „gute Geschichten" erzählt werden, die „keineswegs konsistent zu sein brauchen" (Hard 1979, S. 14), denn ein Autor, der sich um die „gute Geschichte" der Geographie bemühe, schreibe zunächst einmal auf, „was sie für ihn bedeuten soll" (ebd., S. 14). Besonders bei Autoren, die die Geschichte des Faches selbst eine Zeitlang mit*gemacht* haben, also generativ tätig waren, werde aus der Fachgeschichte sehr schnell eine autobiographische Geschichte – und solch eine Geschichte unterliegt „im hohen Grade der ‚retrospektiven Fälschung'" (Bartels, Hard 1975, S. 3), denn sie ist immer geprägt vom „eigentlichen Interesse des Gedächtnisses: das Selbst mit Sinn zu versorgen" (Kotre 1998, S. 110). In der Geographiedidaktik wurden solche „guten Geschichten" in Form von „Bilanzen" schon Mitte bis Ende der 70er Jahre publiziert (Schultze 1979a, S. 2; 1979b, S. 69; vgl. dazu auch Schramke 1981a, S. 186). Sie haben allesamt daran gearbeitet, dem damaligen Stand der Geographiedidaktik aus der Perspektive des jeweiligen Autors heraus „Legitimation, Identität, Sinn und Logik" (Hard 1979, S. 15) zu verleihen und damit das Fundament für die jeweils gewünschte weitere Entwicklung zu legen.

2.1 GUTE GESCHICHTEN

Schramke vermutete schon zu Beginn der 80er Jahre, dass die „guten Geschichten" der Geographiedidaktik aus „zwei deutlich verschiedenen Interessenlagen heraus und von Mitgliedern wenigstens zweier Fach-‚Fraktionen' vorgelegt" (Schramke 1981a, S. 186) worden seien. Das Motiv der einen, eher länderkundlich orientierten Fraktion sei dabei gewesen, die für das Fach als schädlich angesehene Reformphase für abgeschlossen zu erklären, um „in eine neue, ‚ordentlichere', ‚gemäßigtere' oder konservativere Epoche der Geographiedidaktik aufbrechen zu können" (ebd., S. 187). Die andere Fraktion, in der sich viele aktive Reformer befanden, habe dagegen das Interesse gehabt, dass „gesichtet und gesichert werden (solle), was eigentlich die Reform des

Geographieunterrichts sollte, was sie erreichte und welche Reform-Essentials es zu verteidigen" (ebd., S. 186) gelte. Ihnen sei es bei der Formulierung ihrer Texte auch darum gegangen, „den Gruppenzusammenhang in der Reform-Gemeinde angesichts einer deutlichen Abkühlung des ‚Reform-Klimas' zu stärken" (ebd., S. 187). Wenn in den nächsten Kapiteln nicht nur zwei, sondern drei „gute Geschichten" vorgestellt werden, dann deshalb, weil die Lage im Nachhinein doch nicht so einfach zu sein scheint: Neben der Diskussionslinie „Allgemeine Geographie statt Länderkunde" gab es mindestens noch den Ansatz der Lernzielorientierung, der sich nicht eindeutig einer der beiden Richtungen zuordnen lässt. Darüber hinaus spiegelte sich zumindest in einer der hier vorgestellten Geschichten auch noch ein *institutioneller* Machtkampf (vgl. Kap. 2.1.3), der sowohl in der Auseinandersetzung um die *Inhalte* als auch in der Diskussion um die *didaktischen* Ansätze ausgefochten wurde. Die Reform-Gemeinde war alles andere als ein geschlossenes Lager, sondern sie war zersplittert in einzelne Fraktionen, die alle versucht haben, ihre jeweiligen Bemühungen als die einzig „folge-richtige Ordnung" (Schramke 1981a, S. 186) darzustellen. Dabei haben sie ihre Geschichten zwar aus zum Teil sehr ähnlichen Versatzstücken zusammengesetzt, deren Wirkungen aber unterschiedlich gedeutet. Wieso im Endeffekt doch auffallend unterschiedliche Erzählungen entstehen, soll an den „guten Geschichten" von Gerlach (1977), Schultze (1979a; 1979b) und Hoffmann (1978) gezeigt werden.

2.1.1 GERLACHS „RÜCKBLICK AUF DIE ENTWICKLUNG DER FACHDIDAKTIK"

Die Bilanz von Gerlach (1977), damals Professor an der Pädagogischen Hochschule Ludwigsburg, gehört zu den ersten Rückblicken, die Ende der 70er Jahre veröffentlicht wurden. Interessant daran ist, dass Gerlach weder in der Reformphase noch danach durch allzu große aktive Mitarbeit an der geographiedidaktischen Entwicklung aufgefallen ist: In der Bibliographie von Schramke (1983) und in der Datenbank Schulpraxis 2001 (Landesinstitut für Schule und

Weiterbildung, 2001) findet sich nur ein weiterer geographiedidaktischer Beitrag von ihm: „Der Bauboom im Oberengadin" (Gerlach 1980), in dem „die Auswertungssendung[3] einer Geographiestunde mit Schulfunkeinsatz (...) wörtlich abgedruckt" ist (Landesinstitut für Schule und Weiterbildung 2001) und der „ohne Literaturangaben" auskommt (Schramke 1983, S. 309). Auch in der Liste der Mitarbeiter am RCFP (Fürstenberg 1980, S. 14f) lässt sich der Autor nicht finden. Gerlach selbst zitiert in seinem Rückblick lediglich einen weiteren eigenen Aufsatz: „Die Großstadt als Thema eines fächerübergreifenden Erdkundeunterrichts" von 1967 (Gerlach 1977, S. 38). Welche gute „gute Geschichte" konnte solch ein „stiller Beobachter" über die Reform erzählen?

Für Gerlach begann die Reform bereits an der „Wende von den fünfziger zu den sechziger Jahren" (Gerlach 1977, S. 35). Ausgangspunkt: das Problem der Stofffülle, das auch im Erdkundeunterricht unübersehbar geworden sei. Die Fachdidaktik habe mit „bisweilen äußerst konträren Positionen" (ebd., S. 34) auf das Problem reagiert. Diese Positionen ließen sich grob zwei Grundansätzen zuordnen: Dem der geisteswissenschaftlichen Pädagogik und dem der „Öffnung gegenüber den empirischen Sozialwissenschaften" (ebd., S. 36). Die geisteswissenschaftliche Pädagogik zeichne sich vor allem dadurch aus, dass sie „ihre Bildungsgüter vor dem Hintergrund verbindlicher anthropologischer Leitbilder auswählte" (ebd., S. 36)[4], während die stärker an den

---

3 „Die Auswertungssendung beschreibt die Vorplanungen und die Integration der Schulfunksendung in die Geographiestunde, von der möglichst praxisnah berichtet wird. Dies wird durch Einblendung von Tonbandaufnahmen aus dem Unterricht erreicht. Lehrer und Studenten sollen so Anregungen zur eigenen Unterrichtsgestaltung erhalten; Eltern bekommen Einblick in die Gestaltung des modernen Geographieunterrichts" (Landesinstitut für Schule und Weiterbildung 2003).

4 Diese Aussage Gerlachs ist nur im Hinblick auf die damit mögliche Abgrenzung gegen die „empirischen Sozialwissenschaften" (Gerlach 1977, S. 36) verständlich. Tatsächlich stellt sich der Ansatz der geisteswissenschaftlichen Pädagogik als deutlich komplexer heraus, als Gerlach andeutet. Jank und Meyer nennen insgesamt acht Maximen der geisteswissenschaftlichen Pädagogik. Die erste Maxime lautet: „Ausgangspunkt der Theoriebildung soll die Erziehungswirklichkeit sein. Ausgangspunkt ist also *nicht* eine grundlegende wissenschaftliche Theorie, die vor der Praxis und unabhängig von ihr entwickelt wurde; Ausgangspunkte sind *nicht* übergeordnete philosophische Überlegungen oder religiöse Glaubenssätze (vgl. Blankertz 1969b, S. 18; Klafki 1985b, S. 35). Deshalb werden die sogenannten normativen Didaktiken (in denen das, was der

Erziehungswissenschaften orientierten Ansätze sich dadurch auszeichneten, dass sie die „Erkenntnisse über Verhaltensnormen und Verhaltensweisen in der heutigen Gesellschaft für die Formulierung von Zielen und Inhalten des Unterrichts" (ebd., S. 36) nutzten.

Zum Ansatz der geisteswissenschaftlichen Pädagogik zählte Gerlach sowohl die am exemplarischen Prinzip orientierten Vorstellungen von Schultze, Schüttler und Wocke (ebd., S. 35), als auch die Bemühungen z. B. von Geipel oder Fick, neue, allgemeingeographische Stoffe in den Geographieunterricht aufzunehmen. Schultze, Schüttler und Wocke hätten in ihren Ansätzen „die intensive Sachdurchdringung an einzelnen überschaubaren, wenn auch unterschiedlich gearteten Raumbeispielen" (ebd., S. 35) gefordert und „den Wert fachspezifischer Erkenntnisse gegenüber extensiver Stoffaneignung" (ebd., S. 35) betont. Dazu hätten sie die Inhalte des Erdkundeunterrichts „nach Schwierigkeits-graden" (ebd., S. 35) eingestuft. Der konventionellen Stoffanordnung „vom Nahen zum Fernen" sei so „eine klare Absage" (ebd., S. 35) erteilt worden. Auch Geipel und Fick hätten die Absicht gehabt, „facheigene Methoden auch als Verfahrensweisen jener Wissenschaft bewusstzumachen, die den verwickelten Beziehungen zwischen Raum und Gesellschaft nachgeht" (ebd., S. 36). Ihr Hauptanliegen sei allerdings gewesen, sich der Herausforderung durch neu eingeführte Integrationsfächer wie Gemeinschaftskunde oder Arbeitslehre zu stellen (ebd., S. 36), indem sie neue, allgemeingeographische Inhalte aufbereiteten und versuchten, ihre „besondere Eignung als fächerübergreifende Unterrichtsgegenstände möglichst deutlich herauszuarbeiten" (ebd., S. 36). Zu diesen Inhalten

---

Lehrer tun soll, aus übergeordneten Normsystemen abgeleitet wird, z. B. aus dem katholischen Glauben oder aus der Anthroposophie) scharf bekämpft" (Jank, Meyer 1991, S. 115f.). Die dritte Maxime sagt, dass „die Erziehungswirklichkeit (…) als historisch gewachsen und historisch bedingt zu betrachten" sei (ebd., S. 117): „Es gibt weder überzeitlich gültige Strukturprinzipien von Unterricht (…). noch überzeitliche Normen und Erziehungsziele. Dies bedeutet, dass die Didaktik für jede LehrerInnengeneration neu geschrieben werden muss. Die immer wieder notwendige Überarbeitung didaktischer Modelle wird nicht durch unentdeckt gebliebene Unzulänglichkeiten verursacht, sondern durch die Veränderung der schulischen und gesellschaftlichen Rahmenbedingungen" (ebd., S. 117). Beide Maximen sprechen nicht für „verbindliche anthropologische Leitbilder".

hätten u. a. „die Probleme der modernen Großstadt, des Verkehrs, der Industrie, auch der heutigen Agrarlandschaft" (ebd., S. 36) gezählt.

Im Rahmen dieses Ansatzes empfand Gerlach die „prononciert vorgetragene Position Schultzes" (ebd., S. 38) als besonders kritisch: Er habe die „Bedeutung des Begrifflich-Kognitiven für die geographische Bildung des Schülers" (ebd., S. 35) überbetont und argumentiert, dass das Einzige, „was sich tatsächlich exemplarisch erarbeiten ließe, (...), das kategoriale Grundgefüge ‚der Geographie', (...) der *Wirklichkeitsaspekt* dieser *Wissenschaft* als fundamentale Erfahrung und ‚Struktureinsicht'[5]" (ebd., S. 35 – Herv. A. U.) sei. Dieser Vorschlag habe „in jenem 1970 von demselben Autoren veröffentlichten Konzept [gegipfelt], nach dem die dem Fach eigenen Kategorien und Strukturen als das Nicht-Singuläre und demzufolge allein Übertragbare *nur* an allgemeingeographischen Exempeln erschließbar" (ebd., S. 35 – Herv. A. U.) seien.

In der zweiten Hälfte der 60er Jahre sei es dann zunächst in den Erziehungswissenschaften zu „einer allgemeinen Abwendung von jener bildungstheoretischen Konzeption" (ebd., S. 36) gekommen. Der eigentliche Umschwung in der Geographiedidaktik habe mit der Rezeption der 1967 erschienenen Curriculumtheorie Robinsohns eingesetzt. Robinsohns Forderung sei es gewesen, Unterricht nicht länger an „durch Tradition sanktionierten Bildungszielen" (ebd., S. 36) oder am „auf unreflektierter Konvention basierenden Wissenskanon" (ebd., S. 36) auszurichten, sondern an den Qualifikationen, die der Schüler für die Bewältigung späterer Lebenssituationen benötigte. Mit dieser Forderung sei die Vorstellung einer gegangen, dass für diese Aufgabe die traditionellen Fächer nicht mehr nötig seien – eine Annahme, die die Vertreter der Geographie ebenso wie die Vertreter anderer Fächer zu entkräften versuchten: „Es war vor allem Geipel (vgl. 1968) zu verdanken, dass sich die Fachdidaktik sehr bald dem allgemeinen Auftrag gestellt und um den Nachweis bemüht hat, dass auch und auf welchem Wege gerade der Geographieunterricht dem Schüler helfen kann, sein Leben heute und morgen zu meistern und jene Verhaltensdispositionen zu

---

5 Hier verweist Gerlach allerdings „auch" auf Wocke (Gerlach 1977, S. 35).

entwickeln, die zugleich als gesellschaftlich notwendig erachtet werden" (ebd., S. 36). Hauptaufgabe sei es dabei zunächst geworden, „den Unterricht auf allen Stufen an differenzierte Lernziele zu binden" (ebd., S. 37). Bald habe man allerdings erkennen müssen, dass es nicht gelingen könne, fachliche Lernziele aus übergeordneten Lernzielen zu deduzieren. Als Folge habe man sich auf die Formulierung fachlicher Lernziele beschränkt (ebd., S. 37). Dabei seien vor allem die Vorstellungen der Münchener Sozialgeographie hilfreich gewesen, mit deren „Daseinsgrundfunktionen als Suchinstrument und Relevanzfilter" (ebd., S. 37) die Lebenssituationen, für die der Geographieunterricht qualifizieren könne, bestimmt werden konnten. Ergebnis der Diskussion sei es, dass „die Sachverhalte der Allgemeinen Geographie, am regionalen Beispiel aufgezeigt, in Zukunft auf allen Schulstufen eine beträchtliche Rolle spielen werden" (ebd., S. 37). Der Länderkunde billige man „mittlerweile nur noch einige, jedoch nachdrücklich unterstrichene Bedeutung als geographische Methode zur ‚Gesamtfaktorenschau' zu. (...) Die Zuweisung regionalgeographischer Themen an die oberen Klassen der Sekundarstufe I und II, an denen nach neuesten Konzepten Einsichten in die komplexen Strukturen von ausgewählten Staaten und Wirtschaftsräumen und deren Wandel erarbeitet werden sollen, weist genau in diese Richtung" (ebd., S. 38).

Für Gerlach hat die Geschichte so einen guten Ausgang genommen: Mit der Ausrichtung des Unterrichts an Lernzielen ist „das Problem der stofflichen Alternativen endgültig in den Hintergrund gedrängt worden" (ebd., S. 38). Die „radikalen Forderungen der Studenten auf dem Kieler Geographentag, wonach die Länderkunde, weil angeblich unwissenschaftlich, problemlos und konfliktverschleiernd, ‚abgeschafft' werden müsse" (ebd., S. 38), seien damit ebenso vom Tisch wie die Position Schultzes (ebd., S. 38). Die Länderkunde habe sich über die Wirren der Reform einen – wenn auch nicht mehr den unumstritten einzigen - Platz im Geographieunterricht erhalten können. Gleichzeitig bestehe auch „Einigkeit (...) darüber, dass zur Einfügung der behandelten Einzelobjekte in die größeren räumlichen Zusammenhänge wie zum Zurechtfinden auf der

Erde dem Schüler in Zukunft globale Orientierungsraster und Ordnungssysteme dienen sollen, die neben einem kontinuierlich auszuweitenden topographischen Wissen fest in dessen Vorstellung zu verankern sind" (ebd., S. 38).

Die dieser „guten Geschichte" zugrunde liegende Kernaussage dürfte allerdings etwas anders lauten: Gerlach ging es nicht in erster Linie um eine – wenn auch nur teilweise - Rettung der Länderkunde. Das Bedrohliche war nicht die allgemeine Geographie an sich; bedrohlich war eher die von Schultze erhobene Forderung nach „begrifflich-kognitivem" Verstehen. Ein theoretisch fundierter Unterricht, der auf begründete Einsichten zielte, schien ihm offensichtlich viel beunruhigender als ein wenig beschreibende allgemeine Geographie, die sich in den älteren Schulbüchern ja durchaus auch schon finden ließ[6]. Um diesen Anspruch an wissenschaftspropädeutisches Denken und Arbeiten abzuwenden, kam die Lernzielorientierung gerade recht: sie erlaubte durch die teilweise Lösung von der sich ebenfalls im Wandel befindenden Fachwissenschaft Geographie eine Tradierung konventioneller Inhalte im Schulfach Geographie.

2.1.2 SCHULTZES „KRITISCHE ZEITGESCHICHTE"

Im Gegensatz zu Gerlach zählt Schultze zu den prominentesten und – wie man an Gerlachs „guter Geschichte" sehen kann - umstrittensten Vertretern der

---

6 Als Beleg hierfür mag ein Auszug aus „Emil Hinrichs Erdkunde für höhere Schulen" aus dem Jahre 1956 dienen: „Es gibt heute kein herrenloses Land mehr auf Erden: selbst die Anökumene ist restlos unter die führenden Mächte aufgeteilt. Diese haben sich einen umfassenden Kolonialbesitz angeeignet. Die Wirtschaftspotenz der Mutterstaaten wird durch diese ‚Ergänzungsländer' weitgehend gehoben. Die meisten Staaten der Erde stehen durch die Weltwirtschaft miteinander in Verbindung, doch liefern sie recht verschiedene Beiträge dazu, je nachdem sie mehr als Agrar- oder Industriestaaten entwickelt sind oder auch als Rohstofflieferanten hervortreten. Ihrer Größe und Bedeutung nach lassen sich Zwerg-, Klein-, Mittel-, Großstaaten und Weltmächte unterscheiden, wobei die Eingliederung nicht nach einem starren Zahlensystem, sondern – schon je nach den Erdteilen – relativ erfolgt: Nicaragua ist mit 118.000 qkm ein amerikanischer Kleinstaat, Bulgarien mit 111.000 qkm aber ein europäischer Mittelstaat. Dass neben der Größe auch die Einwohnerzahl nicht ausreicht, einen Staat als „Großstaat" zu bezeichnen, lehrt das Beispiel von Indien und – heute noch – China; und streng genommen gibt es als Weltmächte nur mehr die USA und die Sowjetunion, daneben das Commonwealth – im Gegensatz zu jenen stärker zentralisierten Mächten nur ein loser Staatenbund. In Wahrheit unselbständig sind die ‚Satellitenstaaten'" (Puls, Lippold 1956, S. 114).

28

Reform. Mit seinem Aufsatz „Allgemeine Geographie statt Länderkunde!" (Schultze 1970a) hatte er in der Fachdidaktiker- und Schulgeographengemeinde für einige Unruhe gesorgt. Knapp 10 Jahre später zog er eine „kritische Bilanz"[7] (Schultze 1979b, S. 78) der Reformjahre. Trotzdem bezeichnete Schramke (1981, S. 189) Schultzes Erzählung schon kurz nach ihrem Erscheinen als „gute Geschichte", die sehr breit rezipiert worden sei[8] und „vermutlich vielen Seminaren und Prüfungsvorbereitungen zum Thema ‚Geschichte der Geographiedidaktik in der BRD' zugrundegelegt" werde (Schramke 1981a, S. 187). Dass diese Geschichte heute immer noch gerne erzählt wird, verdankt sich vermutlich auch dem Umstand, dass Schultze einer der wenigen damaligen Bilanz-Autoren ist, der seine Geschichte - wenn auch in Teilen verändert - immer wieder neu aufgeschrieben und publiziert hat (Schultze 1996b; Schultze, 1998). Ein weiterer Grund mag darin liegen, dass der Zeitpfeil (vgl. Abb. 1), mit dem Schultze seine Bilanz in der Geographischen Rundschau illustrierte, einen kontinuierlichen Fortschritt des Faches suggerierte[9].

Pfeildarstellungen wie diese haben immer das grundsätzliche Problem, dass sie in ihrer „graphischen *Eindimensionalität* und textlichen *Formelhaftigkeit*" (Schultz 2004b, S. 45 – Herv. i. O.) blind sind „für Durchdringungen, Überblendungen, von der herrschenden Meinung Bekämpftes und Verdrängtes, für Vorläufer oder Wiedergänger, die es alle gegeben hat und gibt" (ebd., S. 45). Dementsprechend zeigte auch Schultzes Pfeil auf der inhaltlichen Ebene 1970 einen markanten und unwidersprochenen Umschwung von der Länderkunde zur

---

7 Diese Einschätzung findet sich in dem mit „Didaktische Innovationen" überschriebenen Beitrag Schultzes zu einer Tagung mit dem Thema „10 Jahre nach Kiel – Entwicklung und Situation der deutschen Geographie", die am 11. und 12. November 1978 (Sedlacek, 1979, S. 8) in Münster (Schramke 1981a, S. 187) stattgefunden hat. Gegenüber dieser Fassung ist die bekanntere Version in der Geographischen Rundschau (Schultze 1979a) leicht entschärft.

8 Dies hat auch mit der breiten Streuung der Geschichte zu tun. Schramke nennt neben der Publikation in der Geographischen Rundschau und dem Vortrag „auf der ‚Kiel-Gedächtnis-Tagung' in Münster (Schramke 1981a, S. 187) auch noch einen Beitrag zum Göttinger Geographentag 1979 (ebd., S. 187).

9 Schramke weist bereits 1981 zu Recht darauf hin, dass diese Form der Darstellung im Widerspruch zu Schultzes Feststellung stand, „dass der ‚Karren der Reform' ins Stocken geraten sei (Schultze 1979b, 2)" (Schramke 1981a, S. 188).

allgemeinen bzw. exemplarischen bzw. thematischen Geographie. Auf der methodischen Ebene stellte er einen Umschwung vom exemplarischen Erdkundeunterricht zur Lernzielorientierung fest. Als Gründe für diese Umschwünge wurden diverse inhaltliche, methodische und pädagogische Impulse aufgeführt, die in verschiedenen Pfeilformen auf den „breiten Kontinuitätsfluss" (Schramke 1981a, S. 188) einwirkten. Offen blieb dabei, woher diese Innovationen stammten, warum sich manche von ihnen durchsetzten und andere nicht, und wenn sie sich durchsetzten, warum gerade diese zu dieser Zeit (Daum 1980b, S. 343; 1980c, S. 57; Schramke 1981a, S. 188). Für das Verständnis des hinter dem Pfeil steckenden Konstrukts scheint es allerdings auch interessant herauszufinden, warum das „Exemplarische" mit dem Umschwung von 1970 aus der „Methodik"-Zeile in die „Inhalt"-Zeile wechselte.

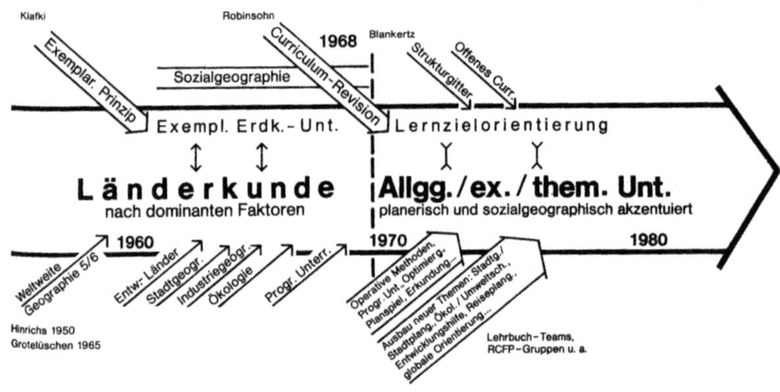

Abb. 1: Schultzes Pfeildarstellung der Fachgeschichte
(Quelle: Schultze, 1979a, S. 3)

Im Text erklärte Schultze die im Pfeil dargestellte Zäsur im Jahre 1970 mit dem Zusammenwirken verschiedener Ansätze, die in den Jahren zuvor sowohl in der Pädagogik als auch in der Geographiedidaktik diskutiert worden waren:

1. Schon vor 1960 seien Geographiedidaktiker von den Vorstellungen zum exemplarischen Prinzip erreicht worden (Schultze 1979a, S. 3), das sie beeindruckt habe, weil sie darin „eine Chance [sahen], die Stoffmenge zu reduzieren" (ebd., S. 3). Der besonders vom Physikdidaktiker Martin Wagenschein entwickelte Ansatz des exemplarischen Prinzips zielte darauf, Schüler durch die Beobachtung von konkreten Gegenständen die zugrundeliegenden allgemeinen Gesetze selbst erarbeiten zu lassen (Wagenschein 1965, S. 81) und dabei auch die Methoden der Erkenntnisgewinnung zu reflektieren (Wagenschein 1956, S. 20f). Dieses Vorgehen – so Schultze - setze aber Gegenstände voraus, aus denen sich auch exemplarisch elementare Einsichten gewinnen ließen. Die Länderkunde mit ihrem idiographischen Ansatz habe solche Gegenstände nicht bieten können: „Erst mit der Hinwendung zum allgemeingeographischen Konzept lösten sich die Widersprüche auf" (Schultze 1979a, S. 3).

2. Ebenfalls in den Jahren vor 1970 habe „eine Reihe engagierter Lehrer" (ebd., S. 3) begonnen, an Unterrichtsprogrammen zu arbeiten. Deren Ursprung war – anders als Wagenscheins Ansatz vom exemplarischen Prinzip - in den Vorstellungen des Behaviorismus zu suchen (Jander 1982, S. 290; Jank, Meyer 1991, S. 297). Aus der Grundstruktur der Programme, die meistens aus vier Bausteinen (der Information, der Frage, der Antwort durch den Schüler und der Antwortbestätigung) bestanden, ergab sich ein überaus kleinschrittiges Vorgehen (Jander 1982, S. 290), bei dem der Schüler zwar entsprechend seinem individuellen Lerntempo voranschreiten konnte (ebd., S. 289), aber im Grunde nur Fakten und exakt beschreibbare Fertigkeiten lernte (ebd., S. 292). Auch dieser Ansatz schien für Schultze ein Schritt in die richtige Richtung, denn einige der Autoren der geographischen Unterrichtsprogramme hätten schon bald gemerkt, „dass Länderkunde sich schwer oder gar nicht programmieren lässt, dass allgemeingeographische Themen sich dagegen aufbauend programmieren lassen" (Schultze 1979a, S. 3).

3. Die 1967 von Robinsohn formulierte Forderung, dass die Schule Kinder und
    Jugendliche für die Bewältigung zukünftiger Lebenssituationen zu qualifi-
    zieren habe und dass geprüft werden müsse, was die einzelnen Fächer
    dazu leisten könnten, habe bei den Geographiedidaktikern eine solche Un-
    ruhe bezüglich des Stellenwertes ihres Faches ausgelöst, dass sie sich sehr
    zügig den Anforderungen der neuen Theorie gestellt hätten. Schon vor
    1970 hätten sie Begriffe wie „Lernziele" und „Lernzielorientierung" aufge-
    nommen, ohne sie jedoch mit Inhalt füllen zu können: „Als Anfang 1970
    das allgemeingeographische Konzept neue theoretische Klarheit brachte,
    da war damit auch die Tür offen für die Idee der Lernzielorientierung"
    (ebd., S. 4).

Auf der Fachdidaktikertagung in der Reinhardswaldschule 1968 hätten die Vertreter der Münchener Sozialgeographie und eine Mitarbeiterin Robinsohns eine
„Affinität der beiden Ansätze" (ebd., S. 4) entdeckt. Ausschlaggebend sei das
von der Münchener Sozialgeographie entwickelte Konzept der Daseinsgrundfunktionen (arbeiten, wohnen, sich versorgen, sich bilden, sich erholen, am
Verkehr teilnehmen und in Gemeinschaft leben) gewesen, das die Forderung
Robinsohns, die Schüler sollten für die Bewältigung von „Lebenssituationen"
qualifiziert werden, mit einem geographischen Inhalt füllte. Geipel und andere
Sozialgeographen hätten diese Impulse aus der Curriculumtheorie aufgenommen und sie in die Fachdidaktik hineingetragen (ebd., S. 4).

Auffallend an diesen 1970 zusammenfließenden „Strömungen" ist, dass drei der
vier Konzepte in *einer* wissenschaftstheoretischen Tradition standen (vgl. Abb.
2). Diese Tradition ging von einem „empirisch-analytischen Wissenschaftsverständnis" (Jank, Meyer 1991, S. 297) aus. Dagegen stand ein Konzept, nämlich
das des exemplarischen Lernens, in der Tradition der bildungstheoretischen Didaktik (ebd., S. 296). Dieses eine Konzept war 1970 Ausgangspunkt für Schultzes Forderung nach allgemeingeographisch orientiertem Unterricht (Schultze
1970a, S. 1); die allgemeine Geographie bildete für ihn geradezu „das Korrelat
zum exemplarischen Prinzip" (ebd., S. 8). Diese enge Verbindung zwischen

Inhalt und Methode drückte er bereits damals in dem Begriff „allgemeingeographisch-exemplarischer Unterricht" (ebd., S. 8) aus. In der Rückschau am Ende der 70er Jahre gab ihm dieser zusammengesetzte Begriff die Möglichkeit, den methodischen Wandel auf einer anderen Ebene zu formulieren, als Gerlach (1977) es in seiner „guten Geschichte" tat: nicht weg von der länderkundlichen Stoffhuberei hin zum „Begrifflich-Kognitiven", sondern vom exemplarischen Prinzip zur Lernzielorientierung. Damit kann er die behavioristisch orientierten Strömungen nicht nur in seine „gute Geschichte" integrieren, er kann die Hinwendung zur Allgemeinen Geographie sogar zum Schlüssel für die Durchsetzbarkeit all dieser Strömungen machen.

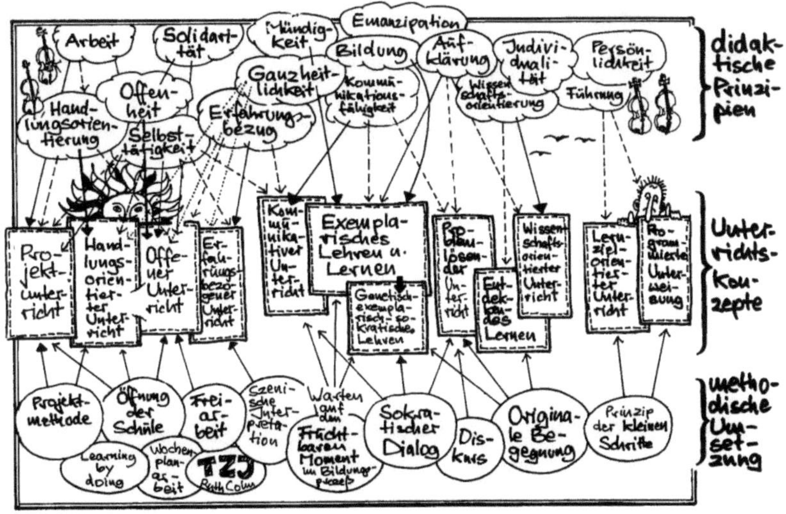

Abb. 2: Didaktische Landkarte „Unterrichtskonzepte"
(Quelle: Jank, Meyer, 1991, S. 294)

Warum aber sollte Schultze sein eigenes Licht „allgemeine Geographie" derart unter den Scheffel „Lernzielorientierung" stellen? Die Antwort dürfte in der

33

schon von Schramke (1981 S. 188 – vgl. Fußnote 7) zitierten Einschätzung Schultzes liegen, „dass der ‚Karren der Reform' ins Stocken geraten ist" (Schultze 1979a, S. 2). Dieses Stocken auf die Durchsetzung der allgemeinen Geographie zurückzuführen, ergäbe aber keine „gute Geschichte". Folgerichtig schloss Schultze in der Bilanz, dass es die Lernzielorientierung sei, die „bisher nicht den erhofften Erfolg gebracht" (ebd., S. 4) habe. Dafür konnte er eine Reihe von Gründen anführen:

1. Robinsohn sei davon ausgegangen, dass es oberste zu definierende Lernziele gebe, aus denen die Fachinhalte quasi abgeleitet werden könnten. Diese Position habe Ernst übernommen und versucht, aus dem Richtziel „Emanzipation" die Lernziele des Faches herzuleiten (vgl. Ernst 1970, S. 189). Der Zusammenhang zwischen Richt- und Groblernzielen sei aber „keineswegs so dicht und logisch konsequent (…), wie damals geglaubt wurde" (Schultze 1979a, S. 5).

2. Die Unterscheidung von kognitiven und instrumentalen Lernzielen - von Ernst in die Diskussion eingeführt - sei falsch (vgl. Meyer, Oestreich 1973, S. 214). Instrumentale Lernziele wie Kartenlesen seien in Wirklichkeit kognitive Lernziele. Mit der Unterscheidung zwischen den beiden Lernzieltypen werde die „neue pädagogische Theorie (verbogen), bis sie auf die in der Geographie übliche, uralte Unterscheidung von Inhalten und ‚Techniken' passt" (Schultze 1979a, S. 6).

3. Die Formulierung affektiver Lernziele habe bisher nur auf einer sehr allgemeinen Ebene stattgefunden. Besonders Ernst neige dazu, sie einfach in der Formulierung „'Fähigkeit (= kognitiv) und Bereitschaft (= affektiv)'" (ebd., S. 6) zu koppeln.

4. Das „radikale Umdenken von den Inhalten des Unterrichts zu den Qualifikationen des Schülers" (ebd., S. 5) werde an vielen Stellen nicht gemeistert. Viele Lehrer und Didaktiker bemerkten nicht, dass es bei der Lernzielformulierung um die Begründung statt nur um die Nennung von Inhalten gehe (ebd., S. 5). Diese Begründungen müssten außerhalb des Faches,

nämlich in der Lebenswelt der Schüler gewonnen werden, weswegen „an sich" wichtige Themen nicht unbedingt auch im Unterricht behandelt werden müssten (ebd., S. 6).

Mit dieser eigentlich „schlechten" Geschichte war Schultzes gute „gute Geschichte" gerettet. Die Lernzielorientierung, die bei Gerlach noch als Rettung der Länderkunde erschien, hat aus Schultzes Perspektive die Chance, die in der Wende zur allgemeinen Geographie gelegen habe, nicht genutzt. Sie hat stattdessen lauter ungeklärte Probleme hinterlassen, während die allgemeine Geographie weiter an der Spitze des Entwicklungspfeils steht und darauf wartet, dass ihr Potential entfaltet wird.

2.1.3 HOFFMANNS „WEG DER CURRICULUMDISKUSSION"

Hoffmann (1978), ein engagierter Fachleiter aus Bremen (Feller 1993, S. 9), der u. a. Mitglied des „Neu-Isenburger-Kreises" (ebd., S. 10) und des Lenkungsausschusses des RCFP war (Geipel 1978a, S. 15), würde die Geschichten von Gerlach und Schultze vermutlich beide für schlechte „gute Geschichten" halten, in denen Meinungsunterschiede „als eine rein innerfachliche Angelegenheit aufgefasst (werden), als ob es sich nur um einen ‚Schulenstreit' unter Fachkollegen handelte" (Hoffmann 1978, S. 47). Dabei gehe es vor allem darum, den „jahrzehntealten Konsens" (ebd., S. 46) über die „Grundmuster der Lehrpläne" (ebd., S. 46), der durch äußere Bedingungen in Gefahr geraten sei, in neuer Form wiederherzustellen. Die Geschichte, die aus dieser Sicht der Dinge erzählt wurde, war im Grunde genommen weder eine gute „gute" noch eine schlechte „gute", sondern eine „unendliche Geschichte".

Es mag sein, dass *eine Bedingung* für solch eine unendliche Geschichte schon in der langen, reihenden Aufzählung der unterschiedlichen bildungspolitischen und wissenschaftstheoretischen Veränderungen (ebd., S. 46f.) gegeben war, auf die mit einem neuen Lehrplan reagiert werden sollte:

1. Die Einführung des Fachs Gemeinschaftskunde in der Oberstufe (Saarbrücker Rahmenvereinbarung von 1960).

2.	Der Aufbau von Gesamtschulen, die sich oft „vom traditionellen Fächerkanon lossagten" (ebd., S. 46) und stattdessen integrierte Lernbereiche ins Leben riefen.

3.	Die Lehrplan-Revisionen durch die Kommissionen der jeweiligen Kultusministerien, die sich an dieser Fächerintegration ausrichteten.

4.	Die Diskussion über Inhalte und Methoden in der allgemeinen Pädagogik, die mehr als zuvor auch auf die Fächer übergriff.

5.	Die Didaktik der politischen Bildung, die auch auf das eigenständige Fach Geographie einwirkte.

6.	Die Veränderung in der Fachdidaktik der Geographie selbst: Aufgabe des Anordnungsprinzips „vom Nahen zum Fernen", exemplarisches Prinzip und Diskussion über Begriffe und Arbeitsweisen.

7.	Die Veränderungen innerhalb der Fachwissenschaft Geographie: wissenschaftstheoretische Grundlegung, Prioritäten der Forschung, Berücksichtigung der Ergebnisse der Gesellschaftswissenschaften, quantitative Forschungsmethoden.

8.	Neue Bereiche der beruflichen Anwendung der Geographie.

Die ersten Bemühungen um eine angemessene Reaktion auf all diese Veränderungen sah Hoffmann in einer Sitzung des Geographentages in Bad Godesberg 1967, wobei er vorweg feststellte, dass „die Jahreszahl 1967 (...) anscheinend ein willkürliches Datum" (ebd., S. 48) sei, da es „auch vorher allerlei Bemühungen um eine bessere didaktische Grundlegung des Geographieunterrichts gegeben" (ebd., S. 48) habe. Das Besondere an Bad Godesberg sei aber, dass hier die Stadtgeographie als „eine wichtige inhaltliche Komponente" (ebd., S. 48) in den Vordergrund gerückt worden sei. Ebenso seien „Sozialgeographie und prozessuale Betrachtungsweise akzeptiert" worden (ebd., S.48). Diese wichtigen „Stoßrichtungen kommender Aktivitäten" (ebd., S. 48) seien in den zwei Folgejahren bis zur historischen Sitzung auf dem Kieler Geographentag „konsequent aufgebaut" (ebd., S. 48) worden. Zur Weiterarbeit auf dieser Grundlage seien dort vom Vorstand des Verbandes Deutscher Schulgeographen drei Arbeitskreise eingerichtet worden („Grundsatzfragen des Schulfaches Geographie", „Lehrpläne" und „Ausbildung der Geographielehrer"), die zunächst „nur durch eine lose Korrespondenz in Verbindung" (ebd., S. 49) geblieben seien. In Hoffmanns weiterer Erzählung kam dabei dem Arbeitskreis „Lehrpläne", der zu diesem Zeitpunkt aus drei Personen bestand (ebd., S. 49) und an dem er selbst beteiligt war, eine besondere Rolle zu. Zunächst habe es in dem Arbeitskreis drei verschiedene Ansätze oder auch nur Perspektiven gegeben:

1. Jonas, der Fachleiter in Göttingen war (Jonas 1970, S. 212), habe ein Konzept vorgestellt, das für die Sekundarstufe I vor allem einen an der allgemeinen Geographie orientierten Unterricht vorsah, der in der 11. Klasse um die länderkundliche Perspektive erweitert werden sollte, bevor die Schüler dann in den Jahrgangsstufen 12 und 13 in Gemeinschaftskunde unterrichtet würden (Hoffmann 1978, S. 49).

2. Hoffmann selbst habe sich zum einen an der von Robinsohn, Klafki u. a. geführten allgemein-didaktischen Diskussion und zum anderen an den fachwissenschaftlichen Diskussionen um die Sozialgeographie orientiert (ebd., S. 50). Er habe „eine orientierende Einführung in Karte und Globus" (ebd., S. 49) und eine „stärkere Berücksichtigung der Begriffe und Arbeitsweisen im Lehrplan" (ebd., S. 49) vorgeschlagen.

3. B. Kreibich habe „eine Fülle von einzelnen Anregungen" aus dem amerikanischen „High School Geography Project (HSGP)" und der Arbeit an der TU München eingebracht.

Zu Beginn der 70er Jahre habe es mehrere äußere Anlässe (Veröffentlichung der Beiträge von Schultze, Hendinger und Ernst in der Geographischen Rundschau, Ergebnisse der Arbeit an den „Rahmenrichtlinien Gesellschaftslehre Sekundarstufe I" des Landes Hessen) gegeben, die den Verband Deutscher Schulgeographen dazu veranlasst hätten, die Arbeit in den Arbeitskreisen zu intensivieren. Dies sei unter anderem bei drei Treffen in Neu-Isenburg geschehen (ebd., S. 52). In Neu-Isenburg trafen sich deutlich mehr Kollegen, als zuvor in den Arbeitskreisen tätig waren, so dass wiederum neue Konzepte in die Diskussion eingeflossen seien: Jonas habe jetzt einen lernzielorientierten Ansatz verfolgt, Hoffmann und Kreibich hätten den sozialgeographischen Ansatz ausgebaut. Richter habe seinen Entwurf für die Orientierungsstufe „streng nach den Daseinsgrundfunktionen" gegliedert (ebd., S. 51); Bauer, Kirchberg und Schultze hätten Überlegungen zur Stufengliederung vorgestellt (ebd., S. 52). Von diesen Vorschlägen hätten sich im Laufe der Diskussion die Ansätze von Bauer und Hoffmann / Kreibich als ernsthafte Alternativen herauskristallisiert. Bereits zu Beginn des nächsten Jahres habe es erneut ein Ereignis gegeben, das den Arbeitskreis dazu zwang, seine Tätigkeit nochmals zu intensivieren: Die Konzeption und Beantragung des Raumwissenschaftlichen Curriculum-Forschungsprojekts unter Federführung von Geipel stellte sich „für den Arbeitskreis (...) jedenfalls (...) als Termindruck dar" (ebd., S. 52). Der verbindliche Lehrplanentwurf, der jetzt entstehen sollte, sei in der Eile allerdings eher auf einen Konsens hinausgelaufen, der „von allerlei Zufälligkeiten mitbestimmt wurde" (ebd., S. 52). Trotzdem war hiermit die Arbeit des „Neu-Isenburger-Kreises" abgeschlossen.

Allerdings erwies sich bald, dass die Geschichte hier noch nicht zu Ende war, denn die Lehrplankommissionen der Bundesländer seien mit dem Konsens nicht zufrieden gewesen (ebd., S. 53), da er immer noch keinen „didaktisch abgesicherten, einigermaßen ausdiskutierten Gesamtplan" (ebd., S. 53) erbrachte habe. Sie hätten ihre jeweils eigenen Pläne erstellt, und es habe ein "Auseinanderdriften der Schulgeographie" gedroht (ebd., S. 46). Um dies zu verhindern, sei auf einer Tagung 1972 in Köln abermals ein „Orientierungsrahmen" (ebd., S. 53) erstellt worden, der „neben Begriffen, Arbeitsweisen, Lernzielen und Verhaltensdispositionen auch die räumliche Anordnung der Beispiele und Fallstudien" (ebd., S. 53) erfassen wollte. Zu Beginn des Jahres 1975 sei es dann zu einem erneuten Treffen gekommen, diesmal zwischen den Vertretern der Lehrplankommissionen aller Bundesländer (ebd., S. 54). Bei diesem Treffen wurde ein neuer Konsens formuliert, der als „Empfehlung zu Richtlinien und

Lehrplänen für Geographie im Sekundarbereich I (Klassen 5-10)" (VDSG 1975) publiziert wurde. Auch dieser Plan habe wieder „Kompromisscharakter" (ebd., S. 54) und „theoretische Schwächen" gehabt (ebd., S. 54), aber man dürfe „an das Endergebnis der Verbandsbemühungen nicht jede theoretische Elle anlegen" (ebd., S. 54), denn es gebe einen „Unterschied zwischen der Forschungs- und Lehrtätigkeit eines pädagogischen Universitätsinstituts und den freiwilligen Wochenendbemühungen von Verbandsarbeitskreisen" (ebd., S. 53f). Immerhin, das scheint für Hoffmann die gute Nachricht zu sein, habe der Verband – wieder einmal – eine allgemein verbindliche Richtlinie formuliert und damit den Geographieunterricht weitergebracht.

Die „gute Geschichte", die dieser Erzählung zugrunde lag, lässt sich eigentlich nur in Bezug auf die reale oder scheinbare Definitionsmacht für das Schulfach Geographie verstehen. Bis zur Einrichtung geographiedidaktischer Lehrstühle an den Universitäten lag diese Definitionsmacht vor allem beim Verband Deutscher Schulgeographen als dem alleinigen Vertreter der schulischen Fachinteressen. Als in den 60er und 70er Jahren immer mehr professionelle Fachdidaktiker an den Universitäten begannen, ihre Vorstellungen vom Fach zu formulieren, musste der Verband um seine Definitionsmacht fürchten. Folgerichtig engagierte er sich vor allem in der Lehrplanarbeit. Und auch wenn die so formulierten Lehrpläne eher laienhaft waren, so waren sie doch die des Verbandes.

2.2 SCHLECHTE GESCHICHTEN

Neben den offiziell erzählten „guten Geschichten" gibt es in der Entwicklung der Geographiedidaktik auch eine ganze Menge schlechter Geschichten. „Schlecht" erscheinen diese Geschichten vor allem deswegen, weil die jüngeren Bemühungen um das Schulfach Geographie – sei es nun durch die Lehrerschaft oder die Didaktiker – die Entwicklungen in der Gesellschaft ebenso zu ignorieren oder sogar zu konterkarieren scheinen wie den Stand der Forschung in der zugehörigen Fachwissenschaft und in der Pädagogik. In Bezug auf die Fachwissenschaft führt das dazu, dass man selbst von angehenden Studierenden „immer wieder mit dem veralteten und höchst unvollständigen Bild einer Stadt-, Land-Fluss-Erdkunde konfrontiert" (Baade, Gertel, Schlottmann 2005, S. 30) wird, das „den heutigen Auffassungen zum Gegenstand und zur Methodik der wissenschaftlichen Geographie" (ebd., S. 30) kaum gerecht wird. In Bezug auf die Pädagogik sieht man sich hehren Zielformulierungen gegenüber, obwohl unübersehbar ist, dass „die vormals vorgenommen Ableitungen von Unterrichtsinhalten aus gesellschaftlich vorgegebenen Normen [...] heute angesichts der Vielzahl pluraler Entwürfe nicht mehr aus[reichen]" (Scheunpflug 2001b, S. 14). Oft werden dabei tatsächliche Errungenschaften der Reformjahre – und seien es nur erste Schritte gewesen – dem Vergessen preisgegeben. Das Strickmuster dieser Geschichten ist häufig ebenso einfach wie das der guten Geschichten: Aufgrund von Veränderungen im gesellschaftlichen oder wissenschaftlichen Umfeld kommt ein Autor in den Reformjahren zu der Aussage, dass sich der Geographieunterricht oder die Geographiedidaktik darauf in Zukunft einstellen müssten. Fünfundzwanzig bis dreißig Jahre später – die Gesellschaft oder die Wissenschaft haben sich so weiterentwickelt, wie der Autor vermutet hat – findet sich bei modernen Autoren genau die Vorstellung wieder, gegen die sich der Alt-Autor zuvor gewendet hatte. Solche Geschichten erscheinen manch einem Schulgeographen oder Geographiedidaktiker vielleicht als gut, in ihrem gesellschaftspolitischen oder fachwissenschaftlichen Umfeld müssen sie allerdings als zumindest anachronistisch erscheinen.

2.2.1 DIE WELT ZU HAUSE – ZU HAUSE IN DER WELT

Der an der Länderkunde ausgerichtete Geographieunterricht konnte lange Zeit davon leben, für einen großen Teil der Bevölkerung die wichtigste Informationsquelle über andere Weltengegenden zu sein. In den 50er und 60er Jahren des 20. Jahrhunderts wurde diese Monopolstellung immer mehr in Frage gestellt: Zunächst probehalber konnten 4000 Haushalte am 26. 11. 1952 die erste „Tagesschau" empfangen (Weber 2001, S. 79). Knapp zwei Jahre später, am 1. 10. 1954, begann die Ausstrahlung des ARD-Fernsehprogramms (ebd., S.

79). Durch die Gründung des ZDF am 6. 6. 1961 wurde dieses Angebot um ein weiteres Programm ergänzt (ebd., S. 83). Die Anzahl der Haushalte mit Fernsehgerät stieg in den nächsten neun Jahren von etwa 4 Millionen (1961) auf über 15 Millionen (Schildt 2001, S. 8). Da es sich beim Fernsehen um ein vor allem visuelles Medium handelt, wurden Informationen so für ein breites Publikum – vom Kind über den einfachen Arbeiter bis zum Akademiker - zugänglich (Postman 1987, S. 94). Aber die Welt wurde den Menschen nicht nur nach Hause gebracht, immer mehr Deutsche begannen auch, die Welt selbst zu erkunden: „Die Inlandsreisen der Bundesdeutschen stiegen von 9,8 Mill. 1962 auf 18 Mill. 1973, die Auslandsreisen von 6,2 auf 18,5 Mill." (Armanski 1978, S. 13), womit zu Beginn der 70er Jahre die Zahl der Auslandsreisen auch im Vergleich zur Zahl der Inlandsreisen kräftig angestiegen war. Immer mehr Menschen in Deutschland bekamen so die Möglichkeit, sich anders als über den Schulunterricht über fremde Länder zu informieren oder diese sogar persönlich kennen zu lernen.

Angesichts solcher Veränderungen verwundert es von daher kaum, wenn Hendinger zu Beginn der 70er Jahre fragte, ob die „Länderkunde im Zeitalter moderner Massenmedien (Fernsehen, Rundfunk, Zeitungen, populäre Sachbücher) als Informationsquelle und bei dem zunehmenden Abbau räumlich-zeitlicher Distanzen durch moderne Verkehrswege und ständige Geschwindigkeitserhöhung noch eine genügende Lernmotivation für den Schüler" (Hendinger 1970, S. 158) biete und Gerlach auch am Ende der Reformphase noch forderte, „das Schema der konzentrischen Kreise durch einen Modus der Stoffverteilung zu ersetzen, der nicht mehr im Widerspruch zu den soziologischen wie psychischen Bedingungen ‚moderner Weltaneignung' steht" (Gerlach 1977, S. 35; vgl. Haubrich 1984b, S. 524; Daum 1990, S. 18). Die aus diesen Feststellungen gezogenen Folgerungen für den Unterricht lagen auf der Hand: Man konnte sich nicht länger darauf konzentrieren, den Schülern Länder oder geographische Gegenstände näher zu bringen. Die Gegenstände waren schon da. Jetzt kam es eher darauf an, die Informationen ordnen und erklären zu können (vgl.

Haubrich 1984b, S. 520). Dafür erschien ein an allgemeingeographischen Fragestellungen orientierter Lehrplan geeigneter als ein an der Länderkunde orientierter Plan.

In den zwei Jahrzehnten, die auf die „guten Geschichten" der Bilanzen folgten, hat sich einiges mehr verändert. Nicht nur, dass es seit dem 1. 1. 1985 mit SAT1 das erste private Fernsehprogramm gab (Baumann u. a. 2001, Sp. 776), was in der Folgezeit die Wahlmöglichkeiten für die Zuschauer erheblich erhöht hat. 1990 starteten dazu täglich weltweit 55.000 Flugzeuge, mit denen 1,2 Billionen Passagierkilometer zurückgelegt wurden (Gruppe von Lissabon 1997, S. 33), und die WTO schätzte die Zahl der Auslandsreisen für das Jahr 2000 weltweit auf etwa 684 Millionen (Baratta 2001, Sp. 1247). Hinzugekommen ist aber vor allem auch ein globales Netzwerk *persönlicher* Kommunikations- und Informationsmöglichkeiten. Während 1965 85% der Telefonleitungen weltweit in Europa und Nordamerika verlegt waren, hatten 30 Jahre später 190 Länder Zugang zum Telefonnetz (Cohen, Kennedy 2000, S. 253). Viele ländliche Gebiete, besonders in den ärmeren Ländern, deren Anschlusskosten ans Telefonnetz als zu hoch erschienen, sind heute – zumindest, wenn es sich die Einwohner leisten können - mit dem Handy erreichbar (Aden 2000, S. 66; Cohen, Kennedy 2000, S. 253). Statt der lediglich 89 Gespräche, die das einzige transatlantische Telefonkabel 1965 zur gleichen Zeit übermitteln konnte, konnten 1995 etwa 1 Million über Kabel- und Satellitennetzwerke übertragene Gespräche gleichzeitig geführt werden. Und die Kosten für diese Gespräche sind rapide gesunken: Ein Drei-Minuten-Gespräch über den Atlantik kostete 1965 noch 90 Dollar, 1995 dagegen nur 3 Dollar (Cohen, Kennedy 2000, S. 252). Parallel zu den Möglichkeiten persönlicher Kommunikation ist durch die Einrichtung des Internets auch der persönliche Zugriff auf Informationen erleichtert und beschleunigt worden. Und obwohl an dieses Informationsnetz im Jahr 2002 nur 9,8% der Weltbevölkerung, vor allem in den USA, Europa sowie Ost- und Südostasien, angeschlossen waren (Baratta 2003, Sp. 1308), waren die Zuwachsraten doch beträchtlich, wenn man bedenkt, dass 7 Jahre zuvor lediglich 2 %

der Weltbevölkerung über einen Internetzugang verfügten (Cohen, Kennedy 2000, S. 254).

Diese technischen Veränderungen haben „wichtige Konsequenzen für das gesellschaftliche Zusammenleben" (Werlen 2000, S. 23), wobei im hier diskutierten Zusammenhang die Erweiterung der „potentiellen und tatsächlichen Aktionsreichweiten" (ebd., S. 23) des Einzelnen von besonderem Interesse ist (vgl. Abb. 3). Dabei kommt es auf der einen Seite zu einer „Ausdehnung des Bereichs der unmittelbaren Erfahrung" (ebd., S. 23), wobei dieser Bereich auf der anderen Seite aber nicht mehr in sich geschlossen ist. Verschiedene Autoren konstatieren deshalb eine „Verinselung" von Aktivitäten (Eickhorst 1998, S. 26; vgl. Daum 1990, S. 19; Schramke 1999a, S. 12; Sieverts 2001, S. 91), die Entstehung von „unsichtbaren Territorien" (Reutlinger 2003, S. 133 – vgl. Daum 1990, S. 19) oder eine „Ortspolygamie" (Beck 1997, S. 129). Die Verinselung bezieht sich vor allem auf Aktivitäten, denen in verschiedenen Teilräumen der Wohnumgebung nachgegangen wird: im Supermarkt, im Schwimmbad, in der Reitschule oder bei Freunden. Die Räume zwischen diesen Aktivitätsräumen werden von den Nutzern dieser „Inseln" möglichst schnell überwunden und kaum wahrgenommen (Daum 1990, S. 19; Eickhorst 1998, S. 28; Sieverts 2001, S. 92). Unsichtbare Territorien werden dort gebildet, wo mittels Handys „unsichtbare soziale Netze von Jugendlichen über eine Stadt gesponnen werden" (Reutlinger 2003, S. 133), die es ihnen erlauben, ohne Ko-Präsenz an den Aktivitäten anderer teilhaben zu können (ebd., S. 133). Auch unterstützt von diesen unsichtbaren Territorien kann Ortspolygamie entstehen, wenn jemand „Grenzen getrennter Welten – zwischen Nationen, Religionen, Kulturen, Hautfarben, Kontinenten usw. – überschreitet und deren Gegensätze in einem Leben beherbergen muss oder darf" (Beck 1997, S. 129). Das kann sowohl innerhalb einer Stadt geschehen, als auch einen beständigen Ortswechsel zwischen weit entfernten Orten bedeuten. Beides führt dazu, dass emotionale Nähe nicht unbedingt in der unmittelbaren Nähe, sondern über weitere Distanzen hergestellt werden kann und wird (Beck 1997, S. 130; Vielhaber, 2003a, S. 2). Für den

Geographieunterricht bedeutet das, „dass die Barrieren niedrig geworden sind,
weil die Ferne sich uns förmlich aufdrängt – selbst in unserer Nähe" (Kroß
1991a, S. 43). Die Zeiten, in denen „die Annäherung an die Ferne ein didaktisches Problem war" (ebd., S. 43), sind somit endgültig vorbei.

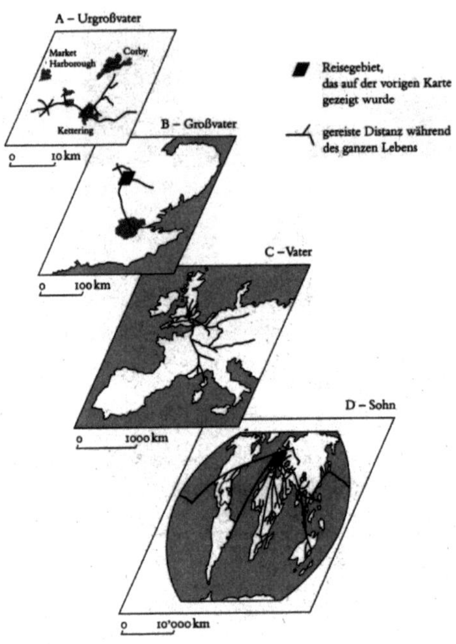

Abb. 3: Veränderung der Aktionsreichweiten
(Quelle: Werlen, 2000, S.25; nach Thrift, 1996, S. 42)

Angesichts dieser gesellschaftlichen Entwicklungen verwundert es nicht, wenn
Kroß meint, man könne „den Eindruck haben, dass die Entwicklung nicht linear
verläuft, sondern eher zirkulär" (Kroß 1991b, S. 11). Denn bereits Mitte der
90er Jahre stellte Schultze in seiner Einleitung zu den „40 Texten zur Didaktik

44

der Geographie" fest, dass einige Bundesländer „ihre allgemeingeographisch-lernzielorientierten Richtlinien (revidieren) und zu länderkundlichen Konzepten zurück(kehren)" (Schultze 1996b, S. 31). Diese „neuen" Richtlinien „orientieren sich in ihrem Aufbau wie in der Zeit vor 1970 wieder am Prinzip vom Nahen zum Fernen und sehen von Klasse 5 bis 10 eine Stoffanordnung in konzentri-schen Kreisen vor – mit dem eigenen Bundesland als ‚Heimat' im Zentrum" (Kroß 1991b, S. 11).

2.2.2 LEBENSRAUM STADT

Im länderkundlichen Unterricht mit seinem Durchgang von den natürlichen Grundlagen bis zu den Lebensformen des Menschen ging es vor allem darum, „den Schülerinnen und Schülern durch die Einsicht in unterschiedliche Formen der Auseinandersetzung des Menschen mit der Natur Ehrfurcht vor der Schöp-fung zu vermitteln" (Kroß 1992, S. 57). Solch ein Anliegen mag vielleicht noch an die Lebenswirklichkeit von Schülern angeknüpft haben, die im ländlichen Raum aufgewachsen waren. Diese Bedingung allerdings schwand in der Nach-kriegszeit immer mehr.

In der direkten Nachkriegszeit konnten der ländliche Raum und kleinere Städte zwar eine Bevölkerungszunahme verzeichnen (Reinborn 1996, S. 176). Diese Zunahme verdankte sich aber vor allem den starken Kriegszerstörungen in den Kernstädten, die zum einen zur Abwanderung der Stadtbevölkerung führten, zum anderen aber auch die Aufnahme des Flüchtlingsstromes in den Städten verhinderte (ebd., S. 176). Mit dem Wiederaufbau der Städte kehrte sich die Bevölkerungsbewegung bereits zu Beginn der 50er Jahre erneut um (ebd., S. 176). Als Push-Faktor wirkte dabei vor allem die zunehmende Freisetzung von Arbeitskräften in der Landwirtschaft: waren 1950 noch 24,6 Prozent der Er-werbstätigen der BRD in der Landwirtschaft beschäftigt, waren es 1970 nur noch 7,4 Prozent (Böttcher 1977, S. 30). Als Pull-Faktor wirkte neben den wie-der hergerichteten oder neu gebauten Wohnungen in den Städten (Reinborn 1996, S. 176) vor allem das dortige Arbeitsplatzangebot im sekundären und tertiären Sektor. Der Anteil dieser beiden Sektoren am Bruttoinlandsprodukt stieg von 89,8 Prozent im Jahr 1950 auf 97,2 Prozent im Jahr 1974, der Anteil der Landwirtschaft sank entsprechend von 10,2 Prozent auf 2,8 Prozent (vgl. Böttcher 1977, S. 30). Auf dem Hintergrund dieser Veränderungen war es unter den reformorientierten Schulgeographen „nicht mehr umstritten, dass die Stadt, besonders die Großstadt, als tägliche Umwelt eines hohen Prozentsatzes unserer Schüler, ein wichtiger Unterrichtsgegenstand sein müsste" (Hoffmann 1978, S. 48). War das Thema bisher eher im Gemeinschaftskundeunterricht behandelt worden, fand es entsprechend dieser Forderung seit 1968 auch „Eingang in den Geographieunterricht der unteren Klassenstufen" (Kroß 1975, S. 40).

Das rasante Wachstum der Städte brachte aber auch neue Probleme mit sich: Viele Wissenschaftler[10] klagten „über die Schäbigkeit und Geistlosigkeit der Stadtplanung und hoben auf die Zersiedelung und Zerstörung kultureller Urbanität ab" (Schildt 2001, S. 9). Desgleichen wurde das mit einer immer stärkeren Funktionsentmischung einhergehende und ständig steigende Verkehrsaufkommen (Reinborn 1996, S. 235) bald als Problem erkannt. Die „Planungswilligkeit" (Schamp 1983, S. 74) des Staates nahm auf allen regionalen Ebenen zu. Im Mai 1971 appellierte der Deutsche Städtetag: „Bewahrt unsere Städte vor einer Entwicklung, die in die Katastrophe führen kann. Die Zukunft der Menschheit liegt nicht im Weltraum, nicht in den Meeren und Wüsten! Die Zukunft der Menschheit liegt in den Städten, und es wird nur in gesunden Städten eine hoffnungsvolle Zukunft sein. Deshalb: Rettet unsere Städte jetzt!" (zit. nach Reinborn 1996, S. 284). Knapp zwei Monate später wurde das Städtebauförderungsgesetz verabschiedet (Weber 2001, S. 160). Entsprechend der politischen Relevanz des Themas wurden „seit Beginn der siebziger Jahre (...) in der Bundesrepublik Deutschland Themenstellungen zur Orts-, Regional- und Landesplanung und Raumordnung in Lehrplänen des Geographieunterrichts

---

10 Unter ihnen auch der Heidelberger Psychoanalytiker Alexander Mitscherlich, dessen Buch „Die Unwirtlichkeit unserer Städte" 1965 erschien (Mitscherlich 1965).

festgeschrieben, und in Schulbüchern nehmen sie ganze Kapitel ein" (Schramke 1986b, S. 160).

An der grundlegenden Tatsache, dass in den Industrieländern mehr Menschen in der Stadt als auf dem Land wohnen, hat sich seit den Zeiten der Reform nicht viel geändert: „1995 lebten in den Industrieländern bereits 75% der Bevölkerung in Städten. Ihr Wachstum (1995-2000) ist mit 0,9% jährlich vergleichsweise gering, liegt aber deutlich über dem Zuwachs der Gesamtbevölkerung (0,3%)" (Leisinger, Siebold 1997, S. 123). Allerdings gab es zwischenzeitlich einige Schwankungen in den Bevölkerungsbewegungen. In den 80er Jahren ging das starke Siedlungsflächenwachstum der Großstädte fast bis auf den Nullpunkt zurück (Reinborn 1996, S. 305f). Die Wohnungsnot wich Wohnungsleerständen in den neuen Hochhauswohngebieten (ebd., S. 305). Gleichzeitig setzte sich die Siedlungstätigkeit in den Umlandgemeinden fort (Sieverts 2001, S. 16). Hier entstanden Siedlungsformen, die vor allem von vielen ökonomischen Einzelentscheidungen (ebd., S. 15) und der Konkurrenz der Kommunen untereinander (Reinborn 1996, S. 295) geprägt wurden. Das Ergebnis bezeichnet Sieverts (2001) als „Zwischenstadt", „eine auf den ersten Blick diffuse, ungeordnete Struktur ganz unterschiedlicher Stadtfelder mit einzelnen Inseln geometrisch-gestalthafter Muster, eine Struktur ohne eindeutige Mitte, dafür aber mit vielen mehr oder weniger stark funktional spezialisierten Bereichen, Netzen und Knoten" (Sieverts 2001, S. 15). Sowohl innerhalb der alten Kernräume als auch in den oft mehreren Gemeinden zugehörigen Zwischenstädten (ebd., 2001, S. 147) findet Stadtplanung, wie sie aus den 70er Jahren bekannt ist, kaum noch statt: „Die Städte sind offensichtlich funktional so stark ausdifferenziert, dass die Stadtplanung auf ein ‚Stadt-Management' mit einigen gestalterischen ‚Highlights' reduziert wird. Außerdem zeigen sich die begrenzten Möglichkeiten der räumlichen Planung in einer zunehmend interessengeprägten Kommunalpolitik. Großkonzerne und Privatinvestoren bestimmen schon wichtige Bereiche des Städtebaus stärker als die Planungsämter" (Reinborn 1996, S. 310). Wenn sich die Grundstruktur der Städte planerisch aber nicht mehr gestalten lässt, dann bleibt nur noch die Möglichkeit (und die Notwendigkeit), die Stadt als Kulturprodukt zu gestalten (Sieverts 2001, S. 66); Bilder zu schaffen, die es Menschen mit den verschiedensten Interessen und Neigungen ermöglichen, sich darin wiederzufinden (ebd., S. 120), und der Stadt so die Qualität eines „kulturellen, ortsbezogenen Lebensraums" (ebd., S. 85) zurückzugeben, die sie durch die ökonomische Globalisierung verloren hat.

Diese Veränderungen scheinen oberflächlich betrachtet im Geographieunterricht reflektiert worden zu sein, zumindest „ist das Thema der Raumplanung bei den publizierenden Geographiedidaktikern ‚aus der Mode gekommen'" (Schultze 1996b, S. 61). Allerdings ist an die Stelle der Behandlung der Raumplanung nun nicht etwa eine Auseinandersetzung mit Waterfront Redevelopments (Engelbertz, Kotthoff 1998; Priebs 1998; Fuchs 2000; Speake, Fox 2002, S. 25-31), mit Erlebniswelten und der Festivalisierung der Städte (Bale 2000; Opaschowski 2000; Zehner 2001, S.162-164), mit Umweltdesign (Helbrecht 2003, S. 151) oder mit Stadtimages in Filmen (Harvey 1990, S. 308-323; Frieling, Uhlenwinkel 2000, S. 32) getreten[11], wie es die veränderte Lebenswelt nahe legen würde, sondern mit der Raumplanung ist auch das Thema Stadt ziemlich „aus der Mode gekommen". Der „Grundlehrplan Geographie" des Verbandes Deutscher Schulgeographen, der - wie seine Vorgänger auch - einen Grundkonsens formulieren möchte (VDSG 1999, S. 5), den die Lehrplanmacher der Bundesländer berücksichtigen sollten, nennt als explizit auf stadtgeographische Fragestellungen bezogene Themen lediglich „Städte haben verschiedene Viertel" und „Einkaufen am Stadtrand" für die Klassen 5 und 6 (VDSG 1999, S.17) sowie „Damaskus als orientalische Stadt" und „Stadtwachstum in São

---

11 Die Liste ließe sich fortsetzen. Einen Eindruck von weiteren möglichen Themen gibt die Kapitelstruktur zu „Entwicklungsprozesse II: Die Postmoderne" in der Stadtgeographie von Zehner (2001). Dort werden z. B. als Unterkapitel genannt: „Bevölkerungssuburbanisierung", „Suburbanisierung von Unternehmen", „Gettobildung", „Obdachlosigkeit", „Gentrification", „Soziale Fragmentierung", „Deindustrialisierung", „Industriesuburbanisierung", „Globalisierungsprozesse", „Neue Produktionsstrukturen und Organisationsformen", „Reorganisation des Dienstleistungssektors", „Festivalisierung", „Flagship Developments" und „Privatisierung öffentlichen Stadtraumes" (vgl. das Inhaltsverzeichnis in Zehner 2001).

48

Paulo" für die Klassen 7 und 8 (ebd., S. 19)[12]. Der Bereich der Landwirtschaft nimmt dagegen sowohl in Bezug auf Deutschland als auch in Bezug auf andere Länder einen sehr breiten Raum ein: „Ackerbau in der Magdeburger Börde", „Viehwirtschaft in der Marsch" (ebd., S. 17), „Nutzung der Böden in der Uckermark" (ebd., S. 19), „Deutschland: Wandel der Agrarstruktur"[13] (ebd., S. 21), „Ackerbau an der Kältegrenze in Skandinavien"[14], „Bewässerungsfeldbau in der Huerta"[15], „Brandrodungsfeldbau bei den Bantu"[16] (ebd., S. 19), „Reisanbau auf Java" (ebd., S. 17), „Klima und Nahrungsspielraum in Indonesien"[17] (ebd., S. 19) oder „Agrarindustrie in den USA"[18] (ebd., S. 21).

Dort, wo die Stadt als Thema des Geographieunterrichts heute noch vorkommt, handelt es sich meist um eine Darstellung der ökologischen Stadt. Alle großen fachdidaktischen Zeitschriften haben dazu Ende der 90er Jahre mindestens ein Themenheft herausgebracht: „Nachhaltige Stadtentwicklung" (Praxis Geographie, Heft 12, 1998), „Ökologische Stadterneuerung" (Geographie und Schule, Heft 118, 1999), „Ökologische Stadt" (geographie heute, Heft 172, 1999) und „Die Zukunft unserer Städte" (Praxis Geographie, Heft 11, 2000)[19]. Eine

---

12 Darüber hinaus werden einige Einzelthemen, besonders aus den Bereichen „Verkehr" und „Industrie" i. w. S., am Beispiel einzelner Städte behandelt: „Rhein-Main-Flughafen Frankfurt", „Hamburg – Welthafen an der Elbe", „Im Güterverkehrszentrum Seddin" sowie „Autos aus Eisenach" und „Kohle und Stahl im Ruhrgebiet" (alle Klasse 5/6; VDGS 1999, S. 17). Wie unwichtig die jeweiligen Verortungen dabei sind, zeigt das Beispiel Seddin: Dort gab und gibt es kein Güterverkehrszentrum. Die Gemeinde hat nicht einmal einen Bahnanschluss (Warkentin 2004, Anhang).

13 Städtische Bevölkerung in Deutschland 2001: 88 % (Baratta 2003, Sp. 215)

14 Städtische Bevölkerung in Schweden 2001: 83 % (Baratta 2003, Sp. 783)

15 Städtische Bevölkerung in Spanien 2001: 78 % (Baratta 2003, Sp. 783)

16 Städtische Bevölkerung in der Republik Kongo 2001: 66 % (Baratta 2003, Sp. 505), der Demokratischen Republik Kongo 2000: 30 % (ebd., Sp. 501), Zimbabwe 2001: 36 % (ebd., Sp. 769), Uganda 2001: 15 % (ebd., Sp. 844), Burundi 2001: 9 % (ebd., Sp. 179) und Ruanda 2001: 6 % (ebd., Sp. 681) – dabei ist aber gerade bei letztgenannten Beispielen zu fragen, ob es, um die Probleme dieser Länder zu verstehen, nicht wichtigere Themen gäbe, wie z. B. die kriegerischen Auseinandersetzungen zwischen den Volksgruppen (vgl. Paes 2002, S. 24-26).

17 Städtische Bevölkerung in Indonesien 2001: 42 % (Baratta 2003, Sp. 399)

18 Städtische Bevölkerung in den USA 2001: 77% (Baratta 2003, Sp. 871)

19 Es soll nicht verschwiegen werden, dass es in jeder der genannten Zeitschriften auch Hefte zum Themenbereich „Weltstädte" gegeben hat. Bei geographie heute hieß das Heft „Weltstädte und Metropolen" (Heft 172, 1999), bei Geographie und Schule „Suburbanisierungsprozesse in

didaktische Begründung für diesen Themenzuschnitt findet sich in den Heften meistens nicht. Lediglich Stein begründet die gewünschte Hinwendung von der Stadtgeographie über die Stadtökologie zur nachhaltigen Stadtentwicklung damit, dass es hier „v. a. um die Beteiligung von Schulen und Schülern bei der Entwicklung von Lokalen Agenden, d. h. um die ‚Einmischung' in die kommunale Stadtentwicklung mit der Zielperspektive ‚nachhaltige Entwicklung‘" (Stein 2000, S. 11) gehe. Die Stadtgeographie, die er zu einer „guten Basis für stadtökologischen Unterricht" (ebd., S. 9) degradiert, könne dies allein nicht leisten, da ihr die „stärker ‚vorwärts gewandte' planende, auf die Zukunft der Stadt gerichtete Perspektive" (ebd., S. 9) der Stadtökologie fehle[20]. Mit dieser Einschätzung verkennt Stein allerdings sowohl die Bedeutung der Planungsthemen im stadtgeographischen Unterricht der 70er Jahre als auch die Partizipationsmöglichkeiten heute. Tatsächlich beschränkt sich die Partizipation von Schulen und Schülern an der nachhaltigen Stadtentwicklung eher auf symbolische Akte. Im „Aktionsprogramm für Bremen" werden als Maßnahmen, die im Rahmen des Agenda-Prozesses bis zum Erscheinungszeitpunkt durchgeführt oder geplant waren, aufgeführt: „Energiesparen an Bremer Schulen", „Energiesparen in der Neustadt", „Durchführung von Aktionstagen zum nachhaltigen Umgang mit Haushaltsgeräten", „Schulhofentsiegelung", „Wassersparen an Bremer Schulen", „Forum ‚Nachhaltige Flächenpolitik in Bremen‘", „Workshop ‚Lokale

---

Megastädten" (Heft 129, 2001). Praxis Geographie brachte im Jahr 2001 gleich zwei entsprechende Hefte heraus: „Stadt und Globalisierung" (Heft 5) und „Metropolen" (Heft 10). Aufgrund der etwas anderen Herausgeberstruktur bei Praxis Geographie wird hier besonders deutlich, dass es sich bei diesen Themen um „Hochschulthemen" handelt: Die Moderatoren der beiden Hefte waren Fachwissenschaftler (Vossen und Zehner), während die Hefte zur Stadtökologie von Lehrern und Fachleitern moderiert wurden (Obermann und Stein).

20 Es fällt auf, dass Stein für diese Einschätzung keine neuere Literatur aus der stadtgeographischen Forschung braucht. Seine in einem Kasten festgehaltenen „Schwerpunktthemen der Stadtgeographie" spiegeln dementsprechend allesamt den Stand der Diskussion aus den 70er und 80er Jahren. Dies belegt Stein selbst durch die angeführten Beiträge zu stadtgeographischen und stadtökologischen Schüleruntersuchungen: Bei den stadtgeographischen Themen stammen 29 der insgesamt 38 Beiträge aus den Jahren *vor* 1990, bei den stadtökologischen Themen dagegen stammen 27 der insgesamt 34 Beiträge aus den Jahren 1990 *und später* (Mehrfachnennungen mitgezählt – Stein 2000, S. 10).

50

Agenda 21 in Bremen – Leitbilder und Indikatoren für die Bereiche Energie, Wasser und Landwirtschaft" und „Durchführung einer Informationsveranstaltung zur Problematik der Einwegverpackung" (Bremer Aktionsprogramm 2002, Anhang II), d. h. von acht Veranstaltung sind vier reine Informationsveranstaltungen. Von den restlichen vier Veranstaltungen sind drei darum bemüht, ökologische Maßnahmen an Schulen zu propagieren. Mit dem Programm sollen eine ganze Reihe von umweltpolitischen Zielen erreicht werden: die CO_2-Emissionen sollen reduziert (ebd., S. 16), der Energieverbrauch soll verringert (ebd., S. 17), erneuerbare Energiequellen sollen verstärkt genutzt (ebd., S. 17), die Qualität des Trinkwassers soll verbessert (ebd., S. 17), das Grundwasser soll vor Verunreinigungen geschützt (ebd., S. 17), Weser und Nordsee sollen rein gehalten (ebd., S. 18) und in Unternehmen sollen Brauchwasserkreisläufe eingerichtet werden (ebd., S.17). Dass diese Ziele weder mit Energie- oder Wassersparen an Schulen, noch mit Schulhofentsiegelung und erst recht nicht durch „Runde Tische" (ebd., S. 9), „Kongresse", „Workshops", „Veranstaltungsreihen" und „Faltblätter" (ebd., Anhang II) zu erreichen sind, dürfte nicht schwer einsehbar sein. Andere Fachdidaktiker sehen in den im Agenda-Prozess notwendig enthaltenen „moralischen Appellen an Schüler eine ‚ungerechtfertigte Verantwortungszumutung' und eine Umweltmoral, die selbst moralisch fragwürdig ist" (Lethmate 2000a, S. 37)[21]. Denn die in der Geographiedidaktik zu beobachtende „ethische Aufladung des Ökologiebegriffs" (ebd., S. 36f.) steht auf tönernen Füßen: Zum einen sind die Zielkategorien – Gleichgewicht, Artenvielfalt, Vernetzung, Harmonie Mensch-Natur – wissenschaftlich betrachtet alles andere als gegeben (Schultz 1996, S. 43f.; 1997, S. 299; Lethmate 2000a, S. 38), zum

---

21 In den 70er Jahren lauteten die Lernziele zum Thema „Kein Trinkwasser für morgen?" dementsprechend auch noch etwas anders: „Groblernziel: Die Schüler sollen erkennen, dass die Probleme der Wasserverwendung gesellschaftlicher, nicht individueller Lösungen bedürfen. Teillernziele: Die Schüler sollen erkennen, dass durch die Einsparung von Wasser im Haushalt die Wasserkrise nicht gelöst werden kann. Die Schüler sollen erkennen, dass bei der Industrie als größtem Wasserverbraucher auch das meiste Wasser eingespart werden muss" (Berthe-Corti, Jannsen, Riess 1978, S. 221).

anderen ist nachhaltiges oder zukunftsfähiges Verhalten „als konsistente Verhaltenskategorie gar nicht fassbar" (Lethmate 2000a, S. 37); „Dilemmata" sind bei jedem Verhalten einzukalkulieren (Rhode-Jüchtern 1995b, S. 23; Lethmate 2000a, S. 37).

Die Beschäftigung mit dem „Lebensraum Stadt" steht bei Geographielehrern nicht hoch im Kurs: „Stadt und Umland" und „Stadt- und Raumplanung" sind die Themen, die bei ihnen das wenigste Interesse finden (Hemmer, Hemmer 1997b, S.121). Als in den 90er Jahren das Leitbild der „Bewahrung der Erde" (Kroß 1992) formuliert und die Ausrichtung des Geographieunterrichts auf die Schlüsselprobleme „Umwelterhaltung" und „Globale Ungleichheiten" (Schmidt-Wulffen 1994b, S. 14) gefordert wurden, ergab sich für diese Kollegen die Chance, das leidige Themenfeld „Stadt" entweder ganz zu streichen oder ökologisch umzudefinieren. Damit hat sich der Geographieunterricht aber sowohl von der deutlich vielfältigeren Alltagserfahrung der städtischen Schüler (vgl. z. B. Zinnecker 2001; Reutlinger 2003) als auch von der Bewertung des Themas in der zugehörigen Fachwissenschaft (vgl. Lévy 2005, S. 143f) deutlich entfernt.

2.2.3 DIE „RETTUNG" DER PHYSISCHEN GEOGRAPHIE

Die physische Geographie wurde von Geographiedidaktikern schon vor dem Kieler Geographentag 1969 umdefiniert. Die länderkundliche Vorstellung von der „harmonischen Anpassung des Menschen an die Natur" (Hoffmann 1968, S. 123) passte nicht mehr zu den Erfahrungen aus der Lebenswelt. Stattdessen sollten die Schüler den „Konflikt zwischen Mensch und Natur" (ebd., S. 123) erkennen, wozu eine „gründliche Aneignung ökologischen Wissens" (ebd., S. 123) nötig sei.
Grundlage für diese Forderung waren die mit der wirtschaftlichen und gesellschaftlichen Entwicklung einhergehenden Schädigungen der menschlichen Umwelt: Das rapide Wirtschaftswachstum der Nachkriegsjahre ließ schon sehr früh Auswirkungen auf die Umwelt erkennen: Zwischen 1950 und 1973 stieg der Energieverbrauch jährlich um durchschnittlich 4,5 Prozent an (Brüggemeier

1998, S. 187). Da noch 1960 fast 75 Prozent der Energie in Braun- und Steinkohlekraftwerken produziert wurden, kam es zu einer erheblichen Staubbelastung: allein in Nordrhein-Westfalen gingen Ende der 50er Jahre jedes Jahr etwa 60.000 Tonnen Staub nieder, die Hälfte davon im Ruhrgebiet (ebd., S. 187). Bereits in den 50er Jahren konnte die Trinkwasserversorgung aus dem Grundwasser aufgrund von Verunreinigungen nicht mehr überall gewährleistet werden. Aber auch das Oberflächenwasser war belastet: Noch 1957 waren 60 Prozent der Haushalte nicht an ein Klärwerk angeschlossen und in nur 10 Prozent der Klärwerke erfolgte eine vollbiologische Abwasserreinigung (ebd., S. 188). Zwischen 1949 und 1952 kam es jährlich zu „mehr als hundert größeren Fischsterben" (ebd., S. 194). 1971 lag der Sauerstoffgehalt des Rheins so niedrig, dass er einen „fischkritischen Wert" erreichte (ebd., S. 239).

Reaktionen auf diese Belastungen blieben nicht aus: Bereits in den 50er Jahren gaben die Städte Oberhausen und Duisburg Gutachten über die Luftverunreinigung in ihren Städten in Auftrag (ebd., S. 195). 1961 forderte Willy Brandt im Wahlkampf, „der Himmel über der Ruhr müsse wieder blau werden" (ebd., S. 199) und ein Jahr später, 1962, wurde ein Immissionsschutzgesetz verabschiedet (ebd., S. 200). Fünf Jahre zuvor, 1957, war das Wasserhaushaltsgesetz verabschiedet worden, das 1960 in Kraft trat und zu einem Ausbau von Klärwerken führte (ebd., S. 188). 1975 hatte nur noch ein Viertel der Haushalte keinen Anschluss an ein Klärwerk, und in knapp der Hälfte aller Kläranlagen erfolgte eine vollbiologische Reinigung (ebd., S. 188).

Zu Beginn der 70er Jahre wurde der Umweltschutz auch institutionell etabliert: 1970 mit einem eigenen Kabinettsausschuss (ebd., 1998, S. 216) und 1974 mit dem Bundesumweltamt (ebd., S. 217). Damit einhergehend wurde das Thema zunehmend im Bewusstsein der Bevölkerung verankert: Während in einer IN-FAS-Studie im September 1970 noch 60 Prozent der Befragten angaben, bisher nichts über Umweltschutz gehört zu haben (ebd., S. 210), waren es bei einer Kontrolluntersuchung im November 1971 nur noch 10 Prozent (ebd., S. 211). Um das öffentliche Interesse am Umweltschutz zu stärken, unterstützte das

Innenministerium 1972 die Gründung des Bundesverbands Bürgerinitiativen Umweltschutz (BBU) (ebd., S. 210f).

Etwa zeitgleich mit dem verstärkten gesellschaftlichen Interesse an umweltpolitischen Fragestellungen sah sich die Geographie als ein ihrem Selbstverständnis nach natur- und gesellschaftswissenschaftliche Fragen integrierendes Schulfach durch die Bildungspolitik zunehmend auf eine Gesellschaftswissenschaft reduziert: „Von der Bedrohung durch die *social studies* in der re-education-Phase, durch deren Wechselbalg Gemeinschaftskunde in den 50er Jahren, durch die erste inhaltliche Reform der gymnasialen Oberstufe (*Saarbrücker Rahmenvereinbarung* 1960), durch gesellschaftswissenschaftliche ‚Integrations'-Bemühungen auch in der Sekundarstufe I am Beginn der 70er Jahre (*Rahmenrichtlinien-Auseinandersetzungen*, zentral geführt am hessischen Beispiel) und schließlich durch die Schaffung neuer Integrationsbereiche auch für die Jahrgänge 5/6 (Orientierungsstufe: *Welt- und Umweltkunde* o. ä.) und die Primarstufe (*Sachunterricht*)" (Schramke 1981a, S. 189f – Herv. i. O.). In dieser Situation war es geradezu folgerichtig, die physiogeographischen Inhalte des Unterrichts zu überdenken und sich auf solche Themenbereiche zu konzentrieren, die den umweltpolitischen Anforderungen der Zeit gerecht wurden: „Der heranwachsende verantwortliche Staatsbürger, der künftig in Wirtschaft, Verwaltung, Publizistik, Politik oder Lehrberuf steht, muss ein gesichertes Verständnis dafür gewinnen, dass die Natur in einer Landschaft ohne den autonomen Willen des Menschen ein ‚geschlossenes System' darstellt, und dafür, dass ein Eingriff in die Natur jedes Mal das ganze System in Bewegung setzt"[22] (Hoffmann 1968, S. 123f). Der „Hinweis auf die Einsicht in Naturgesetze und das Üben im systematischen Denken" (Ernst 1970, S. 190) reiche für diese Zielsetzung nicht aus. Sie sei „sicher nicht durch eine Erörterung von Talbildungsvorgängen und eustatischen Meeresspiegelschwankungen zu erreichen, auch nicht

---

22 Auch auf diese Aussage trifft die erst viel später geäußerte Kritik zu, dass „nicht Konstanz, sondern Dynamik, nicht Gleichgewicht, sondern Ungleichgewicht" (Schultz 1997a, S.299) Kennzeichen natürlicher Ökosysteme sind, „so dass nur vorübergehend als stabiles Netz erscheint, was in Wahrheit in ständiger Bewegung ist" (ebd., S. 299).

54

dadurch, dass man gelegentlich an einem einzelnen Beispiel mit erhobenem Zeigefinger demonstriert, hier habe der Mensch ‚etwas falsch gemacht‘“ (Hoffmann 1968, S. 124).

Seit 1970 hat die Belastung der Luft in Deutschland abgenommen (Brüggemeier 1998, S. 236; Maxeiner, Miersch 1998, S. 199), die Abwässer und auch die Flüsse sind sauberer geworden (Brüggemeier 1998, S. 239; Maxeiner, Miersch 1998, S. 204). Im Rhein zählte man 1990 wieder etwa 40 Fischarten (Deutsche Kommission zur Reinhaltung des Rheins 1991, S. 14; Maxeiner, Miersch 1998, S. 206) und insgesamt 150 Arten von Kleinstlebewesen (Maxeiner, Miersch 1998, S. 206). Die Umweltpolitik hat sich etabliert, Umweltschutzmaßnahmen wie Mülltrennung, Nutzung von Katalysatoren oder Ökosteuern auf Benzin werden – zwangsweise – von der Bevölkerung mit umgesetzt, und die Presse berichtet täglich über umweltpolitische Anliegen. Allerdings nehmen die Bemühungen um die Umwelt inzwischen zum Teil absurde Formen an:

Nachdem der Spiegel im November 1981 das Waldsterben „entdeckt“ hatte (Brüggemeier 1998, S. 222) zeichneten verschiedene Studien ein Horrorszenario: „1990, so die Experten, gebe es in Deutschland keine Nadelwälder mehr, und kurz darauf seien auch die Buchen verschwunden. (...) Im Jahre 2002 werde es kein Waldsterben mehr geben, denn ‚dann existiert praktisch kein Wald mehr‘“ (ebd., S. 224). Tatsächlich „nahm die Waldfläche in Deutschland seit 1960 um 500.000 Hektar zu“ (Maxeiner, Miersch 1998, S. 342).

Im Sommer 1995 verhinderten die Aktivisten von Greenpeace die Versenkung der Ölplattform ‚Brent Spar‘ in der Nordsee (Maxeiner, Miersch 1998, S. 215) mit dem Hinweis auf „enorme Mengen von Altöl und anderen schädlichen Substanzen“ (Brüggemeier 1998, S. 253), nur um später zugeben zu müssen, dass sie „mit weit überhöhten Zahlen operiert hatten“ (ebd., S. 253). Die Versenkung der Ölplattform hätte sogar dem Leben im Meer zugutekommen können: Wracks bieten günstige Siedlungsbedingungen für Muscheln, Korallen, Krebse und Fische und werden schon seit geraumer Zeit für die Schaffung künstlicher Riffs genutzt (Maxeiner, Miersch 1998, S. 216).

Die Politik der Abfalltrennung, die parallel zum Ausbau von Deponien und Müll-verbrennungsanlagen verfolgt wurde, erwies sich als kostspielig und ineffektiv: „Zwischen Verbrennungsanlagen und Deponien ist geradezu ein Konkurrenz-kampf um den Müll entstanden, um die vorhandenen Kapazitäten auslasten zu können. (...) Doch ironischerweise führt der mit so viel Aufwand erreichte Rück-gang der Müllmengen mittlerweile dazu, dass – geradezu als Strafe – die Ge-bühren steigen, um angesichts der geringen Mengen die erheblichen Investiti-onen finanzieren zu können. Private Haushalte müssen diese höheren Gebüh-ren (widerwillig) akzeptieren, während Industrie, Gewerbe und Kommunen, die sich mit eigenen Anlagen zurückgehalten haben, nach möglichst preiswerten Entsorgungsmöglichkeiten suchen" (Brüggemeier 1998, S. 230f).

Diese Situation wird von Schulgeographen und Geographiedidaktikern nun aber nicht genutzt, um hier „Aufklärung" zu betreiben. Ganz im Gegenteil: Die Leit-bildformulierungen, die im humangeographischen Bereich zu einer weitgehen-den Ökologisierung von Themen geführt haben (vgl. Kap. 2.2.2), werden von eher physiogeographisch ausgerichteten Kollegen dazu genutzt, die verstärkte Behandlung *geowissenschaftlicher* Themen zu fordern (vgl. Kaminske 1998, S. 39 und 44), wie z. B. die „erdgeschichtliche Entwicklung der Ökosysteme zur Beurteilung zukünftig möglicher Situationen" (Alfred-Wegener-Stiftung für Ge-owissenschaften 1996, S. 5), die „Dynamik und Chemie der Stockwerke der Atmosphäre" (ebd., S. 5) oder gar die „Erklärung von Deckengebirgen mit Überschiebungsstrecken von mehr als 50 km und mehr durch Fluideinfluss im Kollisions- bzw. Subduktionsbereich zweier Platten" (Kaminske 1996, S. 19).

Im Gegensatz zum Ansatz der 70er Jahre, der physischen Geographie über die Ökologie im gesellschaftlichen Aufgabenfeld ein Überleben zu sichern, wird die Geographie nun – obwohl sie immer noch zum gesellschaftlichen Aufgabenbe-reich zählt – vor allem als Naturwissenschaft gesehen (vgl. Abb. 4)[23]. Als

---

23 Tatsächlich ist eher davon auszugehen, dass sich die meisten Physiogeographen inzwischen den entsprechenden Geowissenschaften zugeordnet haben und der Kern der Geographie als eigenständiges Fach ein humangeographischer ist, denn die Liste der anerkannten Geographie-Zeitschriften im deutschsprachigen Raum enthält unter den *eindeutig* spezialisierten

Zentrierungsfach soll sie im Unterricht auch Fragestellungen der Geologie, Geophysik, Meteorologie, Klimatologie, Pedologie, Geobotanik, Volkswirtschaftslehre, Agrarwissenschaft, Industriewissenschaft, Geschichte, Völkerkunde, Religionswissenschaft und Architektur mitvermitteln (Richter 1993, S. 26), wobei der physischen Geographie diesem Ansatz gemäß in der „Hierarchie der Fragestellungen (...) die Rolle einer sachlichen Grundlage" (Kaminske 2004, S. 93) zukommt, weil „viele Fragen des irdischen Lebens und Überlebens sich nur aus der Kenntnis von Bau, Dynamik und Geschichte der Erde beantworten lassen" (Kaminske 1998, S. 39). Geowissenschaftliches Basiswissen sei somit „eine notwendige Bedingung für nachhaltige gesellschaftspolitische Entscheidungen" (Hemmer u. a. 2005, S. 57) und trage „wesentlich zur umweltschonenden Nutzung und zum Schutz der Erde" (ebd., S. 57) bei. Für die Behandlung geographischer Inhalte im Unterricht ergibt sich aus diesen theoretischen Grundannahmen eine aus der Länder- und Landschaftskunde leidlich bekannte Reihenfolge: „Gemäß der chronologischen Entwicklung der Erde spielt für alle davon abhängigen Faktoren zunächst der Untergrund eine entscheidende Rolle. Hier kommt es auf Eigenschaften an wie Verwitterbarkeit, Nährstoffgehalt, Relief, Rohstoffträchtigkeit usw. Nächster Faktor wäre das Klima, dessen Ausprägung die Verwitterungsintensität bestimmt, Abtragungsvorgänge über Wasser, Wind und Eis in Gang setzt und zur Bodenbildung beiträgt. Bei den Böden wiederum kommt es auf ihre Wasser- und Luftwegigkeit an, ihren anorganischen und organischen Nährstoffgehalt sowie ihre landwirtschaftliche Nutzbarkeit. Sie sind die Basis der Vegetation, die ihrerseits als Landwirtschaft die Grundlage

---

Zeitschriften überwiegend humangeographisch orientierte Titel: Berichte zur deutschen Landeskunde, DISP, Die Erde, Erdkunde, Europa Regional, Geographica Helvetica, Geographische Rundschau, Geographische Zeitschrift, Geoöko, Petermanns Geographische Mitteilungen, Raumforschung und Raumordnung, Zeitschrift für Geomorphologie (Annals of Geomorphology) und Zeitschrift für Wirtschaftsgeographie (Sternberg 2004, S.4). Auch Baade, Gertel und Schlottmann (2005) nennen in ihrer „Auswahl geographischer Fachzeitschriften" fünf Zeitschriften mit humangeographischem und nur drei Zeitschriften mit physisch-geographischem Schwerpunkt (ebd., S. 72).

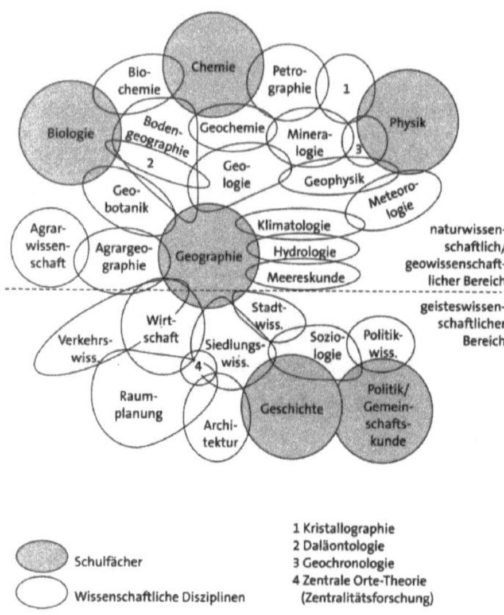

Abb. 4: Denkbare Stellung der Geographie im Spannungsfeld ihrer Nachbarwissenschaften[24]
(Quelle: Kaminske 2004, S. 94)

menschlicher Siedlungen bildet. So bauen Agrargeographie, Siedlungs- und Wirtschaftsgeographie genauso auf diesen geowissenschaftlichen Faktoren auf, wie die Verkehrs- und Industriegeographie, die Sozial- und Fremdenverkehrsgeographie sowie die Raumplanung" (Kaminske 2004, S. 93) [25].

---

24 Die Graphik lässt eine ganze Reihe von Fragen offen, z. B., warum im „naturwissenschaftlichen Bereich" explizit noch einmal der „geowissenschaftliche Bereich" ausgegliedert wurde. Sind die Geowissenschaften keine Naturwissenschaft? Oder: warum im „geisteswissenschaftlichen Bereich" Raumplanung und Soziologie von der Geographie getrennt werden durch Disziplinen wie die „Stadtwissenschaft", „Siedlungswissenschaft" und sogar die „Zentrale-Orte-Theorie (Zentralitätsforschung)" (vgl. Legende Punkt 4). Aber auch: Was eigentlich in der „Daläontologie" (vgl. Legende Punkt 2) erforscht wird.

25 Hettners Aussage zum länderkundlichen Prinzip lässt grüßen: „Zunächst ist klar, dass das ‚Schema' nichts anderes ist als eine Wiedergabe der Naturreiche: der drei Reiche der anorganischen Natur, der Pflanzen- und Tierwelt und der Menschheit, und innerhalb jedes Reiches eine Wiedergabe der Erscheinungsweise: z. B. bei der festen Erdoberfläche der Form, der

58

So mag es zu Beginn des neuen Jahrtausends so scheinen, als sei der alte Kern des Geographieunterrichts gerettet. Tatsächlich erweist sich diese Variante aber als eher bedenklich: Die Hereinnahme einer unüberschaubaren Zahl spezialisierter Naturwissenschaften in das eigene Schulfach bedeutet immer auch eine deutliche Trennung von der eigenen Fachwissenschaft. Diese Abwendung von den eigenen fachlichen Grundlagen lässt sich längst in Schulbüchern beobachten: So stellte Hupke in Bezug auf die „erdkundliche Regenwaldwaldrezeption der letzten Jahre" (Hupke 2000, S. 212) fest, dass sie sich „in vieler Hinsicht bis an den Rand der fachlichen Selbstverleugnung in Sichtweisen der Biologie hineinbegibt" (ebd., S. 212 – vgl. Lethmate 2005b, S. 272). Mit der Hinwendung zu biologischen Themen wird aber „auch die Sachkenntnis der ‚geographisch' ausgebildeten Autoren mitunter auf eine harte Probe" (Hupke 2000, S. 212) gestellt. Gleiches gilt natürlich für die Lehrer, die diese Inhalte in Unterricht umsetzen sollen. Verschärft wird diese Problematik durch ein offensichtliches Desinteresse der Lehrerschaft an naturwissenschaftlichen Fragestellungen, das sich ganz fern aller Vorstellungen vom Zentrierungsfach bereits auf die facheigene physische Geographie bezieht (Lethmate 2005a, S. 129 – vgl. Lethmate 2005b, S. 275). Die Legitimation der oft deskriptiven Behandlung physiogeographischer Inhalte im Lehramtsstudium (Lethmate 2005a, S. 130; 2005b, S. 276f) erfolgt dabei bestenfalls nach der Formel, Geographie sei sowohl Geistes- als auch Naturwissenschaft. Angesichts dieser nachgewiesenen Ferne der Praxis von naturwissenschaftlichen Methoden und Inhalten dürfte das „Schielen

---

stofflichen Beschaffenheit und der Vorgänge, bei der Pflanzenwelt der Vegetation und der Flora [sic!], beim Menschen etwa der Besiedelung und der Ansiedelungen, des Verkehrs, des Wirtschaftslebens, der Lebensführung, der Rassen und Völker, der Religionen und der Staaten. Auch die gewöhnliche Reihenfolge der Naturreiche entspricht insofern der Natur selbst, als der Mensch nicht ohne die Natur, die Tierwelt nicht ohne die Pflanzenwelt, diese nicht ohne die anorganische Natur, Luft und Gewässer nicht ohne die feste Erdoberfläche möglich und infolgedessen, wie ich es früher ausgedrückt habe, vorstellbar oder denkbar sind" (Hettner 1932, S. 86). – Als Ironie der Geschichte mag dabei erscheinen, dass Hettners länderkundlicher Ansatz zu Beginn des 20. Jahrhunderts vor allem auch dazu gedient hat, eine Doppelfachkonstruktion Geographie / Geologie abzuwenden und die Geographie auf ihr eigentliches Wesen zurückzuführen (vgl. Schultz 1989, S. 16).

auf die Geowissenschaften" (Lethmate 2005b, S. 273) durch einen Teil der Fachpolitiker „eher durch Legitimationsnöte denn sachliche Gründe motiviert sein" (ebd., S. 273)[26]. Aber selbst in Hinblick auf den Erhalt des Faches in den Stundentafeln muss eine Hinwendung zu den Geowissenschaften als problematisch bewertet werden, denn zum einen ist das Schülerinteresse an einer „harten Naturwissenschaft" wie der Physik schon in Bezug auf die gesamte Schülerpopulation besorgniserregend gering (Baumert, Lehmann u. a. 1997, S. 161) und zum anderen verstärkt sich diese Tendenz auch noch, wenn man nur auf die Mädchen sieht (vgl. Dresel u. a., 2001; S. 270). Damit würde aber gerade die Schülergruppe noch weiter vom Fach entfernt, die insgesamt schon das geringere Interesse an der Geographie äußert (Hemmer 1992a, S. 14).

2.2.4 DIE BEDEUTUNG DES RAUMES

Als Reaktion auf die gesellschaftlichen Entwicklungen der Nachkriegszeit – die Entwicklung der Verkehrstechnologien und –netze, die zunehmenden Informations- und Kommunikationsmöglichkeiten, die Verstädterung, die wachsende Industrie und die dadurch entstehenden Umweltverschmutzungen - begann man in der Fachwissenschaft Geographie, den alten Raumbegriff der Landschafts- und Länderkunde zu überdenken (vgl. Schultz 1980, S. 260f).

Landschaften und Länder wurden in der Geographie traditionellerweise als individuelle Teilräume der Erdoberfläche aufgefasst (Werlen 2000a, S. 101 und 105), von denen man annahm, dass sie sich objektiv voneinander abgrenzen ließen (Schultz 1998, S. 132; Werlen 2000a, S. 101) und deren Einmaligkeit von den Geographen in ihrer Ganzheit beschrieben und erklärt werden sollte (Schramke 1978a, S. 15; Wardenga 2002, S. 9). Der Gliederung der Erdoberfläche entsprach eine „ebensolche Gliederung des Menschengeschlechts" (Schultz 1999b, S. 35), so dass die Erklärung des menschlichen Verhaltens

---

26 Diese Konstellation ist nicht neu: Bereits um die Jahrhundertwende scheiterte ein Versuch der Geographen, Geologie an die Schulen zu holen, offensichtlich nicht nur an der Schulbürokratie (Schultz 1989, S. 15), sondern auch am passiven Widerstand überforderter Lehrer (vgl. ebd., S. 297).

„durch die ererbten Eigenschaften und die Merkmale des natürlichen Milieus"
(Hard 1982a, S. 104; vgl. Schultz 1998, S. 133, Werlen 2000a, S. 105) erfolgen
konnte. Dieses oft explizit, manchmal auch nur implizit geodeterministische Er-
klärungsmodell schien bereits in den 60er Jahren angesichts der durch den
Menschen hervorgerufenen Veränderungen im Raum immer weniger tragfähig,
da „die individualisierende Macht der Erde einer von der Vernunft ‚neu erfun-
denen Erde' Platz gemacht habe, die nicht mehr die des Geographen sei, der in
‚Landschaften' denke" (Schultz 1999b, S. 43)[27].

In den 60er und 70er Jahren entwickelten Sozial- und Wirtschaftsgeographen
neue Erklärungsansätze, die sich trotz einiger Unterschiede dadurch auszeichneten,

1. dass sie von den menschlichen Aktivitäten im Raum ausgingen (Werlen
    2000a, S. 144) und damit deutlich machten, „dass die Erfassung der ver-
    schiedenen Geofaktoren in ihrer erdräumlichen Verbreitung zur Erklärung
    sozialer Tatbestände nicht ausreicht" (ebd., S. 156),

2. den Menschen als Teil einer größeren sozialgeographischen Gruppe mit
    ähnlichem Verhalten verstehen (Schamp 1983, S. 74; Werlen 2000a, S.
    156, S. 177), deren Handeln sich in bestimmten räumlichen Gefügen nie-
    derschlägt (Schamp 1983, S. 77; Werlen 2000a, S. 144, S. 180),

3. sich statistischer Verfahren bedienten, um Regionalisierungen durchführen
    und Raumtheorien entwickeln zu können (Werlen 2000a, S. 208; Wardenga
    2002, S. 9),

4. die räumlichen Verteilungen nicht nur beschreiben wollten, sondern auch
    von ihrer Veränderbarkeit ausgingen, und somit den Anspruch hatten, Hil-
    festellungen für die Raum- und Stadtplanung bieten zu können (Schamp
    1983, S. 74; Werlen 2000a, S. 160, S.195, S. 208).

Einige Vertreter der Geographiedidaktik haben diesen Wandel in der Sichtweise
des Raums durchaus wahrgenommen und thematisiert. Ernst wendete sich z. B.

---

27 Schultz bezieht sich mit den eingebetteten Zitaten auf einen Text von Gottfried Pfeifer aus
dem Jahre 1965.

gegen Schultzes „Natur-Strukturen" mit dem Argument, dass es in der Erdkunde nicht um „die Landschaft an sich" (Ernst 1970, S. 190) gehen könne, und führte den Gedanken mit der Bemerkung fort, dass „es erst recht nicht um den Raum an sich gehen (kann), sondern um den Raum für den Menschen und durch die Gesellschaft – gleich welcher Form – vermittelt" (ebd., S. 190). Es gehe somit „stets um die Mensch-Raum-Beziehungen. Würde sich der Raumbegriff verselbständigen, dann bliebe er im Blick auf den zur Weltbewältigung emanzipatorisch zu erziehenden Schüler steril. Die Jugendlichen würden mit Recht jegliche Lernmotivation vermissen und schließlich die Freude am Beitrag der Erdkunde zur Erarbeitung ihres Weltbildes verlieren" (ebd., S. 190).

Während in der Geographiedidaktik noch um ein neues Raumverständnis gerungen wurde, unterzogen Sozial- und Wirtschaftsgeographen den gerade erst übernommenen raumstrukturellen oder raumwirtschaftlichen Ansatz schon bald einer weiteren Kritik (Schamp 1983, S. 76; Wardenga 2002, S. 9): Die Annahme, dass Menschen sich in einem objektiv vorhandenen Raum einem „homo oeconomicus" gemäß rational verhielten, schlösse „eine Analyse des tatsächlichen Handelns von Menschen aus" (Schamp 1983, S. 76). Man begann im Rahmen des verhaltenstheoretischen Ansatzes, räumliche Differenzierungen „mit dem subjektiv rationalen Handeln von Menschen" (ebd., S. 77) zu erklären. Damit rückte auch „die subjektive Wahrnehmung und Bewertung der Wirklichkeit durch Individuen und Gruppen in den Mittelpunkt des Interesses" (Wardenga 2002, S. 10). Zunächst wurde versucht, mit Hilfe des Stimulus-Response-Modells des behavioristischen Ansatzes (Werlen 2000a, S. 271; Wardenga 2002, S. 10) allgemeine Gesetzmäßigkeiten aufzudecken, die „der Erklärung, Vorhersage und Kontrolle beobachtbarer Verhaltensweisen dienen" sollten (Werlen 2000a, S. 271). Während dieser Ansatz in der Wirtschaftsgeographie bald wieder verworfen wurde (Schamp 2003, S. 147), entwickelten ihn die Sozialgeographen unter Rückgriff auf die Vorstellungen des britischen Soziologen Anthony Giddens weiter. Kern des Interesses war dabei der Vermittlungsprozess zwischen der Struktur sozialer Systeme und den individuellen

Handlungen der Menschen (Tröger 1999a, S. 29; Reutlinger 2003, S. 72), wobei davon ausgegangen wurde, dass sich beide wechselseitig beeinflussen. Der grundlegende „Prozess der Strukturierung" (Reutlinger 2003, S. 71) bestehe demnach darin, dass „Strukturen nicht allein Handeln produzieren, sondern sie selbst durch Handeln produziert werden" (Tröger 1999a, S. 29f), oder um es in einem Bild zu sagen: „Das Sprechen (Handlung) wird erst durch eine gesellschaftlich entstandene Sprache (Struktur) ermöglicht, gleichzeitig wird diese Struktur (Sprache) durch das Handeln (Sprechen) weiterleben" (Reutlinger 2003, S. 72). Entgegen den bisherigen Annahmen wirkten Strukturen somit „nicht determinierend" (Tröger 1999a, S. 30), sondern sie unterliegen „der Interpretationsgewalt der Akteure, die sie in ihrem Handeln bestätigen – aber auch verwerfen können" (ebd., S. 30). Bezogen auf Betrachtung und Erklärung von Raumstrukturen müsse man daraus schließen, dass die „von der Geographie immer wieder thematisierten ‚Raumprobleme' (...) dann als Probleme des Handelns" (Werlen 2000a, S. 149) erscheinen.

Zu einem ganz ähnlichen Schluss kommen Ende der 90er Jahre auch einige Wirtschaftsgeographen: Nachdem sich die raumwirtschaftliche Perspektive in diesem Bereich in den 80er und Teilen der 90er Jahre noch einmal behaupten konnte (Schamp 2003, S. 147), wurde sie von der jüngeren Generation erneut der Kritik unterworfen, wobei wiederum das „radikale Menschenbild der Neoklassik" (ebd., S. 148) im Zentrum der Diskussion stand. Es wurde von neuem gefordert, die „Rolle des Akteurs – verstanden als soziales Wesen, das unter anderem ökonomisch handelt – bei der Bildung räumlicher Strukturen" (ebd., S. 149) hervorzuheben. Allerdings blieb auch die Wirtschaftsgeographie nicht bei der „individualistischen Perspektive des behavioural approach" (Schamp 2000, S. 15) stehen, sondern entwickelte dieses Konzept analog zu den Sozialgeographen weiter: Die neuen Ansätze verstanden Handeln dementsprechend eher „als einen interaktiven Akt zwischen verschiedenen Akteuren, der auf der Grundlage sozialer Netzwerke stattfindet" (Schamp 2003, S. 149) und beschäftigten sich im Rahmen der „Institutionen-Ökonomie" mit den

„handlungsleitenden Bedingungen in den Interaktionen zwischen Akteuren" (Schamp 2000, S. 15).

Beide Vorstellungen legten die Entwicklung eines konstruktivistischen Raumverständnisses nahe, bei dem danach gefragt wird, „wie raumbezogene Begriffe als Elemente von Handlung und Kommunikation auftreten und welche Funktionen eine raumbezogene Sprache in der modernen Gesellschaft erfüllt, wer unter welchen Bedingungen und aus welchen Interessen wie über bestimmte Räume kommuniziert und wie die durch die raumbezogene Sprache erst konstituierten Entitäten durch alltägliches Handeln und Kommunizieren fortlaufend produziert und reproduziert werden" (Wardenga 2002, S. 10). Der ‚Raum' wird somit als ein subjektives Konstrukt gesehen, das sich zwar auf die reale Welt bezieht, sie aber nicht abbildet, nicht abbilden kann. Dieses Konstrukt kann methodisch durch die Beobachtung der Beobachtung (Hard 1992, S. 2; 1993, S. 100) erschlossen werden, so dass das Erkenntnisobjekt des „Raumes an sich" für zunehmend mehr Fachwissenschaftler „als nicht tragfähig für die Identität eines Faches" (Schmidt-Wulffen, Vielhaber 1999, S. 113) erscheint.

In der Geographiedidaktik dagegen kann man geradezu eine „Fetischisierung des Räumlichen" (Daum 1992a, S. 42) feststellen, wenn unter dem Hinweis darauf, dass das Leben „immer und überall (...) in erdräumliche Verhältnisse eingebunden" ist (Köck 1992, S. 183), die „Raumverhaltenskompetenz" (Köck 1992a, S. 184; 1992b, S. 49; 1993, S. 16) als Bildungsziel der unterrichtlichen Bemühungen propagiert und anscheinend pädagogisch begründet wird: „Befähigt und erzieht die Schule zu kompetentem Verhalten *überhaupt* in der Welt, so befähigt und erzieht der Geographieunterricht zu kompetentem *raumbezogenem* Verhalten in der Welt. Dabei wird unter Raum eine Gesamtheit zwei- oder dreidimensionaler Lage- und Verteilungsbeziehungen statischer oder dynamischer geosphärischer bzw. erdoberflächlicher Sachverhalte verstanden" (Köck 1993b, S. 15 – Herv. i. O.). Damit schreibt die Schulgeographie „die strukturelle Lebenslüge der Länderkunde, die sich (...) als Anwältin einer höheren Notwendigkeit" (Schultz 1999, S.44) verstand, fort, obwohl es von Seiten

der „jungen" Fachwissenschaftler durchaus Bemühungen gab und gibt, den Didaktikern ihre neueren Raumvorstellungen auch schulpraktisch nahe zu bringen
(Werlen 2000b; Lippuner 2002; Schlottmann 2002; Werlen 2002).

2.2.5 KÖNNEN STATT WISSEN

Von der Mitte des 17. Jahrhunderts bis in die 70er Jahre des 20. Jahrhunderts
ist das Wissen der Menschheit mit einer Verdoppelungszeit von ungefähr 15
Jahren exponentiell gewachsen (Marx, Gramm 2002, S. 2 und 4): „Zu allen
Zeiten konnten Wissenschaftler sagen, dass das Wissen sich in den letzten 10
bis 20 Jahren um so viel vermehrte, wie in der gesamten Zeit vorher" (ebd., S.
3). Parallel dazu wuchs die Zahl der Wissenschaftler: Mitte des 17. Jahrhunderts
gab es nur eine „kleine Gruppe von wissenschaftlich gebildeten Personen"
(ebd., S. 3), 1850 lag die Zahl der Menschen mit technisch-wissenschaftlicher
Ausbildung schätzungsweise bei einer Million und 1950 bereits bei 10 Millionen
(ebd., S. 3). Jede Wissenschaftlergeneration konnte von sich behaupten, dass
80 bis 90 Prozent aller Wissenschaftler, die bis dahin gelebt haben, ihre Zeitgenossen sind (ebd., S. 3).
Diese wachsende Anzahl von Informationen musste zum einen nach sinnvollen
Gesichtspunkten geordnet und zum anderen unter einer wachsenden Anzahl
von Wissenschaftlern ausgetauscht werden. Bereits Mitte des 17. Jahrhunderts
lösten gedruckte Fachzeitschriften den Informationsaustausch durch persönliche Briefe und Mitteilungen ab (ebd., S. 7). Bis zur Mitte des 19. Jahrhunderts
hatte die Zahl der Fachzeitschriften allerdings derart zugenommen, dass es für
einzelne Forscher unmöglich wurde, die Übersicht zu behalten. Als Reaktion auf
diese Unübersichtlichkeit wurden Referatezeitschriften gegründet, die Veröffentlichungen über ein Register erschließen und neben der Quellenangabe eine
Kurzfassung der Veröffentlichung enthalten (ebd., S. 7).
In der Geographie setzte sich etwa zeitgleich das Hettnersche länderkundliche
Schema als Ordnungsinstrument für Informationen durch: „Denn je größer im
Laufe des 19. Jahrhunderts die Informationsdichte zu Geologie, Klima,

Gewässern, Vegetation und Tierwelt sowie den unterschiedlichen Kulturen wurde, desto nahe liegender und notwendiger erschien eine raumbezogene Präsentation auf unterschiedlichen Maßstabsebenen. Insofern reduzierte die raumbezogene Perspektive also Komplexität" (Wardenga 2002, S. 8). Länderkundliche Veranstaltungen nahmen noch Ende der 60er Jahre des 20. Jahrhunderts mit einem Anteil von 40% an allen universitären Veranstaltungen eine Vorrangstellung ein (Fachschaften der Geographischen Institute der BRD und Berlin (West) 1969, S. 8), die sich auch in den Prüfungsordnungen für das Staatsexamen widerspiegelte, in denen die Kenntnis Deutschlands, eines Teilraums Europas und eines außereuropäischen Großraumes gefordert wurde (ebd., S. 12).

Auch in der Schule stand die Länderkunde hoch im Kurs (Wardenga 2002, S. 8). Noch 1971 wurde ihr Wert in einer „Einführung in die Didaktik der Geographie" herausgestellt: „Haben wir in Abschnitt 3 die allgemein-gesellschaftliche

Kolonialmacht	Mutterland		Kolonien	
	Größe in km^2	Einwohner in Mio.	Größe in km^2	Einwohner in Mio.
Großbritannien*	315.000	47,7	31.770.000	395,7
Frankreich	551.000	39,2	12.436.000	61,9
Belgien	30.000	7,5	2.411.000	9,9
Portugal	92.000	6,0	2.080.000	7,7
Niederlande	34.000	6,9	2.057.000	49,4
Italien	313.000	38,9	2.006.000	2,0
USA	9.369.000	105,8	315.000	10,5
Spanien	505.000	21,3	302.000	0,8
Japan	386.000	56,0	298.500	21,7

* Großbritannien einschließlich der quasi souveränen Dominions Irland, Kanada, Australien, Neuseeland und Südafrika (insgesamt 19 Mio. km^2 und 18,5 Mio. Einwohner), deren offizielle Selbständigkeit erst das Westminster-Statut 1931 verbriefte (nur Irland schon 1921).

Tab. 2: Die Hoheitsbereiche der Kolonialmächte um 1920
(Gesamtfläche der Erde 146 Mio. km^2; Gesamtbevölkerung der Erde ca. 1800 Mio; Quelle: Exenberger 2000 / 2001, S. 10)

Relevanz exakter Länderkunden herausgestellt, so können wir nun auch eine gewisse didaktische Relevanz selbst der in rein idiographischer Zielsetzung konzipierten geographischen Länderkunden erkennen. *Ein im Umfang zweckentsprechend abgegrenztes singuläres Wissen über die wichtigsten Erdräume und ihre Bewohner bildet eine der Grundlagen zur sicheren Einordnung geographischer Information*" (Ebinger 1971, S. 95 – Herv. i. O.). Die Einschätzung, dass durch die Behandlung von Ländern der Stoff übersichtlich zu reduzieren sei und diese Übersicht eine schnelle Einordnung von neuen Informationen zulasse, mag solange eine gewisse Plausibilität versprochen haben, wie die Anzahl der Länder selbst relativ übersichtlich blieb. Das war zu Zeiten der Kolonialreiche unbestritten der Fall: 1920 teilten sich nur 9 Länder knapp die Hälfte der Gesamtfläche der Erde und der Erdbevölkerung (vgl. Tab. 2). Die Gesamtzahl aller Länder auf der Erde betrug gerade einmal 71 (vgl. Tab. 3). Bis 1970 hatte sich die Zahl der Länder fast verdoppelt. Nun galt es - ohne entsprechend erhöhtes Stundendeputat, denn auch die anderen Fächer litten ja unter der Informationsflut - 139 Länder „durchzunehmen". Das Ergebnis dieses Versuchs wurde bereits 1970 von Schultze kritisiert: „Mag das länderkundliche Schema bei großen länderkundlichen Werken gerade noch erträglich sein, weil innerhalb der einzelnen Kapitel Platz genug ist für die ausführlichere Behandlung von Teilthemen – im Unterricht und im Lehrbuch bleibt bei der üblichen Verkürzung in der Regel nur dürftigste Faktenaufzählung" (Schultze 1970a, S. 6). Er plädierte stattdessen dafür, dass die Stoffauswahl „sich nicht mehr an Regionen, sondern

Gebiet	1900	1910	1920	1930		1950	1960	1970	1980	1990	2000
Gesamt	49	54	71	74		87	94	139	165	173	193
Afrika	2	2	3	4		4	10	42	51	52	54
Amerika	20	22	22	22		22	22	26	32	35	35
Asien	6	6	9	11		27	28	33	39	40	44
Ozeanien	0	2	2	2		2	2	4	9	12	13
Europa	21	22	35	35		32	32	34	34	34	47

Tab. 3: Anzahl der faktisch souveränen Staaten 1900-2000 nach Regionen
(Quelle: Exenberger 2000 / 2001, S. 22)

an geographischen Strukturen (Einsichten)" (ebd., S. 7) orientieren solle. Ziel solle es sein, den Schülern „arbeitendes Wissen" (Schultze 1970a, S. 7; vgl. Schultze 1972, S. 194) zu vermitteln.

Seit Beginn der 70er Jahre nimmt das Wissen – zumindest im Bereich der naturwissenschaftlichen Kerndisziplinen – nicht mehr exponentiell zu (Marx, Gramm 2002, S. 4). Trotzdem wuchsen die Informationsmengen weiter (Haubrich 1984b, S. 520). Während es in den Bereichen Naturwissenschaft und Technik 1950 nur schätzungsweise 2000 Veröffentlichungen pro Arbeitstag gegeben hat, sind es heute etwa 20.000 (ebd., S. 3). Damit die einzelnen Wissenschaftler überhaupt noch eine Chance haben, ihr Fachgebiet einigermaßen zu überschauen, wurden auf institutioneller Ebene immer mehr Teilgebiete aus den alten Wissenschaften ausgelagert (ebd., S. 9). Von dieser Form der Ausdifferenzierung der einzelnen Teilgebiete ist auch die Fachwissenschaft Geographie nicht verschont geblieben (Kroß 1991b, S. 14; 2002, S. 42), so dass sich ihre „traditionelle Brückenfunktion (...) kaum noch einlösen" lässt (Kroß 2002, S. 42).

Um einzelnen Wissenschaftlern bei Bedarf einen schnellen Überblick über den Wissensstand zu ermöglichen, wurden die Datenbanken weiterentwickelt. Es wurden immer mehr Faktendatenbanken erstellt, in denen nur die „harten Fakten" gesammelt werden (vgl. Wiktorin, Rink 2002, S. 15). „Die 'weichen' Daten wie Kommentare und Erklärungen der Autoren werden beiseitegelassen" (Marx, Gramm 2002). Eine der bekanntesten Faktendatenbanken für den geographischen Bereich, der Fischer Weltalmanach, erscheint seit 1960 (Baratta 1999, Sp. 9). Auch das „Handbuch der Dritten Welt" erschien in seiner ersten vierbändigen Fassung bereits zwischen 1974 und 1978 (Nohlen 2002). In der Zeit von „1975 bis 1988 ist die Zahl der Faktendatenbanken im Verhältnis zu den Referenzdatenbanken von 13 Prozent auf über 50 Prozent angestiegen" (Marx, Gramm 2002, S. 8). Heute ist es somit kaum noch ein Problem, bestimmte Fakten zu erschließen. Die Kenntnisnahme von Fakten bedeutet aber noch lange nicht, dass der Einzelne damit auch vernünftig umgehen kann (ebd., S.

9), weswegen erneut Forderungen lauter werden, Schüler anzuleiten, „Trans-fer-Fähigkeiten zu entwickeln" (Schmidt-Wulffen 1998a, S. 14) statt ihre „Fä-higkeit zur Speicherung von Faktenkenntnissen" (ebd., S. 14) zu trainieren: „Das heißt: Konzentration auf weniges, ‚Erschließendes', das bezüglich seiner Aneignungsstrategien reflektiert werden muss" (Schmidt-Wulffen 1999a, S. 8; vgl. Haubrich 1984b, S. 524).

Wie notwendig eine solche Herangehensweise ist, zeigt auch die 2000 erschie-nene PISA-Studie. Sie kommt bezüglich der Lesekompetenz deutscher Jugend-licher zu dem Ergebnis, dass fast 10 Prozent „den Anforderungen der Kompe-tenzstufe I nicht gewachsen sind" (Artelt u. a. 2001, S. 103) und „weitere 12,7 Prozent der in Deutschland erfassten Schülerinnen und Schüler (...) sich auf Kompetenzstufe I" (ebd., S. 103) bewegen. Die Kompetenzstufe I verlangt da-bei das Erkennen eines mehrfach wiederholten oder am Beginn des Textes ge-nannten Hauptgedankens, die Lokalisation einer oder mehrerer unabhängiger, „aber ausdrücklich angegebener Informationen" (Artelt u. a. 2001, S. 89) und die einfache Verbindung dieser Informationen mit „weit verbreitetem Alltags-wissen" (ebd., S. 89). Die Kompetenzstufe V, die verlangt, dass der Leser „ver-schiedene, tief eingebettete Informationen" (ebd., S. 89) lokalisieren kann, dass er Texte, deren Format und Thema ihm unbekannt sind, vollständig ver-stehen kann und dass er diese Texte aufgrund von ihm bekannten Konzepten bewerten kann (ebd., S. 89), erreichen nur knapp 9 Prozent der deutschen Schüler (Artelt u. a. 2001, S. 103f).

In der Geographiedidaktik werden derweil Listen mit topographischem Mindest-wissen erstellt, nach denen die Schüler der Sekundarstufe I innerhalb von vier Jahren 425 topographische Begriffe zu lernen hätten (Birkenhauer 1996, S. 40). In baden-württembergischen Schulbüchern der Klassen 5 bis 8 werden in den 90er Jahren 445 (Diercke) bis 744 (Terra) verschiedene Grundbegriffe, die Schüler lernen sollen, in Glossarlisten zusammengefasst[28] (Schmithüsen 2002,

---

28 Interessant an diesen Listen ist vor allem auch, dass von den insgesamt 988 verschiedenen Begriffen der beiden Schulbuchreihen nur 198 Begriffe oder 20,04 % der Begriffe in beiden Reihen vorkommen (Schmithüsen 2002, S. 114)

S. 114). Parallel dazu macht sich in den neueren Schulbüchern ein „abnehmender Aufwand bei der Aufgabenformulierung (...) generell nachteilig bemerkbar" (Kroß 1995c, S. 174). Die Aufgaben seien „überaus knapp und einfach strukturiert", „vorwiegend reproduktiv" und konzentrierten „sich auf ein Faktum"[29] (ebd., S. 174). Angesichts derartiger Realitäten wirkt es schon fast anachronistisch, wenn der Vorsitzende des Verbandes Deutscher Schulgeographen behauptet, dass der inhaltliche Umgang mit den PISA-Aufgaben „Die Struktur der erwerbstätigen Bevölkerung", „Tschadsee" und „PLAN international" (vgl. OECD 2003) „auch deutschen Schülern leichtfallen [könnte] – wenn sie ausreichenden Unterricht im Schulfach Geographie hätten" (Schallhorn 2004b, S. 159). Tatsächlich werden selbst die als Reaktion auf die PISA-Studie von Geographiedidaktikern veröffentlichten Aufgabenbeispiele (Bullinger, Hieber, Lenz 2002; Schmidt-Wulffen 2002b; Flath 2004; Lenz 2004) den Anforderungen der PISA-Aufgaben nicht gerecht (Schramke 2005, S. 42; Uhlenwinkel 2005b, S. 56 – vgl. Kap. 7).

2.2.6 ENTWICKLUNG DER GEOGRAPHIEDIDAKTIK

Die Geographiedidaktik ist eine „junge wissenschaftliche Teildisziplin" (Schramke, Uhlenwinkel 2002, S. 189). Sie konnte sich „erst ab den 60er Jahren vor allem im Gefolge der Pädagogischen Hochschultage von 1959 (Tübingen) und 1962 (Trier)" (Köck 1990, S. 36) als selbständige Disziplin an den Hochschulen und Universitäten etablieren und ist damit gerade mal 35 Jahre alt. Vor ihrer Etablierung an der Universität spielte sie zumindest in der gymnasialen Lehrerbildung lange Zeit „überhaupt keine Rolle" (ebd., S. 36). Es gab „fast nur die traditionellen Pädagogischen Hochschulen, fast nur Dozenten und

---

29 Dass solch eine Vorgehensweise nicht zu Erkenntnis führt, zeigen die Versuche, Computern selbständiges Denken beizubringen: „Und selbst wer sich für erkenntnistheoretische Fragen nicht weiter interessiert, stößt bei dem Versuch, bei der Herstellung ‚künstlicher Intelligenz' Erkennen oder Wissen auf ‚Inputs' oder ‚Daten' zurückzuführen, auf bisher unlösbare praktische Probleme und muss sich weiterhin mit dem alten Rätsel des Erkennens herumschlagen" (Martens 2003, S. 12f.).

70

Assistenten, aber keine habilitierten Professoren der Didaktik der Geographie"
(Haubrich 2001a, S. 96).

In der Anfangszeit der Fachwissenschaft Geographie als Hochschuldisziplin fühlten sich vor allem zwei Hochschullehrer für die Belange der Schulgeographie
verantwortlich: A. Kirchhoff und H. Wagner (Brogiato 1995, S. 486). Sie waren
- wie viele andere Hochschullehrer auch - Oberlehrer, die die neu geschaffenen
Lehrstühle besetzten (Hard 1979, S. 16). Zwischen 1881 und 1901 dominierten
sie die schulgeographische Diskussion (Brogiato 1995, S. 486). Bereits 1901
kam es allerdings im Rahmen der Organisation des Deutschen Geographentages mit der Gründung der „Ständigen Kommission für den erdkundlichen Schulunterricht" (ebd., S. 487) zu einer Verlagerung des Vertretungsanspruchs, was
schon bald zu einer heftigen Auseinandersetzung darüber führte, „wie man das
eigene Schulfach legitimieren und mit welcher Strategie man vorgehen konnte"
(ebd., S. 487). Die Kommission erwies sich dabei für die Schulgeographen als
wenig geeignetes Instrument (ebd., S. 487), so dass sie bereits 1912 wieder
aufgelöst wurde. Kurz vorher – 1911 - hatten die Schulgeographen ihrerseits
einen eigenen Verband, den „Verband Deutscher Schulgeographen" (VdS), gegründet und ihren Selbstvertretungsanspruch damit untermauert (ebd., S.
487f.).

Die Geographiedidaktiker, die im Zuge der allgemeinen wissenschaftlichen Spezialisierung in den 60er Jahren an die Hochschulen berufen wurden, waren zunächst in dem in der Nachkriegszeit neu gegründeten Verband Deutscher Schulgeographen organisiert (Haubrich 2001a, S. 89). Allerdings machte sich schon
bald der Wunsch nach einem größeren fachpolitischen Einfluss breit (ebd., S.
89) und man forderte für die Didaktik eine eigene Arbeitsgemeinschaft, die „den
Status eines Landesverbandes" (ebd., S. 89) und deren Vorsitzender „volles
Mitspracherecht im Vorstand des Verbandes" (ebd., S. 89) haben sollte. Dieser
Vorschlag stieß bei den Schulgeographen auf wenig Gegenliebe (ebd., S. 89),
und so hielten es die Inhaber der bis dahin eingerichteten Lehrstühle für notwendig, sich in einem eigenen Verband, dem 1971 gegründeten

„Hochschulverband für Geographie und ihre Didaktik e.V.", zu organisieren (Haubrich 2001a, S. 89f.), um „die geographiedidaktische Forschung zu fördern" (ebd., S. 96). Seit 1973 erscheint die Verbandszeitschrift „Geographie und ihre Didaktik" (Schramke 1983, S. 88), die ein „innerfachliches Informations- und Diskussionsforum" (Haubrich 2001a, S. 95) für Fragen der Fach- und Hochschuldidaktik bieten sollte. 1976 wurde das Mitteilungsblatt ergänzt um die Reihe „Geographiedidaktische Forschungen", in der neben Berichten von Symposien auch Dissertationen und Habilitationen zur Geographiedidaktik veröffentlicht werden (ebd., S. 96f.).

Parallel zur Gründung des HGD wurden 1971 erste Schritte zur Etablierung eines Vorhabens unternommen, das später den Namen „Raumwissenschaftliches Curriculum-Forschungsprojekt" erhielt (Geipel 1978a, S. 12f.) und sich das Ziel gesetzt hatte, neue raumwissenschaftliche Unterrichtseinheiten zu entwickeln und zu evaluieren, um so „den Geographieunterricht an den allgemeinbildenden Schulen ‚von innen heraus' zu erneuern" (Fürstenberg 1980, S. 13). Die Unterrichtseinheiten sollten von Fachwissenschaftlern, Didaktikern und Lehrer gemeinsam erarbeitet werden, um auf allen Ebenen befriedigende Ergebnisse zu erzielen. Ab 1973 wurde das Projekt durch Bundesmittel finanziert (Geipel 1975a, S. 11). Insgesamt wurden bis 1976 mehr als 20 Unterrichtseinheiten erstellt, von denen in den darauffolgenden Jahren neun Einheiten evaluiert wurden (Fürstenberg 1980, S. 13; vgl. Jander, Schramke, Wenzel 1982b, S. 334f). Auch in der Zeitschriftenlandschaft tat sich einiges. Die Geographische Rundschau, die dem Verband Deutscher Schulgeographen seit ihrer Gründung 1949 (Schramke 1983, S. 89; Brogiato 1995, S. 489; 1999, S. 5) als Verbandsorgan diente (Brogiato 1999, S. 5) und trotz einer Reduktion der schulpraktischen Anteile in den 50er Jahren (ebd., S. 8) immer noch den Ruf genoss, die „auflagenstärkste schulgeographische Fachzeitschrift im deutschen Raum" (Schramke 1983, S. 89) zu sein, stellte sich mit einer veränderten Beitragszusammensetzung auf die neue Nachfrage ein. Nachdem der Anteil der auf

	Geographiedidaktische Forschungen	Frankfurter Beiträge zur Didaktik der Geographie	Materialien zur Didaktik der Geographie	Augsburger Beiträge zur Didaktik der Geographie	Münchener Studien zur Didaktik der Geographie	Regensburger Beiträge zur Didaktik der Geographie
1977	1	1	1			
1978	2	1				
1979	2	1	1	1		
1980	2		1	2		
1981	1	2	1			
1982			1	1		
1983		1				
1984	4	1	3	1		
1985	2	1	1			
1986	1	1		1		
1987	1	1		2		
1988	1		2			
1989		1	3			
1990	1				1	
1991	1		1	1		
1992	2		2		2	
1993	1	3			1	
1994	2				1	
1995	2	1	1	1	1	
1996	1				1	1
1997	2				3	1
1998	2					3
1999	1					
2000	1					
2001	1					
2002	1					

Tab. 4: Institutsreihen: Anzahl der Veröffentlichungen pro Jahr von 1977-2002
(Quelle: HGD 2002)

Unterricht bezogenen Beiträge ein gutes Jahrzehnt bei nur 10% gelegen hatte (Brogiato 1999, S. 8), wurde er ab Ende der 60er Jahre auf etwa 20% erhöht (Brogiato 1999, S. 8; 2000, S. 58). Da dies aber immer noch nicht ausreichte, die Nachfrage zu befriedigen (vgl. Brogiato 2000, S. 58), wurde das Heft ab 1971 durch Beihefte ergänzt, „die sich besonders der Unterrichtspraxis widmen sollten" (Brogiato 1999, S. 8; vgl. Brogiato 2000, S. 58). Aus diesen Beiheften

73

ging 1979 die ‚Praxis Geographie‟ hervor (Brogiato 1999, S. 8; Schramke 1983, S. 105). Auch die bereits seit 1961 erscheinende Zeitschrift ‚Der Erdkundeunterricht‘ (Schramke 1983, S. 80) musste „durch Sonderhefte ergänzt werden‟ (Schultze 1979a, S. 2); ab 1979 erschien sie regelmäßig mit 4 Heften im Jahr (Schramke 1983, S. 80). Ab 1976 kam die Zeitschrift ‚Geographie im Unterricht‘ hinzu, die sich speziell an die Sekundarstufe I wendete (ebd., S. 87). 1977 erblickten gleich drei neue Reihen das Licht der Welt: die Universitätsreihen ‚Frankfurter Beiträge zur Didaktik der Geographie‘ (ebd., S. 85) und ‚Materialien zur Didaktik der Geographie‘ aus Trier (ebd., S. 96) sowie die ‚Hefte zur Fachdidaktik der Geographie‘ (ebd., S. 91), die bereits 1979 in ‚Geographie und Schule‘ (ebd., S. 88) umbenannt wurden. Ebenfalls 1979 wurde diesen Publikationen die Reihe ‚Augsburger Beiträge zur Didaktik der Geographie‘ hinzugefügt (vgl. Tab. 4). In Österreich erscheint darüber hinaus seit 1978 die von der Bank Austria unterstützte Zeitschrift ‚GW-Unterricht‘ (Schramke 1983, S. 91), die sich dem integrierten Geographie- und Wirtschaftskundeunterricht widmet. In diesem Anwachsen der Publikationsorgane konnte Schultze 1979 durchaus „die Erfolge vergangener Jahre‟ (Schultze 1979a, S. 2) sehen. Immerhin musste es auf der einen Seite genug Autoren geben, die die vielen Publikationsorgane mit Beiträgen beliefern konnten und wollten, und auf der anderen Seite mussten sich auch in der Lehrerschaft genug Interessenten finden, die diese Zeitschriften kauften und lasen. Trotz des erreichten Niveaus blieben aber viele Fragen, die „noch gründlicher Forschung‟ (Gerlach 1977, S. 38) bedurften, damit „die weit vorangeschrittene Umformung des Geographieunterrichts nicht nur in der fachdidaktischen Diskussion mehr und mehr an Profil gewinnt, sondern ihre Wirkung auch in der Praxis und damit zum Nutzen des Schülers in vollem Umfang zu entfalten mag‟ (ebd., S. 38). Dazu sollte es allerdings nicht mehr kommen.

Zwar konnte Birkenhauer für den Zeitraum von 1975 bis 1984 „ca. 200 (…)
geographiedidaktische Abhandlungen" (Birkenhauer 1986, S. 218) zählen[30] und
Hemmer für den darauffolgenden Zeitraum von 1985 bis 1995 insgesamt 105
Forschungsprojekte ermitteln, die von insgesamt 60 Personen durchgeführt
wurden (Hemmer 1997, S. 86)[31]. Gleichzeitig ließ sich aber, wie in anderen
Fachbereichen auch, eine „Didaktik-Flucht" (Rumpf 2000, S. 14) beobachten
(vgl. Schramke 1986a, S. 118), die dazu führte, „dass nicht wenige Geographiedidaktiker nach der Integration der meisten Pädagogischen Hochschulen in
die Universitäten in die Fachwissenschaft Geographie abgewandert sind und
damit neben den späteren Umwandlungen von geographiedidaktischen Lehrstühlen in fachgeographische die personelle Decke unserer jungen Disziplin zusätzlich geschmälert haben" (Haubrich 2001a, S. 90; vgl. Köck 1990, S. 35;
Hemmer, I. 2001, S. 157; Merzyn 2002, S. 95). Die Folgen waren nicht zu übersehen: Obwohl es in Deutschland im Jahr 2000 insgesamt 38 Standorte gab,
an denen Geographiedidaktiker tätig waren, haben es in den Jahren 1980 bis
2000 nur 8 Standorte auf mehr als 10 Publikationen pro Mitarbeiter in *geographiedidaktischen* Zeitschriften gebracht (Schramke, Uhlenwinkel 2002, S. 198);
an vier Standorten konnte gar keine Publikationstätigkeit festgestellt werden
(ebd., S. 198)[32].
Auch das Interesse der Leserschaft schien zu erlahmen, so dass es auf dem
gerade expandierten Zeitschriftenmarkt zu erneuten Umstellungen des

---

30 Einen Nachweis, wie er auf diese Zahl kommt, findet sich im Beitrag allerdings nicht. Er setzt
sie lediglich in Beziehung zu einer ungenannten Zahl neuer geographiedidaktischer Lehrstühle.
Vollständig lautet der Satz nämlich: „Von den ca. 200 für diesen Beitrag gesichteten geographiedidaktischen Abhandlungen ist auch die überwiegende Zahl der Autoren geliefert worden,
die an diesen Instituten tätig sind oder waren" (Birkenhauer 1986, S. 218).
31 Dabei muss allerdings bedacht werden, dass Hemmer ursprünglich 319 Personen ange-
schrieben hatte. Von diesen Personen haben 138 geantwortet und von diesen 138 Personen
haben wiederum nur 60 Befragte Forschungsprojekte benannt. Andererseits waren von den
319 angeschriebenen Personen „nur" 90 zur Forschung verpflichtet (Hemmer 1997, S. 84).
32 Bedacht werden muss dabei allerdings, dass die Autoren ihren Erhebungen die „Datenbank
Schulpraxis" als Datenquelle zugrunde gelegt haben, die weder Beiträge in fachwissenschaftlichen Zeitschriften noch Monographien oder Beiträge in Sammelbänden oder Institutsreihen
erfasst (Schramke, Uhlenwinkel 2002, S. 196).

Beitragsangebots und zu Fusionen verschiedener Zeitschriften kam. Das ehemalige Verbandsorgan der Schulgeographen, die Geographische Rundschau, teilte ihren Lesern dementsprechend 1982 mit, dass man die Entwicklung zu einer rein fachwissenschaftlichen Zeitschrift anstrebe (Brogiato 1999, S. 8). 1983 erschien folgerichtig die letzte „Programmatische Standortbestimmung des Verbandes in der GR" (ebd., S. 9). ‚Der Erdkundeunterricht' ging 1984 in ‚Geographie und Schule' auf (Richert, Schramke 1984, S. 25; Landesinstitut für Schule und Weiterbildung 2002). Die Zeitschrift ‚Geographie im Unterricht' wurde ebenfalls 1984 von der ab 1980 neu hinzugekommenen Zeitschrift ‚geographie heute' übernommen (Landesinstitut für Schule und Weiterbildung 2002; SUUB 2002), ebenso 1999 die mit der Wende seit 1991 auf den gesamtdeutschen Markt drängende ‚Zeitschrift für den Erdkundeunterricht' (Landesinstitut für Schule und Weiterbildung 2002). Nicht an diesem Fusionsprozess beteiligt waren die bis heute erhaltenen Zeitschriften ‚Praxis Geographie' und ‚GW-Unterricht'.

Neu ins Leben gerufen wurden in den 90er Jahren aber immerhin zwei Institutsreihen: 1990 die ‚Münchner Studien zur Didaktik der Geographie' und 1996 – rechtzeitig zum Schulgeographentag 1998 – die ‚Regensburger Beiträge zur Didaktik der Geographie' (vgl. Tab. 4). Abgesehen von den ‚Geographiedidaktischen Forschungen' zeichnet sich allerdings keine der Institutsreihen durch regelmäßiges und kontinuierliches Erscheinen aus. Die ‚Frankfurter Beiträge zur Didaktik der Geographie', die ‚Materialien zur Didaktik der Geographie' und die ‚Augsburger Beiträge zur Didaktik der Geographie' haben jeweils 1995 das letzte Mal einen Band auf den Markt gebracht, die ‚Münchner Studien zur Didaktik der Geographie' 1997 und die ‚Regensburger Beiträge zur Didaktik der Geographie' 1998, nach dem Abschluss des Schulgeographentages.

Schramke und Uhlenwinkel gingen folgerichtig zu Beginn des neuen Jahrtausends davon aus, dass die hier beschriebene Situation „schon kurzfristig die wissenschaftliche Geographiedidaktik ruinieren" könnte (Schramke, Uhlenwinkel 2002, S. 213), wenn freiwerdende Stellen aus Mangel an qualifiziertem

Nachwuchs und Interesse entweder mit Lehrern oder mit Fachwissenschaftlern besetzt würden (ebd., S. 213). Wie zur Bestätigung dieser These erschienen in den folgenden Jahren in kurzer Reihenfolge drei „Didaktiken", die nicht von Fachdidaktikern geschrieben wurden[33]:

Autor der ersten dieser Didaktiken ist Franz Kestler (2002), der nach 15 Jahren Lehrertätigkeit zum Akademischen Oberrat an der LMU München avancierte (vgl. Buchrückseite von Kestler 2002), aber weder durch unterrichtspraktische Beiträge (vgl. Landesinstitut für Schule und Weiterbildung 2003) noch durch Beiträge „zu grundsätzlichen Fragen der Geographiedidaktik" (Vielhaber 2003b, S. 104) oder zu „den diversen Auseinandersetzungen zwischen Vertretern unterschiedlicher fachdidaktischer Paradigmen" (ebd., S. 104) bekannt geworden ist.

Der Autor der zweiten Didaktik, Gisbert Rinschede (2003), gehört dagegen zu jenen Inhabern von „Lehrstühlen für Didaktik der Geographie", die Fachwissenschaftler sind. Zwar verzeichnet die Datenbank Schulpraxis zwischen 1982 und 1996 insgesamt 15 Beiträge von ihm (Landesinstitut für Schule und Weiterbildung 2003), davon sind aber zwei aus der Geographischen Rundschau, zwei reine Literaturhinweise und die restlichen weisen sich durch Titel wie „Religionen prägen Räume" oder „Ranching im Westen" aus (ebd.). Gerade der letzte Titel dürfte mitsamt der Habilitationsschrift des Autors zum Thema „Die Wanderwirtschaft im gebirgigen Westen der USA und ihre Auswirkungen im Naturraum" (VGDH 2002, S. 325) kaum als Ausweis *didaktischer* Schwerpunktbildung gelten. Obwohl Rinschede seine Arbeitsbereiche mit „Didaktik der Schulgeographie, Didaktik der Hochschulgeographie und Religionsgeographie" (ebd., S. 325) angibt, sprechen seine ehrenamtlichen Tätigkeiten eine andere Sprache: „Vorsitzender des AK ‚Religionsgeographie'; Ressource Editor ‚Annals of Tourism Research'; Mitherausgeber ‚Geographia Religionum'; Mitherausgeber ‚Regensburger Beiträge zur Didaktik der Geographie'" (ebd., S. 324).

---

33 Zur inhaltlichen Einschätzung dieser Bände vgl. auch Schultz (2004b), der in Bezug auf die überaus kurz geratenen disziplinhistorischen Darstellungen „nicht nur auf Fehler im Detail, sondern auch auf falsche Grundannahmen" (ebd., S. 44) stößt.

Die dritte Didaktik ist ein Herausgeber-Band, für den der Vorsitzende des Verbandes Deutscher Schulgeographen, Eberhard Schallhorn (2004a), verantwortlich zeichnet. Von ihm finden sich auf der Datenbank Schulpraxis ganze drei Titel (Landesinstitut für Schule und Weiterbildung 2003).

Die Schwächung der Fachdidaktik mag für Schulgeographen, die wie Hoffmann (1978) um den institutionellen Machterhalt des Verbandes besorgt sind, wie eine gute Geschichte erscheinen, für die Professionalisierung des Geographieunterrichts handelt es sich hier einmal mehr um eine ziemlich schlechte „gute Geschichte".

2.3 DIE NOTWENDIGKEIT EINER KOMPLEXEN GESCHICHTE

In den bisherigen Kapiteln ist eine Reihe von guten und schlechten Geschichten erzählt worden. Die guten Geschichten stammen allesamt aus der Endzeit der Reform. Die schlechten Geschichten schlagen eher trittsteinartig einen Bogen von der Reformzeit in die späten 90er Jahre. Alle diese Geschichten sind sehr einfach gestrickt: die guten Geschichten laufen auf Entwicklungen hinaus, die der jeweilige Autor wünscht, die schlechten Geschichten auf eine Entwicklung, die von einer größeren Gruppe von Schulgeographen und Geographiedidaktikern offensichtlich toleriert oder sogar akzeptiert wird, ohne dass sie von ihnen als in sich geschlossene Geschichte formuliert wurde. Sowohl die guten Geschichten als auch die schlechten Geschichten beschreiben durchaus unterschiedliche Entwicklungsrichtungen. Allerdings fällt auch auf, dass ein Großteil der guten wie der schlechten Geschichten weniger eine Weiterentwicklung als vielmehr eine Tradierung oder sogar Zurückentwicklung fachlicher Positionen beinhaltet.

Eine differenzierte Geschichte der Geographiedidaktik müsste zumindest andeutungsweise zeigen können, wie es zu der Diskrepanz zwischen guten und schlechten Geschichten gekommen ist und welche Konsequenzen das für die Etablierung des Faches als ernstzunehmende Wissenschaft hatte. Eine solche Geschichte bietet keine einfachen Antworten, denn ihr Effekt besteht ja auch

darin, „die durch die professionellen Märchenerzähler aufs angenehmste reduzierte Komplexität wiederherzustellen, d. h. Erwartungen zu enttäuschen, Legi-
timität und Sinn ruinieren" (Hard, 1979, S. 15). Eine solche komplexe Geschichte beinhaltet natürlich viel von dem, was in guten Geschichten auch erzählt wird, sei es nun die Diskussion um die allgemeine Geographie, die Erarbeitung von Lernzielkatalogen oder die Auseinandersetzung zwischen Schulgeographen und Didaktikern. Dort, wo eine gute Geschichte allerdings *„alternative*
Entwicklungslinien verschüttet, keine Spielräume kennt und sich nicht zuletzt
die vermeintlichen *Renegaten* durch Ignorierung vom Halse hält und ihre Arbeiten vor dem Hintergrund einer ‚ewigen' Geographie als *ungeographisch* aus
dem Fach verweist" (Schultz 2004b, S. 53 – Herv. i. O.), versucht eine differenzierte Geschichtsschreibung gerade auch diese „dunklen Flecken" zu beleuchten, um den „Diskontinuitäten, Brüchen und Gegendiskursen" (ebd., S. 44) gerecht zu werden. In der Geschichte, die in den nächsten Kapiteln erzählt wird,
wird deswegen nicht nur versucht, „die Dialektik von *Kontinuität* und *Relativität*
bezüglich der Entwicklung der Identitätsfestlegung der Fachvertreter und der
Vertreter der Schulgeographie" (ebd., S. 54) aufzuzeigen, sondern auch, den
oft vergessenen Beitrag der „Schmuddelkinder"[34] der Geographiedidaktik zu
würdigen.

3 DER QUALITATIVE ANSATZ

Die historische Ausrichtung dieser Arbeit legt methodisch den in der Geschichtswissenschaft gebräuchlichen Ansatz der Dokumentenanalyse (Mayring 2002, S.
46) nahe, der hier um das Element des problemzentrierten Interviews (ebd., S.
67) ergänzt wird.
Im Rahmen historischer Forschung werden Interviews dem weiten Feld der Oral
History (Vorländer 1990; Alcàzar i Garrido 1994) zugerechnet. Beide

---

34 Hinweis für jüngere Leser: Ich beziehe mich damit auf ein in den 70er Jahren relativ be-
kanntes Lied von Franz Josef Degenhardt, in dessen Refrain es heißt: „Spiel nicht mit den
Schmuddelkindern, sing nicht ihre Lieder. Geh doch in die Oberstadt, mach's wie deine Brüder"
(Degenhardt 2003b).

Forschungsdesigns, sowohl die Dokumentanalyse als auch die Oral History, sind Formen der qualitativen Forschung (Vorländer 1990, S. 15; Mayring 2002, S. 20 und S. 46) und zeichnen sich gegenüber den in der Geographiedidaktik vorherrschenden quantitativen Forschungsdesigns durch einige Besonderheiten in der Theoriebildung aus, auf die hier zwecks Vermeidung von Missverständnissen kurz hingewiesen werden soll.

Wie in der quantitativen Forschung stellen theoretische Vorstrukturierungen und Hypothesen zwar auch in der qualitativen Forschung ein wichtiges Erkenntnismittel dar, sie sollten sich aber „erweitern, modifizieren, auch revidieren lassen, wenn es notwendig erscheint" (ebd., S. 28; vgl. Meder 1985, S. 12). Mit diesem „Prinzip der Offenheit" (Mayring 2002, S. 28) sollen Beschränkungen umgangen werden, die sich vor allem im Ansatz des kritischen Rationalismus finden. Die Grundannahme dieser Denkrichtung, Forschungsergebnisse seien nur dann wissenschaftlich, „wenn *vor* der empirischen Untersuchung des Gegenstandes theoretisch fundierte Hypothesen formuliert wurden, die dann nur noch am Gegenstand überprüft werden müssen" (ebd., S. 28 – Herv. i. O.), verengt die Perspektive des Wissenschaftlers auf „zu verifizierende / falsifizierende Hypothesen" (Meder 1985, S. 12). In der qualitativen Forschung wird zwar auch von theoretischen Formulierungen im Sinne einer „Zusammenfassung und Strukturierung allen bisherigen Wissens über den Untersuchungsgegenstand" (Mayring 2002, S. 28) ausgegangen, die eigentliche Hypothesengenerierung soll aber „entlang des Forschungsprozesses" (Meder 1985, S. 13) stattfinden, „die Theorie wächst gleichsam mit" (ebd., S. 13). Dieses Forschungsdesign bot sich an, weil über den hier bearbeiteten Forschungsgegenstand i. e. S., von den bereits referierten guten „guten Geschichten" abgesehen, kaum Arbeiten vorlagen, auf die hätte zugegriffen werden können. Die wenigen Erzählungen zur Disziplingeschichte waren zudem, mit der Ausnahme von Schultzes Aufsatz vom Ende der 90er Jahre (Schultze 1998), um die 20 Jahre alt und erwiesen sich von ihrer Anlage her als wenig hilfreich, *sowohl* die Kontinuitäten *als auch* die Diskontinuitäten in der geographiedidaktischen

Diskussion schlüssig darzustellen. Ihr Schwerpunkt bestand durchweg in einer Darlegung der Auseinandersetzungen um die inhaltliche Ausrichtung des Geographieunterrichts. Diese Akzentsetzung erwies sich im Laufe meiner Arbeit als zu wenig aussagekräftig. Vielmehr rückte die Frage nach der Etablierung der Geographiedidaktik als (erziehungs-) wissenschaftliche Disziplin in den Mittelpunkt. Das wiederum zog eine Ausweitung des Betrachtungsgegenstands nach sich: Nicht nur die Entwicklung in der Geographiedidaktik selbst, sondern auch die theoretischen Konzepte der von ihr rezipierten Nachbarwissenschaften mussten betrachtet werden. Letzteres vor allem auch, weil ein größerer Teil der in den 90er Jahren tätigen Didaktiker sich oft explizit auf Vorstellungen anderer Wissenschaften berief und einige unter ihnen sich dabei kaum bemühten, diese „Importe" an die eigene, wenn auch wenig entwickelte Wissenschaft anzukoppeln. Damit allerdings ergibt sich das Problem, dass die Arbeit, will sie denn einigermaßen fundiert sein, eine ganze Reihe z. T. kaum miteinander verbundener Themen aus den Erziehungswissenschaften, der Soziologie oder der Ökologie mitverfolgen muss (vgl. Schmidt 2004, S. 3). Das ist kaum in der ganzen Breite zu leisten, so dass es hier zu deutlichen Schwerpunktsetzungen kam. Dabei wurde vor allem bei jenen Ansätzen, die sich fast ohne Anbindung nach innen auf Theorieimporte stützen (z. B. Ingrid Hemmers Interessenforschung oder Rhode-Jüchterns Perspektivenwechsel), der jeweilige fachfremde Hintergrund stärker ausgeleuchtet als bei anderen Ansätzen, deren Vertreter immerhin versucht haben, ihre Vorstellungen auch innerhalb der Fachdidaktik zu verankern – wenn auch manchmal in Opposition zu den dort vorgefundenen Denkmustern.

Eine am Ansatz der qualitativen Sozialforschung orientierte Arbeit kann und will nicht zu „raumzeitlich unabhängigen allgemeinen Gesetzen" (Mayring 2002, S. 37) führen, denn sie geht von der Annahme aus, „dass Menschen nicht nach Gesetzen quasi automatisch funktionieren, sondern sich höchstens Regelmäßigkeiten in ihrem Denken, Fühlen und Handeln feststellen lassen" (ebd., S. 37). Eine vergleichsweise deutlich ausgeprägte Regelmäßigkeit geographischen Denkens, die oft weitgehend unbewusste Orientierung der Fachvertreter an der Politik (vgl. Schultz 1993), scheint dabei in die Geographiedidaktik übernommen worden zu sein. Da Regeln aber „an situative, soziohistorische Kontexte" (Mayring 2002, S. 37) gebunden sind und es selbst in diesen Kontexten immer auch Ausnahmen von der Regel gibt, sind die Untersuchungsergebnisse der qualitativen Sozialforschung „zunächst immer nur für den Bereich, in dem sie gewonnen wurden" (ebd., S. 35) gültig. Jede darüberhinausgehende Verallgemeinerung muss *argumentativ* begründet werden (ebd., S. 35), um Kurzschlüsse, wie sie in rein statistischen Auswertungen oft zu finden sind (vgl. Hard 1986), zu vermeiden.

3.1 ERFASSUNG DES KOMMUNIKATIVEN FUNKTIONSGEDÄCHTNISSES

Das kommunikative Gedächtnis gehört zum Gegenstandsbereich der Oral History (Erll 2005, S. 28), deren Forschungsdesign sich gegenüber der Dokumentenanalyse vor allem dadurch auszeichnet, dass die zu untersuchende historische Quelle durch Befragung erst produziert werden muss (Vorländer 1990, S. 21; Dejung 2000). Zu diesem Zweck sollten im Rahmen dieser Arbeit Geographiedidaktiker und -didaktikerinnen befragt werden, die entweder am Reformprozess der 70er Jahre direkt beteiligt waren oder in der geographiedidaktischen Diskussion seit 1970 für einen bestimmten Begriff standen oder fachpolitisch für die Geographiedidaktik aktiv waren. Dabei durften selbstredend auch zwei oder drei der genannten Kriterien auf eine Person zutreffen. Um die Gruppe der möglichen Ansprechpartner überschaubar zu halten, wurde die Suche auf die Gruppe der Professoren eingeschränkt, allerdings mit zwei Ausnahmen: Im Falle von Barbara Kreibich und Helmtraut Hendinger, die beide überaus aktiv am Reformprozess beteiligt waren, wurde unterstellt, dass sie unter historisch anderen Bedingungen durchaus auch eine Professur hätten bekleiden können. Von den 14 am Ende angesprochenen Geographiedidaktikern und -didaktikerinnen haben sich 12 zu einem Interview bereiterklärt (vgl. Tab. 5). Helmtraut Hendinger lehnte ab, weil sie mit der Regelung verschiedener

82

Erbschaften ausgelastet sei. Lediglich für das Korrekturlesen des fertigen Manuskripts könne sie sich zur Verfügung stellen. Helmuth Köck lehnte ab, weil er in dem Versuch, mit Hilfe von Interviews Geschichte zu rekonstruieren, keine wissenschaftliche Arbeit, sondern „Wissenschaftsjournalismus" sehe. Eine solche Arbeit könne nur „subjektiv" werden, und dazu wolle er nicht beitragen. Alle anderen hatten offensichtlich keine entsprechend gravierenden Einwände gegen diese Form der Forschung. Die Interviews mit ihnen wurden unter z. T. sehr unterschiedlichen Bedingungen (vgl. Tab. 5) im Laufe eines guten Jahres geführt. Arnold Schultze, der sozusagen für einen ersten „Pretest" herhalten musste, stellte sich freundlicherweise für einen zweiten Gesprächstermin zur Verfügung, an dem Fragen geklärt werden konnten, die zu Beginn der Arbeit noch nicht so bedeutend erschienen.

Da Arnold Schultze eine Aufnahme des Gesprächs ablehnte, wurden aus Gründen der Gleichbehandlung auch alle anderen Interviews schriftlich mitprotokolliert und am Abend oder am darauffolgenden Tag aufgezeichnet.

Interviewpartner	Zeitpunkt	Ort
Arnold Schultze	27. 06. 2001	Privatwohnung
Eugen Ernst	17. 08. 2001	Freilichtmuseum Hessenpark
Hartwig Haubrich	02. 10. 2001	Geographentag Leipzig
Robert Geipel	22. 11. 2001	Privatwohnung
Helmut Schrettenbrunner	23. 11. 2001	Diensträume
Barbara Kreibich	18. 01. 2002	Privatwohnung
Eberhard Kroß	26. 02. 2002	Diensträume
Ingrid Hemmer	04. 03. 2002	Privatwohnung
Jürgen Newig	06. 03. 2002	Diensträume
Tilman Rhode-Jüchtern	07. 06. 2002	Privatwohnung
Egbert Daum	12. 06. 2002	Grundschulwerkstatt
Wulf Schmidt-Wulffen	05. 07. 2002	Park (Hundespaziergang)
Arnold Schultze	06. 11. 2002	Privatwohnung

Tab. 5: Interviewpartner, Zeitpunkte und Orte der Interviews

Bei der Durchführung von Interviews ist die qualitative Forschung bestrebt, „die Befragten die Kommunikation weitgehend selbst strukturieren" (Bohnsack

2000, S. 20f) zu lassen, um so zu sehen, „ob sie die Fragestellung überhaupt interessiert, ob sie in ihrer Lebenswelt – (...) ihrem Relevanzsystem - einen Platz hat und wenn ja, unter welchem Aspekt sie Bedeutung gewinnt" (ebd., S. 21). Auf diese Weise gerät die besondere Struktur des Gegenstandes deutlicher ins Blickfeld, denn soziales Handeln lässt sich nicht einfach als schlichte Tatsache beobachten, sondern ist selbst schon „durch sinnhafte Konstruktionen, durch Typenbildungen und Methoden vorstrukturiert" (ebd., S. 25). Damit kann jede Handlung „sowohl für unterschiedliche Akteure als auch für unterschiedliche Beobachter völlig andere Bedeutungen haben" (Mayring 2002, S. 22), wobei es Aufgabe des Forschers ist, diese Bedeutungen durch Interpretation zu erschließen (Dejung 2000). Auch wenn es zunächst paradox erscheint, erlaubt eine möglichst große Offenheit in der Befragung dabei mehr methodische Kontrolle als standardisierte, quantitative Verfahren, bei denen zur vermeintlichen Sicherung der intersubjektiven Überprüfbarkeit der Ergebnisse „die Kommunikationsmöglichkeiten der Probanden und Probandinnen beschnitten werden" (Bohnsack 2000, S. 17). Zwar werden auch offene Interviews vom Befragenden aus der Perspektive seines Forschungsinteresses analysiert (Dejung 2000), dabei handelt es sich aber bereits um die Interpretation (des Forschenden) der Interpretation (des Beforschten), so dass es schwieriger wird, „in die Einzeläußerung Bedeutungen hineinzuprojizieren, die ihr nicht zukommen" (Bohnsack 2000, S. 21).

Dennoch sind natürlich auch die Aussagen, die im Rahmen von Interviews gemacht werden, nicht ein-eindeutig zu interpretieren. Zum einen legt die besondere Situation des Interviews nahe, dass der Befragte „so spricht, wie man erwartet, dass der andere erwartet, dass man sprechen wird" (Welzer 2005, S. 228). Zum anderen zeichnen sich die gesprächsweise mitgeteilten Informationen dadurch aus, dass es sich bei ihnen um Erinnerungen handelt (Vorländer 1990, S. 19, Truesdell 1999), die nicht einfach Jahr für Jahr im Gedächtnis gestapelt werden, sondern die das Gehirn mit der Zeit so sortiert, dass sie für den Befragten jeweils aktuell einen Sinn ergeben (Sidwell 1996; Kotre 1998, S.

84

110). In diesem Prozess verblasst „das Wann als Suchkriterium" (ebd., S. 109).
Die Erinnerung wird sowohl von dem individuellen „Wissen um historische Zusammenhänge" (Vorländer 1990, S. 16; vgl. Dejung 2000) als auch vom der-
zeitigen Erleben des Einzelnen (Truesdell 1999) strukturiert. Beides zusammen
macht im Laufe der Zeit „das Was stärker" (Kotre 1998, S. 109). Dieses „Was"
der Erinnerung wird in einer mündlichen Erzählung zwar in der Regel weniger
präzise wiedergegeben (Knoch 1990, S. 60) als bei einer schriftlichen Rekonstruktion. Ihr Vorteil liegt jedoch in dem „fresh, undoctored, extremely personal
and natural way in which the story unfolds which is ‚internalized' in the head
and the heart" (Sidwell 1996). Gerade weil erzählte Geschichten in der alltäglichen Sprache des Interviewten berichtet werden, zeichnen sie sich durch eine
geringere Selbstzensur aus und gewähren damit sowohl „neue Zugänge zu dem
erinnerten Gesamtkomplex" (Knoch 1990, S. 60) als auch „Einsichten in die
Konstruktionsprozesse (...), aufgrund derer Geschichtsbilder entstehen" (Dejung 2000). Eine Geschichte, die mündliche Quellen mit einbeziehen kann und
dann auch einbezieht, erlaubt deshalb eine vollständigere, reichere und komplexere Interpretation des Geschehenen (Alcázar i Garrido 1994; Dejung 2000).

3.2 ERFASSUNG DES KULTURELLEN FUNKTIONS- UND SPEICHERGE-
DÄCHTNISSES

Neben dem kommunikativen Gedächtnis verfügt eine Wissenschaft immer auch
über ein extensives kulturelles Gedächtnis, das in den Bibliotheken der Universitäten verwaltet wird. Dieses kulturelle Gedächtnis lässt sich unterteilen in das
„bewohnte Gedächtnis" (Assmann 1999, S. 134), das verbunden ist „mit einem
Träger, der eine Gruppe, eine Institution oder ein Individuum sein kann" (ebd.,
S. 133), und das „unbewohnte Gedächtnis" (ebd., S. 133), das ohne einen spezifischen Träger existiert (ebd., S. 133). Das bewohnte oder Funktionsgedächtnis „verfährt selektiv, indem es dieses erinnert und jenes vergisst" (ebd., S.
133). In der Wissenschaftsgemeinde wird es durch jene Texte repräsentiert,
die in Sammelbänden abgedruckt, in Seminaren gelesen oder in Arbeiten zitiert

werden. In der Geographiedidaktik gehört dazu heute z. B. Schultzes Aufsatz „Allgemeine Geographie statt Länderkunde!" (1970), nicht aber Ernsts Aufsatz „Lernziele in der Erdkunde" (1970), obwohl dieser Aufsatz das geographiedidaktische Denken stärker geprägt hat als Schultze, der vor allem abgewehrt wurde (vgl. Kap. 4.2.2.2, 5.2.2.1, 5.2.2.2.2 und 6.2.2). Ernsts Aufsatz ist heute Teil des unbewohnten oder Speichergedächtnisses, in dem „besitzerlos gewordene Bestände aufbewahrt" (Assmann 1999, S. 134) werden. Im Unterschied zum Funktionsgedächtnis, das nur jene Texte kennt, „aus denen sich ein Identitätsprofil und Handlungsnormen ergeben" (ebd., S. 133), sei es in Form von „Legitimation, Deligitimation [oder] Distinktion" (ebd., S. 138), ist das Speichergedächtnis jene „'amorphe Masse', jener Hof ungebrauchter, nicht-amalgamierter Erinnerungen, der das Funktionsgedächtnis umgibt" (ebd., S. 136). Als solches bildet es keinen Gegensatz zum Funktionsgedächtnis, sondern es muss vielmehr „als ein Reservoir zukünftiger Funktionsgedächtnisse gesehen werden" (ebd., S. 140). Historische Arbeiten haben u. a. die Aufgabe, diese Bestände des Vergessenen so wieder aufzuarbeiten, „dass sie neue Anschlussmöglichkeiten zum Funktionsgedächtnis bieten" (ebd., S. 134).

4 DIE REFORM

Die 70er Jahre werden in der Geographiedidaktik gemeinhin als die „Reformphase" in der jüngeren Geschichte des Faches betrachtet (vgl. Schultze 1998, S. 9 und 10). Als Ausgangspunkt für diese Reformen wird dabei oft die Sitzung „Der Geograph – Ausbildung und Beruf" auf dem Kieler Geographentag von 1969 angesehen. Dort hatten Fachvertreter und Studierende gefordert, dass die Geographie als Fachwissenschaft den Anschluss an die neuere wissenschaftliche Entwicklung nicht verpassen dürfe. Damit, „so geht die fachinterne Legende" (Schamp 2003, S. 146), war die idiographische Phase des Faches beendet. Für die Geographiedidaktik musste aus dieser Entwicklung eigentlich nur folgen, sich bezüglich des zu vermittelnden Stoffes auf neue Inhalte und Fachmethoden einzurichten. Tatsächlich hat es in den 70er Jahren massive

Bemühungen um die Umsetzung neuer Inhalte in Unterricht gegeben. Eine Reform der Geographiedidaktik konnte das allerdings nicht sein, denn die Geographiedidaktik ist „eine junge wissenschaftliche Teildisziplin" (Schramke, Uhlenwinkel 2002, S. 189; vgl. Köck 1990, S. 33), die in den 60er und 70er Jahren erst im Entstehen war. Zwar hat es auch vorher schon eine geographische Lehrerausbildung an den Pädagogischen Hochschulen gegeben (vgl. Schultze 2003a, S. 22), dabei handelte es sich aber vor allem um Fachwissenschaft für Lehrer. Die an den Universitäten neu entstehende Geographiedidaktik dagegen hatte eher den Status einer Subdisziplin der Didaktik (Köck 1990, S. 34; vgl. dazu z. B. Jäger 1989, S. 240) und musste sich als solche definieren. Viele der Fragen, die unter „Reformern" diskutiert wurden, gehören deswegen vermutlich auch eher zur „Selbstfindungsphase" der Disziplin. Damit kommen in den 70er Jahren mindestens zwei Diskussionsstränge zusammen, die sich im Bewusstsein der Akteure oft nicht stringent trennen lassen.

4.1 DIE AKTEURE . . .

Die Geographiedidaktiker, die in diesem Kapitel vorgestellt werden, haben alle eine wichtige Rolle während der Zeit der Reform gespielt. Abgesehen von Barbara Kreibich, die eigentlich zu jung für dieses Kapitel ist, sind alle Professoren für Geographiedidaktik gewesen und inzwischen emeritiert. Alle vier Hochschullehrer haben ihre Kindheit und Schulzeit während des Dritten Reichs verbracht. Zur Zeit ihres Geographiestudiums war das Fach noch weitgehend länderkundlich ausgerichtet. Wären sie an heutigen Kriterien für die Besetzung einer Professur für Geographiedidaktik (vgl. Schramke, Uhlenwinkel 2002, S. 214) gemessen worden, hätten alle vier sowohl gute als auch schlechte Karten gehabt. Positiv zu bemerken wäre, dass sie alle mehr oder weniger lange Zeit an Schulen unterrichtet haben: Haubrich war von 1954 bis 1961 an Grund-, Haupt-, Real- und Berufsschulen tätig (Haubrich 2001c, 2004); Ernst war 10 Jahre Lehrer am Goethe-Gymnasium in Frankfurt (Interview); Schultze war Volksschullehrer in Büppel (Schultze 1956, S. 5) und auch Geipel wurde nach dem 2.

Staatsexamen in eine feste Stelle übernommen, die allerdings nur eine „halbe Stelle" war. Die andere Hälfte seiner Arbeitszeit verbrachte er in der Landeszentrale für politische Bildung (Interview). Schlechter sähe es für die vier Hochschullehrer bei den Promotionen aus, die heutzutage nach Möglichkeit in der Geographiedidaktik abgelegt worden sein sollten, denn sie haben sich durchweg fachwissenschaftlich qualifiziert: „Soziale Struktur und Einheitsbewusstsein als Grundlagen geographischer Gliederung" (Geipel, 1952), „Die Obstbaulandschaft des Vordertaunus und der südwestlichen Wetterau: ein Beitrag zur Frage des agrargeographischen Gefüges im Rhein-Main-Gebiet" (Ernst, 1959), „Die Sielhafenorte und das Problem des regionalen Typus im Bauplan der Kulturlandschaft" (Schultze, 1961) und „Morphologische Studien im Niederwesterwald – Beiträge zur tertiären und quartären Entwicklungsgeschichte" (Haubrich, 1965). Vorwerfen sollte es die jüngere Generation ihnen allerdings nicht, denn es gab damals schlicht noch keine Lehrstühle für Geographiedidaktik, an denen sie hätten promovieren können. Die vermutlich erste geographiedidaktische Qualifikationsarbeit stammt von Barbara Kreibich, deren Doktorvater Robert Geipel war.

4.1.1 EUGEN ERNST

Der Gießener Geographiedidaktiker Eugen Ernst, geb. 1931, dürfte heutigen Lehramtsstudierenden fast unbekannt sein, denn obwohl sein 1970 veröffentlichter Beitrag „Lernziele in der Erdkunde" von Schultze in einem aktuellen Rückblick als einer der bahnbrechenden Aufsätze der Reform bezeichnet wird (Schultz, 1998, S. 9), taucht er in der ebenfalls von Schultze herausgegebenen Textsammlung „40 Texte zur Didaktik der Geographie" nicht mehr auf (vgl. Schultze 1996a). Trotzdem ist nicht zu übersehen, dass Ernst sich zu Beginn der 70er Jahre intensiv an der geographiedidaktischen Diskussion beteiligt hat: Er engagierte sich in der Arbeitsgruppe „Grundsatzfragen" des Neu-Isenburger Kreises (VDSG 1970, S. 332f; Hoffmann 1990, S. 29) und war an der Auseinandersetzung um die Hessischen Rahmenrichtlinien für Gesellschaftslehre beteiligt

88

(Hoffmann 1990, S. 29). Als Berater war er für das Lehrwerk „Welt und Umwelt"
tätig (vgl. Hausmann 1972, 1974 und 1976 jeweils den Innentitel) und gehörte
zu Beginn der 70er Jahre dem Lenkungsausschuss des RCFP an (Hoffmann
1990, S. 44). Allerdings verließ Ernst bereits 1975 den Lenkungsausschuss
(Hoffmann 1990, S. 44) und wendete der Geographiedidaktik – trotz seiner
Professur in Gießen – immer mehr den Rücken zu.

Der Grund für diesen Rückzug war in einem parallelen Projekt zu suchen, das
ihn offensichtlich stärker fesselte als die theoretische Auseinandersetzung um
Lernziele und Rahmenrichtlinien: Bereits seit 1968 setzte er sich für die Errichtung eines Freilichtmuseums in Hessen ein. Nach langen Planungen wurde 1974
in Neu-Anspach der Grundstein zum „Hessenpark" gelegt (Ernst 1995, S. 65),
dessen erster Teilabschnitt 1978 der Öffentlichkeit übergeben wurde (ebd., S.
65). Ab dem WS 78-79 bekam Ernst die Hälfte seiner Lehrverpflichtungen an
der Universität erlassen, damit er sich intensiver um das Museum kümmern
konnte. Für die Kollegen aus der Reformzeit der Geographiedidaktik schien dieser Abschied nicht immer ganz verständlich gewesen zu sein. Lediglich Schultze
verband Ernsts Tätigkeit mit einem „Museum". Geipel fügte dem „Museum"
noch den Begriff „Freizeitpark"[35] hinzu. Aber weder Kreibichs Vorstellung von
einem „Hof" noch Schrettenbrunners Vorstellung von einem „Heim" trafen die
Sache wirklich.

Dabei hat Ernst nicht der Didaktik an sich den Rücken zugekehrt. Sein Grundsatz, dass ein Museum ohne Pädagogik nur halb so viel wert sei, hat auch die
Arbeit im Hessenpark von Beginn an geprägt. Statt einer „undifferenzierten
Sammelleidenschaft" (Ernst 1985, S. 26) freien Lauf zu lassen, ging es daher
eher darum, zu einer „wissenschaftlich begründeten und pädagogisch wirksa-
men neuen Zusammenstellung und Nutzung der Objekte" (ebd., S. 22) beizutragen. Zu diesem Zweck wurden fünf Baugruppen geschaffen, die „nach Fluss-
namen benannt" wurden (Ernst 1991, S. 304): die Baugruppe „Main-Rhein-

---

35 Ein Begriff, mit dem Ernst alles andere als glücklich gewesen wäre, denn im Interview beschrieb er u. a. auch einen Konflikt mit einem Mitstreiter, der lieber einen „Freizeitpark" aus der
Anlage machen wollte.

Neckar" mit einem Reihendorf (ebd., S. 304), die Baugruppe „Rhein-Wetter-Kinzig" mit einem Haufendorf (ebd., S. 304), die Baugruppe „Fulda-Haune-Werra" mit einem Weiler (ebd., S. 304), die Baugruppe „Eder-Diemel-Weser" mit den „geradlinigen rechtwinkligen Straßenzügen" (ebd., S. 305) und die Baugruppe Lahn-Dill-Ohm mit einem „Übergangstyp vom unregelmäßigen Reihendorf zum Haufendorf" (ebd., S. 305). Innerhalb der einzelnen Baugruppen wurde weiterhin versucht, zum einen „die ganze wirtschafts- und sozialstrukturelle Spannbreite der Dörfer" (Ernst 1985, S. 61) deutlich zu machen und zum anderen die zeitliche Entwicklung von „Wohn- und Arbeitseinrichtungen vom 17. bis zum 20. Jahrhundert" (ebd., S. 62) zu zeigen. Für Schulen bietet der Hessenpark daneben ein reichhaltiges Programm von Arbeitsheften mit Suchaufträgen für die Grundstufe (Ernst 1981, S. 363; 1985, S. 122) bis zu Entscheidungsspielen für die 10. Klasse (Ernst 1981, S. 368; 1985, S. 159).

Das Interview mit Ernst fand im Restaurant „Zum Adler" statt, einem Gebäude des „kleinstädtischen Marktplatzes" (Ernst 1991, S. 304), der dem Museum vorgelagert ist und neben der Gaststätte auch Läden (Bäckerei, Bio-Direkt-Verkauf, Apotheke, Museumsshop), einen Friseur, eine Druckerei, eine Galerie und Verwaltungsgebäude beherbergt. Nach dem Interview nahm ich an einer Führung durch das Museum teil, wobei sich der Erzählstil von Ernst schlagartig änderte. Waren seine Ausführungen über die Reformära der Geographiedidaktik noch relativ „abstrakt" und „theoriegeleitet", erzählte er nun fast durchweg in einem spannenden, personifizierten Stil. Hier schien er deutlich eher „in seinem Element" zu sein.

Es verwundert deswegen nicht, dass Ernst im Interview versuchte, einen Bogen zwischen dem Museum und der Geographiedidaktik zu schlagen: Für ihn sei der Hessenpark kein „kunsthistorisches Museum", sondern eine „Umsetzung von Geographiedidaktik", denn hier werde versucht, „das Wesen von Landschaften abzubilden". Die Einteilung in fünf Baugruppen verdankte sich dementsprechend der Beobachtung, dass „in den sehr differenzierten Landesteilen Hessens (...) in Abhängigkeit von der Naturausstattung, den Glaubensgrundsätzen, der territorialen Zugehörigkeit, der Lage im Verkehrsnetz, den Erbsitten etc. recht unterschiedliche Hofausstattungen und stark abweichende sozio-technische Probleme z. B. in den Landnutzungsformen" (Ernst 1985, S. 47) entstanden seien. Obwohl oder weil es sich hierbei eindeutig um eine Denkfigur des länderkundlichen Ansatzes handelt, betonte Ernst gleichzeitig, dass keine „heimattümelnde, unkritische ‚Verwurzelung mit der Scholle', d. h. eine der ‚Blut- und Bodenmythologie' verwandte Betrachtung akzeptiert werden" (ebd., S. 35) dürfe. Ebenso erteilte er der zur „Lebenslüge werdenden modischen Nostalgie" (ebd., S. 35) eine Absage, denn hier werde lediglich „eine Art Heimweh nach einer verlorenen Zeit, mit der man sich gerne identifizieren möchte" (Ernst 1991, S. 306) gepflegt. Es gehe ihm stattdessen darum, den Alltag der „einfachen Leute" so wirklichkeitsgetreu wie möglich zu zeigen und vor allem bewusst zu machen. Während der Führung durch das Museum wies er dementsprechend immer wieder auch auf die schwierigen Lebensbedingungen hin, unter denen die Menschen in früheren Zeiten gelebt haben. Seine Abneigung gegen harmonisierende Nostalgie brachte er u. a. dadurch zum Ausdruck, dass er in einem Bauernhaus von einigen Studenten erzählte, die ihn gefragt hätten, ob sie in dem Haus eine oder zwei Wochen Urlaub machen könnten und wie viel das kosten würde. Er habe ihnen gesagt: „Für Menschen, die so idealistisch sind wie Sie, geht das auch umsonst." Die Studenten seien begeistert gewesen, bis er ihnen einen Zeitraum zwischen dem „15. Dezember und 15. Januar" zur Auswahl angeboten habe. Ernsts Engagement für die Geschichte der „kleinen Leute" dokumentiert sich heute neben seiner Tätigkeit im Museum auch darin, dass er zu den Gründungsmitgliedern des Vereins „Geschichte der Arbeiterbewegung in Hessen e.V." (Geschichte der Arbeiterbewegung in Hessen e.V. 2001) gehört.

Die praktischen Fallstricke, die bei dem Versuch entstehen, länderkundliche Vorstellungen theoretisch mit emanzipatorischen Zielen zu verbinden, werden deutlich, wenn man sich die *unterschiedlichen* Bildungsangebote des Museums ansieht. Zu einem „Malbuch für Schüler" steuerte Ernst z. B. Texte bei, in denen eine ländliche Idylle ausgemalt wird: „In einem kleinen Dorfbackhaus arbeitet der Bäcker. In kleinen Strohkörbchen erhalten die Teigklumpen ihre Form. Sie werden dann im Steinofen, der mit großen Holzscheiten und Reisig gefeuert wird, gebacken. Der Bäcker schießt gerade die knusprigen Brotlaibe aus" (Hessenpark 1986, o. S.). Damit provoziert er im Zweifelsfall eben jene „falschen Vorstellungen", die später als Barrieren für die weiteren Lernprozesse wirken (Dove 1999, S. 11), die er selbst gerne inszenieren möchte. Erfahrungsangebote wie: „Wenn z. B. die Feuerstelle in einem Rauchhaus brennt, kann der Besucher bei Tiefdruckwetter durch den beißenden Qualm, der durch das ganze Haus zieht, sehr wohl spüren, was es hieß, in einem Rauchhaus zu leben" (Ernst 1991, S. 308), können dann sehr unterschiedliche „Lernerfolge" erzielen. Zum einen verkennt er die Zählebigkeit einmal gelernter Weltbilder (Schmidt-Wulffen 1997, S. 15). Zum anderen bedient er mit solchen Erfahrungen das Interesse an Geschichten, „die weit weg passieren und in denen überlebens-strategische Kalküle eine sehr große Rolle spielen" (Vielhaber 2000, S. 45). Diese Erfahrungen, die nur so lange das Interesse auf sich ziehen, wie sie „außerhalb der persönlich erfahrbaren subjektiv konstruierten Wirklichkeit liegen" (ebd., S. 45), können auch von Menschen mit romantisch-nostalgischen Weltbildern hervorragend als Projektionsflächen genutzt werden, wenn sie beide Ideen in der Vorstellung des armen, aber glücklichen Menschen verknüpfen (Schmidt-Wulffen 1997, S. 14).

Diese theoretischen Schwierigkeiten haben Ernst aber nicht davon abgehalten, in der Saison etwa „80 bis 90 Stunden" (Ernst im Interview) Arbeitszeit pro Woche in das Museum zu investieren. Für dieses Engagement erhielt er die Anerkennung des damaligen hessischen Ministerpräsident Hans Eichel: „Viele kulturelle Einrichtungen verdanken ihre Existenz und ihren Erfolg einem kleinen Kreis engagierter Personen oder gar nur einer einzelnen Person. Dies gilt in besonderem Maß auch für den Hessenpark. Ohne den großen und vorbehaltlosen Einsatz von Prof. Eugen Ernst gäbe es den Hessenpark wohl nicht" (Eichel 1995, S.37). Was für Eichel als besondere Leistung erschien, muss aus Sicht der Geographiedidaktik angesichts der bestenfalls verbleibenden Arbeitszeit als „Didaktik-Flucht" (Rumpf 2000, S. 14) gewertet werden, auch wenn die Profilierung in diesem Fall nicht in der Fachwissenschaft geschah (vgl. Köck 1990, S. 35) und die praktische Seite der Didaktik immer noch zum Zuge kam, z. B. wenn es um „Lernen mit allen Sinnen" oder um den Umgang mit außerschulischen Lernorten ging.

4.1.2 ROBERT GEIPEL

Wenn man den Beginn der Reformbewegung in der Geographiedidaktik auf den Kieler Geographentag 1969 datiert, dann war Robert Geipel, geb. 1929, sicherlich einer der Wegbereiter für die neuen Ideen. Schon 1967 hatte er „als erster die Bedeutung der Curriculum-Theorie von Saul B. Robinsohn" erkannt (Schultze 1979a, S. 4 – vgl. Kap. 4.2.1.2.) und 1968 „erste Konsequenzen für unser Fach" (Schultze 1979a, S. 4) gezogen.

Von 1963 bis 1969 hatte Geipel einen Lehrstuhl für „Geographie und ihre Didaktik" in Frankfurt inne (Jäger 1989, S. 239). In dieser Zeit leitete er auch die jährlich zweimal stattfindenden Tagungen in der Reinhardswaldschule, auf denen sich Fachdidaktiker und Seminarleiter trafen. 1968 lud er zu einer der Tagungen Doris Knab als Referentin ein (vgl. Schultze 1979a, S. 4), die er bei seiner Tätigkeit im „Deutschen Ausschuss für das Bildungswesen" kennen gelernt hatte. Sie war Mitarbeiterin bei Robinsohn und referierte über die Curriculum-Theorie (Schultze 1979a, S. 4).

1969 erhielt Geipel einen Ruf an die TU München (vgl. SSG 2004a). Die Stelle an der TU war als Lehrstuhl für Angewandte Geographie ausgeschrieben (ebd.), womit der Bezug zur Didaktik für Geipel offiziell wegfiel. Das hat ihn aber nicht davon abgehalten, das bisher wohl größte Projekt in der deutschen Geographiedidaktik zu initiieren und zu organisieren: Das Raumwissenschaftliche Curriculum Forschungsprojekt (RCFP) (vgl. Kap. 4.2.5.3). Zu diesem Zweck organisierte er von München aus weitere Tagungen in Tutzing. Ziel der ersten Tagung war es, die Abnehmer der Schulabsolventen, Vertreter der Bezugswissenschaften (z. B. Städtebau, Raumforschung und Landesplanung etc.) und verschiedene Vertreter der Mutterwissenschaft an einen Tisch zu bekommen. Aus den hier zusammengetragenen Ideen und Wünschen entstand die Vorlage zum RCFP, das dann auf dem Erlanger Geographentag (1971) legitimiert werden sollte. Geipel hat das RCFP nicht nur organisiert, er hat auch selbst an der Unterrichtseinheit „Gastarbeiterkinder in einer deutschen Großstadt" mitgearbeitet (Fürstenberg 1980, S. 15) und das Projekt bis zum Ende als Mitglied des Lenkungsausschusses begleitet (Hoffmann 1990, S. 44).

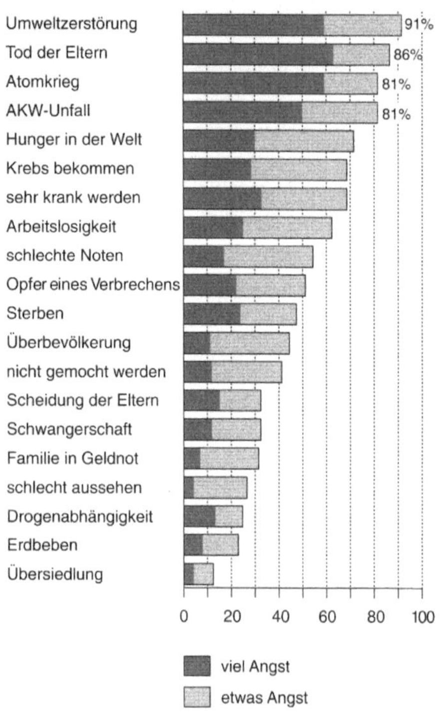

Abb. 5: Angstskala Jugendlicher
(Quelle: Unterbruner 1991, S. 28, zit. n. Haubrich 1993b, S. 5)

Bis zum Ende des Projekts hatten sich an der TU München die Arbeitsbedingungen allerdings deutlich verändert: Der Anteil der Lehramtsstudenten, der 1969 noch 96 Prozent betrug, nahm kontinuierlich ab, bis die Lehramtsausbildung ganz an die benachbarte Ludwig-Maximilian-Universität (LMU) verlegt wurde. Es gab also immer weniger Anlässe, sich weiterhin mit der Geographiedidaktik zu beschäftigen.

Seit 1976 widmete sich Geipel dementsprechend schwerpunktmäßig einem nicht-didaktischen Thema: der Hazardforschung. Sein Hauptaugenmerk lag dabei darauf, „die Folgen einer Naturkatastrophe (...) aufzuarbeiten" (Geipel 1994, S. 393). Über 10 Jahre lang (ebd., S. 393) untersuchte er diese Folgen in einem Forschungsprojekt zur Erdbebenkatastrophe im Friaul 1976, die fast 1.000 Tote, 2.300 Verletzte, 150.000 Obdachlose und einen Gesamtschaden von 11 Milliarden DM mit sich brachte (ebd., S. 395). Ihn beschäftigten dabei Fragen wie: Ist die alte mittelalterliche Siedlungsstruktur, die sich vor allem auf talferne Berggebiete konzentrierte, aufgebrochen oder rekonstruiert worden (ebd., S. 395)? Haben sich die Unternehmen beim Wiederaufbau modernisiert oder sind vorherrschende Strukturen lediglich „größer" wiederaufgebaut worden (ebd., S. 397)? Ist im Bewusstsein der Betroffenen das Gemeinschaftliche wieder stärker in den Vordergrund gerückt oder waren die Leute eher stolz auf die mit dem Wiederaufbau einhergehenden Modernisierungen (ebd., S. 397)? In einer späteren Studie im mittelrheinischen Becken widmete sich Geipel der Frage, wie Betroffene mögliche Risiken wahrnehmen. In den Mittelpunkt stellte er dabei einen möglichen Vulkanausbruch im Gebiet der Laacher Seen, ein Erdbeben, ein Rheinhochwasser und die potentiellen Risiken durch das Kernkraftwerk Mülheim-Kärlich (Geipel 1997, S. 605). Neben einer Erhebung der vorhandenen Kenntnisse über diese Gefahren liess er ihre Bedrohlichkeit im Vergleich zu anderen Gefahren einordnen. Das Ergebnis kann auch für die zum Teil kontrovers geführte didaktische Diskussion um das Schülerinteresse an Naturkatastrophen (Daum, Schmidt-Wulffen 1980, S. 88; Hemmer, Hemmer 1996a, S. 41; 1997, S. 121; Schmidt-Wulffen 1999b, S. 61f) einen weiteren Denkanstoss liefern: „Ordnet man die von einem neuerlichen Vulkanausbruch ausgehenden Risiken in eine Skala persönlicher Befürchtungen über ihre Bedrohlichkeit ein, dann rangierte er nach einem Atomunfall (43 %), einem Verkehrsunfall (16 %), AIDS und Erdbeben (je 9 %), Hautkrebs, einem Chemieunfall oder einem Brand in der eigenen Wohnung mit nur 2 % zwar erst an vorletzter Stelle, aber das vertraute Hochwasser folgte mit nur 1 % gar an letzter Stelle. Die größte Wahrscheinlichkeit einer Gefahr sahen fast zwei Drittel der Befragten bei einem Verkehrsunfall. Eine solche Vergleichsskala rückt die Naturrisiken in eine realistische Perspektive und lässt erkennen, wo die wirklichen Befürchtungen der Bevölkerung liegen, was der auf sein Thema fixierte Forscher häufig vergisst" (Geipel 1997, S. 607). Auch bei Jugendlichen rangierten Naturkatastrophen Ende der 80er Jahre nicht auf den ersten Plätzen der Angstskala (vgl. Abb. 5).

1. In dieser Zusammenstellung sind Erdbebenherde des Jahres 1999 aufgelistet. Tragt diese mithilfe des Atlasses in die Karte auf der Folie ein. Wenn ihr euch vorher in der Gruppe verständigt, wer welchen Ort im Atlas raussucht, geht die Gruppenarbeit schneller.

2. Berechne die Zeit, die für die Autofahrer bleibt, um die Brücke zu verlassen.

3. Die Vorwarnzeit für ein Erdbeben in Istanbul liegt bei 20 Sekunden. Welche Geschwindigkeit müssten die Autofahrer erreichen, um rechtzeitig ans Ufer zu kommen?

4. In Japan wird im großen Maßstab die Einrichtung von Frühwarnsystemen vorangetrieben. Stelle Vermutungen an, welchen Nutzen Frühwarnsysteme trotz kurzer Frühwarnzeiten haben können.

5. Vergleiche deine Vermutungen (...) mit dem tatsächlichen Nutzen von Frühwarnsystemen.

6. Nenne weitere Möglichkeiten der Schadensbegrenzung bei Erdbeben.

7. An einem Seismographen werden 15 Sekunden nach den Primärwellen die Sekundärwellen mit einer Amplitude von 50 mm registriert. Wie weit ist die Messstation vom Bebenzentrum entfernt und welche Stärke hatte das Beben?

8. An einer anderen Station wird dasselbe Beben mit einem Abstand von 50 Sekunden zwischen Primär- und Sekundärwellen und einer Amplitude von 2 mm gemessen. Wie hoch ist die Magnitude?

9. Notiere Maßnahmen zur erdbebensicheren Bauweise.

10. Bei einem Erdbeben der Stärke 7,1 auf der Richterskala kamen 1989 in Kalifornien 63 Menschen ums Leben, ein schwächeres Erdbeben (6,8 Richterskala) reichte ein Jahr später aus, um in Armenien 25.000 Menschen zu töten. Wie ist dies zu erklären?

Kasten 1: Aufgaben aus der Unterrichtseinheit „Diagnose: Chronisches Beben"
(Quelle: Volkers, Noth 2000, S. 18-20)

Beide Ergebnisse waren für Geipel kein Grund, Naturkatastrophen aus dem Unterricht zu verbannen; ganz im Gegenteil: „Risikobewusstsein und Vorsorgedenken wachsen aber nicht von selber. Sie müssen frühzeitig angebahnt und eingeübt werden und stellen eine wichtige Aufgabe für eine verantwortungsbewusste Geographie dar. Ein moderner Erdkundeunterricht sollte sich dieser Aufgabe ebenfalls widmen" (Geipel 1997, S. 608). Nur dürfte sich ein moderner Erdkundeunterricht zu diesem Thema dann wohl nicht auf die naturwissenschaftlichen und technischen Aspekte der Katastrophe selbst beschränken, wie es in einer jüngeren Unterrichtseinheit für die Sekundarstufe I zum Thema Erdbeben (vgl. Kasten 1) zu beobachten ist, sondern müsste sich auch den sozialwissenschaftlichen Aspekten des Problems gegenüber als offen erweisen.

4.1.3 HARTWIG HAUBRICH

Von den in diesem Kapitel vorgestellten Personen ist Hartwig Haubrich, geb. 1932, einer der beiden Geographiedidaktiker, die ihrem Metier bis zum Ruhestand treu geblieben sind. Er hat zwar keinen der vier Aufsätze geschrieben, mit denen „der Durchbruch gelang" (Schultze 1998, S.9), war deswegen aber in der Folgezeit keineswegs untätig. Zum einen hat er sich um die Erstellung modernen Unterrichtsmaterials bemüht: Er war Mitherausgeber und Mitautor von „Welt und Umwelt", einem als „Arbeitsbuch" konzipierten Lehrwerk, das sich an sozialgeographischen Ansätzen orientierte (Nebel 1997, S. 111). Daneben gab er eine Reihe von Planspielen heraus (ebd., S. 111). Zum anderen hat er sich an der Erstellung des Basislehrplans „Geographie" beteiligt (ZVDG 1980, S. 3), war Mitautor der RCFP-Einheit „Tatort Rhein" (Fürstenberg 1980, S. 15) und ist nach dem Ausstieg von Eugen Ernst ab 1975 in den Lenkungsausschuss des RCFP aufgerückt (Hoffmann 1990, S. 44). Von 1974 bis 1986 war er Vorsitzender des Hochschulverbandes für Geographie und ihre Didaktik (Haubrich 2001a, S. 98).

In den „Nach-Reform-Jahren" lagen Haubrichs fachdidaktische Forschungs-
schwerpunkte „zum einen in der globalen Dimension geographischer Erziehung
und zum anderen in Untersuchungen zum Regional- und Europabewusstsein
Jugendlicher in Verbindung mit der Wahrnehmung von Fremden" (Nebel 1997,
S.111). Mit Blick auf die Schulpraxis forderte er in einem sehr ambitionierten
Projekt 15-jährige Schüler aus 28 verschiedenen Ländern auf, einen Aufsatz
darüber zu schreiben, wie sie ihr Land sehen (Haubrich 1991 / 1996, S. 313).
Damit wollte er „Jugendlichen in möglichst vielen Ländern Gelegenheit geben,
sich über andere Länder zu informieren, und zwar durch ihre Altersgenossen
selbst, die in diesen Ländern leben. Jugendliche sollten für Jugendliche in der
Welt schreiben, um ein besseres Verständnis zwischen den verschiedenen Nationen der Erde zu entwickeln" (ebd., S.313). Außerdem sollte der „Austausch
derartiger Berichte oder ähnlicher Materialien zwischen Schülerinnen und Schülern in verschiedenen Ländern" angeregt werden (Haubrich, Einleitung zu Lyon
1994, S. 52).

„Die Einheit von Nigeria ist eine sehr bedeutsame Frage. Dies zeigen uns auch die Nati-
onalhymne und der Spruch zur nationalen Ergebenheit, der jeden Morgen zum Schulbe-
ginn während einer allgemeinen Versammlung gesprochen wird. Nigeria ist ein Land mit
sehr vielen kulturellen und geographischen Unterschieden. Es verfügt über 250 Volksgruppen, jede Gruppe hat eine eigene Sprache. Die vier Hauptgruppen sind die Haussa,
Ibo, Myoruba und Fulani. Sie umfassen mehr als 60 % der Bevölkerung. Und diese kulturellen Unterschiede schaffen immer wieder Probleme. Ein Beispiel ist der Bürgerkrieg,
der von 1967 bis 1970 30 Monate dauerte. Die Ibo wollten einen unabhängigen Staat,
genannt Biafra."

Kasten 2: Wie ich mein Land sehe – Nigeria
(Okpala 1995, S. 48)

Für die angesprochenen Schüler scheint es allerdings nicht immer ganz einfach
gewesen zu sein, entsprechende Aufsätze zu verfassen. Lyon (1994) bemerkte
zu Beginn ihrer Ausführungen: „Allgemein über Engländer und das Englische zu
schreiben, ist eine schwierige Aufgabe, da sich die Menschen und ihre Lebensstile quer durch das Land sehr unterscheiden. Darüber subjektiv zu schreiben
– Meinungen eingeschlossen – ist noch schwieriger (...). Ich kenne natürlich

98

nicht alle Menschen in England persönlich, auch nicht ihre Einstellungen und Meinungen über ihr Leben in England und über ihr Land, ich kann nur meine eigene Meinung wiedergeben und hoffe, dadurch ein Image von England und den Engländern zu zeichnen" (Lyon 1994, S. 52; vgl. Uhlenwinkel, Wright 2000, S. 5; 2003, S. 123). Entsprechend dieser Aufgabenwahrnehmung durch die Schüler lesen sich die meisten Texte auch eher wie Schüleraufsätze zu einem Thema, wobei sowohl die affektiven als auch die alltagsnahen Komponenten

"In jenen Julitagen überhäuften sich die Horrormeldungen von brutalen Mordanschlägen und grauenhaften Massakern, denen überall in Nigeria Igbos zum Opfer fielen. An allen Grenzen Biafras waren biafranische Soldaten postiert worden, um diejenigen Igbos, die aus Unwissenheit oder – was häufiger der Fall war – aus Unbelehrsamkeit in ihren sicheren Tod fahren wollten, an der Ausreise zu hindern. Ein solcher Checkpoint stoppte in Onitsha meine Reise von Enugu nach Lagos. Die alte Handelsstadt liegt am Ufer des Nigers, der einen Teil des Grenzverlaufs markierte. Soldaten der biafranischen Armee bewachten die Zufahrt zur Brücke, die Onitsha mit Asaba auf der nigerianischen Seite des Flusses verbindet. Die Brücke konnte ich nicht passieren; aber ich war einer jener Unbelehrbaren, die starrsinnig lieber ihr Leben riskierten, als etwas aufzugeben, was sie sich einmal in den Kopf gesetzt hatten; und mein Flug nach London war gebucht. Einige geschäftstüchtige Igbos unterhielten ein waghalsiges Fährunternehmen am Niger. Für gutes Geld setzten sie unerschrockene Reisewillige wie mich mit Kanus über den Fluß. (...) Noch unbegreiflicher war mein Glück am Flughafen selbst. (...) Die Ausschreitungen gegen Igbos und andere Ostnigerianer hatten nämlich mittlerweile ein unübersehbares Ausmaß angenommen, und die nigerianische Hauptstadt war für uns zu einer grauenvollen Todesfalle geworden. Längst blieb es nicht mehr dem Zufall überlassen, dass einer von uns in die blutrünstigen Hände eines hasserfüllten Nigerianers fiel – der fanatisch geschürte Volkszorn, der sich gegen alle Biafraner entlud, hatte in der nigerianischen Armee ein bereitwillig ausführendes Organ gefunden. Überall in der Stadt lauerten Soldaten, um jeden Biafraner, dessen sie habhaft werden konnten, grausam zuzurichten. (...) Zu meiner eigenen Sicherheit hatte ich einen für Igbos ganz untypischen Anzug angezogen, so dass ich meiner Kleidung nach ein Yoruba hätte sein können; und obwohl wir Igbos eigentlich schon allein durch unsere Gesichtszüge und eine hellere Hautfarbe von den Yorubas zu unterscheiden sind, erkannten mich die nigerianischen Soldaten, die schwerbewaffnet meinen Weg zum Flugzeug säumten, nicht als Igbo; sie ließen mich unbehelligt durch. (...) Noch bevor ich die Kraft fand, mich von diesem alptraumhaften Vorfall zu erholen (...) wurde ich durch die Stimme des Flugkapitäns aus meinen Gedanken gerissen: Über die Lautsprecheranlage der Maschine erfuhr ich, dass der Krieg zwischen der gerade ins Leben gerufenen Republik Biafra und dem Staat Nigeria (...) unmittelbar nach dem Start des Flugzeugs ausgebrochen war."

Kasten 3: Eine Reise von Enugu zum Flughafen von Lagos
(Oji, 2001, S. 49-52)

oft fehlen. Die stilistischen Unterschiede zwischen einem nach allgemeinen Aussagen suchenden Aufsatz und einem subjektiven Erfahrungsbericht kann man sich vor Augen führen, wenn man z. B. den Aufsatz des nigerianischen Schülers (vgl. Kasten 2) mit einem Text von Chima Oji vergleicht (vgl. Kasten 3), wobei dem nigerianischen Schüler nicht vorgeworfen werden soll, dass er die Erfahrung des Biafra-Krieges nicht hat machen können. Trotz der oft sehr abstrahierend formulierten Texte kann das Projekt aber insgesamt als ein Vorläufer für stärker subjektorientierte E-Mail-Projekte angesehen werden, die erst mit der Entwicklung und Verbreitung der entsprechenden Technik möglich wurden (vgl. Koch 1997; Schlieger 2001; Schuler 2001).

Jahr	Thema
1990	Les découpages du monde
1991	Mégapoles et Villes géantes
1992	Les nouveaux nouveaux mondes
1993	Mondes rural, Espaces, Enjeux
1994	Régions et Mondialisation
1995	Risques naturels, risques de sociétés
1996	Terres d'exclusions, terres d'espérances
1997	La planete "Nomade". Les mobilités géographiques d'aujourd'hui
1998	L'Europe, un continent à géographie variable
1999	Vous avez dit nature ? Géographie de la nature, nature de la géographie
2000	La géographie et la santé
2001	Géographie de l'innovation, de l'économique au technologique, du social au culturel
2002	Géographie et religion, ces croyances, représentation et valeurs qui modèlent le monde
2003	L'eau, source de vie. Source de conflits, trait d'union entre les hommes
2004	Nourrir les hommes, nourrir le monde. Les géographes se mettent à table
2005	Lieux visibles, réseaux invisibles

Tab. 6: Themen des „Festival International de Géographie"
(Quelle: Festival International de Géographie 2001a, 2001c, 2002, 2004a, 2004b, 2005)

Auch auf fachpolitischer Ebene engagierte sich Haubrich für die internationale Zusammenarbeit: Von 1988 bis 1996 war er Vorsitzender der Kommission für geographische Erziehung der Internationalen Geographischen Union (Haubrich

100

2001c). Im Rahmen dieser Tätigkeit publizierte er 1992 die „Internationale Charta der geographischen Erziehung", die „allen Völkern der Erde als Basis für die Verwirklichung einer sachgerechten geographischen Erziehung in ihren Ländern" (Haubrich 1993a, S. 383) dienen sollte. Während des Interviews auf dem Geographentag in Leipzig erzählte Haubrich begeistert vom „Festival International de Géographie", das zeitgleich in Saint-Dié-des-Vosges stattfinde. Dieses Festival wird seit 1990 jährlich organisiert (Festival International de Géographie 2001a - vgl. Tab. 6) und bietet neben Vorträgen, Ausstellungen und einem „salon du livre" auch runde Tische, Aktionen von und mit Schülern (Festival International de Géographie 2001b), Treffen für Jungwissenschaftler (Festival International de Géographie 2001d), Filme, Konzerte und Spiele (Festival International de Géographie 2001e). In den „cafés géographiques" soll diskutiert werden (Festival International de Géographie 2001e) und kulinarische Genüsse werden im „salon de la gastronomie" nicht nur serviert, sondern auch deren Herstellung demonstriert und erklärt (Festival International de Géographie 2001f). Das Festival ist für alle offen und der Eintritt kostenlos (Festival International de Géographie 2001c). Die deutschen Geographen, erzählte Haubrich, hätten es allerdings abgelehnt, den Geographentag deswegen anders zu terminieren.

Ein Jahr vor Ende seines aktiven Dienstes erschien die „Leipziger Erklärung zur Bedeutung der Geowissenschaften in Lehrerbildung und Schule" (Alfred Wegener Stiftung für Geowissenschaften 1996), an der Haubrich maßgeblich mitgewirkt hat. In ihr fordern neben Geographen und Geographiedidaktikern Vertreter aus der Bodenkunde, Geologie, Geomorphologie, Geoökologie, Hydrologie, Meteorologie, Mineralogie, Paläontologie, Polar- und Meeresforschung sowie Museumspädagogen und Bildungspolitiker (Haubrich 1998, S. 5) „den Geographieunterricht in Lehrerbildung und Schule mit geowissenschaftlichen Inhalten zu stärken und den Geowissenschaften eine angemessene Stellung im deutschen Bildungssystem zu sichern" (Alfred Wegener Stiftung für Geowissenschaften 1996, S. 3). Haubrich sah darin eine Möglichkeit, die Stellung des

Faches Geographie im deutschen Fächerkanon zu halten oder sogar zu verbessern. In einem Kommentar verwies er auf die Wiedereinführung der Geographie als eigenständiges Unterrichtsfach in den USA, in England und in Japan (Haubrich 1998, S. 7) und empfahl Aktionsformen aus diesen Ländern, wie z. B. „Geographische Olympiaden", Landnutzungskartierungen und Aktionswochen (ebd., S. 14) zur Nachahmung.

4.1.4 BARBARA KREIBICH

Während alle anderen in diesem Kapitel vorgestellten Geographiedidaktiker zur Zeit des Interviews bereits im Ruhestand waren, stand Barbara Kreibich noch aktiv im Berufsleben: eigentlich ist sie für dieses Kapitel zu jung. Sie hat wie Schrettenbrunner bei Geipel promoviert und beschrieb ihre Einordnung in die „Alterskohorte der Reformer" während des Interviews mit einer Anekdote von einer Tagung in Neu-Isenburg 1970. Dort habe sie mit allen anderen auf einem S-Bahnhof gestanden und einer der Professoren habe einen anderen gefragt, wer denn das „junge Gemüse" sei. Dass sie trotz ihres jungen Alters in diesem Kapitel auftaucht, begründet sich zum einen aus ihren vielen Aktivitäten während der Reformjahre und zum anderen daraus, dass sie sich bereits Ende der 70er Jahre aus der Geographiedidaktik zurückgezogen hatte.

Während der Reformjahre war Barbara Kreibich im Neu-Isenburger-Kreis aktiv, hat an den Tagungen in der Reinhardswaldschule teilgenommen und sich als Vertreterin des Berufsgeographenverbandes im Lenkungsausschuss des RCFP engagiert (Geipel 1978a, S. 15). Darüber hinaus hat sie an den beiden RCFP-Einheiten „Im Flughafenstreit dreht sich der Wind" und „Verkehr im ländlichen Raum" mitgearbeitet (Fürstenberg 1980, S. 14 und 15). Ihre Dissertation „Stadtplanung aus Schülersicht" (Kreibich 1977), die sie an der TU München vorgelegt hat, war eine der ersten Arbeiten mit einer didaktischen Zielrichtung. Doch obwohl Barbara Kreibich mit der Universität einen Arbeitsvertrag bis 1980 hatte, schied sie 1976 aus dem Dienst aus.

Die Gründe für diesen Rückzug waren rein privater Natur: Ihr Mann hatte eine Professur in Dortmund erhalten und sie ist mit ihm mitgezogen. Nach dem Mutterschaftsurlaub ist sie in den Schuldienst zurückgekehrt, was ihr zunächst schwergefallen war, weil sie sich nicht sicher war, ob es ihr gefallen würde. An der Schule, dem Fichte-Gymnasium in Hagen (Fichte-Gymnasium, 2002a), hat sie zunächst fast ausschließlich ihr zweites Fach Biologie unterrichtet.

Kurshalbjahr	11.2	12.1	12.1	12.2	13.1
Spiel	Nomadenspiel	Farmerspiel	Standortspiel	Kaffeespiel	Industrieansiedlung
Spielform	stark strukturierendes Lernspiel	Simulationsspiel	Entscheidungsspiel	Rollenspiel	Planspiel
Spielkriterium	Auswahl der Wanderungsgeschwindigkeit	Auswahl der Nutzungsstrategie	Auswahl des Standortes	Auswahl der Überlebensstrategie	Auswahl der Flächenwidmung
Entscheidungssituation	Entscheidung unter Ungewissheit	Entscheidung unter Risiko	Entscheidung unter Rollenwertung	Entscheidung unter Dependenz	Entscheidung nach Normendiskussion
geographische Situation	Sahelzone	Weizengürtel, Kansas, USA	Manufacturing und Sunbelt, USA	Dritte Welt, Kaffeeexport, Lateinamerika	Ruhrgebiet, KVR
historische Situation	o. A.	1880-82, 1919-21, 1933-35	o. A. (ca. 1965)	o. A.	1971
Zahl der Rollen	-	6	5	7	8
Spieldauer (Min.)	90	270	90	90	90
Erscheinungsjahr	1985	1969	1970	1994	1979

Tab. 7: Übersicht über die in den verschiedenen Kurshalbjahren genutzten Spiele (Quelle: Kreibich 1995, S. 136 und 144)

Mitte bis Ende der 80er Jahre hat sie mit ihrem Mann zusammen nebenbei ein kleines Planungsbüro geführt. In diesem Rahmen haben sie vor allem Wohnungsbedarfsprognosen für verschiedene Städte und für Nordrhein-Westfalen insgesamt erstellt. Ende der 80er Jahre sei ihr die Arbeit neben der Schule allerdings zu viel geworden, so dass sie sich danach voll auf ihren Lehrerberuf konzentriert habe. Heute sei sie mit der Entscheidung zufrieden und gerne in der Schule.

Trotz der weitgehenden Abstinenz von der geographiedidaktischen Diskussion der 80er und 90er Jahre erschien Mitte der 90er Jahre in der Festschrift für Arnold Schultze (Bünstorf, Kroß 1995a) noch ein Beitrag von Barbara Kreibich, in dem sie ihre Unterrichtspraxis in Geographiekursen der Oberstufe schilderte. In diesen Kursen ginge es ihr vor allem darum, eine „gewisse Gesamtdramaturgie des Unterrichts über zweieinhalb Jahre" (Kreibich 1995, S. 133) herzustellen: dabei greife sie „gerne auf Simulationsspiele unterschiedlicher Art zurück, wie sie in den Aufbruchsjahren der Curriculumentwicklung um 1970 entwickelt wurden" (ebd., S. 133). Im Schnitt spiele sie in jedem Schulhalbjahr mit den Schülern ein Spiel zum jeweiligen Thema (vgl. Tab. 7). So versuche sie, ihren Vorsatz umzusetzen, die Ideen des RCFP in der Schule zu verwirklichen und weiterzuentwickeln (Interview).

Eine gewisse Enttäuschung äußerte Frau Kreibich deswegen auch über die zu geringe Übernahme von Spielanteilen in den alltäglichen Unterricht. Im Interview sagte sie, sie habe erst in der Schule gemerkt, wie schwierig es sei, die Kollegen von der Sinnhaftigkeit des Einsatzes von Planspielen zu überzeugen oder sie gar dazu zu bewegen, es selbst einmal zu versuchen. Und an die Adresse der Didaktiker formulierte sie in ihrem Aufsatz den Wunsch, „einmal etwas zur Rettung dieser vom Aussterben bedrohten Spezies der Geographiedidaktik zu veranlassen" (Kreibich 1995, S. 134).

4.1.5 ARNOLD SCHULTZE

Arnold Schultze, geb. 1930, dürfte in den nachfolgenden Studentengenerationen von allen Reformern den größten Bekanntheitsgrad erlangt haben. Sein 1970 in der Geographischen Rundschau erschienener Aufsatz mit dem Titel „Allgemeine Geographie statt Länderkunde!" (Schultze 1970a) steht bis heute immer wieder im Zentrum der Diskussion um die inhaltliche Ausrichtung des Geographieunterrichts. Besonders in den 80er Jahren, als die regionale Geographie wieder Aufwind bekam, wurde ihm – erneut – viel Aufmerksamkeit zuteil (Bünstorf, Kroß 1995b, S. 12). Wird der Text allerdings nur oder auch nur vor allem in Bezug auf diese inhaltliche Diskussion rezipiert, gerät der Kern der Argumentation schnell aus dem Blick, denn Schultze hat die oft diskutierte „apodiktische Forderung als konsequente Fortsetzung seiner Gedanken zum exemplarischen Prinzip betrachtet" (Bünstorf, Kroß 1995b, S.9f). Ihm ging es somit vor allem um ein *didaktisches* Anliegen[36].

Dieses didaktische Anliegen hat Schultze in einem anderen, weit weniger bekannten Text deutlicher dargestellt (Schultze 1972). Darin unterstrich er, dass es nicht länger um die pure Vermittlung von Wissen gehen könne, sondern dass es auf zu vermittelnde Fähigkeiten ankomme. Ein Unterricht, der auf Können ziele, sähe aber „in wesentlichen Zügen anders aus als ein Unterricht, der auf bloßes Wissen, auf Einprägen und Speichern ausgerichtet ist" (ebd., S. 194). Ein solcher Unterricht gehe nicht mehr von Informationen aus, sondern von der Tätigkeit der Schüler, die im Tätigsein Können erwerben. Im Zentrum dieses Unterrichts stehe die Aufgabe: „Die Information müsste nebenbei, als Fußnote gewissermaßen, geboten werden und hätte damit auch optisch den richtigen Stellenwert. Sie wäre Mittel zum Zweck; man bedient sich ihrer, wenn und soweit es die Aufgabe verlangt" (Schultze 1972, S. 195).

---

36 Deswegen ist es auch kein Wunder, dass sich Schultze „an den heftigen Diskussionen über die Rolle der Regionalen Geographie (...) nicht mehr" (Bünstorf, Kroß 1995b, S. 12) beteiligt. Seine grundlegenden didaktischen Argumente haben in dieser Debatte ja kaum eine Rolle gespielt.

Seine Vorstellungen vom allgemeingeographischen Unterricht, vom exemplarischen Prinzip und von modernen Aufgabenstellungen hat Schultze bereits seit 1968 (Bünstorf, Kroß 1995b, S. 9) in die Arbeit eines Schulbuchteams des Klett-Verlags einbringen können. Es dauerte nicht lange, bis er die Herausgeberschaft übernahm und das Buch zu prägen begann. Statt den Schülern Texte zu präsentieren, die sie eigentlich nur zu lernen brauchten, arbeitete dieses Buch in vielen Kapiteln mit Fallstudien (Altemüller 1995, S. 201). Anhand der konkreten Beispiele sollten sich die Schüler die zugrunde liegenden allgemeinen Kategorien selbst erarbeiten (vgl. Schultze 1988, S. 50). Aus einem Lehrbuch wurde so ein Arbeitsbuch (Altemüller 1995, S. 200). Schultzes Handschrift war schon bald so deutlich zu erkennen, dass mancher Mitautor meinte herausstellen zu müssen, dass „es (...) sich ‚keineswegs ausschließlich um ein Schultze-Buch‘" (Bünstorf, Kroß 1995b, S. 9; vgl. Jans 1995, S. 23) handle.

Allerdings musste er während der Arbeit am Buch auch erkennen, dass der exemplarische Ansatz offenbar zu hohe Anforderungen an die Lehrer stellte (Schultze 1988, S. 50). Sie machten selbst aus den Fallstudien noch Lernstoff und vergaßen die wichtigsten Unterrichtsschritte, „die Herausarbeitung des Allgemeinen und die Anwendung des Allgemeinen" (ebd., S. 50). Um diesen Lehrern Hilfestellungen zu geben, ergänzte Schultze den exemplarischen Ansatz durch die Arbeit mit Modellen (ebd., S. 52 – vgl. Schultze 1994). Modelle sollten als reduzierte „Darstellung des Allgemeinen selbst" (ebd., S. 52) das lieferten, was bisher im Unterricht zu kurz gekommen sei. Aber auch hier sei zu betonen, dass es sich bei Modellen *nicht* um reine, auswendig zu lernende Informationen handle, sondern dass sie „sich erst in der Anwendung auf reale Situationen" erschlössen. Auch Arbeit mit Modellen war somit keine „teacher-proof"-Methode.

Trotz des starken unterrichtspraktischen Engagements hat Arnold Schultze sich auch immer wieder darum gekümmert, die didaktische Diskussion für Studenten transparent zu machen, indem er Textzusammenstellungen herausgab. Bereits 1971 erschienen die „Dreissig Texte zur Didaktik der Geographie" (Schultze

1971a), die 1976 in einer Überarbeitung neu aufgelegt wurden (Bünstorf, Kroß 1995b, S. 10) und 1996 von den „40 Texten zur Didaktik der Geographie" (Schultze 1996a) ersetzt wurden. Alle Textsammlungen wurden von einer Einführung begleitet, die den Stellenwert der Texte in der Diskussion verdeutlichten. Darüber hinaus verfasste er mehrere Rückblicke auf die Jahre nach der Reform (Schultze 1979a, 1979b, 1998).

Nach seiner vorzeitigen Pensionierung 1992 (Schultze 2001, 2003a, S. 25) wandte sich Schultze immer mehr von der Didaktik ab und ein fachwissenschaftlicher, ja fast regionalgeographischer Schwerpunkt rückte in den Vordergrund des Interesses: Die extremen Kaltgebiete der Arktis und Antarktis (Bünstorf, Kroß 1995b, S. 12). Dieses Interesse führte ihn nicht nur zum magnetischen Nordpol, sondern auch zu einer handlungsorientierten Auseinandersetzung mit den Entdeckern: Seine Touren führten ihn z. B. „auf den Spuren von Fridtjof Nansen (…) bis zum Nordpol" (ebd., S. 12) und auf den Spuren von Alfred Wegener bis zur Eismitte in Grönland. Dass es dabei längst nicht nur, aber immer doch auch um Geographie ging, zeigt die folgende Beschreibung: „Ich war diesmal tatsächlich auf dem Summit und an der Stelle von ‚Eismitte', wo die Expedition von Alfred Wegener 1930/31 eine Station eingerichtet hatte, 400 km von der Westküste entfernt. Unter unglaublichen Bedingungen haben Georgi, Sorge und Loewe hier überwintert. Siehe die Temperaturangaben in den TERRA-Bänden. Morgens um 6 habe ich in der Tundra (5 m NN) einen Strauß Weidenröschen gepflückt, und nachmittags um 3 habe ich ihn in den Schnee von Eismitte (3.050 m NN) gesteckt. Können Sie solche emotionalen Anwandlungen nachempfinden" (Brief vom 31.8.2001)?

Profitiert von diesen Reisen und dem didaktischen Fokus auf die Aufgabenstellungen haben zunächst die Studierenden in Lüneburg. Eine Studentin, die zwischen 1990 und 1994 bei Schultze studierte und u. a. das Seminar „Regionale Geographie: Arktis – Naturräume, Lebensformen, Reisen" belegte, betonte zwar, dass er „eine Menge verlangt" (E-Mail vom 10. 9. 2002) habe (vgl. Kasten 4), gestand aber auch zu, dass sie bei ihm „immer viel gelernt" (ebd.) habe und dass seine Vorträge im Rahmen der Geographischen Kolloquien für sie immer „ein Highlight" (ebd.) gewesen seien: „Er ist sehr überzeugend und mitreißend und hat bei mir und der Studierendengruppe, mit der ich mehr zu tun hatte, ein ‚Arktis-Antarktis-Lesefieber' ausgelöst, das teilweise bis heute anhält" (ebd.).

1. Temperaturtabelle. Vergleichen Sie bitte die Temperaturen folgender Stationen:
      a) Nordpol und Südpol   d) Reykjavik, Nuuk und Iqaluit
      b) Neumayer-Station und Südpol   e) Murmansk und Werchojansk
      c) Spitzbergen und McMurdo   f) Hamburg und Edmonton

2. Übrigens: Die Zahlen für den Südpol sind sehr genau, die Zahlen für den Nordpol dagegen ziemlich ungenau. Wieso?

3. Einige der Stationen unserer Tabelle liegen sogar auf dem Eis!
Welche liegen auf dem Inlandseis, welche auf dem Schelfeis, welche auf dem Packeis?

4. Zur Begrenzung der Arktis wird meist die Baumgrenze verwendet.
a) Welche Stationen unserer Tabelle liegen also in der Arktis?
b) Wieso wird nicht die Jahrestemperatur berücksichtigt?

5. Wir finden Zwergbirken (Betula nana) in einer moorigen Niederung bei Deutsch-Evern. Was bedeutet das?

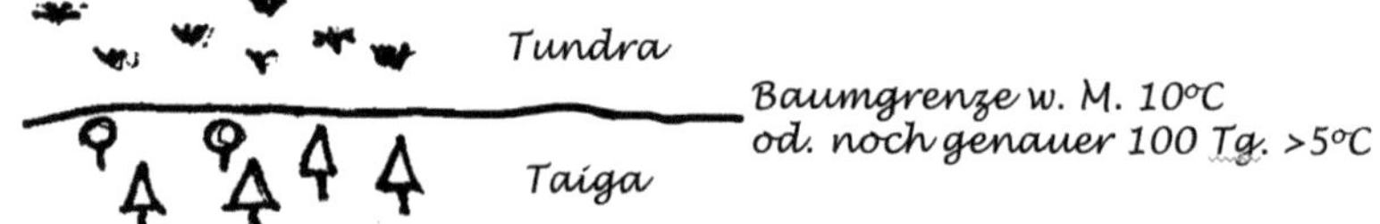

6. Seit wann gehört der Raum Lüneburg nicht mehr zur Arktis?

7. Es gibt immer noch Leute, die glauben, dass die Eskimo / Inuit ganzjährig in Eis und Schnee leben. In welchem Naturraum leben sie nun wirklich, die Eskimo: in der Taiga, in der Tundra oder auf dem Inlandeis?

8. Permafrost ist ein gewaltiges Hindernis für den Bau von Häusern, Straßen, Pipelines... Bei welchen Stationen erwarten Sie Permafrost?

9. Stationen haben Mitternachtssonne?

10. Zur Begrenzung der Arktis könnte man auch den Polarkreis verwenden.
a) Was spricht dafür, was dagegen?
b) Wieso liegen die Polarkreise eigentlich ausgerechnet auf 66½° N und 66½° S?

11. Wie sich gezeigt hat, sind die Temperaturangaben für das Thema Arktis / Antarktis sehr wichtig. Sind auch die Niederschlagszahlen in der Tabelle aussagekräftig?

12. Zum Sonnenstand:
a) Wann geht am Nordpol die Sonne auf?
b) 21. Juni am Polarkreis: Wie hoch steht die Sonne um 12 Uhr und um 24 Uhr?

108

c) Wie hoch steigt die Sonne in Hamburg (53½° N) am 21.12., am 20.3. und am 21.6.?
12. Geographische Ortsbestimmung: Wo befinde ich mich?
a) Die Sonne steht 12 Stunden lang am Himmel und erreicht mittags 23½°, mit dem Sextant gemessen.
b) 21.6., der Sextant zeigt den Sonnenstand 90°.
c) Die Sonne bleibt am 21.6. den ganzen Tag unter dem Horizont.
d) Meine Uhr ist nach Greenwich-Zeit gestellt. Der Höchststand der Sonne um 8 Uhr.
e) 20.3., 18 Uhr Greenwich-Zeit. Die Sonne erreicht mit 60° ihren höchsten Stand.

Kasten 4: Schultzes Trainingsaufgaben zum Thema Arktis / Antarktis aus dem Sommersemester 2001 (Quelle: Seminararbeitsbogen, Schultze/Lüneburg 2001)

Erst zu Beginn des neuen Jahrtausends ließ Schultze in Form von Beiträgen in fachdidaktischen Zeitschriften (Schultze 2003b; 2004) auch ein größeres Publikum an diesen Erkenntnissen und Erfahrungen teilhaben.

4.2 . . . UND WAS SIE BEWEGTE

Auch wenn die Akteure insgesamt doch recht unterschiedliche Lebenswege eingeschlagen haben, haben sie in der Fachdidaktik der 70er Jahre doch viel bewegt – manchmal allein, oft aber auch gemeinsam. Dabei ging es nicht nur um wissenschaftliche Auseinsetzungen, sondern auch um politische Standortbestimmungen. Viel Energie wurde zudem in die Formulierung von neuen Lehrplänen, in die Entwicklung neuer Schulbücher und die Arbeit am Raumwissenschaftlichen Curriculum-Forschungsprojekt investiert. Alle diese Aktivitäten fanden aber nicht im luftleeren Raum statt, sondern waren geprägt von den gesellschaftspolitischen Entwicklungen in den 60er und 70er Jahren. Theoretisch bezog sich die Diskussion eines Großteils der Geographiedidaktiker auf eine vergleichsweise überschaubare Anzahl von Ansätzen, die aus der allgemeinen Didaktik rezipiert wurden. Diese Rezeption erfolgte allerdings oft bruchstückhaft, so dass den Diskussionsbeiträgen nicht immer eindeutig zu entnehmen ist, worauf sie sich mit welchem Argument beziehen. Zur besseren Einordnung der fachdidaktischen Positionen wird der Darstellung der nicht-fachdidaktischen Auseinandersetzung im folgenden Kapitel relativ viel Aufmerksamkeit geschenkt.

4.2.1 DISKUSSIONEN IM UMFELD DER FACHDIDAKTIK

Die Diskussionen im Umfeld der Fachdidaktik bewegten sich auf zwei deutlich voneinander getrennten Ebenen: Zum einen ging es um die Reform der Fachwissenschaft Geographie, wie sie auf dem Kieler Geographentag diskutiert wurde, zum anderen ging es um die strukturelle und methodische Umgestaltung von Unterricht, wie sie in der Bildungspolitik und in der Didaktik gefordert wurden. Beide Diskussionen haben die Auseinandersetzung in der Geographiedidaktik beeinflusst und bestimmt, oft wurden die jeweiligen Anliegen aber nicht deutlich genug voneinander getrennt.

4.2.1.1 STUDENTEN AUF DEM GEOGRAPHENTAG IN KIEL

Die Studenten, die in den 60er Jahren in die Universitäten kamen, waren in ihrer Schulzeit zwar zur politischen Teilhabe aufgefordert worden (Göschel 1990, S. 124), mussten aber immer wieder feststellen, dass das „hochgradig überalterte" Personal an den Schulen (ebd., S. 124) diesen neuen demokratischen Ansprüchen kaum gerecht werden konnte oder wollte und an alten Autoritätsvorstellungen festhielt (Göschel 1990, S. 124; Kahl 1997, S. 47). Als diese Generation ihr Studium begann, erlebte Deutschland nach jahrelangem Wirtschaftswachstum in den Jahren 1966 und 1967 die erste Rezession (Weber 2001, S. 106). Obwohl diese Krise sich vor allem im Kohlebergbau und in der Stahlindustrie bemerkbar machte (Sedlacek 1980, S. 68f; Weber 2001, S. 106), wurde durch sie die Stimmung in der Bevölkerung deutlich beeinträchtigt (Weber 2001, S. 106). Für die Studenten ergab sich eine ambivalente Einschätzung der Zukunft: Das wirtschaftliche Erfolgsmodell der Eltern bekam zwar Risse, aber sie selbst lebten noch in der Zuversicht, von den Krisen im Ruhrgebiet verschont zu bleiben: „Nach einem (...) Studium war es kein Problem, eine Anstellung als Lehrer zu bekommen" (Tillmann 1997, S. 42). Diese Konstellation bildete die Basis dafür, dass diejenigen, die erst am Beginn ihrer – akademischen - Berufslaufbahn standen, begannen, ihre Ansprüche anzumelden: Sie setzten sich gegen Autoritäten wie Familie, Hochschule und Staat (Weber 2001,

110

S. 111) zur Wehr und kritisierten den Freiheitsbegriff der Elterngeneration, die darunter noch ein Bekenntnis zum „freien Westen, zu Wohlstand und Leistung" verstand (Ziehe 1991a, S. 40). Dieser verengten Wahrnehmung setzten sie ihren eigenen, deutlich weniger materialistischen Begriff von Freiheit entgegen, der die „Idee der Befreiung von äußerer und innerer Herrschaft" (ebd., S. 40) beinhaltete und „eine Sehnsucht nach Autonomie und Selbstbestimmung" artikulierte (ebd., S. 40).

Auf der eher individuellen, privaten Ebene äußerte sich der Protest gegen die bürgerlichen Werte der Eltern im „Ineinandergreifen von Musikkultur, Jugendsubkulturen und ersten ‚Bewegungen'" (Ziehe 1991b, S. 53). Doch obwohl John Lennon 1966 die Welt mit der Aussage schockierte, dass die Beatles populärer seien als Jesus (Uellenberg 1987, S.11), obwohl seit 1967 „neue Formen des Zusammenlebens" (Weber 2001, S.111) in der Kommune I („K 1") in Berlin (Baumann u. a. 2001, Sp. 395) erprobt wurden und obwohl 1968 das Hippie-Musical „Hair" in München zum ersten Mal auch Aktszenen auf die Bühne brachte (Stein 1993, S. 1379), „blieben von der vage erträumten Lebensveränderung erst einmal nur kleine Siege im häuslichen Kampf um Haarlänge und Ausgehzeiten" (Ziehe 1991b, S. 54). Manch ein „Revolutionär" erkundigte sich schon im Vorfeld nach dem Ende der Demonstration, da „er bei einer Zimmerwirtin wohnte und nach 22.00 Uhr in die Wohnung gar nicht mehr reinkam" (Ziehe 1991a, S. 40f). Das Aufbegehren manifestierte sich vor allem im „Reden führen. Immer reden" (Kahl 1997, S. 47), denn im Grunde wusste keiner, wie er mit den erträumten Freiheiten umgehen sollte. Man suchte Sicherheit in der Theorie: „Ohne den Schutz eines Buches wagten sich die Revoluzzer nicht mehr ins Freie. Für einige Jahre gab es keinen Satz ohne Zitat" (ebd., S. 51).

Auf der politischen Ebene richtete sich der Protest auf eine bunte Mischung verschiedenster Anlässe: Der erste Studentenstreik an einer deutschen Universität, an der FU Berlin am 28. 5. 1965, richtete sich gegen ein Redeverbot für den Journalisten Erich Kuby, der über die Rolle der USA im Vietnamkrieg sprechen wollte (Baumann u. a. 2001, Sp. 359). Im Februar des nächsten Jahres fand ebenfalls in Berlin eine Demonstration gegen den Vietnamkrieg statt (Stein 1993, S. 1354; Baumann u. a. 2001, Sp. 378, Weber 2001, 117f). Am 22. 6. 1966 demonstrierten Studenten der FU Berlin für ein größeres Mitspracherecht ihrer Statusgruppe in universitären Gremien (Baumann u. a. 2001, Sp. 379). Im Juni 1967 protestierten sie gegen den Besuch des iranischen Monarchen Schah Resa Pahlewi (Stein 1993, S. 1364; Baumann u. a. 2001, Sp. 395). Im Frühjahr 1968 kam es an mehreren Orten zu Protesten gegen die Notstandsgesetze (Stein 1993, S. 1372; Baumann u. a. 2001, Sp. 409; Weber 2001, S. 111). Am 13. 6. 1969 demonstrierten Studenten in Göttingen gegen die Hochschulpolitik (Baumann u. a. 2001, Sp. 436) und am 2. 8. 1969 protestierten sie in Berlin „gegen die Abschiebung von Wehrpflichtigen aus der entmilitarisierten Stadt nach Westdeutschland" (ebd., Sp. 436).

Bei ihren Protesten nutzen die Studenten sowohl Aktionsformen des gewaltfreien Widerstands wie Sit-ins und Teach-ins, als auch Besetzungen und Demonstrationen (ebd., Sp. 397), um ihren Forderungen Nachdruck zu verleihen. Die staatliche Macht war verunsichert und reagierte unverhältnismäßig hart: Bei der gewaltsamen Auflösung der Demonstration gegen den Schah-Besuch 1967 wurde der Student Benno Ohnesorg vom Polizeiobermeister Karl Heinz Kurras erschossen (Stein 1993, S. 1364; Baumann u. a. 2001, Sp. 395). Nachdem Kurras vom Vorwurf des Todschlags am 21. 11. 1967 freigesprochen wurde, weiteten sich die Proteste der Studenten aus (Baumann u. a. 2001, Sp. 395). Am 11. 4. 1968 eskalierte die Situation erneut, als der 23-jährige Anstreicher Josef Erwin Bachmann in Berlin einen Mordanschlag auf Rudi Dutschke, einem der führenden Köpfe der Studentenbewegung, verübte (Stein 1993, S. 1372; Baumann u. a. 2001, Sp. 410). Während der Ostertage kam es in 27 Städten zu schweren Zusammenstößen zwischen den Studenten und der Polizei, die in München zwei weitere Todesopfer forderten (Baumann u. a. 2001, Sp. 410).

In diese bewegte Zeit fiel der Kieler Geographentag von 1969 und er bot ein Novum, das dem Zeitgeist angemessen schien: Willi Walter Puls, der damalige

Vorsitzende des Schulgeographenverbandes (Brogiato 1995, S. 489; Richter 1999, S. 9), leitete zusammen mit Robert Geipel, Heinz Schamp und Peter Schöller eine Sitzung zum Thema „Der Geograph – Ausbildung und Beruf", die „auf eine gemeinsame Initiative der Schul- und Berufsgeographen und studentischen Fachschaften" zurückging (Schöller 1971, S. 175) und auf der vier Studenten als Referenten ihre „Bestandsaufnahme der deutschen Schul- und Hochschulgeographie" vorlegten. Die Brisanz dieses Vorhabens wurde schon daran deutlich, dass zu der Sitzung eine „Vorbesprechung der Schul- und Berufsgeographen mit den Studenten in Köln vereinbart" worden war (Puls 1971, S. 175), zu der „die Vortragenden und die Gesprächsleiter, dazu Herr Schöller und einige Kollegen der Schulgeographie, die mit Ausbildungsfragen zu tun haben" (ebd., S. 175), eingeladen waren. Auf dieser Tagung wurden „alle Vorträge im Wortlaut so vorgelegt und gehalten, wie Sie sie heute hören werden" (ebd., S. 175). Danach wurde der „Inhalt dieser Vorträge von den Referenten verkürzt" (ebd., S. 175) und es „wurde beschlossen, diese Thesen schon zu Beginn der Tagung allen Teilnehmern vorzulegen. Alle in Köln Versammelten hielten dies für eine gute Möglichkeit, auf die Diskussion vorzubereiten" (ebd., S. 176).

Die Bestandsaufnahme wurde von den Studenten G. Burgard (Hamburg), U. Gross (Frankfurt), H. Monheim (München) und W. Schultes (Berlin) verlesen (Fachschaften der Geographischen Institute der BRD und Berlin (West) 1971, S. 191) und etwa zeitgleich auch in einem Sonderheft des „Geografiker" in Berlin publiziert (Fachschaften der Geographischen Institute der BRD und Berlin (West) 1969). In dieser Bestandsaufnahme stellten die Autoren zunächst die Ergebnisse aus Befragungen von Studenten verschiedener Fakultäten, Schülern, Lehrern und Wirtschaftsvertretern vor. Dabei schnitt die damalige Geographie in den Einschätzungen aller befragten Gruppen relativ schlecht ab:

- Von den befragten Schülern wurde Erdkunde „neben Religion als erstes Fach genannt, das ganz aus dem Fächerkanon verschwinden könne" (ebd., S. 3).

- Die Schüler beschrieben Erdkunde als leichtes Fach: „'In Erdkunde muss, ja kann man nicht denken, man muss fast nur auswendig lernen.' ,Erdkunde ist allgemeinbildend, geht aber nicht in die Tiefe.' ,Bei Erdkunde weiß man nicht so genau, warum man die Dinge eigentlich lernt; wenn man sie vergisst, schadet es auch nichts‟ (ebd., S. 3).

- Die Schüler betonten auch, „dass sie Erdkunde auf der Unterstufe sehr gern gemacht hätten, weil es durch das Verwenden von Bildern und Filmen und das viele ,Erzählen' sehr nett gewesen sei. Ab der Mittelstufe werde Erdkunde langweilig und führe zu nichts‟ (ebd., S. 3).

- „Nach Meinung der befragten Studenten steht Geographie an der Spitze der Fächer, die aus dem Fächerkanon der Schule gestrichen werden sollten‟ (ebd., S. 3).

- „Während die Befragten für den Durchschnittsstudenten die Hauptmerkmale ,politisch interessiert' und ,logisch denkend' angeben, wurde der Geographiestudent als in erster Linie ,naturverbunden' und ,fleißig' bezeichnet‟ (ebd., S. 3).

- „Auf der anderen Seite ist die Geographie zu einem der attraktivsten Nebenfächer an der Hochschule geworden. Die Zahl von derzeit rund 16.000 Geographiestudenten stempelt die Geographie zum ,Massenfach‟ (ebd., S. 4).

- „Auf die Frage nach den wichtigsten Gründen für die Kürzung von Erdkundestunden an der Schule benannten 15,6% der von uns befragten 352 Erdkundelehrer: ,Langjährige Vernachlässigung des Faches durch am Fach nur randlich interessierte Lehrer‟ (ebd., S.4).

- Die VW-Stiftung teilte den Studenten auf Anfrage mit: „'Möglicherweise erweist es sich überhaupt als falsch, eine derart große Zahl von Geographielehrern auszubilden, wo in der Schule der achtziger Jahre eventuell keine Geographen mehr gebraucht werden‟ (ebd., S. 4). In der Hochschule würde die Geographie zudem „'zunehmend in Probleme der Regionalforschung, Urbanisation, Verkehrswissenschaft und

Entwicklungsländerforschung eingebunden, was alles eine isolierte Betrachtung der heute vertretenen und gebotenen Geographie verbietet" (ebd., S. 4).

Auf der Grundlage dieser Ergebnisse protestierten die Studenten „gegen eine Ausbildung, die aufgrund des gegenwärtigen Selbstverständnisses des Faches Geographie zur Folge haben kann, dass die Mehrzahl der gegenwärtig ausgebildeten Geographen in naher Zukunft keinen geographischen Beruf mehr ausüben wird" (ebd., S. 4). Die Geographie „entziehe sich ihrer Aufgaben und Verantwortung innerhalb der Gesellschaft" (Schubert 2004, S. 14).

Ihre alternativen Vorstellungen von einem zeitgemäßen Geographiestudium entwickelten sie ausgehend vom Bildungsziel der Schule, das in der „'Erziehung zu kritischer Vernunft und schöpferischer Eigenständigkeit' (v. Hentig: Demokratie und Gesellschaft, Vortrag aus Anlass der Eröffnung der Bochumer Universität)" (Fachschaften der Geographischen Institute der BRD und Berlin (West) 1969, S. 7) bestehe. Unter Beachtung dieses Ziels könnten „die Inhalte des Erdkundeunterrichts keinesfalls um ihrer selbst willen vermittelt werden" (ebd., S. 7). Vielmehr komme es darauf an zu prüfen, welches geographische Wissen auch „wissenswürdig" (ebd., S. 8) sei. Die „Überlebenschance der Geographie" (ebd., S. 11) könne nur gewahrt bleiben, wenn in den Hochschulen die Länder- und Landschaftskunde mit ihrem „vorwissenschaftlichen Erkenntniswert" (ebd., S. 9) abgeschafft werde. Beide verfügten über „keine Problemstellungen" (ebd., S. 13), und die von ihnen konstatierten Zusammenhänge seien „trivial" (ebd., S. 13). Als Ursache für den „pseudowissenschaftlichen Stand der landschaftskundlichen Geographie" (ebd., S. 13) sahen die Studenten den Umstand, dass „Theorie (...) nicht als Bedingung wissenschaftlichen Tuns gesehen" werde (ebd., S. 13), sondern unter Umständen sogar „als lästige Störung" (ebd., S. 13).

An Stelle der Länderkunde sollten „Themen von grundsätzlicher Bedeutung" (ebd., S. 8) behandelt werden, zu denen nach Ansicht der Studenten gehören könnten:

„1. Verstädterung und ihre Probleme. Konflikt Dezentralisation – Konzentration.

2. Bevölkerungsexplosion, Ernährungsfähigkeit, Tragfähigkeitsreserven.

3. Weltpolitische Krisenherde als Folge sozialer Spannungen und Interessenkonflikte.

4. Gesellschaftlicher Wandel als raumgestaltender Faktor.

5. Planung als Interessenkonflikt; der Boden als Spekulations- und Manipulationsobjekt.

6. Daseinsfürsorge für morgen als regionale Gestaltungsaufgabe" (ebd., S. 8).

Der Schulgeographie attestierten die Studenten, dass sie „aufgrund ihrer fachlichen Abhängigkeit von der Hochschulgeographie" (ebd., S.14) in die schizophrene Situation geraten sei, dass sie einerseits beginne, „ihren gesellschaftlichen Bildungsauftrag zu erkennen, indem sie zusehends mehr am Menschen orientierte Problemkreise behandelt, andererseits aber muss sie für den materiellen Gehalt ihres Unterrichts nach wie vor auf Ergebnisse herkömmlicher Landschafts- und Länderkunde zurückgreifen" (ebd., S.14).

Um all diese Missstände zu beheben, richteten die Studenten am Ende ihres Referats eine Reihe von Forderungen an die Hochschullehrer:

„1. Ziel des Studiums ist die Ausbildung zum Wissenschaftler. Der Student ist daher vom ersten Semester an in die Situation des fragenden und suchenden Wissenschaftlers zu stellen. Lernprozesse sind simulierte Forschungsprozesse. Dieser Forderung hat sich die Lehre zu verpflichten.

2. Durch fortschreitende Problematisierung führt die Lehre die Studierenden kontinuierlich von einfachen an differenzierte Probleme und damit an die aktuelle Forschung heran.

3. Dieser Vorgang wird begleitet von regelmäßigen Lehrveranstaltungen zur theoretischen Absicherung des Forschungsprozesses.

4. Eine Differenzierung der Studiengänge nach Haupt- und Nebenfach, Staats- und Diplomexamen ist widersinnig.

5. Die Lehrinhalte orientieren sich an gesellschaftsrelevanten Problemen und sind insofern praxisbezogen. Eine so verstandene Aktualisierung bedeutet mehr

als bloße Ausstattung mit Fachwissen oder Vorbereitung für die Berufsarbeit: Sie bedeutet zunächst kritische Auseinandersetzung mit der Praxis.

6. Länder- und Landschaftskunde sind unwissenschaftlich, problemlos und verschleiern Konflikte; sie haben keinen aktuellen Bezug. Länder- und Landschaftskunde werden deshalb abgeschafft.

7. Das Fach Geographie überlebt nicht durch bloße Objektdefinition. An die Stelle traditionell fixierter Forschungsgegenstände müssen problemorientierte Fragestellungen treten.

8. Derartige Fragestellungen machen Fachgrenzen überflüssig. Zukunftsträchtige Wissenschaften werden sich an den Nahtstellen bestehender Fächer ansiedeln.

9. Die Trennung von Physischer Geographie und Anthropogeographie muss vollzogen werden. Die Gemeinsamkeit der Probleme ist nur künstlich aufrechtzuerhalten.

10. Die Forderung nach Spezialisierung muss nach sich ziehen die Forderung nach Kooperation mit den Nachbardisziplinen.

11. Für das Studium ergibt sich die Notwendigkeit zur Gruppenarbeit, zu der für die ersten Semester Tutoren heranzuziehen sind. Es wird bei vielen Themen sinnvoll sein, Studierende anderer Fachrichtungen zur Mitarbeit heranzuziehen.

12. Die Studienanforderungen innerhalb der Lehrveranstaltungen werden qualitativ erhöht, nicht aber quantitativ durch Aufstellen erweiterter formaler Pflichtveranstaltungskataloge" (ebd., S.14f – Herv. i. O.).

In der anschließenden Diskussion gab es 24 Wortmeldungen, von denen lediglich drei von Lehrern oder Didaktikern stammten. Fünfzehn Mal meldeten sich Fachwissenschaftler zu Wort, die mehrheitlich die Länderkunde verteidigten, wobei sich feststellen lässt, dass der Tenor der Beiträge sich im Laufe der Diskussion änderte. In einer der ersten Wortmeldungen mahnte Otremba: „Wer eine Länderkunde als eine wissenschaftlich zu betreibende Disziplin ablehnt, lehnt damit zugleich den wissenschaftlichen Charakter der Beobachtung ab, (...) auf die Beobachtung zu verzichten, wird aber wohl niemand fordern, sonst

müssten wir auch auf die Exkursionen verzichten, die sich in der zu beobach-
tenden Landschaft und im Land bewegen"[37] (Otremba 1970a, S. 209). Und auf
Exkursionen – nicht Feldarbeit - verzichten möchte natürlich kein Geograph,
weshalb Wöhlke in seinem Beitrag festhielt: „Die Referate haben aber eine ganz
andere Frage gezeigt: die nach der Gesellschaft. (...) Dies ist eine Fragestellung
der Soziologie und Politologie. Es hat keinen Sinn, die Geographie umzugestal-
ten, nur weil von außen falsche Vorstellungen in dieses Fach hineingetragen
werden. Vielmehr ist es richtiger, wenn man auf seiner Fragestellung nach der
Gesellschaft besteht, das Studienfach zu wechseln" (Wöhlke 1970, S. 211)[38].
Dieser etwas populistische Rückgriff auf affektiv vermeintlich positiv besetzte
Exkursionen bei gleichzeitiger Verlagerung des Problems in die persönlichen
Entscheidungen der Kritiker verdeutlicht, dass sich die Fachwissenschaftler mit
den vorgetragenen Argumenten nicht beschäftigen wollten (vgl. Schultz 1980,
S. 267). Auch die Bewertung von Uhlig, in der er zunächst betonte, dass er „die
Initiative der Studenten begrüße" (Uhlig 1970a, S. 213), dann aber kritisch an-
merkte, dass „Sie uns ehrlich informieren [müssten], und das Papier, das Sie
durchgedacht und hier vorgetragen haben, könnte sinnvoller diskutiert werden,
wenn Sie uns das 14 Tage vorher in die Hand gegeben hätten. Dann könnten
wir Ihnen sehr viel fundierter antworten" (Uhlig 1970a, S. 213) erscheint angesichts der zu Beginn der Tagung verteilten Thesenpapiere eher als Abwehrme-
chanismus denn als Vorschlag zur intensiveren Auseinandersetzung. Tatsächlich war es den Professoren durchaus möglich gewesen, sich schon deutlich
eher mit den Argumenten der Studenten auseinanderzusetzen: Der Hochschullehrerverband hatte bereits „im Oktober vergangenen Jahres" (Schöller 1971,
S. 175) eine Konferenz in Bad Hersfeld abgehalten, auf der der Beschluss

---

37 Diese bis heute nicht verklungene Betonung der Bedeutung der Exkursionen verdankt sich
auf der forschungslogischen Ebene der Vorstellung, „die Geographie konstituiere sich nicht
durch die Art ihres Fragens, sondern sei in der Wirklichkeit selbst verankert" (Schultz, 1980, S.
264).
38 Schultz (1980) sieht hierin die Legitimationsstrategie der Verstoßung (ebd., S. 267), die 10
Jahre später auch in der sich gerade konstituierenden Geographiedidaktik erneut Urständ fei-
erte (vgl. Kap. 4.2.6).

118

gefasst worden war, „eine derartige Diskussionssitzung über grundsätzliche Fragen des Faches nicht an der Peripherie des Geographentages anzusiedeln" (ebd., S. 175). Zu dieser Konferenz waren nach Kreibichs Erinnerung auch einige Diplomstudenten gekommen, die mit einem Thesenpapier vor dem Sitzungssaal warteten und die anwesenden Professoren in den Pausen „bearbeitet" hätten. In den Diskussionen sei von Seiten der Professoren zwar zugestanden worden, dass es so wie bisher nicht weitergehe und Veränderungen nötig seien, aber die Vorstellungen von allgemeiner Geographie bewegten sich dann eher in Richtung „Darstellung von Lebensgruppen" (Pygmäen, Eskimos, Waldbauern etc.) und Behandlung von Kulturerdteilen. Betrachtet man diesen intensiven Vorlauf, dann zeigen die bisher vorgetragenen Argumente vor allem eins: wie hilflos die Professoren angesichts des Vortrags waren und wie sehr sie angesichts dieser unerwarteten Kritik „argumentativ versagten" (Schramke 1986a, S. 114).

Erst als Hövermann diese Situation benannte: „Ich möchte etwas Deplaciertes sagen, und zwar: dass die gegenwärtige Aussprache im Grunde genommen die Bestätigung für die These der Studenten geliefert hat, dass es um die Landschafts- und Länderkunde faul steht" (Hövermann 1970, S. 215), änderte sich die Qualität der Beiträge. Viele der folgenden Redner betonten, dass sie die Art und Weise, in der Länderkunde gegenwärtig betrieben werde, ebenfalls bedenklich fänden (vgl. Schultz 1980, S. 264), dass es aber darauf ankomme, die Länderkunde besser zu machen, statt sie abzuschaffen: „Wir kennen Ihr Unbehagen sicher genauso gut wie Sie. Wir versuchen, es durchzustehen, mit dem jeweils zur Verfügung stehenden Instrumentarium das Beste zum Verständnis der länder- oder landschaftskundlichen Systeme zu entwickeln und gleichzeitig das Instrumentarium zu verbessern" (Weischet 1970, S. 216) und weiter: „Vieles an der alten Länderkunde ist sicher reformbedürftig. Sie ‚abschaffen' zu wollen, hieße sich einer grundlegenden wissenschaftlich-geographischen Arbeitsweise zu entledigen, die dann andere Fachrichtungen (schon heute ist der Ruf nach ‚Auslandskunde' überall hörbar!) neu erfinden würden. Wir sollten ernsthaft über die Problematik der Länderkunde, nicht über einen Verzicht auf sie diskutieren" (Mensching 1970, S.218f).

Die Beiträge aus der Schulgeographie schlossen allesamt an diesen letzten Argumentationsstrang an: So wie sie jetzt sei, sei die Länderkunde zwar nicht zu vertreten, aber sie könne auch nicht einfach abgeschafft werden. Von allen drei Beiträgen zeigte Jonas am deutlichsten auf, wo seine Probleme bei der Ausbildung von Referendaren lagen: „Ich darf zunächst auf die Frage der Theorie, die in dem Referat der Studenten eine so außerordentliche Rolle spielte, eingehen. In der Referendarsausbildung fällt immer ein außerordentlicher Mangel an Methodenbewusstsein unter den Referendaren auf. Methodenbewusstsein verstanden im Sinne einer Wissenschaftsmethodik, genauer Kenntnis der dieser Wissenschaft eigenen Methoden, meinetwegen der Dimension des Erkennens, die z. B. die räumlich-funktionale wäre. Studenten der Geographie – und das sind die späteren Referendare – haben während ihres Studiums nur sehr selten erfahren, worin die Bedeutung ihres Studienfaches liegt, welches seine Wissenschaftsmethoden sind, an welchen Inhalten und Arbeitsweisen sie also geographisches Denken demonstrieren können. Gerade heute, da Geographie in der Hochschule und in der Schule so sehr in Frage gestellt ist, ist derjenige hilflos – und das gilt jetzt für den Referendar wie für den Studienrat -, der sein Studium im wesentlichen inhaltlich verstanden hat, der im wesentlichen inhaltlich ausgebildet worden ist. Er wird nicht in der Lage sein – und das sieht man nun immer wieder -, die Probleme der Schule heute, insbesondere in der Oberstufe, in bezug auf sein Fach Erdkunde zu bewältigen, ganz einfach deshalb, weil er im Grunde nicht weiß, was Erdkunde ist" (Jonas 1970a, S. 212). Mit dieser Stellungnahme war Jonas einer der wenigen Diskussionsteilnehmer, die überhaupt auf das von den Studenten angesprochene Problem der Theoriebildung in der Geographie eingingen, was darauf hindeutet, dass dieses Problem in der Praxis tatsächlich viel stärker wahrgenommen worden ist als im Elfenbeinturm der Hochschulen.

120

Da die Zeit am Vormittag nicht reichte, wurde die Aussprache zu dieser Sitzung am Abend fortgesetzt. Bis dahin hatten sich die Gemüter offensichtlich doch etwas beruhigt, und Otremba meinte, erst einmal die Diskussion am Morgen relativieren zu müssen: „Die Diskussion während der Vormittagssitzung führte zu einer Verkrampfung. Dadurch, dass eine Meinung in einer Gruppendarstellung vorgetragen wurde, fühlte sich die andere Meinung auch als Gruppe angegriffen und setzte sich zur Wehr. Das führt aus dem Bereich abwägender Gespräche über persönlich bestimmte wissenschaftliche Auffassungen zur Verhärtung kollektiv aufgebauter Fronten" (Otremba 1970b, S. 228). Troll erweiterte diese Kritik, indem er den Studenten eine zu große Ernsthaftigkeit vorwarf: „Missfallen haben mir der krampfhafte Ton und der völlige Mangel an Humor, und das bei so jungen Menschen! Darin sollten sich die heutigen Studierenden doch an den beiden Kriegsgenerationen, die nach 1919 und 1945 die Hochschulen besuchten, ein Beispiel nehmen. Auch wir haben als Studenten und Assistenten Kritik geübt und Forderungen gestellt und unser Missfallen über dieses und jenes zum Ausdruck gebracht. Aber wir taten das in Bierzeitungen, Karnevalsveranstaltungen und dgl." (Troll 1970, S. 230). Nachdem sie so ihre momentane argumentative Hilflosigkeit vom Morgen erklärt hatten, gingen die Professoren vorsichtig in die Offensive, indem sie nun betonten, dass die Forderungen der Studenten eigentlich schon seit langem von der geographischen Wissenschaft erfüllt würden: „Die Frontbildung, die sich zeitweise abzeichnete, besteht kaum in der zum Ausdruck gekommenen Schärfe. Dass es zwischen einer Problem-Länderkunde mit Schwerpunkt auf allgemeineren Fragenkreisen und einer allgemein geographischen Untersuchung auf regionaler Grundlage keine grundsätzlichen Unterschiede gibt, kann wohl von allen bestätigt werden" (Jäger 1970, S. 226f). Gerade die Fachvertreter, die von den Studenten wegen ihrer Länderkunde angegriffen worden seien, hätten sich schon längst um neue Ansätze bemüht: „Die Diskussion der sozialgeographischen Vorträge heute nachmittag hat erfreulicherweise manches klarer werden lassen, was den Studenten am Herzen lag. Dabei wurde deutlich, dass Ihnen die heute nachmittag vorgetragenen sozialgeographischen Themen attraktiv und neu erscheinen, die Fragen der Landschaftskunde dagegen weniger. Aber dieselben Leute, die Sie angreifen und als altmodische Landschaftskundler hingestellt wurden, sind es vielfach, die auch an diesen modernen Sachen arbeiten" (Uhlig 1970b, S. 229).

Im Grunde genommen sei gar nicht zu verstehen, wieso von den Studenten „so einseitig die Länderkunde als Zielscheibe herausgestellt wurde" (Fick 1970, S. 230), denn: „Übersehen wir das geographische Schrifttum der Gegenwart wie auch der vergangenen Jahrzehnte, dann sind es doch keineswegs die Länderkunden, die so sehr im Vordergrund stehen, sondern jene ganze Fülle von problemorientierten Fragestellungen. (...) Länderkunde werde von Zeit zu Zeit gewagt, um Ergebnisse zusammenzufassen, Ordnungen zu ermöglichen und eine Zusammenschau wichtiger Aspekte zu erreichen" (ebd., S. 230). Dieses neue Selbstbewusstsein mag dazu beigetragen haben, dass Wöhlke sich in einer „pädagogische[n] Belehrung" (Schultz 1980, S. 268) die Möglichkeit vorbehielt, „dass die Hochschullehrer Argumente, die von verschiedenen Gruppen vorgebracht wurden, auch nach intensiver Prüfung nicht teilen können. Dies ist kein böser Wille. Vielmehr will ich es versuchen so klar zu machen: Die Beobachtungsreihe ist bei dem, der ständig Länderkunde betreibt oder Geographie lehrt, eben einfach länger als bei einem Anfänger. Diese längere Versuchsreihe kann also zu anderen Ergebnissen als die kurze Reihe führen. Von diesen Ergebnissen gehen wir aus, und hieraus resultiert u. U. das Bestehen auf den eigenen Gedankengängen" (Wöhlke, 1970b, S. 228).

Gut 30 Jahre nach dem Kieler Geographentag wurden die damaligen Ereignisse von meinen Interviewpartnern sehr unterschiedlich und in weiten Teilen auch eher auf der affektiven Ebene beschrieben. Oft spielte der eigene *theoretische* Standpunkt dabei nur eine untergeordnete Rolle.

Besonders lebhaft war vielen die angespannte Situation während der Fachsitzung in Erinnerung geblieben – und zwar sowohl positiv wie negativ:

Auf der einen Seite betonten Haubrich und Kreibich die Wirkung der besonderen Situation, in der zum ersten Mal Studenten auf einem Geographentag als

Referenten auftreten und den Professoren ihre Analyse darlegen durften. Kreibich nannte diese Studenten auch während des Interviews noch „mutige Leute". Geipel betonte, dass es damals „viel zu streiten gegeben" habe, und Ernst würde aus heutiger Sicht sagen, „dass der Ton damals wohl etwas rauh war, die Problemlage es aber nicht erlaubt hätte, die Dinge betulich zu formulieren". Im Laufe der Zeit hätten sich die Physiogeographen in ihre Labore und die Sozialgeographen vor ihre Computer zurückgezogen, was nach Geipels Ansicht viel Luft aus den Auseinandersetzungen genommen habe.

Auf der anderen Seite beschrieb Kreibich aber auch, dass einige der anwesenden Professoren die Veranstaltung als „persönliche Katastrophe" erlebt hätten. Diesen Eindruck bestätigte Newig, der sich im Nachhinein über die nicht vorhandene Reaktion von Seiten der Professoren wunderte: „Die saßen da mit hängenden Köpfen". Sie hätten in diesem Moment wenig Zivilcourage gezeigt. Erst später hätte es einige schriftliche Reaktionen gegeben. Insgesamt habe es aber keine intensive Auseinandersetzung mit Argumenten gegeben, sondern die etablierten Professoren hätten einfach einen langanhaltenden passiven Widerstand geleistet. Durch ihr „zähes Beharrungsvermögen" hätten sie „die Sache totlaufen lassen".

Sowohl Kreibich als auch Geipel, die beide im Laufe ihrer Karriere an der TU München tätig waren, zeigten sich sicher, dass die Bestandsaufnahme in erster Linie von Studenten „aus der Münchener Szene" vorgetragen wurde. Diese Wahrnehmung lässt sich mit dem Tagungsbericht allerdings nicht belegen: die vier vortragenden Studenten kamen aus vier verschiedenen Städten, und in der anschließenden Diskussion haben sich – abgesehen von dem „geschäftsmäßigen" Antrag eines Marburger Studenten (Klocke 1970, S. 208) - nur Studenten aus Berlin zu Wort gemeldet (Böttcher 1970; Müller 1970; Schultes 1970a, 1970 b, 1970c; Vetter 1970). Richtig ist allerdings, dass die Münchener bei der Vorbereitung der Bestandsaufnahme die Interviews in sieben gymnasialen Schulklassen übernommen hatten (Fachschaften der Geographischen Institute der BRD und Berlin (West) 1969, S. 3) und somit in der Vorbereitung der

Bestandsaufnahme eine wichtige Rolle spielten. Unabhängig vom faktischen Wahrheitsgehalt der Aussage wurde die Münchener Szene und ihre Beteiligung am Geographentag von beiden Gesprächspartnern als positiv und durchaus förderlich für weitere eigenen Aktivitäten wahrgenommen. Eine noch deutlichere Aufbruchstimmung erinnerte Haubrich. Für ihn fiel der Kieler Geographentag in die Zeit gleich nach seiner Promotion. Seine eigene Ausbildung sei noch an klassischen Ansätzen orientiert gewesen, so dass die Veranstaltung für ihn eine „helle Freude" gewesen sei und er sich nach der Veranstaltung mit ca. 12 Leuten zusammengetan habe, die gemeinsam zu dem Schluss gekommen seien, dass sie „etwas tun müssen". Zu dieser Gruppe habe auch Neukirch gehört, der damals Redakteur bei Westermann gewesen sei. Selbst Schultze, der in Kiel gar nicht anwesend war, sah im dortigen Geographentag auch im Nachhinein noch einen Anstoß für eigenes Handeln und wertete ihn entsprechend positiv. Es war vor allem diese Aufbruchstimmung, die die Didaktiker der Reformen vermittelten, wenn sie jüngeren Kollegen wie Ingrid Hemmer von „damals" erzählten.

Viele derjenigen unter meinen Interviewpartnern, die 1969 nur etwas jünger waren als die „Reformgeneration", relativierten die Bedeutung der Auseinandersetzung auf dem Kieler Geographentag für die Geographiedidaktik allerdings deutlich: Kroß sah in ihr eher eine „Abrechnung mit dem alten System der Geographie" als einen Neuanfang. Schrettenbrunner und Daum relativierten selbst diesen Standpunkt mit der Feststellung, dass der Kieler Geographentag die Auseinandersetzung mit diesen alten Strukturen im Prinzip nur beschleunigt habe. Auch Newig teilte diese Position: seiner Einschätzung nach sei die Bestandsaufnahme damals fällig gewesen, und er selbst wäre, wenn er noch Student gewesen wäre, auch dabei gewesen, denn es habe sehr stark verkrustete Strukturen gegeben.

Angesichts dieser schon sehr früh abebbenden Euphorie scheint es dann auch nicht mehr allzu abwegig, dass gerade die Fraktion derjenigen, die bis Ende der 70er Jahre nicht in der Geographiedidaktik etabliert waren, mit dem Kieler Geographentag im Nachhinein kaum noch etwas verband. Aber während Daum das

Datum immerhin noch soweit einordnen konnte, dass er ihm nur noch „wenig bis gar keine" Bedeutung zumessen würde, konnten zwei meiner Gesprächspartner mit der Bestandsaufnahme der Studenten auf dem Kieler Geographentag zunächst überhaupt nichts mehr anfangen: Rhode-Jüchtern wollte zunächst wissen, ob es sie auch schriftlich gäbe, er kenne nur die Beiträge von Schultze [sic!] im „Geographiker", um dann zu betonen, dass er nie Sympathisant von MSB[39]- oder DKP-Leuten gewesen sei. Auch Schmidt-Wulffen konnte mit der Bestandsaufnahme der Fachschaften zunächst wenig anfangen, und er bekannte dann, dass er den „Geographiker" erst gelesen habe, als es ihn auf dem Grabbeltisch gab. Trotzdem fand er schade, dass die heutigen Studenten von der jüngeren Fachgeschichte keine Ahnung hätten, und wenn sie von Kiel schon mal gehört hätten, keine Kenntnis darüber hätten, dass die Bestandsaufnahme nicht von Professoren, sondern von Studenten geleistet worden sei.

Gegenüber diesen deutlichen Absagen an Kiel wirkte Hemmers Einschätzung überaus ambivalent: Mitgerissen von der immer wieder von den Beteiligten beschriebenen Aufbruchstimmung, sah sie im Kieler Geographentag ein auch für heute noch wichtiges Ereignis und begründete das damit, dass damals ein paralleler Paradigmenwechsel in Fachwissenschaft und Didaktik stattgefunden habe. Den Paradigmenwechsel selbst beurteilte sie aber nicht mehr so positiv, denn ihre Untersuchungen hätten ergeben, dass Fachleiter und Ex-Studenten vor allem beklagten, dass es zu wenige Seminare zur regionalen Geographie gebe. Die Neustrukturierung des Studiums in physisch-geographische und anthropogeographische Anteile habe diesen Bestandteil der Ausbildung praktisch obsolet gemacht.

Viele meiner Gesprächspartner nahmen über die allgemeine Bewertung des Kieler Geographentages hinaus eine Wertung der Rolle vor, die die Vertreter der verschiedenen Zweige der Geographie im Rahmen der Sitzung gespielt haben. Schließlich haben dort nicht nur die Studenten einen Vortrag gehalten, sondern

---

39 MSB = Marxistischer Studentenbund Spartakus (Redaktion der Göttinger Stadtzeitung, o. J., S. 109)

es gab auch noch die „Thesen zur Ausbildung der künftigen Geographielehrer“ von Friese (1970), dem späteren Vorsitzenden des Schulgeographenverbandes (Brogiato 1995, S. 489; Richter 1999, S. 10), und die „Thesen zur Ausbildung des Diplomgeographen“ von Ganser (1970), dem späteren Leiter der Internationalen Bauausstellung Emscherpark (VGDH 2002, S. 122).

Haubrich und Ernst betonten in diesem Zusammenhang die Rolle der Vertreter der Sozialgeographie. Während Haubrich vor allem auch mit Blick auf den Unterricht meinte, dass während der Veranstaltung die gesellschaftliche Verantwortung der Sozialgeographie klar geworden sei, glaubte Ernst, dass die ganze Auseinandersetzung nur für die Wissenschaft und dort besonders für die Sozialgeographie gut gewesen sei.

Kreibich meinte, dass die meisten der beteiligten Studenten „Berufsgeographen“ gewesen seien. Lehramtsanwärter seien eher nicht dabei gewesen. Mit dieser Einschätzung dürfte sie prinzipiell richtig liegen: Schultes war Diplomgeograph, der später zunächst eine hochrangige kommunale Verwaltungsstelle in Süddeutschland innehatte und danach bei einer großen Wohnungsbaugesellschaft in Hamburg tätig war (mdl. Auskunft Schramke). Monheim ist inzwischen Professor im Bereich Angewandte Geographie und Raumplanung an der Universität Trier (VGDH 2002, S. 276). Was aus den Studenten aus Frankfurt und Hamburg geworden ist, war weder über das Geographische Taschenbuch noch über das Internet zu ermitteln. Ebensowenig lässt sich heute ermitteln, ob und in welchem Umfang sich Lehramtsstudierende an den Diskussionen im Vorfeld der Stellungnahme beteiligt haben[40]. Für die Vortragenden kann dennoch festgehalten werden: selbst wenn nur zwei der vier Studenten Diplomgeographen gewesen sein sollten, war das für die damalige Zeit ein relativ großer Anteil: immerhin fanden sich unter den insgesamt ca. 16.000 Geographiestudenten (Fachschaften 1969, S. 14) nur etwa 250 Studierende, die das Diplom als Abschluss anstrebten (Ganser 1970, S. 189).

---

40 In Berlin gehörten zu dieser Gruppe z. B. Margit Müller und Hartwig Böttcher (mdl. Auskunft Schramke), die sich beide an der Aussprache am Ende der Sitzung „Der Geograph – Ausbildung und Beruf“ beteiligten (vgl. Böttcher 1970; Müller 1970).

Entgegen diesen Einschätzungen glaubte Schrettenbrunner, dass die Teilnehmer damals vor allem überrascht gewesen seien, weil die neuen Ideen „von der falschen Seite", nämlich den Schulgeographen und Didaktikern, gekommen seien. Dieser Eindruck könnte durch die Behauptung der Studenten, die Schulgeographie sähe „sich also vor dem Scherbenhaufen des Selbstverständnisses geographischer Wissenschaft, dem Scherbenhaufen der Landschafts- und Länderkunde" (Fachschaften 1969, S. 14), untermauert werden. Dagegen spräche allerdings Gansers Sicht der Dinge, dass „wenigstens für die nächsten Jahre (...) eine Trennung der Ausbildungsgänge von Lehramtsgeographen und Diplomgeographen vorteilhaft sein [wird], da sich beide Studienrichtungen zur Zeit noch erheblich unterscheiden. In einem späteren Zeitpunkt wird sich die Schulgeographie der Diplomgeographie so weit angeglichen haben, dass eine Trennung nicht mehr notwendig ist" (Ganser 1970, S. 190). Auch Friese stellt in seinen Thesen fest, dass die „'Einheit der Geographie in Wissenschaft und Unterricht' in zunehmendem Maße Fiktion" sei (Friese 1970, S. 178), wobei er allerdings nicht so deutlich wie die anderen Referenten sagt, wer wem hinterherhinkt. Frieses Ausführungen unterscheiden sich aber schon formal deutlich von den Referaten von Ganser und der Studentengruppe. Er beschäftigt sich weniger mit den *inhaltlichen* Strukturen der zukünftigen Ausbildung als mit den *formalen* Zuständigkeiten der verschiedenen an der Ausbildung beteiligten Institutionen (ebd., S. 178). In diesem Zusammenhang fordert er u. a. ein fachdidaktisches Begleitstudium, das den bisher fehlenden Zusammenhang zwischen Fachstudium und Pädagogik herstellen soll (ebd., S. 180). Diese Forderung würde die Einschätzung von Kroß unterstreichen, dass der Kieler Geographentag zumindest indirekt zur Einführung der Geographiedidaktik an den Universitäten beigetragen haben könnte.

Fast alle diese Einschätzungen spiegeln wie schon die allgemeinen Positionen zum Kieler Geographentag die Biographien der Beobachter: Ernst und Haubrich haben sich an mehreren an der Sozialgeographie orientierten Projekten beteiligt. Barbara Kreibich ist zwar als Studienrätin in den Hochschuldienst gekommen, hat sich dort aber zunächst um Diplomgeographen gekümmert. Schrettenbrunner war lange Zeit Vorsitzender des „Hochschulverbandes für Geographie und ihre Didaktik".

Kiel erscheint in der mündlichen Erinnerung der Geographiedidaktiker weit weniger als Ausgangs- oder Kulminationspunkt einer wichtigen innerfachlichen Auseinandersetzung als viel mehr als bedeutender Eckpunkt in der eigenen Biographie oder in der Biographie persönlich näherstehender älterer Kollegen. Gerade jene Didaktiker, deren Position oft als der Bestandsaufnahme nah angesehen wurde, die aber lange den Sprung in den Mainstream nicht geschafft oder nicht gewollt haben, zeigen sich dem Kieler Geographentag gegenüber eher distanziert.

BILDUNGSPOLITIK UND ALLGEMEINDIDAKTISCHE DISKUSSION

Wie viele andere politische Bewegungen vorher lebte auch der Protest der Studenten davon, dass besonders die Forderungen mit bildungspolitischem Hintergrund zeitgleich in den staatlichen Institutionen diskutiert wurden. Angestoßen wurde diese Diskussion durch eine im Frühjahr 1964 von dem Pädagogen Georg Picht vorgelegte Arbeit, die vor einer „deutschen Bildungskatastrophe" warnte (Herrlitz, Hopf, Titze 1986, S. 163; Baumann u. a., 2001, Sp. 342; Schildt 2001, S. 9). Picht griff bei seiner Prognose auf Ergebnisse der „Bedarfsfeststellung 1961-1970" der Kultusministerkonferenz zurück, die davon ausging, dass sich bei einer gleichbleibenden Schülerentwicklung „1970 ein Fehlbestand von 50.000 Lehrern ergeben" werde (Herrlitz, Hopf, Titze 1986, S. 163). Darüber hinaus würden „bei Fortschreibung der bestehenden Bedingungen (...) im Jahr 1970 nur 8 % aller Schüler das Abitur ablegen" (Baumann u. a., 2001, Sp. 342). Damit stünden viel zu wenig qualifizierte Nachwuchskräfte für die sich gerade herausbildende Dienstleistungsgesellschaft (Schildt 2001, S. 7) zur Verfügung, was dem wirtschaftlichen Wachstum der letzten Jahre ein schnelles Ende bereiten könne (Baumann u. a. 2001, Sp. 342). Die Abiturientenquote müsse

„sowohl für den Bedarf der Wirtschaft wie den des Bildungssystems selbst dringend erhöht werden" (Lundgreen 1981, S. 28).

Diese Warnung vor dem „Bildungsnotstand" (Baumann u. a. 2001, Sp. 342) machte die Bildung zu einem „zentralen innenpolitischen Thema" (ebd., Sp. 342) und führte in den Folgejahren zu einer Vielzahl von Maßnahmen: Am 15. 7. 1965 wurde zunächst der „Deutsche Bildungsrat" eingerichtet (Lundgreen 1981, S. 28; Baumann u. a. 2001, Sp. 359). Dieser aus 18 Mitgliedern bestehende Ausschuss sollte Probleme des Bildungssystems benennen, Bedarfsanalysen erstellen und Reformvorschläge unterbreiten (Baumann u. a. 2001, Sp. 359). Obwohl die Ausgaben für Bildung und Wissenschaft zwischen 1964 und 1966 von 13,8 Mrd. DM auf 16,2 Mrd. DM gesteigert wurden (ebd., Sp. 379), bezifferte der Deutsche Bildungsrat 1968 das monetäre Defizit im Bildungssektor bis 1973 auf 22 Mrd. DM und forderte eine Verdoppelung der Ausgaben im Schulsektor (ebd., Sp. 414). Daneben forderte er auf struktureller Ebene die Einrichtung von etwa 40 Gesamtschulen bundesweit (ebd., Sp. 414). Dieses „Experimentierprogramm mit Gesamtschulen" wurde von den Kultusministern der Bundesländer am 28. 11. 1969 beschlossen (ebd., Sp. 441). 1970 legte der Bildungsrat den „Strukturplan für das Bildungswesen" vor (Lundgreen 1981, S.28; Herrlitz, Hopf, Titze 1986, S.166; Baumann u. a. 2001, Sp. 458). Er sah vor, die Schulen nicht mehr vertikal, sondern horizontal zu gliedern. Es sollten vier Stufen eingerichtet werden: Die Grundstufe (1. - 4. Klasse), die Orientierungsstufe (5. und 6. Klasse), die Sekundarstufe I (7. – 10. Klasse) und die Sekundarstufe II (11. – 13. Klasse) (Lundgreen 1981, S. 28). Innerhalb der Sekundarstufen waren verschiedene Bildungsgänge vorgesehen (ebd., S. 28). Ziel dieser Umstrukturierung war es, die punktuelle Auslese beim Übergang in die weiterführenden Schulen der Sekundarstufe I abzuschaffen (Lundgreen 1981, S. 30; Herrlitz, Hopf, Titze 1986, S. 161) und innerhalb der Sekundarstufe eine größere Durchlässigkeit herzustellen (Baumann u. a. 2001, Sp. 458). 1972 wurde die Strukturreform durch die bereits 1960 mit der Saarbrücker Rahmenvereinbarung eingeleitete Reform der gymnasialen Oberstufe konsequent weitergeführt (Lundgreen 1981, S. 30). In der „Vereinbarung zur Neugestaltung der gymnasialen Oberstufe in der Sekundarstufe II" wurde die Einrichtung von Grund- und Leistungskursen festgeschrieben, die von den Schülern im Rahmen eines Pflicht- und eines Wahlbereichs[41] (ebd., S. 30) entsprechend ihren Neigungen gewählt werden konnten. Damit sollte die Stoffülle in der Oberstufe reduziert werden (Herrlitz, Hopf, Titze 1986, S. 162), um insgesamt den Weg zum Abitur zu erleichtern (Lundgreen 1981, S. 30). Endpunkt dieser Veränderungen in der Bildungslandschaft war der Bildungsgesamtplan von 1973, der auf der Basis des Strukturplans und der Vorschläge des Wissenschaftsrats die staatlichen Bemühungen im Bildungswesen bis 1985 zu einem Gesamtkonzept zusammenfasste (Baumann u. a. 2001, Sp. 521).

Um die Übergänge zwischen den einzelnen Schulformen zu erleichtern, mussten auch curriculare Veränderungen vorgenommen werden. Grundlegend war dabei die Einführung der Wissenschaftsorientierung der Fächer in allen Schulstufen (Herrlitz, Hopf, Titze 1986, S. 168), wodurch die bisherige Unterscheidung zwischen der „volkstümlichen, der praktisch-theoretischen und der rein theoretisch-wissenschaftlichen Bildung" (ebd., S. 168) aufgehoben werden sollte. Daneben wurde der Fremdsprachenunterricht in den Volks- bzw. Hauptschulen und in den Mittel- bzw. Realschulen neu geregelt: Für die Hauptschulen wurde durch das Hamburger Abkommen von 1964 der Englischunterricht ab der 5. Klasse verbindlich, um einen späteren Übergang in die Realschule nicht schon frühzeitig unmöglich zu machen (Lundgreen 1981, S. 37; Herrlitz, Hopf, Titze 1986, S. 151). Ebenfalls in diesem Abkommen wurde für die Realschule „eine zweite Fremdsprache als Wahlfach für zulässig erklärt" (Lundgreen 1981, S. 57), womit der Übergang auf die gymnasiale Oberstufe erleichtert werden sollte.

Das weiter gesteckte Ziel der Verwirklichung von vermehrter Chancengleichheit ließ sich mit Strukturveränderungen allein allerdings nicht erreichen. Empirische

---

41 Im Amtsdeutsch der Oberstufenvereinbarungen ist hier in der Regel vom „Wahlpflichtbereich" die Rede.

Studien aus den 60er Jahren belegten, dass ganz bestimmte Gruppen der Bevölkerung von Bildung ausgeschlossen waren: Mädchen, Katholiken, Kinder der ländlichen Bevölkerung und Arbeiterkinder (Herrlitz, Hopf, Titze 1986, S. 164; Baumert, Cortina, Leschinsky 2003, S. 57). Einen Teil dieser Benachteiligungen konnte man auszugleichen versuchen, indem man einkommensschwachen Familien die Finanzierung höherer Bildungsabschlüsse ermöglichte. Zu diesem Zweck stimmte der Bundestag 1969 einem Gesetz zur Ausbildungsförderung für Schüler zu (Baumann u. a., 2001, Sp. 441). Der andere Teil aber verlangte Veränderungen in der theoretischen Grundlegung von Unterricht, denn bisher legten Pädagogen und Lehrer ihren Überlegungen zum Unterricht gerne eine Erziehungspsychologie zugrunde, „die stets die Angeborenheit und Konstanz von ‚Begabungen‘ behauptet hatte" (Herrlitz, Hopf, Titze 1986, S. 152).

Ein Blick über den Atlantik bot den Didaktikern einen Ausweg aus dieser theoretischen Sackgasse: Dort hatten Behavioristen in Tier- und Menschenversuchen nachgewiesen, dass „viele Verhaltensweisen, die man für vererbt gehalten hatte, (...) in Wirklichkeit durch Lernen ganz oder teilweise beeinflussbar" seien (Meyer 1980, S. 153). Um diese These zu verifizieren, bedienten sie sich eines „Black-Box-Modells" (Jank, Meyer 1991, S. 103). Diese Black-Box stellte das Innere des Lerners dar und wurde von den Behavioristen nicht untersucht. Sie fragten allein „nach den beobachtbaren Ursachen von beobachtbarem Verhalten" (Meyer 1980, S. 153; vgl. Jander 1982, S. 290). Dazu führten sie Experimente durch, bei denen ein „Lehrer" einen Reiz auf einen „Lerner" ausübte und dadurch bei diesem „Lerner" eine Reaktion hervorrief (Jank, Meyer 1991, S. 103). Prototyp solcher Experimente war der Versuch des russischen Psychologen Pawlow (Schmidbauer 1991, S. 32 - vgl. Abb. 6): Er nutzte die Beobachtung, dass Hunde beim Reiz „Futter" Magensäfte absonderten, beim Reiz „Signal" aber keine Reaktion zeigten, um ihre Lernfähigkeit zu demonstrieren. Dazu ließ er zunächst jedes Mal, wenn er die Hunde fütterte, den Signalton erklingen. Nach einiger Zeit konnte er feststellen, dass die Hunde auch dann Magensaft produzierten, wenn sie nur den Signalton hörten (ebd., S. 33). Der Erfolg, den

die Behavioristen bei der Konditionierung von Ratten und anderen Tieren an-
fangs erzielten (ebd., S. 103), beflügelte offenbar die amerikanischen Didaktiker. Sie gingen davon aus, dass sich die Ergebnisse problemlos auf Schüler
übertragen ließen (vgl. Abb. 7) und überlegten, wie man Unterrichtsabläufe
zweckrational steuern könnte (ebd., S. 299). Als Ergebnis ihrer Bemühungen
legten sie das Konzept des lernzielorientierten Unterrichts vor (Jank, Meyer
1991, S. 102).

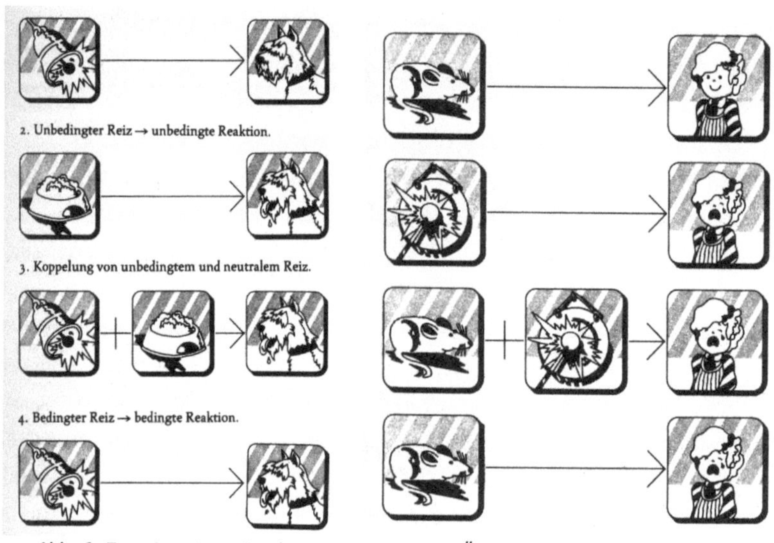

Abb. 6: Experiment von Pawlow
(Quelle: Heil 1975, zit. n. Schmidbauer
1991, S. 33)

Abb. 7: Übertragung des Experiments von
Pawlow auf menschliches Lernen[42]
(Quelle: Heil, 1975, zit. n. Schmidbauer, 1991,
S. 148)

---

42 Eine Abbildung gleichen Inhalts wurde noch zu Beginn der 90er Jahre in der Referendarsausbildung als Beispiel für die Initiierung von Lernprozessen verwendet. Die Überschrift zu der
hier verwendeten Abbildung lautet allerdings: „Entstehung einer Phobie durch Konditionierung"
(Schmidbauer 1991, S. 148).

132

Dieses Konzept wurde in den 60er Jahren von der deutschen didaktischen Diskussion rezipiert (Jank, Meyer 1991, S. 301) und trat zu Beginn der 70er Jahre seinen Siegeszug durch Richtlinienkommissionen und Lehrerseminare an (ebd., S. 300).

Um lernzielorientierten Unterricht durchzuführen, bedurfte es zunächst einer „eindeutigen Beschreibung" der Ziele, „die nur gegeben erscheint, wenn sowohl das Verhalten, das der Lerner zeigen soll, als auch der Inhalt, an dem das Verhalten geäußert werden muss, eindeutig bestimmt ist" (Möller 1986, S. 64). Mit einem Lernziel formulierte der Lehrer somit „eine Absicht, die durch die Beschreibung der erwünschten Veränderung im Lernenden mitgeteilt wird – eine Beschreibung von Eigenschaften, die der Lernende nach erfolgreicher Lernerfahrung erworben hat. Es ist die Beschreibung eines Katalogs von Verhaltensweisen, die der Lernende äußern können soll" (Mager 1965, S. 3). Damit Lernziele so eindeutig beschrieben werden konnten, dass die Formulierung „die meisten vorstellbaren Alternativen ausschließt" (ebd., S.10), mussten sie operationalisiert werden. Darüber, was diese Operationalisierung alles erfasst, bestanden allerdings unterschiedliche Auffassungen.

Mager kam es vor allem darauf an, genau zu bezeichnen, wie die gewünschten Verhaltensänderungen beim Schüler kontrolliert werden können (Meyer 1980, S. 141). Für ihn musste ein überzeugend formuliertes Lernziel deswegen drei Angaben enthalten:

1. Eine genaue Beschreibung dessen, „was der Lernende tun muss, um zu zeigen, dass er das Ziel erreicht hat" (Mager 1965, S. 51). Zu diesen Tätigkeiten können gehören: „schreiben, auswendig hersagen, identifizieren, unterscheiden, lösen, konstruieren, aufzählen, vergleichen, gegenüberstellen" (ebd., S. 11). Nicht dazu gehören nach Magers Auffassung Tätigkeiten wie „wissen, verstehen, wirklich wissen, zu würdigen wissen" (ebd., S. 11), die zu viele verschiedene Interpretationen zuließen.

2. Eine genaue Darlegung der „wichtigen Bedingungen (…), unter denen der Lernende seine Fähigkeit beweisen soll" (ebd., S. 51). Zu diesen Bedingungen gehörten die erlaubten und unerlaubten Hilfsmittel (ebd., S. 43).

3. Eine genaue Angabe des Bewertungsmaßstabs (ebd., S. 51), wobei auch die untere Grenze der geforderten Leistung bezeichnet werden sollte. Der Bewertungsmaßstab könne Angaben darüber enthalten, in welcher Zeit eine Leistung erbracht werden solle oder wie viele Antworten mindestens richtig sein müssten (ebd., S.49).

Für Möller war dieser Operationalisierungsprozess erst dann „völlig abgeschlossen, wenn zu den jeweiligen Feinzielen auch die zugehörigen Grob- und Richtziele, d. h. die passenden weniger präzisen Lernziele, angegeben werden" (Möller 1986, S. 67). Diese verschiedenen Lernzielebenen unterscheidet Möller nach dem Grad der Abstraktheit der Zielformulierung:

- Richtziele sind dabei auf dem höchsten Abstraktionsniveau formuliert und „schließen nur sehr wenige alternative Konkretisierungen aus" (Meyer 1980, S. 140). Ein Richtlernziel könnte z. B. sein, Raumverhaltenskompetenz zu erwerben.

- Grobziele werden aus den Richtzielen „abgeleitet" und „schließen bereits eine größere Reihe von Alternativen aus" (ebd., S. 140). Ein Groblernziel könnte z. B. sein, verschiedene Verkehrsmittel vergleichen und ihre Vor- und Nachteile abwägen zu können.

- Feinziele „besitzen den höchsten Präzisionsgrad. Sie erlauben eine Bestimmung des gewünschten Schülerverhaltens und schließen alternative Interpretationen aus" (ebd., S. 140). Ein Feinlernziel könnte sein, für drei verschiedene Wege in der Stadt bei verschiedenen Wetterlagen jeweils das angemessenste Verkehrsmittel benennen zu können.

Die unterschiedlichen Ansätze der beiden Autoren machten ihre Arbeiten für unterschiedliche Zusammenhänge innerhalb des Bildungswesens interessant. Während Magers Ideen sich auf die konkrete Unterrichtssituation bezogen und somit vor allem für Lehrer, Lehramtsanwärter und deren Ausbilder interessant waren, wurden Möllers abstraktere Vorstellungen vor allem in den verschiedenen Curriculumkommissionen für die Erstellung neuer Lehrpläne rezipiert. Es konnte somit vorkommen, dass sowohl Lehrer als auch Lehrplanautoren von Lernzielen sprachen, aber deutlich voneinander unterschiedene Dinge damit meinten.

Auf der unterrichtspraktischen Ebene war es mit der Operationalisierung von Lernzielen aber nicht getan. Sie mussten darüber hinaus noch dimensioniert und hierarchisiert werden (Jank, Meyer 1991, S. 305ff). Bei der Lernzieldimensionierung wurden die Lernziele verschiedenen Lernbereichen zugeordnet, „um sie besser mit anderen Lernzielkatalogen vergleichen zu können" (ebd., S. 305). Das gebräuchlichste Dimensionsraster unterschied drei Bereiche:

- kognitive Lernziele, die sich vor allem auf intellektuelle Fähigkeiten wie Denken, Wissen und Problemlösen bezogen (ebd., S. 305),
- affektive Lernziele, die sich auf Interessen und Werthaltungen bezogen (ebd., S. 305), und
- psychomotorische Lernziele, die sich auf die motorischen Fähigkeiten des Lernenden bezogen (ebd., S. 305).

Diese Unterscheidung zwischen den Lernzielen war rein analytisch. In den konkreten Lernprozessen wurden in aller Regel Lernziele aus allen drei Dimensionen verfolgt (ebd., S. 305).

In der Lernzielhierarchisierung wurden die Lernziele nach ihrem jeweiligen Schwierigkeitsgrad geordnet. Die für den kognitiven Bereich vorgelegte Taxonomie enthielt sechs Stufen, die sich durch eine Zunahme des Komplexitätsgrades auszeichneten: Kenntnisse und Wissen, Verständnis, Anwendung, Analyse, Synthese sowie Beurteilung und Evaluation (Jank, Meyer 1991, S. 306, Möller 1986, S. 68). Die später vorgelegte Taxonomie für den affektiven Bereich enthielt fünf Stufen und war nach dem Grad der „Verinnerlichung eines Lernziels" (Möller 1986, S. 68) hierarchisiert: Beachtung, Beantwortung, Werten, Wertzuordnung, Festlegung der Persönlichkeit durch einen Wert oder Wertkomplex

Kategorie der Unterrichts-ziele	Lehrmethoden				
	Vortrag	Diskus-sion	individuell ausgerich-tet	huma-nistisch	Unterrichts-gespräch
Kognitive Lernziele					
1. Kenntnisse	B	C	A	C	B
2. Verständnis	B	B	A	C	B
3. Anwendung	C	A	A	B	B
4. Analyse	C	A	A	B	B
5. Synthese	C	A	A	B	B
6. Bewertung	D	A	C	B	B
Affektive Lernziele					
1. Aufnahmen	B	A	A	A	B
2. Reagieren	D	A	B	A	B
3. Werte bilden	B	A	D	A	B
4. Organisation von Werten	B	B	D	A	B
5. Charakterisierung durch Werte	D	B	D	A	B
Psychomotorische Ziele					
1. Grobe Körpermotorik	D	D	A	C	D
2. Koordinierte Feinmotorik	D	D	A	C	D
3. Nichtverbale, kommunikative Haltungen	D	B	C	A	B
4. Sprachverhalten	D	A	C	B	B
A = ausgezeichnet; B = gut; C = mäßig; D = schlecht)					

Tab. 8: Ziele-Methoden-Matrix zur Einschätzung der Eignung jeder Hauptmethode für jede Kategorie von Unterrichtszielen
(aus: Gage, Berliner 1977, S. 468; zit. nach Möller 1986, S. 72)

(ebd., S. 68). Die lernzielorientierten Theoretiker gingen davon aus, dass sich die komplexeren Ziele nur erreichen ließen, wenn die Lernenden die Lernziele aller vorausgehenden Stufen beherrschten (Jank, Meyer 1991, S. 306).

Mit der langwierigen Bestimmung der Lernziele war für die Vertreter des lernzielorientierten Unterrichts die Lehrplanung abgeschlossen. Auf der Basis dieser Planung musste nun die Lernorganisation vorgenommen werden. Sie bestand darin, „Unterrichtsmethoden und –medien auszuwählen bzw. zu entwickeln, mit deren Hilfe die Lerner die vorher aufgestellten Ziele optimal, d. h. vor allem

ohne unerwünschte Nebenwirkungen, erreichen können" (Möller 1986, S. 71).
Um dem Lehrer die Entscheidung für die richtige Unterrichtsmethode zu erleichtern, wurde – allerdings erst Ende der 70er Jahre – eine Ziele-Methoden-Matrix
entwickelt, in der den dimensionierten und hierarchisierten Lernzielen verschiedene relativ global gehaltene Unterrichtsarrangements zugeordnet wurden
(Möller 1986, S. 71 und 72 – vgl. Tabelle 8). War die Lernorganisation abgeschlossen, ergaben sich „als Produkt den Lernzielen und Lernern zugeordnete,eindeutig beschriebene und begründete Unterrichtsmethoden und –medien" (ebd., S. 73).

Am Ende des lernzielorientiert geplanten und organisierten Unterrichts stand
die Lernzielkontrolle, die nicht nur den Schüler testen, sondern auch den Planungs- und Organisationsprozess evaluieren sollte (Möller 1986, S. 74), so dass
der Lehrer eine Grundlage hatte, um seinen Unterricht weiter zu optimieren.

Wer den lernzielorientierten Ansatz ernst nahm, musste schnell merken, dass
der bisherige Unterricht diesen Ansprüchen kaum genügen konnte. So begannen viele Didaktiker über neue Unterrichtsmaterialien nachzudenken. Hieraus
entwickelte sich die Idee der „Programmierten Instruktion" (Möller 1986, S. 64).
„Programme" waren Unterrichtsmaterialien, in aller Regel in Form von Heften
oder Büchern, mit denen der Schüler sich eigenständig Informationen erarbeiten konnte (Jander 1982, S. 289). In ihnen wurde jeder neu zu lernende Inhalt
in vier Schritten dargeboten: Zunächst gab es eine kurze Information (item).
Ihr folgte eine Frage (Reiz, Stimulus), auf die der Lerner im dritten Schritt reagieren sollte. Im vierten Schritt wurde die erwartete Antwort genannt und der
Lernende konnte seine Lösung damit vergleichen (Jander 1982, S. 290). Damit
dieser letzte Schritt tatsächlich zu dem gewünschten „re-inforcement" für den
Schüler führte, mussten die Lernschritte in den Programmen möglichst klein
gehalten werden, um die Chance der richtigen Lösung möglichst hoch zu halten
(ebd., S. 290). Waren diese Programme zunächst noch linear gestaltet, wurden
sie später stärker verzweigt, um so auf die verschiedenen Antworten der Lerner
einzugehen (Jander 1982, S. 290). Ein Beispiel für ein verzweigtes

Lernprogramm ist Magers Büchlein mit dem Titel „Lernziele und Programmierter Unterricht", in dem er das Erlernen des Operationalisierungsprozesses von Lernzielen programmiert hat (Mager 1965)[43].

Angesichts der aufwendigen Konstruktion von Lernzielkatalogen und Unterrichtsprogrammen wunderte Meyer sich in seinem „Leitfaden zur Unterrichtsvorbereitung", wie es in den 70er Jahren zu einem Siegeszug der diversen lernzielorientierten Konzepte in den Richtlinien kommen konnte (Meyer 1980, S. 157). Für ihn stand fest, dass die Antwort weder bei Lehrern noch bei Eltern und Schülern zu suchen sei, sondern in den jeweiligen Abteilungen der Kultusministerien, von denen die Initiative ausgegangen sei (ebd., S. 158). Dort habe man in den lernzielorientierten Richtlinien vor allem ein Instrument zur „zweckrationalen, effektiven Steuerung der Schulreform gesehen" (ebd., S. 158). Im Vergleich zu den bisherigen stofforientierten Plänen habe es sowohl „einen höheren Grad der Vergleichbarkeit der Leistungen von Schülern in unterschiedlichen Schulsystemen, Bildungsgängen und Kursen" (ebd., S. 158) als auch „einen höheren Grad der Transparenz, weil eindeutiger gesagt wird, was der Schüler können soll" (ebd., S. 158), als auch eine „eindeutigere Kontrolle von Lernerfolg und Lehrerverhalten" (ebd., S. 158) gegeben. Zudem sei das Konzept als parteipolitisch neutral angesehen worden (ebd., S. 158), so dass es bundesweit einheitlich zur Geltung kommen konnte.

Für die geographiedidaktische Diskussion fast ebenso wichtig wie die Vorstellungen zum lernzielorientierten Unterricht waren die Überlegungen von Saul B. Robinsohn, der zwischen 1964 und 1972 Direktor des Max-Planck-Instituts für Bildungsforschung in Berlin war (MMZ Potsdam 2002). Robinsohn kritisierte neben den bildungsökonomischen und sozial-politischen Maßnahmen, mit denen die Bildungskatastrophe behoben werden sollte, auch die Vorstellungen des lernzielorientierten Ansatzes als wenig effektiv, denn dieser Ansatz „wäre wohl imstande, radikale Wandlungen im Schulwesen zu *unterstützen*, er ist aber kein

---

43 Geographische Programme finden sich etwa bei Schrettenbrunner (1970b), Thomä (1973) oder Bahrenberg (1975).

138

Mittel sie *auszulösen*" (Robinsohn 1967, S. 8 – Hervorhebung im Original). Eine veränderte „Technologie" könne „schwerlich Strukturen sprengen, die durch das Festhalten an bestimmten Bildungsprogrammen gesichert" seien (ebd., S. 8). Eine Bildungsreform könne „erst dann in vollem Umfange wirksam werden, wenn sie der Bewältigung neuer Aufgaben" diene (ebd., S. 8). Diese neuen Aufgaben beständen darin, die Schüler mit den nötigen Kompetenzen „zum Verhalten in der Welt" (ebd., S. 13) auszustatten. Für Robinsohn standen dabei die „Gegebenheiten und Anforderungen gegenwärtiger und zukünftiger Existenz" (ebd., S. 16) im Mittelpunkt der schulischen Bemühungen. Die Inhalte des Unterrichts müssten von den zukünftigen Verwendungssituationen der Schüler her legitimiert werden und nicht von abstrakten Lernzielen (Meyer, Oestreich 1976, S. 209). Diese Lebenssituationen müssten zunächst identifiziert werden, um in einem zweiten Schritt „die Qualifikationen zu ermitteln, die dem Schüler dazu verhelfen könnten, die Lebenssituationen ‚adäquat' zu bewältigen" (Meyer, Oestreich 1976, S. 207). Wie diese Qualifikationen aussehen könnten, skizziert Robinsohn an einer anderen Stelle des Aufsatzes, an der er allerdings von der „gegenwärtigen Wirklichkeit adäquaten Zielsetzungen" (Robinsohn 1967, S. 16) spricht. Mögliche Qualifikationen wären demnach:

- Schüler sollten zu einer funktionierenden *Kommunikation* (ebd., S. 16) qualifiziert werden. Hierzu gehöre sowohl „das Verstehen sozialer Beziehungen (...) wie das elementarer wissenschaftlicher Interpretation" (ebd., S. 16). Kommunikation gehe dabei über die „engere Kulturgemeinschaft" (ebd., S. 16) hinaus. Um kommunikationsfähig zu sein, müssten Schüler Kommunikationssperren und Kommunikationshilfen erkennen können. Kommunikationserziehung hätte aufgrund der schnellen Entwicklung der Massenmedien auch die „Behebung des ‚visuellen Analphabetismus'" (ebd., S. 16) zur Aufgabe.
- Schüler sollten weiterhin eine Bereitschaft zur eigenen *Veränderung* (ebd., S. 16) entwickeln. Sie müssten qualifiziert werden, „immer neue und wechselnde Horizonte der physischen und geistigen Welt aufzunehmen, immer

neue Allianzen zu akzeptieren, ohne jegliche Loyalität aufzugeben, und (...) neuen Problemen mit Vertrauen auf neue Lösungen zu begegnen" (ebd., S. 16f).

- Schüler sollten zudem befähigt werden, eine eigene *Wahl* zu treffen – und zwar in allen Bereichen, sei es nun in der Politik, in der familiären Situation oder in Freizeit und Konsum. Dabei gehe es nicht nur darum, Mittel zu wählen, sondern sich auch seine Ziele bewusst zu setzen (ebd., S. 17).
- Schüler sollten, gerade in Anbetracht der zunehmenden Entfremdung in der Arbeitswelt, aber auch im sonstigen Leben, zu *autonomem Handeln* qualifiziert werden. Sie sollten sich kritisch mit den gegebenen Bedingungen auseinandersetzen können (ebd., S. 17).

Wenn über diese Qualifikationen ein Konsens bestehe, müssten im dritten Schritt „Curriculuminhalte gefunden werden, an denen der Schüler genau diejenigen Qualifikationen erwerben kann, die im zweiten Schritt festgelegt worden sind" (Meyer, Oestreich 1976, S. 207).

Eine der gravierendsten methodischen Schwächen dieses Konzepts lag in der Bestimmung der Lebenssituationen, die Robinsohn unter „Einsatz sozialtechnologischer Verfahren der Datenerhebung und der Expertenbefragung ermitteln wollte" (Meyer, Oestreich 1976, S. 210), was zum einen – auch zeitlich – aufwendig war und zum anderen immer schon Setzungen derjenigen beinhaltete, die diese Daten erheben sollten (ebd., S. 209). Die damit unterstellte „Möglichkeit und Notwendigkeit eines allgemeinbildenden, für jeden Schüler verbindlichen Kanons" (ebd., S. 207) widersprach zudem Robinsohns eigener Fest-stellung, dass „Gegenstände dort effektiv angeeignet, also motivationsbildend werden, wo sie aus der Ebene des bloß Tatsächlichen (Opportunen) in die Ebene des persönlich Bedeutsamen (Relevanten) gehoben werden" (Robinsohn 1967, S. 17). Meyer und Oestreich bezeichneten das Konzept wegen des unterstellten Kanons sogar als „konservativ" (ebd., S. 207), obwohl Robinsohn selbst sich mit der Formulierung seiner Vorstellungen gegen tradiertes, enzyklopädisches Wissen (Robinsohn 1967, S. 14) und vor allem gegen die Unterscheidung

„zwischen ‚volkstümlicher Bildung' (...) und der Bildung für die zur Abstraktion und zum begrifflichen und imaginativen Denken Fähigen" (Robinsohn 1967, S. 18) gewandt hatte.

In der Realität ist die Umsetzung von Robinsohns situationsanalytischem Ansatz bei der hessischen Lehrplanrevision schon sehr bald gescheitert (Meyer, Oestreich 1976, S. 204), was vielleicht auch daran gelegen haben mag, dass Robinsohns Aufsatz voreilig als ausgeführtes Konzept rezipiert wurde, obwohl er selbst es eher als „erziehungspolitische Aufforderung" gedacht hatte, „durch welche Erfordernisse der Curriculumforschung und –entwicklung mehr postuliert und bestenfalls vorskizziert" werden sollten (Robinsohn 1975, S. VII).

In der allgemeindidaktischen Diskussion gab es somit drei verschiedene Strömungen, auf die die Geographiedidaktiker mit unterschiedlicher Deutlichkeit zurückgegriffen haben: (1) die Lernzielorientierung auf der Ebene der Lehrpläne, (2) die Lernzielorientierung auf der unterrichtspraktischen Ebene und (3) die Forderung, Schülern Kompetenzen für das Verhalten in zukünftigen Verwendungssituationen zu vermitteln.

4.2.2 AUFBRUCH DER DIDAKTIKER

Die bildungspolitischen Auseinandersetzungen führten auf Seiten der Didaktiker nicht nur zu intensiven Diskussionen. Zunächst einmal führten sie zu einer institutionellen Umstrukturierung der Lehrerbildung.

4.2.2.1 PRAKTISCH

Die 1964 von Georg Picht ausgerufene „deutsche Bildungskatastrophe" (Herrlitz, Hopf, Titze 1986, S. 163; Baumann u. a. 2001, Sp. 342 – vgl. Kap. 4.2.1.2) führte auch zu einer Neuordnung der Lehrerausbildung. Nach dem Zweiten Weltkrieg knüpften die meisten Bundesländer an ihre jeweiligen in der Weimarer Republik entwickelten Lehrerausbildungssysteme an (Blömeke 2002, S. 126; Merzyn 2002, S. 9). Dies bedeutete, dass lediglich Hamburg sich dazu durchrang, die Lehrerausbildung für alle Schulformen an den Universitäten durchzuführen (Blömeke 2002, S. 126f). Alle anderen Bundesländer bildeten nur die Gymnasiallehrer an den Universitäten aus und gründeten – abgesehen von Baden-Württemberg[44] - für die Ausbildung der Volksschullehrer Pädagogische Hochschulen[45] (ebd., S. 127). Diese Zweiteilung der Berufsvorbereitung führte dazu, dass Gymnasiallehrer und Volksschullehrer völlig verschiedene Ausbildungsgänge absolvierten. Die Ausbildung der Gymnasiallehrer war dabei vor allem auf die Fachwissenschaft gerichtet (Merzyn 2002, S. 14) und vernachlässigte den pädagogischen Teil der späteren Berufspraxis (Blömeke 2002, S. 123). Oft bestand die *pädagogische* Lehre nur aus einem „Philosophicum" (Merzyn 2002, S. 14). Noch 1965 forderte die Westdeutsche Rektorenkonferenz für die Gymnasiallehrer neben dem Philosophicum nur weitere 4 Semesterwochenstunden in Erziehungswissenschaften (ebd., S. 10). An den meist konfessionell geprägten Pädagogischen Hochschulen ging man dagegen von einem Bildungsbegriff aus, der „mit einer auf die Persönlichkeit der Studierenden gerichteten Ganzheitsvorstellung verbunden" war (Blömeke 2002, S. 127). Dementsprechend wissenschaftsfern wurde das Studium organisiert: es dominierten musische Studienanteile (ebd., S. 127) und Enzyklopädiewissen (ebd., S. 128). Am Ende des Studiums hatten die Studierenden „zehn Prüfungsfächer zu absolvieren" (ebd., S. 128).

Diese Ausbildungsstruktur erwies sich für ein modernes Schulwesen, das größere Teile der Bevölkerung zu einer wissenschaftsorientierten Ausbildung führen sollte, als dysfunktional. Die Westdeutsche Rektorenkonferenz[46] schlug

---

44 Baden-Württemberg führte zunächst die alte Seminarausbildung wieder ein (Blömeke 2002, S. 126). In den Seminaren lernten und lebten die Studierenden „in noch kleineren Einheiten als bei den späteren Akademien, mit dem Volksschulabschluss – und seit 1872 drei Jahren Präparandie – auf einem niedrigen Fundament aufbauend, in jedem Fall nach Geschlechtern getrennt, vorzugsweise auf dem Land angesiedelt, konfessionell geprägt und in Internatsform" (ebd., S. 124). Präparande = früher: Unterstufe der Lehrerbildungsanstalt.
45 Die Pädagogischen Hochschulen hießen in manchen Bundesländern auch Pädagogische Akademien (Blömeke 2002, S. 127).
46 = „die institutionelle Vereinigung der durch die Leiter (Rektoren, Präsidenten) vertretenen Hochschulen (Universitäten, Techn., Pädagog. und Berufspädagog. Hochschulen) der Bundesrep. Dtl." (dtv-Lexikon 1992, S. 125)

deshalb schon 1969 vor, die Ausbildung der Gymnasiallehrer umzustrukturieren (Merzyn 2002, S. 19 – vgl. Tab. 9). Vorgesehen war, das Philosophicum ersatzlos zu streichen (ebd., S. 19), ein Schulpraktikum in der vorlesungsfreien Zeit einzuführen (ebd., S. 20) und den Anteil der Erziehungswissenschaften von 4 auf 16 bis 20 Semesterwochenstunden zu erhöhen (ebd., S. 19). Im Rahmen dieser 16 bis 20 Semesterwochenstunden waren auch „fachbezogene Bereiche des erziehungswissenschaftlichen Studiums" (WRK 1969 zit. n. Merzyn 2002, S. 20) vorgesehen, die aber selten als „Fachdidaktik" bezeichnet wurden (ebd., S. 20). Erst in ihren „Thesen zur Lehrerausbildung" von 1975 benutzt die Westdeutsche Rektorenkonferenz die „Fachdidaktik" als fest eingeführten Begriff in der Gymnasiallehrerbildung (ebd., S. 20), allerdings befürwortet sie jetzt eine Anbindung der Fachdidaktiken an die jeweiligen Fachwissenschaften (ebd., S. 20).

	1965	1969	1975
Philosophie	gleichberechtigt mit Pädagogik genannt	nicht mehr erwähnt	nicht mehr erwähnt
Erziehungs-wissenschaft	4 SWS	16-20 SWS	ca. 40 SWS
Schulprak-tika	nicht erwähnt	in der vorlesungs-freien Zeit	semesterbegleitend und abgestimmt mit anderen Studienelementen
Fachdidaktik	nicht erwähnt	umschrieben und als Teil der Erziehungs-wissenschaften gesehen	benannt und den Fachwissenschaften zugeordnet

Tab. 9: Rolle der pädagogischen Anteile an der Gymnasiallehrerausbildung in Empfehlungen der Westdeutschen Rektorenkonferenz (nach Merzyn 2002, S. 19 und 20)

Der mit diesen Neuerungsvorschlägen verbundene Bedarf an fachdidaktischem Personal musste von den Universitäten gedeckt werden, wenn sie den Empfehlungen folgen wollten. Hilfreich war dabei, dass die Bundesländer etwa zeitgleich begannen, die Pädagogischen Hochschulen in die Universitäten zu integrieren (Blömeke 2002, S. 129; Merzyn 2002, S. 94): 1966 in Hessen, 1970 in Bayern, 1972 in Nordrhein-Westfalen, 1978 in Niedersachsen und 1980 noch einmal in Nordrhein-Westfalen (Blömeke 2002, S. 129). So war es aus Sicht der Universitäten nicht nötig, entsprechend viele Stellen *neu* einzurichten. Allerdings war diese Lösung für den Neuaufbau einer Disziplin auch nicht nur förderlich, denn die Fachdidaktiker der Pädagogischen Hochschulen, die dort „gleichzeitig mit der fachwissenschaftlichen Lehre betraut waren" (ebd., S. 94), empfanden die Reduktion auf rein didaktische Inhalte oft als Einschränkung: „Wir glaubten damals, der Lehrerbildung am besten zu dienen, wenn wir den Lehramtsstudierenden sowohl den Gegenstand der Geographie als auch die Didaktik der Geographie in der Lehre nahe bringen könnten. In der Forschung wollten wir uns auf die Didaktik der Geographie konzentrieren. Die Entwicklung ist allerdings anders verlaufen. Mittlerweile sind die meisten Didaktiker der Geographie von der fachgeographischen Lehre ausgeschlossen" (Haubrich 2001a, S. 90).

Wie viele Stellen für die „Geographie und ihre Didaktik" und die „Geographiedidaktik" in den 70er Jahren eingerichtet wurden, ist schwer zu sagen, da es kaum amtliche Statistiken zur Fachdidaktik gibt (Merzyn 2002, S. 101). Feststellen lässt sich nur, dass die Fachdidaktik in dieser Zeit an den Universitäten institutionell als Spezialdisziplin etabliert wurde. Was die Fachdidaktiker daraus gemacht haben, lässt sich in der Folgezeit beobachten.

4.2.2.2 THEORETISCH

Folgt man der Darstellung Schultzes in seinem Rückblick von 1998, dann gelang „der Umbruch von der Länderkunde zum Konzept des allgemeingeographischen Unterrichts" (Schultze 1998, S. 9) mit vier Schlüsselaufsätzen, die alle von Januar bis Juni 1970 in der Geographischen Rundschau erschienen sind:

- Schultze: Allgemeine Geographie statt Länderkunde! (Heft 1)
- Hendinger: Neuorientierung der Geographie im Curriculum aller Schularten (Heft 1)

- Ernst: Lernziele in der Erdkunde (Heft 5)
- Schrettenbrunner: Die Daseinsfunktion „Wohnen" als Thema des Geographieunterrichts (Heft 6)

Dieser Einschätzung konnten sich die von mir befragten Geographiedidaktiker allerdings nicht umstandslos anschließen. Zum einen teilten längst nicht alle Befragten die Einschätzung, dass es sich bei *jedem* der vier Aufsätze um einen Schlüsselaufsatz handele. Lediglich Ingrid Hemmer hielt alle vier Aufsätze für „Meilensteine". Barbara Kreibich dagegen hielt keinen der vier Texte für relevant[47]. Zum anderen wurde von einer ganzen Reihe von Interviewpartnern darauf hingewiesen, dass die vier Beiträge durchaus nicht in so einem engen Zusammenhang zueinander ständen, wie es Schultze nahelege. Schultzes Sicht, dass die vier Autoren „Ruderer in einem Boot" gewesen seien, hielt Daum für eine „Fehleinschätzung". Ernst würde die Aufsätze im Rückblick denn auch eher als Teil eines größeren „Diskussionsprozesses" sehen, und Schmidt-Wulffen vermutete folgerichtig, dass der postulierte innere Zusammenhang – wenn er denn von anderen auch gesehen würde – von Schultze selbst produziert worden sei, als er versucht habe mit diesen Beiträgen in seinem Sammelband „30 Texte zur Didaktik der Geographie" (Schultze 1971a) den Sektor „Neue Geographiedidaktik" abzudecken. Auch Newig meinte, dass da „einiges verhärtet worden" sei und man die Aufsätze insgesamt differenter bewerten müsse.

Entsprechend einer solch differenzierteren Betrachtungsweise wurden die Beiträge auch unterschiedlich häufig als bedeutend genannt. Rechnet man die bekannte Einschätzung Schultzes heraus, dann gingen 10 der 11 Befragten auf den Beitrag von Schultze ein, 7 auf den Beitrag von Ernst, 5 auf den Beitrag

---

47 Für einen meiner Interviewpartner scheinen die Texte wirklich irrelevant zu sein: Er konnte mit keinem der genannten Aufsätze etwas verbinden. Mit etwas Hilfe erinnerte er sich dann doch dunkel an Schultzes Aufsatz. Er fasste seine Einschätzung daraufhin dahingehend zusammen, dass einige Autoren aus ihren damaligen Beiträgen ein „Lebenswerk" gemacht hätten, z. B. Schrettenbrunner aus den Simulationen, die er für das RCFP entwickelt hätte, und Newig aus den Kulturerdteilen.

von Hendinger und nur 3 auf den Beitrag von Schrettenbrunner[48]. Auch Schrettenbrunner selbst wollte seinen Aufsatz nicht auf eine Stufe mit den anderen drei Beiträgen stellen. Er sei damals jung gewesen und Schultze gestandener Professor.

4.2.2.2.1 „ALLGEMEINE GEOGRAPHIE STATT LÄNDERKUNDE"

Die Veröffentlichung seines Aufsatzes „Allgemeine Geographie statt Länderkunde!" habe der Beirat der Geographischen Rundschau – damals bestehend aus Knübel (Oberstudienrat aus Wuppertal), Puls (Oberstudiendirektor aus Hamburg) und dem Wirtschaftsgeographen Otremba (Brogiato 1999, S. 6f.) - fast abgelehnt, bekannte Schultze während des Interviews. Knübel und Otremba hätten den Aufsatz nicht drucken wollen, aber Willi Walter Puls habe sich für ihn stark gemacht und sich letztendlich auch durchgesetzt. Die ablehnende Haltung eines Teils des Beirats lässt sich leicht nachvollziehen, wenn man bedenkt, dass Schultze bereits im Titel „Allgemeine Geographie *statt* Länderkunde!" (Herv. A. U.) die Forderung der studentischen Fachschaften wieder aufnahm, die in der Aussprache auf dem Kieler Geographentag am intensivsten diskutiert wurde – und dass Otremba zu jenen gehörte, die sich auch dort schon gegen diese Forderung ausgesprochen hatten.

Anders als die Studenten sah Schultze das Problem der Vernachlässigung der allgemeinen Geographie allerdings weniger in den Hochschulen. Viele Beiträge aus der geographischen Forschung stellten zwar konkrete Räume dar, diese dienten aber lediglich zur Veranschaulichung von und als Beleg für verallgemeinernde Aussagen (Schultze 1970a, S. 2). Einzig in der Schulgeographie werde der „Satz von der Länderkunde als eigentlicher Geographie ganz ernst genommen" (ebd., S. 2).

Ausgehend von dieser Prämisse stellte Schultze die Forderung nach der allgemeinen Geographie in den Kontext der seiner Ansicht nach abgeflauten

---

48 Dabei ist zu bedenken, dass Schmidt-Wulffen den Aufsatz beim Nachdenken über die vier Beiträge lediglich nennt, um dann zu sagen, dass er daran „keine Erinnerung" habe.

146

didaktischen Diskussion um den exemplarischen Erdkundeunterricht (ebd., S. 1). Den Grund für das nachlassende Interesse der Geographiedidaktik am exemplarischen Prinzip sah er vor allem in der wenig befriedigenden Umsetzung des Gedankens in konkreten Unterricht, was wiederum daran liege, dass die Geographiedidaktik versuche, neue Formen mit alten Inhalten zu praktizieren: „Widersprüche werden mitgeschleppt und schaffen Unsicherheit. Einer der gefährlichsten altgewordenen Sätze heißt: ‚Schulerdkunde ist Länderkunde‘. Er blockiert den Weg, der mit dem Exemplarischen begonnen ist" (ebd., S. 1). Von vielen Didaktikern werde „Länderkunde nach dominanten Faktoren" (ebd., S. 7) als „die richtige Alternative" (ebd., S. 7) angesehen, welche aber nach Schultzes Ansicht mehr Probleme berge, als sie zu lösen verhelfe: „(...) Das schlechte Gewissen des Didaktikers bleibt. Wird der ausgewählte dominante Faktor dem betreffenden Land wirklich gerecht? Manche wählen zwei oder drei Dominanten aus. Fehlt nicht doch Wichtiges? Ganz sicher wäre mancher Franzose, Brasilianer, Ostfriese entsetzt über die in seinen Augen einseitige und verfälschende Behandlung seines Landes. Die Bestimmung der Dominanten ist ein schwieriges Geschäft; je besser man ein Land kennt, desto schwieriger wird es. Viele Lehrer fühlen sich genötigt, das noch Fehlende wenigstens aufzählend oder im Überblick anzuschließen. Mit der ‚Länderkunde nach dominanten Faktoren‘ wird die Gefahr der ‚Erwähnungsgeographie‘ nicht gebannt! Sie leidet unter ihrem ‚schizophrenen Ansatz‘, auf (übertragbare) Einsichten zu zielen und zugleich den (singulären) Ländern gerecht werden zu wollen" (ebd., S. 7). Als Ausweg aus dieser widersprüchlichen und damit wenig überzeugenden Unterrichtspraxis sah Schultze nur die Koppelung von exemplarischem Prinzip und allgemeiner Geographie. Im Gegensatz zur Länderkunde erlaube die allgemeine Geographie eine exemplarische Stoffauswahl, denn sie „orientiert sich nicht mehr an Regionen, sondern an geographischen Strukturen (Einsichten) und ist ihnen verpflichtet" (ebd., S. 7). Damit wäre „der Weg frei, vergleichbare Konkreta, die aus verschiedenen Regionen stammen können, zu Themenketten zu verbinden. In Themenketten bewähren sich exemplarisch gewonnene

Einsichten, sie werden angewandt und weiter geklärt: ‚Arbeitendes Wissen' wird erzielt" (ebd., S. 7).

Mit dieser Argumentation nahm Schultze aus der Bestandsaufnahme der Fachschaften den Anspruch wieder auf, dass auch die Geographie „allgemein wissenschaftlichen Kriterien" (Fachschaften 1969, S. 9) zu genügen und ihren „Gegenstand systematisch zu erklären" (ebd., S. 9) habe. Entgegen der Einschätzung der Studenten (vgl. ebd., S. 15) sah er diesen Anspruch in der Universität durchaus gewährleistet. Dort werde „Geographie an den Kapiteln der Allgemeinen Geographie" gelehrt (Schultze 1970a, S. 2). Die klassische universitäre Einteilung der allgemeinen Geographie in „Geomorphologie, Klimatologie (Klimageographie), Vegetationsgeographie, Siedlungsgeographie, Agrargeographie, Industriegeographie, Verkehrsgeographie und einige wenige andere" (ebd., S. 3) sei für den Geographieunterricht allerdings nicht geeignet (ebd., S. 3). Für die Schule sollten die Gegenstände der Geographie besser nach den Strukturen oder den „Baugesetzen" geordnet werden, die Schüler bei der Behandlung einzelner Themen erkennen sollten (ebd., S. 3).

Dementsprechend setzte Schultze nicht auf eine unhinterfragte Übertragung allgemeingeographischer Kategorien auf den Unterricht: „Sicher ist das klassische System der Allgemeinen Geographie für den Didaktiker nicht als Richtschnur für die Auswahl und Anordnung von Inhalten geeignet. Es wird dort nach den Objekten geordnet: Städte zur Siedlungsgeographie, Eisenhütten zur Industriegeographie usw. Das ist konsequent und übersichtlich. Gerade der Didaktiker aber möchte schon die ‚Baugesetzte', die Strukturen und damit die möglichen Einsichten beachtet wissen. Es ist also bereits die Frage einbezogen: Was kann man in Geographie begreifen? Welche Einsichten lassen sich gewinnen?" (ebd., S. 3). Um diese Fragen und die „Baugesetze" beachten zu können, schlug Schultze für die Schule die Unterteilung der allgemeinen Geographie in vier Kategoriengruppen vor:

1. Die Natur-Strukturen, die vor allem die Inhalte der physischen Geographie abdecken sollten, inklusive der Inhalte der Geowissenschaften, die nicht als

Schulfach in der Schule vertreten sind wie z. B. die Geologie (ebd., S. 4). Schultze war sich dabei durchaus bewusst, dass die physische Geographie zu dieser Zeit didaktisch umstritten war, empfand eine rein anthropogeographische Ausrichtung des Faches allerdings als Einengung (ebd., S. 4).

2. Die Mensch-Natur-Strukturen, mit denen die „Bewältigung der Erdnatur" (ebd., S. 3) durch den Menschen dargestellt werden sollte. Dabei wollte Schultze „auf die Formel ‚Abhängigkeit des Menschen von der Natur'" (ebd., S. 5) verzichten, denn sie fordere „das Missverständnis heraus, der Mensch sei durch bestimmte Naturgegebenheiten festgelegt" (S. 5). Gerade in der Schule lägen „solche deterministischen Kurzschlüsse nahe" (ebd., S. 5). Bei der Darstellung der Mensch-Natur-Strukturen käme es darauf an zu zeigen, wie der Mensch die Natur mit Hilfe der Technik nutzt und wie er kalkuliert, „ob der Einsatz technisch möglich und ökonomisch sinnvoll ist" (ebd., S. 3).

3. Die funktionalen Strukturen, die „die ‚Arbeitsteilung' zwischen verschiedenen Teilen der Erde" (ebd., S. 3) kennzeichnen sollten. In dieser Arbeitsteilung spiegelten sich „vielfach Naturtatsachen wider", denn häufig seien „unterschiedliche Naturräume funktional verbunden" (ebd., S. 4). Durch die Integration in die Weltwirtschaft würden auch Teile der Erde genutzt, die ansonsten außerhalb der Ökumene lägen (ebd., S. 4). Die einzelnen funktionalen Glieder der Wirtschaft würden durch den Verkehr miteinander verbunden (ebd., S. 3). Die so entstehende wirtschaftliche Verflechtung unterschiedlicher Regionen würde zu einer besseren Versorgung der Bevölkerung führen (ebd., S. 4). Von dieser Kategoriengruppe meinte Schultze, dass sie von der Didaktik „bisher nicht hinreichend beachtet" worden sei (ebd., S. 5).

4. Die gesellschaftlich-kulturell bedingten Strukturen, die sich mit der Vorstellungs- und Ideenwelt des Menschen befassen sollten (ebd., S. 4). Letztere bestimme das Verhalten der Menschen unabhängig von den Naturgegebenheiten und den ökonomischen Zweckmäßigkeiten mit (ebd., S. 4). Die Beschäftigung mit diesen Strukturen sei die Domäne der Sozialgeographen

(ebd., S. 6), aber es sei „fraglich, ob die vierte Kategoriengruppe eine rein geographische ist" (ebd., S. 6). Schultze war trotzdem der Ansicht, dass die Lehrer diesen Bereich kennen sollten und „auch die Schüler sollten ihn an einigen Fällen erfahren" (ebd., S. 6). Insgesamt sei dieser Bereich „das beste Gegengewicht gegen alle deterministischen und evolutionistischen Tendenzen" (ebd., S. 6).

5./6. Schuljahr („Wir entdecken die Welt!")
Weltreisen. Wege um die Erde (Raumkapsel, Flugzeug, Schiff). Kolumbus segelt über den Atlantik. Magellans Erdumsegelung. Wie findet der Kapitän den richtigen Weg? Taucher und Tiefseeforscher.
Am Meer. Frachter löschen ihre Ladungen. Kleine und große Seeschiffe. Hafen Hamburg. Tidehafen und Dockhafen (Bremerhaven, Wilhelmshaven, Rotterdam). Wasserstrassen durch das Land. Schleusen und Schiffshebewerke. Fähren und Brücken. Hochseefischer. Fischer im Watt. „Steinfischer" an der Ostseeküste. SOS – Rettung aus Seenot. Leuchttürme und Feuerschiffe. Wurten und Deiche. Sturmfluten und Deichbrüche. Deichbruch am Po. Halligen. Landgewinnung.
Im Gebirge. Die Besteigung des Mount Everest. Die Besteigung des Mont Blanc. Ausrüstung des Bergsteigers. Der Wetterwart der Zugspitze. Gletscher und Lawinen. Almwirtschaft – das Jahr der Almbauern. Verkehr über die Alpen (Serpentinen, Pässe, Tunnel). Verkehr im Gebrige: Zahnradbahn, Drahtseilbahn, Kabinenlift. Sommer- und Winterurlaub im Hochgebirge. Fremdenverkehr auf der Insel (im Vergleich). Talsperre – Pumpspeicherwerk.
An Nordpol und Südpol. Station Eisscholle (Nordpol). Forschungsstation auf dem Südpol. Stadt im grönländischen Inlandeis. Wettlauf zu den Polen. Eskimos an nordamerikanischen Küsten. Die letzten Rentiernomaden in Lappland. Eisenerz aus Kiruna. Schiffahrt im Eismeer. Eisberge und Eisschollen. Tiere am Nordpol und am Südpol.
In der Wüste. Mit dem Wüstenbus durch die Sahara. Oase (Brunnen und Foggaras, Dattelpalme, Hausbau). Oasenbauern und Wüstennomaden. Welche Tiere können in der Wüste leben? Erdölstadt in der Wüste. Australneger und Buschmänner.
Im tropischen Regenwald. Ein Tag im tropischen Regenwald. Auf Trägerpfaden und Flüssen. Straßenbau am Amazonas. Gummizapfer. Holzwirtschaft. Pygmäen und Urwaldneger. Maniok und Kakao.
Schätze der Erde. Goldwäscher. Gold (Bergwerk) und Diamanten aus Südafrika. Die tiefsten „Löcher" in der Erdkruste. Steinkohlebergwerk. Gefahren unter Tage. Wie man Eisen und Stahl macht. Standorte der Schwerindustrie. Standorte von Elektrizitätswerken. Mit dem Tanker nach Kuwait.
7./8. Schuljahr („Große natürliche Ordnungen")
Die Erdkugel als Himmelskörper. Sonne – Erde – Mond (Sonnenfinsternis, Mondfinsternis, „Erdfinsternis"; Gezeiten). Erddrehung - Tageszeiten – Zeitzonen. Jahreszeiten – Wendekreise und Polarkreise.

Die Erde verändert sich (hauptsächlich Tektonik). Kontinentaldrift. Faltung und Verwerfung. Vulkane und Erdbeben. Salzstöcke. Erdöl, Kohle, Torf.

Taiga – Tundra – ewiges Eis. Klima- und Vegetationszonen der polaren und subpolaren Regionen. Polarwinter und Polarsommer (Mitternachtssonne). Polarvölker rings um das Eismeer; gegenwärtiger Wandel der Lebens- und Wirtschaftsformen. Ausbeutung und Erschließung (Trapper, Bergbau, Waldwirtschaft). Agrarwirtschaft an der Kältegrenze.

Eiszeit. Vereisung heute und während des Eiszeitalters. Fjorde – Seen – Schären. Glaziale Serie und die heutige Nutzung. Altmoränenland (Geest) und Jungmoränenland. Löß. Vergleich der nordischen Inlandvereisung und der alpinen Vergletscherung. Rentierjäger in Mitteleuropa.

Arbeit des Wassers. Entstehung der Marschen. Düneninsel und Felseninsel. Abrasion (Ostseeküste, Helgoland). Umlaufberg. Schwemmfächer u. a. Beispiele.

Tropenzone zwischen Regenwald und Wüste. Abstufung nach Trockenzeit (arid – humid). Anpassung der Pflanzen (Sukkulenz). Kulturpflanzen im Regenwald und in der Feuchtsavanne; „Wanderung" der Kulturpflanzen. Kulturstufen und Wirtschaftsformen (Wildbeuter, Wanderhackbau, Plantagen usw.). Agrarwirtschaft an der Trockengrenze des Anbaus. Gescheitertes Erdnußprojekt. Bewässerungsprojekte im Westen der USA. Reisbau und „Reiskultur".

Der „Zwischengürtel": Subtropen und kühlgemäßigte Zone. Nord-Süd-Gliederung des Klimas und der Kulturpflanzen. Mittelmeerklima (Winterregen und Sommerdürre). Agrarische Nutzung mit und ohne Bewässerung. Das Wetter in Mitteleuropa (kühlgemäßigte Zone als „Wetterzone"): Zyklonen usw. Gewitter. Die West-Ost-Gliederung: ozeanisch - kontinental. Steigungsregen. Höhenstufung des Klimas und der Vegetation (Beispiele aus mehreren Zonen). Agrarwirtschaft in klimatisch günstigen und ungünstigen Gebieten Europas, z. B. Sonderkulturen in der Oberrheinebene und Grünlandwirtschaft im Hochschwarzwald. Weinbau. Weidewirtschaft auf der Südhalbkugel.

Das natürliche Potential der großen politischen Mächte (Staaten und Staatengruppen): USA, UdSSR, China, EWG u. a.

9. bzw. 9./10. Schuljahr („Raumstrukturen der modernen Gesellschaft und Wirtschaft")

Knotenpunkte der modernen Wirtschaft. Industrien und Industriestandorte. Häfen und Hafenstandorte.

Weltwirtschaft. Produktionsschwerpunkte. Weltwirtschaftsgüter. Welthandel.

Probleme der Entwicklungsländer. Wachstum der Erdbevölkerung. Agrarische Überbevölkerung. Hungergebiete. Primitivformen der Agrarwirtschaft. Bodenerosion. Agrarsoziale Schwächen in Ländern alter Hochkultur. Rettung durch Industrialisierung?

Agrarstrukturen und ländliche Siedlungen. Anlage von Siedlungen in verschiedenen Kolonisationsprozessen: Kolonisation der Marschen, der Moore, der Waldgebirge. Siedlungsmuster in überseeischen Kolonisationsgebieten. Strukturwandel durch Erbsitten. Agrarreformen, Beispiele aus Mitteleuropa (Markenteilung und Verkoppelung, Flurbereinigung, Kollektivierung), Süditalien usw. Großbetriebe: LPG, Sowchose, Rittergut, Estancia (Vergleich der siedlungsgeographischen und agrarsozialen Strukturen).

Städte – Verstädterung. Städtetypen, Städtegenerationen. Zentrale Orte, zentralörtliches System. Planung und Förderung zentraler Orte. Großstadt: City und innerstädtischer

Verkehr (U-Bahn usw.). Wohnungsbau gestern, heute und morgen. Flächennutzungs-
plan. Pendler (Nahverkehr). Agrarwirtschaft in Großstadtnähe. Energieversorgung. Was-
serversorgung. Abwasser und Müllbeseitigung. Gewässer- und Luftverschmutzung. Erholung in Großstadtnähe und Großstadtferne.

Tab. 10: Stoffanordnung nach allgemeingeographischen Kategorien
(Quelle: Schultze 1970a, S. 9 – Herv. i. O.)

In einem Stoffverteilungsplan (vgl. Tab. 10) im Anhang ordnete Schultze die
Kategoriengruppen den verschiedenen Jahrgangsstufen zu. In der 5. und 6.
Klasse sollten demnach vor allem „einfach-extreme Naturtatsachen und entsprechend einfache Formen der Naturbewältigung" (ebd., S. 8) behandelt werden. Daneben böten sich Einheiten zur Verkehrsproblematik, aber auch „Fische-
rei- und Bergbauthemen" (ebd., S. 8) an. In der 7. und 8. Klasse sollte sich der
Unterricht auf „reine Naturtatsachen und auf Mensch-Natur-Zusammenhänge"
(ebd., S. 8) konzentrieren. Bis zum Ende der 8. Klasse beschäftigten sich die
Schüler somit nur mit den Gegenständen aus den ersten beiden Kategoriengruppen (vgl. Daum, Schmidt-Wulffen 1980, S. 91). Erst im 9. und 10. Schuljahr
sollten sie an die komplexeren Inhalte herangeführt werden, die Schultze unter
dem Titel „Raumstrukturen der modernen Gesellschaft und Wirtschaft" (ebd.,
S. 8 und S. 9) zusammenfasste und den Kategoriengruppen 3 und 4 zuordnete.
Statt wie im länderkundlichen Unterricht ein Land nach den anderen zu behandeln und dabei mehr oder weniger immer die gleiche Schwierigkeitsstufe bei-
zubehalten (Hendinger 1970, S. 159 - vgl. Abb. 8), sollten nach Schultzes Vorstellungen die Themen so angeordnet werden, dass verschiedene „Stufen der
Schwierigkeit und der Komplexität der Gegenstände" (Schultze 1970a, S. 8)
erkennbar würden und die Schüler über die Jahre schrittweise zum „Aufbau
geographischer Kategorien" (ebd., S. 8) geführt würden (vgl. Abb. 9).
Schultze ging davon aus, dass diese Stufenabfolge „die Voraussetzungen für
einen angemessenen Beitrag des Geographieunterrichts zur politischen Bildung" (ebd., S. 8) biete, und kam so scheinbar auch den Forderungen der
Fachschaften nach der Behandlung von aktuellen, gesellschaftsrelevanten
Problemstellungen (Fachschaften 1969, S. 3 und 15) nach.

152

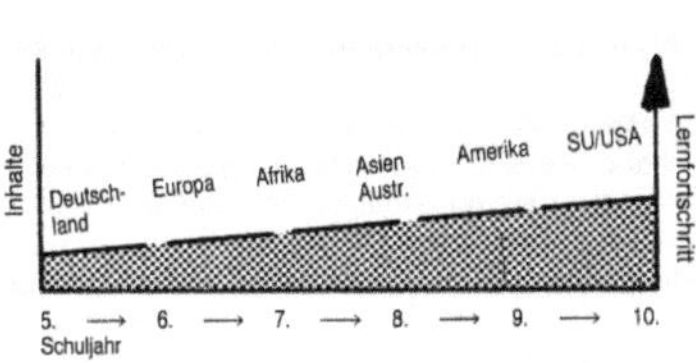

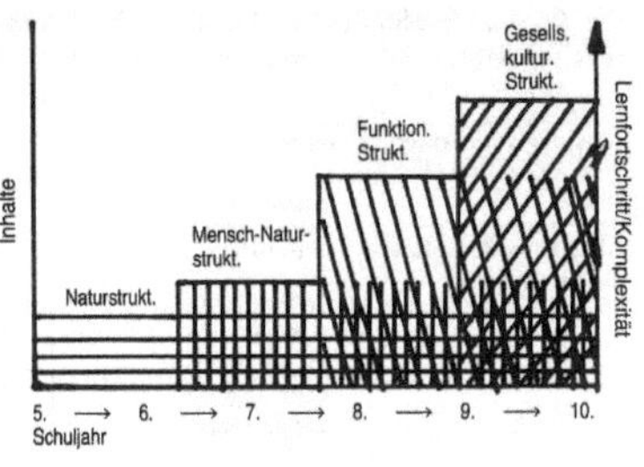

Abb. 8: Aufbau des länderkundlichen Unterrichts (Quelle: Schmidt-Wulffen 1982, S. 16)

Abb. 9: Aufbau des allgemeingeographischen Unterrichts (Quelle: Schmidt-Wulffen 1982, S. 16)

Nur vier Hefte nach der Veröffentlichung von Schultzes Vorstellungen erschien in derselben Zeitschrift ein Beitrag von Birkenhauer mit dem programmatischen Titel „Die Länderkunde ist tot. Es lebe die Länderkunde" (Birkenhauer 1970), der sich als Replik sowohl auf Schultzes Aufsatz als auch auf den im selben Heft abgedruckten Aufsatz von Hendinger verstand (vgl. Kap. 4.2.2.2.2.). Genaugenommen war er auch eine Replik auf die Bestandsaufnahme der Fachschaften, die Birkenhauer ebenso wie die anderen beiden genannten Autoren der Infragestellung der Länderkunde bezichtigte (ebd., S. 194). Seines Erachtens seien in der Länderkunde „noch genug wissenschaftliche als auch unterrichtliche Ansätze vorhanden, die es Zug um Zug bloßzulegen und aufzuarbeiten" gelte (ebd., S. 199), wobei man ihn allerdings völlig falsch verstehen würde, wenn man „ihm einen bloßen Konservatismus unterstellen wollte" (ebd., S. 200).

Um diesen Eindruck gründlich zu vermeiden, entwickelte Birkenhauer in seiner ihm eigenen Art zunächst einmal lauter neue und neudefinierte Begriffe. Seine zentrale Aussage kreiste dabei um den Begriff der „komplexen Geographie", die von der „allgemeinen Geographie" zu unterscheiden wäre (ebd., S. 195). Unter „komplexer Geographie" verstand er den Teil der Geographie, der „interdisziplinär" arbeite (ebd., S. 194), wobei er unter „interdisziplinär" die Berücksichtigung von zwei oder mehr Teilen der allgemeinen Geographie verstand. Von dieser komplexen Geographie, „in die z. B. die ganze Landschaftsökologie

153

hineingehört" (ebd., S. 198) sei die „Länderkunde ein Spezialfall, sie ist ‚spezielle Geographie'" (ebd., S. 198). Als allgemeine Geographie definierte er dagegen „die Geographie, die sich entsprechend den einzelnen Geofaktoren aufgegliedert hat" (ebd., S. 198) und die „sog. ‚Grundbegriffe' wie Förde, Fjord, Bodden, Nehrung, Haff und dgl. erarbeitet" (ebd., S. 199). Auf dieser Definitionsgrundlage war es relativ leicht zu behaupten, Schultzes Themenbeispiele seien durchweg keine allgemeine Geographie, sondern interdisziplinär, „weil es bei ihnen um ‚Funktionales' geht, um z. T. vielfältige Zusammenhänge und Interrelationen" (ebd., S. 198). Deswegen seien Schultzes Themenvorschläge – so Birkenhauer - „'komplexe Geographie', erreicht an ‚länderkundlichen Komplexen', an Komplexen in und durch die Länderkunde, ist somit Länderkunde und keine ‚Allgemeine Geographie'" (ebd., S. 199).

Was brachte diese Herleitung nun für die Kritik an den Vorschlägen von Schultze? Inhaltlich nicht viel. Birkenhauer brauchte den Begriff der „komplexen Geographie", um jedes regionale Beispiel, in dessen Darstellung mehr als ein Teilbereich der klassischen allgemeinen Geographie angesprochen wurde, immer noch als Länderkunde bezeichnen zu können und die allgemeine Geographie an sich auf eine pure Grundbegriffswissenschaft zu reduzieren. Nur von diesem selbstdefinierten Standpunkt aus war es ihm möglich, Schultze vorzuwerfen, dass ihm „ein Missverständnis" (ebd., S. 198) bezüglich der Bedeutung des Begriffs der allgemeinen Geographie unterlaufen sei[49]. Birkenhauer glaubte über diese Begriffsum- und -neudefinitionen an genau den alten Sichtweisen

---

49 Tatsächlich liegt das – vermutlich überaus bewusste – Missverständnis auf Seiten Birkenhauers, wie eine 10 Jahre später verfasste Darstellung Schmidt-Wulffens zeigt, in der Schultze durchaus ‚verstanden' wurde: „Die nach dem Verständnis A. Schultzes herauszufilternden Fragestellungen, die sich in Themen verdichten, die wiederum einer der vier Kategorien zugeordnet werden können, haben hingegen keine ‚Synthese' hinsichtlich einer umfassenden Erklärung eines Teilausschnitts der Erdoberfläche im Auge, sollen also nicht auf eine nachfolgende Länderkunde bezogen sein. In den Kategorien wird jeweils eine Fragestellung aufgeworfen, bei deren Beantwortung der Rückgriff auf jeweils mehrere Teildisziplinen der Allgemeinen Geographie (im klassischen Sinne) nötig ist. Im Thema ‚Eisenerz aus Kiruna' z. B. fließen Einzelerkenntnisse aus dem Bereich der Geomorphologie, der Klimageographie, der Bevölkerungs-, Verkehrs- und Siedlungsgeographie zusammen" (Schmidt-Wuffen 1982, S. 15f).

154

festhalten zu können, die Schultze in seinem Aufsatz gerade kritisiert hatte: der Überschätzung der Länderkunde als „eigentlicher Geographie" (Schultze 1970a, S. 2), der Unterschätzung der allgemeinen Geographie als bloße Zusammenstellung von Begriffen und Gesetzen (ebd., S. 2). Beides funktionierte besonders gut, weil Birkenhauer die Formulierung von Gesetzen aus der allgemeinen Geographie herausnahm und sie in die komplexe Länderkunde verlagerte. Damit nahm er der allgemeinen Geographie auch die Möglichkeit, Querverbindungen zwischen den einzelnen Teilbereichen (ebd., S. 3) zu formulieren und den Bezug zu konkreten Objekten (ebd., S. 2) herzustellen, die er gleichzeitig der „komplexen Geographie" als Positivum zuschrieb. Kein Wunder, dass Schultze in seinem Kommentar zur Replik „fehlerhafte Textwiedergabe und Argumentation" (Schultze 1970b, S. 204) monierte.

Nachdem Birkenhauer so praktisch jede Beschäftigung mit einem regionalen Beispiel zur Länderkunde erklärt hatte, musste er nur noch zeigen, wie man mit diesem Ansatz zu Gesetzmäßigkeiten kam, die als übertragbare Einsichten (ebd., S. 199), als „arbeitendes Wissen" im Sinne von Schultze (1970a, S. 7), für die Schüler von Belang sein könnten. Zu diesem Zweck führte er den Begriff der „Problemländerkunde" (Birkenhauer 1970, S. 198) ein. Die „zentrale und eminent gesellschaftsrelevante Fragestellung" (ebd., S. 197) der Problemländerkunde sei es, herauszufinden „wie diese oder jene Umwelt vom Menschen inwertgesetzt worden ist" (ebd., S. 197). Den Begriff der Inwertsetzung brauchte Birkenhauer, um seine traditionell länderkundlichen Erklärungsmuster als mit quantitativen Methoden abgesichert und damit „nachprüfbar" (ebd., S. 197) erscheinen zu lassen. Das Vorgehen war schlicht: Zunächst wurden Art und Grad der Inwertsetzung eines Raumes mit verschiedenen Parametern gemessen: Bevölkerungsdichte, Wirtschaftskraft, Kaufkraft, Bruttoinlandsprodukt, Anteil der verschiedenen Wirtschaftszweige an der Wertschöpfung (ebd., S. 197). Waren diese Daten erst einmal erfasst, ließen sich mit ihrer Hilfe Karten zeichnen, die Räume gleicher Inwertsetzung zeigten. Birkenhauer wies dazu in einem Nachtrag zu seinem ursprünglichen Beitrag vier Inwertsetzungsstufen aus, „nämlich:

1. die Stufe der der Natur nachtastenden Inwertsetzung der natürlichen Ressourcen in Gewerbe und Landwirtschaft (primäre Stufe):

2. die Stufe der industriell-technologischen Emanzipation mit Überprägung des natürlichen Milieus (sekundäre Stufe);

3. die Stufe der ausgreifenden Urbanisierung mit sehr starker Überprägung des natürlichen Milieus (tertiäre Stufe);

4. die Stufe des Bewusstseins der natürlichen Annehmlichkeiten und ihrer Begrenztheit (quartäre Stufe)" (Birkenhauer 1979, S. 245).

Nun musste Birkenhauer nur noch feststellen, welche - dominanten - Faktoren des „primären" und „sekundären Milieus" den jeweiligen Grad der Inwertsetzung bedingt haben (Birkenhauer 1970, S. 197): „Am Beispiel des Goms schälten sich folgende Dominanten heraus: 1. Reliefgestaltung; 2. der davon abhängige Verkehrsraum; 3. die Eigenschaft als Aktiv- oder Passivraum (A) bzw. als Innovations- oder Beharrungsraum (B), welche Eigenschaft wiederum von den Eigenschaften des Verkehrsraumes (z. T.) abhängig ist; 4. die klimatische Differenzierung. Wesentlich für die Ausgestaltung der unter 3. genannten Dominante sind sog. Inwertsetzungsreichweiten, an denen eine Region teilhat (z. B. Verkehrszugänglichkeit, davon abhängige Pendlerstrukturen und Innovationen, ferner die sozioökonomischen Strukturen)" (Birkenhauer 1979, S. 245). Durch dieses Vorgehen werde „das natur- und kulturräumliche Kräftepotential fassbar und zerlegbar" (Birkenhauer 1970, S. 197) und die „jeweiligen an einer Erdstelle oder einem Erdraum herrschenden Dominanten quantifizierbar erfasst" (ebd., S. 198). Habe man dieses Verfahren erst einmal auf eine Reihe von Erdräumen angewandt, so stehe „zu vermuten, dass man zu länderkundlichen Regelhaftigkeiten und Gesetzmäßigkeiten kommen könnte, die dann unter Umständen Prognosen über die weitere raumstrukturelle und raumprozessuale Entwicklung möglich werden lassen" (ebd., S. 198). Angesichts dieser Möglichkeiten[50] ist es für Birkenhauer „nicht einzusehen, warum eine solche Länderkunde zugunsten einer ‚Allgemeinen Geographie' aufgegeben werden sollte" (ebd., S. 199). Hoffmann, den Schultze im Interview als guten Vermittler beschrieb, reagierte drei Hefte später auf beide Beiträge. Er bezweifelte zunächst, ob „das Begriffspaar ‚Allgemeine Geographie – Länderkunde' überhaupt relevant für die didaktische Diskussion" sei (Hoffmann 1970, S. 329). Die Auseinandersetzung um diese beiden Begriffe würde „die entscheidenden Fragen einer didaktischen Neuorientierung verschleiern, statt sie zu klären" (ebd., S. 330). Die Frage der Didaktiker sei eher die Frage „der Lernziele" (ebd., S. 330). In Bezug auf diese Frage diskutierte Hoffmann besonders den Beitrag von Birkenhauer ausführlicher. Zunächst stellte er fest, dass die von Birkenhauer angestrebte „Reform innerhalb der Länderkunde" (ebd., S.330) in keiner Weise die „neueren Erkenntnisse der allgemeinen Pädagogik, insbesondere der Lerntheorie" (ebd., S. 330) berücksichtige. Hätte er dies getan, dann hätte er bemerken müssen, dass „sich ein ‚länderkundlicher Gang' bereits heute als nicht mehr verantwortbar" (ebd., S. 330) erweise. Birkenhauers Beitrag sei in diesem Sinne bestenfalls ein „retardierendes Moment" (ebd., S. 331) in der didaktischen Diskussion. Allerdings lasse der Begriff der „komplexen Geographie" durchaus „eine Anlehnung an die moderne Didaktik zu"[51] (ebd., S. 330). Gerade unter den von Birkenhauer

---

50 Diese Möglichkeiten waren offensichtlich begrenzter als von Birkenhauer angenommen. Kleinmaßstäbige Studien, die einen solchen Ansatz verfolgt hätten, sind m. W. in der Fachwissenschaft eher wenig beachtete Einzelfälle geblieben. Rupperts Aufsatz über das „Klima und die Entstehung industrialisierter Volkswirtschaften" (Ruppert 1987), in dem er den Entwicklungsstand der Länder der Erde in Übereinstimmung bringt mit der Klimakarte von Köppen, wäre ein solches Beispiel. An ihm kann man sowohl die methodischen und theoretischen Stolpersteine eines solchen Ansatzes hervorragend studieren als auch die Dürftigkeit der Ergebnisse.

51 Diese Bewertung muss allerdings als reichlich unbegründet angesehen werden, denn Hoffmann gab selbst zu, dass er weder den Begriff der „komplexen Geographie" noch den Begriff der „Problemländerkunde" wirklich verorten konnte: „Das Stichwort ‚komplexe Geographie' (wieso soll Länderkunde ein Spezialfall davon sein?) lässt danach eher eine Anlehnung an die moderne Didaktik zu als das Stichwort ‚Problemländerkunde'. Was Birkenhauer damit meint, wird er ohnehin einmal deutlicher aussprechen und möglichst an einem Beispiel verifizieren müssen" (Hoffmann 1970, S. 330).

angegebenen Beispielen könne er sich aber „kaum etwas anderes vorstellen als das, was Schultze will, der in diesem Zusammenhang provokatorisch ‚allgemein-geographisch' sagt" (ebd., S. 330). Und das, was Schultze damit meine, seien „in Wahrheit – für jedermann erkennbar – Lernziele" (ebd., S.330). Damit hatte Hoffmann die inhaltliche Neutralität des Konzeptes der Lernzielorientierung (vgl. Meyer 1980, S. 158) genutzt, um zum einen die Bedeutung der allgemeinen Geographie im Geographieunterricht zu relativieren *und gleichzeitig* die Diskussion um das exemplarische Lernen zu beenden. Seine (unausgesprochene) Alternative hieß dementsprechend „Lernzielorientierung statt exemplarisches Prinzip". Dass diese schweigend-sprechende Proklamation durchaus erfolgreich war, zeigte eine Bemerkung, die Schmidt-Wulffen gut zehn Jahre später seinen Literaturhinweisen zum Aufsatz „Allgemeine Geographie" voranstellte: „Literatur zur kritischen Aufarbeitung der Allgemeinen Geographie (nach A. Schultze) fehlt bislang, von ansatzweiser Kritik bei Schramke und Filipp abgesehen" (Schmidt-Wulffen 1982, S. 20).

Diese Kritik holten Daum und Schmidt-Wulffen in verschiedenen gemeinsam oder allein verfassten Beiträgen Anfang der 80er Jahre verspätet nach (Daum, Schmidt-Wulffen 1980; Schmidt-Wulffen 1982). Dabei ging es ihnen nicht darum, Schultze seine Absage an die Länderkunde vorzuwerfen. Ganz im Gegenteil: Ihnen war Schultze mit seiner „Allgemeinen Geographie" nicht weit genug gegangen. Ihre Kritik entzündete sich dabei vor allem an der theoretischen Grundlage und am politischen Bildungsgehalt, also genau an jenen Punkten, die von den Fachschaften auf dem Kieler Geographentag eingefordert wurden. Die theoretische Grundlage erschien den beiden Autoren als unzureichend, weil „weitgehend Phänomene beschrieben" (Daum, Schmidt-Wulffen 1980, S. 91) würden, „für die sich dann im Ansatz keinerlei plausibler Erklärungshintergrund" (ebd., S. 91) finde. Weil eine „theoretische Herleitung und Begründung der verwendeten Kategorien" (Schmidt-Wulffen 1982, S. 16) fehle, würden gleiche oder ähnlich Themen unterschiedlichen Kategorien zugeordnet (Daum, Schmidt-Wulffen 1980, S. 91; Schmidt-Wulffen 1982, S. 18). Auch die

Begrenzung auf vier Kategorien sei nicht nachvollziehbar (Schmidt-Wulffen 1982, S. 16) – es könnten durchaus mehr, aber ebenso weniger und vor allem auch andere Kategorien sein, ohne dass dies theoretisch schlechter begründbar sei. Die „explizite Theorielosigkeit des Ansatzes" (Daum, Schmidt-Wulffen 1980, S. 91, S. 93) führe auch dazu, dass die Tauglichkeit dieses Ansatzes für eine politische Bildung hinterfragt werden müsse. Schon allein mit der Anordnung der Kategorien sei „eine ziemlich brisante politische Entscheidung – nämlich die über politische Bildung in der Geographie – gefällt worden" (ebd., S. 91). Dabei sei zum einen bedenklich, dass politische Sichtweisen in den Klassen 5 bis 8 gar nicht thematisiert würden, „denn alles Lernen, politisches wie gewollt nichtpolitisches Lernen beeinflusst politisches Verhalten und soziale Einstellungen" (Schmidt-Wulffen 1982, S. 19). Und zum anderen würden diese Einstellungen durch die Anordnung der Kategorien eher in Richtung auf naturdeterminis-tisches Denken geprägt (ebd., S. 19), denn wenn „sich Schüler mehrere Jahre mit räumlichen und sozialen Problemen ausschließlich unter dem Aspekt von Natürlichkeit und Mensch-Natur-Zusammenhängen" (Daum, Schmidt-Wulffen 1980, S. 92) beschäftigten, erlernten „sie zwangsläufig Problemverständnis und Zugriffsweise von dieser Warte aus" (ebd., S. 92).

Dass an Schultze insgesamt wenig Kritik geübt wurde, verdankt sich vermutlich der Tatsache, dass die meisten Geographiedidaktiker das, was Daum und Schmidt-Wulffen bemängelten, gar nicht kritisierenswert fanden. Trotzdem haben seine „radikalen" Ansichten zur Länderkunde aber dazu geführt, dass sich sein Ansatz nicht „auf breiter Basis konsensstiftend ausgewirkt" (Daum, Schmidt-Wulffen 1980, S. 93) hat. Dass dem Aufsatz bis heute eine hohe Bedeutung zugesprochen wird, ist allerdings auch nur bedingt auf die Tatsache zurückzuführen, dass Schultze diverse Rückblicke (Schultze 1979a, 1979b, 1998) geschrieben und einschlägige Textsammlungen (Schultze 1971a, 1996a) herausgegeben hat. Es verdankt sich vielmehr auch dem Umstand, dass es zur damaligen Zeit keine wirkliche, *pragmatisch* umsetzbare Alternative gab. Schultzes Ansatz hatte somit auch deswegen Erfolg, weil „die praktischen

Vorzüge so überzeugend (waren), dass ein Verlangen nach theoretischer Begründung nicht aufgekommen ist"[52] (Daum, Schmidt-Wulffen 1980, S. 93).

Gut 20 Jahre nach dem Erscheinen der Schultze-Kritik schätzten die beiden Autoren den Aufsatz im Interview durchaus unterschiedlich ein. Während Schmidt-Wulffen – wie Rhode-Jüchtern - inhaltlich praktisch gar nichts mehr dazu sagte, betonte Daum, dass es sich dabei um ein „Ein-Mann-Paradigma" gehandelt habe, das seinen Erfolg vor allem der Tatsache verdanke, dass Schultze es sehr schnell in ein entsprechendes, auflagenstarkes Schulbuch übersetzt habe. Dieser Meinung schloss sich auch Haubrich an, der Schultzes Ansatz deswegen als vor allem „bildungs- bzw. medienpolitisch" relevant ansah. Er nahm in diesem Zusammenhang das alte Argument von Daum und Schmidt-Wulffen wieder auf, dass die Leistung des Beitrags vor allem darin bestanden habe, ein ökonomisches Prinzip für die Auswahl der Inhalte der geographischen Fachwissenschaft zu finden. Auch Kroß sah eine Stärke des Aufsatzes darin, dass er pragmatische Lösungen angeboten habe.

Inhaltliche Kritik an Schultzes Aufsatz wird auch 30 Jahre nach seinem Erscheinen kaum geübt. Lediglich Haubrich wies darauf hin, dass eine Schwäche der angebotenen Struktur darin bestanden habe, dass Schultze selbst die Inhalte der Fachwissenschaft nie hinterfragt und auf ihre gesellschaftliche Relevanz hin überprüft habe.

Auffällig ist die überaus große affektive Zustimmung, die dem Beitrag aus heutiger Sicht zuteil wird: Er sei der „geistvollste, klügste, philosophischste und tiefgründigste" der vier Aufsätze (Geipel), er sei „präzise und konstruktiv" (Kroß), „anregend und provokativ" (Schrettenbrunner). Auch Newig hält ihn für den „fruchtbarsten" der damals in der Geographischen Rundschau erschienenen Aufsätze, „wenngleich er dem Springen über die Erdteile nie hätte

---

52 Bester „Kronzeuge" für diese Einschätzung ist vermutlich Gerhard Hard, der 1973, also sehr zeitnah, in seinem Kapitel über Länderkunde schrieb: „So scheint der Vorschlag von A. Schultze sehr bedenkenswert zu sein: Die Geographie solle in ihrem wesentlichen Teil thematisch und problemorientiert unterrichtet werden" (Hard 1973, S. 224). Im folgenden Absatz wird Schultze dann referiert, nicht kritisiert.

zustimmen können". Auffällig ist diese deutliche affektive Zustimmung auch, weil Hemmer gleichzeitig berichtete, dass sie diesen Aufsatz mit ihren Studenten deswegen auch heute noch lese, weil die Diskussion um allgemeine Geographie oder Länderkunde noch immer in die Lehrplanarbeit hineinspiele. Wenn der Aufsatz aber tatsächlich so konstruktiv, anregend und fruchtbar war, dann müsste diese Diskussion eigentlich beendet sein. Oder der Aufsatz ist, wie Kreibich es formulierte, „zu einem Mythos gemacht worden".

4.2.2.2.2 LERNZIELORIENTIERTER GEOGRAPHIEUNTERRICHT

Anders als Schultze, für den das Problem der – fachwissenschaftlichen - Stoffülle im Mittelpunkt der Überlegungen stand, gingen Ernst und Hendinger in ihren etwa zeitgleich erschienenen Beiträgen in der Geographischen Rundschau von den Reformen in der Bildungspolitik aus. Ernst berichtete in seinem Beitrag von „der Tagung in der Reinhardswaldschule vom 4. bis 8. November 1968 und den kritischen Bemerkungen von Doris Knab über die ‚Zusammenhanglosigkeit' erdkundlicher Lehrpläne, die sie in ‚Curriculumforschung und Lehrplanreform' wiederholte" (Ernst 1970, S. 186 – vgl. Kap. 4.1.2). Für ihn schien es zudem offen, ob „die alte Fächereinteilung im zukünftigen Lernprozess noch eine Rolle" (ebd., S. 186) spiele. Die Gefahr, dass die Geographie aus dem Fächerkanon verschwinden könnte, sah auch Hendinger: „Wie dringend für die weitere Entwicklung der Geographie als Schulfach eine Neuorientierung ist, erkennt man aus der Tatsache, dass in den Empfehlungen der Bildungskommission zur Errichtung von Schulversuchen mit Gesamtschulen (1969) in den Ausführungen über die Mittelstufe der Gesamtschule 5-10 Erdkunde (Geographie) überhaupt nicht mehr erwähnt wird, obwohl den Nachbarfächern wie Geschichte, Sozialkunde, Arbeitslehre und Naturwissenschaften jeweils ausführliche Abschnitte gewidmet sind" (Hendinger 1970, S. 156f).
Aus ihren Beobachtungen zogen beide den Schluss, dass der Geographieunterricht daraufhin geprüft werden müsse, welchen seiner Themen eine „gesellschaftliche Relevanz" (ebd., S. 159) zugesprochen werden könne. Diese

Relevanz ergebe sich nicht aus fachwissenschaftlichen Argumenten, sondern aus den Bedürfnissen von Gesellschaft und Politik: „Dieser Neuansatz verlangt u. a., dass man ohne fachspezifische Verengung den Blick offen hält für das Hauptziel, nämlich die Schüler zu befähigen, sich in der täglich verworrener werdenden Welt rational zu orientieren, die Anforderungen des Lebens ohne unkritische Anpassung zu bewältigen und die demokratische Ordnung verantwortlich weiterzugestalten" (Ernst 1970, S.186).

Um diesem Ziel gerecht werden zu können, versuchten die beiden Autoren an die Diskussion der allgemeinen Curriculumforschung anzuschließen, die unter der Leitung von S. B. Robinsohn am Max-Plank-Institut für Bildungsforschung betrieben wurde (vgl. Kap. 4.2.1.2), und definierten „Lernen als Veränderung von Verhaltensdispositionen" (Ernst 1970, S. 186; vgl. ebenso Hendinger 1970, S. 161). Mit dieser Bestimmung von Lernen hörten die Gemeinsamkeiten der beiden Autoren bezüglich der Curriculumgestaltung allerdings auch schon wieder auf. Beide arbeiteten in dem Bewusstsein weiter, dass die „Curriculumforschung (...) zur Zeit noch kaum in der Lage (ist), auf wissenschaftlicher Grundlage erarbeitete, allgemeingültige Lernziele zur Orientierung für die Fachdidaktik zur Verfügung zu stellen" (Hendinger 1970, S. 161), und dass insbesondere „die Curriculumforschung am Max-Plack-Institut erst in Jahren zu Ergebnissen kommt, um Qualifikationen zu formulieren, ihre Operationalisierbarkeit zu verdeutlichen und ihre taxonomische Anordnung festzulegen" (Ernst 1970, S. 187). Solange aber könnten sie als Fachdidaktiker nicht warten, und so begannen sowohl Ernst wie auch Hendinger mit der Erstellung eines jeweils eigenen Lernzielkatalogs. Dabei griffen sie auf unterschiedliche Formulierungen von generellen Lernzielen zurück.

Hendinger hielt sich bei ihrem Entwurf an eine einschlägige Liste von Verhaltensdispositionen, die von Hartmut von Hentig in Vorträgen und im Zusammenhang mit der Arbeit des Deutschen Bildungsrates vorgestellt wurde (Hendinger 1970, S. 161). Allerdings erschien ihr die Liste insgesamt zu sehr an der politischen Bildung ausgerichtet zu sein, was sie dazu veranlasste, sie um Lernziele aus dem naturwissenschaftlichen, technischen und geographischen Bereich zu erweitern (ebd., S. 161), ohne diese Erweiterungen jedoch zu kennzeichnen. Als „für die Geographie relevante allgemeine Lernziele" ergaben sich ihrer Ansicht nach:

„Verhaltensdispositionen
1. zur Auseinandersetzung mit den von der Natur gegebenen Möglichkeiten,
2. in der rationalisierten, wissenschaftsbestimmten Welt,
3. als soziales Wesen in gesellschaftlicher Gruppierung,
4. in der arbeitsteiligen Welt,
5. in der Konsumgesellschaft,
6. in einer sich beschleunigt verändernden Welt,
7. in der durch Verflechtung von Wirtschaft, Gesellschaft und Politik gekennzeichneten ‚einen' Welt" (Hendinger 1970, S. 161f).

Ernst machte es sich nicht ganz so leicht. Um die allgemeinen oder generellen Lernziele bestimmen zu können, versuchte er zunächst die Lebenssituationen zu ermitteln, „in denen der Schüler heute und morgen sein Leben zu bewältigen und Entscheidungen zu treffen hat" (Ernst 1970, S. 187). Er schloss damit – im Gegensatz zu Hendinger – an die Vorstellungen Robinsohns an. Da Robinsohn in seinem Aufsatz zur Curriculumrevision aber selbst die Situationsbereiche nicht systematisch genannt hatte - er verwies lediglich auf „Arbeitsplatzanalysen, Arbeitsmarktanalysen, Funktionen in Freizeit, Staat usf." als Beispiele (Robinsohn 1967, S. 48) – musste Ernst sich um Anleihen bei anderen Autoren bemühen. Er zog dazu die von der Klafki-Kommission genannten zentralen Verwendungssituationen „Familie – Beruf – Öffentlichkeit – freie Zeit" (Ernst 1970, S. 187) heran, welche er im Fach in den Grunddaseinsfunktionen „sich fortpflanzen und in privaten und politischen Gemeinschaften leben – wohnen – arbeiten – sich versorgen und konsumieren – sich bilden – sich erholen – am Verkehr teilnehmen" (ebd., S. 187) wieder entdeckte[53]. Diese

---

53 Die hier vorgenommene Gleichsetzung von Robinsohns Lebenssituationen mit den Daseinsgrundfunktionen der Sozialgeographen ist später als „weitgehend allzu kurzschlüssig und missverständlich" (Wenzel, 1982a, S. 384) beschrieben worden. Diese Kurzschlüssigkeit wird leicht

Grunddaseinsfunktionen sollten von der Didaktik allerdings nur ‚mitbedacht‘ werden, da „es sich hier ebenso um theoretisch nicht abgesicherte, sondern mehr pragmatisch gefundene Bestimmungen handelt" (ebd., S. 187). Somit taugten diese Situationsbereiche vor allem als „Suchinstrument für die Lernzielfindung" (ebd., S. 189).

Bestimmt wurde diese Suche durch das „Prinzip der Emanzipation" (ebd., S. 189) als oberstes Lernziel. Auch dieses oberste Lernziel sei zwar eine „Setzung" (ebd., S. 189, Anm. 1), die Anlass zu der Frage geben könne, „was der Schüler mit einer solchen Orientierung in der Praxis des Berufs anfangen kann" (ebd., S. 189, Anm. 1), denn dort werde ihm eher Anpassung abverlangt. Trotzdem seien aber gerade „im Bewusstsein dieser Probleme, Wege auf einem fortschreitenden Demokratisierungsprozess aufzuzeigen" (ebd., S. 189, Anm. 1). Mit dieser Zielrichtung im Auge, leitete Ernst aus dem „Prinzip der Emanzipation" insgesamt neun generelle Lernziele ab, die er in drei Gruppen zusammenfasste:

„1. Fähigkeit und Bereitschaft zur rationalen Orientierung in der verwissenschaftlichten Welt.

1.1. Beherrschung kulturell und gesellschaftlich relevanter Fertigkeiten und Grundtechniken.

---

einsichtig, wenn man sich Robinsohns Kriterien für die Auswahl von Bildungsinhalten vor Augen hält: 1. „die Bedeutung des Gegenstandes im Gefüge der Wissenschaft" (Robinsohn, 1967, S. 47), 2. „die Leistung des Gegenstandes für das Weltverstehen, d. h. für die Orientierung innerhalb einer Kultur und für die Interpretation ihrer Phänomene" (ebd., S. 47), 3. „die Funktion eines Gegenstandes in spezifischen Verwendungssituationen des privaten und öffentlichen Lebens" (ebd., S. 47). Für Robinsohn war somit sowohl der Bereich der Wissenschaft als auch der Bereich der Lebenssituationen jeweils ein Kriterium. Indem Ernst diese beiden mit dem Bezug auf die Daseinsgrundfunktionen in eins setzte, kürzte er einen der beiden Teile aus dem Kriterienraster heraus. Da er sich nicht einfach auf z. B. die Formulierung der Lebenssituationen durch die Klafki-Kommission berief und diese übernahm, sondern ihnen die Daseinsgrundfunktionen für den Geographieunterricht zur Seite stellte, blieb als Kriterium nur die Wissenschaft. Die Lebenssituationen waren damit nach wenigen Sätzen aus dem Ansatz wieder verschwunden.

164

1.2. Erwerb von Grundkenntnissen und Informationen sowie von Denkfähigkeit, um mit Hypothesen, Theorien, Modellen und elementaren Forschungsmethoden rational umgehen zu können.

1.3. Fähigkeit, - auch abstrakte – Informationen kritisch zu bewerten, und Bereitschaft, sich weiterzubilden und fachlich höher zu qualifizieren.

2. Fähigkeit und Bereitschaft zur rationalen Auseinandersetzung mit der gegenwärtigen und zukünftigen Welt.

2.1. Fähigkeit der Auseinandersetzung mit den von der Natur gegebenen Möglichkeiten für den Menschen.

2.2. Elastizität in einer mobilen Industriegesellschaft, Bereitschaft zum Berufs- und Wohnortwechsel, Fähigkeit zur sinnvollen Freizeitbeschäftigung.

2.3. Fähigkeit zur Auseinandersetzung mit technischen Fertigungsprozessen und sonstigen Produktionsvorgängen und ihren sozio-ökonomischen Bedingungen (,technische Sensibilität').

3. Fähigkeit und Bereitschaft zur kritischen Mitarbeit und Gestaltung in der demokratischen Gesellschaft.

3.1. Fähigkeit, sich selbst gegen System- und Sachzwänge behaupten zu können, andererseits bei allem Wertpluralismus Erkennen des Aufeinanderangewiesenseins und der Notwendigkeit des Güteraustausches in einer arbeitsteiligen ,einen' Welt.

3.2. Begreifen der Planung von Ver- und Entsorgung in regionalen Bereichen als Konfliktsituation und Fähigkeit, Ordnungsprobleme im ökonomischen, sozialen und kulturellen Bereich rational zu bewältigen.

3.3. Fähigkeit zur Kooperation und Kommunikation und Bereitschaft zum verantwortlichen sozialen Verhalten und rational begründeten politischen Handeln (,politische Sensibilität')" (ebd., S. 189).

Neben den so erstellten generellen Lernzielen formulierten beide Autoren „didaktisch-geographische Grundkategorien" (ebd., S. 190) bzw. „fachlich bestimmte Grundkategorien" (Hendinger 1970, S. 162). Bei der Formulierung dieser Kategorien bezogen sich beide *nicht* explizit auf eine laufende Diskussion oder auf andere Autoren.

Hendinger sprach lediglich von einer „intensiven Diskussion" (Hendinger 1970, S. 162), die zu den von ihr angeführten Kategorien geführt hätte. Sie nannte insgesamt fünf Grundkategorien, von denen sich drei auf das „Mensch-Natur-Thema" konzentrierten, das in der Beschreibung der allgemeinen Lernziele deutlich weniger häufig zur Sprache gekommen war:

„1. Bezogenheit der Daseinsbewältigung auf die Auseinandersetzung mit den ursprünglich gegebenen bzw. bereits vom Menschen gestalteten Naturräumen.

2. Raumstrukturen in Abhängigkeit von räumlicher Distanz einerseits und Überschneidung und Verflechtung von Ausstrahlungs- und Wirkungsbereichen gesellschaftlich bedingter, funktionaler Zentren andererseits.

3. Stabilisierende Regelmechanismen als ständiger Ausgleich des Naturhaushalts in der vom Menschen unberührten oder fast unberührten Naturlandschaft.

4. Störung der Regelmechanismen durch den wirtschaftenden Menschen.

5. Möglichkeiten und Schranken der Steuerung raumwirksamer Prozesse durch Raumplanung" (Hendinger 1970, S. 162).

Ernst dagegen nennt nur drei Kategorien, in denen sich die Aufteilung der Geographie in die physische und die Humangeographie ebenso spiegelt wie sein Wunsch, die Methodik der Informationsaneignung im Unterricht stärker zu verankern:

„1. Mensch-Raum-Bezug im Blick auf die Erfassung durch fachgerechte Informationsaneignung und die Anwendung fachbestimmter Hilfsmittel und Methoden.

2. Mensch-Raum-Bezug in Verbindung mit den Naturfaktoren.

3. Mensch-Raum-Bezug in Verbindung mit Gesellschaftsfaktoren" (Ernst 1970, S. 190).

Nach dieser aufwendigen Grundlegung, begannen beide Autoren, einen Katalog geographischer Lernziele zu erstellen. Hendinger formulierte dabei insgesamt 19 Ziele, wobei jedes geographische Lernziel einer bestimmten Verhaltensdisposition und mehreren geographischen Kategorien zugeordnet war (vgl. Kasten 5). Besonders die Zuordnung der Lernziele zu den stark auf das „Mensch-Natur-Thema" ausgerichteten geographischen Kategorien ließ aber auch die Unbestimmtheit und Schwammigkeit dieses Katalogs erkennen: Gerade so, als wollte Hendinger die physische Geographie in möglichst viele der gesellschaftlich relevanten Themen hinüberretten, tauchte die Kategorie 4 „Störung der

---

Verhaltensdisposition zur Auseinandersetzung mit den von der Natur gegebenen Möglichkeiten:
a) Beobachtung und Analyse der gegebenen Naturbedingungen in der Landschaft (Kategorie 1, 3).
b) Erkenntnis des Wechselwirkungsgefüges zwischen menschlichem Handeln und Naturlandschaft (Kat. 1, 4).
c) Beurteilung des Handlungs- und Planungsspielraums des Menschen in den verschiedenen Regionen der Erde (Kat. 1, 5).
Verhaltensdisposition in der rationalisierten, wissenschaftsbestimmten Welt:
a) Einführung in wissenschaftliche Prinzipien und Denkweisen der Geographie und Nachbardisziplinen (Kat. 3, 4).
b) Studium fachspezifischer wissenschaftlicher Systeme der Geographie und ihrer Nachbardisziplinen (Kat. 2).
c) Entwicklung von hilfreichen Ordnungssystemen zur Entlastung des Gedächtnisses und als Anreiz kreativen Denkens, z. B. Regelsysteme als Modelle zur Erfassung von Naturhaushalt und Naturlandschaft (Kat. 2, 3, 4).
Verhaltensdisposition als soziales Wesen in gesellschaftlicher Gruppierung:
a) Erkenntnis des wechselseitigen Abhängigkeitsverhältnisses zwischen Menschen innerhalb von Gruppen, abgestuft nach den regional verschiedenen Kontakten (Kat. 2).
b) Erkenntnis der Verflechtung der Völker untereinander (Kat. 2, 4).
c) Weckung des Interesses und Verständnisses für andere Völker und deren Konflikte politischer und wirtschaftlicher Art, Abbau von Vorurteilen (Kat.4).
Verhaltensdisposition in der arbeitsteiligen Welt:
a) Erkenntnis der regional und klimatisch bedingten Arbeitsteiligkeit (Kat. 1).
b) Einsicht in die räumlich, gesellschaftlich-politisch und historisch bedingten Probleme weltweiter Integration und die Notwendigkeit von Kommunikation und Kooperation in der Weltwirtschaft (Kat. 2, 4).
Verhaltensdisposition in der Konsumgesellschaft:
a) Erkenntnis des Zusammenhangs von Produktion und Marktbildung unter regionalen wirtschafts- und verkehrsgeographischen Gesichtspunkten (Kat. 2, 4).
b) Erkenntnis weltweiter regional gebundener Differenzierungen des Bedarfs und der Bedürfnisse (Kat. 2).
Vorbereitung auf das Leben in einer sich beschleunigt verändernden Welt:

a) Erfassung der Grundlage des Wechselwirkungsgefüges der regional gegebenen Bedingungen des Naturhaushalts (Kat. 3).
b) Orientierung und Beurteilung über die technischen, wirtschaftlichen und sozialen Veränderungen (Kat. 4).
c) Ermöglichung einer zweckmäßig gestalteten Planung (Kat. 5).
d) Zuordnung von Ordnungsmustern (in Karten, Flugaufnahmen und Statistiken) und Wechselwirkungsgefügen mit Hilfe raumrelevanter prozessualer Fragestellung (Kat. 2, 4).
Vorbereitung auf das Leben in der durch Verflechtung von Wirtschaft, Gesellschaft und Politik gekennzeichneten ‚einen' Welt:
a) Festigung eines bestimmten Orientierungswissens für die Einordnung aktuellen Geschehens in den verschiedenen Regionen der Erde (Kat. 2).
b) Erkenntnis von Weltproblemen und ihres komplexen Charakters (z. B. Hunger, Überbevölkerung) (Kat. 1, 4).

Kasten 5: Lernzielkatalog von Hendinger
(aus: Hendinger 1970, S. 164-166)

Regelmechanismen durch den wirtschaftenden Menschen" insgesamt 10 mal auf, einmal mehr als Kategorie 2 „Raumstrukturen in Abhängigkeit von räumlicher Distanz einerseits und Überschneidung und Verflechtung von Ausstrahlungs- und Wirkungsbereichen gesellschaftlich bedingter, funktionaler Zentren andererseits", wobei bei vielen Punkten selbst bei einer weiten Auslegung der Kategorie 4 überhaupt nicht einsichtig ist, wie sie zu diesem Lernziel beitragen soll (vgl. z. B. Lernziel 3b, 3c, 4b oder 5a).

Ernst formulierte insgesamt 16 Lernziele, die er oft aus zwei oder mehreren generellen Lernzielen ableitete (vgl. Abb. 10 und 11). Seine zehn kognitiven Lernziele bezogen sich in weiten Teilen auf Probleme aus dem Bereich der Wirtschaft und auf die politische Partizipation. Nur zwei seiner Lernziele bezogen sich auf das generelle Lernziel „Fähigkeit der Auseinandersetzung mit den von der Natur gegebenen Möglichkeiten für den Menschen". Neben den auch in der allgemeinen Didaktik bekannten „kognitiven Lernzielen" (Ernst 1970 S. 192 - vgl. Abb. 10) wies Ernst auch noch „instrumentale Lernziele" (ebd., S. 191 - vgl. Abb. 11) aus, mit denen er „Grundtechniken" (ebd., S.191) benennen wollte, die der Schüler in der zukünftigen Welt brauche, wie z. B. das Lesen von Karten oder den Umgang mit Luftbildern. Von den sechs hier genannten geographischen Lernzielen bezogen sich fünf auf die generellen Lernziele aus dem

168

Bereich 1 „Fähigkeit und Bereitschaft zur rationalen Orientierung in der verwissenschaftlichten Welt".

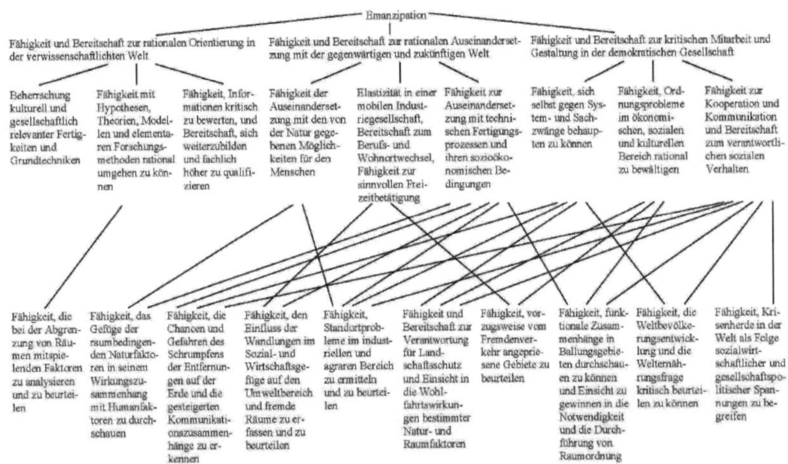

Abb. 10: Ableitung der kognitiven Lernziele aus dem Richtziel „Emanzipation" bei Ernst
(eigene Darstellung nach Ernst, 1970)

Mit der Ausgliederung von instrumentalen Lernzielen prägte Ernst einen geographischen Sonderweg (Schultze 1978, S. 286, Anm. 1), der sich innerhalb des
Dimensionierungsrasters aus der allgemeinen Didaktik nicht begründen ließ.
Innerhalb des Rahmens der dort unterschiedenen Verhaltensdimensionen wäre
„ein Großteil der instrumentalen Lernziele bei Eugen Ernst in den Bereich der
kognitiven Ziele einzuordnen" (Meyer, Oestreich 1976, S. 214 – vgl. Meyer 1980
S. 143), denn instrumentale Lernziele, wie z. B. das Kartenlesen, „haben immer
eine inhaltliche Komponente" (Schultze 1978, S. 286, Anm. 1) und bei kognitiven Lernzielen gehe es umgekehrt auch „um viel mehr als nur um den Erwerb
von Inhalten: Der Schüler soll die Inhalte so erwerben, dass er sie als Kategorien anwenden kann; kognitive Lernziele haben also eine instrumentale Komponente" (ebd., S. 286, Anm. 1). Dass die instrumentalen Lernziele trotzdem

169

bis in die jüngste Zeit bei Geographiedidaktikern so beliebt sind (vgl. den Stichworteintrag von Böhn 1999b, S. 96f), verdankt sich vermutlich dem Umstand, dass sie nicht vom Schüler, sondern vom Fach her formuliert worden sind. So wurde zum einen die Frage, „welche der angeführten Ziele *nur* durch die Erdkunde verwirklicht werden können" (Hendinger 1970, S. 164 – Herv. i. O.), strukturell gelöst, da nur auf einen bestimmten geographischen Forschungsstand hin definiert werden könne, „welche Ziele als instrumental (...) zu bezeichnen sind, während kognitive und affektive Lernziele im Blick auf die Lernstruktur der Schüler definiert werden können" (Meyer, Oestreich 1976, S. 214). Zum anderen bleibe der Didaktik „das radikale Umdenken von Lerninhalten zu Qualifikationen ‚erspart'" (Schultze 1978, S. 84) und tausende von Geographielehrern seien in dem Glauben gelassen worden, „das Denken in Können bzw. Qualifikationen beschränke sich auf die instrumentalen Lernziele; bei den verbleibenden kognitiven Lernzielen (i. e. S.) dürfe man weiterhin in Inhalten (Einsichten o. ä.) denken" (ebd., S. 286, Anm. 1).

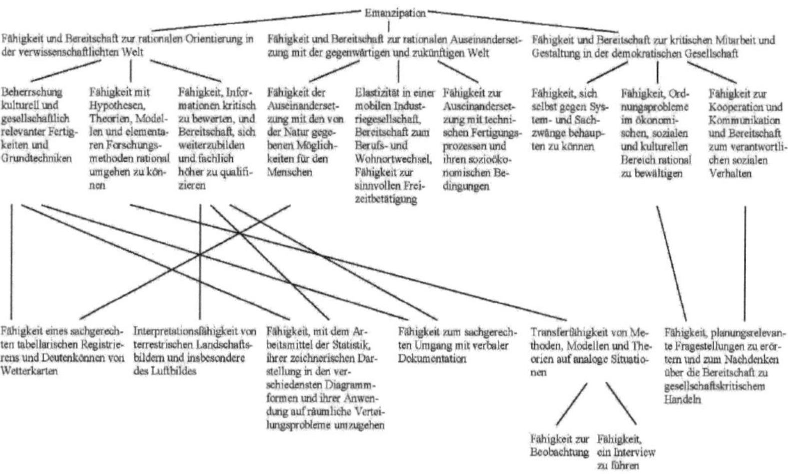

Abb. 11: Ableitung der instrumentalen Lernziele aus dem Richtziel „Emanzipation" bei Ernst (eigene Darstellung nach Ernst 1970)

Die Rolle der Länderkunde im lernzielorientierten Unterricht wurde von beiden Autoren ambivalent eingeschätzt. Zwar bezogen sich beide explizit auf die Diskussion auf dem Kieler Geographentag von 1969, zogen daraus aber unterschiedliche Schlüsse für den Erdkundeunterricht an den Schulen. Hendinger nannte schon im ersten Teil ihres Aufsatzes einige Argumente, die gegen die Beibehaltung der Länderkunde sprachen: Die Länderkunde entbehre „eines Rangordnungsprinzips für den stufengemäßen Aufbau von Lehrplänen" (Hendinger 1970, S. 158), vermittle keine übertragbaren Grundeinsichten (ebd., S. 158), leiste keine „sinnvolle propädeutische Einführung in die wissenschaftlichen Methoden der Geographen" (ebd., S. 159) und biete „kein wissenschaftlich fundiertes Auswahlprinzip für den exemplarischen Unterricht" (ebd., S. 158). Zudem werde die immer gleiche Behandlung der Länder dem unterschiedlichen psychologischen Entwicklungsstand von Schülern in verschiedenen Klassenstufen nicht gerecht (ebd., S. 159). Diese Argumente führten Hendinger einige Seiten später aber nur zu „einer Ablehnung der Länderkunde als durchgehendes Ordnungsprinzip" (ebd., S. 166), die sie schon im nächsten Satz wieder relativierte: „Das schmälert nicht die wissenschaftsmethodische Bedeutung der Landschaftskunde – in gewissem Sinne ist dabei die Länderkunde einzubeziehen – als theoretisches Ordnungs- und Denkmodell" (ebd., S. 167). Mit diesem Dementi ihres eigenen Arguments gegen die Ländekunde wurde der Weg frei für den „exemplarischen Einsatz" (ebd., S. 167) der Länderkunde, die dann dazu beitragen sollte, das „komplexe Zusammenspiel der Vielfalt geogra-phischer Faktoren" (ebd., S. 167) aufzuzeigen und das „die Disziplinen übergreifende, verknüpfende Denken" (ebd., S. 167) zu üben.

Für Ernst war die Diskussion um die Länderkunde vor allem eine Auseinandersetzung um „die wissenschaftstheoretischen Festlegungen einzelner geographischer Richtungen im Universitätsbereich" (Ernst 1970, S. 188), die für die Schulerdkunde nur von „sekundärer Bedeutung" (ebd., S. 188) sei. Für ihn war noch nicht klar, „ob ein legitimes Lernziel nicht auch darin bestehen könne, an

wenigen Beispielen in ganzheitlich-geographischer Betrachtung gerade die Totalität eines in seiner geographischen Grundbefindlichkeit und seinen Wirkverflechtungen klar abgegrenzten Raumes zu behandeln" (ebd., S. 188). Deswegen sollte „die Debatte um Länderkunde – Allgemeine Geographie – Sozialgeographie (...) uns im Schulbereich keine Alternativentscheidungen abverlangen
oder gar zu einem Prinzipienstreit führen" (ebd., S. 188).

Mit den Aufsätzen von Ernst und Hendinger standen den Curriculumplanern
somit zwei überaus unterschiedliche Lernzielkataloge zur Verfügung, die erstens an moderne didaktische Anforderungen anschlossen, zweitens die Länderkunde nicht prinzipiell abschaffen wollten und drittens die Möglichkeit zur Wahl
zwischen einem eher physiogeographisch oder einem eher an Qualifikationen
und Planungsfragen ausgerichteten Unterricht ließen.

Trotz der aufwendigen Apparate von Verhaltensdispositionen, Situationsfeldern, generellen Lernzielen und geographischen Grundkategorien war der Ableitungszusammenhang, den die beiden Autoren zwischen diesen Kategorien
und ihren fachbetonten Lernzielen behaupteten (Ernst 1970, S. 189; Hendinger
1970, S. 160) allerdings alles andere als evident: „Problematisch sind solche
Vorstellungen, weil bisher unklar geblieben ist, worin denn nun das Ableiten
besteht. Interpretiert man den Begriff im ursprünglichen Sinne, also als logische
Deduktion, so wird die Sachlage nicht klarer. Denn logische Deduktion leistet
nicht mehr als das „Ausmelken" der Prämissen; der Gehalt des Abgeleiteten
darf also nie über den Gehalt des Aussagezusammenhangs hinausgehen, aus
dem abgeleitet wird" (Meyer, Oestreich 1976, S. 211). Gerade weil bei manchen
der oben genannten Kategorien überhaupt nicht klar war, auf welchem theoretischen Hintergrund sie formuliert worden sind, hing den Lernzielkatalogen ein
Hauch von Beliebigkeit an. Dies führte zu der auf den ersten Blick paradox
erscheinenden Situation, dass auf der einen Seite „der Pionier-Aufsatz von Ernst
(...) gläubig zitiert, aber kaum diskutiert" (Schultze 1978, S. 84) wurde und auf
der anderen Seite immer neue Lernzielkataloge formuliert wurden (Meyer, Oestreich 1976, S. 211). „Lernzielorientierung" war zu einem unhinterfragten

„Schlagwort geworden, das an plakativ zur Schau gestellte Werbewirksamkeit eines Gütesiegels wie etwa ‚wasserdicht‘, ‚unzerbrechlich‘ oder ‚pflegeleicht‘ erinnert" (Daum, Schmidt-Wulffen 1980, S. 13).

Kritik an dem Konzept wurde in der Geographiedidaktik vor allem von Schultze (1972, 1978) und Daum (1980a, 1980b) bzw. Daum und Schmidt-Wulffen (1980) geäußert. Dass manche meiner Interviewpartner Schultze heute rückblickend für „lernzielorientiert" (Kroß) halten oder meinen, er habe „die Lernzielorientierung konsequent verfolgt" (Geipel) mag vor allem an dem Stil liegen, in dem Schultze seine Kritik vorgetragen hat. Anders als Birkenhauer trumpfte er nicht mit „Die Allgemeine Geographie ist tot. Es lebe die Allgemeine Geographie" auf, sondern er nutzte die inhaltliche Neutralität des Konzepts der Lernzielorientierung, um seine Forderungen an einen modernen Geographieunterricht innerhalb dieses Konzeptes zu formulieren. Dass er dabei zu ganz ähnlichen Aussagen kam wie Daum unter dem Titel „Plädoyer gegen Lernzielorientierung" (1980a), legt den Schluss nahe, dass Lernzielorientierung umgeformt im Sinne Schultzes keine Lernzielorientierung mehr wäre.

Die Kritik der drei Autoren resultierte aus einem gegenüber den Vorstellungen der Lernzieltheoretiker deutlich differenzierteren Verständnis von Unterricht. Daum und Schmidt-Wulffen wiesen dabei explizit auf den Pädagogen Herwig Blankertz hin, dessen Vorstellung zum Implikationszusammenhang ihnen offensichtlich als theoretischer Hintergrund diente (Daum 1980a, S. 43; 1980b, S. 341; Daum, Schmidt-Wulffen 1980, S. 15). Die Hauptthese dieses Ansatzes besagt, dass „Intentionen, Themen, Methoden und Medien sowie anthropogene und sozialkulturelle Voraussetzungen des Unterrichts (...) in einem Verhältnis strenger Interdependenz zueinander" (Jank, Meyer 1991, S. 193 – vgl. Abb. 12) stehen. Dabei stellen die ersten vier Punkte die „Entscheidungsfelder" (ebd., S. 183) des Lehrers dar, während die beiden letzten Punkte die „Bedingungsfelder" (ebd., S. 183) von Unterricht sind. Diese Bedingungsfelder kann der Lehrer nicht beeinflussen (ebd., S. 184), muss sie aber als Voraussetzung in seine Unterrichtsplanung mit einbeziehen. Die anthropogenen Voraussetzungen,

„z. B. die Tatsache, dass ein Schüler Linkshänder ist oder dass alle SchülerInnen mit einem gewissen Alter in die Pubertät kommen" (ebd., S. 184), sind dabei weitgehend unveränderbar, während die sozialkulturellen Voraussetzungen „einem mehr oder weniger schnellen gesamtgesellschaftlichen Wandel unterworfen" (ebd., S. 184) sind.

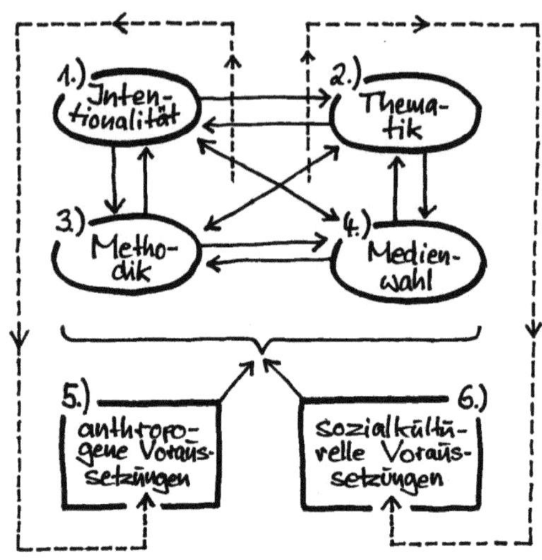

Abb. 12: Schematische Darstellung des Implikationszusammenhangs
(Quelle: Jank, Meyer, 1991, S. 193)

Auf dem Hintergrund dieser Vorstellungen formulierten die Autoren drei grundlegende Einwände gegen das Konzept der Lernzielorientierung:

1. Es bestehe „die Gefahr der Vernachlässigung fachdidaktischer Analysen, weil es nach dem Konzept der Lernzielorientierung völlig gleichgültig ist, an welchen Inhalten die (zuvor gesetzten) Ziele erreicht werden" (Daum 1980b, S. 341). Da eine Ableitung von fachlichen Zielen aus einem Richtziel wie „Emanzipation" nicht möglich sei, verlange ihre Aufstellung aber „neue inhaltliche Entscheidungen, also auch eigene Begründungen" (Schultze

174

1978, S. 85). Verzichtete man darauf, wäre „eine Entwicklung eingeleitet, an deren Ende man sich fragen muss, ob überhaupt noch geographische Inhalte zur Erreichung von Lernzielen notwendig sind" (Daum 1980a, S. 43). Um dies zu verhindern, sei es zunächst nötig, dass „der Fachdidaktiker (...) die Qualifikationen bestimmt, die mit Hilfe seines Faches ganz oder teilweise erreicht werden können und von denen er überzeugt ist, dass sie pädagogisch wichtig sind" (Schultze 1978, S. 85). Diese Qualifikationen dürften aber ihrerseits „nicht an beliebigen Inhalten erworben werden" (Daum, Schmidt-Wulffen 1980, S. 14), sondern seien unter der „Anwendung einer handfesten Theorie (z. B. der Zentralitätstheorie)" (ebd., S. 14) zu vermitteln.

2. Die Lernzielorientierung ziehe „die dauernde Gefahr einer Vernachlässigung der Methodenprobleme nach sich" (Daum 1980b, S. 341). Methoden fiele oft nur „eine ganz und gar nachgeordnete Rolle zu, und zwar lediglich als Mittel zur Durchsetzung von isoliert gefällten Ziel- und Inhaltsentscheidungen" (Daum 1980a, S. 43). Die Vorstellung aber, „es handle sich bloß um eine Angelegenheit der Ziele und ihrer Formulierung, mit gewissen Konsequenzen vielleicht für die Auswahl der Inhalte, aber doch ohne wesentliche Auswirkungen auf die Gestaltung des geographischen Unterrichts insgesamt" (Schultze 1972, S. 194) sei ein „fataler Irrtum" (ebd., S. 194) und ein „gefährliches Missverständnis" (ebd., S. 194). Die „Erkenntnisweisen des Schülers, vor dessen geistigem Auge ein Gegenstand überhaupt erst Form als Lerngegenstand gewinnt" (Daum, Schmidt-Wulffen 1980, S. 15), blieben dabei ebenfalls völlig unberücksichtigt. Ohne die Berücksichtigung des Schülers als Lerner sei es aber unmöglich, Können „als höherer Form des Wissens: Wissen anwenden können" (Schultze 1972, S. 194) zu vermitteln.

3. Auch wenn Schüler in den Lernzielformulierungen explizit genannt würden, gehe es oft nicht um sie (Schultze 1978, S. 88). Genannt würden oft nicht die angestrebten Qualifikationen, die Schüler „für die Bewältigung von

Lebenssituationen" (Schultze 1972, S. 194) benötigten, „sondern nur Inhalte" (Schultze 1978, S. 88) Der Schüler komme in dem Konzept von Beginn an „nicht als Subjekt eigenbestimmten Verhaltens vor, sondern als verplantes, fremdbestimmtes Objekt" (Daum 1980a, S. 43). Seine „Interessen, Wünsche und spontanen Einfälle" kämen „nicht ins Blickfeld" (ebd., S. 43), ganz im Gegenteil: seine Lebenswirklichkeit werde eher als „störend" (ebd., S. 43) empfunden. Dass „der Bezug zum Schüler auch tatsächlich hergestellt" (Schultze 1978, S. 88) werde, könne nur dadurch erreicht werden, dass Lernziele konsequent als Qualifikationen formuliert würden (ebd., S. 88).

Im Unterschied zu Daum und Schmidt-Wulffen hat Schultze seine Kritik an der Lernzielorientierung innerhalb des Ansatzes formuliert, allerdings von einer anderen Perspektive aus als Ernst und Hendinger. Ihm ging es auch hier vor allem um die unterrichtspraktische Umsetzung, weniger um die Lehrplanformulierung. Wie gravierend die methodischen Unzulänglichkeiten vieler lernzielorientierter Unterrichtsprogramme tatsächlich waren, machte er an einem Beispiel deutlich, dass er von Schrettenbrunner (1970) übernommen hatte (vgl. Kasten 6). Am Beispiel der Vermittlung des Begriffs „Sanierungsviertel" hatte Schrettenbrunner gezeigt, dass die geographischen „Norm-Programme" bisher noch zu stark auf die Vermittlung von Faktenwissen ausgerichtet seien und deshalb gefordert, „anhand von praktischen Beispielen den Beweis zu erbringen, dass die sehr hoch gespannten Anforderungen an die neue Art von Programmen, die aus der Analyse der Bildungsziele unseres Faches postuliert wurden, auch tatsächlich erreicht werden können" (Schrettenbrunner 1970a, 233). Eine Möglichkeit sei dabei, dass der Schüler „bei einer bestimmten vorgegebenen Information mitdenken, umsetzen und reagieren muss, indem er die spezifisch geographischen Techniken und Hilfsmittel anwendet und dabei wichtige Einsichten gewinnt" (ebd., S. 233). Diese Lösung erschien Schultze noch nicht weitgehend genug. Er betonte zwar zunächst, dass er mit dem Doppelschritt des Beispiels von Schrettenbrunner, „zuerst knappe Information, dann ausführliche

Operation" (Schultze 1972, S. 195) in seiner eigenen Praxis gute Erfahrungen gemacht habe, fragte dann aber, ob „es nicht eine Zumutung, vielleicht sogar ein Stück autoritären Lehrverfahrens [sei], wenn der Lernende zunächst die Information einfach hinnehmen und aufnehmen soll, obwohl deren Sinn und Zweck erst in der Operation sichtbar wird" (ebd., S. 195), ob nicht die Information „nebenbei, als Fußnote gewissermaßen, geboten werden" müsse (ebd., S. 195), damit sie als „Mittel zum Zweck" (ebd., S. 195) erkennbar wäre. Methodisch erschien der Inhalt nun als das, was er in der Lebenswelt der Schüler vermutlich auch in den meisten Fällen war, als Mittel der Problemlösung und Erkenntnis. Damit aber war der Weg frei zu der „erschütternden Entdeckung, dass es sinnvoll sein kann, sich von den realen Objekten zu lösen und die Lernenden in fiktiven Situationen tätig sein zu lassen" (ebd., S. 196). Denn wenn „in einem allgemeingeographisch-exemplarischen Erdkundeunterricht (...) die konkreten Objekte nur noch Beispiele für etwas" seien (ebd., S. 197), dann würden sie austauschbar und könnten auch durch fiktive Objekte, z. B. durch Modelle ersetzt werden (ebd., S. 197), die „ihren Platz irgendwo zwischen Realität und Abstraktion" (Schultze 1994, S. 4) hätten. Modelle seien zum einen oft anschaulicher und einfacher zu verstehen als die komplexe Realität (Schultze 1972, S. 197; 1994, S. 4). Zum anderen hätten sie einen größeren Aufforderungscharakter als die Beschäftigung mit realen Beispielen, weil die Schüler z. B. bei der Standortentscheidung eines Industrieunternehmens tatsächlich „geographisch richtig" argumentieren (ebd., S. 198) und darüber zu eigenen Lösungen kommen müssten, anstatt „die Richtigkeit ihrer Äußerungen" nur „an den tatsächlichen Argumenten für die Standortentscheidung" in einem bestimmten realen Fall zu messen (ebd., S. 197). Anscheinend ohne es zu merken, hatte sich Schultze mit diesen Beispielen von der strikten Lernzielorientierung weit entfernt: Ihm ging es nicht so sehr darum, Lernziele so zu operationalisieren, dass der Lehrer am Ende möglichst einwandfrei feststellen konnte, ob der Schüler die geforderte Leistung auch erbracht hatte. Ihm ging es vielmehr darum, dem Schüler Erkenntnisräume zu verschaffen, in denen er sich

ausprobieren konnte. Diese Veränderungswünsche aber waren mit den Bemühungen der lernzielorientierten Curriculumforschung nur bedingt kompatibel,
denn diese fiel „schon in den 70er Jahren hinter den damals erreichten Stand
der didaktischen Diskussion zurück, weil sie die Wechselwirkung von Ziel-, In-
halts-, Methoden- und Organisationsentscheidungen unterschlug" (Jank, Meyer
1991, S. 300).

Ein Norm-Programm würde etwa formulieren:
*Wenn in einem Stadtviertel die Ausstattung der Wohnungen besonders schlecht ist, so
sprechen wir von einem Sanierungsviertel.*
Wohnungsmäßig sehr schlecht ausgestattete Teile einer Stadt nennen wir.....
(Antwort: Sanierungsviertel).
In einem fachspezifischen Programm würde dieser Schritt anders aufgebaut sein:
*Wenn in einem Stadtviertel die Ausstattung der Wohnungen besonders schlecht ist, so
sprechen wir von einem Sanierungsviertel.*
*Grenze in der Skizze das Sanierungsviertel von Neustadt eindeutig von den anderen Vier-
teln ab!*

(Antwort: hier Lösungskarte; dazu Text: Du musst eine Grenzlinie gezogen haben, die
alle Signaturen X und O gemeinsam umfasst.)

Kasten 6: Alternative Aufgabenstellungen zum Begriff „Sanierungsviertel" (Klasse 6)
(leicht gekürzt aus: Schrettenbrunner 1970a, S. 233)

Ende der 70er Jahre machte Schultze einen weiteren Vorschlag „zur Überwindung der Lernzielkrise" (Schultze 1978). Ausgehend von der Feststellung, dass die Lernzielformulierung oft nur als „Pflichtübung, ohne Folgen für den Unterricht" (ebd., S. 84) gesehen wurde, schlug er einen kurzen Fragenkatalog vor, mit dessen Hilfe Schulbuchautoren, Lehrplanmacher und Lehrer die Qualität von Lernzielen prüfen könnten (Schultze, 1978, S. 87 - vgl. Kasten 7). Diese „harmlose" Arbeitshilfe forderte Didaktiker und Lehrer konsequent dazu auf, sich darüber klar zu werden, „was dieses Fach dem Schüler für die Bewältigung seines Lebens geben kann" (ebd., S. 88). Dabei müssten auch diejenigen, die mit Lernzielen arbeiteten, „begreifen, dass sich Lernziele nicht objektiv und ein für allemal bestimmen lassen" (ebd., S. 88), sondern dass sie sich unterschiedlichen politischen Zielvorstellungen verdanken. Dies bedeute in einem demokratischen Staat, dass Lernziele zwar von einer mehrheitlichen Zustimmung getragen werden sollten, dass es für den Einzelnen aber auch möglich sein müsse, „nach reiflicher Prüfung und aus Überzeugung abweichende Urteile" (ebd., S. 89) abgeben zu dürfen. Mit ein paar unauffälligen Fragen hatte Schultze damit – bewusst oder unbewusst – große Teile der fachdidaktischen Bemühungen um Lernzielformulierungen für unzweckmäßig erklärt; dort wurden nämlich nicht nur Qualifikationen und Inhalte verwechselt, dort gab es auch die Vorstellung, ein konsensfähig formulierter Lernzielkatalog sei nicht mehr hintergehbar (vgl. Kap. 4.2.5.2.).

Entgegen der fast überschwänglichen Bewertung des Schultze-Aufsatzes von 1970 beurteilten meine Interviewpartner die Aufsätze von Ernst und Hendinger deutlich zurückhaltender, obwohl die Diskussion um die Lernziele ein ganzes Jahrzehnt geographiedidaktischer Auseinandersetzung geprägt hatte. Besonders die Bedeutung von Hendingers Arbeit wurde von ihren ehemaligen RCFP-Kollegen stark relativiert. Sie sei eher kritisch auf „das Alte" eingegangen, weswegen ihr Aufsatz „nicht so konstruktiv sei" (Kroß). Sie habe „immer nur Fallbeispiele präsentiert" und sich „selten allgemein" geäußert (Kreibich). Sie sei „fleißig" und „schulpraktisch orientiert" gewesen (Schrettenbrunner) und habe

„unendliche Kataloge" von Lernzielen erstellt (Geipel). Keiner nannte deutlich positive Aspekte ihrer Arbeit. Zwei meiner Interviewpartner erwähnten sie nur im allgemeinen Zusammenhang der vier Aufsätze, fünf gingen gar nicht auf sie ein.

	Kriterien für Groblernziele						
Bitte ausfüllen: + ja - nein ? unsicher Lernziele unterschiedlicher Qualität und ohne bestimmte Reihenfolge	Ist die Sprache verstehbar, auch für Leser außerhalb unseres Faches?	Ist vom Lernenden aus gedacht worden? D. h.: Ist das Lernziel als Qualifikation des Schülers formuliert („können", „Fähigkeit" o. ähnlich)?	Oder sind nur Inhalte genannt, evtl. in der verschleiernden Form: Die Schüler sollen erkennen, einsehen, dass...?	Ist das Ziel auf heutige bzw. zukünftige Lebenssituationen der Schüler bezogen?	Oder muss man enttäuscht fragen: wozu eigentl.?	Besteht die Chance, dass das Lernziel bei Lesern innerhalb und außerhalb des Faches Zustimmung findet?	Stimmen Sie persönlich dem Lernziel zu?
1. Der Schüler soll erkennen, dass extreme natürliche Voraussetzungen und Ereignisse das Leben des Menschen bedrohen und sein Wirtschaften behindern							

2. Der Schüler soll in der Lage sein, sich mit Hilfe eines Stadtplans in einer fremden Stadt zu orientieren							
3. Fähigkeit, in Situationen des privaten Lebens (Wohnungssuche, Arbeitsplatzwahl, Reisen) zu planen und Entscheidungen zu treffen							
4. Entwicklungshilfe							
5. Verflechtung unterschiedlich ausgestatteter und entwickelter Räume							
6. Einsicht in Kausalzusammenhänge und in Wechselwirkungen raumwirksamer Faktoren							
7. Der Schüler soll länderkundliche Kenntnisse über die Staaten der Erde aus dem Gedächtnis wiedergeben können							
8. Die Schüler sollen lernen, sich selbständig über fremde Länder und Städte zu informieren							

9. Fähigkeit, das Gefüge der raumbedingenden Naturfaktoren in seinem Wirkzusammenhang mit Humanfaktoren zu durchschauen								
10. Der Schüler soll Flächensanierung und Objektsanierung unterscheiden können								
11. Fähigkeit und Bereitschaft, als kritische Öffentlichkeit an der Sanierungsplanung in der eigenen Stadt mitzuwirken								
12. Die Schüler sollen vier Schulfunkszenen, die vom Tonband abgespielt werden, anhören und bewerten								

Kasten 7: „Arbeitspapier" Prüfung geographischer Lernziele
(Quelle: Schultze 1978, S. 87)

Die Bewertung von Ernst fiel dagegen polarisierter aus. Schrettenbrunner empfand ihn als anregend, betonte aber auch, dass er ihn „persönlich gut gekannt" habe. Auch Haubrich, der Ernst im Lenkungsausschuss des RCFP abgelöst hatte, stellte fest, dass Ernsts Aufsatz unter pädagogischen Gesichtspunkten der wichtigste der vier genannten Beiträge gewesen sei. Auch wenn die Idee der Lernzielorientierung häufig missverstanden worden sei als ein deduktiv abzuarbeitendes Schema, bei dem Menschen nur noch als Maschinen vorkämen, habe sie doch in den nächsten 10-15 Jahren ein Nachdenken über den Sinn geographischer Bildung bewirkt. Diese Leistung wurde von Newig, Daum und

Kroß allerdings nachdrücklich in Frage gestellt: Ernst habe mit seinen bis ins Feinste ausgearbeiteten Listen die Kollegen vor allem verunsichert, weil „sie das in ihrem Unterricht so nicht gemacht hätten" (Newig). Er sei vor allem ein „Verwalter von Lernzielen" gewesen (Daum), sein Aufsatz sei „damals zwar oft zitiert worden", argumentativ aber eher „inkohärent" und „vordergründig" gewesen (Kroß). Kreibich schloss sich dem bedingt an: Zwar habe Ernst einen Riecher für gute Ansätze gehabt, sei aber selbst inhaltlich nicht so gut gewesen. Seine Stärken hätten eher „im Umgang mit gruppendynamischen Prozessen" gelegen. Drei meiner Gesprächspartner nehmen keinen direkten Bezug auf Ernst.

4.2.3 AUFBRUCH DER SCHULGEOGRAPHEN

Der Aufbruch der Schulgeographen war längst nicht von dem gleichen optimistischen Elan getragen wie der Aufbruch der Didaktiker. Viele sahen „die Reform nur *einseitig* als Wechsel von länderkundlicher zu thematischer Geographie" (Niemz 1989c, S. 141 – Herv. A. U.). Diesem Wandel stimmten die Schulpraktiker aber weder zu noch folgten sie ihm entsprechend den institutionellen oder didaktischen Vorgaben, so dass 15 Jahre nach dem Kieler Geographentag von 1969 noch immer etwa 25 % der Unterrichtsstunden auf regionalgeographische Themen entfielen[54]. Damit habe die regionale Geographie „im Gegensatz zu manchen einseitigen Reformbestrebungen (...) einen bedeutenden Platz in der Unterrichtspraxis behauptet bzw. wiedererlangt" (ebd., S. 102), so dass „der seit Beginn der Reform andauernde Streit über die Bedeutung von thematischer und regionaler Geographie im Erdkundeunterricht als überwunden gelten" (ebd., S. 102) könne. Aber auch im Rahmen des zunehmend sozialgeographisch ausgerichteten thematischen Bereichs belegten die Umfrageergebnisse, „dass die Schulpraktiker solchen einseitigen Konzeptionen nicht folgen" (ebd., S.

---

54 Diese Angabe ist das Ergebnis einer bundesweiten Umfrage, bei der alle Schulformen berücksichtig wurden (Niemz 1989b, S. 21). Insgesamt wurden 28.949 Fragebögen verschickt, von denen 5.838 Bögen ausgefüllt zurückgesandt wurden (ebd., S. 21). Die hier zitierten Ergebnisse beziehen sich nur auf die Sekundarstufe I.

104), denn immerhin 24 % aller Erdkundestunden wurden auf physiogeographische Themen verwandt (ebd., S. 104). Auch für den unterrichtsmethodischen Bereich stellte Niemz fest, „dass ein erheblicher Prozentsatz der Schüler[55] und Lehrer nicht ohne weiteres bereit ist, zur Erreichung der hochgesteckten Ziele der Reform sich stärker als bisher zu engagieren" (ebd., S. 141). Anfang der 80er Jahre wurde somit offensichtlich, dass „von einem nicht unbeträchtlichen Prozentsatz der Erdkundelehrer die Reform insgesamt oder in einzelnen Bereichen abgelehnt bzw. als einseitig angesehen und deshalb der Unterricht nicht oder nur teilweise nach den Reformvorstellungen ausgerichtet" (Niemz 1989b, S. 19) wurde[56].

Diese Reformresistenz der Schulpraktiker lässt sich erklären, wenn man sich die Altersstruktur und damit Ausbildungserfahrung der befragten Kollegen ansieht. Durchgeführt wurde die Umfrage in den Schuljahren 1983/84 und 1984/85 (Niemz 1989b, S. 21). Zu diesem Zeitpunkt verfügte der weitaus größte Teil der Lehrkräfte über eine Unterrichtserfahrung – ohne Referendariat (ebd., S. 27) – von 5 bis 14 Jahren (Niemz 1989c, S. 89 – vgl. Abb. 13). Über weniger Unterrichtserfahrung verfügten – abgesehen vom Gymnasium – nur um die 10% der Befragten, über mehr Unterrichtserfahrung je nach Schulform dagegen zwischen knapp 20% (Integrierte Gesamtschule) und gut 40% (Förderstufe /

---

55 Die Einfügung der Schüler an dieser Stelle dürfte eine schlichte Projektion sein, denn Schüler wurden nicht befragt.
56 Trotz der offensichtlichen Reformfeindlichkeit der Lehrer dürfte ein Befund der Untersuchung allerdings reichlich übertrieben sein: Dass über 85% der Lehrkräfte (Niemz 1989c, S. 122) der von Eltern, Wirtschaftsvertretern und Journalisten geäußerten Kritik (Niemz 1989b, S.19) zustimmen würden, dass die Schüler über zu wenig regionalgeographisches und topographisches Wissen verfügten, verdankt sich vor allem der Fragestellung: „Nach der Ersetzung der Länderkunde durch allgemeine bzw. thematische Geographie an regionalen Beispielen wird von Industrie- und Handelskammern, Eltern und z. T. auch Lehrern kritisiert, dass die Schüler zu wenig regionalgeographische Einsichten und völlig unzureichende topographische Kenntnisse haben. Stimmen Sie dieser Kritik zu? Ja / Nein" (Niemz 1989b, S. 27). Die Antwort „nein" ist hier praktisch unmöglich, weil es ja auch gar nicht Ziel des allgemeingeographischen Unterrichts war, diese Kenntnisse zu vermitteln. Wer dann fast zwangsweise „ja" ankreuzt, muss aber noch lange nicht für eine Rückkehr zum alten System sein.

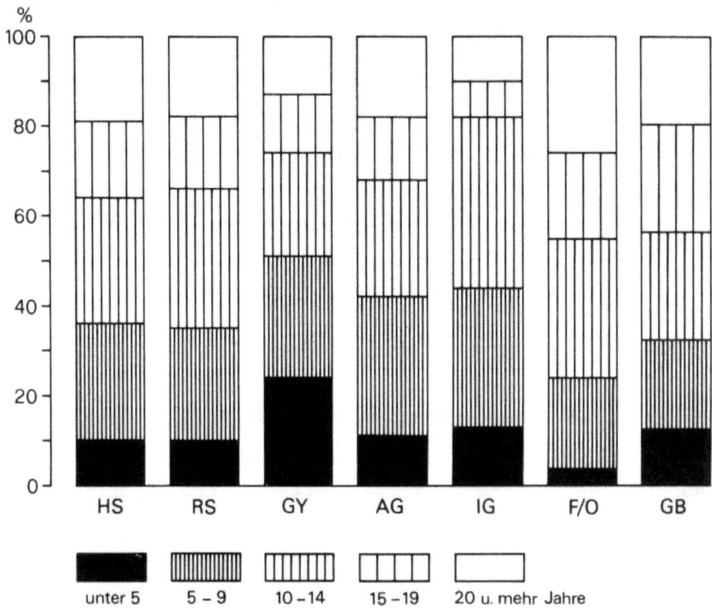

Legende: HS = Hauptschule; RS = Realschule; GY = Gymnasium; AG = Additive Gesamtschule; IG = Integrierte Gesamtschule; F/O = Förderstufe / Orientierungsstufe; GB =
Grundschule Berlin (Klasse 5/6)

*Abb. 13: Unterrichtserfahrung der an der Umfrage in der Sekundarstufe I beteiligten Lehr-
kräfte, untergliedert nach Schulformen
(Quelle: Niemz, 1989c, S. 98)*

Orientierungsstufe). Für die Ausbildungserfahrung dieser Lehrerinnen und Lehrer ergibt sich unter der Annahme eines zweijährigen Referendariats und eines
fünfjährigen Studiums, dass ein Großteil der Lehrkräfte das Studium deutlich
vor der Reform begonnen – und z. T. auch beendet – hat (vgl. Tab. 11). Rechnet man dann noch hinzu, dass der Verband Deutscher Schulgeographen noch
1975 einen „Vorschlag für einen Studienplan zur Ausbildung von Geographielehrern für die Sekundarstufe I und II" (VDSG 1975b, S. 472) unterbreitete, um

185

sicherzustellen, dass die zukünftigen Geographielehrer „für die neu akzentuierte Berufsaufgabe" (Trauth, Ihde 1975, S. 470) qualifiziert und somit den „veränderten und anspruchsvollen Aufgaben" (ebd., S. 470) gerecht werden können, dann muss man davon ausgehen, dass bestenfalls die ganz jungen Berufsanfänger fachwissenschaftlich und fachdidaktisch auf den reformierten Geographieunterricht vorbereitet wurden. Ein Großteil der anderen Lehrkräfte ist schon rein strukturell bedingt vermutlich fachwissenschaftlich traditionell und fachdidaktisch oft gar nicht (vgl. dazu Schrettenbrunner 1978a, S. 61; Merzyn 2002, S. 97) ausgebildet worden. Dass diese Lehrkräfte kein großes Engagement für eine Reform aufbrachten, lag für Ernst rückblickend auch an der Unverbindlichkeit von Fortbildungen. Er würde sich heute für „institutionalisierte Fortbildungen" stark machen, von denen auch Gehaltserhöhungen abhängig gemacht werden sollten. Lehrer sollten sich nicht nur fortbilden, um aus der Schule herauszukommen, sondern intensiv in Zwei- bis Dreiwochenkursen geschult werden.

Einstellungsjahrgang	Beginn des Referendariats	Beginn des Studiums
1980-1984	1978-1982	1973-1977
1975-1979	1973-1977	1968-1972
1970-1974	1968-1972	1963-1967
1965-1969	1963-1967	1958-1962
≤ 1964	≤ 1962	≤ 1957

Tab. 11: Ausbildungserfahrung der an der Umfrage in der Sekundarstufe I beteiligten Lehrkräfte
(Quelle: eigene Berechnung nach Niemz 1989c)

Was ein Großteil der Lehrkräfte an der Basis (ähnlich wie manche Fachwissenschaftler) mehr oder weniger passiv auszusitzen versuchten, erschien den Verbandsfunktionären als Chance und Bedrohung zugleich – als persönliche Aufstiegschance, wenn es um die Schaffung von Didaktikerstellen ging, und als Bedrohung für das Fach, wenn es um die mögliche Zusammenfassung der politisch bildenden Fächer ging.

4.2.3.1 VORSICHT: DIDAKTIKER!

Bereits im Vorfeld des Kieler Geographentages – und nicht „als Folge jenes ‚Studentenprotestes'" (Hoffmann 1990, S. 28)[57] - wurden am 20. 7. 1969 von den Schulgeographen drei Arbeitsgruppen ins Leben gerufen, die sich mit den aktuellen Problemfeldern der Schulgeographie beschäftigen sollten (Hoffmann 1990, S. 28): „Grundsatzfragen", „Lehrpläne" und „Ausbildung der Geographielehrer". Alle drei Arbeitsgruppen zusammen bildeten den „Neu-Isenburger-Kreis", der sich in dieser Form vom 13. bis 15. 2. 1970 zum ersten Mal zu einer Wochenendtagung zusammenfand (Hoffmann 1978, S. 50) und zu diesem Zeitpunkt etwa 20 Verbandsmitglieder umfasste (Rössler 1970, S. 162).

Die Arbeitsgruppe „Ausbildung der Geographielehrer" beschäftigte sich dabei vor allem mit den *institutionellen* Veränderungen in der Geographielehrerausbildung. Zur Vorbereitung der Neu-Isenburger Tagung konnte sie auf eine Vorlage zurückgreifen, die Friese in der Sitzung „Der Geograph – Ausbildung und Beruf" auf dem Kieler Geographentag von 1969 vorgelegt hatte. Seine Bestandsaufnahme war kurz und auffallend weniger aufwendig belegt als die der Fachschaften. Ausgangspunkt seiner Überlegungen war die Annahme, dass der „geographische Unterricht auf allen Ebenen" (Friese 1970, S. 177) vor allem deswegen in die Kritik geraten sei, weil „vielfach der Unterricht unzureichend ausgebildeter Lehrkräfte dem Ansehen der Geographie in der Gesellschaft geschadet hat und noch schadet" (ebd., S. 177). Die unzureichende Ausbildung rühre zum einen daher, dass es zu viele Nebenfachstudenten gäbe, die die Fortschritte in der Fachwissenschaft und Fachdidaktik „nicht einmal

---

57 Noch 1978 sah die Sache für Hoffmann ganz anders aus: „In Kiel 1969 konnten diese Vorarbeiten Früchte tragen. In der Sitzung ‚Der Geograph – Ausbildung und Beruf' wurden durch H. W. Friese, K. Ganser und Vertreter der Fachschaften Thesen und Gedanken vorgetragen, die trotz aller Unterschiede in Stil und Inhalt den gemeinsamen Willen zeigten, den gesellschaftlichen Bezug geographischer Lehre stärker zu betonen (Tagungsbericht, S. 175-232; vgl. auch GR 1969, S. 428-433). Auf einer Vorstandssitzung des Verbandes Deutscher Schulgeographen wurde dann die Einsetzung dreier Arbeitsgruppen angeregt und anschließend von der Mitgliederversammlung bestätigt. Es waren dies die Arbeitskreise ‚Grundsatzfragen' des Schulfaches Geographie (Leitung H. W. Friese), ‚Lehrpläne' (F. Jonas) und ‚Ausbildung der Geographielehrer' (E. Barnes)" (Hoffmann 1978, S. 49).

registrieren, geschweige denn selbständig verarbeiten und bewerten" (ebd., S. 177) könnten[58]. Auf der anderen Seite mangele „es an guten Hauptfachgeographen" (ebd., S. 177), die einen qualifizierten Oberstufenunterricht erteilen könnten. In der Hochschule würden die Studenten außerdem lediglich „mit rasch veraltendem Sachwissen und einigen methodischen Fertigkeiten ausgerüstet" (ebd., S. 177), weswegen sie im Berufsleben nicht schnell genug auf die Forschungsfortschritte in der Fachwissenschaft reagieren könnten.

Für diese Ausbildungsmisere machte Friese vor allem das Auseinanderdriften von Schulgeographie und Hochschulgeographie (ebd., S. 178) sowie das „unverbundene Nebeneinander von Fachstudium und Begleitstudium" (ebd., S. 179) verantwortlich. Die „Einheit der Geographie in Wissenschaft und Unterricht", die noch von Hettner kurz nach dem ersten Weltkrieg formuliert worden sei, resultiere – wenn sie „überhaupt jemals bestanden hat" (ebd., S. 178) – „aus dem Herkommen von Universitätslehrern der Geographie aus dem Schuldienst, aus gemeinsamem Interesse von Schul- und Hochschulgeographen an erweiterter Institutionalisierung oder aus besonderem persönlichen Engagement" (ebd., S. 178). Dass das Gespräch zwischen Schulgeographie und Hochschulgeographie inzwischen „schwieriger, schier unmöglich" (ebd., S. 178) geworden sei, läge vor allem daran, dass die Hochschullehrer primär an der reinen Wissenschaft interessiert seien und dabei den „Gesichtspunkt der Ausbildung, die beruflich-gesellschaftliche Relevanz" (ebd., S. 178) der Inhalte vernachlässigen würden. Das Begleitstudium in der Pädagogik erschöpfe sich in ähnlicher Weise „vielfach in der realitätsfernen Erörterung soziologischer Determinismen des Unterrichts" (ebd., S. 179) und der Darstellung der „Geschichte der Pädagogik" (ebd., S. 179), was den Studenten nicht dabei helfe, die „Berufs- und Gesellschaftsbezogenheit des Faches" (ebd., S. 179) zu verstehen.

---

58 Oder noch etwas deutlicher: „Unser Fach ist gegenwärtig ein Massenfach der Nebenfächler, die es großenteils weniger aus wissenschaftlichem Interesse studieren, sondern vielmehr mit falschen und sachfremden Vorstellungen – aus Bequemlichkeit – belegt haben" (Friese 1970, S. 177).

188

Um diese Lücken schließen zu können, forderte Friese, dass das „pädagogische Begleitstudium *fachdidaktisch* konzipiert" (ebd., S. 180 – Herv. A. U.) werden solle und folgende Aufgaben zu erfüllen habe (ebd., S. 180)[59]:

- die notwendigen „Beziehungen zwischen Wissenschaftsmethodik und Hochschulgeographie einerseits und Fachdidaktik andererseits (...) sowie zwischen allgemeiner Pädagogik und Fachwissenschaft" müssten hergestellt werden,
- die „Anleitung zu kritischem Umgang mit Lehr- und Lernmitteln",
- die „didaktische Inwertsetzung von Forschungsergebnissen der Geographie",
- die „Erörterung fachübergreifender Themen und Prinzipien",
- die „kritische Bewertung außerfachlicher Informationsquellen",
- „eine beratende Funktion für die Gestaltung der Studiengänge".

Nicht zu den Aufgaben der Fachdidaktiker gehöre die Entwicklung und Erprobung neuer Unterrichtsmodelle und –methoden. „Beiträge zur fachdidaktischen *Forschung*" sollten vor allem von den Fachseminaren geliefert werden (Friese 1970, S. 182 – Herv. A. U.), die „mit allen modernen Unterrichtshilfsmitteln ausgerüstet werden" müssten (ebd., S. 180). Die Fachseminarleiter seien an Schulpraktika der Studenten „sinnvoll zu beteiligen" (ebd., S. 181) und die Kommunikation zwischen der universitären Fachdidaktik und den Fachseminaren zu fördern (ebd., S. 181).

Die Arbeitsgemeinschaft „Ausbildung der Geographielehrer" des Neu-Isenburger-Kreises beschäftigte sich zunächst intensiver mit der künftigen Struktur des erziehungswissenschaftlichen Studienanteils und fasste ihre Forderungen in drei Punkten zusammen: (1) „Anstelle des allgemeinen erziehungswissenschaftlichen Begleitstudiums ist ein fachdidaktisches Studium zu setzen" (Rössler 1970, S. 164). Dementsprechend seien (2) an allen Universitäten „Lehrstühle für die Didaktik der Geographie (...) einzurichten" (ebd., S. 164) und (3)

---

59 Diese „Aufgaben" wiederholte Friese eine Seite später etwas ausführlicher als „Thesen" zur Ausbildung zukünftiger Geographen. Dabei fällt auf, dass ein Punkt wegfällt: die „Anleitung zu kritischem Umgang mit Lehr- und Lernmitteln" (vgl. Friese 1970, S. 181f).

müssten die auf diese Stellen berufenen „Vertreter der Fachdidaktik (...) ihre Tätigkeit in enger Verbindung mit der wissenschaftlichen Geographie und mit der Unterrichtspraxis ausüben" (ebd., S. 164). Während die ersten beiden Punkte im Plenum des Neu-Isenburger-Kreises auf volle Zustimmung stießen, wurde der letzte Punkt abgelehnt und durch den Passus ersetzt: „Sie sind mit erfahrenen Fachdidaktikern zu besetzen, die ihre Tätigkeit in enger Verbindung mit der Unterrichtspraxis ausüben (z. B. Fachleiter der Studienseminare)" (ebd., S. 164).

Begründen ließen sich solche Ansprüche auf Berücksichtigung bei der Stellenbesetzung in den Augen der Schulgeographen mit der Behauptung Frieses, dass von der Schulgeographie in den letzten Jahren „wesentliche Impulse" (Friese 1970, S. 178) ausgegangen seien: „Sie finden in den letzten Jahren in Veröffentlichungen z. B. über die heimatkundlichen und exemplarischen Prinzipien, die Programmierbarkeit geographischen Unterrichts, das geographische Curriculum sowie entwicklungspsychologische und soziokulturelle Bedingtheiten geographischer Unterweisung ihren Niederschlag. In diesem Zusammenhang sind auch beispielsweise die Tagungen in Stapellage und in der Reinhardswaldschule zu erwähnen" (ebd., S. 179).

Nachdem das modifizierte Ergebnis der Arbeitsgruppe „Ausbildung der Geographielehrer" Ende Mai 1970 auf dem Schulgeographentag in Oldenburg in einer Fachsitzung vorgestellt und diskutiert worden war (VDSG 1970, S. 332), fand Ende Juni in Bonn-Bad Godesberg eine weitere Sitzung des Arbeitskreises statt, auf der die Aufgabe genauer definiert wurde, die von den Geographiedidaktikern erfüllt werden sollte. Sie lautete nun: „Die fachdidaktische Ausbildung während des Studiums soll dem künftigen Lehrer eine Hilfe für die Orientierung im fachwissenschaftlichen Bereich im Hinblick auf den Lehrauftrag der Schule geben" (Barners 1970, S. 336). Nicht in den Bereich der Fachdidaktik fiel demnach die Formulierung von Zielen und Inhalten von Unterricht. Darüber wollten die Schulgeographen immer noch selbst entscheiden, um dann einen „detaillierten Katalog von Wünschen" (ebd., S. 337) aufzustellen, mit dem der

Hochschulgeographie mitgeteilt werden sollte, welches „Angebot von Lehrveranstaltungen für Studierende mit dem Berufsziel Geographielehrer" zur Verfügung gestellt werden müsse (ebd., S. 337). Den Fachdidaktikern wurde somit
lediglich die Aufgabe übertragen, zwischen der sich ständig ausdifferenzieren-
den Fachwissenschaft und den Lehrplänen zu vermitteln.

Obwohl man die Fachdidaktiker so gedanklich zu einer Art „Wissenschaftsjour-
nalisten für Lehrer" gemacht hatte, die dazu da waren, das von Lehrern gewünschte Wissen aus dem großen Angebot der Fachwissenschaft herauszufi-
schen und für die Abnehmer verständlich darzustellen, konnten die Schulvertreter wenig mit ihnen anfangen. Kroß beschrieb im Interview den „Stapellager
Kreis" aus seiner Sicht als Fachdidaktiker: Dort hätten sich primär die Fachleiter
für Erdkunde aus NRW getroffen. Zu diesen Treffen seien jeweils Fachleute
eingeladen worden, die dort ein Referat halten sollten. Danach hätte einer der
Oberstudiendirektoren das vorgestellte Thema in einem zweiten Referat auf
Unterricht bezogen. Als Kroß den Vorsitzenden des Landesschulgeographenver-
bandes, Eberhard Lison, gefragt habe, ob er an dem Kreis auch teilnehmen
könne, habe dieser gesagt, dass er eigentlich keinen Platz für ihn sehe, denn
auf der einen Seite könnten sie ihn nicht als Teilnehmer einladen, weil er kein
Fachleiter sei, und auf der anderen Seite nicht als Referenten, weil er kein
Fachwissenschaftler sei.

Erst in dem einleitenden Beitrag zum „Vorschlag für einen Studienplan zur Ausbildung von Geographielehrern für die Sekundarstufe I und II" des Verbandes
Deutscher Schulgeographen aus dem Jahr 1975 (VDSG 1975, S. 472) wurde
den Fachdidaktikern ein größeres Betätigungsfeld zugesprochen. Jetzt sollte die
„fachdidaktische Forschung (...) ihren Platz an der Universität bzw. Hochschule
haben, in unmittelbarer Nähe zur *fachwissenschaftlichen* Forschungsfront"
(Trauth, Ihde 1975, S. 471 – Herv. A. U.). Zu ihren Aufgaben sollte nun „auch
die Entwicklung von Unterrichtsmedien und –materialien, Lernprogrammen
u. ä." (ebd., S. 471) gehören, denn die „dafür erforderlichen Einrichtungen –
den technischen Apparat – wird man, schon aus ökonomischen Erwägungen,

eher an den Hochschulinstituten konzentrieren als an den Seminaren" (ebd., S. 471). Die Universitäten sollten darüber hinaus die Vermittlung der „didaktischen Theorie"[60] (ebd., S. 472) übernehmen, da die Fachseminare dies neben der Auseinandersetzung mit den „praktisch-methodischen Problemen" (ebd., S. 472) nicht auch noch übernehmen könnten. Eine genaue Abgrenzung zwischen den beiden Bereichen sei allerdings nicht einfach und man würde wohl „mit einer stärkeren Verbindung beider Bereiche rechnen dürfen, die sich möglicherweise auch daraus ergibt, dass die Fachleiter an den fachdidaktischen Studienveranstaltungen der ersten Phase beteiligt werden" (ebd., S. 472). Dieser Meinungswandel mag auch daraus resultieren, dass Mitte der 70er Jahre der institutionelle Rahmen für die Fachdidaktik gesteckt und die Stellen weitgehend besetzt waren.

Das Verhältnis der Schulgeographen zu den sich gerade an den Universitäten etablierenden Didaktikern war somit überaus ambivalent. Auf der einen Seite sahen sie in den neuen universitären Stellen eine Möglichkeit, das inzwischen obsolete Karrieremuster der ersten Generation von Universitätsgeographen, die fast alle aus dem Schuldienst kamen (Brogiato 1995, S. 486), auf einer anderen Ebene zu reproduzieren und so ihre eigenen Karrierechancen zu verbessern. Auf der anderen Seite lauerte aber auch hier die Gefahr, dass ihnen durch diese Spezialisierung eine weitere (Forschungs-) Aufgabe abspenstig gemacht werden könnte und ihre Tätigkeit auf die pure Vermittlung von Inhalten im Unterricht beschränkt werde. Einer solchen möglichen Entwicklung gegenüber musste man entsprechend wachsam sein.

Nur auf diesem überaus ambivalenten Hintergrund sind manche Aktivitäten der Zeit zu verstehen, wie z. B. die Arbeit der anderen beiden Gruppen des Neu-

---

60 Hierzu gehören, wenn man den Studienplan des Verbandes der Deutschen Schulgeographen zugrunde legt, Themen wie „Unterschiedliche curriculare Zielsetzungen geographischen Unterrichts", „Organisationsformen geographischen Unterrichts", „Unterrichtsmittel im Geographieunterricht", „Strukturierung geographischer Sachverhalte für den Unterricht" (VDSG 1975, S. 475), „Operationalisierung von Lernzielen", „Umsetzung wissenschaftlicher Fallstudien in Unterricht" (ebd., S. 476), "Vorbereitung und Durchführung von Unterrichtsprojekten" und „Einführung in die Lerntheorie anhand praktischer Beispiele" (ebd., S. 479).

192

Isenburger-Kreises, die sich mit „Grundsatzfragen" und „Lehrplänen" auseinandergesetzt und innerhalb kürzester Zeit – vorläufige – Ergebnisse vorgelegt haben (vgl. Kap. 4.2.5.2.). Auch die heftigen Auseinandersetzungen um die Rolle der Didaktiker im Verbandsgefüge dürften hier ihren tieferen Grund haben, denn die Didaktiker hatten schon damals – notwendigerweise – eine andere Sicht der Dinge.

Von meinen Interviewpartnern waren nur zwei engagiert im Neu-Isenburger-Kreis involviert: Kreibich und Ernst. Viele andere hatten mit dem Arbeitskreis nichts zu tun: Haubrich hat ihn „nur beobachtet", Schrettenbrunner konnte sich gar nicht mehr an einen solchen Kreis erinnern. Kroß und Newig betonten beide, dass es sich bei dem Kreis um einen kleinen, weitgehend abgeschlossenen Zirkel gehandelt habe, „in den man als einzelner Norddeutscher nicht reinkam" (Newig). Die Teilnehmer seien vor allem „ältere Leute" (Kroß) gewesen, eine Einschätzung, die von Schultze und Kreibich an Einzelfällen bestätigt wurde. Entsprechend diesem damals offensichtlich schon vergleichsweise geringen Interesse der Didaktiker am Neu-Isenburger-Kreis konnten Rhode-Jüchtern und Schmidt-Wulffen gar nichts mit ihm anfangen, Daum hat ihn „nur als Namen wahrgenommen" und auch Hemmer ist der Kreis zwar bekannt, aber „nicht mehr gegenwärtig". Bedenkt man, dass Richter in seinem Rückblick auf „50 Jahre Verband der Schulgeographen nach der Wiedergründung" den Neu-Isenburger-Kreis als Bestandteil der „kopernikanischen Wende in den Fachdidaktiken" (Richter 1999, S. 9) feiert, dann kommt die Distanz zwischen Fachdidaktik und Schulgeographenverband auch im Vergessen deutlich zum Vorschein.

4.2.3.2 VORSICHT: GESELLSCHAFTSLEHRE!

Die Schulgeographen sahen sich aber nicht nur durch die fortschreitende Spezialisierung in ihrer Position bedroht, sondern auch durch die Überlegungen der Kultusminister zu den zukünftigen Stundentafeln, in denen die Geographie – wie die Geschichte – oft nicht mehr als eigenständiges Fach erschien, sondern

lediglich als Bestandteil eines Fachs Gemeinschaftskunde oder Gesellschaftslehre.

Bereits in der Saarbrücker „Rahmenvereinbarung zur Ordnung des Unterrichts
auf der Oberstufe der Gymnasien" von 1960 war die Geographie in den Klassenstufen 12 und 13 nicht mehr als verbindliches Unterrichtsfach vorgesehen.
Die Kultusminister legten größeren Wert auf die politische Bildung und wollten
durch das Integrationsfach Gemeinschaftskunde[61] einen qualifizierten Unterricht in diesem Bereich ermöglichen. Viele Bundesländer blieben aber nicht bei
der einfachen Integration stehen: In Nordrhein-Westfalen sprach man den Geographielehrern schlicht die Kompetenz ab, „an der politischen Bildung mitzuwirken" (Hoffmann 1990, S. 16) und in Bremen verfolgte man das Ziel, „auf lange
Sicht die Erdkunde aus diesem Unterricht zu entfernen" (ein Oberschulrat, zitiert nach Hoffmann 1990, S. 16)[62]. Die Schulgeographen sahen damit ihre erst
in den 1920er Jahren mühsam erkämpfte (Schultz 1993, S. 7ff; Brogiato 1995,
S. 488) Position im Oberstufenunterricht bedroht (Hoffmann 1990, S. 15; Richter 1999, S. 8). Sie fühlten sich gezwungen, auf der einen Seite „ihre Rolle in
einem solchen neuen Sammelfach zu sichern und zu rechtfertigen" (Hoffmann
1990, S. 15) und auf der anderen Seite „auf die Wahrung ihrer Eigenständigkeit
bedacht zu sein" (ebd., S. 15).

Zu einer intensiven Auseinandersetzung mit dem Fach Gesellschaftslehre kam
es aber erst, als es auch in der Sekundarstufe I eingeführt werden sollte[63]. In
Hessen, wo die Richtlinien für die Gesellschaftslehre besonders intensiv diskutiert wurden, war die Einführung des neuen Fachs Teil einer Schulreform, die
darauf ausgerichtet war, „die weiterführende Bildung nicht nur in den

---

61 „Insbesondere Geschichte, Geographie, Sozialkunde; es geht hier nicht um den Anteil der
Fächer an der Stundenzahl, sondern um übergreifende geistige Inhalte" (Kultusminister 1960,
S. 319).
62 Diese Bewertungen entsprachen durchaus dem Befund der Fachschaften auf dem Kieler
Geographentag (vgl. Kap. 4.2.1.1).
63 In den entsprechenden Lehrplankommissionen selbst waren vor allem die Geographiedidaktiker engagiert, die sich auf der theoretischen Ebene für Lernzielorientierung stark gemacht
hatten: Helmtraud Hendinger in Hamburg sowie Eugen Ernst in Hessen.

städtischen Zentren, sondern auch in den ländlichen Regionen anzubieten"
(Wieditz 1988, S. 58). Dazu bedurfte es einiger infrastruktureller Maßnahmen,
die u. a. darin bestanden, zunächst Mittelpunktschulen und dann Gesamtschulen einzurichten (ebd., S. 58). Daneben musste aber auch ein inhaltliches Bil-
dungsangebot gemacht werden, dessen Nutzen für die Bevölkerung einsichtig
war. Für die Fächer Geographie, Geschichte und Sozialkunde strebte man dementsprechend ein Integrationsfach an, damit der Unterricht besser auf die Bedürfnisse der Schüler reagieren konnte, „die sich in ihrer Fragehaltung und Interessenlage nicht fachsystematisch, sondern immer problembezogen orientieren" (Mickel 1982, S. 216)[64]. Dass die Diskussion um die Hessischen Rahmenrichtlinien so heftig geführt wurde, lag aber vor allem daran, dass hier - im
Gegensatz zu der Saarbrücker Rahmenvereinbarung – das Fach nicht nur gefordert, sondern auch der Versuch unternommen wurde, es inhaltlich zu füllen
(Jander, Rhode-Jüchtern 1974 / 1979, S. 33).

Die Erstfassung der Hessischen Rahmenrichtlinien für Gesellschaftslehre wurde
1972 veröffentlicht (Jüngst 1978, S. 59; Peters, Wollenweber 1986, S. 207).
Die Inhalte der Gesellschaftslehre sollten nicht primär aus den Fachstrukturen
der drei an ihr beteiligten Fächer gewonnen werden, sondern sie sollten sich
aus dem obersten Lernziel der „Befähigung zur Selbst- und Mitbestimmung"
ableiten (Hessische Rahmenrichtlinien Gesellschaftslehre 1972, S. 188). Darunter verstand man sowohl, „dass die Schüler befähigt werden, die Grundstruk-
turen gesellschaftlicher Wirklichkeit zu erkennen" (ebd., S. 188) als auch die
Vermittlung von Fähigkeiten, „die über die Analyse gesellschaftlicher Verhältnisse hinaus eine begründete Stellungnahme ermöglichen" (ebd., S. 188) und
die „Einsicht in die Manipulierbarkeit von Interessen" (ebd., S. 188) fördern.
Zur Konkretisierung dieses Lernziels wurden „lernrelevante Situationen" (ebd.,
S. 191) bestimmt, in denen „von Schülern Gesellschaft erfahren wird bzw. erfahren werden sollte" (ebd., S. 191). Diese Situationen wurden vier Lernfeldern

---

64 Ein pragmatischer Grund dürfte auch gewesen sein, dass man in den Haupt- und Realschulen Stunden frei machen musste, um den neuen Anforderungen im Fremdsprachenbereich gerecht werden zu können (vgl. Kap. 4.2.1.2).

zugeordnet, die den Unterricht strukturieren sollten: Sozialisation, Wirtschaft, öffentliche Aufgaben und zwischenstaatliche Beziehungen (ebd., S. 191). Erst nach der Festlegung dieser Lernfelder wurde geprüft, was die einzelnen Fächer jeweils dazu beitragen könnten.

An diesen Richtlinien ist schon sehr bald vehemente Kritik geäußert worden, die vor allem „vom hessischen Elternverein, den Kirchen, den Arbeitgeberverbänden und den Industrie- und Handelskammern sowie dem Bund Freiheit der Wissenschaft" (Jüngst 1978, S. 59) getragen wurde. Während sich die Einwände dieser Gruppen „nach der je spezifischen gesellschaftlichen Position" (Mickel 1982, S. 216) richteten, erfolgte die Kritik aus den historischen und geographischen Fachverbänden in erster Linie aus „fachegoistischen Gründen" (ebd., S. 216), wobei es u. a. um den Erhalt von Stundenanteilen (Meyer 1982, S. 345; Mickel 1982, S. 216), Fachstrukturen (Meyer,1982, S. 344) oder die „Rückwirkung auf die Kapazität der Ausbildungsinstitutionen" (Mickel 1982, S. 216) ging.

Innerhalb der geographiedidaktischen Diskussion haben sich schnell zwei Positionen entwickelt:

Ernst und Schrader stellen die Rahmenrichtlinien insgesamt zunächst positiv dar - sie entsprächen in ihren „didaktischen und methodischen Konsequenzen (...) dem Diskussionsstand der Neuorientierung der Schulgeographie" (Ernst, Schrader 1972 S. 21). Die Schulgeographie sei „in ihrer lernzielorientierten Neubesinnung" (ebd., S. 22) vom Gegenstand und von der Zielsetzung her perfekt für das Projekt „Gesellschaftslehre" geeignet. Die beiden Autoren geben aber zu bedenken, es sei „jeweils zu prüfen, ob die gewählten [geographischen] Beispiele ausreichen, die Relevanz des Faches zu verdeutlichen" (ebd., S. 20). Ihnen fehle besonders die systematische Behandlung von „naturgeographischen Zusammenhängen" (ebd., S. 22). Derartige Themen ließen sich aber in die von den Rahmenrichtlinien vorgesehenen „Lehrgänge" einbauen, wenn bei der Zuordnung von Themen zu Klassenstufen der Schwierigkeitsgrad der Inhalte der Lehrgänge mitbedacht werde (ebd., S. 22).

Grundsätzlicher fiel dagegen die Kritik von Jonas aus: Für ihn waren die Ausführungen der Rahmenrichtlinien zu den Lernfeldern „im Grunde einem gemeinsamen Oberbegriff ‚Sozialisation' unterzuordnen" (Jonas 1973, S. 29), wodurch die Zahl der geographischen Beispiele in den Rahmenrichtlinien notwendig „außerordentlich gering" (ebd., S. 28) ausfalle. Die meisten Unterrichtsbeispiele taugten nicht für „eine räumlich-funktionale Betrachtungsweise, sondern für soziologisch-sozialkundliche Einsichten" (ebd., S. 29). Außereuropäische Beispiele fielen unter dem Oberbegriff „Sozialisation" fast völlig weg, lediglich die wirtschaftlichen Probleme der Entwicklungsländer fänden noch Beachtung (ebd., S. 28). Diese Mängel seien keine Zufälle, sondern „die RR gehen *durchaus* davon aus, dass das ‚oberste Lernziel des Lernbereichs Gesellschaftslehre' erreicht werden kann, *ohne dass* die ‚Kriterien des geographischen Aspekts Berücksichtigung finden"[65] (ebd., S. 29 – Herv. i. O.).

Entsprechend diesen doch sehr kontroversen Positionsbestimmungen wurde um die Formulierungen in den hessischen Rahmenrichtlinien ausgesprochenen zäh gekämpft. Allein für den Arbeitsschwerpunkt Geographie liegen neben der Erstfassung von 1972 noch drei weitere Fassungen vor:

- Die zweite Fassung von 1973, die zwar „bedingt zur Erprobung freigegeben" (Jüngst 1978, S. 59) wurde, gegen die aber schon bald „die bisherige Kritik" (ebd., S. 60) vorgebracht wurde.
- Der 1974 veröffentlichte Formulierungsvorschlag des Arbeitskreises Geographie[66], der vom Kultusminister beauftragt wurde, die „Forderungen

---

65 Der Verband der Historiker Deutschlands argumentierte ähnlich: „Die Geschichte erscheint hier fast nur noch als ‚Aspekt' aktueller gesellschaftlicher Probleme. Ihre Funktion droht zu der eines bloßen Zulieferbetriebes unterschiedlicher Konzeptionen von Politik und Gesellschaft herabzusinken. Sie wird zum Arsenal, aus dem ad hoc zusätzliche Argumente zur Abstützung vorgefaßter Meinungen beigebracht werden können" (zit. n. Meyer 1982, S. 344).

66 Für den Arbeitskreis gab es die Vorgabe, dass er „für jeden interessierten Geographen (...) grundsätzlich offen sein musste" (Jander, Rhode-Jüchtern 1974, S. 33). Die etwa 20 Mitglieder stammten „aus den Gruppen der Professoren, Dozenten, Schulgeographen, Assistenten, Doktoranden und Studenten (aus Frankfurt, Darmstadt, Gießen, Marburg und Kassel)" (ebd., S. 33).

seitens der Geographie auf fachgerechte Integration" (Jander, Rhode-Jüchtern 1974, S. 33) zu erfüllen.

- Und schließlich der darauf basierende „Vorläufige Lehrplan" von 1976.

Bei der Fassung von 1973 fällt vor allem die Entschärfung von Formulierungen auf, die dem Lehrer einen scheinbar größeren Spielraum ließ: Das Prinzip „vom Nahen zum Fernen" war nun nicht mehr diskussionsunwürdig, sondern nur noch „fragwürdig" (vgl. Tab. 12).

Deutlichere Unterschiede waren zwischen der Fassung von 1973 und dem Vorschlag des Arbeitskreises Geographie zu erkennen. Der AK Geographie hielt zwar am obersten Lernziel fest und blieb der Fassung von 1973 – z. T. sogar der von 1972 (vgl. Formulierung zum Prinzip „vom Nahen zum Fernen" in Tab.: 12) - auch methodisch treu, führte aber auf der inhaltlichen Ebene durchgehend die schon von Ernst und Schrader vermissten „naturräumlichen Zusammenhänge" in die Formulierungen ein. Sie verdankten sich einem Kompromiss zwischen den „Vertretern sozialgeographischer und kulturgeographischer Richtung (...), die eine beliebige Manipulierbarkeit natürlicher Umwelt angesichts des Standes technologischer Entwicklung implizierten" (Jüngst 1978, S. 64), und den Vertretern der physischen Geographie, die befürchteten, „in einer rationalen Auseinandersetzung die schulische Relevanz vieler ihrer traditionellen Inhalte nicht nachweisen zu können" (ebd., S. 64). Dass solch ein Kompromiss plötzlich möglich wurde, verdankte sich auch der gesamtgesellschaftlichen Entwicklung in den frühen 70er Jahren: 1972 erschien unter dem Titel „Die Grenzen des Wachstums" der Bericht des Club of Rome zur Lage der Menschheit (Stein 1993, S. 1420) und 1973 kam es infolge der „Ölkrise" zu Sonntagsfahrverboten (ebd., S. 1431). In einem solchen politischen Klima konnten auch progressivere Vertreter der Aussage zustimmen, „dass – angesichts der Verknappung heutiger natürlicher Ressourcen und der zunehmenden Gefährdung heutiger Umwelt als Folge fortschreitender Industrialisierung und Urbanisierung – dieser Komplex einen wesentlichen Stellenwert im Rahmen der Gesellschaftslehre haben müsse" (Jüngst 1978, S. 64). Darüber hinaus ist aber auch

198

festzuhalten, dass der AK Geographie bei seiner Auseinandersetzung mit den geographischen Inhalten für den Lernbereich Gesellschaftslehre nicht nur „traditionelle Fachgehalte" (ebd., S. 64) berücksichtigte, „sondern auch neuere regionalwissenschaftliche Forschungs- und Arbeitsrichtungen" (ebd., S. 64) wie z. B. die im angelsächsischen Bereich entwickelte Wahrnehmungsgeographie (ebd., S. 64).

Zum Raumbegriff	
Rahmenrichtlinien Gesellschaftslehre 1972	„Eine Voraussetzung für die Befähigung der Schüler zu Selbst- und Mitbestimmung ist die Erkenntnis, dass sich unser Dasein in der Dimension des Raumes vollzieht. Unter dem Aspekt der Gesellschaftslehre wird dieser Raum als „Verfügungsraum" für soziale Gruppen betrachtet" (S. 10 und 13).
Rahmenrichtlinien Gesellschaftslehre 1973	„Eine Voraussetzung für die Befähigung der Schüler zu Selbst- und Mitbestimmung ist die Erkenntnis, dass sich unser Dasein in der Dimension des Raumes vollzieht. Unter dem Aspekt der Gesellschaftslehre wird dieser Raum als „Verfügungsraum" für soziale Gruppen betrachtet" (S. 10).
Arbeitsbericht des AK Geographie 1974	„Eine Voraussetzung für die Befähigung der Schüler zur Selbst- und Mitbestimmung ist die Erkenntnis, dass sich Auseinandersetzungen innerhalb der Gesellschaft und mit der *Natur* unter den Bedingungen bestimmter Sozial- und Wirtschaftsverhältnisse auch räumlich konkretisieren. Damit werden die Auseinandersetzungen bestimmt durch historisch entstandene Raumstrukturen, das *natürliche Potential*, den gesellschaftlichen Entwicklungsstand und die jeweiligen Wertvorstellungen. Unter diesem Aspekt wird Raum als Verfügungsraum für soziale Gruppen definiert" (S. 34).
Vorläufige Pläne Gesellschaftslehre 1976	„Auseinandersetzungen der Gesellschaft mit der Natur finden ebenso wie gesellschaftliche Konflikte ihren sichtbaren Ausdruck in räumlichen Strukturen, die von *Naturfaktoren* und Sozialfaktoren bestimmt werden: (...). Diese Faktoren sind miteinander verschränkt. Durch sie bestimmte räumliche Strukturen, Funktionen und Nutzungsprobleme sind als Ausdruck gesellschaftlicher Entscheidungsvorgänge zu sehen. Insofern ist Raum als Verfügungsraum für soziale Gruppen und gesellschaftliche Institutionen zu definieren" (S. 14).
Zum Prinzip „Vom Nahen zum Fernen"	
Rahmenrichtlinien Gesellschaftslehre 1972	„Damit *erübrigt* sich die Kontroverse über das Prinzip ‚vom Nahen zum Fernen'" (S. 13).

Rahmenrichtlinien Gesellschaftslehre 1973	„Damit wird das Prinzip ‚vom Nahen zum Fernen' *fragwürdig*" (S. 12).
Arbeitsbericht des AK Geographie 1974	„Für den oben umschriebenen geographischen Arbeitsschwerpunkt der Gesellschaftslehre folgert daraus, dass ein nach dem Prinzip ‚vom Nahen zum Fernen' ausgerichteter länderkundlicher Durchgang didaktisch nicht mehr vertretbar ist" (S. 36).
Vorläufige Pläne Gesellschaftslehre 1976	„Die vorstehenden didaktischen Gesichtspunkte lassen einen nach dem Prinzip vom ‚Nahen zum Fernen' ausgerichteten länderkundlichen Durchgang nicht mehr zu. Dennoch kann auf ein räumliches Orientierungsvermögen der Schüler nicht verzichtet werden" (S. 16).
Zur Projektmethode	
Rahmenrichtlinien Gesellschaftslehre 1972	„Damit fällt *grundsätzlich* die Entscheidung für die Projektmethode" (S. 13).
Rahmenrichtlinien Gesellschaftslehre 1973	„Damit kommt der Projektmethode *größeres Gewicht als bisher zu*" (S. 12).
Arbeitsbericht des AK Geographie 1974	„Damit kommt der Projektmethode größeres Gewicht als bisher zu" (S. 36).
Vorläufige Pläne Gesellschaftslehre 1976	„Arbeitsgebiete für einen projektorientierten Unterricht können besonders die von Strukturveränderungen und von Planungen erfassten Räume sein" (S. 17).
Zum Themenbereich „Fremde Länder"	
Rahmenrichtlinien Gesellschaftslehre 1972	„- dass Berichte über fremde Länder und Menschengruppen nicht kritiklos übernommen werden dürfen, sondern Verständnis für andere Völker nur über die Beschäftigung mit deren wirtschaftlichen und politischen *Konflikten* erreicht werden kann. Die von den Massenmedien vorgeprägten räumlichen Vorstellungen müssen geprüft, ggf. korrigiert und nach ihrer Bedeutung geordnet werden" (S. 11 und 13).
Rahmenrichtlinien Gesellschaftslehre 1973	„- dass Berichte über fremde Länder und Menschengruppen nicht kritiklos übernommen werden dürfen, sondern Verständnis für andere Völker nur über die Beschäftigung mit deren wirtschaftlichen und politischen *Verhältnissen* erreicht werden kann. Die von den Massenmedien vorgeprägten räumlichen Vorstellungen müssen geprüft, ggf. korrigiert und nach ihrer Bedeutung geordnet werden" (S. 11).

Arbeitsbericht des AK Geographie 1974	„- dass Berichte über Länder und Regionen sowie deren Bevölkerung häufig von Vorurteilen beeinflusst sind und deshalb nicht kritiklos übernommen werden dürfen. Vielmehr kann Verständnis für Völker sowie ethnische und soziale Gruppen nur über die Untersuchung *naturräumlicher*, sozialer, wirtschaftlicher und politischer Gegebenheiten und der daraus erwachsenden Probleme erreicht werden. Davon ausgehend sollen die Schüler die Entstehungsbedingungen und die Funktionen von Vorurteilen erkennen" (S. 36).
Vorläufige Pläne Gesellschaftslehre 1976	„- ebenso ist zu überprüfen, inwieweit Berichte über Länder und Regionen sowie über deren Bevölkerung von Vorurteilen beeinflusst sind. Von hier aus können Schüler lernen, dass Verständnis für Völker wie für ethnische Gruppen über die Untersuchung *naturräumlicher*, sozialer, wirtschaftlicher und politischer Gegebenheiten und der daraus erwachsenen Probleme erreicht werden kann" (S. 16).

Tab. 12: Sprachliche und inhaltliche Veränderungen in den Rahmenrichtlinien zur Gesellschaftslehre in Hessen (1972-1976)
(Quelle: Hessischer Kultusminister 1973 / 1979; Jander, Rhode-Jüchtern 1974 / 1979; Vorläufige Pläne 1976 / 1979 – Herv. A. U.)

Dem vom AK Geographie[67] vorgelegten Entwurf haben sich die Fachleiter des Landes „nach ausführlicher Diskussion" (Hessische Fachleiter 1974, S. 38) angeschlossen, allerdings unter der Voraussetzung, „dass die Gesellschaftslehre kein Integrationsfach, sondern ein Lernbereich ist, in dem die Fächer Geographie, Geschichte und Sozialkunde unter einer übergeordneten Zielsetzung gleichberechtigt zusammenarbeiten" (ebd., S. 38).

Die inhaltlichen Vorschläge des AK Geographie von 1974 haben in die „vorläufigen Pläne" von 1976 weitgehend Eingang gefunden (Jüngst 1978, S. 65). Lediglich der moderne Ansatz der Wahrnehmungsgeographie ist deutlich zusammengekürzt und damit auch inhaltlich reduziert worden (ebd., S. 64). Im methodischen Bereich waren die Pläne von 1976 dagegen deutlich konservativer als der Vorschlag des AK Geographie: Das Prinzip „vom Nahen zum Fernen" wurde jetzt zwar eindeutig aufgegeben, aber auf „Orientierung" sollte nicht

---

67 Der AK Geographie war zwar gemeint, wurde im Text aber als „Arbeitskreis der hessischen Hochschulgeographen" (Hessische Fachleiter 1974, S. 38) betitelt.

verzichtet werden, und aus der nahezu verbindlichen Projektmethode waren Arbeitsgebiete geworden, die sich für einen „projektorientierten Unterricht" eigneten (vgl. Tab.: 12).

Trotz der deutlich entschärften Formulierungen konstatierte Ernst zwei Jahre nach der Veröffentlichung der „Vorläufigen Pläne" in der Frankfurter Rundschau, dass „die Erneuerung der Lehrpläne (...) samt dem lernzielorientierten Curriculum-Ansatz im Schulalltag stecken zu bleiben" (Ernst 1978 b, S. 98) drohe. Als Gründe nannte er den „Geist der Lehrerschaft" (ebd., S. 100), der nicht von den Reformideen erfasst worden sei, Schulen, die den äußeren Rahmen (Kommunikationsräume, offene Bibliotheken, erlebbare Außenanlagen etc.) nicht bieten würden, und einen verstärkten Leistungsdruck, der sich aus der „Abiturientenschwemme" und dem Numerus clausus ergebe (ebd., S. 100). Obwohl er von mehreren meiner Gesprächspartner mit der Arbeit an den hessischen Rahmenrichtlinien geradezu identifiziert wird (Haubrich, Kreibich, Schmidt-Wulffen), sah er selbst die Sache im Interview ganz anders: Er habe zwar „mehrere Vorschläge verfasst, die aber allesamt im Papierkorb gelandet seien". Tonangebend bei der Formulierung der hessischen Rahmenrichtlinien seien zum einen Beamte aus den Ministerien und zum anderen „Maoisten" gewesen. Bei den Beamten habe die Geographie „das Image eines ‚Kreuzworträtsel-Faches'" gehabt, das sie als wenig anregend erfahren hätten. Sie seien deswegen zu dem Schluss gekommen, dass man das Fach auch abschaffen könne. Die Maoisten dagegen hätten die didaktischen Fragen so „durchtheoretisiert", dass sie für Praktiker nicht mehr nachvollziehbar gewesen seien. Diese Gruppe habe auch versucht, Begriffe wie „Emanzipation", „Kritik" und „Konflikt" indoktrinär zu besetzen. Die Diskussion zwischen den beiden Gruppen habe zu einem „unfruchtbaren Spiel" geführt, bei dem die Streitenden die eigentlichen Adressaten, nämlich die Schüler, völlig aus den Augen verloren hätten.

Trotz dieser Distanzierung von der Entwicklung der hessischen Rahmenrichtlinien machte Ernst auch im Interview vor allem die Lehrerschaft für das Scheitern verantwortlich: Lehrer seien oft faul und würden nichts lesen. Er habe inzwischen eine Aversion gegen das Beamtentum. Man müsse z. B. anerkennen, dass viele gute Ideen an Privatschulen entwickelt worden seien (Reformpädagogik, Hartmut von Hentig), wo engagierte Lehrer offenbar bessere Möglichkeiten fänden. Er sei zwar nicht für Privatschulen, aber schlechte Lehrer müssten entlassen werden können. Gerade in diesem Beruf gebe es auch eine prozentual nicht zu vernachlässigende Negativauslese von Leuten, die nur auf die Ferien guckten, aber dem psychischen Druck in der Klasse nicht standhielten (auch keinen Umgang mit den sozialen Problemen hinbekämen). Diese Lehrer seien schädlich, denn schließlich unterrichtete jeder Lehrer im Laufe seines Berufslebens tausende von Schülern, und Lehrer könnten Schüler auch verderben, wenn sie ihnen nicht bei der Lebensbewältigung hälfen. In der mangelnden Ausbildung der Lehrer sah Haubrich ebenfalls ein Hauptproblem bei der Umsetzung der Richtlinien. Sie seien mit ihrer Lernzielorientierung und ihrem fächerübergreifenden Ansatz zu anspruchsvoll gewesen. Die Lehrer seien für die Arbeit mit einem solchen Plan nicht vorbereitet gewesen. Sie verständen nicht, dass der Plan nicht von fachlichen Inhalten ausgehe, sondern von fachunabhängigen Lernzielen, denen die Inhalte erst sinnvoll zugeordnet werden müssten. Auch Rhode-Jüchtern zitierte entsprechende Aussagen. Bereits auf den Tagungen zur Erstellung der Rahmenrichtlinien hätten einige Fachleiter gesagt: „Ich würde das ja gerne machen, aber ich kann es den Kollegen vor Ort nicht vermitteln. Die Lehrer verstehen das nicht". Für Rhode-Jüchtern drückt sich hierin aber vor allem die ambivalente Haltung der Fachvertreter selbst aus. Sie hätten immer geschwankt zwischen der Zustimmung zu einen Integrationsfach Gesellschaftslehre und dem Gefühl, dass ihr Fach dadurch bedroht sei. Die eigene Ablehnung des Integrationsfachs sei dann von ihnen schlicht auf andere projiziert worden.

In Anbetracht der Schwierigkeiten bei der Konsensfindung und bei der Umsetzung der Rahmenrichtlinien war es für den Kultusminister der gerade gewählten CDU-Regierung, Christian Wagner, nicht schwer, schon zehn Jahre später im hessischen Rundfunk offensiv zu verkünden, dass „bei der bisherigen hessischen Praxis (...) die Fächer Geschichte, Erdkunde und Sozialkunde zu kurz gekommen (sind). Wir möchten künftig wieder sicherstellen, dass in diesen drei Fächern ordentliches Wissen vermittelt wird" (zit. n. Kalb 1988, S.61).

4.2.4 AUFBRUCH DER FACHWISSENSCHAFTLER: DIE MÜNCHENER SOZIALGEOGRAPHIE

Etwa zeitgleich mit der Reform der Schulgeographie waren auch die Fachwissenschaftler vor eine neue Aufgabe gestellt. 1969 studierten an 19 geographischen Instituten in Deutschland rund 250 Diplomgeographen (Ganser 1970, S. 189). Sollten diese Diplomanden zukünftig einen „Marktwert besitzen" (ebd., S. 186) und mit Absolventen anderer Fächer konkurrieren können, schien eine „Neuorientierung der geographischen Wissenschaften" (ebd., S. 183) unumgänglich. Allerdings behinderte das „zähe Festhalten am Landschaftskonzept (...) die methodische Weiterentwicklung in Richtung quantitativ modellhafter Arbeitsweisen und aspektbezogener Spezialisierung" (ebd., S. 187), die notwendig gewesen sei, um im zur damaligen Zeit expandierenden „Planungsbereich einen Arbeitsmarkt zu schaffen" (Werlen 2000, S. 198)[68]. Um ihren Absolventen hier eine Chance zu geben, müsse die deutsche Geographie von ihrer Abstinenz gegenüber „gesellschaftspolitisch bedeutsamen Fragen" (Ganser 1970, S. 187) Abschied nehmen und den im angelsächsischen Bereich weiterverbreiteten „modellhaften Betrachtungen" (ebd., S. 187) sowie „Prognose und Diagnose" (Ganser 1970, S. 187) größere Beachtung schenken. Eine solche „methodische Neuorientierung der Anthropogeographie, die alle Teilbereiche der Geographie des Menschen gleichermaßen zu erfassen hat" (Ruppert, Schaffer 1969, S. 224), bot die ‚Münchener Schule der Sozialgeographie', deren

---

68 Diplomanden für ein bestimmtes Berufsfeld auszubilden, heißt natürlich noch lange nicht, dass dementsprechend viele Arbeitsplätze auch zur Verfügung stehen. Tatsächlich war Ganser schon 1969 der Meinung, dass „wir uns mit unserem gegenwärtigen Ausstoß von jährlich 62 Absolventen der Studienrichtung Diplomgeographie bereits an der oberen Grenze der Kapazität des Marktes" bewegen (Ganser 1970, S. 190).

zentraler Aufsatz kurz vor dem Kieler Geographentag in der Geographischen Rundschau erschien (Heinritz 1999, S. 52).

Indem sich die Münchener Sozialgeographie explizit auf „das funktionale Prinzip" (Ruppert, Schaffer 1969, S. 239) bezog, das sich „vor allem im Städtebau, in den Thesen der ‚Charta von Athen' (Le Corbusier) niedergeschlagen" hatte (ebd., S. 230 – vgl. Daum 1990, S. 18), stellte sie zunächst den Bezug zu gesellschaftspolitischen Fragen her. Die Charta von Athen, die bereits 1933 formuliert wurde, richtete sich vor allem gegen eine rein ökonomisch bestimmte Stadtentwicklung (Reinborn 1996, S. 138f), die für einen Großteil der Bevölkerung unzureichende Wohnbedingungen, fehlende Freiflächen und lange Arbeitswege (ebd., S. 138) mit sich bringe. Um solche Missstände zu verhindern, müsse das Gemeinschaftsinteresse Vorrang vor dem Privatinteresse bekommen (ebd., S. 139). Das Gemeinschaftsinteresse bestehe dabei in einer „kleinräumigen Funktionstrennung im Sinne von Stadtbezirksdifferenzierung" (Reinborn 1978, S. 12), bei der sowohl Arbeitswege verkürzt (Reinborn 1996, S. 139) als auch störende Betriebe aus Wohngebieten herausgehalten werden sollten (Reinborn 1978, S. 12). Jedem Wohngebiet sollten Freiflächen zur Erholung zugeordnet werden (Reinborn 1996, S. 139). Wohnen, arbeiten, sich erholen und bewegen könnten so wieder zu einer funktionellen Einheit werden (ebd., S. 139). Dieses „Gemeinschaftsinteresse" erhielt in der Bundesrepublik Deutschland mit dem Bundesbaugesetz von 1960[69], der Baunutzungsverordnung von 1962[70] (ebd., S. 213) und dem Bundesraumordnungsgesetz von

---

69 Das Bundesbaugesetz umfasst „nicht das Baurecht (...), sondern das Planungs- und Bodenrecht in den Kommunen. Genauer: es regelt das Recht der Gemeinden, die Nutzung des gesamten Grund und Bodens ihres kommunalen Hoheitsgebiets zu planen und zur Verwirklichung der Planung unterstützende Ordnungs- und Erschließungsmaßnahmen zu treffen" (Holland 1978, S. 88).

70 Die Baunutzungsverordnung ist für die Nutzungsausweisung in Bebauungsplänen von zentraler Bedeutung (Holland 1978, S. 98). Sie legt fest, „welche baulichen Nutzungsarten und Angaben zum Nutzungsmaß im einzelnen möglich sind" (Gisevius 1991, S. 128). In der Baunutzungsverordnung werden auch Gebietstypen ausgewiesen, in denen jeweils solche Nutzungsarten zusammengefasst sind, „die nach ihrer städtebaulichen Funktion zusammengehören und nach ihrem ‚Störpotential' miteinander verträglich sind" (ebd., S. 130).

1965[71] (Wehrt 1977, S. 72; Rhode-Jüchtern 1982, S. 305) seine Rechtsgrundlage. Alle diese Gesetzesvorlagen betrachteten unter Rückgriff auf die Charta von Athen die konsequente Funktionstrennung in den Städten als ihr vorrangiges Ziel.

Gemäß dieser Vorgabe verstanden Ruppert und Schaffer den Begriff der Funktion nicht als einen wissenschaftstheoretischen Begriff, wie er etwa in der quantitativen Geographie benutzt wurde (Ruppert, Schaffer 1969, S. 231), sondern in einem „einfacher aufgefassten Sinn" (ebd., S. 231) als „Daseinsäußerung" (ebd., S. 231). So konnten sie an den „Funktionskatalog aus der Sprachregelung der Raumordnung" (ebd. S. 231) anschließen, der sieben Daseinsfunktionen ausgliederte:

„1. sich fortpflanzen und in (privaten und politischen) Gemeinschaften leben

2. wohnen

3. arbeiten

4. sich versorgen und konsumieren

5. sich bilden

6. sich erholen

7. Verkehrsteilnahme, Kommunikation, Information" (ebd., S. 231 f).

Diese Daseinsfunktionen des Menschen bedürften „verorteter" Einrichtungen, um sich zu entfalten (ebd., S. 232). Während die Raumordnung die daraus folgenden Flächen- und Raumansprüche „nach gewissen Wertvorstellungen (Leitbildern) räumlichen Ordnungszielen unterwirft" (ebd., S. 230), also präskriptiv wirke, sei es die Aufgabe der Geographie, ihre „regional differenzierten ‚Muster' (...) zu registrieren und zu erklären" (ebd., S. 232).

Unter Rückbezug auf das „- man kann ruhig behaupten sozialgeographische – Konzept" (ebd., S. 228f) von Vidal de la Blache, der betone, dass „dem Menschen mehr und mehr die Rolle der Ursache und nicht der Wirkung" zufalle

---

71 Das Bundesraumordnungsgesetz bildet die Rechtsgrundlage für die Raumordnung in der Bundesrepublik Deutschland. Oberstes Ziel der Raumordnung ist „die Entwicklung des Bundesgebietes in seiner allgemeinen räumlichen Struktur, die der freien Entfaltung der Persönlichkeit in der Gemeinschaft am besten dient" (Gabler Wirtschaftslexikon 1992, S. 2759).

(Vidal de la Blache, zit. nach Ruppert, Schaffer 1969, S. 229), schenkten Ruppert und Schaffer den Akteuren als den Trägern der Funktionen eine größere Aufmerksamkeit (ebd., S. 232), womit die menschliche Gruppe in den Mittelpunkt des Interesses der Sozialgeographie trat (ebd., S. 233). Für Vidal de la Blache, der in erster Linie Regionalgeograph war (Hilkovitch, Fulkerson 2003, S. 2), standen die „genres de vie", die Lebensformgruppen im Zentrum der Betrachtung. Sie gestalteten durch ihre Handlungen die „pays", die physische Umgebung (ebd., S. 2). Die örtlichen physischen Bedingungen bildeten dabei „eher nur einen Reaktionsanreiz und eine weit auslegbare Handlungsbegrenzung für autonom strukturierte Gemeinschaften" (Eisel 2005, S. 45). Unter ähnlichen physischen Bedingungen konnten dabei sehr unterschiedliche Regionalkulturen entstehen (Werlen 2000, S. 60f), weil „humans can selectively respond to any factor in a number of ways. How a people react and develop is a function of the choices they make in response to their environment" (Hilkovitch, Fulkerson 2003, S. 2). Die Handlungen der Gruppen seien Ausdruck ihrer Kultur, die sich in gemeinsamen Traditionen, Regeln, Bräuchen, Essgewohnheiten, einer gemeinsamen Sprache usw. manifestiere (Hilkovitch, Fulkerson 2003, S. 2). Dieser Gruppenbegriff erweist sich als anschlussfähig an Definitionen, die in den Sozialwissenschaften gebräuchlich sind. Dort versteht man unter einer Gruppe ein soziales System, das durch einen Sinnzusammenhang, die relative Dauerhaftigkeit der Beziehung und den gegenseitigen Einfluss der Gruppenmitglieder aufeinander bestimmt ist (Witte 2002, S. 204). Doch obwohl Vidal de la Blache mit seinen Vorstellungen „dem sozialen Element in der Geographie einen festen Platz eingeräumt" (Ruppert, Schaffer 1969, S. 229) habe und die „moderne französische Sozialgeographie (...) direkt auf ihn zurück" (ebd., S. 229) gehe[72], scheuten Ruppert und Schaffer davor zurück, „den Gruppenbegriff

---

72 Der Einfluss von Vidal de la Blache auf die französische Geographie ist z. T. bis heute spürbar. Dabei verstellt allerdings gerade der regionalgeographische Ansatz oft den Blick: In seinem Beitrag zum Verhältnis von regionalen Interessen und globaler Wirtschaftslogik analysiert z. B. Bonnet (2005) die jüngste Übernahme des aus dem französischen Unternehmen Rhône-Poulenc mit Sitz in Lyon und dem Frankfurter Hoechst-Konzern hervorgegangenen Chemieunternehmens Aventis (Bonnet 2005, S. 125). Dabei bestand die Wahl zwischen einer Übernahme

unbesehen von den Soziologen zu übernehmen" (ebd., S. 238). Sie schlugen dagegen eine „problembezogene Gruppenbestimmung" (ebd., S. 139) aufgrund von „sozialstatistischen Merkmalen" (ebd., S. 238) vor: „Bei bevölkerungsgeographischen Erwägungen tut man sicher gut, Gruppen bestimmten generativen Verhaltens herauszugreifen. Bei religionsgeographischen Fragestellungen eignen sich Konfessionsgruppen natürlich besser als irgendwelche soziale Schichten, bei wirtschaftsgeographischen Problemen selbstverständlich Beruf-, Einkommens- oder Statusgruppen bzw. die Unterscheidung nach Wirtschaftsbereichen in primäre, sekundäre, tertiäre, usw." (ebd., S. 239).

Dieser Gruppenbegriff ist schon sehr früh kritisiert worden (Heinritz 1999, S. 53; Werlen 2000, S. 198; Schubert 2004, S. 32). Die Hauptkritik entzündete sich an eben dem, was Ruppert und Schaffer explizit ausgeschlossen haben: „Eine so bestimmte Gruppe ist keineswegs eine, die sich nach soziologischen Begrifflichkeiten (qua Interaktionsgruppe) fassen ließe" (Kneisle 1983, S. 213). Damit wiederum werfe sie „keine theoretischen Probleme, sondern allenfalls praktische Schwierigkeiten auf" (Heinritz 1999, S. 54). Mitglieder von Gruppen, die lediglich nach sozialstatistischen Merkmalskriterien ausgegliedert worden seien, orientierten sich nicht an gemeinsamen Werten und Normen (ebd., S. 54). Erklärungen könnten nur noch „faktorenanalytisch auf Variablen" (Kneisle 1983, S. 214) zurückgeführt werden, die dem Wissenschaftler „von seinem Alltagswissen her belangvoll erscheinen" (ebd., S. 214), wobei eine theoretische Grundlegung „so überflüssig, wie das Ergebnis banal" (ebd., S. 214) sei: „,Personale Faktoren' wie PKW-Besitz, Zahl der Bekannten, absoluter Netto-Verdienst etc. bestimmen ,in erster Linie das Raumverhalten' (...). Damit die Banalität nicht gleich auffliegt, werden z. B. die Hausfrauen zur ,ortsverhaftet versorgungsaktiven' Verhaltensgruppe umstilisiert" (ebd., S. 214). Folgerichtig

---

durch Sanofi, dessen Hauptaktionäre die französischen Unternehmen Total und L'Oreal sind (ebd., S. 127), oder Novartis, dessen Hauptsitz sich in Basel befindet (ebd., S. 127). Der Favorisierung der Übernahme durch Sanofi durch die französische Regierung (ebd., S. 128) hält Bonnet dabei entgegen, dass Basel und Lyon sich dem „Tableau de la géographie de la France" von Vidal de la Blache zufolge viel stärker ähnelten und deshalb eine Übernahme durch Novartis wünschenswerter sei (ebd., S. 128).

wurden die politischen Entscheidungsträger oft „abstrakt und ‚nebelhaft' dargestellt (...); Bedürfnisse, Interessen usw. erscheinen als anonyme Kräfte" (Wenzel 1982b, S. 390). Die gerade hergestellte gesellschaftspolitische Relevanz war mithin gleich wieder aus dem Ansatz herausgekürzt (vgl. Heinritz 1999, S. 56; Schubert 2004, S. 33).

sich fortpflanzen und in Gemeinschaft leben	→	Bevölkerungsgeographie Politische Geographie Religionsgeographie
wohnen	→	Siedlungsgeographie
arbeiten, sich versorgen und konsumieren	→	Wirtschafts-, Handels- und Marktgeographie
sich bilden	→	Sozialgeographie des Bildungswesens
sich erholen	→	Geographie des Freizeitverhaltens
Verkehrsteilnahme	→	Verkehrsgeographie

Kasten 8: Daseinsgrundfunktionen und Teildisziplinen der Anthropogeographie
(Quelle: Schramke, 1978a, S. 31)

Für traditionelle Geographen hatte das Konzept in dieser Form allerdings auch an Bedrohlichkeit verloren[73]. Mit seiner „überaus plausiblen, weil der Alltagssprache und wichtiger: der ‚Alltagserfahrung' entnommenen ‚Funktionsgliederung'" (Schramke 1978a, S. 31), bot es „theoretisch leicht verdauliche Kost" (Heinritz 1999, S. 53), die es darüber hinaus auch noch erlaubte, an „die klassischen Subdisziplinen der landschafts- und länderkundlich orientierten Geographie" (Schramke 1978a, S. 31) anzuschließen (vgl. Ruppert, Schaffer 1969, S. 233f und Kasten 8). Damit erreiche man, „dass das Konzept als schlüssige Modernisierung des Traditionsbestands im Fach erscheint und ohne größere Ängste akzeptiert werden kann" (Schramke 1978a, S. 31). Allerdings verlor das

---

73 Im Grunde genommen ist es in dieser Form selbst für Birkenhauers Vorstellung einer „Problemländerkunde" anschlussfähig (vgl. Kap. 4.2.2.2.1).

Konzept dadurch sowohl seine Anschlussfähigkeit an die angelsächsische, auf modellhafte Darstellungen ausgerichtete Diskussion, von der es praktisch nicht rezipiert worden ist (Heinritz 1999, S. 56), als auch seine „Leistungsfähigkeit" (Geipel 1978a, S. 10) für die angewandte Geographie.

In der Schulgeographie schienen die Münchener Sozialgeographen mit ihrem Konzept trotz aller Mängel offene Türen einzurennen (Geipel 1978a, S. 10; Schramke 1978a, S. 30; Birkenfeld 1979, S. 28; Schultze 1979a, S. 4; Daum, Schmidt-Wulffen 1980, S. 101; Wenzel 1982a, S. 380; Niemz 1989a, S. 6; Hoffmann 1990, S. 22f; Heinritz 1999, S. 53; Werlen 2000, S. 198). Dieser Eindruck konnte entstehen, weil sich in der schulischen Rezeption der Sozialgeographie schnell die Tendenz bemerkbar machte, den Ansatz nur noch als „'Siegeszug' des Konzepts der ‚Daseinsgrundfunktionen'" (Schramke 1978a, S. 30 – vgl. Wenzel 1982a, S. 384; Heinritz 1998, S. 53) wahrzunehmen. Denn so schien es möglich, mit Hilfe dieses nochmals theoretisch verkürzten fachwissenschaftlichen Ansatzes der Forderung Robinsohns nachzukommen, Schüler auf künftige Lebenssituationen vorzubereiten (Schultze 1979a, S. 4; Birkenfeld 1979, S. 28; Niemz 1989a, S. 6). Dass die Daseinsgrundfunktionen „weder stringent gegeneinander abgesetzt noch in irgendeiner Form systematisch miteinander verbunden" (Wenzel 1982a, S. 383) waren, erschien fast nebensächlich, wenn man sie doch „in der sozialen Alltags-Realität" (Schramke 1978a, S. 31) genau beobachten konnte: „alle genannten ‚Grundfunktionen' haben ihren räumlichen Niederschlag" (ebd., S. 31).

Soviel Alltagsnähe die Daseinsgrundfunktionen auch aufweisen mochten, sie zeichneten sich in dieser Form noch deutlicher durch eine eklatante Wissenschafts*ferne* aus: In den Sozialwissenschaften war die Kategorie der „Daseinsgrundfunktionen" unbekannt (Wenzel 1982a, S. 383). Weil sie sich „nicht aus einer Theorie der menschlichen Verhaltensweisen (oder einer Motivationstheorie) ableiten lassen, und demzufolge auch ein rationales Diskutieren über ihren Gehalt verunmöglicht ist" (Kneisle 1983, S. 218), wurde damit auf die *Erklärung* des erlebten Alltags *verzichtet.* Eine Unterscheidung „zwischen Alltagswissen und wissenschaftlicher Beschäftigung mit Alltag" (Schrand 1989, S. 10) fand nicht statt. Damit diente das Konzept als „Verstärker eines Alltagsbewusstseins, das die gesellschaftliche Zerfaserung blind als seine eigene Gebrochenheit und Sprunghaftigkeit reproduziert" (Schramke 1978a, S. 32). Für eine Sozialgeographie, die sich „in Richtung auf eine interdisziplinär angelegte Sozialwissenschaft" (Wenzel 1982a, S. 384) entwickeln wolle, sei deswegen „eine völlige Trennung vom Konzept der Daseinsgrundfunktionen (...) dringend erforderlich" (Wenzel 1982a, S. 384).

Von meinen Interviewpartnern wurde die Münchener Sozialgeographie in der Regel entweder eher vom Inhalt her oder eher mit Bezug auf ihre Bedeutung für die Strukturierung von Unterricht diskutiert. Von vielen wird sie als Gegenkonzept zu Schultzes allgemeingeographischen Kategorien gesehen (Kroß, Newig, Schmidt-Wulffen und Schultze selbst). Für Kroß bestand die Stärke des Ansatzes darin, dass mit ihm eine Brücke zwischen Hochschul- und Schulgeographie geschlagen worden sei. Gerade Geipel habe immer wieder gefragt, was die Geographie für das Alltagsleben bieten könne. Eine Möglichkeit zur Beantwortung dieser Frage bestand für Haubrich in der Verbindung der Daseinsgrundfunktionen mit den Lebenssituationen. Beide Verbindungen, sowohl die zwischen Wissenschaft und Schulfach als auch die zwischen Lebenssituationen und Daseinsgrundfunktionen, sind von meinen anderen Gesprächspartnern problematisiert worden.

In Bezug auf die Verbindung von Wissenschaft und Didaktik ging Daum davon aus, dass das ursprünglich durchaus differenziert entwickelte Konzept der Sozialgeographen von den Didaktikern verkürzt rezipiert worden sei. Nachdem es in reduzierter Form in die didaktische Diskussion übernommen worden sei, hätten die Münchener Sozialgraphen es dann selbst so propagiert. Newig ging fast übereinstimmend davon aus, dass das Konzept zwar für die Wissenschaft formuliert, dann aber in der Didaktik stärker rezipiert worden sei als im Fach selbst. Die Verbindung von Alltag und Wissenschaft wurde von einer noch größeren Zahl meiner Gesprächspartner in Frage gestellt, wobei besonders die Art der

Abstraktion in die Kritik geriet (Daum, Rhode-Jüchtern, Schmidt-Wulffen). Die Idee, Menschen auf Funktionen zu reduzieren, komme zwar der „Buchhaltermentalität der Geographen" (Daum) entgegen, führe aber in ihrer Schlichtheit zu lebensfremden Darstellungen. Dies rühre, so Rhode-Jüchtern, auch daher, dass die Sozialgeographen mit ihren Schubkästchen keine Chance hätten, abweichendes Verhalten angemessen zu betrachten. Auch Kreibich war der Ansatz von Ruppert und Schaffer nicht ganz geheuer, weil er zu sehr vereinfache. In Bezug auf die Debatte um allgemeine Geographie oder Länderkunde erscheint interessant, dass Schultze meinte, die Sozialgeographen hätten sich nicht als Allgemeingeographen verstanden. Ihn selbst habe gestört, dass sie die Physiogeographie nicht berücksichtigt hätten. Newig hingegen betonte, die Vorstellungen der Münchener Sozialgeographie wirkten bis heute in seinen eigenen Ansatz hinein. Dabei sei ihm besonders wichtig gewesen, dass dort der Blick auf die handelnden Gruppen gerichtet worden sei.

Die Bedeutung der Daseinsgrundfunktionen für die heutige Strukturierung von Unterricht wurde von meinen Gesprächspartnern je nach Perspektive beschrieben: Hemmer betonte, sie würden immer noch als Konstrukt für den bayrischen Grundschullehrplan genutzt. Allerdings sei das nicht mehr so deutlich, weil inzwischen andere, z. B. geowissenschaftliche Inhalte dazu gekommen seien. Kroß dagegen verwies darauf, dass einzelne Kapitel mit dem Titel „sich erholen" oder „wohnen" nicht bedeute, dass dem Lehrplan oder Buch das Konzept der Daseinsgrundfunktionen zugrunde liege.

4.2.5 GROßPROJEKTE

In der Aufbruchstimmung der 70er Jahre wurde eine Reihe von Großprojekten gestartet, die unterschiedlichen Ansätzen verpflichtet und dementsprechend nicht immer miteinander kompatibel waren. Dies galt besonders für die zunächst vor allem von Vertretern des Schulgeographenverbandes formulierten Lehrpläne und für die Schulbücher. Aber auch das RCFP folgte einer eigenen Logik.

Über diese Großprojekte wurde von meinen Interviewpartnern insgesamt deutlich länger geredet und mehr gesagt als über die Bedeutung einzelner Tagungen, Beiträge oder Konzepte.

4.2.5.1 SCHULBÜCHER

In einer Zeit, in der ein Fach derartig in Frage gestellt war wie die Geographie in den 70er Jahren, wurde es als Reaktion auf neue Inhalte und Sichtweisen auch notwendig, neue Schulbücher zu schreiben. Hard konnte in eine Schulbuchbewertung durch Fachleiter im Jahr 1972 bereits sechs neue Geographiebücher[74] einbeziehen (Hard 1978, S. 163). Viele dieser Schulbücher haben nie große Beachtung gefunden. Schon damals hätte ein Großteil der von Hard befragten Fachleiter entweder das Buch „Welt und Umwelt" des Westermann Verlages oder das Buch „Geographie" (später TERRA) des Klett-Verlages angeschafft, wenn sie freie Hand gehabt hätten (ebd., S. 162). Beide Bücher unterschieden sich sowohl formal als auch inhaltlich und methodisch deutlich von den Lehrwerken der Vorgängergeneration.

Wie andere Geographiebücher der neuen Generation auch (vgl. Birkenhauer, Hendinger 1980, S. 7) erhoben sie den Anspruch, nicht Lehrbuch, sondern Arbeitsbuch zu sein (Hausmann 1972, S. LI; Altemüller 1995, S. 200). Während die TERRA-Autoren meinten, dass „deshalb konsequenterweise auch auf den beliebten Kasten am Schluss jedes Kapitels verzichtet werden [müsse], der Merkwissen enthält und für Klassenarbeiten so bequem auswendig zu lernen ist" (Altemüller 1995, S. 200), stellten die Autoren von „Welt und Umwelt" gezielt blau gedruckte Merkbegriffe, die „die elementare Basis für die Arbeit im Erdkundeunterricht" (Hausmann 1972, S. L IV) bildeten, an das Ende jedes Kapitels[75]. Mit dem sogenannten Doppelseitenprinzip (Hausmann 1972, S. LIII;

---

74 Diese Schulbücher waren: „Welt und Umwelt" (Westermann), „Geographie" (später TERRA – Klett), „Der Mensch gestaltet die Erde" (Hirschgraben), „Neue Erdkunde" (Hagemann), „Neue Geographie" (Bagel), „Die Erde, unser Lebensraum" (Mundus) (vgl. Hard 1978, S. 163).
75 So waren „im 5./6. Jahrgang 212, im 7./8. Jahrgang 134, im 9./10. Jahrgang 187 – zusammen also [...] 533 Begriffe" (Schramke 1982, S. 248) zu lernen.

213

Altemüller 1995, S. 200), bei dem ein Thema jeweils auf zwei Seiten abgehandelt wurde, arbeiteten beide Bücher. Die Autoren von TERRA gingen dabei davon aus, dass eine Doppelseite „in der Regel den Inhalt einer Unterrichtstunde" (Altemüller 1995, S. 200) enthalten sollte, während die Autoren von „Welt und Umwelt" eher zwei Unterrichtsstunden für eine (großformatige) Doppelseite ansetzten (Hausmann 1972, S. LIV). Beide Verlage erstellten rund um das Schulbuch ein Medienpaket, das die Arbeit mit dem Buch unterstützen sollte (Hausmann 1972, S. LII; Altemüller 1995, S. 201). Bei TERRA enthielt dieses Medienpaket Arbeitshefte, Diareihen, Arbeitstransparente für die Overheadprojektion und Kurzfilme (Altemüller 1995, S. 201), bei „Welt und Umwelt" setzte es sich aus Atlas, Wandkarten, Wandbildern, Aufbautransparenten, Diareihen, 8mm-Filmen, sozialgeographischen Unterrichtsprogrammen, Arbeitsheften, Testbögen und Schülerfragebögen zur Evaluation der Unterrichtseinheiten zusammen (Hausmann 1972, S. LII). Ernst zeigte sich im Interview wenig zufrieden mit dieser Ausstattung: Die ursprüngliche Idee zu „Welt und Umwelt" sei gewesen, es in Ringbuchform zu publizieren. Um die formulierten Lernziele zu erreichen, sollten in dem Ringbuch möglichst aktuelle Fallstudien angeboten werden, die austauschbar sein sollten, damit sie im Laufe der Jahre durch neuere Beispiele hätten ersetzt werden können. Zu jeder Fallstudie hätte es auch „Leerseiten" geben sollen, auf denen die Schüler ihre eigenen Gedanken zum Thema hätten formulieren können. Dies würde den eigenen Zugang zur Sache fördern, den Schüler bräuchten, um überhaupt lernen zu können. Da der Verlag diese Vorschläge aber nicht umgesetzt hat, kann Schultze zur *Ausstattung* der Bücher mit Recht sagen, dass sie sich „nur in Nuancen" (Schultze 1998, S. 9) unterschieden hätten. Diese Aussage trifft allerdings nur noch bedingt zu, wenn man die *konzeptionellen* Vorstellungen der beiden Schulbuchteams betrachtet. Zwar behaupteten die Autoren bzw. Redakteure beider Schulbücher, sie berücksichtigten die neuesten Vorstellungen zur Lernzielorientierung (Hausmann 1972, S. LII; Altemüller 1995, S.202), aber nur das Autorenteam von „Welt und Umwelt" hatte dafür mit Eugen Ernst einen der damals prominentesten geographiedidaktischen Vertreter dieses Ansatzes als Berater zur Seite. Ernst betonte im Interview, er habe die Lernzielformulierungen in „Welt und Umwelt" initiiert. Sie seien von Hausmann dann auch gut umgesetzt worden. Nur der Verlag habe sich mit dem „modernen Zeug" schwergetan. Das schien bei Klett nicht viel anders gewesen zu sein. Dort waren die Lernzielformulierungen scheinbar nur deswegen durchgehalten worden, um „auch den kritischen Befragungen der 68er Generation standhalten" (Altemüller 1995, S. 202) zu können. Dieser feine Unterschied ist von der Abnehmerschaft offensichtlich durchaus wahrgenommen worden. Hard hat in seiner Befragung von 48 – „mit Nachzüglern 53" (Hard 1978, S. 159) - Fachleitern zur Schulbuchbewertung immerhin festgestellt, dass „von den 23 Fachleitern, die Welt und Umwelt einführen würden, (...) 10 an anderer Stelle die ‚Lernzielorientierung' als Vorzugsmerkmal derjenigen Schulbücher genannt" (Hard, 1978., S. 166) haben, die sie bevorzugten. „Von den 28 Fachleitern, die ein anderes Schulbuch einführen würden, aber nur 3" (ebd., S. 166).

Betrachtet man die inhaltliche Konzeption der beiden Schulbücher, so stellt man noch deutlichere Unterschiede fest. Das TERRA-Buch orientierte sich an den vier Kategorien der allgemeinen Geographie, die Schultze in seinem Aufsatz von 1970 beschrieben hatte (Altemüller 1995, S. 201; Schultze 1996b, S. 18f – vgl. Kap. 4.2.2.2.1.). Der Anfang des Lehrwerks TERRA lässt sich zwar schon „auf den Jahresbeginn 1968 datieren" (Altemüller 1995, S. 199), als „drei Hochschullehrer, ein Lehrer, ein Redaktionsleiter und ein Redakteur" (ebd., S. 199) in Stuttgart über ein neues Schulbuch nachdachten, aber schon wenig später stieß auch Arnold Schultze aus dem Norden Deutschlands als Mitarbeiter zu diesem Kreis (ebd., S. 199). Im Laufe der Zeit hätten sich die Autorentreffen von Stuttgart nach Hannover verlagert, erinnerte sich Schultze im Interview, denn inzwischen sei er immer mehr in die Rolle des Herausgebers hineingewachsen und hätte sich junge Autoren aus seinem – norddeutschen – Umfeld gesucht. Auch Kroß beschrieb einen langsamen Übergang der Herausgeberschaft: Der Band 5/6 sei noch vorwiegend ein Gemeinschaftsprodukt verschiedener Herausgeber gewesen. Mit der Zeit habe sich Schultze mit seiner Konzeption allerdings gegen Buck durchgesetzt, so dass er im Band 7/8 praktisch schon die Oberhand gehabt habe. Im Band 9/10 habe Schultze dann eigene Mitarbeiter dazu geholt, unter anderen auch Kroß selbst. Dass Schultze und seine Mitarbeiter die A-Ausgabe von TERRA (1970 - 1978 bzw. 1985 – Altemüller 1995, S. 205) ohne weiteres auf den vier Kategorien der allgemeinen Geographie aufbauen konnten, lag vor allem an den großen Freiräumen, die ihnen damals zur Verfügung standen: Das Buch sei fast im luftleeren Raum geschrieben worden, weil sich keiner mehr an die alten, länderkundlich ausgerichteten Rahmenrichtlinien gehalten habe und es neue Richtlinien noch nicht gab, beschrieb Schultze die Situation, die den Autoren damals – so Kroß - sehr viel „Narrenfreiheit" gegeben habe.

Die Autoren von „Welt und Umwelt" nutzten diese Freiräume anders. Sie orientierten sich weitgehend an den Vorstellungen der Münchener Sozialgeographie (Wenzel 1978, S. 187). Besonders in den ersten beiden Bänden von „Welt und Umwelt" war dieser Ansatz durch Kapitel zu den verschiedenen Daseinsgrundfunktionen deutlich zu erkennen: In den Klassen 5 und 6 wurden dabei die Daseinsgrundfunktionen „sich erholen" und „am Verkehr teilnehmen" behandelt (Hausmann 1972, S. LII), in den Klassen 7 und 8 die anderen fünf Funktionen „wohnen", „sich versorgen", „arbeiten", sich bilden" und „in Gemeinschaft leben" (Hausmann 1972, S. LII; Wenzel 1978, S. 198). Allerdings benutzten die Autoren das Konzept lediglich als „Einteilungskategorie" (Wenzel 1978, S. 192). Damit aber sei „das Maß der Modernisierung auf eine selbst unter traditionellen Geographen konsensfähige Form reduziert und der doch angestrebte Paradigmenwechsel weitestgehend aufgehoben" (ebd., S. 192) worden. In „Welt und Umwelt" verhindere zudem „die ex- oder implizite Orientierung an einem landschaftskundlichen Ansatz eine Einsicht in gesellschaftliche und ökonomische Problemzusammenhänge" (ebd., S. 202). Haubrich würde trotz solcher Kritik auch heute noch sagen, dass das Schulbuch „Welt und Umwelt" den damals progressivsten Ansatz gehabt habe. Der Westermann-Verlag habe sehr viel

Engagement, aber auch sehr viel Geld in die Entwicklung des Arbeitsbuches, aber auch der dazugehörigen sozialgeographischen Unterrichtsprogramme gesteckt.

Mit seiner Befragung von Fachleitern konnte Hard auch die Bedeutung dieses Unterschieds für die Abnehmerschaft deutlich machen. Zu diesem Zweck stellte er zunächst fest, welches von drei vorgegebenen Lernzielen (vgl. Kasten 9) die Fachleiter „am ehesten als Richtlinie eines guten, fruchtbaren und zeitgemäßen Geographieunterrichts wählen [würden], wenn sie sich für eine dieser Formulierungen entscheiden müssten" (Hard 1978, S. 170). Die Antwort auf diese Frage setzte er in Beziehung zu den Schulbuchbewertungen der Fachleiter. Dabei stellte er fest, dass „Geographie" / TERRA von Fachleitern, die unterschiedliche Lernziele präferierten, „signifikant gleich beurteilt wird" (ebd., S. 173). „Welt und Umwelt" dagegen wurde von Fachleitern, die das Lernziel 3 bevorzugten, „wenigstens tendenziell besser" (ebd., S. 173) beurteilt als von jenen, die Lernziel 2 oder gar 1 wählten (ebd., S. 173). Weiterhin stellte er fest, dass von den Fachleitern, die entweder Lernziel 1 oder Lernziel 2 zustimmten, Schulbücher „alter' Konzeption" (ebd., S. 170) insgesamt „,milder' oder ‚unkritischer'" beurteilt wurden, als von Fachleitern, die dem Lernziel 3 ihre Zustimmung schenkten. Die Präferenz für eines der beiden ersten Lernziele korreliere zudem signifikant mit einer Interessenorientierung in Richtung auf „Natur und Landschaft" oder „Natur und Landschaft sowie Gesellschaft und Politik ungefähr gleich" (ebd. S. 178). Lernziel drei dagegen werde vor allem von Fachleitern gewählt, deren Interessenschwerpunkt auf „Gesellschaft und Politik" liege (ebd., S. 178). Erstaunlich an diesem Ergebnis ist zum einen, dass die gesellschaftspolitisch orientierten Fachleiter offensichtlich kein Problem mit einem eher landschaftskundlich orientierten Buch hatten, solange es soziale Themen ansprach, und dass zum anderen die deutlich länderkundlich orientierten Fachleiter kein Problem mit Schultzes dem allgemeingeographischen Ansatz folgenden Buch hatten, solange es auch physisch-geographische Themen behandelte. Die eigentliche Konfliktlinie scheint damit auf inhaltlicher Ebene nicht in der

Frage nach allgemeiner Geographie oder Länderkunde gelegen zu haben, sondern in der Frage, wie viel physische Geographie bzw. wie viel Humangeographie behandelt werde.

1. Traditionelles Ziel

Begreifen der Erde in der Vielzahl ihrer Landschaften als Lebensraum des Menschen; Erarbeitung der Beziehungen zwischen Mensch und Landschaft in immer neuen Sachzusammenhängen; Achtung vor der Eigenart und dem Eigenwert anderer Völker; Erleben der Schönheit und Eigenart der Landschaft und Begreifen der Notwendigkeit, diesen wertvollen Besitz zu schonen und zu schützen; Staunen vor der Ordnung und Größe des Weltalls; Verständnis der Industrielandschaften als moderne Arbeitswelt, die vielen Menschen Verdienstmöglichkeiten, Entwicklung und Aufstieg bietet; Erlernen einer sinnvollen Vorbereitung von Reisen in nahe und ferne Länder.

2.Gemäßigt progressives Ziel

Fähigkeit und Bereitschaft zur rationalen Orientierung in einer verwissenschaftlichten Welt, zur rationalen Auseinandersetzung mit den von der Natur gegebenen Nutzungsmöglichkeiten und mit den Produktionsvorgängen in der gegenwärtigen und künftigen Welt; Fähigkeit und Bereitschaft zur Weiterbildung, zur höheren fachlichen Qualifikation, zum Berufs- und Wohnungswechsel, kurz: Zur Elastizität, Mobilität und Flexibilität in einer veränderlichen Gesellschaft und Umwelt; Fähigkeit und Bereitschaft zur sinnvollen Freizeitgestaltung und zur kritischen Mitarbeit und Gestaltung in der demokratischen Gesellschaft.

3. Emanzipatorisch-kritisches Ziel

Fähigkeit, die gegenwärtige soziale, ökonomische und ökologische (natürliche) Umwelt nicht als naturgegeben und schicksalhaft, sondern als menschengemacht und veränderbar zu erkennen; Bedürfnis und Fähigkeit, informiert und engagiert an den Entscheidungsprozessen – z. B. den Raumordnungsentscheidungen – mitbestimmend teilzunehmen, in denen über die eigene und fremde soziale, ökonomische und ökologische Situation und Umwelt verfügt wird.

Kasten 9: Idealtypische Lernzielformulierungen von Hard
(Quelle: Hard 1979, S. 169f)

In Bezug auf die *praktische* Umsetzung unterscheiden sich die beiden Bücher vor allem durch ihren unterschiedlichen Umgang mit Aufgabenstellungen und Materialien. Die Autoren von „Welt und Umwelt" betrachteten ihre Arbeitsbücher in erster Linie „als didaktisch aufbereitete Materialsammlungen" (Brucker, Richter 1978, S. 82). Die Informationen der Materialien seien in gleich welcher Form, „die wesentliche Voraussetzung für die folgende Operation, deren Verlauf durch die Medien und Unterrichtsmethoden bestimmt, deren Ablauf durch die

218

Folge der Teillernziele im Wesentlichen festgelegt" (ebd., S. 77) werde (vgl. Kroß 1995c, S. 165). Es hänge somit „von der Art der medialen Präsentation ab, ob und in welchem Ausmaß individualisiertes Lernen oder Kommunikation ermöglicht werden" (Brucker, Richter 1978, S. 75). Ziel allen Lernens sollte sein, „dass Schüler zu Erkenntnissen gelangen" (ebd., S. 77) und „aus den gewonnenen Einsichten heraus ihr Verhalten bewusst ändern" (ebd., S. 77). Mit dieser Fokussierung auf die Materialien haben die Autoren dabei die Kunst der Aufgabenstellung allerdings sträflich vernachlässigt, denn ein Großteil der Aufgaben ist entweder sehr schlicht zu beantworten oder lässt sich mit dem vorhandenen Material überhaupt nicht lösen. Wenzel kritisiert in einer frühen eher sozialwissenschaftlichen Analyse des Werkes dementsprechend auch, dass Schüler oft „eigentlich nur unfundierte Spekulationen vollziehen" könnten (Wenzel 1978, S. 206), weil „die überwiegend materialreichen, mit vielen Einzelinformationen überfrachteten Darstellungen (...) kaum Hintergrundwissen sowie konfligierende Interessenlagen" (ebd., S. 212) vermittelten.

Schultze stellte dagegen die Aufgabe[76], die das Material erschließt, in den Mittelpunkt des Interesses: „Ein Beispiel: Auf einer Doppelseite stehen links zwei Fotos von Frachtern, die ihre Ladung löschen, ein Stückgutfrachter im Hamburger Hafen, ein Massengutfrachter mit Eisenerz in Emden, verschiedene Güter, verschiedene Schiffe, verschiedene Löschverfahren. Der Schüler erhält die Aufgabe, die beiden Fotos, d. h. die beiden Löschverfahren, zu vergleichen. Er kann einiges auf den Fotos erkennen und ablesen, besitzt aber noch nicht alle Kategorien, die zur Lösung der Aufgabe erforderlich sind. Er bedarf weiterer

---

76 Auch wenn die Aufgabe in „Geographie" eine große Rolle spielt, ist es doch etwas übertrieben, das Lehrbuchwerk als das „aufgabenreichste Schulbuchwerk der 70er Jahre" (Schmithüsen 2002, S. 203) zu bezeichnen. Kroß nennt allein für den Jahrgang 5/6 fünf weitere Lehrbuchwerke aus den 70er Jahren, die mehr Aufgaben aufweisen als „Geographie". An der Spitze steht dabei „Schäfer Weltkunde" gefolgt von zwei Bänden von „Welt und Umwelt", „Blickpunkt Welt" und dem Seydlitz für Realschulen in NRW (Kroß 1995c, S. 173). Kroß setzt die Zahl der Aufgaben allerdings nicht in Beziehung zur Seitenzahl, was Schmithüsen tut, so dass das Ergebnis vielleicht tatsächlich auch anders aussehen könnte. Nur bleibt Schmithüsen jeglichen Beleg schuldig, weil er nicht einmal sagt, mit welchen anderen Schulbuchwerken er „Geographie" verglichen hat.

Information und bezieht sie aus einer ‚Bestimmungstabelle' auf der rechts benachbarten Seite. Dort sind vier Löschverfahren dargestellt, und zwar graphisch (durch Querschnittszeichnungen) und textlich (in lexikalischer Kurzform). Schon um herauszufinden, welche beiden von den vier Positionen in der ‚Bestimmungstabelle' rechts heranzuziehen sind, muss der Schüler sich in den Inhalt beider Seiten vertiefen und dabei die Fotos, die schematischen Querschnittszeichnungen und den lexikalischen Text vergleichend studieren" (Schultze 1972, S. 195f). Als Lernziel sah er dabei nicht abstrakte Verhaltensmuster an, sondern Handlungen, „die der Lernende nach dem Lernakt können muss" (Schultze 1972, S. 194). Um die Fragen aus dem TERRA-Band beantworten zu können, muss der Schüler sich mit dem Material befassen. Er kann die Lösungen nicht einfach ablesen. Es wundert daher kaum, dass aus Schülersicht an dem Buch kritisiert wurde, „dass TERRA immerfort Denkansprüche stelle, dass man nie einfach ‚nur so lernen' könne" (Altemüller 1995, S. 204). Aber auch Lehrer empfanden „die Aufgaben des Erdkundebuchs für zu schwierig (beziehungsweise wenig verständlich)" (Schmithüsen 2002, S. 205).

In der Praxis haben sich beide Arbeitsbücher unterschiedlich bewährt. 1972 hätten 48% der von Hard befragten Fachleiter „Welt und Umwelt" angeschafft, wenn sie freie Hand gehabt hätten, aber nur 30% „Geographie" / TERRA (Hard 1978, S. 162). Diese tendenzielle Entscheidung gegen „Geographie" / TERRA fiel allerdings nicht mit einer deutlich negativeren Bewertung des Buches zusammen: „von den 25 Fachleitern, die ‚Welt und Umwelt' mit ‚gut' oder ‚sehr gut' bewerten, würden 19 dieses Buch auch einführen – gegenüber sechs, die für ‚Geographie' plädieren; von den 23 hingegen, die ‚Geographie' mit ‚gut' und ‚sehr gut' bewerten, würden nur 12 dieses Buch einführen, aber 10 ‚Welt und Umwelt' befürworten" (ebd., S. 164). Dort, wo die Bücher tatsächlich eingeführt worden sind, stießen sie einer Untersuchung von Niemz zufolge beide nicht auf allzu viel Gegenliebe. Anfang der 80er Jahre waren mehr als 50% der bundesweit befragten Lehrkräfte mit dem jeweils eingeführten Lehrbuch unzufrieden (Niemz 1989c, S. 119), wobei „Geographie" tendenziell etwas besser abschnitt als „Welt und Umwelt" (vgl. Niemz 1989c, S. 118). Diese hohe Unzufriedenheit lässt sich bei „Geographie" / TERRA vor allem mit der Heterogenität der Nutzer und bei „Welt und Umwelt" mit den Unstimmigkeiten im Konzept erklären.

„Geographie" / TERRA hatte dabei vor allem das Problem, dass es keine neueren länderkundlich orientierten Schulbücher mehr gab. Für die traditionell orientierten Lehrkräfte bot Schultzes Buch, obwohl es explizit an der allgemeinen Geographie orientiert war, immerhin noch einen relativ stark betonten physisch-geographischen Teil[77]. Damit konnten sie an ihre Vorstellungen von Geographieunterricht anschließen. Weil aber ein größerer Teil der „Geographie" / TERRA-Nutzer eher reformfeindlich war, musste ihnen der dritte, vor allem mit Planungsthemen befasste Band als zwar „gut zu meiner eigenen Unterrichtung" (Schmidt-Wulffen 1982, S. 17), aber „zu schwer für Schüler" (ebd., S. 17) erscheinen. Weil die TERRA-Autoren nicht damit gerechnet hatten, dass sie Zuspruch von dieser Seite erhalten würden, mussten sie dann auch „überrascht zur Kenntnis nehmen, dass unsere Absicht, Qualifikationen im Sinne einer verständigen Bürgerbeteiligung auf dem Feld der Stadtentwicklung sowie Stadt- und Ortskernsanierung zu entwickeln, auf wenig Gegenliebe in den Schulen stieß" (Altemüller 1995, S. 204). Diese Einschätzung unterstrich Kroß im Interview, wenn er rückblickend feststellte, dass besonders bei den funktionalen und gesellschaftlichen Strukturen des Bandes 9/10, an dem er selbst mitgearbeitet hatte, ein „motivationaler Ansatz" fehle. Aber es war nicht nur die inhaltliche Ebene, mit der die konservativen Nutzer ihre Probleme hatten. Länderkundlich orientierter Unterricht setzte auf Wissen, Schultze aber wollte mit seinen Aufgaben Können vermitteln. Mit diesen Aufgaben konnten die Lehrkräfte nichts anfangen. Sie erschienen ihnen als „teilweise viel zu schwierig" (Scholl 1977, S, 344). Deswegen stellten die Lehrer „lieber eigene Aufgaben, als sie dem Schulbuch zu entnehmen, da sie aus dem Unterrichtsverlauf erwachsen müssen" (Scholl 1977, S. 345). Auch wenn das Lehrwerk aus heutiger Sicht zu viele

---

77 Diese Vermutung wird auch dadurch untermauert, dass TERRA-Nutzer für eine Verbesserung des Schulbuches u. a. vorschlugen: „Bei physisch-geographischen [sic!] Wissen mehr Text als Informationsangabe" oder „Mehr Geologie" (Scholl 1977, S. 344).

Aufgaben enthielt und zu wenig schülerorientiert war (Kroß), scheint das Hauptproblem bei der Nutzung des Buches damals vor allem darin bestanden zu haben, dass es zumindest zum Teil auch von traditionell orientierten Lehrern genutzt wurde.

Das Team von „Welt und Umwelt" hatte mit einem völlig anders gearteten Problem zu kämpfen. Die Lehrkräfte, die dieses Buch nutzten, waren eher „emanzipatorisch-kritisch" (Hard 1979, S. 169) orientiert. Für sie schien der im Buch gebotene sozialgeographische Ansatz attraktiv, sie wurden dann aber durch die oft landschaftskundliche Herangehensweise und die Ausrichtung der Aufgaben auf Wissen irritiert. In der Befragung von Scholl hielt einer der „Welt und Umwelt"-Nutzer dementsprechend auch eine „didaktische und methodische Überarbeitung des Erstentwurfes (für) wünschenswert" (Scholl 1977, S. 345). Solange eine entsprechende Überarbeitung aber nicht vorlag, ergriffen auch diese Lehrer selbst die Initiative. Haubrich berichtete im Interview, dass ein Lehrer bei der Behandlung seines Kapitels „Müll" aus dem Band für die Klasse 9/10 die Schüler im Unterricht aufgefordert habe, Gummihandschuhe anzuziehen und den eigenen Hausmüll nach Bestandteilen zu sortieren. Obwohl eine solche Aufgabe in dem Buch gar nicht gestellt worden war (vgl. Hausmann 1976, S. 386f), habe eine CDU-Politikerin das Kapitel, das von Kritikern gerne als „Müllgeographie" denunziert worden sei, beim Ministerium des betroffenen Bundeslandes moniert. Heute, meinte Haubrich, könne man das kaum noch nachvollziehen, weil Mülltrennung etwas Selbstverständliches sei. Aber es habe nicht nur *einen* solchen Vorfall gegeben. Auch mit dem das Buch ergänzenden Programm zum Thema „Wohnen" sei man angeeckt, nachdem ein Lehrer aus Bremen seine Schüler nach der Bearbeitung des Programms dazu angeregt habe, eine Befragung in unterschiedlichen Wohnvierteln durchzuführen. Daraufhin habe wiederum ein Politiker der CDU eingegriffen und den Lehrer wegen Aufwiegelung der Jugendlichen sowie Anstiftung zu sozialem Unfrieden angeklagt. Beide Beispiele zeigen Kollegen, die im Prinzip mehr Handlungsorientierung wünschten und den Geographieunterricht als politische Bildung verstanden. Für solche Ansprüche war „Welt und Umwelt" das Nächstliegende, wenn auch nicht das perfekte Buch.

Paradoxerweise hat „Geographie" / TERRA den Konkurrenzkampf um die Gunst der Lehrer – scheinbar - gewonnen. Paradox vor allem, weil Schultze die konzeptionelle Auseinandersetzung um einen neuen Geographieunterricht eigentlich verloren hatte (vgl. Kap. 4.2.2.2.1.) und scheinbar, weil von dem ursprünglichen „Geographie"-Lehrwerk vieles in der Folgezeit zurückgenommen wurde. Dass „Welt und Umwelt" den Konkurrenzkampf verloren hat, führten meine drei an diesem Werk beteiligten Gesprächspartner auf recht ähnliche Gründe zurück: Haubrich sah ein Problem darin, dass viele CDU-Länder mit den Inhalten und Methoden nicht einverstanden gewesen seien. Schrettenbrunner nahm in diesem Zusammenhang auch die Eltern als Hindernis wahr. Sie hätten dem Buch skeptisch gegenübergestanden, weil sie durch die offenen Fragen nicht mehr erkennen konnten, was ihre Kinder eigentlich lernen (sollten). Angesichts dieser Situation, so Haubrich, hätten mehrere Bundesländer ihre Länderhoheit in der Bildungspolitik dazu genutzt, erst eigene Lehrpläne zu erarbeiten und dann nur solche Bücher zuzulassen, die diesen Lehrplänen entsprachen. Ernst ergänzte dieses Argument um die Feststellung, dass Klett dabei gute Lobby-Arbeit geleistet habe. Als zweiten neuralgischen Punkt nannten alle drei die Lehrer. Ernst meinte, sie seien zu wenig involviert gewesen und zu wenig fortgebildet worden. Auch Schrettenbrunner nahm an, dass das Buch für die Lehrer „zu anspruchsvoll" war. Gerade den Gymnasiallehrern, die didaktisch nicht ausgebildet worden seien, sei die methodische Gestaltung der Seiten nicht geheuer gewesen. Zudem seien die Autoren davon ausgegangen, die Lehrer würden die Kapitel am Ende der Unterrichtseinheiten selbständig an der Tafel zusammenfassen. Das hätten viele Lehrer inhaltlich aber nicht leisten können oder wollen. Auch Haubrich hat die Einschätzung, die Lehrerschaft habe den Ansatz des Buches vor allem deswegen nicht so gut gefunden, weil er ihnen in der Durchführung „zu anstrengend" erschien. Höchstens 20% der Lehrer seien bereit gewesen, die entsprechende Umsetzungsarbeit zu leisten. Ganz anders bewerte

Barbara Kreibich den Misserfolg des Buches: Es sei ein „Schnellschuss" und entsprechend wenig durchdacht gewesen.

Den Erfolg von TERRA führte Altemüller dagegen darauf zurück, „dass die Autoren sich nicht verleiten ließen, in extremer Weise Positionen einer strikt sozialgeographischen Wertung unserer Welt zu vertreten" (Altemüller 1995, S. 203). Tatsächlich dürfte der Erfolg aber vor allem darin gelegen haben, dass es TERRA aufgrund dieser „Offenheit" schnell gelang, auf die in den 80er Jahren veränderten Bedingungen zu reagieren, obwohl „das legitime Interesse des Verlags und seiner Autoren, die hervorragende Stellung des Geographiewerks TERRA in den deutschen Schulen zu bewahren, immer häufiger mit den eigenen didaktischen und curricularen Überzeugungen der Autoren und besonders des Herausgebers in Konflikt geriet" (Altemüller 1995, S. 206). Die Lehrkräfte waren mit diesen Veränderungen höchst zufrieden, die TERRA-Bände erhielten von allen Schulbüchern die besten Bewertungen (vgl. Niemz 1989c, S. 119). Wenn die konzeptionelle Gestaltung eines Lehrwerks aber so sehr verändert wird, dass der Herausgeber sich damit nicht mehr wohl fühlt, dann ist es nur noch der Name des Buches, der Erfolg hat, nicht die Idee.

4.2.5.2 LEHRPLANEMPFEHLUNGEN

Der Schulgeographenverband sah besonders in der Formulierung von Lehrplanempfehlungen ein lohnendes Betätigungsfeld, um die Reform zu begleiten. Hier konnten die Lehrervertreter versuchen, vermeintliche Definitionsmacht auszuüben, indem sie einen Rahmen für einen erneuerten Geographieunterricht formulierten, mit dem den Forderungen von Bildungskommissionen Genüge getan werden konnte. In der ersten Hälfte der 70er Jahre wurden so immer neue Vorschläge vorgelegt, bis man sich 1975 auf erste „Empfehlungen zu Richtlinien und Lehrplänen für Geographie im Sekundarbereich I (Klassen 5-10)" (VDSG 1975a) einigte.

Erste Schritte zu diesen Empfehlungen wurden im Kontext des Neu-Isenburger Kreises getan. Dazu wurden die Arbeitsgruppen „Grundsatzfragen" und

„Lehrpläne" gegründet. Beide Arbeitsgruppen tagten schon bald nach dem ersten Treffen (13. bis 15. 2. 1970) ein weiteres Mal in Hannover (2. 5. 1970), bevor die ersten Ergebnisse der Arbeitsgruppen Ende Mai 1970 auf dem Schulgeographentag in Oldenburg in getrennten Fachsitzungen vorgestellt wurden (VDSG 1970, S. 332). Nach einer weiteren Sitzung vom 12. bis 14. 6. 1970 in Neu-Isenburg wurden vorläufige Ergebnisse in der Geographischen Rundschau publiziert (VDSG 1970, S. 332).

Die Arbeitsgruppe „Grundsatzfragen" formulierte in erster Linie Zielsetzungen und zukunftsrelevante Problemkreise für den geographischen Unterricht. Sie übernahm in Punkt II die generellen Lernziele von Ernst (Friese u. a. 1970, S. 333; Ernst 1970, S. 189 – vgl. Kap. 4.2.2.2.2.) und folgte ihm in Punkt III in seiner Unterscheidung von kognitiven und instrumentalen Lernzielen, wobei die beiden Kategorien allerdings anders gefüllt wurden als bei Ernst (vgl. Kasten 10 und Abb. 10 und 11), und zwar sowohl inhaltlich als auch formal: Auf der inhaltlichen Seite fällt im Entwurf der Schulgeographen bei den kognitiven Lernzielen die deutlichere Betonung der physisch-geographischen Lernziele auf und bei den instrumentalen Lernzielen die Hervorhebung topographischer Kenntnisse. Formal ist auffällig, dass Ernst seine Lernziele immer als Fähigkeiten formulierte, die die Schüler erwerben sollten, während die Schulgeographen oft nicht einmal Verben brauchten, um ein Lernziel zu formulieren – ihnen reichte die Angabe des Inhalts völlig aus. Oft war auch nicht klar, ob sich die Lernziele überhaupt auf die Schüler bezogen oder nicht eher auf die Lehrer, wenn sie z. B. etwas „begreifbar machen" sollen (kognitives Lernziel 2) oder wenn eine Lehrwanderung durchgeführt werden soll (instrumentales Lernziel 3). Gegenüber der Vorlage von Ernst war hier also schon kurze Zeit später ein deutlicher Rückschritt in der Stringenz der Gedankenführung zu bemerken.

Die Arbeitsgruppe „Lehrpläne", der vier verschiedene Lehrplanentwürfe vorlagen, hatte vor allem die Aufgabe, einen modern strukturierten Lehrplan zu formulieren, in dem der fachliche Kern gewahrt blieb (Rössler 1970, S. 162). Ge-

Allgemeine kognitive Lernziele geographischen Unterrichts sind:
1. Erkennen von Gemeinsamkeiten und Unterschieden geographisch und historisch erklärbarer Lebensformen (zum Beispiel Gemeinsamkeiten in der naturräumlichen Gliederung und Differenzierung im Mensch-Raum-Verhältnis durch unterschiedliche Gesellschaftsordnungen und Traditionen, Isolationen und Integrationen),
2. Das Beziehungsgefüge zwischen Gesellschaft und Raum unter besonderer Berücksichtigung differenzierter und sich wandelnder Zielvorstellungen der Gesellschaft begreifbar zu machen (z. B. Wertwandel von Räumen durch gesellschaftliche und technische Entwicklungsprozesse; Wechselwirkungen von Naturlandschaft – Kulturlandschaft und Gesellschaft; autochtone und allochtone, isolierte und interdependente Raumnutzungssysteme; Transferprobleme, Erfassen der raumgebundenen Bezüge und Probleme der wichtigsten Daseinsfunktionen, ihrer Überschneidungen und Konflikte),
3. Grundeinsichten in die Phänomene und Probleme naturwissenschaftlicher Gesetzmäßigkeit, biotischer Regelhaftigkeit und menschlicher Entscheidungsfreiheit (stabile und labile Regelkreise und ihre Störungen; Entscheidungsspielräume und raumgebundene Bedingtheiten für Individuum und Gesellschaft).
Allgemeine instrumentale Lernziele geographischen Unterrichts sind:
1. Räumliche Orientierungshilfen und entsprechende Ordnungssysteme, die für eine selbständige Gewinnung, Einordnung und Bewertung einschlägiger Informationen erforderlich sind (Schaffung räumlicher Vergleichs- und Bezugssysteme; Erfassung von Distanzen; Orientierungsvermögen im Gradnetz, im topographischen Grundgerüst, in der Gliederung der Erde unter physisch-geographischen und anthropogeographischen Gesichtspunkten, Ermitteln von Grenzen, Grenzsäumen und Einzugsbereichen),
2. Einführen in fachspezifische Arbeitsweisen und durch Übung den selbständigen, sachgemäßen und kritischen Umgang mit Arbeitsmitteln ermöglichen (Arbeit mit groß- und kleinmaßstäbigen Karten, mit Statistiken und Diagrammen; Beobachten – Registrieren - Auswerten – Bewerten; Erstellen von Karten, Krokis[78], Kausalprofilen; Bildauswertung; Beschreibung, Auswertung und Beurteilung relevanter Texte; Umgang mit und Erstellung von Modellen; Beurteilung von Transfermöglichkeiten),
3. Anwendung geographischer Arbeits- und Untersuchungsmethoden auch in der unmittelbaren Begegnung mit der Umwelt zur Förderung gezielter Wahrnehmung und Kreativität (z. B. Lehrwanderung, Feldarbeit, Betriebserkundungen, Befragungen).

Kasten 10: Von der Arbeitsgruppe „Grundsatzfragen" formulierte allgemeine kognitive und allgemeine instrumentale Lernziele
(Quelle: Friese u. a. 1970, S. 333)

stützt auf die Vorarbeiten der Arbeitsgruppe „Grundsatzfragen" stellte die Arbeitsgruppe zunächst fest, „dass ‚Länderkunde' und ‚Allgemeine Geographie' in der Lehrplandiskussion keine Alternativen sein können" (Jonas 1970b, S. 334).

---

78 Kroki, das = Plan, einfache Geländezeichnung

Stattdessen sollte der Unterricht „ganz eindeutig auf Lernziele gerichtet sein, nicht auf Räume" (ebd., S. 334). Zur Diskussion standen dabei zunächst diejenigen Kerninhalte des bisherigen Geographieunterrichts, die durch die Arbeitsgruppe „Grundsatzfragen" mehr oder weniger deutlich in den Rang von Lernzielen erhoben worden waren: die Welterkenntnis „vom Nahen zum Fernen", die Topographie und die physische Geographie:

- Obwohl der Unterricht nach Themen geordnet sein sollte, wollte eine Gruppe den Themen „Hauptübungsräume" zuordnen, womit sie wieder bei einer Abfolge vom „Nahen zum Fernen" gelandet war (Jonas 1970b, S. 334), auch wenn der eigenen Auffassung gemäß „die Stofforientierung in ‚Hauptübungsräumen' (...) ja keinesfalls eine Stoffgliederung im länderkundlichen Nacheinander" (ebd., S. 334) bedeute. Eine andere Gruppe argumentierte, dass Nahes und Fernes im Bewusstsein der Kinder und Jugendlichen in gleicher Weise vorhanden seien und man sich nur an den Lernzielen orientieren solle (ebd., S. 334).

- Eng mit dieser Frage verbunden war die Frage nach der Topographie: Während sich die Befürworter von „Hauptübungsräumen" von der Ausgliederung solcher Räume auch eine leichtere Vermittlung der „Informations- und Datengrundlage" (ebd., S. 334) versprachen, betonten die Gegner, dass trotz Orientierung an Lernzielen der jeweiligen *sachbezogenen* Thematik eine „Grobtopographie" (ebd., S. 344) zugrunde liegen sollte.

- Obwohl kein Teilnehmer des Arbeitskreises die physische Geographie abschaffen wollte (Rössler 1970, S. 162), reichten die Meinungen auch hier von einer „radikalen Einschränkung bis zur pointierten Verteidigung" (ebd., S. 162). Der Vorschlag, die physische Geographie zu verselbständigen, um sie so eindeutiger den Naturwissenschaften zuordnen zu können, stieß „aufgrund mangelnder Interessendisposition der Schüler" (ebd., S. 162) auf Ablehnung. Zusätzlich wurde befürchtet, dass die physische Geographie sich aufgrund der „fehlenden Gesellschaftsrelevanz" als Sonderkurs nicht halten könne (ebd., S. 162).

Einig war man sich trotz der dargestellten Differenzen darin, dass ein „lernziel-bestimmter Erdkunde-Unterricht" anzustreben sei, wobei auf die Lernzielformulierung der Arbeitsgruppe „Grundsatzfragen" zurückgegriffen werden sollte. Als „Darstellungsform zur Didaktik des Sachthemas im Lehrplan" (Jonas 1970b, S. 334) wurde unter Bezug auf Mager (vgl. Kap. 4.2.1.2.) ein Schema gewählt, das „Sachthema – Lernziele, *vom Thema hergeleitet* – Arbeitsweisen – Begriffe; bzw. Fertigkeiten – Einsichten – Wissen" (ebd., S. 334 – Herv. A. U.) hintereinander darstellte. Offen blieb dabei zunächst sowohl die Frage, wie die Themen in den Lehrplan eingebaut werden sollten, ob nach „Thematiken der Allgemeinen Geographie" (ebd., S. 334) oder nach „Grunddaseinsfunktionen" (ebd., S. 334), als auch die Frage, ob es gelingen könne, „aufbauende Lehrgänge" (ebd., S. 335) zu entwerfen oder ob die „Fragenkreise ohne notwendigen Zusammenhang" (ebd., S. 335) nebeneinanderstehen müssten. Die Lehrplanarbeit steckte zu dieser Zeit somit noch in den Anfängen, wobei es als Ziel angesehen wurde, einen „in Teilen detaillierten Lehrplan (...) als Empfehlung an die KMK und an die Bundesländer" zu geben (ebd., S. 334).

Dieses Ziel galt es schon bald sehr schnell zu erreichen, denn vom 16. bis 19. 2. 1971 hatte Robert Geipel zu einer Tagung nach Tutzing eingeladen, „auf der Konzeption und Realisierungsmöglichkeiten eines Raumwissenschaftlichen Curriculum-Forschungsprojekts (RCFP) diskutiert werden sollten" (Hoffmann 1978, S. 52). Auf dieser Tagung wollte der Neu-Isenburger-Kreis „ein fertiges Lehrplankonzept" (ebd., S. 52) vorlegen, an dem sich das RCFP orientieren sollte (Hoffmann 1990, S. 37; 1978, S. 52). Der im Januar 1971 in Göttingen erarbeitete Konsens war allerdings „von allerlei Zufälligkeiten mitbestimmt" (Hoffmann 1978, S. 52), so dass schnell Unzufriedenheit mit dem Ergebnis aufkam. Die anschließenden Aktivitäten der Schulgeographen wurden erst Jahre später auf einer Wochenendsitzung vom 22. bis 23. 2. 1975 in Hannover zu einem Endergebnis geführt (Hoffmann 1978, S, 54). Dieses Ergebnis wurde vom Verband Deutscher Schulgeographen als „Empfehlungen zu Richtlinien und

Lehrplänen für Geographie im Sekundarbereich I (Klassen 5-10)" (VDSG 1975a) veröffentlicht.

Durch den im Anhang abgedruckten „Bildungsauftrag der Geographie" (VDSG 1975a, S. 356) knüpften die Richtlinien an die Vorstellungen des Arbeitskreises „Grundsatzfragen" des Neu-Isenburger-Kreises an: Zwar wurden die generellen Lernziele von Ernst nicht mehr erwähnt, aber die kognitiven und instrumentalen Lernziele wurden mit leichten sprachlichen Modifikationen übernommen.

In der den Empfehlungen vorangestellten kurzen „Zwischenbilanz" wurden die Diskussionsstränge des Arbeitskreises „Lehrpläne" wieder aufgenommen und zu einem vorläufigen fachverträglichen Kompromiss geführt. Einleitend wurde zwar noch einmal betont, dass der moderne Geographieunterricht nicht mehr „im Sinne der ‚Land-zu-Land-Methode' vom Nahen zum Fernen fortschreiten" (VDSG 1975a, S. 350) könne, sondern darauf gerichtet sein müsse, „die Schüler zur Bewältigung zukünftiger Lebenssituationen" (ebd., S. 350) zu befähigen. Voraussetzung für dieses Ziel sei aber sowohl „ein umfangreiches Arbeitswissen, dessen Grundbegriffe, Grundeinsichten und Arbeitsweisen bei wachsenden Anforderungen immer wieder aufgegriffen und miteinander verknüpft werden" (ebd., S. 350) als auch „die Sicherung eines verfügbaren topographischen Wissens und die Fähigkeit zur Orientierung auf der Erde mit Hilfe der geographischen Medien, insbesondere Karte, Atlas und Globus" (ebd., S. 350). Um diese Lernziele zu erreichen, habe die Geographie außerdem „mit ihren vielfältigen Arbeitsmitteln ausgezeichnete Möglichkeiten, die nicht auf den verbalen Bereich beschränkt sind und deshalb z. B. Sprachbarrieren überwinden helfen und eine optimale gezielte Förderung erleichtern" (ebd., S. 350). Mit dieser Zwischenbilanz deutete sich – trotz gegenteiliger Behauptung – bereits eine gewisse Relativierung des lernzielorientierten Ansatzes an, denn bevor die verschiedenen Lernziele überhaupt verfolgt werden konnten, mussten die Schüler erst einmal Grundbegriffe, Topographie und den Umgang mit Karten lernen – also vor allem auf Verfügungswissen gerichtete Inhalte.

Bereitschaft und Fähigkeit,
- Meinungen zu räumlich relevanten politischen Fragestellungen (Raumordnung: Kommunalbereich, Stadt- und Landesplanung / Umweltsicherung / Entwicklungspolitik / Raumwirkungen gesellschaftlichen Wandels) öffentlich zu bilden, zu verantworten und zu tolerieren,
- Urteile gegenüber sozialen Gruppen, fremden Völkern und Kulturen ständig gewissenhaft zu überprüfen und – gegebenenfalls – Vorurteile zu revidieren,
- an politischen Entscheidungen in den zuerst genannten Bereichen aktiv mitzuwirken und sich dabei kooperativ zu verhalten – nötigenfalls – Konflikte durchzustehen,
- gegenüber der demokratischen Gesellschaft, ihren staatlichen und kommunalen Institutionen konstruktiv-kritische Loyalität zu beweisen,
- Wissenschaftsbereiche in kritischer bzw. selbstkritischer Rationalität zu durchdringen, wahrheitsgemäße Aussagen zu suchen, sie empirisch zu überprüfen und – gegebenenfalls – zu revidieren.

Kasten 11: Affektive Lernziele der Richtlinien von 1975
(Quelle: VDSG 1975a, S. 351)

Diese Tendenz wurde in den eigentlichen Richtlinien noch deutlicher. Die Richtlinien unterschieden zwar zwischen kognitiven und affektiven Lernzielen, sahen die affektiven Lernziele (vgl. Kasten 11) aber „als stufenübergreifend" (VDSG 1975a, S. 351) an. Sie hätten zudem einen „bloß empfehlenden Charakter" (ebd., S. 351) und würden „durch die kognitiven Lernziele der Lehrplanempfehlungen inhaltlich näher bestimmt" (ebd., S. 351). Trotz dieser strukturell eher schwachen Stellung der affektiven Lernziele gingen die Richtlinien davon aus, dass mit ihnen gezeigt werde, „dass der Geographieunterricht in der Lage ist, notwendige Beiträge zu einer umfassenden politischen Bildung zu leisten" (ebd., S. 352). Damit sei „eine Zuordnung zum gesellschaftswissenschaftlichen Bereich (...) möglich" (ebd., S. 352).

Im Gegensatz zu den affektiven Lernzielen hatten die kognitiven Lernziele, die in Richt- und Hauptziele unterteilt wurden, einen „regulativen Charakter" (VDSG 1975a, S. 351), was nicht heißen sollte, dass mit diesen Zielen „ein abprüfbares ‚Endverhalten' exakt beschrieben, sondern stattdessen eine Bindung für das didaktische Handeln über einen längeren Zeitraum hinweg festgelegt" (ebd., S.

„kennen" beschreibt die Voraussetzung für eine reine Wiedergabe aus dem Gedächtnis.
„orientieren" bedeutet die Fähigkeit, sich einfacher (geographischer) Hilfsmittel zu bedienen.
„erfassen" beschreibt die Übersicht über eine größere Menge von Informationen und Kenntnissen sowie die Fähigkeit, diese einem vorgegebenen Ordnungsschema zuzuordnen.
„erkennen" setzt die deutliche Unterscheidung von verwandten oder ähnlichen Erscheinungen voraus („multiple Diskrimination") und bedeutet die Fähigkeit der Zuordnung zu einem vorgegebenen Begriff.
„aufzeigen" bedeutet die Fähigkeit, komplexe Gefüge rein beschreibend zu analysieren (z. B. „Ursachen auszeigen").
„beobachten" heißt, unter Verwendung gegebener Begriffe die Aufmerksamkeit auf einen Gegenstand zu richten und Wahrnehmungen festzuhalten und wiederzugeben.
„untersuchen" heißt, an den Gegenstand der Erkenntnis, Erfassung oder Beobachtung gezielte Fragen zu richten.
„erklären" bedeutet, beobachtete und erkannte Erscheinungen auf Ursachen oder auf Systemzusammenhänge in einem Wirkungsgefüge zurückzuführen, wobei Hilfsmittel oder Logik zu verwenden sind.
„prüfen" heißt, eine einmal gegebene Erklärung (Hypothese) an neuen Beobachtungen oder an ihrer inneren Logik zu messen.
„einsehen" heißt, eine größere Zahl von Erkenntnissen und erklärenden Regeln dazu zu verwenden, sich in der erfahrbaren Wirklichkeit und in einer Menge von Aussagen auf eine verbesserte Weise zurechtfinden zu können. Zwar sind Einsichten oft als Regeln formulierbar, wie das auch in den Lernzielen geschieht; aber diese Form der Verbalisierung ist nicht mit Einsicht identisch, die auswendige Wiedergabe wäre lediglich Kenntnis. Eine Einsicht bedeutet demgegenüber, „die Welt mit anderen Augen zu sehen".
„beurteilen" setzt voraus, eine Mehrzahl von Hypothesen im Zusammenhang zu prüfen, um dann Aussagen über Richtigkeit, Wahrscheinlichkeit, Angemessenheit und Anwendbarkeit zu machen
„bewerten" fordert darüber hinaus den Bezug auf eine detaillierte Wertordnung mit Skalierungen, die eine Problemlösung als besser oder schlechter, mehr oder weniger angemessen zu entscheiden gestattet. Dabei ist zu beachten, dass eine allgemein-verbindliche Entscheidbarkeit nicht in jedem Falle gegeben ist, dass also Pluralität und Toleranz unverzichtbare Grundsätze auch des Geographieunterrichts sind.

Kasten 12: Erläuterung der in den Lernzielen verwendeten Operatoren
(Quelle: Hoffmann 1975, S. 354 und 356 – Anlage zu VDSG 1975a)

351) werden sollte. Sie sollten somit „den unterrichtenden Kollegen, den Lehrplanarbeitern und den Lehrbuchautoren" (ebd., S. 351) bei der „Auswahl besonders geeigneter Stoffe und operativer Lernziele" (ebd., S. 351) helfen.

Den Autoren war es dabei durchaus wichtig, dass sowohl Lehrer als auch Schulbuchautoren nachvollziehen konnten, „von welcher Art der Prozess des Lernens und Vollziehens sein soll" (Hoffmann 1975, S. 354), der mit den jeweiligen Lernzielen angesprochen war. Um das Verständnis für diesen Aspekt der Lernziele zu erleichtern, wurden die in den Lernzielformulierungen genutzten Verben im Anhang erläutert (vgl. Kasten 12), wobei die Reihenfolge, in der die Verben erklärt wurden, „näherungsweise einen wachsenden Schwierigkeitsgrad widerspiegeln" (ebd., S. 354) sollte.

Ob dieser aufwendige Apparat von Operatoren allerdings wirklich half, sich besser zu verständigen, darf in Zweifel gezogen werden, zumal die Autoren des Lehrplans selbst sich nicht immer sinnvoll auf sie bezogen. So sollte in der 7. und 8. Klasse das Hauptlernziel „Den Einfluss der Auseinandersetzung sozialer Gruppen auf die Gestaltung von Räumen prüfen und bewerten" (VDSG 1975a, S. 353) erreicht werden, um – darauf aufbauend? – in der Klassenstufe 9/10 das Lernziel „Auswirkung von Gruppenaktivitäten und Konflikten verschiedener sozialer Gruppen auf die Raumgestaltung erkennen" (ebd., S. 354) anzustreben. Da die Themenstellung sehr ähnlich ist, müsste es bei diesen Zielen eigentlich darum gehen, den Schwierigkeitsgrad der Operation zu erhöhen. „Erkennen" steht in der Operatorenliste aber deutlich vor „prüfen" und „bewerten", so dass entweder die Schüler der 7. und 8. Klasse überfordert wurden oder die Schüler der 9. und 10. Klasse sich langweilen müssten.

Trotz des Versuchs, die Verständigung über die Lernziele mittels Operatoren zu vereinfachen (Hoffmann 1975, S. 354), waren sowohl die Richt- als auch Hauptziele derart abstrakt formuliert, dass Lehrer wie Schulbuchautoren sie mit den unterschiedlichsten Inhalten füllen konnten. Diese Gefahr war offensichtlich auch den Autoren der Richtlinien bewusst, denn im Anschluss an den eigentlichen Lehrplan führten sie noch „Themenbeispiele zur Erläuterung der Hauptziele" (VDSG 1975a, S. 353) auf, die allerdings kaum überzeugen konnten[79]:

---

79 Hier werden nur Beispiele genannt. Die Liste ließe sich fortsetzen.

232

- Zum Hauptziel „Kausalzusammenhänge der Geofaktoren erkennen und ihre Wechselwirkungen beschreiben" (ebd., S. 352) nannten die Autoren als Themenbeispiele zum einen das sehr allgemeine Thema „Klima- und Vegetationszonen" (ebd., S. 354) und zum anderen das sehr spezielle Thema „Zusammenhänge zwischen Entwaldung, Beweidung, Kalkgebirge und Mittelmeerklima bei der Verkarstung" (ebd., S. 354), wobei gerade dieses letzte Thema über die schlichte Wirkung von Geofaktoren ja bereits hinausgehen würde, wenn man es ernsthaft behandeln wollte.

- Zum folgenden Hauptziel „Formen der Inwertsetzung (z. B. durch Landwirtschaft, Industrie, Verkehr) und die Wirkungen von Innovationen auf den Wertwandel in einfach strukturierten Räumen erkennen" (ebd., S. 352) wurden von den Autoren nur Beispiele aus der Landwirtschaft genannt: „Selbstversorgungswirtschaft und Plantagenwirtschaft in den Tropen" (ebd., S. 354) und „Erweiterung der landwirtschaftlichen Nutzfläche in verschiedenen Klima- und Vegetationsgebieten (z. B. Rodung, Moorkultivierung, Bewässerung)" (ebd., S. 354).

- Den drei Hauptzielen „Den Einfluss von Naturbedingungen auf menschliches Handeln im Raum bei der Befriedigung der Daseinsgrundbedürfnisse beobachten und erkennen" (ebd., S. 352), „Das Einwirken von Naturfaktoren auf die Raumgestaltung erkennen" (ebd., S. 352) und „Den Einfluss der Auseinandersetzung sozialer Gruppen auf die Gestaltung von Räumen prüfen und bewerten" (ebd., S. 353) wurden drei sehr ähnliche Themenbeispiele zugeordnet: „Das Leben an der Siedlungsgrenze – Lebenschance in Wüstenräumen" (ebd., S. 353), „Der Zwang zur Bewässerung in Trockengebieten" (ebd., S. 354) und „Konkurrierende Raumnutzung durch Viehzuchtnomadismus und Bewässerungsfeldbau in semiariden Gebieten" (ebd., S. 354). Wo genau der Unterschied liegen sollte, erfuhr der Leser nicht.

Warum welches Thema welchem Hauptziel und welcher Klassenstufe zugeordnet war, wurde nicht begründet. Die Auswahl schien strukturell wie regional beliebig und bestätigte somit Kritiker, die meinten, solche Unstimmigkeiten ergäben sich „zwangsläufig aus dem Bemühen, nicht Räume bzw. Geographie um ihrer selbst willen zu betrachten, sondern Baugesetze, Regelhaftigkeiten, Verhaltensdispositionen im Hinblick auf Bewältigung von Lebenssituationen, Selbst- und Mitbestimmung, politische Mitverantwortung" (Hahn 1974, S. 403). Die Unprofessionalität der Richtlinien wurde selbst von Hoffmann eingestanden, als er betonte, „dass man an das Endergebnis der Verbandsbemühungen nicht jede theoretische Elle anlegen darf" (Hoffmann 1978, S. 54), weil es einen Unterschied gebe „zwischen der Forschungs- und Lehrtätigkeit eines pädagogischen Universitätsinstituts und den freiwilligen Wochenendbemühungen von Verbandsarbeitskreisen" (ebd., S. 53f.). Nur wäre es in einer solchen Situation im Sinne des Unterrichtsfaches eigentlich ein naheliegender Schluss gewesen, diese Arbeit dann den Experten zu überlassen.

Vielleicht lag es auch an den unprofessionellen, von Unstimmigkeiten geprägten Ergebnissen, dass der Neu-Isenburger-Kreis in der Erinnerung meiner Interviewpartner eine eher untergeordnete Rolle spielte. Diejenigen, die selbst an ihm beteiligt waren, erinnerten sich vor allem an die Schwierigkeiten der konkreten Arbeit: Ernst betonte dabei die „Positionsbestimmung zum Thema Lernziele" als wichtigsten Diskussionspunkt. Dabei seien drei Lernziele als wichtig erkannt worden: die Orientierung, die Fähigkeit und Bereitschaft zur Auseinandersetzung mit der Welt und die Fähigkeit und Bereitschaft zu kritischer Mitarbeit. Kreibich erinnerte sich vor allem an den Arbeitsprozess selbst und an die ‚Steckenpferde' der einzelnen Teilnehmer: Es sei damals üblich gewesen, „sich dauernd neue Lehrplanentwürfe zuzuschicken" und sie später mit Kommentaren zurückzubekommen. Sie habe mit Hoffmann besonders gut zusammenarbeiten können. Jonas habe sich für Stadtthemen eingesetzt, Puls für Nordsee-Themen. Bauer habe besonders die Kollegstufe im Auge gehabt und Ernst habe seine Erfahrungen aus der Arbeit an den hessischen Rahmenrichtlinien eingebracht. Das Bild eines ‚bunten Gemischs' wird so aus der subjektiven Erinnerung bestätigt.

Dieses Gemisch setzte sich auch unterhalb der obersten Verbandsebene fort: Weit davon entfernt, „auf eine Vereinheitlichung im Sinne des Rahmenplans bzw. gemeinsamen Fundamentums" Rücksicht zu nehmen (Haubrich 1979b, S. 508), begannen Lehrplanmacher „landauf, landab, je nach Schulart und Klassenstufe" (Daum 1980c, S. 61) eigene Grundlagen für das Fach Erdkunde auf dem Verordnungsweg zu schaffen (ebd., S. 61). Auf diese Weise wurden „über 200 (in Worten: zweihundert) gültige, aber keineswegs kongruente Klassenlehrpläne allein für die Sekundarstufe I" (ebd., S. 61 – vgl. Haubrich 1979a, S. 83; 1979b, S. 508) geschaffen. Alle diese Pläne beriefen sich zwar „ausdrücklich" (Haubrich 1997b, S. 508) auf die Rahmenpläne, interpretierten sie aber z. T. „diametral auseinanderlaufend" (ebd., S. 508). Selbst bei Lehrplänen, die tatsächlich dem Rahmenplan entsprechen, sah Haubrich auf der konkreten Ebene immer noch die Gefahr, dass „die Meinungen wieder auseinander" gehen (ebd., S. 511). Um diesen Missstand zu beheben, forderte Haubrich weder Konkretisierungen des Rahmenplans noch Fortbildungen zur Auslegung des Planes, sondern die Erstellung eines neuen „mittelfristigen Lehrplans" (ebd., S. 511). Dieser sollte in einem „fairen demokratischen Verfahren" (ebd., S. 511, vgl. Daum 1980c, S. 60) erstellt werden und so lange Gültigkeit haben, bis „weitere geographie-didaktische Forschungen zur Entwicklung eines langfristigen curricularen Perspektivplans" (ebd., S. 511) durchgeführt worden seien.

Um das demokratische Zustandekommen des mittelfristigen Lehrplanes zu gewährleisten, sollten *alle* Verbände des „Zentralverbands der Deutschen Geographie" beteiligt werden (Haubrich 1979b, S. 511; 2001a, S. 92), und das hieß natürlich auch die Fachdidaktiker. Bereits auf dem Göttinger Geographentag von 1979 schlug Haubrich als Vorsitzender des „Hochschulverbandes für Geographie und ihre Didaktik" deshalb vor, einen Ausschuss zu bilden, um einen „Basislehrplan Geographie" zu entwickeln (ZVDG 1980, S. 3). Dieser neue

Lehrplan wurde 1980 veröffentlicht[80] und unterschied sich in einigen Punkten deutlich von den Empfehlungen des VDSG.

Im Gegensatz zum VDSG, der die neue Konzeption des Geographieunterrichts mit den „gewandelten Anforderungen der Öffentlichkeit und der Pädagogik an die Schule" (VDSG 1975a, S. 350) begründete, bezog sich der ZVDG bei seiner Begründung für die Neuformulierung des Lehrplans eher allgemein auf verschiedene politische, gesellschaftliche, wirtschaftliche und technische Entwicklungen, auf die Schüler heute vorbereitet werden müssten. Diese Veränderungen wurden zum einen aus dem Bevölkerungswachstum hergeleitet: „In einer Zeit starken Wachstums der Weltbevölkerung mit ständiger Ausweitung und Intensivierung landwirtschaftlicher Nutzung sowie zunehmender Industrialisierung und Verstädterung wird der verfügbare Raum knapp. Landwirtschaft, Nutzung der begrenzten Rohstoffe und der Flächenbedarf für Siedlungen, Industrie, Erholung und Verkehr führen zu sich ständig verschärfenden Problemen. Die vermehrte Inanspruchnahme von Landschaft zur Befriedigung menschlicher Bedürfnisse erfordert wirksame Maßnahmen, um die Bewohnbarkeit der Erde zu erhalten. Im Geographie-Unterricht erfährt der Schüler die Erde als eine nicht vermehrbare Lebensgrundlage, mit der verantwortungsbewusst umzugehen ist" (ZVDG 1980, S. 3). Zum anderen wurde die zunehmende internationale Arbeitsteilung als Ursache gesehen: „Die besondere Situation Deutschlands, die vielfältigen regionalen Probleme in den Staaten der Erde, die zunehmende Bedeutung der Beziehungen zwischen Staaten und Staatengruppen und die weltweite Verflechtung und Abhängigkeit unserer Wirtschaft und Politik weisen dem Geographie-Unterricht weitere Aufgaben zu" (ZVDG 1980, S. 6).

Der Basislehrplan bezog sich in seinem allgemeinen Teil *nicht* auf die lernzielorientierte Didaktik, sondern beschränkte sich kurzerhand auf die Formulierung

---

80 Interessanterweise wird dieses „Gemeinschaftsprodukt" von Niemz allein dem Schulgeographenverband zugesprochen: „Der Verband Deutscher Schulgeographen erarbeitete einen Basislehrplan, der als Richtlinie für die Lehrpläne in den einzelnen Bundesländern gedacht war (vgl. Geogr. Rdsch. H. 12, 1980), divergierende Entwicklungen in verschiedenen Bundesländern aber nicht verhindern konnte" (Niemz 1989a, S. 8).

von „Hauptzielen", die sich aus einem der beschriebenen Problemsituation entsprechenden „Beitrag zur allgemeinen und politischen Bildung" ergeben sollten:

„1. Kenntnis von Nutzungsformen und Wirtschaftsweisen auf der Erde, insbesondere in der Heimatregion, in Deutschland und Europa;

2. Kenntnis exemplarischer natur-, wirtschafts- und sozialräumlicher Prozesse und Probleme auf der Erde in ihren Ursachen und Wirkungen;

3. Kenntnis von internationalen und globalen Beziehungen und Abhängigkeiten in natur-, sozial- und wirtschaftsgeographischer Sicht;

4. Kenntnis der Topographie und räumlichen Gliederung der Erde;

5. Fähigkeit, Räume mit geographischen Kategorien und Konzepten zu beschreiben;

6. Fähigkeit, Räume und Lebensbedingungen der Menschen in ihren geographischen Zusammenhängen zu erklären;

7. Fähigkeit, geographische Methoden und Hilfsmittel in relevanten Lebenssituationen sachgerecht anzuwenden;

8. Bereitschaft, sich selbst auf der Grundlage grund- und menschenrechtlicher Normen bei der Lösung regionaler, nationaler, internationaler und globaler Probleme angemessen einzusetzen;

9. Bereitschaft und Fähigkeit, geographische Kenntnisse und Fertigkeiten im privaten, beruflichen und öffentlichen Leben sachgerecht und verantwortungsbewusst anzuwenden" (ZVDG 1980, S. 6f).

Dieser Zielkatalog erschien trotz mangelndem Bezug zur Lernzieltheorie sowohl strukturierter als auch deutlicher auf den Zweck der allgemeinen und politischen Bildung hin formuliert, als die Richt- und Hauptziele des VDSG. Auch die zu erreichenden „Fähigkeiten" waren hier wieder als solche benannt. Trotzdem waren die für die einzelnen Klassenstufen vorgeschlagenen Themen deutlich stärker an der Fachwissenschaft orientiert, was sowohl zum Wegfall von tagespolitisch aktuellen Themen wie z. B. dem „israelisch-arabischen Konflikt" (VDSG 1975a, S. 354) oder der „Entwicklung von Küstenräumen unter dem Interessengegensatz von Industrieansiedlung und Schaffung und Erhaltung von

Erholungsräumen" (ebd., S. 354) führte, als auch zur Herausnahme von fachwissenschaftlich überholten Themen wie z. B. die „Konkurrierende Raumnutzung durch Viehzuchtnomadismus und Bewässerungsfeldbau in semiariden Gebieten" (ebd., S. 354). Agrargeographische Themen wie der „Zwang zur Bewässerung in Trockengebieten" (ebd., S. 354) wurden zugunsten von industriegeographischen Themen wie „Formen der Industrialisierung in einem Entwicklungsland" (ZVDG 1980, S. 15) zurückgedrängt. Selbst innerhalb der Agrargeographie wurde mit Themen wie „Großtechnische Maßnahmen in der Landwirtschaft" (ebd., S. 15) der Schwerpunkt verlagert. Besonders auffällig ist zudem der Wegfall von ökologischen Themen wie „Luftverschmutzung im Nahraum (in einem benachbarten Industriegebiet): Verursacher, mögliche Schutzmaßnahmen" (VDSG 1975a, S. 354) oder „Veränderungen fließender Gewässer und des Wassers im Boden durch menschliche Eingriffe" (ebd., S. 354). An ihre Stelle traten rein physiogeographische Themen wie „Wirkliche Bewegungen der Erde als Ursachen für Tages- und Jahreszeiten" (ZVDG 1980, S. 12) oder „Vom Wasser und Eis geschaffene Oberflächenformen" (ebd., S. 13).

Im „Gesamtkonzept des Basislehrplans" (ZVDG 1980, S. 8) gab es eine eindeutige Anbindung der Themen an die Klassenstufen: der Unterricht in der 5. und 6. Klasse orientierte sich an den „Daseinsgrundfunktionen" (ebd., S. 8), in der Klassenstufe 7 wurden die physiogeographischen (ebd., S. 8) und in der Klassenstufe 8 die anthropogeographischen Grundlagen (ebd., S. 8) vermittelt, in Klassenstufe 9 und 10 ging es dann um „Wirtschaftsordnungen und Gesellschaftssysteme in ihrer Raumwirksamkeit" (ebd., S. 8). Den einzelnen Themen waren „verbindlich zu lernende Grundbegriffe" (ebd., S. 7) zugeordnet, wie z. B. „Gradnetz", „Oase" und „Massengüter" (ebd., S. 10) für die Klassen 5 und 6, „Beleuchtungsdauer", „Polarzone" (ebd., S. 12), „Passatkreislauf" und „Talformen" (ebd., S. 13) in Klasse 7, „Produktionsfaktor", „Wirtschaftssektoren", „Verkehrserschließung" und „Geburtenrate" (ebd., S. 15) in Klasse 8 und „Zentralverwaltungswirtschaft", „Dritte Welt" (ebd., S. 17), „Exportabhängigkeit" und „Citybildung" (ebd., S. 18) in den Klassen 9 und 10. Bei der Behandlung der

Gegenstände sollten die Betrachtungsweisen zunehmend komplexer werden: von der Beobachtung und Beschreibung in der 5. und 6. Klasse über die „analytische und kausale Betrachtung" (ebd., S. 8) in der 7. und 8. Klasse bis hin zur „problem- und zukunftsorientierten Betrachtung" (ebd., S. 8) in der 9. und 10. Klasse.

In den Darstellungen der einzelnen Klassenstufen wies auch der Basislehrplan Lernziele aus, die er den Kategorien „Kenntnisse / Erkenntnisse", „Fähigkeiten / Fertigkeiten" und „Einstellungen / Haltungen" zuordnete (ebd., S. 9, 11, 14 und 16). Die Kategorie „Kenntnisse / Erkenntnisse" beschrieb dabei vor allem Fachinhalte, während sich die Kategorie „Fähigkeiten / Fertigkeiten" auf fachwissenschaftliche Arbeitsweisen beschränkte. Die letzte Kategorie enthielt auf allen Klassenstufen den schlichten Hinweis „s. Präambel 3[81]" (ebd., S. 9, 11, 14 und 16). Ernsts strukturelle Kritik aus dem Jahre 1970 träfe damit auf den Basislehrplan wieder zu: „Die Bildungspläne bestehen im allgemeinen in den Präambeln aus kaum erfüllbaren Postulaten und aus schlichten Stoffangaben für die Jahrgangsklassen" (Ernst 1970, S. 187). Inhaltlich trüge seine Kritik aber weniger: In der Präambel des Basislehrplans wurden keine „aus einer veralteten Wertewelt entlehnten Forderungen" (ebd., S. 187) formuliert. Ob die angefügten Stoffbereiche im Sinne der Lernzieldiskussion allerdings tatsächlich operationalisiert waren und in einem „durchschaubaren und abgeleiteten Zusammenhang mit den Ansprüchen der Vorworte" (ebd., S. 187) standen, darf in Zweifel gezogen werden. Dort, wo ein solcher Zusammenhang hergestellt werden konnte, lag es oft eher an den sehr fachlich formulierten Hauptlernzielen als an den auf Einstellungen hin orientierten Inhalten. Als ein Vorzug des Basisplans konnte gelten, dass Fachwissenschaft und Schule wieder näher aneinandergerückt schienen.

Obwohl viele meiner Gesprächspartner mit dem „Basislehrplan" zumindest dem Namen nach etwas anfangen konnten, waren ihnen die „Empfehlungen" der

---

81 Vermutlich ist der Punkt 2 der Präambel gemeint, in dem auch die Hauptziele formuliert waren. Der Punkt 3 der Präambel enthielt lediglich den „Aufbau des Basislehrplans" (ZVDG 1980, S. 7).

Schulgeographen weitgehend unbekannt, womit auch der verbandspolitische Machtkampf, der sich in der Formulierung dieser ansonsten recht wirkungslosen Pläne manifestierte, weitgehend aus dem Blick geraten war. Lediglich die ehemaligen HGD-Vorsitzenden führten auf Nachfrage auch verbandspolitische Begründungen an. Haubrich, der ja direkt beteiligt war, setzte die Bemühungen um den Basislehrplan in Beziehung zu verbandspolitischen Auseinandersetzungen um den relativ jungen Zweig der „Geographiedidaktik". Sowohl der Schulgeographenverband als auch der Hochschullehrerverband beanspruchten für sich die Kompetenz für die Lehrerbildung. Die Didaktiker hätten sich in diesem Feld behaupten müssen, weil sie im Schulgeographenverband, der den größten Teilverband darstellte, verloren gegangen wären. Sowohl Haubrich als auch Schrettenbrunner betonten mehrmals, dass das Besondere am Basisplan die Zusammenarbeit aller Teilverbände gewesen sei. Schrettenbrunner schränkte allerdings ein, dass auch am Basislehrplan im Prinzip nur 10 Leute, nämlich die Vertreter aus den verschiedenen Verbänden, mitgearbeitet hätten. Damit sei aber noch lange keine Rückkopplung in die Verbände garantiert gewesen. Und außerdem: Auch nach dem Basislehrplan hätten sich bei weitem nicht alle Lehrpläne auf Länderebene gerichtet.

4.2.5.3 DAS RAUMWISSENSCHAFTLICHE CURRICULUM-FORSCHUNGS-PROJEKT (RCFP)

In Anbetracht der in den 60er Jahren von Georg Picht propagierten „Bildungskatastrophe" wurde 1969 der Artikel 91b ins Grundgesetz aufgenommen (Knauss 1975, S. 7), der besagte, dass „Bund und Länder (...) auf Grund von Vereinbarungen bei der Bildungsplanung und bei der Förderung von Einrichtungen und Vorhaben der wissenschaftlichen Forschung von überregionaler Bedeutung zusammenwirken" (GG Art. 91b) könnten. Damit erhielt der Bund Mitwirkungsmöglichkeiten an der Bildungsplanung, die durch die Gründung der Bund-Länder-Kommission 1970 und die Rahmenvereinbarungen über „die koordinierte Vorbereitung, Durchführung und wissenschaftliche Begleitung von

Modellversuchen im Bildungswesen" (Knauss 1975, S. 7) von 1971 konkretisiert wurden. Zu den in diesem Rahmen geförderten Modellversuchen gehörte als eines der wenigen Curriculumprojekte auch das RCFP (ebd., S. 7).

Die Idee für das RCFP entwickelte sich aus der Rezeption des amerikanischen „High School Geography Projects" (HSGP) (Richter, Schultze, Schrettenbrunner 1971, S. 148; Schultze 1976b, S. 41; Geipel 1978a, S. 11; Schrettenbrunner 1978a, S. 62). Das Projekt schien eher zufällig durch die USA-Kontakte von Einzelpersonen in Deutschland bekannt geworden zu sein. Kroß berichtete, dass Joachim Engel in die USA gereist sei, wo er sich Arbeiten zum HSGP angesehen habe. Seine mitgebrachten Eindrücke habe er dann in Deutschland publiziert (vgl. Engel 1969). Kreibich erzählte ebenfalls, dass sie den Anstoß in Richtung Didaktik von ihrem Mann bekommen habe, der ihr von seinem Studium in Boulder (Colorado), wo das HSGP sein Zentralbüro hatte (Engel 1969, S.149f), Materialien des HSGP mitbrachte, die sie neugierig gemacht hätten. Die Begeisterung dieser Einzelpersonen führte zunächst dazu, dass das Projekt in der Literatur ausführlich vorgestellt wurde.

Aufgabe des „High School Geography Projects" war es, eine Unterrichtssequenz für den Erdkundeunterricht der 9. und 10. High-School-Klassen zu entwerfen (Engel 1969, S. 147f). Die Erarbeitung erfolgte in fünf Phasen (ebd., S. 148): In der ersten Phase erstellten Geographen aus der Fachwissenschaft ein Arbeitspapier, aus dem hervorging, welche grundlegenden geographischen Kategorien (basic skills), welche geographischen Arbeitsmethoden (methods of inquiry) und welche Fertigkeiten (skills) Schüler ihrer Ansicht nach in der High School lernen sollten (Graves 1968, S. 132f). In der zweiten Phase versuchten 30 Lehrer, „von denen 10 weitgehend vom Unterricht beurlaubt waren" (Engel 1969, S. 148), in enger Zusammenarbeit „mit einem wissenschaftlichen Geographen der nächstgelegenen Universität" (ebd., S. 148) Unterrichtseinheiten zu erstellen, die den Empfehlungen der Fachwissenschaftler entsprachen: „Dabei mussten sie didaktisch-methodische Entscheidungen fällen, sie setzten Unterrichtsziele und Unterrichtsabsichten, zeigten die dazugehörigen

Unterrichtswege auf, gaben Lehrern und Schülern Arbeitsanweisungen und entwickelten Hilfsmittel und Arbeitsmaterialien" (Engel 1969, S. 148). Die in dieser Phase entstandenen 100 Unterrichtseinheiten sollten in einer dritten Phase zu einem „einheitlichen, in sich geschlossenen Unterrichtsprogramm verdichtet werden" (ebd., S. 148), das aus einem länderkundlich konzipierten Programm und einem siedlungsgeographischen Kurs bestehen sollte (ebd., S. 149). Der siedlungs-geographische Kurs mit dem Titel „Geography in an Urban Age" lag Ende der 60er Jahre, nach einer zweijährigen Erprobungsphase, der vierten Projekt-phase, druckbereit vor (ebd., S. 149). Er enthielt 10 Unterrichtseinheiten (vgl. Tab. 13), die für jeweils 15 Unterrichtsstunden gedacht waren (ebd., S. 149), und sollte in dieser Form „für die Verwendung in allen Schulen zugänglich" (ebd., S. 150) gemacht werden. Um die Umsetzung des neuen Programms für die Lehrer zu erleichtern, sollten in einer letzten Phase „Workshops" in allen Landesteilen durchgeführt werden, „so dass möglichst viele Lehrer mit den neu entwickelten Methoden und Materialien vertraut gemacht werden" (ebd., S. 150) konnten.

Theoretisch sollte das HSGP auf den drei Säulen „discipline – child – society" (Geipel 1978a, S. 11), also „Fachwissenschaft – Schülerorientierung –

	Englischer Titel (nach Engel 1969 / 1971, S. 149)	Deutscher Titel (nach Graves 1968 / 1971, S.133f)
1.	Introduction	Einführung
2.	Inside the City	Stadtgeographie: innerstädtische Untersuchungen
3.	Networks of Cities	Stadtgeographie: zwischenstädtische Untersuchungen (Netz der zentralen Orte)
4.	Manufacturing	Industrie
5.	Agriculture	Landwirtschaft
6.	Culture Change	Kulturwandel
7.	The Habitat	Lebensraum
8.	Fresh Water Resources	Süßwasservorräte
9.	Political Resources	Politische Geographie
10.	Japan	Japan

Tab. 13: Unterrichtseinheiten des HSGP-Kurses „Geography in an Urban Age"

Gesellschaft" basieren. Praktisch allerdings gelang „die gleichzeitige Rücksichtnahme" (ebd., S. 11) auf alle drei Aspekte nicht, so dass auch im HSGP „das Einbringen zukunftsweisender wissenschaftlicher Ansätze und einer optimalen Berücksichtigung kindlicher Lernprozesse (…) eher garantiert [war] als der Rückbezug auf gesellschaftliche Notwendigkeiten" (ebd., S. 1978a, S.11f – vgl. Schrettenbrunner 1978a, S. 62). Dies tat der Rezeption in Deutschland keinen Abbruch.

Geipel betonte im Interview, dass sich das RCFP besonders im methodischen Bereich am HSGP orientiert habe. Von dort seien z. B. die Spielideen übernommen worden, denn in Rollenspielen konnte u. a. die Eindeutigkeit von Geofaktoren relativiert werden, indem jeder Spieler die gleichen Informationen, aber eine jeweils andere Rolle (z. B. Tourismusmanager, Landwirt, Tourist, Fabrikant, Förster etc.) erhielt – aus den jeweiligen Rollen heraus wären die Geofaktoren dann oft völlig unterschiedlich bewertet und genutzt worden. Auch in der Literatur der 60er Jahre wurden gerade die methodischen Aspekte des HSGP immer wieder diskutiert (Graves 1968; Engel 1969; Gunn 1978). Dabei rückten die Autoren oft die Aufgabenstellung in den Mittelpunkt der Betrachtung. Engel und Graves hoben beide ein Beispiel aus der zweiten Unterrichtseinheit hervor (Graves 1968, S. 135; Engel 1969, S. 152), in dem es um Lagevorteile von Stadtgründungen zu verschiedenen Zeiten ging. Die Schüler erhielten ein Arbeitsblatt mit sechs fiktiven Kartenausschnitten aus den Jahren 1800, 1830, 1860, 1990, 1910 und 1968 (vgl. Abb. 14). In jedem Kartenausschnitt waren durch Großbuchstaben kenntlich gemachte Städte eingezeichnet. Graves hob hervor, dass die für die Schüler formulierte Aufgabe hier nicht wie im traditionellen Unterricht lautete „A ist die Lage für die Stadt X. Warum liegt die Stadt dort?", sondern stattdessen gefragt wurde: „Es gibt drei mögliche Lagen für die Stadt X. Welche wird am ehesten gewählt?" (Graves 1968, S. 135). In der Antwort der Schüler konnte „keine eindeutig richtige, sondern nur die möglicherweise günstigste Lage" (Engel 1969, S. 154) genannt werden, weswegen es letztendlich auch nicht so sehr auf die gewählte Lage ankam, sondern vielmehr darauf, ob sie „hinreichend begründet" (ebd., S. 154) war: „Der Zugang zum Meer, Schutz vor Winden, Sturmfluten, Flussüberschwemmungen oder Indianern, eine beschränkte Möglichkeit der Stadtausdehnung" (ebd., S. 154) konnten von den Schüler für die Karte von 1800 als Gründe angegeben werden. Für das Jahr 1968 wurde der Spieß umgedreht. Die Schüler erhielten schriftliche Informationen und sollten eine möglichst günstige Lage für eine moderne Stadt im Kartenbild darstellen (ebd., S. 154). Diese „Verwendung grundlegender theoretischer Modelle" (Graves 1968, S. 135) für den Unterricht war dem bisherigen länderkundlichen Vorgehen fremd geblieben[82].

Entsprechend dem amerikanischen Vorbild sah auch das RCFP eine seiner Hauptaufgaben darin, Akzente zu setzen in Bezug auf „neue Unterrichtsmethoden" (Schrettenbrunner 1978a, S. 62) wie Planspiele (ebd., S. 63), Simulationsspiele, Projekt- und Gruppenarbeit (Jungfer 1976, S.525).

Auch die inhaltliche Ausrichtung des HSGP wurde in Deutschland als wegweisend empfunden, wobei Kreibich besonders die Konzentration (oder „Beschränkung") auf stadtgeographische Themen hervorhob. Im RCFP war man deshalb bemüht, inhaltlich an die fachwissenschaftlichen Reformbestrebungen anzuschließen, wo das traditionelle Landschaftskonzept durch Ansätze der Raumstrukturforschung abgelöst worden war (Wardenga 2002, S. 9).

Aus diesen Anregungen ergab sich als Ziel des RCFP, „zur Reform von Inhalten und Methoden im Geographieunterricht beizutragen" (Jungfer 1976, S. 524). Dabei komme es darauf an, „statt der im Vordergrund bisheriger Unterweisung stehenden Faktenvermittlung auf ein Methodenbewusstsein zu zielen und geographische Kulturtechniken und Fertigkeiten einzuüben, also Leistungswissen statt Verfügungswissen zu entfalten" (Memorandum 1971, S. 150f). Einen entsprechenden „voll instrumentierten Unterricht unter Einsatz aller bereits entwickelten Medien zu gestalten" (ebd., S.151), sei vom einzelnen Lehrer kaum

---

82 Obwohl Schultze sich nicht am RCFP beteiligte, zeigt sich an dieser Stelle recht schön die große Nähe zwischen seinen Ideen (vgl. Kap. 4.2.2.2.2) und den Grundlagen des RCFP.

244

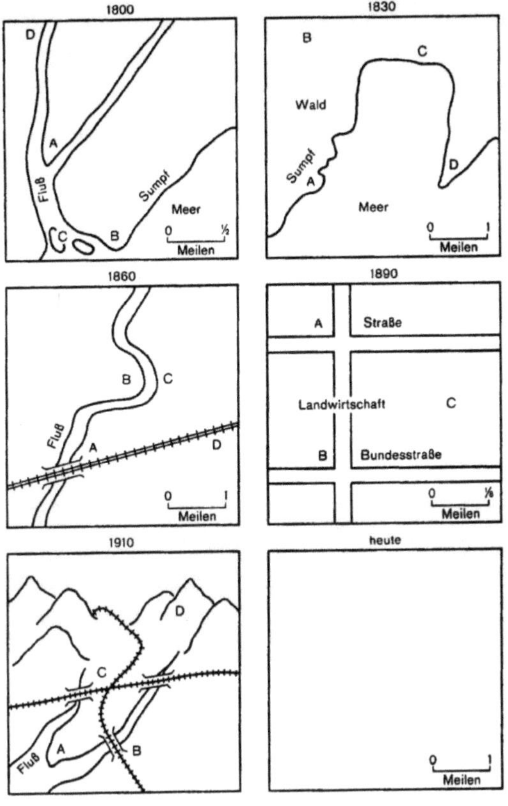

Abb. 14: Arbeitsblatt „Stadtlagen" aus dem HSGP
(Quelle: Graves 1969 / 1971, S. 136)

noch zu leisten, zumal die Kollegen „fachwissenschaftlich häufig auf die heute relevanten Inhalte der Schulgeographie unzureichend vorbereitet" (Birkenfeld 1979, S. 4) seien. Damit trotzdem ein zeitgerechter Unterricht durchgeführt werden könne, sollten ähnlich wie beim HSGP, Fachwissenschaftler, Fachdidaktiker, Lehrer und Berufsgeographen (Geipel 1978b, S. 58) gemeinsam

„Unterrichteinheiten auf dem Stand moderner Unterrichtstechnologie" (Memorandum S. 151) entwickeln.

Allerdings ließ sich das HSGP nicht so ohne weiteres auf deutsche Verhältnisse übertragen. Besonders die Schwerpunktsetzung auf die Säulen Fachwissenschaft und Schülerorientierung schien angesichts der bildungspolitischen Forderungen, dass der Unterricht „seine Ziele aus den Lebensbedürfnissen des jungen Menschen und den Notwendigkeiten der Gesellschaft" (Geipel 1968, S. 159) begründen solle, kaum erreichbar. Hier half Geipels Tätigkeit im „Deutschen Ausschuss für das Bildungswesen".

Bereits 1968 wies er die Geographen unter Bezugnahme auf Robinsohn darauf hin, dass sie, um den zukünftigen Anforderungen an den Schulunterricht gerecht werden zu können, überlegen müssten, welche allgemeinen und welche speziellen Qualifikationen[83] sie mit ihrem Fach vermitteln könnten (Geipel 1968, S. 161 – vgl. Bartels, Hard 1974, S. 6). Um die Ideen Robinsohns in der Geographiedidaktik diskutieren zu können, lud er die Mitarbeiterin Robinsohns Doris Knab zu einer der von ihm organisierten Tagungen in die Reinhardswaldschule bei Kassel ein. Die dortigen Tagungen, auf denen sich Fachdidaktiker und Fachleiter trafen und austauschten, hatten zu diesem Zeitpunkt zwar schon eine gewisse Tradition, aber die Tagung von 1968 erhielt in der Fachgeschichte einen besonderen Platz, denn „seitdem bestimmte dieses Konzept die Diskussion um eine Erneuerung des Erdkundeunterrichts. Es wurde nahezu unhinterfragt zum Ausgangspunkt fast aller umfassenden Revisionsbemühungen" (Wehrt 1977, S. 71)[84].

---

83 Zu den fachunabhängigen Qualifikationen gehörten für Geipel „Anschauungsvermögen haben, logisches Denken, geistige Initiative haben, sprachliche Ausdrucksfähigkeit besitzen, Konzentrationsfähigkeit haben" (Geipel 1968, S. 161), im Prinzip also moderne Schlüsselqualifikationen. Auch die fachspezifischen Qualifikationen verstand er vor allem im Sinne von „Leistungswissen". Sie umfassten z. B. „Raum- und Lagebewusstsein haben", „aus Erscheinungsformen ihre Genese ableiten können", „Wirkungszusammenhänge zwischen Natur- und Humanfaktoren erkennen können", „Kartographische Chiffren in räumliche Vorstellungen umwandeln können" (ebd., S. 162).

84 Die besonders seit Ende der 70er Jahre immer wieder vertretene Position, dass die Fachdidaktiker und Fachleiter auf dieser Tagung die weitgehende Übereinstimmung der Konzepte von

246

Für den Geographieunterricht konkretisiert wurde das Konzept auf einer fünf-tägigen Sitzung im Februar 1971 in Tutzing. Dorthin lud Geipel „Politiker, Vertreter der Landeskultusministerien, Soziologen, Vertreter der Bezugswissenschaften, Hochschulgeographen, Pädagogen, Didaktiker, Fachleiter an Studienseminaren, Studenten und Vertreter der Schulbuchverlage" (Richter, Schultze, Schrettenbrunner 1971, S. 146) ein. Ziel der Tagung war es, entsprechend dem Verfahrungsvorschlag von Robinsohn „die Qualifikationen zu bestimmen, die zur Bewältigung der sich mit der ‚räumlichen Sozialplanung' stellenden Probleme notwendig sind" (Wehrt 1977, S. 76). Bei der Ermittlung dieser Qualifikationen griffen die Geographen dabei nicht auf die aufwendige und mit den vorhandenen Mitteln kaum durchführbare Erhebung von Daten, sondern auf einzelne Expertenaussagen zurück (Wehrt 1977, S. 60). Die „Dramaturgie der Tagung" (Geipel, zit. nach. Richter, Schultze, Schrettenbrunner 1971, S. 146) folgte dabei den Verfahrensschritten Robinsohns (Hoffmann 1992, S. 47):

In einem ersten Schritt wurde versucht, die „für den Menschen relevanten gegenwärtigen und zukünftigen Lebenssituationen abgrenzen" (Wehrt 197, S. 59). Hierzu erhielten der Staatssekretär und Raumplaner W. Ernst, der Oberbürgermeister und Vorsitzende des Städtetages Vogel sowie das Mitglied des Entwicklungspolitischen Ausschusses des Bundestages Erika Wolf das Wort

---

Robinsohn und den Münchener Sozialgeographen festgestellt hätten (Geipel 1978a, S. 10; Schultze 1979a, S. 4; Birkenfeld 1979, S. 28; Niemz 1989a, S. 6), lässt sich historisch nicht eindeutig belegen. In seiner Einleitung zur Erstausgabe der „Dreissig Texte zur Didaktik der Geographie" betonte Schultze zwar, dass „das sozialgeographische Konzept der ‚Grunddaseinsfunktionen' (...) unter Didaktikern sofort viel Interesse gefunden" (ebd., S. 27) habe, bezog sich aber mit keinem Wort auf das Konzept von Robinsohn. Erst in seiner „kritischen Zeitgeschichte" wurde die Tagung in der Reinhardswaldschule zu einer „denkwürdigen Didaktikertagung" (Schultze 1979a, S. 4): „Im Herbst 1968 kam es zur Begegnung zwischen Curriculum-Theorie und Sozialgeographie. (...) Mit größter Überraschung konstatierten die Teilnehmer die Affinität der beiden Ansätze. (...) Boten sich die Daseinsgrundfunktionen nicht als zukünftige räumliche Lebenssituationen an" (ebd., S. 4)? Auch durch die Interviews lässt sich eine solch hervorgehobene Stellung der Tagung nicht belegen. Zwar sprach Geipel davon, dass man dort auf den Gedanken gekommen sei, dass das „Lernen für bestimmte Lebenssituationen gut zu den Daseinsgrundfunktionen der modernen Sozialgeographie zu passen schien", und auch Haubrich hob hervor, dass auf dieser Tagung „die Ideen der Sozialgeographen bei den Schulgeographen und Didaktikern eingeschlagen" hätten, aber alle anderen äußerten sich deutlich zurückhaltender und konnten die Tagung z. T. gar nicht einordnen.

(Richter, Schultze, Schrettenbrunner 1971, S. 146). Ernst stellte in seinem Beitrag zunächst fest, dass „die Raumordnungspolitik (...) auf die bürgerliche Mitverantwortung angewiesen" (ebd., S. 146) sei. Auch Vogel betonte, dass „die Problematik der Stadt als Prozess Eingang in den Geographieunterricht der Schulen finden" (ebd., S. 146) müsse, weil „die Entscheidung über die Stadt von morgen im Vorfeld der allgemeinen Gesellschaftspolitik, nicht erst im Bereich der Urbanistik" (ebd., S. 146) falle. Diesen Lebenssituationen fügte Wolf die „Fakten der Regionalplanung in Entwicklungsländern" (ebd., S.146) hinzu. Somit hatte die Schule den zukünftigen Staatsbürger aus Sicht der Experten vor allem auf Lebenssituationen aus dem Bereich der „räumlichen Sozialplanung" (Wehrt 1977, S. 79) vorzubereiten.

Nachdem diese zukünftigen Lebenssituationen festgestellt waren, ging es in einem zweiten Schritt darum, „die zur Bewältigung dieser Situation notwendigen Qualifikationen zu ermitteln" (ebd., S. 59). Dazu wurden im zweiten Teil der Sitzung Lernziele formuliert (Richter, Schultze, Schrettenbrunner 1971, S. 146), „die bei der Curriculumdiskussion und Gestaltung neuer Richtlinien im Schulfach Geographie zu berücksichtigen" (ebd., S. 146) seien. Zu Wort kamen aber nicht Didaktiker oder gar Curriculumforscher, sondern Referenten aus den Bezugswissenschaften Städtebau, Orts- und Landesplanung (P. Breitling, München), Raumforschung, Raumordnung und Landesplanung (G. Müller, München), Ökologie und Landschaftsgestaltung (W. Haber, München), Verkehrswissenschaften (Vaubel[85], Aachen), regionale Wirtschaftspolitik (P. Treuner, Kiel) und Sozialgeographie (K. Ruppert, München). Für das Protokoll wurden aus den von den Experten gemachten Vorschlägen 14 Lernziele herausgefiltert:
„- Hinführung zu räumlichem Denken

- Erkenntnis, dass die Umwelt machbar ist

- Kenntnis über die Ebenen der raumgestaltenden Leistungsverwaltung und Gruppen

- Kenntnis der Mittel der Umweltgestaltung

---

85 Angabe zum Vornamen fehlt im Original.

- Begreifen der Planung als Prozess
- Begreifen der Grundgesetzlichkeiten der Ökosysteme und Grade und Grenzen menschlicher Einwirkung auf sie
- Einsicht in den Zusammenhang von Verkehrs- und Landesplanung
- Abhängigkeit räumlicher Entwicklung vom Verkehrsangebot
- Kenntnis und Auswirkung sozialgruppengebundenen Verhaltens
- Bewertung des Geopotentials
- Kenntnis von Steuermechanismen von sozioökonomischen Prozessabläufen
- Interpretation von sozialgruppenspezifischer Verortung
- ökonomische Gegebenheiten und Möglichkeit ihrer alternativen Veränderung beurteilen lernen als Voraussetzung für individuelle und politische Entscheidungen" (Richter, Schultze, Schrettenbrunner 1971, S.146-147).

Von den Vorstellungen der Lernzieltheoretiker waren diese Formulierungen allerdings weit entfernt, denn sie nutzten für die Beschreibung der Tätigkeiten der Schüler in der Regel gerade solche Ausdrücke, mit denen man nach Mager Lernziele *nicht* beschreiben könne: „wissen, verstehen, wirklich wissen, zu würdigen wissen" (Mager 1965, S. 11). Auch Ernsts Formel von der „Fähigkeit zu..." wurde nicht genutzt. Stattdessen wurden fast ausschließlich Inhalte genannt – in Teilen nicht einmal sprachlich kaschiert.

In einem dritten Schritt mussten nun „die Bildungsgegenstände bestimmt werden, durch welche die Qualifizierung bewirkt werden" (Wehrt 1977, S. 59) konnte. Hierbei orientierte man sich vor allem an dem ersten der von Robinsohn angeführten Kriterien für die „Überprüfung der Adäquatheit bestimmter Bildungsgegenstände zum Erwerb bestimmter Qualifikationen" (Wehrt 1977, S. 59), dem „ihrer Bedeutung im Gefüge der Wissenschaft" (ebd., S. 59 - vgl. Kap. 4.2.2.2.2). Zu diesem Aspekt wurden mehrere Fachgeographen gehört: Zunächst bot H. Bobek einen „historischen Überblick über die Entwicklung der Geographie" (Richter, Schultze, Schrettenbrunner 1971, S. 147), danach stellten H. Uhlig und K. Ganser die „Möglichkeiten der Geographie im Rahmen der

Entwicklungsländerforschung" (ebd., S. 147) und „den Beitrag der Geographie zur räumlichen Planung" (ebd., S. 147) dar.

Mit diesen drei Schritten war der Verfahrensvorschlag Robinsohns abgearbeitet. Auf deutsche Verhältnisse übertragen, entsprach die Zielsetzung dieser Diskussion der ersten Phase der HSGP-Erstellung. Doch obwohl sie scheinbar auf die bildungspolitischen Forderungen der Zeit einging, blieb sie faktisch sogar hinter den Ansprüchen des HSGP zurück, denn dort ging es fach*intern* um jene Fähigkeiten und Fertigkeiten, die auch von der Curriculumforschung gefordert, aber zumindest von der Geographie nicht umgesetzt wurden. Die im anglo-amerikanischen Sprachraum weit verbreitete Beschäftigung mit Konzepten als „symbolisch gefassten Repräsentationen von Erfahrung" (Daum 1980b, S. 342) wurde in der dort praktizierten Form nicht übernommen.

Trotzdem konnte nach diesem Verlauf über praktische Umsetzungsmöglichkeiten nachgedacht werden. Hierzu berichtete Engel noch einmal über das HSGP. Nachdem Geipel daraufhin seine „Überlegungen zu einem deutschen Curriculum-Forschungsprojekt" vorgestellt hatte (Richter, Schultze, Schrettenbrunner 1971, S. 147), „erklärten die Tagungsteilnehmer einmütig ihre grundsätzliche Zustimmung zur Schaffung eines Curriculum-Forschungsprojekts in der Bundesrepublik" (ebd., S. 147).

Um das Projekt möglichst schnell in die Realität umzusetzen, wurde am Ende der Tagung eine Initiativgruppe gebildet, deren Aufgabe es war, bis zum Geographentag in Erlangen im Juni desselben Jahres die Vorbereitungen für die Beantragung eines solchen Projektes zu treffen (Richter, Schultze, Schrettenbrunner 1971, S. 149; Hoffmann 1974, S, 153). Zu Mitgliedern dieser Initiativgruppe wurden Bauer, Dieckmann, Engel, Ernst, Geipel, Kreibich und Ruppert gewählt (Richter, Schultze, Schrettenbrunner 1971, S. 149; Geipel 1978a, S. 13). Ihnen gelang es, bis zum Geographentag einen Bericht über die Tutzinger Tagung zu erstellen, der als Sonderheft 1 der „Zeitschrift der Erdkundeunterricht" kostenlos an die etwa 2000 Teilnehmer verteilt wurde (Geipel 1978a, S. 13). Die Leser wurden darin sowohl über die Ziele als auch über die mögliche

Organisationsform eines Raumwissenschaftlichen Curriculum-Forschungsprojekts informiert (ebd., S. 13). Dieses Organisationsmodell sah neben einem in Erlangen neu zu wählenden Initiativkomitee (Richter, Schultze, Schrettenbrunner 1971, S. 149), das später „Lenkungsausschuss" heißen sollte (Geipel 1978a, S. 14), ein „hauptamtliches Arbeitsteam (Stab)" (Richter, Schultze, Schrettenbrunner 1971, S. 149) und „lokale Projektgruppen" (ebd., S. 149) an verschiedenen Hochschulstandorten der BRD vor. Der Arbeitsstab, der aus zwei Mitarbeitern für die Lernzielforschung, einem Testspezialisten und einem Mitarbeiter für Lehrerfortbildung und Öffentlichkeitsarbeit bestehen sollte, hatte die Aufgabe, die Projektgruppen in Bezug auf die Lernzielformulierung zu beraten und zu kontrollieren (ebd., S. 149).

Der Lenkungsausschuss wurde bereits auf dem Geographentag in Erlangen gewählt. Seine personelle Zusammensetzung sollte „möglichst alle Aspekte der Projektpolitik" (Geipel 1978a, S. 15) abdecken: „So waren ursprünglich je ein Hochschullehrer mit naturwissenschaftlichem (H. Hagedorn, Würzburg) und sozialwissenschaftlichem Schwerpunkt (R. Geipel, München), ein Hochschullehrer für Fachdidaktik (erst E. Ernst, Giessen, später H. Haubrich, Freiburg), zwei Vertreter der Schulgeographie (H. Hendinger, Hamburg; G. Hoffmann, Bremen), ein Vertreter des sog. ‚Mittelbaus' (W. Taubmann, Regensburg) und der Berufsgeographen (B. Kreibich, München) im Lenkungsausschuss vertreten" (ebd., S. 15). Die lokalen Projektgruppen kamen im November 1973 zu einem ersten Treffen in Gießen zusammen (Hoffmann 1974, S. 153) und der hauptamtliche Forschungsstab, bestehend aus einer Diplompsychologin (H. Jungfer), einem Diplomgeographen (erst M. Hieret, später M. Fürstenberg) und einem Verwaltungsangestellten, konnte im Juli 1974 nach der Genehmigung des Projektantrags durch das Bundesministerium für Bildung und Wissenschaft (BMBW) eingerichtet werden (Geipel 1978a, S. 15f; 1978b, S. 58).

Insgesamt, schätzte Geipel, seien für das Projekt etwa 1,8 Mio. DM eingeworben worden. Diese Aufwendungen wurden je zur Hälfte vom Bund und von den Ländern übernommen (Hagedorn 1978, S. 191). Die Finanzmittel des Bundes wurden dabei vor allem „zur Finanzierung des hauptamtlichen Mitarbeiterstabes, der Sachkosten und notwendigen Reisemittel verwendet" (ebd., S. 191), wobei fast 50% der Gelder für die Besoldung des Mitarbeiterstabes ausgegeben wurde (Tutzing 1975, S. 106). Die Mittel der Länder flossen in die „Bereitstellung von Personal aus Schulen und Hochschulen für die Entwicklung der Curriculumeinheiten" (Hagedorn 1978, S. 191). Geipel betonte im Interview, dass diese Mittel „eher nominell" waren, da „bereits in den Bundesländern beschäftigte Hochschullehrer, Didaktiker und Fachleiter für das Projekt für einige Stunden in der Woche pro forma freigestellt wurden, ohne dass sich diese Zeit praktisch in Stundenreduzierungen niedergeschlagen habe". Hagedorn unterstrich dementsprechend, dass „ein großer Teil des Kostenanteils der Länder (...) also durch unbezahlte Überstunden der beteiligten Lehrer, Hochschullehrer und wissenschaftlichen Mitarbeiter aufgebracht worden" (Hagedorn 1978, S.192) sei. Neben diesen von staatlicher Seite zur Verfügung gestellten Mitteln konnten in einem Ausschreibungsverfahren die beiden Verlage Klett (Stuttgart) und Westermann (Braunschweig) für eine „gemeinsame Betreuung und Herausgabe der Unterrichtseinheiten" (Geipel 1978b, S. 60) gewonnen werden.

Der so entstandene Finanzrahmen schien den damals Beteiligten allerdings in vielfacher Weise als zu gering, was vor allem mit Blick auf die bildungspolitischen Forderungen nach der curricular festzustellenden Gesellschaftsrelevanz der Unterrichtsinhalte thematisiert wurde. Der hauptamtliche Forschungsstab sei „von Anfang an zu klein dimensioniert" (Geipel 1978a, S. 16) gewesen, und die Arbeitstagungen in Gießen (1973), Tutzing (1975) und Goslar (1976) hätten nicht ausgereicht, „um über das ständige Einbeziehen einzelner neuer Denkansätze hinaus die volle Kompetenz in der Curriculum-Theorie zu erlangen" (Hendinger, Hoffmann, Kreibich 1978, S.24). Gepaart mit der Tatsache, dass die Mitarbeiter am RCFP „in der Regel keine ‚Profis' der Curriculum-Theorie und überhaupt der theoretischen Pädagogik" (ebd., S. 24) gewesen seien und nebenamtlich am Projekt mitgearbeitet hätten, sei die intensive Auseinandersetzung mit der laufenden Diskussion so erheblich behindert worden (ebd., S. 24).

Die theoretische Reflexion sei „auch aus Gründen der Arbeitskapazität" (ebd., S. 24) fast zwangsläufig „gegenüber der Zeit, die auf die Ausformulierung der Unterrichtseinheiten verwendet" (ebd., S. 25) wurde, zurückgetreten.

Trotz der Einschränkungen sind mit diesen Mitteln 22 zum Teil sehr umfangreiche Unterrichtseinheiten von 10 regionalen Projektgruppen erstellt worden (Fürstenberg 1980, S. 14-15; vgl. Tab. 14). Da es im Laufe der Zeit immer mehr Interessenten an dem Projekt gab, die alle ihre eigenen Ideen einbrachten, haben sich aber besonders auf der inhaltlichen Seite Verschiebungen ergeben, die von den ursprünglich im Bereich der räumlichen Sozialplanung angesiedelten Lebenssituationen wieder wegführten.

Mit der Gründung von sieben Projektgruppen (Bonn, Bremen / Bremerhaven / Lüneburg, Hamburg, Frankfurt, Karlsruhe, Mannheim und München) begann die zweite Phase des Projekts, die Umsetzung der Inhalte in Unterrichtseinheiten. Bereits auf der ersten Tagung 1973 in Gießen entfalteten die Gruppen eine ungeheuere Aktivität (Hoffmann 1974, S. 153-154), obwohl einige der Themen noch sehr allgemein gefasst waren: „Entwicklung von Küstenräumen" (Hamburg), „Umweltsicherung" (Frankfurt) und „Standortfragen im administrativen Bereich" (Karlsruhe) (ebd., S. 153-154). Die Bremer Gruppe, die bald „mit 28 über den norddeutschen Raum verteilten Mitgliedern" (Taubmann 1975, S. 434) die größte Projektgruppe bildete, hatte ihr Thema „Entwicklungsländer / Entwicklungspolitik" bereits in sechs Unterrichtseinheiten aufgeteilt, die von einzelnen Teilgruppen erstellt werden sollten (Hoffmann 1974, S. 153). In Mannheim plante man noch, das Thema „Auswirkungen eines großen Chemiewerkes auf das Umland" zu bearbeiten (ebd., S. 154). Lediglich in München („Im Flughafenstreit dreht sich der Wind") und in Bonn („Innerstädtische Mobilität") formulierte man zu dieser Zeit je ein einzelnes und sehr konkretes Thema, das auch bis zur Endfassung durchgehalten wurde.

Alle diese Projektgruppen waren bis zur zweiten Tagung der regionalen Projektgruppen 1975 in Tutzing genehmigt worden (Geipel 1975a, S. 10). Hinzu kam die Freiburger Projektgruppe, die sich um Hartwig Haubrich gebildet hatte.

Diese Gruppe plante „ein umfangreiches Spiralcurriculm zum Thema ‚Wasser', das in der Vorschule beginnt und bis zur Kollegstufe führt" (Taubmann 1975, S. 435).

Titel der Unterrichtseinheit Autoren (RCFP-Projektgruppe)	Jahrgangs-stufe
Ein Platz für Kinder S. Arntzen; B. Bahrenberg; W. Müller; I. Schickhoff; J. Schöne (Karlsruhe – Duisburg)	3-4
Wüstungsspiel W. D. Engelhardt; K.-H. Wendel u. a. (Nürnberg – Erlangen)	4
Tabi Egbe will nicht Bauer werden J. Engel; H. Strümpler; W. Unger (Bremen)	5-6
Ali sieht ein Zuhause G. Ströhlein; J. R. Bender; M. Monka; H. Joachim; E. Ehrhard; M. Wibel (Mannheim – Göttingen)	5-6
Dürre im Sahel E. Pflüger; W. D. Schmidt-Wulffen (Bremen – Hannover)	5-7
Der Geltinger Bucht soll geholfen werden D. Beck; K. H. Gause; H. Hendinger; M. Klein; W. Matthies (Hamburg)	6-8
Bodenzerstörung und Bodenerhaltung G. Niemz; G. Seibert (Frankfurt)	7-8
Brand in Tannenweiler J. Deiters; E. Wäldin (Karlsruhe)	7-8
Wie wollen die Souassi wohnen? C. Beck; L. Menk; K. Taubert (Bremen – Hannover)	7-8
Unabhängigkeit – Entwicklung am Beispiel Nigerias W. Gruber; H. Schöpke (Bremen)	7-8
Tinajones – Sozialer Wandel durch ein Entwicklungshilfeprojekt in Peru R. Hildebrand u. a. (Bremen – Bremerhaven)	7-8
Verkehr im ländlichen Raum S. Franz; J. Hödl; B. Kreibich; A. und U. Schramm (München)	7-8
Indios in Peru – Menschen am Rande der Gesellschaft E. Kroß; H. Müller; H.-H. Hild (Bremen – Lüneburg)	7-9
Tatort Rhein H. Haubrich; B. Hoch; R. Keller; H. Nolzen; H. Prager (Freiburg)	8-10
Fahrt ins Grüne – Stadtnahe Erholung D. Anderer; L. Beyer; P. Schnell; D. Stonjek (Münster)	9-10
Innerstädtische Mobilität K. de Fries; F.-J. Kemper; D. Koch; C. Leusmann; K. A. Mick; H. Monheim; G. Paul (Bonn)	9-10
Im Flughafenstreit dreht sich der Wind	8-10

S. Franz; G. Hacker; I. und J. Hödl; B. Kreibich; W. Kobras (München)	
Industrie hinterm Deich H. Jansen; J. Lütgens; H. Nuhn; H.-J. Peleikis; B. Peters; K. Rennack (Hamburg)	9-11
Gastarbeiterkinder in einer deutschen Großstadt H. Birkenfeld; R. Geipel; H. Jungfer (München)	11-13
Welchen Weg nimmt Reblingen? W. Gaebe; H. Hofmeister (Karlsruhe)	11-13
Böden als Indikatoren geoökologischer Prozesse V. Albrecht; M. Friedrich; F. Fuchs (Frankfurt)	11-13
Ein Hallenbad für die Waldstadt D. Höllhuber; E. Wäldin (Karlsruhe)	11-13

Tab. 14: Unterrichteinheiten des RCFP
(Quelle: Fürstenberg 1980, S. 14-15 – „Die fett gedruckten Einheiten wurden für die zentrale Erprobung ausgewählt" – ebd., S. 15)

Auch das Münsteraner Projekt wurde auf dieser Tagung bereits als neuer Projektvorschlag geführt (Geipel 1975a, S. 16).

Die „alten" regionalen Projektgruppen hatten ihre Themenvorstellungen inzwischen weiter konkretisiert. Viele Gruppen waren dabei - ähnlich wie die Freiburger - der Bremer Gruppe gefolgt und hatten ihr Thema in mehrere Unterrichtseinheiten geteilt. Die Hamburger Gruppe plante nun drei Einheiten unter dem Generalthema „Inwertsetzung von Küstenräumen" (Taubmann 1975, S. 435):

- Die Unterrichtseinheit „Der Geltinger Bucht soll geholfen werden – Entwicklung eines Küstenraumes als Erholungslandschaft" (Beck, Matthies 1975, S. 76) war für die 5. und 6. Klasse gedacht und sollte 10-12 Unterrichtstunden umfassen (ebd., S. 80).

- Die Unterrichtseinheit „Die Industriehafenplanung Neuwerk / Scharhörn im Rahmen der Regionalentwicklung (Unterelbe). Hafenausbau und Industrialisierung im Küstenraum" (Jansen, Rennack 1975, S. 83) war für die 10. Klasse gedacht (ebd., S. 83) und sollte etwa 15 Unterrichtsstunden umfassen (Taubmann 1975, S. 435).

- Die Unterrichtseinheit „Industrialisierung in Küstenräumen strukturschwacher Gebiete – Mezzogiorno" (Wagner 1975, S. 88) war ebenfalls für die

10 Klasse geplant (ebd., S. 90) und sollte „ihre Fragestellung mit der gleichen Zielsetzung formulieren, wie sie im Parallel-Projekt Scharhörn-Unterelbe angestrebt wird" (ebd., S. 88).

Ziel der Hamburger Projektgruppe war somit nicht in erster Linie ein Spiralcurriculum, sondern die Ermöglichung des Vergleichs zweier schwachstrukturierter Räume.

Die Karlsruher Projektgruppe hatte ihr Thema „Standortfragen im administrativen Bereich" bis zur Tutzinger Tagung ebenfalls in drei Unterrichtseinheiten konkretisiert (Geipel 1975a, S. 16), von denen zwei auf der Tagung vorgestellt wurden (Taubmann 1975, S. 434f):

- Die Unterrichtseinheit „Standort: Spielplatzplanung" für die Primarstufe (Geipel 1975a, S. 16) wurde nicht vorgestellt.

- Die Unterrichtseinheit „Brand in Tannenweiler – Standorte für Feuerwehrstationen" (Deiters, Wäldin 1975, S. 70) war für die Sekundarstufe I gedacht und sollte 5 Unterrichtsstunden umfassen (ebd., S. 70).

- Die Unterrichtseinheit „Allokstadt – Standorte für kommunale Schwimmbäder" (Höllhuber 1975, S. 73) war für die Sekundarstufe II gedacht (Geipel 1975a, S. 16) und sollte 4-6 Unterrichtstunden umfassen (Höllhuber 1975, S. 74).

Diese drei Themenvorschläge sind bis zum Februar 1976 um zwei weitere Themen („Blankenheim soll eingemeindet werden" und „Soll Stadthagen wachsen?") erweitert worden.

In der Frankfurter Gruppe war das Thema „Umweltsicherung" auf den Aspekt „Bodenzerstörung und Bodenerhaltung" konzentriert worden (Niemz, Friedrich, Fuchs 1975, S. 91), zu dem je eine Unterrichtseinheit für die Sekundarstufe I und eine Unterrichtseinheit für die Sekundarstufe II entworfen werden sollte (ebd., S. 92). Das Mannheimer Projekt war bis zu diesem Zeitpunkt völlig umbenannt worden: Statt des Themas „Auswirkungen eines großen Chemiewerkes auf das Umland" wurde von dieser Gruppe nun das Thema „Der Lebensbereich sozialer Randgruppen am Beispiel der Gastarbeiter im Ballungsgebiet

Mannheim-Ludwigshafen" (Bender 1975, S. 65) bearbeitet. Diesem Projekt zugeordnet wurde das als „unfinanziertes Testprojekt" (Taubmann 1975, S. 434)
geführte Unterrichtsbeispiel „Schulversorgung von Gastarbeiterkindern in einer
Großstadt" (Geipel 1975b, S. 63). Die Münchener Gruppe, deren Projekt „Im
Flughafenstreit dreht sich der Wind" bereits „in der erprobungsreifen vorläufigen Endfassung" (Taubmann 1975, S. 434) vorlag, wandte sich dem neuen
Projekt „Verkehrsprobleme im ländlichen Raum" (Geipel 1975, S. 16) zu.

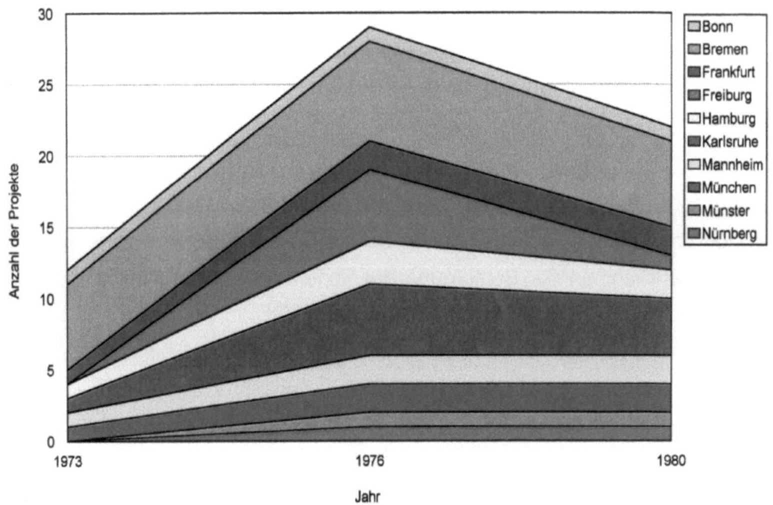

Abb. 15: RCFP-Gruppen und ihre Projekte
(eigene Darstellung nach Hoffmann 1974, S. 153-154; Geipel 1975a, S. 16; Fürstenberg,
Jungfer 1976, S. 215; Fürstenberg 1980, S.

Als letztes Projekt kam 1976 die noch sehr allgemein formulierte Unterrichtseinheit „Die historische Situation als Bedingung raumwirksamer Entscheidungen" aus Nürnberg-Erlangen hinzu (Fürstenberg, Jungfer 1976, S.218). Damit
war sozusagen der „Zenit" der Planung erreicht: von der ersten Tagung von
1973 in Gießen bis zur zweiten Tagung 1975 in Tutzing hatte sich die Zahl der
geplanten Unterrichtseinheiten mehr als verdoppelt. Bis 1976 sind noch einmal

drei Einheiten hinzugekommen, so dass zu dieser Zeit insgesamt 29 Einheiten vorgesehen waren (vgl. Abb. 15). Wenn am Ende immerhin noch 22 Einheiten erstellt worden sind, dann heißt das allerdings nicht, dass nur 7 Einheiten weggefallen wären. Kreibich kritisierte im Interview, dass Geipel bis in die Schlussphase hinein immer noch neue Projekte angeregt habe, obwohl deutlich erkennbar gewesen sei, dass sie nicht mehr zu Ende geführt werden konnten. Eine Aufstellung der in Protokollen genannten unveröffentlichten oder auch nie erstellten Projekte (vgl. Tab. 15) ergibt deshalb eine ebenso große Zahl von „entfallenen" wie tatsächlich durchgehaltenen Projekten.

Obwohl die einzelnen Projektgruppen „über die Zusammensetzung und über die Arbeitsweise der Gruppe, über das Thema, die Lernziele und Methoden, mit denen sie neue Inhalte in den raumwissenschaftlichen Unterricht an allgemeinbildenden Schulen einbringen wollten" (Engel, Fürstenberg 1978, S.98) selbständig entscheiden konnten, gestaltete sich die curriculare Arbeit in den Gruppen doch recht ähnlich. Zwar orientierten sich die Gruppen bei ihrer Lernzielfindung mal mehr an der Befähigung der Schüler zur verantwortlichen Mitgestaltung ihrer Umwelt (Karlsruhe), dann mehr an Situationsfeldern und Lebenssituationen (München, Freiburg) oder gar an Inhalten und Themen (Hamburg, Bremen) (Hieret 1975, S. 25f), insgesamt aber verfolgten die Gruppen ein eher „pragmatisch-approximatives" Verfahren (Taubmann 1975, S. 435), das „im Verlauf der Arbeit mehrfach revidiert" (ebd., S. 435) wurde. Dabei wurde vor allem der Zusammenhang zwischen Lernziel und Inhalt immer wieder betont: „Die Arbeit am Material habe die Vorstellungen der Gruppe über die Lernziele verändert, die feineren Lernzielstufen seien erst später im Arbeitsprozess benennbar geworden" (Hendinger, Hoffmann, Kreibich 1978, S. 30). Wichtig seien die übergeordneten Lernziele vor allem gewesen, um „die Materialfülle zu bewältigen" (ebd., S. 31), denn die Gruppen hätten sich „in neue Sachverhalte einarbeiten und dabei selbst erst lernen" (ebd., S. 31) müssen. Am Ende der Entwicklungsphase wurde es dementsprechend als eine der Hauptaufgaben der Gruppen gesehen, „die eingangs festgelegten Lernziele mit den Unterrichtsergebnissen zu vergleichen, sie ggf. zu reformulieren, aktualisieren und zu operationalisieren" (Fürstenberg, Jungfer 1976. S. 214). Die kritische Anmerkung, dass „das ‚Nachreichen' von übergeordneten Lernzielen auch als Versuch einer nachträglichen Legitimation rein fachlicher Tätigkeit gegenüber der Pädagogik gedeutet werden könne" (Hendinger, Hoffmann, Kreibich 1978, S. 31 – vgl. Daum 1980b, S. 341), wurde mit der Behauptung entkräftet, dass dies nur zutreffe, „wenn pädagogische Ziele *ohne* jeden Bezug zur jeweils erarbeiteten Unterrichtseinheit einfach gesetzt würden. Im Verlauf der Planungsarbeiten ist die Beschäftigung mit Fachinhalten legitim" (Hendinger, Hoffmann, Kreibich 1978, S. 31 – Herv. A. U.).

Standort	Titel	Jahr	Bemerkung
Berlin	Planspiel	1973	
Berlin	Integrationsprobleme in EG und RGW	1973	im Entwurfsstadium
Bochum	Integration in der WEU	1975	im Vorbereitungsstadium
Bremen	Innovation und sozialer Wandel in Indien	1976	
Dortmund	Riemke braucht ein Schulzentrum	1976	assoziiertes Projekt
Freiburg	Erste Begegnung mit Wasser	1976	ursprünglich innerhalb eines Spiralcurriculums zum Thema „Wasser" geplant
Freiburg	Wasserversorgung und Entsorgung	1976	
Freiburg	Fallstudie „Oase"	1976	
Freiburg	Volta-Stausee	1976	
Hamburg	Mezzogiorno (Industrialisierung in Küstenräumen strukturschwacher Gebiete)	1976	
Karlsruhe	Blankenheim soll eingemeindet werden	1976	
Karlsruhe	Soll Stadthagen wachsen?	1976	
Kiel	Landwirt Haferkamp / Nordsee	1975	im Vorbereitungsstadium
Mannheim	Auswirkungen eines großen Chemiewerkes auf das Umland	1973	im Entwurfsstadium
Marburg / Würzburg	Zusammenhang zwischen Freizeitverhalten und physisch-geographischen Gegebenheiten	1973	

Regensburg	Sanierung einer historischen Altstadt	1973	im Entwurfsstadium
Regensburg	RGW / Donauraum	1975	im Vorbereitungsstadium
Reutlingen	Lehrwanderungen in Städten	1973	im Entwurfsstadium
Saarbrücken	Ökosystem Industriestadt	1973	1975 als „im Vorbereitungsstadium" geführt
Stuttgart	Stadtklima und Luftverschmutzung	1975	im Vorbereitungsstadium, 1976 assoziiertes Projekt
Würzburg	Dorfsanierung	1973	im Entwurfsstadium, 1976 als assoziiertes Projekt zu „Dorferneuerung" geführt (zusammen mit Heidelberg)
Würzburg / Erlangen	Historische Landesplanung	1975	im Vorbereitungsstadium

Tab. 15: Liste der entfallenen Projekte
(eigene Zusammenstellung nach: Hoffmann 1974, S. 153-154; Geipel 1975a, S. 16; Taubmann 1975, S. 435; Wagner 1975, S. 88; Fürstenberg, Jungfer 1976, S. 215 – Die fett gedruckten Standorte markieren vom RCFP genehmigte regionale Projektgruppen)

Im Interview „gestand" Geipel allerdings, dass er „immer distanziert zu der oft recht sterilen Lernzieldiskussion" gestanden habe. Er habe die Mitarbeiter dagegen darauf hingewiesen, dass sie sich das Material gut ansehen sollten, mit dem sie arbeiten wollten. An dem Material müssten Lernziele relativiert und zum Teil neu gedacht werden. Im Grunde komme es darauf an, spannende Themen zu finden. In Bayern sei dies mit dem „Flughafenstreit" und dem „Gastarbeiter-Projekt" auch geschehen. Am Gastarbeiterprojekt, bei dem Geipel auch auf die Erfahrungen seiner Frau in der Arbeit mit Ausländerkindern und Asylbewerbern zurückgreifen konnte, machte er noch einmal deutlich, was daran spannend sein könnte: Zum Beispiel könne man ja überlegen, ob Ausländerkinder in die deutschen Schulen integriert werden sollten (was von manchen deutschen Eltern dann kritisch betrachtet würde, wenn ihre eigenen Kinder dadurch langsamer lernen würden) oder ob man sie in jeweils eigenen, z. B. griechischen Schulen unterrichten sollte, was entweder zu langen Anfahrtswegen oder zu Ghettobildung führen würde oder zumindest theoretisch könnte. Solch eine

260

Fragestellung biete auch die Möglichkeit, mathematische Modelle praxisnah anzuwenden (Optimierung von Klassen). Auch andere ehemalige RCFP-Mitarbeiter erinnerten sich in den Interviews eher an „inhaltliche" Probleme als an Lernzieldiskussionen: Für Kreibich ist die Arbeit am Projekt aber erst wirklich „problematisch" geworden, als der Hauptschulkollege in ihrer RCFP-Gruppe zwecks Materialbeschaffung an die verschiedenen Bürgerinitiativen geschrieben habe, die sich im Flughafenstreit engagiert hatten. Seine Formulierungen hätten dabei nahegelegt, dass es sich bei seiner Gruppe auch um eine Bürgerinitiative handeln könnte. Das hätte sofort den Verfassungsschutz auf den Plan gerufen, der dann irgendwann im Institut der TU München aufgetaucht sei und wissen wollte, was da los sei. Kreibich erzählte, dass Hartke sich sofort und kompromisslos vor sie gestellt habe. Geipel dagegen habe Angst bekommen und versucht diplomatisch zu reagieren, woraufhin ihn Hartke angefahren habe, er solle sich gefälligst unzweideutig zu seinen Mitarbeitern stellen. Auch Kroß konnte sich noch daran erinnern, dass sie in ihrem Projekt ein Protestlied von Degenhardt („Bauern ohne Land ... Gewehre in der Hand")[86] an den Anfang stellen wollten. Damit sollte ein Einstig in die Problematik der Bauern in Peru und ein Nachdenken über die Bauern-Revolutionen in Lateinamerika angeregt werden. Irgendwie habe das allerdings ein Redakteur der „Welt" spitzbekommen und breitgetreten, dass hier „mit Bundesmitteln linksradikales Gedankengut in die Schulen getragen würde". Daraufhin sah sich die Gruppe – nach langen Diskussionen und mit den Auseinandersetzungen um die hessischen Rahmenrichtlinien im Hintergrund – gezwungen, das Lied wieder herauszunehmen. Die Formulierung von Lernzielen wurde so fast schon zum Selbstschutz bei der inhaltlichen Arbeit. Die Autoren eines Kapitels über die Lernziele des RCFP betonten denn auch, dass die Bindung des Projekts an das Grundgesetz „als selbstverständlich" gelte (Hendinger, Hoffmann, Kreibich 1978, S. 32).
Im Anschluss an die Erarbeitungsphase wurden von den 22 Projekten neun evaluiert (Fürstenberg, Jungfer 1980, S. 5). An den Erprobungen nahmen ca.

---

86 Von Gewehren ist allerdings im ganzen Lied nicht die Rede (vgl. Kap. 5.1.1).

400 Klassen teil (ebd., S. 8). Hauptziel war dabei „das Auffinden von möglichen Schwachstellen bei den Unterrichtseinheiten" (ebd., S. 7).

Anders als beim HSGP gab es beim RCFP keine Implementationsphase (Daum 1980c, S. 62), d. h. die Projekteinheiten sind weder ausreichend bekannt gemacht worden, noch sind den Lehrern Hilfestellungen für ihre Umsetzung gegeben worden (ebd., S. 62). Damit aber breche das RCFP „mit seinem Einsatz von Zeit und Geld just dort ab, wo im Hinblick auf die Durchsetzung vieler im Detail sicherlich wertvoller Innovationen (vor allem im lernmethodischen Bereich) größere Anstrengungen unternommen werden müssten" (ebd., S. 62f). In der Schulpraxis hat das RCFP aufgrund der mangelnden Implementation „fast keine Rolle" (Niemz 1989c, S. 155) gespielt. 81 Prozent der von Niemz befragten Lehrer kannten das Projekt überhaupt nicht (ebd., S. 155), und nur 12 Prozent gaben an, „dass an ihrer Schule mindestens eine RCFP-Unterrichtseinheit vorhanden ist" (ebd., S. 156). Nur 8 Prozent der Lehrer hatten „wenigstens eine RCFP-Einheit im Unterricht verwendet" (ebd., S. 157). Von diesen 8 Prozent waren 72 Prozent mit den Einheiten zufrieden, 24 Prozent waren unzufrieden und der Rest machte keine Angaben (ebd., S. 157). Unzufrieden waren dabei vor allem Lehrkräfte, die die Einheiten in der Hauptschule oder in der 5. Klasse eingesetzt hatten (ebd., S. 157). Sie fanden die Einheiten „zu anspruchsvoll" (ebd., S. 157). Dies kann aber vermutlich kaum den RCFP-Einheiten angelastet werden. Ein Vergleich der Angaben der Autoren dazu, für welche Klassenstufen die Einheiten gedacht sind, mit dem tatsächlichen Einsatz durch die Lehrer (vgl. Tab. 16) zeigt, dass viele Einheiten (Industrie hinterm Deich, Flughafenstreit, Tatort Rhein und Reblingen) oft deutlich zu früh eingesetzt wurden. Wer aber eine Unterrichtseinheit wie Reblingen, die für die Klassenstufen 11-13 gedacht war, in Klasse 5 einsetzte, musste fast zwangsläufig zu dem Schluss kommen, dass die Einheit „zu anspruchsvoll" sei, wenn er sich selbst nicht Unprofessionalität vorwerfen wollte. Deutlich weniger problematisch dürfte es sein, wenn Lehrkräfte „Tabi Egbe" statt in der 5. Klasse des Gymnasiums in der 7. Klasse der Realschule einsetzten. Das scheint aber eher seltener der Fall gewesen zu sein. Als Kritik am RCFP kann die Bewertung der Lehrer damit kaum ernst genommen werden.

Einheit	Klassenstufe					
	5	*6*	*7*	*8*	*9*	*10*
Industrie hinterm Deich	3	0	4	4	**4**	**0**
Flughafenstreit	4	1	2	**4**	**4**	**4**
Tatort Rhein	2	1	4	**2**	**1**	**3**
Bodenzerstörung	1	0	**1**	6	1	1
Geltinger Bucht	3	**0**	**1**	**2**	2	2
Tabi Egbe	**2**	**1**	2	1	2	1
Reblingen	1	0	1	1	1	0

Tab. 16: Einsatz der RCFP-Unterrichtseinheiten nach Klassenstufen
(Quelle: Niemz 1989c, S. 159 – durch Fettdruck hinzugefügt sind die Klassenstufen, für die die Einheiten von den Autoren gedacht waren – vgl. Tab. 14 Reblingen war überhaupt nicht für die Sekundarstufe I vorgesehen, sondern für die Klassenstufen 11-13)

Aufgrund der mangelnden Nachfrage haben die beiden beteiligten Verlage die bei ihnen gedruckten RCFP-Einheiten relativ schnell makuliert. Die Gründe für diesen ökonomischen Misserfolg sahen meine Interviewpartner zunächst vor allem in der Größe der einzelnen Pakete (Daum, Haubrich, Hemmer, Kroß, Newig, Schmidt-Wulffen, Schrettenbrunner – vgl. Jander, Schramke, Wenzel 1982b, S. 333). Sie hätten oft Arbeitshefte, Planspiele, Folien und Dias enthalten (Haubrich). Durch dieses Format seien die Anschaffungskosten für die Projekte überaus hoch gewesen (Daum, Haubrich, Schrettenbrunner – vgl. Jander, Schramke, Wenzel 1982b, S. 334). Die Lehrer hätten sich durch die Größe der Pakete überfordert gefühlt (Haubrich, Hemmer, Schmidt-Wulffen, Schrettenbrunner – vgl. Jander, Schramke, Wenzel 1982b, S. 333). Schrettenbrunner meinte, dass sie befürchtet hätten, *alles* selbst vorher durchgearbeitet haben zu müssen. Um sich durch ein Unterrichtsprojekt durchzuwühlen, brauche man, so Schmidt-Wulffen, ein ganzes Wochenende. Diese Zeit hätten die Lehrer nicht gehabt, und so seien sie auch nicht in der Lage gewesen, aus dem Angebot eine Auswahl für ihren Unterricht zu treffen (Haubrich). Hemmer betonte darüber hinaus – wie schon von Daum formuliert -, dass die Lehrer nicht genügend fortgebildet worden seien. Allerdings ergebe sich dabei auch immer das Problem, dass es im deutschen Bildungswesen keine Fortbildungsverpflichtung, sondern nur ein Fortbildungsrecht gäbe. Das führe dazu, dass vor allem die ohnehin offeneren Kollegen teilnähmen, während der große Rest, der nicht durchweg innovationsfreundlich sei, wegbleibe. Kroß sah daneben als Problem, dass Lehrer gerne ein persönlich für sie gestaltetes Konzept haben wollten. Das habe sich schon in den Arbeitsgruppen negativ bemerkbar gemacht.

Neben der Größe der einzelnen Pakete wurde die lange Entstehungsphase als Grund für den Misserfolg genannt (Daum, Geipel, Hemmer, Kreibich, Kroß, Newig, Rhode-Jüchtern). Inzwischen seien eine Reihe neuer Schulbücher eingeführt und gekauft worden, so dass für das RCFP-Projekt kein Geld mehr da gewesen sei (Kreibich). Zudem seien in der Zwischenzeit Lehrpläne erstellt worden, die der offenen Situation in den Schulen ein Ende setzten, was dazu geführt habe, dass viele RCFP-Einheiten nicht mehr in den Unterricht passten (Kroß, Daum). Schon 1980 hatte Daum kritisiert, dass im RCFP „eine Anpassung an das herrschende Richtlinien-Chaos vorgenommen [sei], anstatt in diesem Bereich für klärende Abhilfe zu sorgen" (Daum 1980c, S. 63). Aber es waren nicht nur schulstrukturelle Veränderungen, die die lange Entwicklungsphase als negativ erscheinen ließen. Auch die Aktualität der Themen litt unter den langen Vorlaufzeiten (Newig, Rhode-Jüchtern). Newig nannte hier das Beispiel „Geltinger Bucht". Die Einheit sei bei Erscheinen des Pakets schon alt gewesen, weil die Absatzkrise der Tanker bis dahin schon vorüber war und dort keine Tanker mehr gelegen haben. Rhode-Jüchtern sah zudem ein Problem im lokalen Zuschnitt der Einheiten. Er habe 7 Jahre später und in Bielefeld keine Lust gehabt, den „Flughafenstreit von München" im Unterricht zu behandeln. Da wäre ihm ein lokales Problem lieber gewesen. Die Projekte seien für viele Lehrer inhaltlich uninteressant gewesen. Zu der mangelnden Aktualität der Einheiten kam ein nachlassendes Reformklima (Geipel, Hemmer), das das Interesse am Projekt schmälerte.

Abgesehen von diesen offensichtlich weitgehend konsensfähigen Hauptkritikpunkten wurden von meinen Gesprächspartnern vereinzelt noch weitere Aspekte genannt: Schrettenbrunner meinte, die Vorstellungen zu offenen Unterrichtsformen seien damals ebenso suspekt gewesen wie heute. Newig dagegen vermisste den Bezug auf die Lebenswelt bzw. die Interessen der Schüler. Für die Spielformen des Projekts seien die Gymnasiallehrer, die sich vor allem mit dem Projekt auseinandersetzten (vgl. Fürstenberg, Jungfer 1980, S. 8) die falschen Ansprechpartner gewesen (Schrettenbrunner).

Unterschiedlich bewertet wurde die inhaltliche Konkurrenz der Schulbücher. Während Geipel, Hemmer und Kroß hier vor allem das Problem sahen, dass Autoren wie Verlage Ideen aus dem RCFP in ihre eigenen Projekte eingearbeitet hätten und damit schneller auf dem Markt waren als das RCFP selbst, sah Haubrich hierin eher einen positiven Effekt: so seien die Inhalte der Einheiten doch weiterverbreitet worden, als es zunächst den Anschein habe.

Ebenfalls Uneinigkeit bestand bezüglich der Wirkung der Ausstattung der Pakete. Das sei, so Schrettenbrunner, von einigen „Grassroot"-Pädagogen, die alles nur mit Papier und Bleistift machen wollten, durchaus so gewollt gewesen, er selbst habe die Einheiten aufgrund der fehlenden Farbe aber eher als spartanisch empfunden. Rhode-Jüchtern dagegen empfand gerade die „handgemachte" Art des Materials als spannend, weil so der Prozess der Auseinandersetzung der Individuen mit dem Inhalt sichtbar sei. Es sei sehr authentisch und lebendig.

Auffallend an den Bewertungen des RCFP waren allerdings auch die vielen Erfolge, die ihm von meinen Gesprächspartnern zugebilligt wurden.

Viele der Mitarbeiter am Projekt bestätigten dabei Newigs Vermutung, dass es für die Aktiven sicherlich eine positive Erfahrung gewesen sei: Geipel meinte, dass das Projekt für viele Mitarbeiter besonders aus dem Mittelbau der Universitäten auch eine qualifizierende Funktion gehabt habe. Kreibich dagegen betonte eher den fortbildenden Charakter, den das Projekt für die Lehrer gehabt habe, und zwar sowohl für diejenigen, die die Einheiten erstellt, als auch für diejenigen, die sie zur Evaluation durchgeführt hätten. Kroß kam zu dem entsprechenden Schluss, dass alle am Projekt direkt Beteiligten etwas davon gehabt hätten.

Besonders von den ehemaligen HGD-Verbandsvorsitzenden, Haubrich und Schrettenbrunner, wurde darüber hinaus die Zusammenarbeit der verschiedenen Geographengruppen (Lehrer, Wissenschaftler, Didaktiker) in einem Projekt als überaus positiv gesehen. Dieser Aspekt wurde auch von den Schulgeographen immer wieder betont (Hoffmann 1992, S. 47). Bereits im Protokoll der ersten Tagung der Projektgruppen des RCFP vermerkte Hoffmann: „Es gab weder Interessengegensätze noch auch nur das leise Gefühl von Rangunterschieden; die zweifellos vorhandenen sachlichen Differenzen und grundsätzlichen Auffassungsunterschiede wurden mit großer Offenheit ausgetragen; vorherrschender Eindruck war der gemeinsame Wille, neue Wege zu gehen und sich energisch dafür einzusetzen" (Hoffman 1974, S.153). Auch Geipel berichtete zeitnah, dass ihn die Zusammenarbeit mit dem damaligen Vorsitzenden des Schulgeographenverbandes W. W. Puls „angesichts der in Verbandsgremien gelegentlich auftauchenden Friktionsverluste ganz besonders [freute]" (Geipel 1978b, S. 61). Angesichts dieser positiven Bewertung der Zusammenarbeit bedauert Hemmer als jetzige HGD-Verbandsvorsitzende, dass wir heute von einer Kooperation zwischen Fachwissenschaft und Schule weit entfernt seien.
Auf der eher inhaltlichen Seite betonten viel meiner Gesprächspartner, dass das RCFP neue Methoden wie Rollen- und Planspiele (Haubrich, Newig), Simulationen (Geipel) und Gruppenarbeit (Newig) popularisiert (Haubrich, Geipel, Newig, Rhode-Jüchtern, Schrettenbrunner) und den Grund für eine empirische Fachdidaktik gelegt habe (Schrettenbrunner, Geipel).

4.2.6 DIE „SCHMUDDELKINDER"

Als „Schmuddelkinder" soll hier die „Gruppe ‚jüngerer' Geographiedidaktiker" (Schultze 1998, S. 12) bezeichnet werden, die sich an den Reformdiskussionen der frühen 70er Jahre noch nicht aktiv beteiligen konnte, weil die meisten ihrer

Mitglieder zu diesem Zeitpunkt noch zu jung waren[87]. Sie haben die Auseinandersetzungen zum großen Teil als studentische Beobachter erlebt. Erst als die in den Augen der Schulgeographen schlimmsten „Bedrohungen" des Schulfaches schon abgewendet schienen, meldeten sie sich im Dezember 1977 mit einer dreitägigen Zusammenkunft unter dem Titel „Geographie als politische Bildung" zu Wort (Fichten, Schramke, Strassel 1978b, S. 5). Ziel dieser Tagung war es, „mit einem weiteren Teilnehmerkreis zu diskutieren, wie weit bislang nur sporadisch kommunizierte Ansätze, deren Gemeinsamkeit zunächst nur in ihrer Orientierung auf einen politisch bildenden Geographieunterricht vermutet wurde, miteinander vereinbar sind" (ebd., S. 5). Als Grundlage für diese Diskussion diente der Einleitungsbeitrag von Wolfgang Schramke „Geographie als politische Bildung – Elemente eines didaktischen Konzepts" (Schramke 1978a), auf den sich die Hälfte der in den folgenden Tagen vorgestellten unterrichtspraktischen Beiträge explizit bezog (Berthe-Corti, Jannsen, Riess 1978, S. 217; Hennings 1978, S. 178; Rauch 1978, S. 251; Schramke 1978b, S. 109; Strassel 1978, S. 71).

Schramke ging in seinem Einleitungsbeitrag von der These aus, dass „Geographie als politische Bildung" keine Forderung sei, sondern ein Fakt: „Jeder einsichtige Betrachter der Fachgeschichte wird nämlich der Feststellung zustimmen, dass Geographie (als Hochschuldisziplin und Lehrerausbildungsfach) ebenso wie der Erdkundeunterricht seit jeher politisch erziehende Funktionen erfüllt haben" (Schramke 1978a, S. 9). Die „fortgesetzte Leugnung der Tatsache, dass jeder Unterricht und zumal der Erdkundeunterricht notwendig Teil politischer Erziehung in der Schule" (ebd., S. 10) sei, habe ihren Grund zwar auch in „einer fatal einfachen ‚Bewältigung' der faschistischen Vergangenheit des eigenen Faches" (ebd., S. 12), aber es seien vor allem die Denkfiguren der Fachwissenschaft, die dazu führten, „dass die faktisch betriebene politische

---

87 Aus dem gleichen Grund konnten auch am RCFP nur wenige „Schmuddelkinder" beteiligt gewesen sein. Von den 28 Autoren des „Metzler Handbuchs für den Geographieunterricht" (Jander, Schramke, Wenzel 1982a) waren z. B. nur Schmidt-Wulffen und Deiters auch an RCFP-Projektgruppen beteiligt.

Bildung Geographen gar nicht mehr bewusst werden kann" (ebd., S. 13). Besonders das Konzept der geographischen Landschaftskunde führe zu einer politischen Bildung, die „in der Regel konservativ und affirmativ gerichtet" (ebd., S. 10) sei, denn die Landschaft werde „von den Geographen verstanden als ganzheitlicher, harmonischer Organismus" (ebd., 15), dessen „Wesen" (ebd., S. 15) sie erfassen wollten. Eng verknüpft mit „Harmonie-Vorstellungen, organizistischen Gesellschaftsbildern und Idylle-Orientierungen" (ebd., S. 24) seien „konservative, auf Bestands-Wahrung und Sicherung stabiler Zustände gerichtete Wertvorstellungen und darüber hinaus oftmals verdeckte ästhetisierend-technikfeindliche Züge" (ebd., S. 16). Da sich „Werte wie ‚Gleichgewicht', ‚Harmonie' usw. stets auf die Landschaft" (ebd., S. 16) bezögen, bliebe der Blick für die gesellschaftlichen Bedürfnisse verstellt (ebd., S. 17), schlimmer noch, „der Mensch oder die Gesellschaft werden ‚landschaftlich' definiert: als ‚Geofaktor' unter anderen Geofaktoren" (ebd., S. 17). Eine auf diesem Konzept beruhende politische Bildung, die den Menschen vor allem als ein geistesverwandtes Produkt seiner natürlichen Umwelt sähe, entspreche dem „veränderten Ideologie-Bedürfnis nicht mehr, das aus dem Wandel der bundesrepublikanischen Gesellschaft entstanden war" (ebd., S. 25). Mit dem „Zugeständnis, dass durchaus Konflikte in dieser Gesellschaft existierten" (ebd., S. 25) und der „Einladung zur ‚Kritik'" (ebd., S. 25), sei eine neue Form der politischen Bildung im Geographieunterricht notwendig. Für diese politische Bildung reiche ein Übergang von der Länderkunde zur allgemeinen Geographie ebenso wenig aus wie die landschaftskundliche Füllung der Daseinsgrundfunktionen (vgl. Kap. 4.2.5.1). Der Geographieunterricht müsse vor allem pädagogisch neu strukturiert werden. Zu diesem Zweck schlug Schramke vor, sich zwar an den klassischen Stufenfolgen der Pädagogik[88] zu orientieren, sie aber von ihrer rein auf kognitives Lernen

---

88 Diese seien z. B. „Anschauung – Denken – Anwendung", „Eindruck – Aneignung – Ausdruck", „"Hinleitung – Darstellung – Verarbeitung", „Erschließung – Besinnung – Darstellung" oder „Aufnehmen – Durchdringen – Ausdruck" (Schramke, 1978a, S. 34).

268

gerichteten Vorstellung zu befreien (ebd., S. 34). Ein politisch erziehender Unterricht solle sich dementsprechend an der Folge „Erfahrung – Lernen – Handeln" (ebd., S. 34) orientieren (vgl. Abb. 16). Der Begriff der Erfahrung wurde dabei von Schramke als deutlich komplexer angesehen als es die behavioristische Lerntheorie tat, denn „es gibt keine wirkliche Verarbeitung von Erfahrungen (...), die nur von Erfahrungs-Daten, von Erfahrungs-Ergebnissen ausgeht und von dem Problem der Entstehung von Erfahrungen absieht" (ebd., S. 35). Erfahrungen würden nicht einfach gemacht, sondern sie entständen erst im Zusammenspiel von Realität und Verarbeitung der Realität durch das Individuum: „Die Wirklichkeit kann sehr wohl auch verarbeitet werden, indem sie verdrängt wird, abgewehrt wird. Auch Formen ‚falschen Bewusstseins' gehören zu den Lebenstechniken, die in sehr langen Prozessen schichten- und klassenspezifisch erlernt werden" (ebd., S. 35). Anzuknüpfen sei somit nicht an die Realität schlichtweg, sondern an die Vorstellungen, die Schüler von ihr haben (vgl. Schramke 1978b, S. 116). Auch der Begriff des Handelns dürfe nicht so verstanden werden, dass schulische Lernprozesse „in direktes politisches Handeln einmünden" (ebd., S. 37) sollten. Dem stehe neben beamtenrechtlichen Beschränkungen auch die Schutzfunktion des Lehrers für die Schüler entgegen (ebd., S. 37). Andererseits dürfe der Begriff aber auch nicht nur auf eine „irgendwie völlig beliebige ‚politische Aktivität'" (ebd., S. 37) zielen, die eventuell schon in der „alle vier Jahre verantwortungsbewusst exerzierten Wahlbeteiligung ihre Erfüllung" (ebd., S. 37) fände. Anzustreben sei vielmehr ein politisches Handeln, „das aus der bewusst verarbeiteten Erfahrung individueller oder kollektiver Betroffenheit durch gesellschaftlich bedingte Defizite und Lebensbeschränkungen resultiert. Ziel dieses Handelns ist es, über individuell oder kollektiv angemessene Strategien zur Veränderung dieser als defizitär erlebten Situation zu gelangen" (ebd., S. 37). Die Festlegung aller Schüler auf ein vom Lehrer oder von den Lehrplänen vorgegebenes anzustrebendes Ziel war damit nicht im Sinne einer verantwortungsbewussten politischen Bildung. Ein handlungsorientierter Unterricht werde vor allem Optionen eröffnen müssen, „da jede konkrete Aktion vielerlei strategische und taktische Erwägungen impliziert, die ein Schüler im Prozess politischen Handelns, bauend auf eigener Erfahrung, selbst vollziehen muss und die vorwegzunehmen kein Lehrer legitimiert ist" (Rauch 1978, S. 262).

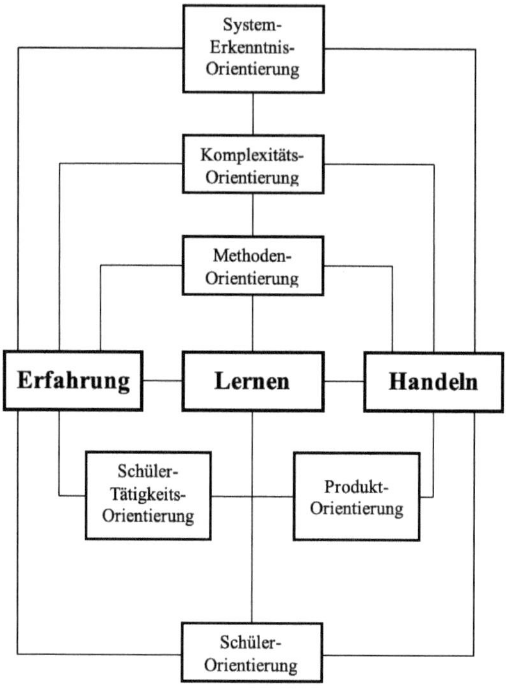

*Abb. 16: Geographie als politische Bildung: Unterrichts-Prinzipien
(Quelle: Schramke 1978a, S. 41)*

Bei der im Unterricht anzustrebenden Vermittlung zwischen Erfahrung und Handeln sei auf der inhaltlichen Seite darauf zu achten, dass die von den Schülern zu bearbeitenden Themenbereiche mit ihren Fragestellungen auch tatsächlich

270

die Alltagswirklichkeit der Lernenden zu erschließen versuchten (System-Erkenntnis-Orientierung – Schramke 1978a, S. 34) und dass die angesprochenen Problemlagen nicht derart vereinfacht würden, „dass für Schüler und Lehrer der Eindruck entsteht, jeder einzelne der säuberlich getrennten ‚Problemaspekte' sei eigentlich lösbar, und allein Aufwand und Kosten solcher Lösungen blieben zu kalkulieren" (Komplexitäts-Orientierung – vgl. ebd., S. 33). Es gehe dementsprechend auch „nicht in erster Linie um Wissens-Tatbestände" (ebd., S. 37f.), denn reines Wissen besitze keine „‚Transfer-Qualität'" (ebd., S. 38), könne also nicht „auf jeweils neue Probleme übertragen werden" (ebd., S. 38). Übertragbarkeit sei erst dann zu erreichen, wenn der Unterricht sich verstärkt den „methodischen Zugangsweisen" (ebd., S. 38) zuwende. Eine Hauptforderung laute dementsprechend, dass „Geographieunterricht als politische Bildung (...) methodenorientiert sein" (ebd., S. 38) solle.

Zu dieser Methodenorientierung gehörten nicht nur die methodischen Zugangsweisen, die *Schüler* erlernen sollten, sondern auch ein bewusstes Umgehen des Lehrers mit *unterrichts*methodischen Möglichkeiten. Gerade der Bezug auf die Alltagserfahrung der Schüler lasse es sinnvoll erscheinen „den Schülern Angebote zur Projektion ihrer unmittelbaren Betroffenheit [zu] machen" (ebd., S. 36), um das Reden über die eigenen Erfahrungen zu erleichtern. Dies könne über Unterrichtsarrangements wie das Zukunftsspiel erfolgen (Schramke 1978b, S. 116), bei dem die Schüler überlegen sollten, wie ihr Leben in der Zukunft aussehen werde. Da die Schüler einer Klasse meist über höchst unterschiedliche Erfahrungen verfügten, müsse auch bei der unterrichtlichen Behandlung des Themas auf die verschiedenen Bedürfnisse angemessen reagiert werden. Dazu solle der Lehrer den Unterrichtsgegenstand „möglichst differenziert in Aspekt-Blöcke" (Schramke 1978a, S. 39) aufgliedern, die jeweils „optimal durchstrukturiert und hinsichtlich angemessener Lernverfahren, Lernmaterialien und Medien vorbereitet werden" (ebd., S. 39) müssten. Mit diesem Material in der Rückhand könne der Lehrer dann flexibel auf die Interessen der Schüler reagieren, da er die einzelnen Bausteine in ihrer Abfolge variabel einsetzen könne und auch die Intensität der Behandlung einzelner Aspekte auf die Schülervorstellungen zugeschnitten werden könnten (ebd., S. 40).

Etwa drei Jahre nachdem der Tagungsband in der Reihe „Geographische Hochschulmanuskripte" (GHM) erschienen war, meldete sich Dieter Rauchfuß[89] in der Geographischen Rundschau mit „Anmerkungen" (Rauchfuß 1981, S. 27) zur „'Geographie als politische Bildung'"[90] (ebd., S. 27) zu Wort. Dass der Aufsatz mit „Anmerkungen" und nicht mit „Replik" oder gar mit „Kritik" überschrieben war, hatte seine Berechtigung, denn er bot nicht den Ansatz einer stringenten Argumentation[91]. Durch die „etwas unübersichtliche Struktur" (Schramke 1981b, S. 1) des Textes geriet auch der eigentliche Gegenstand der Betrachtung des öfteren aus dem Blickfeld. Bezüglich der „Geographie als politischer Bildung" lassen sich zusammenfassend drei Argumentationsschritte herausarbeiten:

Zunächst machte der Autor eine Gruppe von Geographiedidaktikern im Raum „Göttingen, Kassel, Oldenburg, Osnabrück" (Rauchfuss 1981, S. 27) aus, die „auf fast doktrinäre Weise ein geschlossenes Curriculum" (ebd., S. 27) praktiziere. Ziel dieses ausschließlich auf „Systemerkenntnis und -veränderung" (ebd., S. 27) gerichteten Curriculums sei es, Schülern zu ermöglichen, „gesellschaftliche Strukturen zu erkennen, sie auf gesellschaftliche Widersprüche (= Grundwiderspruch von Lohnarbeit und Kapital) zurückzuführen und handelnd zu überwinden" (ebd., S. 27).

Mit der Übernahme von Inhalten des „politischen, soziologischen und ökonomischen Unterrichts" (ebd., S. 27) müsse auch die entsprechende Fachdidaktik

---

89 Rauchfuß ist weder vor noch nach diesem Aufsatz auffallend in Erscheinung getreten. Die Datenbank Schulpraxis zählt neben dem Aufsatz von 1981 lediglich vier weitere Veröffentlichungen: drei Unterrichtseinheiten zu Berlin (eine 1983 und zwei 1987) und eine zum bilingualen Zweig des Potsdamer Europagymnasiums, die 2001 in der „Schulverwaltung" erschienen ist (Landesinstitut für Schule und Weiterbildung 2003).
90 Obwohl sich hinter der Fußnote nur der Literaturnachweis verbirgt, behält Rauchfuß sie im gesamten Beitrag bei, sobald er „Geographie als politische Bildung" in Anführungsstriche setzt.
91 Dafür aber wunderschöne Tautologien: „'Geographie als politische Bildung' wird dort notwendig wie möglich, wo das Schulfach nicht mehr durch eine der traditionellen Fachdidaktiken, sondern durch die Didaktik der politischen Bildung strukturiert wird" (Rauchfuß 1981, S. 28).

272

übernommen werden (ebd., S. 27). Um dies zu kaschieren, würden die Beiträge im Berichtsband „vorgeben, der politischen oder soziologischen Dimension eine räumliche hinzufügen zu wollen, legen diese (aber – A.U.) in einer Art aus, die sie ihrer spezifischen geographischen Ausrichtung entkleidet und primär auf politikwissenschaftliche Konzeptionen und Kategorien verweist" (ebd., S. 27). Hier gelte es „Überspitzungen zu kappen" (ebd., S. 27) und „den Schaden aufzuweisen" (ebd. S. 27), der entstehe, wenn dieses Konzept sich durchsetze. Dieser Schaden bestehe in nichts geringerem als dem „Verzicht auf eine Fachdidaktik Geographie" (ebd., S. 28) und der „Auflösung des Faches Geographie" (ebd., S. 27).

Damit aber wendeten sich die Autoren von „einer breiten Allgemeinbildung" (ebd., S. 31) ab und gäben „weite Bereiche der physischen, aber eben nicht nur der physischen Geographie" (ebd., S. 27) auf. Wichtige Themen wie „Plattentektonik", „Erdrevolution", „Naturkatastrophen", „Bodenversalzung", „die Tragfähigkeit der Tropen" (ebd., S. 28) oder „die Gliederung der Erde nach Geozonen" (ebd., S. 32) würden bei einer „Geographie als politische Bildung" schlicht entfallen.

Das hier formulierte Anliegen war nicht neu. Die zumindest implizite Auseinandersetzung um die physische Geographie durchzog schon die Lernzielformulierungen (vgl. Kap. 4.2.2.2.2), die Lehrplangestaltung (vgl. Kap. 4.2.5.1) und die Wahl der Schulbücher durch die Lehrer (vgl. Kap. 4.2.5.1). Dass dieses Anliegen ausgerechnet im Zusammenhang mit der „Geographie als politische Bildung" *erneut* formuliert wurde, konnte aber nicht daran liegen, dass die physische Geographie auf der Tagung völlig ignoriert worden wäre. Das Gegenteil war der Fall: neben drei Referaten zur Stadt- und Regionalplanung, zwei Referaten zu „Industriemetropolen und peripheren Regionen" und weiteren zwei Referaten zu „Umwelt und Sozialisation als Gegenstand der Sozialgeographie" enthielt der Berichtsband auch drei Beiträge zur „Physischen Geographie und Ökologie" (Fichten, Schramke, Strassel 1978a, S. 3). In dem eher konzeptionellen Beitrag zur „ökologischen Perspektive der Physischen Geographie in der Lehrerbildung" betonte Ergenzinger, bei der Auseinandersetzung mit diesem Teilbereich der Geographie gehe es vor allem darum, die Gefahr abzuwenden, „dass im Bereich der Physischen Geographie erneut der Versuch unternommen wird, mit modernen Ansätzen geoökologische Landschaftsgeographie zu betreiben" (Ergenzinger 1978, S. 216). Die physische Geographie solle stattdessen lernen, sich zu beschränken und „die umweltökologische Perspektive verstärkt aufgreifen und bearbeiten" (ebd., S. 216). Diese Perspektive lege es nahe, „die Erhaltung der Lebensmöglichkeiten der Gesellschaft im Spannungsfeld zwischen wirtschaftlichen Aktivitäten und der natürlichen Umwelt" (ebd., S. 216) in den Mittelpunkt des Unterrichts zu stellen. Damit leiste die physische Geographie einen Beitrag zur politischen Bildung, denn sie helfe, „Kriterien und Normen über die Lebensqualität abzuleiten und als Zielvorgaben zu definieren" (ebd., S. 216). Inwieweit die von Rauchfuß eingeklagten Themen dem Anspruch der politischen Bildung genügten, zeigte Jannsen (1982) in einer Antwort auf die „Anmerkungen". Er kam dabei zu dem Schluss, dass lediglich die Themen Plattentektonik und Erdrevolution nicht legitimierbar seien (Jannsen 1982, S. 4). Die Behandlung der Geozonen im Unterricht zeichne sich derzeit vor allem durch „so hoch verallgemeinerte Begriffe [aus], dass sie an sich schon fragwürdig werden und für den Unterricht nur relativ triviale Sätze bereithalten" (Jander 1981, S. 3). Für eine Auseinandersetzung mit ihnen ließen sich aber durchaus Argumente finden, wenn man sie „nicht als Natursystem (...), sondern als gesellschaftliches Modell zur Ordnung der Beobachtungsunterschiede" (Jannsen 1982, S. 7) thematisiere. Die Themen Naturkatastrophen, Bodenversalzung und Tragfähigkeit der Tropen seien ohne einen Bezug auf die Gesellschaft gar nicht sinnvoll zu behandeln. Vorgänge in der Natur würden nämlich „erst dann als Katastrophe wirksam werden, wenn sie massiv und zerstörerisch in *gesellschaftliche* Verhältnisse eingreifen" (ebd., S. 13 – Herv. A. U.), Bodenversalzung werde erst dann zum Problem, wenn die *gesellschaftliche* Entwicklung eine Ausweitung der Nutzflächen notwendig mache (ebd., S. 16), und die Tragfähigkeit der Tropen enthalte den gesellschaftlichen Bezug schon im Begriff der Tragfähigkeit, der

„nicht einfach die Fähigkeit zur Biomasseproduktion, sondern deren Relation zu gesellschaftlichen Nutzungs- und Entwicklungsmöglichkeiten" (ebd., S. 18) thematisiere. Alle drei Beispiele zeigten, dass „Natur für sich genommen" (Schmidt-Wulffen 1981, S. 3) nicht existiere, „weil sie grundsätzlich über die Arbeit mit dem Menschen und der Gesellschaft in Beziehung steht" (ebd., S. 3). Ein Großteil der von Rauchfuß eingeklagten Themen führe damit „notwendigerweise zu politischem Unterricht im Sinne des Konzepts von ‚Geographie als politische Bildung'" (Jannsen 1982, S. 20)[92].

Wenn aber der Vorwurf, die Geographie als politische Bildung schließe physisch-geographische Inhalte aus und führe damit quasi zur Auflösung des Faches, überhaupt nicht belegt und damit letztendlich auch nicht aufrecht gehalten werden konnte, was war dann die Leistung der „Anmerkungen" von Rauchfuß? Die Leistung, so scheint es im Nachhinein, bestand vor allem darin, ein „Lager" (Schramke 1986a, S. 118) zu identifizieren, das die Geographie als Unterrichtsfach bedrohe. So konnte man ein Feindbild schaffen, das es ermöglichte, das eigene schulgeographische Lager zu konsolidieren[93]. Dabei schreckte Rauchfuß nicht davor zurück, einigen gestandenen Geographiedidaktikern suggestiv vorzuwerfen, sie hätten geradezu den Weg geebnet für eine „Geographie als politische Bildung". Keiner dieser Didaktiker wurde dabei direkt kritisiert, eher war es die Art und Weise, wie sie im Text zitiert wurden, die ihnen eine solche

---

92 Aber selbst wenn die Themen rein physisch-geographisch behandelt würden, wären sie natürlich immer noch politisch bildend, wenn man – wie Schramke – davon ausgeht, dass jeder Geographieunterricht politisch bildend ist. Nur würde ein rein physisch-geographisch ausgerichteter Unterricht „der Natur eine den Menschen letztlich beherrschende Bedeutung" (Jannsen 1982, S. 20) zumessen.

93 Diese Funktion war auch den damals betroffenen Vertretern einer „Geographie als politische Bildung" durchaus bewusst: „Dem faktisch bestehenden Monopolanspruch auf Geographieinterpretation für die Schule – der allerdings nicht als Monopol, sondern als Konsens der Didaktikergemeinde legitimiert wird – steht nun ein Alternativkonzept gegenüber, das ungeachtet der eigenen Monopolposition als einseitig-monopolistisch empfunden wird" (Schmidt-Wulffen 1981, S. 1) Aber: „Der häufig unterstellte oder zumindest angenommene Grundkonsens der Fachdidaktiker besteht nicht. Die Betonung der Einigkeit im ‚harten Kern' etablierter Fachdidaktiker täuscht über breite fließende Ränder hinweg, die bis zur GPB reichen. Entsprechend zweifelhaft erscheint mir – urteilend aus meiner persönlichen Kenntnis der meisten Vertreter der GPB – deren behaupteter monolithischer Charakter" (ebd., S. 2).

Stellung zuschrieb. Ernst wurde dabei nicht vorgehalten, dass er mit der Formulierung von Lernzielen außerfachliche Maßstäbe in das Fach hineingetragen habe, sondern, dass er die Lernziele „in Ausführung des überkommenen Gedankens der Allgemeinbildung" (Rauchfuß 1981, S. 31) so unglücklich formuliert habe, dass „der Anspruch auf Allgemeinbildung aufgegeben" (ebd., S. 31) worden sei. Schultze wurde vorgehalten, seine Idee, dass „ein akzeptiertes Strukturgitter (...) ein Kernstück unserer Theorie" (Schultze 1979a, S. 7 – vgl. Rauchfuß 1981, S. 31) sein könne, führe dazu, dass eine „geographiedidaktische ‚Schule' damit ihre Selbstauflösung beschlösse" (Rauchfuß 1981, S. 31). Und Schrettenbrunner wurde mittels Zitat geradezu ins feindliche Lager gerückt: „Die ‚Überordnung des politischen Aspektes der Gemeinschaftskunde' (Schrettenbrunner 1978, S. 60) geht einher mit dem Verzicht auf eine Fachdidaktik Geographie"[94] (ebd., S. 28) ebenso, wie die „Abkehr von der Weltbetrachtung und die Hinwendung zur Analyse der direkten Umwelt (vgl. Schrettenbrunner 1978, S. 61) (...) ganze Bereiche der Geographie [eliminieren]"[95] (ebd., S. 28) würden. Wollten diese Didaktiker nicht irgendwann zum feindlichen Lager gezählt werden, mussten sie sich entsprechend neu positionieren.

---

94 Bei Schrettenbrunner im Original hieß der Satz: „Ein konservativer Teil der Geographiedidaktiker und ein Großteil der Wissenschaftler befürworten die Eigenständigkeit des Faches, während progressivere Didaktiker die Überordnung des politischen Aspekts der Gemeinschaftskunde akzeptieren und sich mit gelegentlichen geographischen Aspekten bei den Unterrichtsprojekten begnügen" (Schrettenbrunner 1978a, S. 60). Der Satz diente lediglich der Zustandsbeschreibung.

95 Vermutlich bezog sich diese Passage auf einen einzigen Satz: „Die Länderkunde, die aus besagten Gründen im Schulfach Erdkunde den Zweiten Weltkrieg überlebte, war von der Seite der Wissenschaft nun in Frage gestellt worden und durch inzwischen wesentlich kleinräumlicher oder allgemeingeographisch arbeitende Teilbereiche der Geographie überholt worden" (Schrettenbrunner 1978a, S. 61). Nicht beachtet wurde dabei der in Bezug auf die Lernzielformulierungen der 70er Jahre gezogene unterrichtspraktische Schluss: „Die strenge Abfolge vom Nahen zum Fernen wird aufgelöst und durch thematische Beziehungen ersetzt: Wenn von der Viertelsbildung in der Heimatstadt gesprochen wird, kann auch die Viertelsbildung von Tokyo angefügt werden, wenn klimatische Grenzwerte für die Landwirtschaft am Harz erarbeitet werden, so kann auch über solche in einem Hochgebirge fortgefahren werden" (ebd., S. 61).

276

Für die These des Versuchs der Lagerbildung sprechen drei weitere Ereignisse der späten 70er und frühen 80er Jahre, die sich gegen den gleichen Autorenkreis richteten.

Im Interview berichtete Schmidt-Wulffen von einem Vorfall, der sich Ende der 70er Jahre ereignet haben muss. Sein damaliger Chef Joachim Engel habe für die Zeitschrift „Der Erdkundeunterricht" ein Heft zum Thema „Motivation" moderieren sollen. Er und Daum hätten dafür einen Beitrag geliefert, in dem sie die traditionelle Sicht der Motivation kritisiert hätten, die besage, dass es Aufgabe des Lehrers sei, die Schüler zu motivieren. Sie sei von den Geographiedidaktikern damals weitgehend geteilt worden. Er und Daum hätten als Gegenbild neue Ansätze angeboten, die auf die Interessen der Schüler gerichtet waren. Das sei aber fachpolitisch offensichtlich nicht erwünscht gewesen. Zudem sei die Zeitschrift „der didaktischen Diskussion immer furchtbar hinterhergehinkt". Engel, der ein „liberaler Mensch" gewesen sei, habe das Manuskript mit vielen handschriftlichen Anmerkungen wie „Idiotie" und „völliger Unsinn" zurückbekommen und es so an seine „Untergebenen" weitergegeben. Daraufhin hätten er und Daum das Manuskript aber nicht geändert, sondern sich für zwei Wochen in die Heide zurückgezogen und „Erdkunde ohne Zukunft" (Daum, Schmidt-Wulffen 1980) geschrieben. Damit war die Geschichte allerdings noch nicht zu Ende.

Das Buch wurde 1981 in der Verbandszeitschrift des „Hochschulverbandes für Geographie und ihre Didaktik" durch Gerhard Hard rezensiert (Hard 1981). Hard wies zu Beginn der Rezension zwar auf den „ein wenig modisch gewordenen saloppen Ton der Kritik an den Begriffs- und Theoriegötzen" (ebd., S. 39) hin, betonte aber zugleich, dass die Autoren „dabei fast immer auf einem Niveau der Argumentation [blieben], das sich erfreulich aus der weithin sterilen Masse der geographiedidaktischen Publikationen heraushebt" (ebd., S. 39). Nachdem er diese Behauptung an verschiedenen Beispielen belegt hatte, wünschte er sich „diese stimulierende Einführung [...] schon in die Hände von Studienanfängern – sie könnten sich auf diese Weise viel ersparen: Unter anderem die oft penetrante Langeweile, die von ‚systematischen' Fachdidaktiken und Didaktiktheorien ausgeht" (ebd., S. 43f). Im Anschluss an diese Rezension fanden sich im gleichen Heft einige „kritische Anmerkungen" von Hartwig Haubrich (Haubrich 1981a). Gegenrezensionen wie diese – so Daum im Interview - habe es „überaus selten gegeben". Haubrich formulierte in seinen Anmerkungen insgesamt vier Kritikpunkte, von denen der „Umgang mit Kollegen" (Haubrich, 1981a, S. 44f) an erster Stelle stand. Darin warf er Daum und Schmidt-Wulffen vor, dass sie zwischen „den bösen Geographen bzw. Geographiedidaktikern und sich selbst" (ebd., S. 44) eine deutliche Trennlinie zögen und dabei „die großen Anstrengungen und Leistungen zahlreicher Kollegen" (ebd., S. 44) „absichtlich oder unabsichtlich" (ebd., S. 44) übersähen. Inhalt und Form der Darstellung führten lediglich „zur Dekadenz der wissenschaftlichen Auseinandersetzung" (ebd., S. 45) und erschwerten „den menschlichen Umgang miteinander" (ebd., S. 45).

Die drei inhaltlichen Kritikpunkte bezogen sich auf „Ihre Zielorientierung" (ebd., S. 45), „Ihre Schülerorientierung" (ebd., S. 46) und „Ihre Katastrophenorientierung" (ebd., S. 47). Das Kapitel zur Zielorientierung (Kap. 4.2.2.2.2), das aus Hards Sicht zeigte, „wie sehr die z. T. unbedarfte Welle der Lernzielorientierung in der Geographie zwar einerseits andere Ansätze völlig verschüttet hat (…), andererseits aber die strategische Funktion hatte, das didaktische Selbstbewusstsein und den didaktischen Widerstand gegen die Oktroyierung belangloser traditioneller Fachinhalte (…) zu stärken" (Hard 1981, S.40), handelte Haubrich dabei inhaltlich zwar durchaus differenziert, im Duktus aber eindeutig ab. Hards positive Bewertung las sich bei Haubrich entsprechend anders: „Nach meiner Erfahrung ist es eine völlige Fehleinschätzung zu behaupten, die Lernzielorientierung habe in die Sackgasse geführt. Im Gegenteil, die Lernzieldiskussion hat – was Sie ja auch nicht bestreiten – ein sehr intensives Nachdenken über die pädagogische und gesellschaftliche Funktion geographischer Unterrichtsinhalte gebracht" (Haubrich 1981a, S. 45). Haubrich entging hier allerdings, dass Daum und Schmidt-Wulffen die „Sackgasse" zum einen darin sahen, dass die Geographiedidaktik „willkürliche (und interessengebundene) Umstilisierungen von Lernzielkategorien" (ebd., S. 18) vorgenommen habe und zum anderen darin, dass die „Lernzielorientierung den Lehrer nicht zum Unterrichten befähigt" (Daum, Schmidt-Wulffen 1980, S. 16). Weil er die unterrichtspraktische Stoßrichtung der Argumentation nicht bedachte, musste Haubrich dann auch den Hinweis auf den Implikationszusammenhang missverstehen. Er verteidigte seine eigenen Ausführungen zur Lernzielorientierung damit, dass er „gleich zu Anfang des Buches deutlich gemacht [habe], dass gesellschaftliche Ziele, geographische Inhalte, Schülerinteressen, Medien, Fachtraditionen usw., also vielseitige Quellen, zur Lernzielfindung und Rechtfertigung in einem Implikationszusammenhang beigetragen" (Haubrich, 1981a, S. 45)[96]. Nachdem Haubrich so auf der theoretischen Ebene und zu seinen Gunsten eine Übereinstimmung der beiden Ansätze festgestellt hatte, gestand er den beiden Autoren auf der methodischen Ebene zu, dass „die Anprangerung des Formalismus der Lernzielorientierung" (ebd., S. 46) für ihn durchaus zustimmungsfähig erscheine. Ebenso räumte er ein, bemerkt zu haben, dass die Autoren durchaus auch „für eine behutsame Berücksichtigung von Lernzielen bei der Unterrichtsplanung" (Daum, Schmidt-Wulffen 1980, S. 18 – vgl. Haubrich 1981a, S. 46) seien. Trotzdem forderte er sie am Ende dieses Kritikpunktes auf, sich gegen ihre theoretische Argumentation zu stellen, und „laut und deutlich [zu] sagen, dass Sie nicht gegen, sondern für Lernziele sind" (Haubrich 1981a, S. 46).

In der Schlussbemerkung zu seinen vier Kritikpunkten attestierte Haubrich den Autoren dann zwar auch „brauchbare Ansätze in Ihrem engagierten ‚Jugendwerk'" (ebd., S. 48), diese bedürften aber ebenso „des Korrektivs durch die Erfahrung Ihrer Kollegenschaft (...) wie diese auch ‚Stürmer und Dränger' zu Ihrer beruflichen und persönlichen Fortentwicklung nötig hat" (ebd., S. 48).

---

96 Den kategorialen Unterschied in der Argumentation bemerkte Haubrich auch nach dem nochmaligen Hinweis von Daum und Schmidt-Wulffen nicht, dass „Lernzielorientierung für die Planung alltäglich-durchschnittlichen Unterrichts bedeutungslos" (Daum, Schmidt-Wulffen 1981, S. 94) sei. Stattdessen führte er sein Argument mit einem noch längeren Selbstzitat weiter aus (Haubrich 1981b, S. 99).

Grundbedingung für einen solchen Austausch sei allerdings, „dass man sich gegenseitig Achtung zollt, das Selbstwertgefühl des Anderen nicht verletzt und trotz aller Gegensätze zusammenarbeitet" (ebd., S. 48).

Diese Aufforderung musste fast zwangsläufig auf taube Ohren stoßen, denn Daum und Schmidt-Wulffen konnten ihrerseits in Haubrich Anmerkungen kaum „ein Beispiel für angemessenen Umgang mit Kollegen" (Daum, Schmidt-Wulffen 1981, S. 93) entdecken. Durch seine verkürzte Zitierweise habe er die „dargestellten Zusammenhänge ihres sachlichen Gehalts entkleidet" (ebd., S. 93) und „jene sicherlich provozierenden Attribute, die der *Sache* galten, gänzlich – dabei manchmal nicht einmal passend – auf *Personen* bezogen" (ebd., S. 93 – Herv. i. O.). Zudem spiegele der Argumentationsstil Haubrichs „ziemlich genau jene Zustände in unserem Fach (...), die wir unsererseits für kritikwürdig oder doch überdenkenswert halten" (ebd., S. 93). Dazu gehöre vor allem die weit verbreitete „Selbstzufriedenheit, die fehlende ernsthafte Auseinandersetzung des Faches *mit sich selbst* und mit fruchtbaren ergänzenden oder alternativen Konzepten" (ebd., S. 94 – Herv. i. O.). Der Versuch des Korrektivs durch eine erfahrene Kollegenschaft war somit gescheitert, was Haubrich in einer letzten Antwort zu der Aussage verleitete, dass es ihm „im Augenblick nicht um eine inhaltliche Auseinandersetzung [gehe], sondern um Ihre Zitierkunst und Ihren Diskussionsstil. Um eine inhaltliche Debatte führen zu können, müssten Sie zunächst einmal die kollegialen Voraussetzungen dafür schaffen" (Haubrich 1981b, S. 99).

Einen weiteren Ausgrenzungsversuch initiierte der Vorsitzende des Verbandes Deutscher Schulgeographen Friese nur zwei Wochen, nachdem Helmut Kohl am 1. 10. 1982 durch Misstrauensvotum Bundeskanzler geworden war (Leinemann 2001, S. 33; Weber 2002, S. 238). Dazu machte er auf einer Sitzung des Zentralverbandes der Deutschen Geographen[97] eine Eingabe (vgl. Schramke 1986a,

---

97 Diesem Verband gehörten an: die Deutsche Gesellschaft für Angewandte Geographie, der Hochschulverband für Geographie und ihre Didaktik, der Verband der Deutschen Hochschulgeographen, der Verband Deutscher Hochschullehrer der Geographie und der Verband Deutscher

280

S. 118) unter dem Titel „Zur Situation der Erdkunde in der Schule" (geo-graphie heute 1983, S. 71), mit der er versuchte, die verbandspolitisch gewünschte Konsolidierung in der Geographiedidaktik weiter zu festigen. Diese Eingabe erfolgte, „als die Mehrzahl der Teilnehmer im Aufbruch war"[98] (ebd., S. 74). Ihre ausführliche Dokumentation im Protokoll vom 26. 10. 1982 (Schramke 1986a, S. 125) stand „in einem auffallenden Kontrast zur Flüchtigkeit der Beratung und zur eher lakonischen Diktion des Gesamtprotokolls" (geo-graphie heute 1983, S. 74). Unter „TOP 8" (ebd., S. 74; Schramke 1986a, S. 125) stand zu lesen: „Die Situation des Geographieunterrichts hat sich im allgemeinen konsolidiert. Die durch die Westdeutsche Rektorenkonferenz hervorgerufene Gefährdung der Stellung der Geographie in der gymnasialen Oberstufe ist z. Zt.[99] nicht mehr gegeben. Eine Ausnahme bildet das Bundesland Bremen. Hier will die SPD-Mehrheit in der Bürgerschaft Erdkunde und Geschichte zugunsten einer politischen Gemeinschaftskunde abschaffen. Es ist bedenklich, dass solche Tendenzen auch von einigen Didaktikern unterstützt werden. (...) Es mehren sich Anzeichen dafür, dass Ansehen und Belange des Faches durch bestimmte Publikationen (Geographische Hochschulmanuskripte, Urbs et regio, Geographie heute[100]) beeinträchtigt werden. Dieser Aspekt sollte auch bei Ausstellungen

---

Schulgeographen sowie die Geographischen Gesellschaften in der Bundesrepublik Deutschland (ZVDG 1980, S. 3).

98 In einem späteren Briefwechsel mit Wolfgang Taubmann stellte Friese fest: „Meine Ausführungen fanden übrigens bei allen Sitzungsteilnehmern Zustimmung" (Friese 1983). Nachfragen aus dem Kreise der betroffenen Herausgeber ergaben allerdings, „dass sich keiner der Sitzungsteilnehmer an seine Zustimmung zu Herrn Frieses Vorstoß erinnern kann" (Beck 1983). Der Grund für die mangelnde Erinnerung sei, „dass Herr Friese die eingangs zitierten Sätze (bzw. die Namen der Publikationen und den Vorschlag zu ihrer Exilierung) erst im Nachhinein zu Protokoll gegeben hat" (ebd.).

99 in geographie heute „z. Z." (geographie heute 1983, S. 74).

100 Von „geographie heute" waren zum Zeitpunkt der Eingabe gerade erst 13 Hefte erschienen. Ihre Titel: „Warum wächst die Wüste", „Räumliche Disparitäten", „Exkursionen", „Entwicklungsprobleme Chinas", „Naturschutz und Landschaftspflege", „Hunger – von Menschen gemacht", „Vorurteile", „Polen", „Strukturanalyse", „Rekultivierung", „Die Vertretungsstunde", „Stadtverkehr" und „Grenzen und Minoritäten". Wolfgang Taubmann schloss mit Hinweis auf die Heftthemen des Jahrgangs 1982 in seinem Brief an Friese dementsprechend auch, dass „kein Leser [...] auf die Idee kommen [würde], solche Fragestellungen bzw. ihre inhaltliche Aufarbeitung schadeten dem, ‚Ansehen' oder den ‚Belangen' des Faches" (Taubmann 1983).

anlässlich der Geographentage etc.[101] berücksichtigt werden" (Protokoll der Sitzung vom 14. 10. 1982; zit. n. Schramke 1986a, S. 118).

Mit diesem Ausgrenzungsversuch nahm Friese auch einen möglichen „Kollateralschaden"[102] in Kauf. Zum Herausgeberkreis von „geographie heute" gehörten immerhin auch Joachim Engel, Evelyn Noll[103], Helmut Ruppert und Wolfgang Taubmann. Tatsächlich reagierten alle Betroffenen: die Herausgeber von „Urbs et regio" und Wolfgang Taubmann zunächst mit je einem Brief[104], die Herausgeber der Geographischen Hochschulmanuskripte, indem sie den Protokollauszug an ihrem Stand auf dem Geographentag in Münster plakatierten (Schramke 1986a, S. 125). Darüber hinaus reagierte auch die Mitgliederversammlung des Verbandes Deutscher Hochschulgeographen, die noch auf dem Münsteraner Geographentag eine Stellungnahme beschloss (ebd., S. 125). Die Abstimmung über diese Resolution wurde auf einer Mitgliederversammlung des Zentralverbandes „aus formalen Gründen abgelehnt" (ebd., S. 125). Eine öffentliche Stellungnahme in „geographie heute" konnte allerdings nicht verhindert werden. Dort empfand man „die Ausführungen im Protokoll als einen Versuch, unliebsame Publikationen zu indizieren" (geographie heute 1983, S. 74). Solch ein

---

101 in geographie heute „usw." (geographie heute 1983, S. 74).

102 collateral damage: Beim amerikanischen Militär die unbeabsichtigte Schädigung von Zivilisten.

103 „Leitd. Reg. Schuldirektorin, Fachdezernentin für Erdkunde" bei der Bezirksregierung Arnsberg (Dittmann 2001, S. 377f).

104 Die Herausgeber von „Urbs et regio" monierten dabei vor allem das Wissenschaftsverständnis von Friese. Eine Wissenschaft – „und trotz mancher Besonderheiten auch die Geographie" (Wenzel u. a. 1983) – könne „sich nur in einem freien und offenen Klima der Auseinandersetzung entfalten" (ebd.). Dementsprechend werfen sie Friese vor: „Art und Weise Ihrer Argumentation lassen nun mit Sicherheit darauf schließen, dass Sie diese honorige Tradition der wissenschaftlichen Diskussion nicht im Auge haben. Jedenfalls ist die Position von der aus Sie argumentieren, in hohem Maße geeignet, diesen notwendigen Spielraum von Wissenschaft einzuengen. In der Wissenschaft gibt es nun einmal Spielregeln, die, wenn man sich ihnen verpflichtet fühlt, Sanktionen und Verbotsandrohungen ausschließen, auch im Hinblick auf Veröffentlichungen, die vielleicht außerhalb Ihres Weltbildes angesiedelt sind. Begründbare Positionen können also nur innerhalb eines wissenschaftlichen Diskurses mit den Mitteln der Argumentation widerlegt werden" (ebd.). Wie weit Friese von einer derartigen Auseinandersetzung entfernt war, zeigt auch sein Antwortschreiben an Wolfgang Taubmann: „Sofern Sie Ihre Anschuldigungen nicht in angemessener Form zurücknehmen, muss ich Sie ersuchen, dieses Schreiben nicht als meinen letzten Schritt in dieser Angelegenheit aufzufassen" (Friese 1983).

Wunsch nach „Zensur" (ebd., S. 74) sei ein „Skandal" (ebd., S. 74) und erinnere „an unheilvolle Zeiten und Praktiken" (ebd., S. 74).

Ebenfalls als Ausgrenzungsversuch ist eine 1983 im Heft 1 der Verbandszeitschrift des „Hochschulverbandes für Geographie und ihre Didaktik" erschienene Rezension des „Metzler Handbuch für den Geographieunterricht" (Haubrich 1983c) verstanden worden[105]. Die Besprechung des Buches selbst war dabei gar nicht das Problem. Trotz des eindeutigen Schlusses, dass das Buch zwar „für eine fachliche Auseinandersetzung der ‚Theorieexperten' geeignet [sei], jedoch nicht für einen ‚Leitfaden für Praxis'" (Haubrich 1983c, S. 40), war sie relativ ausgewogen formuliert, nannte positive Aspekte ebenso wie negative. Positiv fiel dem Rezensenten dabei auf, dass das Buch „von fachlicher insbesondere sozialwissenschaftlicher Kompetenz und substantiellem Gewicht" (ebd., S. 38) sei. Zudem sei es „flüssig geschrieben" (ebd., S. 38), biete „Vorschläge für die Unterrichtspraxis" (ebd., S. 38), und die „Literaturhinweise können grundsätzlich als sehr nützlich bezeichnet werden" (ebd., S. 38), wobei die Kapitel „Nachschlagewerke / Literatursuche" und „Ergänzende Unterrichtsmaterialien" noch einmal besonders hervorgehoben wurden. Als eher negativ empfand Haubrich den lexikalischen Aufbau des Buches (ebd., S. 38), die Tatsache, dass manche Beiträge „in abgewandelter Form ältere Veröffentlichungen" (ebd., S. 38) widerspiegelten und dass „jedesmal und ausschließlich harte Kritik" (ebd., S. 38) geübt werde. Die Unterrichtsvorschläge waren ihm zu „wenig methodisch ausdifferenziert" (ebd., S. 38) und es fehlten ihm Hinweise auf Literatur aus Pädagogik, Psychologie und vor allem aus der Fachdidaktik[106] (ebd.,

---

105 Von den 28 Autoren des Bandes hatten zehn auch an der Tagung „Geographie als politische Bildung" teilgenommen (Fichten, Schramke, Strassel 1978a, S. 330f).

106 Gerade an dem von Haubrich genauer rezensierten Kapitel „Unterrichtsplanung" von Egbert Daum lässt sich dies kaum belegen. Daum zitiert nicht nur Böhn, Haubrich und Köck (Daum 1982, S. 533) als Fachdidaktiker, „die nicht zum eigenen Zitierkartell" (Haubrich 1983c, S. 38) gehörten, sondern er zitiert auch Pädagogen und Psychologen (z. B. Blankertz, Grell, Meyer, Roth) und sein Literaturverzeichnis enthält mit einem Beitrag von Engel sogar einen Hinweis auf das HGSP (Daum 1982, S. 533), der Haubrich in dem Buch fehlte (Haubrich 1983c, S. 38). Auch die von Haubrich vermisste „Buchreihe der Geographiedidaktischen Forschungen"

S. 38). Störend fiel ihm auch auf, dass Behörden „immer in einem negativen Zusammenhang erwähnt" (ebd., S. 39) werden. Läse man – aus welchem Grund auch immer – die ersten eineinhalb Seiten der Rezension *nicht*, könnte man schnell den Eindruck gewinnen, besprochen werde ein wissenschaftlich fundiertes Werk, das einige formale Schwächen enthalte und zumindest aus Sicht des Rezensenten hätte (noch) breiter angelegt werden können. Eben aufgrund dieses Eindrucks erscheinen die ersten eineinhalb Seiten noch problematischer. Hier folgte Haubrich dem Vorgehen von Rauchfuß, indem er zunächst einmal feststellte, dass die Autoren „schwerpunkthaft aus dem niedersächsischen Raum" (ebd., S. 36) kämen, „alle zur mittleren Generation"[107] (ebd., S. 36) zählten und Akademiker aus Schule und Hochschule seien, „die sich als Sozialwissenschaftler verstehen" (ebd., S. 37). Aus diesen Merkmalen meinte Haubrich „auf eine relative Homogenität der Autorengruppe" (ebd., S. 37) schließen zu können, die - auch wenn „der Begriff ‚Pluralismus' in bejahender Weise im Text nicht fehlt" (ebd., S. 37) – zu einer „einheitlichen politischen Linie" (ebd., S. 37) führe. Diese Linie entstehe durch „das Einbringen sozialer Theorien und das durchgängig sichtbar werdende Weltbild der Autoren in Form eines Konfliktmodells von Gesellschaft" (ebd., S. 37) und führe zum „Primat der Politischen Bildung" (ebd., S. 37) und der „Ablehnung einer ‚fraglos überlieferten Allgemeinbildung' (S. 1)" (ebd., S. 37)[108]. Mit dieser Einordnung in ein „Lager" aber war klar, dass das Buch, wie gut es sonst auch sein mochte, besser ignoriert werde.

(Haubrich 1983c, S. 38) kommt vor, dort nämlich, wo Hard sich selbst zitiert mit der „Inhaltanalyse geographiedidaktischer Texte", die als Band 2 der Reihe erschienen ist (Hard 1982c, S. 466).

107 Die meisten Autoren des Metzler Handbuches sind tatsächlich in den 1940er Jahren geboren. Einige waren aber auch älter als Haubrich (geb. 1932 – vgl. Dittmann 2001, S. 316): Rolf Gutte und Josef Franz Mück sind beide 1926 geboren. Und Hard mit Geburtsjahrgang 1934 war nun auch nicht so viel jünger als Haubrich.

108 Haubrich setzte dem sein eigenes Bild von Erziehung entgegen: „Das menschliche Bedürfnis nach Harmonie und die Notwendigkeit, in der Erziehung auch Vertrauen zu vermitteln, sind anthropologische und pädagogische Basisannahmen des Rezensenten, die hier keine weitere plausible Begründung erfahren können" (Haubrich 1983c, S. 37) und sprach sich „für eine – wenn auch stets zu prüfende – Allgemeinbildung, d. h. Menschenbildung" (ebd., S. 37) aus.

284

Die Reaktion der Herausgeber des „Metzler-Handbuchs für den Geographieunterricht" fiel überaus heftig aus und kann als Indiz dafür gewertet werden, wie blank die Nerven zu der Zeit lagen, immerhin war es der vierte Ausgrenzungsversuch innerhalb eines vergleichsweise kurzen Zeitraums. Weiteres kam in diesem Falle allerdings hinzu:

Erstens hatte Haubrich in seiner Rezension zwar eineinhalb Seiten auf die Darstellung eigener biographischer Daten und der Metzler-Autoren verwandt, er hatte dabei aber verschwiegen, dass er Mitautor am Konkurrenzwerk, der „Konkreten Didaktik der Geographie" war. Diese Didaktik, die 1977 in der ersten Auflage erschienen war, wurde 1982 in einer zweiten neubearbeiteten Auflage auf den Markt gebracht (Jander, Schramke, Wenzel 1983, S. 3). Haubrich als Rezensent erschien somit eine schlechte Wahl: „Stilsicherer, angemessener und transparenter wäre es wohl gewesen, hätte ein an beiden Büchern *nicht* beteiligter Dritter eine quasi ‚vergleichende' Besprechung darüber vorgelegt" (ebd., S. 3 – Herv. A. U.).

Zweitens war den Herausgebern des Metzler-Handbuchs vom Schriftleiter der GuiD, Diether Stonjek, die Möglichkeit einer Gegendarstellung im nächsten Heft angeboten worden, die zu einer „über mehrere Hefte verteilten Auseinandersetzung über grundlegende fachdidaktische Fragen" (ebd., S. 1) führen sollte. Ihre 10-seitige Replik entsprach aber nicht seinen Vorstellungen, da sie „zu wenig grundlegende fachdidaktische Diskussionspunkte" (ebd., S. 1) beinhaltet habe. Die Autoren sollten sie um vier Seiten kürzen (ebd., S. 1). Aber auch mit dem verbleibenden Text war der Schriftleiter nicht zufrieden, so dass er selbst weitere eineinhalb Seiten herausstrich, womit er „wichtige Aussagen und Zusammenhänge des Textes verändert und verfälscht" (ebd., S. 2) habe. Die Autoren zogen den Text zurück, zumal sich auch noch herausstellte, dass Haubrich plötzlich im gleichen Heft – und nicht erst ein Heft später - antworten durfte. Um die Replik zumindest der interessierten Öffentlichkeit zugänglich zu machen, entschlossen sich die Autoren, sie in den GHM-Diskussionspapieren zu veröffentlichen (Jander, Schramke, Wenzel 1983)[109].

Kritik äußerten die Herausgeber des Metzler-Handbuchs darin sowohl am Zitier- und Belegverfahren[110] (ebd., S. 3) als auch am wiederholten Versuch der Lagerbildung. Da beide Kritikpunkte besonders an der Stelle eng verzahnt waren, an der Haubrich behauptet hatte, die Metzler-Autoren hätten die fachdidaktische Diskussion nicht berücksichtigt, zählten die Herausgeber nach und kamen „(ohne Anspruch auf Vollständigkeit)" (ebd., S. 8) auf 14 Seiten, auf denen Birkenhauer, und auf 10 Seiten, auf denen Schrettenbrunner zitiert wurde (ebd., S. 8). Das von Haubrich vermutete „Zitierkartell" (Haubrich 1983c, S. 38) existiere somit auf Seiten der Metzler-Autoren nicht. Ebenso wenig haltbar seien stärker inhaltliche Zuschreibungen: Die implizite Unterstellung, die Metzler-Autoren teilten die von Haubrich formulierte Basisannahme nicht, nach der „das menschliche Bedürfnis nach Harmonie und die Notwendigkeit, in der Erziehung auch Vertrauen zu vermitteln" (Haubrich 1983c, S. 37), unhintergehbare Grundlage pädagogischen Handelns sei, sei nicht belegt und werde von den Herausgebern vehement bestritten (Jander, Schramke, Wenzel 1983, S. 9). Sie unterschieden sich von Haubrich vor allem darin, „dass menschliches Harmonie- und Vertrauensbedürfnis für uns nicht Ausgangspunkt des Lernens über Gesellschaft und Welt sein können, sondern allein dessen mehr oder minder ‚konkret-utopisches' Ziel" (ebd., S. 9f). Ebenso bestritten, weil nicht belegt, die Aussage, alle Autoren des Handbuches verständen sich als Sozialwissenschaftler, denn

---

109 Trotz der Zurücknahme der Replik durch die Herausgeber des Metzler-Handbuchs hat es auch in „Geographie und ihre Didaktik" eine Diskussion der Rezension von Haubrich gegeben. Sie wurde von Egbert Daum eingeleitet, der in einem offenen Brief betonte, dass er „in keiner Weise (…) – wie Sie unterstellen – ein ‚offenes Curriculum'" (Daum 1983a, S. 160) propagiere, und Haubrich aufforderte, diesen Vorwurf zu belegen. Haubrich wollte sich aber „nicht auf Ihre Frage in Ihrem offenen Brief festlegen lassen" (Haubrich 1983d, S, 161) und nahm sich stattdessen die Freiheit, „mehrere kritische Bemerkungen zu Ihrem Kapitel über ‚Unterrichtsplanung" [zu] machen. Angesichts dieser Form der wissenschaftlichen Auseinandersetzung war Daum dann nur noch „verwundert und ratlos" (Daum 1983b, S. 214).
110 Dabei ging es vor allem um unberücksichtigte Aussagen zum lexikalischen Aufbau des Buches (Jander, Schramke, Wenzel 1983, S. 4f) und zum offenen Curriculum (ebd., S. 5f)

„einige unserer Kollegen Autoren hätten sich wohl auch gegen eine solche Etikettierung verwahrt" (ebd., S. 6). Was bleibe, sei „Etikettierung, Ausgrenzung und Diskriminierung" (ebd., S. 12) statt „inhaltlicher Auseinandersetzung" (ebd., S. 12), womit der Weg „der Geographiedidaktik in die Provinzialität und Bedeutungslosigkeit" (ebd., S. 12) vorgezeichnet sei.

4.3 DIE 70ER JAHRE – EINE ZUSAMMENFASSUNG

Die 70er Jahre müssen im Nachhinein als das bisher „aktivste" Jahrzehnt in der Geographiedidaktik betrachtet werden. Dabei haben sich die Protagonisten in einem durchaus nicht einfachen Umfeld bewegt. Schon das Verhältnis zu den anderen Wissenschaften war für die junge Disziplin schwierig:

Die Erziehungswissenschaften waren selbst damit beschäftigt, sich als Wissenschaft zu etablieren, so dass ein Rückgriff auf ihre Theorien nur schwerlich möglich war. Beredtes Beispiel hierfür war die Curriculumforschung.

Die Fachwissenschaftler waren damit beschäftigt, sich im Spektrum der Wissenschaften neu zu positionieren, um sich als ernstzunehmender Teil der Gemeinschaft zu profilieren. Die angestrebte Ablösung der Länderkunde durch allgemeingeographische Ansätze ging naturgemäß nur langsam voran und führte in manche theoretische Sackgasse.

Im Verhältnis zur Praxis waren die Didaktiker zudem mit Fachleitern und Verbandsgeographen konfrontiert, die in der jungen Disziplin eine Konkurrenz sahen, die ihnen wichtige Aufgaben nehmen könnte. Zugleich sahen sie in der Entstehung von Stellen aber auch Möglichkeiten der persönlichen Weiterentwicklung.

Der Konflikt mit den Fachleitern und Verbandsgeographen wurde dadurch gefördert, dass die Fachdidaktiker der ersten Generation sich sehr stark an der praktischen Anwendung ihrer Ergebnisse orientierten:

Eine ihrer Haupttätigkeiten bestand im Schreiben von Schulbüchern (TERRA-Geographie, Welt und Umwelt) oder in der Erstellung von Unterrichtseinheiten für das RCFP. Dabei versuchten sie in weiten Teilen, sowohl den

Paradigmenwechsel in der Fachwissenschaft als auch unterrichtsmethodische Anregungen aus den Erziehungswissenschaften zu reflektieren. Von der schulischen Praxis wurde dieses Engagement allerdings kaum positiv aufgenommen. Die Schul-geographen befürworteten in ihrer großen Mehrheit den Status quo. Sie hatten eine länderkundliche, auf Verfügungswissen hin orientierte Ausbildung genossen und das Fach eben deswegen auch angewählt. In den neuen Entwicklungen konnte sie *ihr* Fach nicht mehr erkennen.

Der zweite – bei den Didaktikern in den 70er Jahren noch nicht sehr ausgeprägte – Beschäftigungsschwerpunkt lag in der Fachpolitik. Hier hatten vor allem die Verbandsgeographen ihre Domäne. Sie gaben sich verbal zwar durchaus modern, achteten aber darauf, ihre Basis nicht zu verprellen. Hauptverbindungspunkt zwischen Fachdidaktik und Verbandspolitik war die Diskussion um die Lernzielorientierung.

Im Spannungsfeld dieser überaus unterschiedlichen Interessen und Interessengruppen, die im Einzelnen natürlich auch noch in sich zu differenzieren sind[111], entfaltete sich die Reformdiskussion der Fachdidaktik (vgl. Abb. 17). Arnold Schultze brachte dabei den pädagogischen Ansatz des exemplarischen Prinzips mit der fachwissenschaftlichen Orientierung an der allgemeinen Geographie zusammen. Erreicht werden sollte übertragbares Wissen. Mit diesem Wunsch stand er weitgehend allein da. Die meisten Fachdidaktiker orientierten sich an der Vermittlung von Handlungswissen. Damit konnten sie zugleich an die „sogenannten geographischen Bildungsziele wie Heimatliebe, Völkerverständigung, Europaidee, Achtung vor der Natur und Schöpfung" (Haubrich 1979b, S. 508) des länderkundlichen Ansatzes und den damals modernen pädagogischen

---

111 Das gilt nicht nur für die in jeder Gruppe vorhandenen individuellen Einschätzungen, sondern auch für die Zugehörigkeit einzelner Personen zu den Gruppen: Viele Didaktiker definierten sich eher als Fachwissenschaftler, manche Fachleiter oder Verbandsgeographen haben sich eine Position in der Didaktik erarbeitet und manch ein Lehrer versteht sich eher als Fachwissenschaftler denn als Pädagoge.

288

Ansatz der Lernzielorientierung anknüpfen[112]. Das war auch für die Verbandsgeographen und Fachleiter anschlussfähig, zumal sich damit gut die Notwendigkeit des Faches für die Bildung der Schüler begründen ließ. Bei der Formulierung der Lernziele glaubte man aus unterschiedlichen Gründen auf die gerade neu entstandene Sozialgeographie zurückgreifen zu können: Zum einen schienen sich die dort formulierten Daseinsgrundfunktionen als Grundlage für die Bestimmung von Lebenssituationen anzubieten, zum anderen bestand auch auf Seiten der Sozialgeographen ein Interesse an der Didaktik. Sie wollten über den Umweg des Schulkanons die eigene Position im Fach stärken. Das stieß zumindest theoretisch auf wenig Widerstand, denn der landschaftskundliche Hintergrund der Sozialgeographen bot auch den eher konservativ orientierten Schulgeographen einen Anknüpfungspunkt. Denen fehlte in diesem Ansatz allerdings die physische Geographie, weshalb sie sich in Fragen des praktischen Unterrichts eher für das Buch von Schultze entschieden. Da ihnen aber mehr an der Vermittlung von Verfügungswissen und Handlungswissen gelegen war als an der Vermittlung von arbeitendem Wissen, nutzten sie das Buch vor allem als Informationsgrundlage für einen auf Lernstoff ausgerichteten Unterricht. Für manchen Praktiker hatte sich die Situation bis zum Ende der 70er Jahre dahingehend stabilisiert, dass er, legitimiert durch die Lernziele, mit dem Buch von Schultze Verfügungswissen vermittelte. Auch für die Didaktiker sowie die Verbandsgeographen und Fachleiter hatte sich die Situation aufgrund der erfolgten Stellenbesetzungen zunächst beruhigt.

Diese Ruhe konnte aber kaum darüber hinwegtäuschen, dass sich die Geographiedidaktik als wissenschaftliche Disziplin bisher bestenfalls in Anfängen etabliert hatte: Zwar war ihr der Forschungsgegenstand „Geographieunterricht" bei der Institutionalisierung quasi mitgegeben worden, welche Aspekte davon unter welcher Fragestellung wie zu untersuchen seien, ist aber kaum diskutiert worden. Immerhin hat es einige empirische Untersuchungen gegeben (z. B.

---

112 Interessant wäre hier einmal eine Untersuchung, die zeigt, inwieweit die Ziele der Länderkundler und die Ziele der Vertreter der Lernzielorientierung sich ähneln und wo sie sich unterscheiden.

Kreibich 1977; Hard 1978; Schramke, Strassel 1982), die aber weitgehend un-
verbunden jeweils für sich standen und nicht dazu beigetragen haben, in der
Geo-graphiedidaktik gemeinsame übergreifende Fragestellungen zu entwickeln.

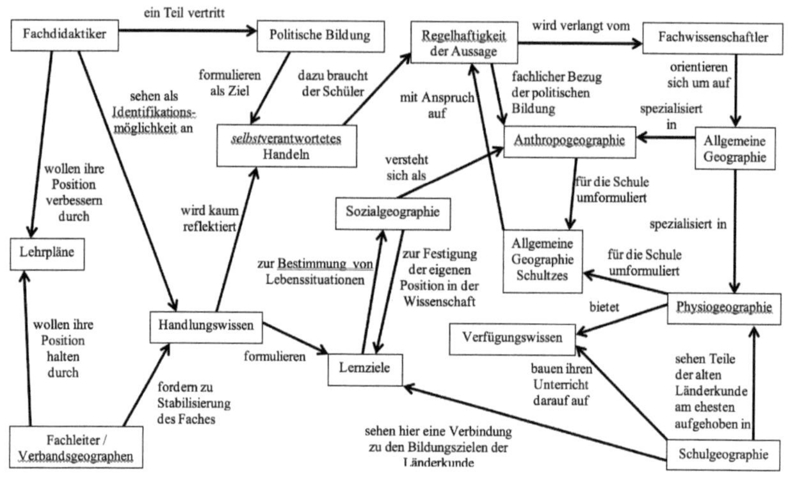

Abb. 17: Concept Map zur Geographiedidaktik am Ende der Reformperiode

Vermutlich war gerade die relative Schwäche im Bereich der Forschung die Bedingung für das weitgehende Fehlen eines Konsenses über die Regeln wissenschaftlichen Arbeitens. Dieses Fehlen machte sich Ende der 70er und Anfang
der 80er Jahre besonders im Umgang mit den „Schmuddelkindern" bemerkbar:
Anstatt ihre begründete Position mit Argumenten zu beantworten, und gemeinsam zu versuchen, die in Frage stehende Sache zu klären, gab es nur Ausgrenzungsversuche. Der „Erfolg" dieser Strategie war, dass die große Mehrzahl der
„Schmuddelkinder" von Stellen im Didaktikbereich ausgeschlossen blieb, so
dass die Fachdidaktik der Folgejahre von Vertretern geprägt werden sollte, „die
nach ihrem intellektuellen Habitus vielfach noch ganz zur ‚alten Geographie'

290

gehör[t]en" (Bartels, Hard 1975, S. 7) [113]. Das mag zwar für Ruhe gesorgt haben; dem wissenschaftlichen Fortschritt der Geographiedidaktik hat es aber im Nachhinein vermutlich mehr geschadet als genützt.

Vielleicht wäre dann auch die auf den ersten Blick etwas paradoxe Situation nicht entstanden, die durch die komplementäre Betonung von Verfügungswissen und physischer Geographie gekennzeichnet ist. Da es sich bei der physischen Geographie um den naturwissenschaftlichen Teilbereich der Geographie handelt, hätten die Schulgeographen Schultzes Zusammenführung von allgemeiner Geographie und exemplarischem Prinzip eigentlich begrüßen müssen. Einer der Hauptvertreter dieses Prinzips, Martin Wagenschein, war jahrelang Fachleiter für Physik (Wagenschein 1983, S. 55) und hat das exemplarische Prinzip immer wieder an *naturwissenschaftlichen,* oft sogar ausgesprochen *physiogeographischen* Gegenständen demonstriert (z. B. Wagenschein 1965; 1966; 1974). Warum also griffen die Schulgeographen nicht zu? Fehlte ihnen hier das Handlungswissen? Auch das hätten sie haben können, wenn sie sich auf die Konstruktionen der Vertreter der „Geographie als politische Bildung" eingelassen hätten, die sich an mehreren Stellen bemüht haben, *gerade* für die physische Geographie lernzielartige Legitimationen innerhalb des gesellschaftswissenschaftlichen Aufgabenfeldes zu formulieren (vgl. Berthe-Corti, Jannsen, Riess 1978; Jannsen 1982). Oder lag den Schulgeographen gar nicht so viel an der naturwissenschaftlichen physischen Geographie, wie sie behaupteten? Wollten sie vielleicht doch nur wieder eine synökologisch orientierte Physiogeographie (vgl. Eisel 2005, S. 43f), für die das klassische Verfügungswissen durchaus hinreicht? Dann bestätigten sie zwar auf einer anderen Ebene, aber in gewisser Weise doch nur abermals die – verifizierte - These von Hard und Wenzel, dass es vor allem die Geographen selbst sind, die schlecht von ihrem Fach denken (Hard, Wenzel, 1979, S. 266).

---

113 Im Nachhinein erscheinen verschiedenen Didaktikern die 70er Jahre als geradezu von den „Schmuddelkindern" geprägt: Haversath und Haubrich sehen sie als die Jahre der „gesellschaftskritischen Erdkunde" (Haversath 2000, S. 51 – vgl. Haubrich,2005a, S. 28), wobei Haversath in Daum einen Vertreter dieser Erdkunde ausmacht (Haversath 2000, S. 53).

Wie dieses Paradox am Ende gelöst wird, hat auch Auswirkungen darauf, wie sich die Geographiedidaktik in der 80er Jahren weiterentwickeln wird. Zu Beginn der 80er Jahre lassen sich immerhin vier Zweige benennen, die sich vom Kieler Geographentag bis zum Ende der 70er Jahre ausgebildet hatten: (1) die Forderung nach Handlungswissen, die vor allem und sehr massiv auf Seiten von Didaktikern und Lehrplanmachern erhoben wurde, (2) die Forderung nach Verfügungswissen, die besonders nachdrücklich von einer passiven und schweigenden Mehrheit von Schulpraktikern durchgesetzt wurde, (3) ein schmaler, bis zum Ende der 70er Jahre fast verkümmerter Zweig, der arbeitendes Wissen forderte, und (4) ein für die Geographiedidaktik vergleichsweise junges Zweiglein, das die Forderung nach methodischem Handlungswissen stellte. Welche dieser Zweige werden wachsen? Wie werden sie sich weiter verzweigen? Oder gibt es sogar einige, die zusammenwachsen?

5 DIE RUHIGEN 80ER JAHRE

Nach der stürmischen Entwicklung der Geographiedidaktik in den 70er Jahren mussten die 80er Jahre fast zwangsläufig als relativ ruhig erscheinen. Anscheinend wurde – mit einer Ausnahme - deutlich weniger diskutiert, fachdidaktische Zeitschriften fusionierten (vgl. Kap. 2.2.6), und die Themen der in ihnen publizierten Beiträge erschienen deutlich weniger konfliktträchtig: „Das Arbeitsbuch" (1980), „Der Einstieg im Geographie-Unterricht" (1981), „Fernsehnachrichten" (1982), „Zum Problem der Unterrichtsplanung aus entwicklungspsychologischer Perspektive" (1983), „Das erdräumliche Kontinuum aus methodologischer Sicht" (1984), „Möglichkeiten der Darstellung von Systemen im Geographieunterricht" (1985), „Üben und Wiederholen" (1986), „Der Computer im Erdkundeunterricht" (1987), „Das Tafelbild im Geographieunterricht" (1988) und „Das Kausalprofil als Werkzeug regionaler Studien" (1989) (vgl. Landesinstitut für Schule und Weiterbildung 2001) mögen als Beispiele für Titel aus einem gemächlichen Jahrzehnt dienen.

292

Die Ruhe machte sich aber nicht nur in der theoretischen Auseinandersetzung bemerkbar, sondern auch sehr praktisch im universitären Alltag selbst. Nachdem in den 70er Jahren massiv Lehrer eingestellt wurden, bildeten die Didaktiken nun für die Arbeitslosigkeit aus (vgl. Geipel 1987, S. 17). Viele neu immatrikulierte Studenten strebten dementsprechend gar nicht erst den Lehrberuf an, so dass der Anteil der Lehramtsstudenten an allen Studierenden bundesweit von 21% 1977 auf 5% 1984 zurückging (ebd., S. 17). Diese Abnahme der Studierendenzahlen lieferte „den geographischen Instituten (und nicht nur ihnen) das erwünschte, wenn auch sehr kurzsichtige Argument, die ungeliebte Fachdidaktik stillzulegen und freiwerdende Stellen für die Fachwissenschaft umzuwidmen" (ebd., S. 18). Die Fachdidaktik stagnierte in der 80er Jahren also nicht nur, sondern sie war nach nur einem Jahrzehnt schon wieder in ihrem Bestand bedroht.

5.1 DIE AKTEURE . . .

Die Akteure der 80er Jahre waren oft gerade mal 10 Jahre jünger als die Geographiedidaktiker, die die Diskussionen der 70er Jahre prägten. Sie haben die Reformbemühungen während ihrer Qualifikationsphase beobachtet und z. T. als Mitarbeiter an ihnen mitgewirkt. Als sie selbst in verantwortliche Positionen berufen wurden, war der Reformeifer allerdings schon deutlich erlahmt. Sie haben darauf reagiert, indem sie sich weitgehend auf das Alltagsgeschäft zurückzogen oder neben der Didaktik andere Betätigungsfelder erschlossen. Die didaktische Diskussion überließen sie – soweit sie denn überhaupt noch stattfand - anderen. Lediglich Schmidt-Wulffen hat sich – zusammen mit Daum und neben Haubrich, Niemz und Engelhard – an der einzigen folgenschweren Diskussion des Jahrzehnts, der Diskussion um die von Newig propagierten Kulturerdteile, beteiligt. Erst in den 90er Jahren, als durch eine Reihe von Neuberufungen wieder Bewegung in die Didaktik kam, wurden auch ihre älteren Vertreter wieder wirklich aktiv.

5.1.1 EBERHARD KROß

Eberhard Kroß, geb. 1938, gehört – wenn man diese feinen Unterschiede überhaupt wahrnehmen will - zu den „älteren der jüngeren Generation". Er hat die Reformphase aktiv miterlebt, aber eher als Beobachter und Mitarbeiter, nicht als Leiter oder Organisator.

Schon während seines Studiums in Göttingen, „wenn die Erinnerung nicht täuscht" (Bünstorf, Kroß 1995, S. 7) im Wintersemester 1957 / 58, lernte er einen der späteren „Väter der Reform", Arnold Schultze, kennen. Schultze habe ihm damals ein Referat zu Ruppert und Schaffer „auf die Nase gedrückt", erinnerte er sich im Interview. Nach seinem Studium und seiner Promotion habe Schultze ihn dann als wissenschaftlichen Assistenten nach Lüneburg geholt. In diese Zeit sei auch der Kieler Geographentag gefallen, an dessen reformträchtiger Sitzung er teilgenommen habe. Kurz danach habe er seine Referendarszeit bei Günter Hoffmann in Bremen begonnen. Das Referendariat sei eine Phase gewesen, „wo Geographie wieder Spaß machte". Das habe vor allem daran gelegen, dass Hoffmann ihm „freie Hand zum Experimentieren" gelassen habe. Im Seminar habe man sich vor allem mit dem Lehrwerk „Dreimal um die Erde" beschäftigt, in dem der Wandel zur allgemeinen Geographie bereits deutlich werde (Kroß 1975, S. 40). Wiederum angeregt durch Schultze, wandte sich Kroß in seinem 2. Staatsexamen einem stadtgeographischen Thema zu (ebd., S. 40). Nach dem zweiten Staatsexamen ging er 1972 an die Universität Lüneburg, wo aufgrund des Ausbaus der Universität gerade eine neue Assistenten-Stelle eingerichtet worden war.

Die Zusammenarbeit mit Arnold Schultze führte schon bald dazu, dass Kroß in das Autorenteam für das neue Lehrwerk TERRA geholt wurde. Für den Band 9/10 hat er die ersten beiden Kapitel „Zentrale Orte versorgen die Bevölkerung" (Buck u. a. 1974, S. 4-21) und „Industriestandorte" (ebd., S. 22-39) geschrieben. Beide Kapitel waren der dritten und vierten Kategoriengruppe Schultzes und damit den „funktionalen und gesellschaftlich-kulturellen Strukturen" verpflichtet. Darüber hinaus spiegelten sie auch die biographischen Stationen des

294

Autors: „Chancengleichheit für alle Bürger" am Beispiel Lüneburg (ebd., S. 4-7), „Ein Warenhaus und sein Einzugsbereich" am Beispiel Dodenhof bei Bremen (ebd., S. 8-9) oder „Jupp komm nach Bayern" (ebd., S.35) als Reaktion auf den Ruf nach Bochum.

<table>
<tr><td>

Da hocken sie auf Kirchenstufen:
Bauern ohne Land,
Hirten ohne Herden, tausendmal verbrannt.
Ihre Frauen tragen Kinder
auf dem Rücken und im Leib.
Hüte, bunte Lumpen,
Zöpfe, Mann und Weib.
Fiesta Peruana.

Da hocken sie auf Kirchenstufen,
Köpfe zwischen Knien,
Wissen, warum Geier
über ihnen ziehen.
Das ist alles, was sie wissen,
tausendmal verbrannt,
träumen nicht einmal von
einem anderen Land.
Fiesta Peruana.

</td><td>

Da hocken sie auf Kirchenstufen,
murmeln Litaneien,
die sie nicht verstehen,
atmen Weihrauch ein.
Und das Zeichen Fidel Castros
an der Häuserwand
schreibt, sagen die Priester,
Satans Klauenhand.
Fiesta Peruana.

Da hocken sie auf Kirchenstufen,
und von Mund zu Mund
gehn die Fuselflaschen.
Priester lauern, und
dann rollen sie von Kirchenstufen:
Bauern ohne Land,
Hirten ohne Herden, tausendmal verbrannt.
Fiesta Peruana.

</td></tr>
</table>

Kasten 13: Fiesta Peruana
(Quelle: Degenhardt 2003a)

Neben der Mitarbeit am Schulbuch hat Kroß auch in einer der Projektgruppen des RCFP mitgewirkt. Zunächst war er Mitglied des von Joachim Engel ins Leben gerufenen AK Entwicklungsländer. Engel hatte zu dieser Zeit seine Dissertation zum Afrikabild in Schulbüchern beendet und wollte die „erschreckenden Vorurteile", die dort vermittelt wurden, im Arbeitskreis thematisieren. Es stellte sich aber schnell heraus, dass das Thema „Entwicklungsländer" viel zu groß und facettenreich war, um es in einer einzigen Unterrichtseinheit zu behandeln. Die norddeutsche Projektgruppe habe sich daraufhin in mehrere kleine Projektgruppen aufgelöst. Es entstanden vier Gruppen, die sich mit Themen aus Afrika beschäftigten, zwei Gruppen, die Themen zu Peru erarbeiteten, und eine –

später aufgelöste – Gruppe, die sich um Indien kümmerte. Kroß übernahm die Projektgruppe „Indios in Peru – Menschen am Rande der Gesellschaft" und suchte sich neue Mitarbeiter aus dem Lüneburger Umfeld: Hans-Henje Hild, Helmut Müller und Udo Schmidt. Im Interview bemerkte Kroß dazu, dass es zwar die Idee des RCFP gewesen sei, die Themen in Gruppen zu erarbeiten, es in der Regel aber doch darauf hinausgelaufen sei, dass die Einheiten von Zweier-Teams ausgearbeitet worden seien. Die Gründe dafür seien mannigfaltig: Manchmal seien Gruppenmitglieder umgezogen, und die Gruppe habe sich dann nur noch selten treffen können. Er selbst habe sein Peru-Projekt auch mit nach Bochum genommen. Zudem habe ihn der Mangel an Diskussions- und Kompromissbereitschaft gestört, der sich besonders bei den beteiligten Lehrern bemerkbar gemacht habe. Sie hätten immer ein für sie *persönlich* gestaltetes Konzept erwartet. Als weiterer Grund kam noch das unterschiedlich starke Engagement der einzelnen Gruppenmitglieder hinzu. Während Kroß nach Lima reiste, um sich die Slums dort anzusehen (Schultze, Vortrag vom 24. 7. 2003), haben andere Gruppenmitglieder das Vorhaben offensichtlich nicht so ernst genommen: Kroß berichtete, dass er Hild am Ende aus der Gruppe rausgeworfen habe, weil „er nichts getan hat".

Rückblickend betonte Kroß immer wieder die Aufbruchsstimmung, die in den 70er Jahren geherrscht habe. In seiner Erinnerung erschien dabei einiges deutlich „radikaler", als es tatsächlich gewesen sein konnte. Der von der RCFP-Projektgruppe gewünschte Degenhardt-Song, der einem Journalisten der „Welt" ein Dorn im Auge war (vgl. Kap. 4.2.5.3), enthält an keiner Stelle einen Hinweis auf „Gewehre in der Hand" (vgl. Kasten 13). Umso bezeichnender für die Zeit scheint es dagegen, dass ein solch eher „harmloser" Text zu einer derart scharfen Auseinandersetzung führen konnte.

In den 80er Jahren konzentrierte sich Kroß zunächst auf die Schulbucharbeit. Als zu Beginn der 80er Jahre die ersten Regionalausgaben der TERRA-Bände erstellt wurden, übernahm er zusammen mit Arnold Schultze die Herausgeberschaft für die Regionalausgabe von Nordrhein-Westfalen. Die

Regionalausgaben seien nötig geworden, da einige Bundesländer inzwischen neue Lehrpläne publiziert hatten, denen die Schulbücher entsprechen sollten. Damit sei – so die Wahrnehmung von Kroß - die Zeit der „Narrenfreiheit" vorbei gewesen. Zu diesem Zeitpunkt hätten sich auch zwei Produktlinien entwickelt: eine Nord-Linie (vor allem Nordrhein-Westfalen und Niedersachsen) und eine Süd-Linie (Baden-Württemberg und später auch Bayern). Die Bücher der Süd-Linie hätten sich vor allem durch ihre Mitteilungsgeographie ausgezeichnet. Sie seien sehr begriffslastig und wenig schülerorientiert gewesen. Ihnen habe der Zugang über exemplarisches Lernen gefehlt. Material, Aufgaben und Begleittexte seien nicht vernetzt. Wenn der Verlag aus Kostengründen nahegelegt habe, dass Seiten aus den Süd-Büchern in die Nord-Bücher übernommen werden sollten, dann hätten sie in aller Regel gründlich überarbeitet werden müssen. Obwohl Schultze sich bei der Herausgabe des NRW-Bandes weitgehend zurückgehalten habe, sei sein Ansatz hier am ehesten fortgeführt worden.

Neben der Schulbucharbeit verstärkte Kroß ab 1986 den Herausgeberkreis von „geographie heute", der zweitgrößten geographiedidaktischen Zeitschrift in Deutschland. Im Rahmen dieser Tätigkeit übernahm er u. a. die beiden eher theoretisch orientierten „Jubiläumshefte" gh 100 (1992, „Geographie heute") und gh 200 (2002, „Geographiedidaktik aktuell"). Thematisch konzentrierte er sich auf Hefte zur Wirtschafts- und Bevölkerungsgeographie: z. B. „Weltwirtschaft" (gh 82, 1990), „Bevölkerung aktuell" (gh 175, 1999), „Migration – Integration" (gh 194, 2001) oder "Lernkartei VI: Wirtschaft" (gh 217, 2004). Neben den thematischen Heften gab er auch einige Hefte heraus, in denen sich seine regionalen Schwerpunkte (Kroß 2001, S. 1) widerspiegelten: „Das neue Ruhrgebiet" (gh 165, 1998), „Großbritannien" (gh 95, 1991) oder „Lateinamerika im Umbruch" (gh 186, 2000).

Seit Beginn der 90er Jahre entwickelte Kroß in mehreren Beiträgen seine Vorstellungen von einem modernen Geographieunterricht. „Global denken – lokal handeln" (Kroß 1991a), „Bewahrung der Erde" (1992) und „Global lernen" (1995b) lauteten die Schlagwörter für einen Erdkundeunterricht, der nicht mehr nur Wissen vermitteln, sondern die Schüler zur „emotionalen Teilhabe" (Kroß 1991a, S. 44) und zu „sachgemäßem Handeln" (ebd., S. 44) anleiten sollte. Mit Schwerpunkten im Bereich des ökologischen und des interkulturellen Lernens solle der Erdkundeunterricht „dazu beitragen, dass die Lösung unserer globalen Zukunftsprobleme konsensorientiert und nicht konfliktorientiert erfolgt" (Kroß 1995b, S. 6). Dass ein politisch korrektes Verhalten den einzelnen allerdings oft überfordert, ist auch Kroß bewusst: In einem Interview mit Henning Schöpke gesteht er: „Durch meine Forschungsreisen nach Lateinamerika oder die Renovierung meines Hauses beispielsweise habe ich bereits so viel CO_2 und Abfall produziert, dass mein Umweltkonto schon für mehrere Jahre im Voraus überzogen ist" (Schöpke 2003, S. 109). Und der Klett-Redakteur für die TERRA-Bände erzählte bei der Verabschiedung von Kroß, dass es bei den Autorensitzungen immer schwierig gewesen sei, ein geeignetes Restaurant zu finden, da Kroß keinen Knoblauch möge (Rausch, Vortrag vom 24. 7. 2003).

5.1.2 JÜRGEN NEWIG

Jürgen Newig, geb. 1941, ist der einzige interviewte Geographiedidaktiker der mittleren Generation, der sich nicht aktiv an den Reformbemühungen der 70er Jahre beteiligt hat. Nach den Gründen befragt, antwortete Newig, dass er „damals zu jung gewesen" sei. Er habe 1964 nach acht Semestern Studium sein Realschullehrer-Examen gemacht, dann 1965-66 sein Referendariat absolviert und sei dann vier Jahre an einer Schule tätig gewesen. 1970 sei er Studienrat im Hochschuldienst geworden und habe 1974 promoviert, womit die Zeit seiner Qualifikationsarbeit genau in die „heiße" Reformphase fiel.
Neben dem Argument der fehlenden Zeit scheint aber auch eine deutliche Skepsis gegenüber den Ideen der Reform für Newigs Zurückhaltung verantwortlich gewesen zu sein, denn obwohl er an der Sitzung „Der Geograph – Ausbildung und Beruf" auf dem Kieler Geographentag 1969 und an den Tagungen in der Reinhardswaldschule teilgenommen hat, schien ihm vieles wenig überzeugend. Gegen die „starren Lernziellisten" habe er von Beginn an „große Bedenken"
298

gehabt. Auch dem „Springen über die Erdteile", das eine notwendige Konsequenz aus Schultzes Ansatz gewesen sei, habe er „nie zustimmen können". Am RCFP habe er u. a. deswegen nicht teilgenommen, weil er „es nicht für richtig hielt". Es habe „eine große Diskrepanz zwischen pädagogischem Anspruch und Schulwirklichkeit gegeben". Zudem seien die Einheiten oft zu „tagespolitisch aktuellen" Themen erstellt worden, die bei Erscheinen der Druckversion bereits veraltet gewesen seien (vgl. Kap. 4.2.5.3). Er selbst habe in kleinerem Kreise vor den möglichen Konsequenzen einer solchen Anlage des Projektes gewarnt. 1983, kurz nach dem Ende der sozialdemokratischen Ära, veröffentlichte Newig zusammen mit Karl Heinz Reinhardt und Peter Fischer in der Geographischen Rundschau einen zweiseitigen Diskussionsbeitrag mit dem Titel „Allgemeine Geographie am regionalen Faden" (Newig, Reinhardt, Fischer 1983), der für eine lebhafte Auseinandersetzung in den Folgeheften sorgte (vgl. Kap. 5.2.2.2). Nachdem er das 1983 vorgestellte Konzept drei Jahre später in der gleichen Zeitschrift noch einmal ausführlicher darstellte (Newig 1986), galt er als Exponent der „Kulturerdteil-Geographie". Obwohl das Konzept auch nach dieser zweiten Darstellung heftig kritisiert wurde (vgl. Kap. 5.2.2.2) und in den folgenden Jahren immer wieder fachwissenschaftliche Einwände auf sich zog (vgl. Ehlers 1996; Stöber 2001; Popp 2003), wurde es von Newig publizistisch kaum weiterentwickelt. Lediglich 1989 versuchte er die Vorstellung von den Kulturerdteilen im Vergleich mit anderen Gliederungen, wie z. B. den Landschaftsgürteln (Newig 1989, S. 16), noch einmal als das Ordnungsmuster darzustellen, das „geeignet (ist), den gesamten Lehrplan der Sekundarstufe I (ohne Abschlussklasse) zu strukturieren" (ebd., S. 22). Danach erfolgte eine zumindest terminologische Weiterentwicklung des Konzeptes vor allem auf der Homepage der Geographiedidaktik der Universität Kiel (Newig 2002). Ende der 90er Jahre – nachdem das Konzept sich trotz aller fachwissenschaftlichen Kritik besonders in den neuen Bundesländern durchgesetzt hatte – gab Newig im Klett-Verlag eine Reihe von Folienbüchern zu den einzelnen Kulturerdteilen heraus (Wollnik 1999, S. 1; Newig 2004).

Neben der Beschäftigung mit Kulturerdteilen baute Newig in den 90er Jahren – von den anderen Geographiedidaktikern fast unbemerkt – die Grundschularbeit zu einem weiteren Schwerpunkt aus (Newig 2004). Auch diese Arbeit beruhte vor allem auf der Idee der Kulturerdteile. Zunächst bot Newig die Kulturerdteile in Form eines von den Schülern selbst zu bastelnden Globus (Newig 1996a) und einer vereinfachten Weltkarte (Newig 1996b) an. In beiden Beiträgen wurden die Kulturerdteile jeweils mit einem Wahrzeichen identifiziert (Newig 1996a, S. 6; 1996b, S, 24), so z. B. Europa mit dem Eiffelturm und Lateinamerika mit der Kathedrale des Heiligen Franziskus in San Salvador (Newig 1996b, S. 26). Daneben bildete Newig mit der Darstellung des Kulturraums China einen kleinen regionalen Schwerpunkt innerhalb der Grundschularbeit heraus (Newig 1997, 1998). Beide Beiträge bezogen sich auf „eines der Leitthemen für den Heimat- und Sachunterricht: ‚Menschen verschiedener Länder und Kulturen kennen lernen und verstehen‘“ (Newig 1997, S. 45). Diese Thematik habe Schleswig-Holstein als erstes Bundesland verbindlich im Grundschullehrplan verankert. Eine der Intentionen dieses Unterrichts in der Grundschule sei es, „das für einen Menschen Fremdartige aus der Sicht des anderen als Normalität zu begreifen“ (Interview). Dazu bot Newig in den Beiträgen mehrere Ideen an, die er selbst mit Studenten in der Praxis erprobt hatte und von denen er auch im Interview erzählte: Während eines Schulpraktikums in einer 4. Klasse sei z. B. ein Rollenspiel durchgeführt worden, bei dem ein kleinerer, schwarzhaariger Schüler draußen aufgefordert worden sei, in die Rolle eines Chinesen zu schlüpfen und seine Klassenkameraden aus dieser Sicht zu beschimpfen: sie seien zu groß, sie hätten zu lange Nasen und zu helle Haare (vgl. Newig 1997, S. 46). Im gleichen Zusammenhang berichtet Newig auch, dass er einer Studentin den Vorschlag gemacht habe, in eine Stunde mit der Projektion des Yin-Yang-Zeichens einzusteigen. Die Studentin sei skeptisch gewesen und habe gefragt, ob das nicht zu schwierig sei. Sie habe sich zu dem Versuch nur durch das Versprechen bereiterklärt, dass Newig die Stunde weiterführe, wenn sich die Schüler nicht beteiligten. Tatsächlich habe die Stunde fast „zu gut“ geklappt: Eine Schülerin wusste sowohl, wie das Zeichen heißt, als auch dass das Schwarze „Yin" ist und das Weiße „Yang". Sie kannte auch einige der Bedeutungen, die den beiden Symbolen zugeschrieben werden (also Yin z. B. dunkel, passiv, weiblich, Norden; Yang dagegen hell, aktiv, männlich, Süden). Sie trug selbst das Symbol als Fingerring und als Ohrschmuck (vgl. ebd., S. 46). In beiden Unterrichtsideen sah Newig die „Methode der ,Binnensicht' bzw. des Perspektivenwechsels" (ebd., S. 45f) verwirklicht.

Ebenfalls in den 90er Jahren entwickelte Newig in Zusammenarbeit mit dem Cornelsen-Verlag ein neues Tellurium (Newig 2004). Neu an diesem Tellurium ist nach Verlagswerbung „der Einsatz einer Fresnel-Linse zur Erzeugung eines extrem hellen, parallelen Lichtbündels zur vollen Bestrahlung des Erdglobus, die Fokussierung eines Lichtpunktes auf den Globus zur Darstellung der scheinbaren Wanderung der Sonne zwischen den Wendekreisen und die Verwendung einer Horizontscheibe mit Schattenstabfigur, um durch den Schattenfall den Sonnenstand anzuzeigen" (Cornelsen 2004). Das Tellurium solle sich aber nicht nur durch technische Innovationen auszeichnen, sondern auch modernen didaktischen Ansprüchen genügen. Es stelle durch die Schattenstabfigur den Menschen in den Mittelpunkt der Betrachtung (ebd.) und sei durch den bewussten Verzicht auf einen Motorantrieb zudem handlungsorientiert (ebd.).

5.1.3 WULF SCHMIDT-WULFFEN

Wulf Schmidt-Wulffen, geb. 1941, hat – glaubt man Ingrid Hemmer – in der Didaktik „das Vergnügen, als Contra-Figur zu existieren". Dieser Eindruck verdankt sich vermutlich der Tatsache, dass Schmidt-Wulffen eines der wenigen „Schmuddelkinder" ist, die in den 80er Jahren noch im Fach *und* in der Hochschule tätig waren, und das einzige „Schmuddelkind", das es dabei in den Rang eines Professors geschafft hat.

Unter den Didaktikern war er allerdings auch der einzige aus dieser Gruppe, der sich zumindest an einer Stelle an den Reformbemühungen der 70er Jahre beteiligt hatte: beim RCFP. Sein Projekt „Dürre im Sahel" war – wie das Projekt

von Kroß – aus dem von Joachim Engel ins Leben gerufenen AK Entwicklungsländer hervorgegangen. Die Projektgruppe war überaus klein. Sie bestand neben Schmidt-Wulffen nur noch aus Eckart Pflüger, einem ehemaligen Wissenschaftlichen Assistenten der Universität Hannover. Die Mitarbeit am RCFP habe
er nur mit „großer Skepsis" begonnen, sagte Schmidt-Wulffen im Interview.
Skeptisch sei er vor allem wegen des behavioristischen Ansatzes und der
„Monstrosität" des Vorhabens gewesen. Umgekehrt habe er darin aber eine
Möglichkeit gesehen, den „verräterischen Ansatz" der Dependenztheorie in die
Mainstream-Didaktik einzuführen. Sein Projekt sei allerdings nie gedruckt wor-
den, weil es nicht zur ersten Staffel gehört habe.

Der Reform insgesamt stand Schmidt-Wulffen zunächst eher neutral gegenüber. Dass sie ihn „nicht aufgeregt" habe, führte er auf seine rein fachwissenschaftliche Ausbildung zurück. Am Beginn seiner Auseinandersetzung mit den
Inhalten der Reform habe dann die Kritik an der Länderkunde gestanden, wie
sie von Schultze, Hendinger und Hard geäußert worden sei. In Bezug auf diesen
Inhalt habe er die Reform - „ohne kritischen Gedanken" - „als Befreiung empfunden": „weg vom Schematismus des länderkundlichen Durchgangs, hin zur
Exemplarität". Schultzes Kategorien- und Struktursystem habe einen höheren
„Lernzuwachs durch steigende Anforderungen" versprochen. Kritische Gesichts-
punkte seien ihm erst „mit mehrjähriger Verspätung" bewusst geworden.
Hierzu zählten die „Zerteilung von gesellschaftlicher Wirklichkeit" und die „Reduzierung auf das Geographische". Hilfreich bei dieser Erkenntnis sei „der Aufsatz von Leng" gewesen, ebenso wie „Hard generell". Letzterer habe ihm insbesondere durch seine wissenschaftstheoretischen Darstellungen Impulse zum
Nachdenken gegeben. Zum wirklichen Bruch mit der Mainstream-Didaktik sei
es aber erst gekommen, nachdem ein Beitrag von ihm und Egbert Daum (vgl.
Kap. 6.1.1) vom Herausgeberkreis der Zeitschrift „Erdkundeunterricht" abgelehnt worden war (vgl. Kap. 4.2.6) und sie daraufhin die „Erdkunde ohne Zukunft" (Daum, Schmidt-Wulffen 1980) geschrieben hätten.

Mit dieser Distanzierung von der damaligen Didaktik wendete sich Schmidt-Wulffen in den 80er Jahren vor allem fachwissenschaftlichen Fragen zu. Für die Jahre zwischen 1979 und 1992 verzeichnet LIDOS allein elf Beiträge Schmidt-Wulffens, die sich auf rein fachwissenschaftlicher Ebene mit Fragen der Entwicklung Afrikas auseinandersetzen (SSG 2004b) und die dementsprechend in Publikationen wie der Geographischen Zeitschrift, der Geographischen Rundschau oder den Karlsruher Manuskripten zur mathematischen Geographie erschienen sind. Sein Hauptuntersuchungsgebiet war dabei zunächst Mali (Schmidt-Wulffen 1985a, 1985b, 1988, 1991). Hier untersuchte er den Zusammenhang zwischen landwirtschaftlicher Entwicklung und Hungerkatastrophen. Dabei lehnte er sowohl traditionell geographische Erklärungsansätze ab, deren „Erkenntnisinteresse (...) sich auf die Wirkungsweise physischer Regelmechanismen" (Schmidt-Wulffen 1985a, S. 46f) beschränke, als auch „'radikale' Deutungen" (ebd., S. 48), die den „'Mythos vom imperialistischen Weltmarkt'" (ebd., S. 48) beschworen. Stattdessen legte er seinen Forschungen den Bielefelder Verflechtungsansatz zugrunde (Schmidt-Wulffen 1985b, S. 100), der die Beziehungen zwischen Subsistenz- und Warenproduktion zum Ausgangspunkt der Betrachtung machte (ebd., S. 100) und somit im Gegensatz zu den älteren Ansätzen auch die mikrosoziale Ebene ins Blickfeld nahm.

„Orientiere dich in einem Atlas über die regionale Verbreitung des Kakaoanbaus" (S. 58).
„Stelle sämtliche Wirkungen der monokulturellen Exportproduktion zusammen und begründe diese" (S. 62).
„Rekonstruiere mit Hilfe der nachfolgenden Informationen Einführung und Entwicklung der Baumwoll-Exportwirtschaft und deren Rückwirkungen auf die Nahrungsmittelversorgung Malis" (S. 63).
„Stelle aus den Gesprächsprotokollen (...) und den auf dieser Seite folgenden authentischen Zitaten eine Liste von Motiven für den Wunsch nach vielen Kindern zusammen" (S. 75).
„Welche Formen des Überlebens bilden sich in den Städten heraus" (S. 85)?

Kasten 14: Aufgabenstellungen im Lernprogramm „Begegnung mit Afrika"
(Quelle: Schmidt-Wulffen 1989, S. s. o.)

Mit dieser wissenschaftlichen Tätigkeit kehrte Schmidt-Wulffen der Fachdidaktik aber nicht völlig den Rücken zu. Er veröffentlichte immer wieder auch Unterrichtsvorschläge. Seine Forschungen in Mali arbeitete er z. B. in einem „Entscheidungsspiel" (Schmidt-Wulffen 1990, S. 20) für den Unterricht auf. 1989 versuchte er eine Synthese zwischen beiden Bereichen und legte „ein Lernprogramm für Schule, Hochschule und Erwachsenenbildung" (Schmidt-Wulffen 1989) vor. Die Aufgabenstellungen in diesem Lernprogramm (vgl. Kasten 14) zeigten dabei sehr deutlich, wie weit entfernt von einer methodisch anspruchsvollen Umsetzung der Inhalte auch Schmidt-Wulffen Ende der 80er Jahre noch war.

Ab 1989 verlagerte Schmidt-Wulffen seinen regionalen Forschungsschwerpunkt in Afrika von Mali nach Ghana. In Ghana untersuchte er zunächst ein Entwicklungsprojekt in Subinso (Schmidt-Wulffen 1998, S. 11). Während der Aufenthalte in Ghana stieß er „auf wunderschönes Kinderspielzeug, zumeist Autos, aus Konservendosen hergestellt" (ebd., S. 11). Dieses von afrikanischen Jungen selbst hergestellte Spielzeug faszinierte ihn so sehr, dass sich seine „Überlegungen immer stärker auf Möglichkeiten richteten, Spielzeug in einen auf das Verständnis des afrikanischen Alltags gerichteten Unterricht zur ‚Dritten Welt' einzubauen" (ebd., S. 12). Damit leitete Schmidt-Wulffen auch einen thematischen Schwerpunktwechsel ein: Die Darstellung des Entwicklungsprojektes in Ghana (Schmidt-Wulffen 1992a) war der letzte in LIDOS registrierte streng fachwissenschaftliche Beitrag (SSG 2004). Zwar setzte Schmidt-Wulffen seine dort gewonnen Erkenntnisse noch in Unterrichtseinheiten um (Schmidt-Wulffen 1992b, 1993), wandte sich dann aber zunehmend einer alltagsorientierten Didaktik zu.

Dabei erfuhren auch methodische Aspekte eine größere Aufmerksamkeit: Mit Hilfe des selbst hergestellten Spielzeugs versuchte er Schülern die intellektuellen und handwerklichen Fähigkeiten afrikanischer Kinder bewusst zu machen (Schmidt-Wulffen 1998, S. 118), indem er sie aufforderte, einmal zu versuchen, ebenso professionelles Spielzeug unter ähnlichen Bedingungen herzustellen (ebd., S. 122). Als Material war dabei alles erlaubt, was in Kellern und auf Dachböden abgestellt wurde oder was auf dem Müll landete. Als Werkzeuge durften dagegen nur einfache Hilfsmittel benutzt werden (ebd., S. 120), die nichts kosten und die keinen Strom verbrauchen. Klebstoffe und Lötkolben fielen somit aus. Meist scheiterten die deutschen Jugendlichen „bereits am ersten Tag an technischen Unzulänglichkeiten" (ebd., S. 118), weil Räder nicht gerade liefen oder Falze vergessen wurden (ebd., S. 118). Schnell wurde klar, dass die Afrikaner nicht so rückständig waren, wie es manche Schulbücher vermittelten (ebd., S. 118).

Die in diesem Projekt eingeschlagene Schülerorientierung setzte Schmidt-Wulffen in den Folgejahren konsequent weiter fort. Dabei konzentrierte er sich auf zwei Ebenen. Zum einen versuchte er herauszufinden, was Schüler an der Dritten Welt bzw. an Afrika überhaupt interessiert (Schmidt-Wulffen 1996, 1997, 1999b, S. 54-68) und welche Bilder von Afrika sie im Kopf haben (Schmidt-Wulffen 1999c, 2001a), zum anderen arbeitete er vermehrt mit Methoden, die es den Schülern ermöglichten, zunächst eigene Fragen zu einem vorgegebenen Thema zu entwickeln (Schmidt-Wulffen 1999b, S. 23-40).

Folgerichtig schlug Schmidt-Wulffen auch in dem von ihm zwischen 2001 und 2003 erstmals herausgegebenen Lehrwerk „Er(d)kunde!" (Schmidt-Wulffen 2001b, 2002a, 2003) methodisch neue Wege ein, indem er es konsequent für einen auf selbständiges Arbeiten ausgerichteten Unterricht anlegte. Jedes der größeren Kapitel enthielt eine „Einführung für alle" (Schmidt-Wulffen 2001a, S. 8), mit deren Hilfe die Schüler im Klassenverband Grundlagen für die anschließende Gruppenarbeit erwerben sollten. Für die Gruppenarbeit standen vier verschiedene Wahlthemen zur Verfügung, die unterschiedliche Aspekte des Oberthemas behandelten. Die Schüler konnten so ihrem Interesse entsprechend ein Thema auswählen (ebd., S. 8). Dieses Thema erarbeiteten sie mit Hilfe von Arbeitsmaterial und Hintergrundmaterial selbst. Um die Ergebnisse der Arbeitsgruppen am Ende für alle verfügbar zu machen, enthielten die Kapitel der Wahlthemen „Lernangebote für die Präsentation" (ebd., S. 9), die es den

Schülern ermöglichen sollten, im Plenum interessante Beiträge zu liefern. Zehn unterschiedliche Präsentationsformen wurden auf den ersten Seiten des Buches vorgestellt (ebd., S. 9).

Theoretische Basis für diese fachdidaktischen Aktivitäten war der 1994 veröffentlichte programmatische Aufsatz „'Schlüsselprobleme' als Grundlage zukünftigen Geographieunterrichts" (Schmidt-Wulffen 1994b), den Schmidt-Wulffen selbst als „Abschluss meiner Auseinandersetzung mit der Reform" verstand.

5.1.4 HELMUT SCHRETTENBRUNNER

Helmut Schrettenbrunner, geb. 1941, hat die Anfänge der Reform als Studienreferendar in München wahrgenommen. Damals habe er von den Beratungen in der Reinhardswaldschule gehört und sich entschlossen, eine der Tagungen – „auf eigene Kosten" - zu besuchen. Die Veranstaltung habe er als sehr spannend und anregend empfunden, obwohl er viele Auseinandersetzungen aufgrund der „Geschichtslosigkeit der Jüngeren, die vieles noch nicht wissen", nicht richtig habe einschätzen können. Ihm sei z. B. nicht klar gewesen, „was ‚exemplarisch' eigentlich bedeutet" oder wo die Unterschiede zwischen Länderkunde, Landeskunde und regionaler Geographie lägen. Dennoch waren die Tagungen in der Reinhardswaldschule, zu denen er schon bald als Referent eingeladen war, auch ein Sprungbrett zur Veröffentlichungstätigkeit. Besonders der Westermann-Verlag in der Person von Dieter Neukirch habe viel Interesse gezeigt, was dazu führte, dass Schrettenbrunner in kurzer Folge drei Beiträge in der Geographischen Rundschau publizieren konnte.

Ähnlich wie die meisten anderen Geographiedidaktiker dieser Generation hat sich Schrettenbrunner an einzelnen Reformprojekten als Mitarbeiter beteiligt: Das Schulbuch „Welt und Umwelt" hat er als Autor mitgestaltet und mehrere als Ergänzung zu diesem Lehrwerk konzipierte „Westermann-Programme Sozialgeographie" geschrieben (Schrettenbrunner 1970, 1971). Beim RCFP hat er die Leitung der Evaluation übernommen (Schrettenbrunner 1978b, S. 2), wofür er aus zwei Gründen prädestiniert gewesen sei: Zum einen war er an keiner

RCFP-Arbeitsgruppe aktiv beteiligt, weil er zu der Zeit gerade an seiner Habilitationsschrift gearbeitet habe und so wenig Zeit blieb. Zum anderen hatte er sich in der Habilitation auch mit Fragen der Evaluation beschäftigt. Dort ging es darum, ein selbst geschriebenes Computerlernprogramm zu bewerten, wobei es Kern der Arbeit gewesen sei, Lernwege zu untersuchen und Schwierigkeitsanalysen durchzuführen.

Ende der 70er Jahre führte Schrettenbrunners bisheriger Arbeitsschwerpunkt in eine Sackgasse: Die behavioristischen Grundlagen der programmierten Instruktion wurden zunehmend in Frage gestellt, und die Arbeit mit Großcomputern sei „out" gewesen. Erst ab Mitte der 80er Jahre, als die PCs leistungsfähiger wurden, sei eine Fortsetzung der früheren Ansätze möglich geworden. Als Vorsitzender des HGD[114] machte Schrettenbrunner „die Entwicklung von guter, interessanter und sicherer Software für den Geographieunterricht zum Anliegen" (Schrettenbrunner 1994a, S. 3) des Verbandes. In der Folgezeit wurden am Nürnberger Lehrstuhl für Didaktik der Geographie sowohl Lernprogramme wie Kartofix (Schrettenbrunner 1992, S.27f), Wega (Schrettenbrunner 1994b) oder Wetterkarte (Hubel 1994) als auch Simulationsprogramme zur Stadtentwicklung (Schrettenbrunner 1991; 1992, S. 30f; 1994c; 1994d) und zur Hungerproblematik (Schrettenbrunner 1994e; 1994f; 1997) erstellt. Die Inhalte der Lernprogramme wurden den Schülern in aller Regel mit „Rahmengeschichten (...) schmackhaft gemacht" (Schrettenbrunner 1992, S. 28): Bei Wega war es ein „beschädigtes Space Shuttle, das zur Reparatur auf die Erde zurückkehren muss" (Schrettenbrunner 1994b, S. 81), bei der Wetterkarte musste ein Abteilungsleiter verfolgt werden, der „mit den Konstruktionsunterlagen für einen neuen, bahnbrechenden Computer verschwunden" (Hubel 1994, S. 111) war und Kartofix bot als Rahmen Rallyes, einen Stadtmarathon, Diebesjagd, Räuber und Gendarm und die Schatzsuche in Form einer Schnitzeljagd an (Schrettenbrunner 1992, S. 28). In den Simulationsspielen wurden die Schüler durch die Übernahme verschiedener Rollen in die jeweilige „Geschichte" integriert: In

---

114 Schrettenbrunner war von 1986-1996 Vorsitzender des HGD (Haubrich 2001a, S. 98)

„Karberg" konnten sie als Vertreter der Stadt, einer Wohnbau GmbH, des Hausbesitzervereins und eines Kaufhauses agieren (Schrettenbrunner 1991, S. 17) und in „Hunger in Afrika" (Schrettenbrunner 1994e, S. 32) oder „Landwirtschaft im Sudan" (Schrettenbrunner 1994f, S. 45) schlüpften sie in die Rolle eines afrikanischen Bauern.

Beide Programmtypen weisen bis heute deutliche Schwachstellen auf. Die Lernprogramme konnten zwar auf PCs technisch weiterentwickelt werden, aber das Problem der behavioristischen Grundannahmen der programmierten Instruktion war dabei nicht gelöst worden. Eher scheint es so, als ob dieses Problem mit dem Aufkommen von immer benutzerfreundlicheren Programmen wie PowerPoint beharrlich verdrängt und ignoriert wird. Die neueren mit PowerPoint erstellten Lernprogramme aus Nürnberg (z. B. Schrettenbrunner, Schleicher 2002a; 2002b) bleiben mit ihren auf reines Faktenwissen orientierten Fragen und Antworten jedenfalls deutlich hinter den von Schrettenbrunner 1970 formulierten Anforderungen an eine auf Erkenntnis gerichtete Aufgabenstellung zurück (vgl. Kap. 4.2.2.2.2). Auch bei den Simulationsprogrammen konnte bisher nicht nachgewiesen werden, dass sie tatsächlich das „Denken in vernetzen Systemen" (Hemmer 1994, S. 136) fördern und den „Erwerb kybernetischen Wissens" (ebd., S. 136) erleichtern. Leutner (1994) stellte in einer Evaluation der um tutorielle Vorinformationen und adaptive Lernhilfen ergänzten (Leutner 1994, S. 118) Simulation „Hunger in Afrika" fest, dass es Schüler gab, „die zwar in der Lage sind, das simulierte System über einen langen Zeitraum erfolgreich zu steuern, die aber gleichzeitig kein verbalisierbares Wissen erworben haben oder nicht in der Lage sind, das erworbene Wissen zu verbalisieren. Andererseits gibt es Schüler, die im Handlungstest zwar sehr schlecht abschneiden, im Wissenstest dagegen sehr gut sind" (ebd., S. 122). Die Fähigkeit des Handelns in komplexen Systemen und das Wissen über komplexe Systeme werden somit unabhängig voneinander gelernt – das eine im Durchschnitt besser mit der Simulation und das andere mit den zusätzlichen Informationen (vgl. ebd., S. 127). Ohne Zusatzinformationen, allein durch eine Simulation werden Schüler offensichtlich nicht in die Lage versetzt, beobachtete Prozesse auch begründen zu können (Schrettenbrunner, Schleicher 2002b, S. 34).

Neben den fachlichen Qualitäten Schrettenbrunners hob besonders sein Doktorvater Geipel auch den Künstler Schrettenbrunner hervor. Dazu holte er eine etwa 30 cm hohe Bronze aus dem Regal: die habe Schrettenbrunner ihm am Tag nach seiner Promotion vorbeigebracht.

5.2 . . . UND WAS SIE BEWEGTE

5.2.1 ENDE DER AUFBRUCHSSTIMMUNG

Zu Beginn der 80er Jahre wurden erste Erfolge der Bildungsreform sichtbar, die sich im Laufe des Jahrzehnts weiter verfestigten: Der Anteil von Hauptschülern an der Gesamtschülerschaft eines Jahrgangs ging von 71,8 Prozent 1960 (vgl. Lundgreen 1981, S. 112) über 50,1 Prozent 1975 (vgl. ebd., S. 112) auf 30,4 Prozent 1990 (vgl. Baumert, Cortina, Leschinsky 2002, S. 81f) zurück. Der Anteil der Realschüler erhöhte sich im gleichen Zeitraum von 8,4 Prozent 1960 (vgl. Lundgreen 1981, S. 112) über 19,0 Prozent 1975 (vgl. ebd. S. 112) auf 24,9 Prozent 1990 (vgl. Baumert, Cortina, Leschinsky 2002, S. 81f). Eine ähnlich starke Zunahme an Schülern konnte das Gymnasium verzeichnen, dessen Anteil an der Gesamtschülerschaft von 14,0 Prozent 1960 (Baumert, Roeder, Watermann 2003, S. 514) über 24,7 Prozent 1975 (vgl. Lundgreen 1981, S. 112) auf 44,7 Prozent 1990 (vgl. Baumert, Cortina, Leschinsky 2002, S. 81f) stieg. Das Ziel, die Anzahl der Abiturienten zu erhöhen, wurde somit erreicht. Auch die schulische Benachteiligung von Mädchen war überwunden (Herrlitz; Hopf, Titze 1986, S. 169; Böttcher, Rösner 1998, S. 49). Bereits zu Beginn der 80er Jahre waren sie auf dem Gymnasium leicht überrepräsentiert (vgl. Baumert, Cortina, Leschinsky 2002, S. 96). Ebenso waren die Benachteiligungen aufgrund der Konfession praktisch verschwunden (Herrlitz; Hopf, Titze 1986, S. 169; Böttcher, Rösner 1998, S. 49). Weitgehend stabil blieb dagegen die schichtspezifische Benachteiligung bei den Bildungsabschlüssen (Herrlitz; Hopf, Titze 1986, S. 169). Zwar erhöhte sich auch für Arbeiterkinder die Chance, einen höheren

Abschluss zu erreichen (Popp 1996, S. 33; Baumert, Cortina, Leschinsky 2002, S. 118), aber dieser bestand oft eher aus dem Realschulabschluss als aus dem Abitur (Popp 1996, S. 33), so dass die Struktur der Bildungsbenachteiligung weitgehend bestehen blieb (Baumert, Cortina, Leschinsky 2002, S. 118). Dies zeigte sich auch darin, dass der Anteil der Arbeiterkinder unter den Universitätsstudenten auch 1988 noch „bei nur knapp 5 Prozent" lag (Popp 1996, S. 33).

Der Erfolg der Bildungsexpansion hatte für den einzelnen allerdings auch Nachteile. Je mehr Jugendliche einen höheren Schulabschluss erreichten, desto weniger konnte dieser Schulabschluss dafür garantieren, dass der Inhaber „die gewünschte Ausbildung antreten und in Zukunft Karriere machen" (Popp 1996, S. 32f) konnte. Die erweiterten Bildungsmöglichkeiten führten somit gleichzeitig zu einer allgemeinen Entwertung der Abschlusszertifikate (Göschel 1990, S. 126), so dass der Druck zunahm, tatsächlich einen höheren Bildungsabschluss zu erreichen. Dabei blieb die Bildungsorientierung aber selbst da noch wirksam, „wo ‚Aufstieg durch Bildung' illusionär und Bildung in ein notwendiges Mittel gegen den Abstieg verwandelt und abgewertet" (Beck 1983, S. 47) wurde. Gleichzeitig begann der Staat an der Bildung zu sparen. Der 1981 von Bund und Ländern erarbeitete Bildungsgesamtplan, der bis 1985 jährlich 94 Mrd. DM für die Bildung vorsah, scheiterte am Einspruch der Finanzminister (Stein 1993, S.1528 und 1530), was dazu führte, dass die Bildungsausgaben 1983 erst 84 Mrd. DM erreicht hatten (ebd., S. 1602). Fast zeitgleich, 1982, beschloss die Bundesregierung, die Unterstützung von Schülern und Studenten mit Hilfe des Bundesausbildungsförderungsgesetzes (BAföG) zu reformieren (Baumann u. a. 2001, Sp. 722). Die Förderung von Schülern sollte in der Neufassung des Gesetzes fast vollständig entfallen (ebd., Sp. 745), die der Studenten sollte auf rückzahlbare (Stein 1993, S. 1578), zinslose Darlehen (Baumann u. a. 2001, Sp. 745) umgestellt werden. Trotz bundesweiter Proteste von Schülern und Studenten (ebd., Sp. 722) trat dieses Gesetz am 1. 8. 1983 in Kraft (ebd., Sp. 745). Ebenfalls zu Beginn der 80er Jahre wurden die Mittel für den

Hochschulausbau gekürzt (Stein 1993, S. 1528), was bei einer stetig steigenden Studentenzahl (Mayer 2003, S. 587f) schon bald zur Überfüllung der Hörsäle (Göschel 1990, S. 129) führte. Die Politik nahm die große Anzahl von Studierenden allerdings nicht als Erfolg, sondern als „Akademikerschwemme" (Mayer 2003, S. 585) wahr und weigerte sich beharrlich, das Ausmaß des Problems auch nur realistisch einzuschätzen. Noch 1989 erwarteten die Kultusminister für 2010 nur 1,23 Millionen Studenten (Stein 1993, S. 1726 und 1728), obwohl sich die Zahl der eingeschriebenen Studenten im gleichen Jahr bereits auf 1,5 Millionen belief (Mayer 2003, S. 587). Studentenproteste gegen die schlechten Studienbedingungen (Stein 1993, S. 1698 und 1726) führten 1988 lediglich zu „Notprogrammen" (ebd., S. 1698), ohne grundsätzliche Verbesserungen zu bewirken.

Die Erhöhung der Bildungschancen beschleunigte trotz oder wegen der schlechten Aussichten auf adäquate Beschäftigungsverhältnisse auch den Trend zur Individualisierung, den Beck bereits 1983 in einem grundlegenden Aufsatz beschrieben hatte (Popp 1996, S. 31). Diese Individualisierung sei vor allem durch Anforderungen des Arbeitsmarktes bedingt (Beck 1983, S. 47). Dieser verlange zum einen eine erhöhte Mobilität der Arbeitnehmer, die „die Lebensläufe der Menschen aus traditionellen Bahnen herauslösen" (ebd., S. 47) und führe dazu, dass sich „die Lebenswege der Menschen (...) gegenüber den Bindungen, aus denen sie stammen oder die sie neu eingehen (Familie, Nachbarschaft, Freundschaft, Kooperation)" (ebd., S. 47) verselbständigten. Mobilität sei somit ein „Motor der Individualisierung von Lebensläufen" (ebd., S. 47). Die Bildungsexpansion habe bei diesem Prozess insoweit unterstützend gewirkt, als mit der verlängerten Schulpflicht „traditionale Orientierungen, Denkweisen und Lebensstile durch universalistische Lehr- und Lernbedingungen, Wissensinhalte und Sprachformen umgeschmolzen und kollektiv verdrängt" (ebd., S. 47) wurden. Die so entstandene „Austauschbarkeit der Qualifikationen und Personen" (ebd., S. 47f) zwinge den einzelnen aber auch dazu „die Besonderheit und Einmaligkeit der eigenen Leistung und Person zu inszenieren" (ebd., S. 48) und zwar zusätzlich zum ebenfalls individualisierten Bestehen formalisierter Prüfungsanforderungen (ebd., S. 47). Für Jugendliche sei unter diesen Bedingungen ein „Rückgriff auf gemeinschaftlich vorgelebte Orientierungsmuster" (Popp 1996, S. 32) kaum noch möglich. Sie ständen unter permanenten Entscheidungszwängen, ohne dass die Parameter bekannt seien, unter denen sie diese Entscheidungen treffen müssten (ebd., S. 32).

Für den Schulbetrieb hatte diese Entwicklung zwei wichtige Folgen. Auf der einen Seite bildete die Jugendkultur der frühen 80er Jahre „kein homogenes Ganzes mehr" (Shell Deutschland 2002, S. 65), sondern erschien im Spannungsfeld von Poppern und Punkern „gegensätzlicher, wie sie nicht sein kann" (ebd., 2002, S. 63). Es entstand eine bunte Alltagskultur, die „keineswegs mehr die niedere Teilwelt (war), der eine hehre Hochkultur gegenübergestellt" (Ziehe 1996, S. 35) wurde. Der einzelne Jugendliche bediente sich „nach Lust und Laune" (Shell Deutschland 2002, S. 65) aus den verschiedenen Kulturen und werde so „tendenziell zum ‚Planungsbüro seiner eigenen Biographie'" (Schramke 1993a, S. 57). Dabei würden den Jugendlichen alle „Phänomene (…) gleich oder zumindest gleichwertig" (Seidl 1994, S. 81), eine Hierarchie der Werte und Dinge, in der Moral und Politik ganz oben standen, gab es nicht mehr. Für die Lehrer in den Schulen entstand durch diese Entwicklung eine neue „Normalschwierigkeit" (Ziehe 1996, S, 37). Sie verloren in Bezug auf die „kulturelle Tradition" (ebd., S. 37) zunehmend ihren „Repräsentantenstatus" (ebd., S. 37). Die „symbolischen, intersubjektiven und empirischen Voraussetzungen für Unterricht" (ebd., S. 37) waren nicht mehr gegeben, sondern mussten vom Lehrer erst hergestellt werden, indem er „die Plausibilität des Lehrstoffs" (ebd., S. 37) begründete und „eine personale Beziehung zwischen sich und den Schülern" (ebd., S 37) aufbaute. Mittels interessanter Lernsituationen musste er sich bemühen, die Selbstmotivation der Schüler anzuregen (ebd., S. 37) und sie dazu zu bringen etwas zu wollen, was sie „wollen sollen" (ebd., S. 38).

In dieser Phase des Umbruchs, die neue Konzepte und auch Visionen gebraucht hätte, verkündete der neu gewählte Bundeskanzler Helmut Kohl, dass er „die ‚geistig-moralische Herausforderung‘" (Leinemann 2001, S. 37) seiner Zeit annehme und „eine ‚geistig-moralische Reform‘" (ebd., S. 37) anstrebe. Seine „moderne, progressive Politik" (ebd., S. 42) sollte „die Familie alten Stils zur Keimzelle eines neuen ‚Klimas der Mitmenschlichkeit und Geborgenheit in unserem Lande‘ (...) machen" (ebd., S. 42). Die Frau sollte als „Hausfrau und Mutter wieder höchsten Dienst" (ebd., S. 38) tun, und so dafür sorgen, dass „Wärme, Zuversicht, Optimismus, Kindersegen und ein Volk in der Pflicht" (ebd., S. 38) wieder zu tragenden Säulen des Staates würden. Dieser „Aufbruchsbefehl zum Rückmarsch" (ebd., S. 38) stand allerdings in einem solch merkwürdigen Kontrast zu den tatsächlichen gesellschaftlichen Entwicklungen, dass Ende der 80er Jahre selbst „andere Christdemokraten (...) Kohl autoritären Führungsstil, politische Konzeptlosigkeit und fehlende visionäre Kraft" (Weber 2002, S. 229) vorwarfen.

Für die Geographiedidaktik – wie für jede andere Didaktik auch – stellte sich in dieser Situation die Frage, ob sie auf die tatsächlichen gesellschaftlichen Entwicklungen, und damit auf die Bedürfnisse der Schüler, reagieren sollte, oder ob sie sich lieber an die konservativen politischen Botschaften hielt, um die „Bravheit des Faches" (Geipel 1987, S. 18) zu demonstrieren. Schultzes Klagen über eine ins Stocken geratene Reform (Schultze 1979a, S. 2) lassen eher auf einen „großen Roll-Back" (Geipel 1987, S. 18) denn auf das in der Fachdidaktik übliche „feinnervige Registrieren neuer gesellschaftlicher Entwicklungen" (Schrand 1989, S. 4) schließen.

5.2.2 „WIR RICHTEN UNS EIN IM DIDAKTISCHEN HAUS"

5.2.2.1 RAUMVERHALTENSKOMPETENZ

Die 1980 erschienene Habilitationsschrift „Theorie des zielorientierten Geographieunterrichts" von Helmuth Köck wurde von manchen Geographiedidaktikern als Fortführung der Diskussion um die Lernzielorientierung des

Geographieunterrichts angesehen (Niemz 1989a, S. 5) und müsste deswegen
– und weil sie bereits 1978 als Habilitationsschrift vorgelegt worden ist - eigentlich in dem entsprechenden Kapitel der 70er Jahre behandelt werden. Es gibt
allerdings zwei Gründe, die gegen diese Einordnung sprechen: Zum einen orientierte sich die Arbeit nur bei rein *formaler* Betrachtung an den Vorstellungen
der Lernzielorientierung der 70er Jahre, und zum anderen widerrief sie *inhaltlich* sogar deren Zielsetzungen und machte so den Weg frei für revisionistische
Tendenzen in den 80er und 90er Jahren.

Auf der formalen Ebene hat Köck die Lernzielorientierung nicht nur fortgeführt,
sondern deutlich verkompliziert. Kern der Köckschen Vorstellung war ein Curriculum, das sich in insgesamt sieben Zielebenen gliederte: Leitziel allen geographischen Unterrichts sollte dabei die „Raumverhaltenskompetenz" (Köck 1980,
S. 50) sein, deren Entwicklung im Unterricht Köck als Lichtkegel darstellte (ebd.,
S. 52 – vgl. Abb. 18). Mit dem Lichtkegel sollte „die vertikale Zunahme von
Niveau und Komplexität" (ebd., S. 52) sowie die „zunehmende inhaltliche Füllung" (ebd., S. 52) dargestellt werden[115]. Das Leitziel der Raumverhaltenskompetenz gliederte Köck weiter auf in fünf Funktionsziele, die jeweils durch einen
eigenen Lichtkegel dargestellt wurden. Bei der Benennung der Funktionsziele
griff er auf die auch von Vertretern der Lernzielorientierung genutzten Daseinsgrundfunktionen der Münchener Schule der Sozialgeographie zurück und gliederte „Wohn-Raumverhaltenskompetenz", „Arbeits-Raumverhaltenskompe-
tenz", „Versorgungs-Raumverhaltenskompetenz", „Erholungs-Raumverhaltens-
kompetenz" und „Verkehrs-Raumverhaltenskompetenz" (ebd., S. 54 – vgl. Abb.
18) aus. Die Funktionsziele wurden ihrerseits in unterschiedliche Richtziele unterteilt, indem der jeweiligen Einzelkompetenz Raumtypen zugeordnet wurden,
für die sie erlernt werden sollten (ebd., S. 56). Eine gesonderte Aufstellung von
Richtzielen für die verschiedenen Funktionsziele lieferte Köck nicht, lediglich die
„Wohn-Raumverhaltenskompetenz für Ballungsräume" (ebd., S. 57 – vgl. Abb.

---

115 Dass die zunehmende Breite des Lichtstrahls auch zunehmende Verdunklung mit sich
bringt, was mit abnehmender Einsicht einhergehen könnte, wurde vom Autor nicht reflektiert.

314

18) wurde von ihm als Beispiel ausgeführt. An diesem Beispiel zeigte er auch die weitere Untergliederung der Richtziele in „schulstufenspezifische Richtzielzwischenziele" (ebd., S. 61) auf. Dabei schlug er vor, „schulstufenaufwärts auf typusintern zunehmend komplexere räumliche Systeme" (ebd., S. 58) einzugehen, wobei im 1. bis 4. Schuljahr mikrotope Räume, im 5. und 6. Schuljahr mesotope Räume, im 7. und 8. Schuljahr makrotope Räume und im 9. und 10. Schuljahr megatope Räume behandelt werden sollten[116] (ebd., S. 59 – vgl. Abb. 18). Da das Leitziel „Raumverhaltenskompetenz" bis zum Ende der Sekundarstufe I erreicht werden müsse (ebd., S. 50f), sollten im 11. bis 13. Schuljahr Richtzielqualifikationen „auf Individuen aller Größenordnungen (mikro- bis megatop) des betreffenden Raumtypus bezogen definiert und vermittelt" (ebd., S. 59) werden. Alle bisher genannten Ziele waren für Köck „Schulziele" (ebd., S. 61). Die Festlegung der Unterrichtsziele, die er in Grob-, Mittel- und Feinziele unterteilte (ebd., S. 61), sei auf der Grundlage der Schulziele „von den Lehrern selbst zu leisten" (ebd., S. 62), wobei es bei den Grobzielen galt, einen konkreten Raum zu benennen, an dessen Beispiel das Richtzielzwischenziel vermittelt werden sollte. Ein Grobziel könnte somit lauten „Wohn-Raumverhaltenskompetenz für den mesotopen Ballungsraum Rhein-Ruhr" (ebd., S. 61 – vgl. Abb. 18). Mittelziele würden dann die Stundenziele benennen, die zu diesem Grobziel führen könnten, und Feinziele würden die „Stundenteilziele" benennen (ebd.,

---

116 Dabei verstand er in seiner Habilitationsschrift unter mikrotop „Räume lokaler bis regionaler Größe" (Köck 1980, S. 59), unter mesotop „Räume überregionaler bis nationaler Größe" (ebd., S. 59), unter makrotop „Räume trans- / sub- / kontinentaler Größe" (ebd., S. 59) und unter megatop „Raumtypen in trans- / globaler Weite" (ebd., S. 59). Köck übernahm diese Untergliederung in seinem Beitrag zum räumlichen Kontinuum (Köck 1984), modifizierte die Unterteilung aber leicht und nannte dazu Beispiele. Demnach waren „Mesochoren Raumindividuen etwa regionaler bis überregionaler Größe (z. B. die Benelux-Staaten als wirtschaftlich-politisches Raumsystem), Makrochoren Raumindividuen etwa subkontinentaler bis kontinentaler Größe (z. B. die EG als wirtschaftlich-politisches Raumsystem) und Megachoren die jeweiligen Raumtypen/ -kategorien in globaler Weite (hier dann das globale System der wirtschaftlich-politischen Blöcke)" (Köck 1984, S. 35). 1989 verabschiedete er sich ganz von dieser Begrifflichkeit und nannte die entsprechenden Raumtypen nun Raumsystemindividuen (5. / 6. Klasse), Raumsystemtypen (7. / 8. Klasse) und Raumsystemklassen (9. / 10. Klasse) (Köck 1989, S. 21).

S. 62). Mit dieser recht eigenen Lernzielhierarchie, die sich praktisch überhaupt nicht auf von Schülern zu erwerbende Fähigkeiten, sondern schlicht auf Abstrakta aus der Fachwissenschaft bezog, hat Köck die Vorstellungen der Lernzieltheorie trotz des verbalen Anschlusses an sie ad absurdum geführt. Herausgekommen ist dabei eine mit allgemeingeographischen und theoretisch-abstrakten Begriffen verklausulierte Länder- und Landschaftskunde. Man brauchte lediglich mit dem Richtziel „Ballungsräume" und dem Richtzielzwischenziel „mesotop" das Grobziel „Rhein-Ruhr" zu bestimmen, um dann der Reihe nach alle Funktionsziele abzuarbeiten, und schon konnte man nacheinander die verschiedenen Teildisziplinen der Anthropogeographie (vgl. Kasten 8) an einem Raumbeispiel durchnehmen.

Auf der inhaltlichen Ebene ließ Köck vollends keinen Zweifel mehr daran, dass es ihm um nichts anderes als eine verbal erneuerte ‚alte' Geographie ging. Unter deutlicher Bezugnahme auf die fachlichen Strukturen begründete Köck die „Raumverhaltenskompetenz" als Leitziel damit, „dass alles Leben einschließlich aller denkbaren Lebenssituationen im weitesten Sinn (erd)raumgebunden" (ebd., S. 25) seien und dem Geographieunterricht aus dieser Tatsache die Aufgabe zuwachse, „den Schüler als Schüler und späteren Erwachsenen dazu zu befähigen, vom Raum und seinen Erscheinungen her gegenwärtiges und (zu)künftiges Dasein rational zu gestalten, die räumliche Dimension des Daseins also adäquat zu strukturieren" (ebd., S. 25). Dieses Leitziel setzte Köck explizit von dem von Ernst formulierten obersten Lernziel der Emanzipation ab: „Wenn die intendierte Raumverhaltenskompetenz nun aber die Fähigkeit zu selbständiger Raumverhaltensentscheidung und –realisierung ist, so darf gleichwohl nicht alleine schon das Stichwort ‚selbständig' als Brücke zum Emanzipationsbegriff missdeutet, Raumverhaltenskompetenz mit Emanzipation gleichgesetzt werden" (ebd., S. 31). Denn Emanzipation meine immer die „Befreiung aus einem Zustand der Abhängigkeit und Beschränkung" (Wyss 1975, zit. n. Köck 1980, S. 32). Solch eine Befreiung sei aber in der Bundesrepublik Deutschland nicht notwendig, da „jedem einzelnen sowohl aus privater als auch aus

316

gesellschaftlich-rechtlicher Sicht, zumal grundgesetzlich und verfassungsrechtlich zugesichert, freisteht, sämtliche der oben referierten, nicht im engeren Sinn

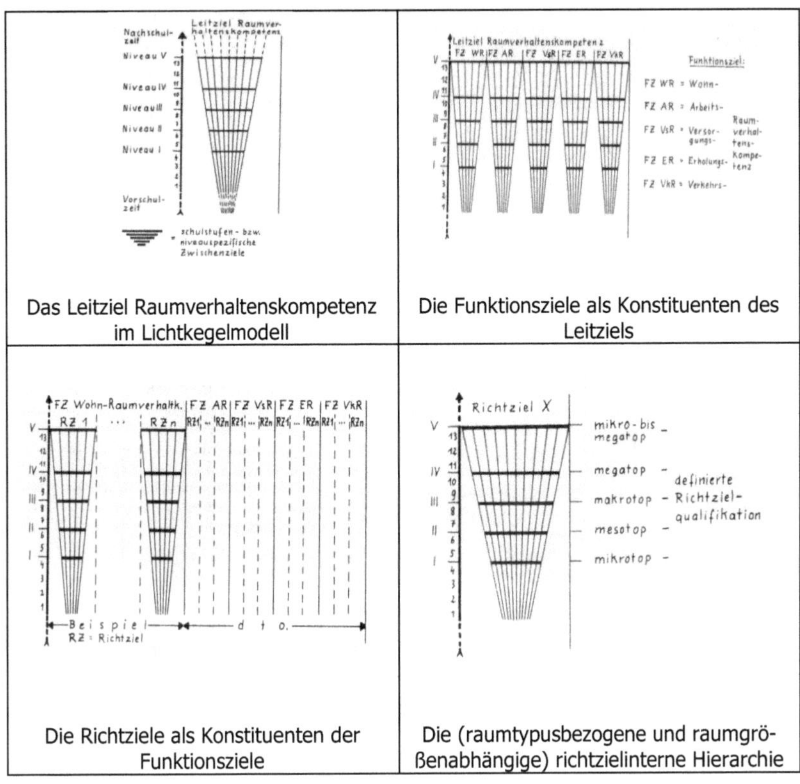

Das Leitziel Raumverhaltenskompetenz im Lichtkegelmodell	Die Funktionsziele als Konstituenten des Leitziels
Die Richtziele als Konstituenten der Funktionsziele	Die (raumtypusbezogene und raumgrößenabhängige) richtzielinterne Hierarchie

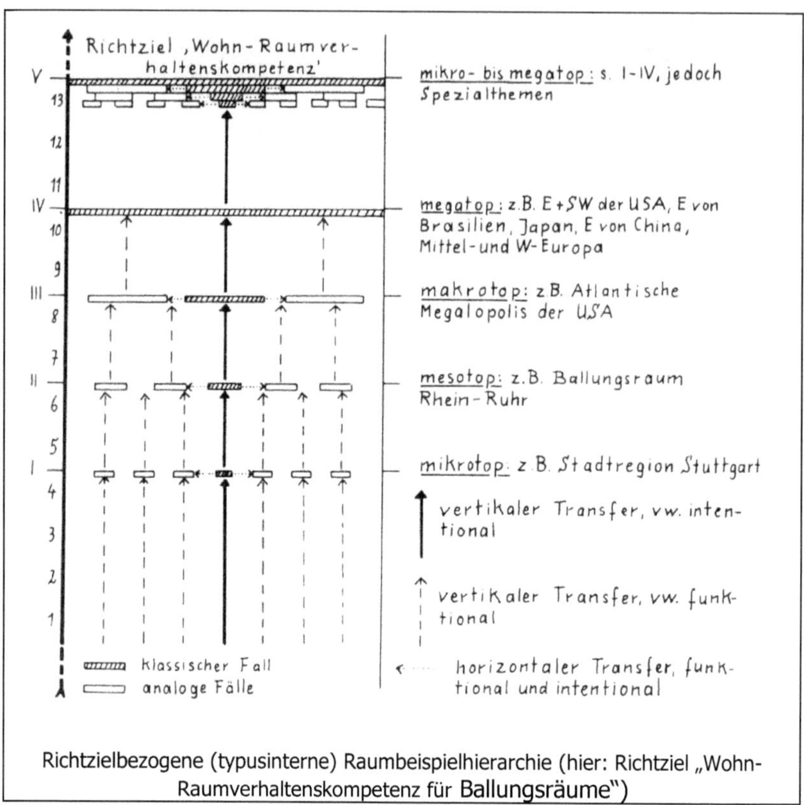

Richtzielbezogene (typusinterne) Raumbeispielhierarchie (hier: Richtziel „Wohn-Raumverhaltenskompetenz für Ballungsräume")

Abb. 18: Vom Leitziel zum Grobziel
(Quelle: Köck, 1980, S. 53, 55, 58, 60, 67)

schulbezogenen Zielvorstellungen[117] zu verwirklichen" (ebd., S. 33). Derjenige, „der, aus welchen Gründen auch immer, sich in der Wahrnehmung dieser

---

117 Die genannten Zielvorstellungen beinhalten: „Selbständigkeit (im Denken, Handeln, Verarbeiten, Ordnen, Beurteilen, Problemeinsehen), Kommunikationsfähigkeit, Rationalität, Kritikfähigkeit, Selbst-/ Mitbestimmung, Verantwortungsbewusstsein, Wahrnehmung eigener Interessen ohne Benachteiligung anderer, volle Lebenstüchtigkeit, Ausprägung der persönlichen Eigenart, Ausbildung der Anlagen, Entwicklung der Leistungsfähigkeit, Beitrag leisten zur

318

rechtsstaatlichen sowie hier und heute ubiquitären Möglichkeiten behindert sieht oder sie einfach nicht nutzt (...), (könne) dann nicht zunächst das bestehende Staats- und Gesellschaftssystem als solches dafür verantwortlich machen" (ebd., S. 33). Emanzipation sei somit „kein Ziel mehr, sondern bereits gesamtgesellschaftliche Wirklichkeit" (ebd., S. 36)[118]. Wollte man den Geographieunterricht mit der Erreichung dieses Zieles begründen, dann „bräuchte (man) ihn nicht mehr" (ebd., S. 34)![119] Indem Köck Verfassungsideal und Verfassungswirklichkeit in eins setzte, entledigte er sich der Last der Frage nach der Gesellschaftsrelevanz des Faches, die in den 70er Jahren eine so große Rolle gespielt hatte. Mit seiner von allen gesellschaftlichen Bedingungen abstrahierenden Raumverhaltenskompetenz negierte Köck die Beschränkungen, denen Menschen in der Bundesrepublik Deutschland tatsächlich unterlagen und

---

Herstellung einer kritischen Öffentlichkeit, kommunale Verantwortung tragen, in Konflikten und Kooperation bestehen können, u. a. m." (Köck 1980, S. 32)

118 Köcks Emanzipationsbegriff bezieht sich somit in erster Linie auf förmlich-rechtliche Aspekte. Dies entspricht dem Gebrauch des Begriffs im römischen Recht, wo unter Emanzipation „die Entlassung eines Hausangehörigen (eines erwachsenen Sohnes, eines Sklaven) aus der Gewalt des Hausherrn bzw. -vaters in die zivilrechtliche Selbstständigkeit" (Berger 2002, S. 94) verstanden wurde. In der modernen Sozialwissenschaft bezieht sich der Begriff allerdings „auf jene Vielzahl historisch spezifischer sozialer Prozesse, in denen sich Individuen bzw. Gruppen aus wirtschaftlichen, sozialen oder kulturellen Zwangs- und Abhängigkeitsverhältnissen selbst befreien" (ebd., S. 94f). Dabei treiben besonders jene Individuen und Gruppen den Emanzipationsprozess voran, „zu deren Gunsten sich das gesellschaftliche Machtgefüge im sozialen Wandel zu verändern beginnt bzw. verändert hat und die ihr Machtpotential in einer Stärkung ihrer Position nun auch realisieren wollen" (ebd., S. 95). Aus sozialwissenschaftlicher Sicht wäre somit die Durchsetzung der Geographie als Hauptfach an allen Schulen eine Form von Emanzipation.

119 17 Jahre später bekämpfte Köck immer noch die Zumutung, ein Leitziel des Geographieunterrichts nicht aus dem Fach an sich, sondern aus formalen Zielen bezüglich des Umgangs mit sich selbst und der Welt abzuleiten. Diesmal hieß die Zumutung „Erziehung zur Mündigkeit": „Zugleich wird ein weiterer Grund ersichtlich, der gegen die Ableitung von Raumverhaltenskompetenz aus Mündigkeit spricht. Dieser liegt in dem Umstand, dass von Mündigkeit kein direkter Bezug zum geographischen Raum und somit zum Fach Geographie hergestellt werden kann. Dies ist vielmehr erst möglich über die Verknüpfung von Mündigkeit und Verhalten, etwa in Form von mündigem Verhalten im Raum. Mündigkeit kann nur intrasubjektiv, eben im Verhalten des Menschen zur Geltung kommen – oder eben auch nicht. Eine unmittelbare Verbindung zwischen Mündigkeit und erdräumlichen Sachverhalten ist undenkbar. Zwischen Verhalten und Erdraum dagegen ist die Verknüpfung formal herstellbar und real gegeben und analog dann zwischen mündigem Verhalten und Erdraum" (Köck 1997a, S. 19).

machte sie zu reinen Geschmacksfragen: Wohn-Raumverhaltenskompetenz beinhaltete dann im ersten Schritt die Erkenntnis „der baulichen und sozialstrukturellen räumlichen Differenzierung der Wohngebiete von Siedlungen / Siedlungsteilen sowie der zwischen baulicher und sozialstruktureller Differenzierung bestehenden Korrelation" (ebd., S. 123). Im zweiten Schritt war die „Bedeutung von baulicher und sozialer Struktur sowie Image, Milieu etc. der jeweiligen Wohnviertel für das je eigene Leben" (ebd., S. 123) zu klären und zu bewerten. War dies einmal geschehen, kam es im dritten Schritt darauf an, die Fähigkeit zu entwickeln, „aus der Einsicht in die existentielle Bedeutung der Wohnungs- / Wohngebietswahl die Notwendigkeit eines rationalen Wohnungssuch-verhaltens ableiten und dieses selbst entwickeln" (ebd., S. 123) zu können. Im vierten Schritt galt es dann „Wohngebiet, Wohnangebot und eigene Wohnansprüche / -möglichkeiten zur Deckung zu bringen" (ebd., S. 123). Wer dabei merkte, dass das Geld für eine Villa mit Swimming-Pool nicht reichte, hatte eben die falschen Wohnansprüche.

Dieses von den gesellschaftlichen Bedingungen abstrahierende Argumentationsmuster setzte sich – wenn auch in anderer Form – auf der Ebene der Funktionsziele fort. Die Funktionsziele ergaben sich „aus den Daseinsgrundfunktionen" (ebd., S. 53) und benannten damit die Lebenssituationen, aus denen Köck die Schulziele als Qualifikation herleiten wollte (ebd., S. 40). Im Kapitel über die Lebenssituationen, für die der Geographieunterricht Schüler qualifizieren sollte, reduzierte Köck die sieben aus der sozialgeographischen Literatur bekannten Daseinsgrundfunktionen auf fünf (ebd., S. 47): „Bildung" und „in Gemeinschaft leben" seien „aus geographischer Sicht nicht als eigenständige Funktion(en) zu betrachten" (ebd., S. 47). Die Funktion Bildung spreche „aus geographischer bzw. räumlicher Sicht nicht den Vorgang des Sich-bildens als solchen, sondern die damit verbundene Inanspruchnahme entsprechender Bildungseinrichtungen als den mit der Funktion ‚Bildung' korrespondierenden räumlichen Objektivationen" (ebd., S. 47) an und sei somit der Funktion „Versorgung" zuzuordnen (ebd., S. 47). Unter die Funktion „in Gemeinschaft leben" hätten Ruppert und Schaffer „Gegenstandsbereiche wie Bevölkerungsgeographie, Politische Geographie, Religionsgeographie, Probleme in Ballungsräumen, Fragen von Staat, Nation und Volk, Bündnissysteme etc." (ebd., S. 48) subsumiert, was der ursprünglichen Vorstellung von Partzsch, der darunter vor allem „das Leben in ‚privaten Gemeinschaften' wie Familie, Verwandtschaft, Freundeskreis, Hausgemeinschaft etc. sowie in der Stadt / Siedlung als ‚politische Gemeinde" (ebd., S. 48) verstanden habe, nicht entspreche. Da die politische Gemeinde bei Partzsch zudem die Aufgabe gehabt habe, „Gemeinschaftseinrichtungen für die verschiedenen Arten von privaten Gemeinschaften zur Verfügung zu stellen" (ebd., S. 48), könne man diese Funktion „teils der Funktion ‚Wohnen', teils der Funktion ‚Sich versorgen'" (ebd., S. 48) zuordnen. Während Köcks Argumentation in Bezug auf die Bildung – besonders im Vergleich mit anderen möglichen Daseinsgrundfunktionen wie Gesundheit oder Information – halbwegs berechtigt erscheinen konnte, eliminierte er mit der Funktion „in Gemeinschaft leben" die Daseinsgrundfunktion, die – besonders im Sinne von Ruppert und Schaffer – einen deutlichen gesellschaftlichen Bezug aufwies[120]. Nachdem er alle *explizit gesellschaftsrelevanten Bestandteile* des lernzielorientierten Ansatzes der 70er Jahre aus seinem Konzept herausgekürzt hatte, konnte er mit Recht behaupten, dass „das Metaziel ‚Raumverhaltenskompetenz' auf der Grundlage eines (allerdings noch nicht allgemein adaptierten) chorologischen[121] Raumverständnisses (...) letztlich und zudem als erstes (weitgehend

---

120 „Sehr wohl aber bleibt es möglich, das eine oder andere Funktionsfeld mit den entsprechenden räumlichen Mustern und Prozessen eingehender zu analysieren – die ‚Rückkopplung' zum Funktionsträger, letztlich zur Gesellschaft mit ihren interdependenten Funktionsfächern, darf jedoch nicht außer Acht bleiben. Die ausschließliche Bearbeitung der räumlichen Aspekte des psychosozialen Funktionsfeldes ‚in Gemeinschaft leben' im Stile einer soziologischen Regionalwissenschaft würde sich in diesem Sinne von der übergreifenden sozialgeographischen Konzeption ebenso entfernen wie eine einseitig betriebene Wirtschaftsgeographie, die eine ‚Rückkopplung' zum Gesellschaftlichen ablehnt" (Ruppert, Schaffer 1969, S. 234).
121 Wie nah Köck hier am länderkundlichen Paradigma arbeitete, zeigt ein Ausschnitt aus Hamblochs „Allgemeiner Anthropogeographie": „Die genauere Interpretation der eingangs gegebenen Definition lässt einen ersten Dualismus der Geographie erkennen, den Dualismus bezüglich ihrer Gegenstände. Objekte sind nämlich die Geofaktoren einerseits und andererseits die Räume, in denen sie in Wechselbeziehung treten. Dem trägt die Unterscheidung von

vollständig) die tradierten Bildungsaspekte / -gehalte des stofforientierten Geographieunterrichts (...) in ein umfassendes und konsistentes Gesamtkonzept" (ebd., S. 31) integriert habe. Allerdings gab sich Köck nicht damit zufrieden, nur zum alten Verhältnis zwischen Unterricht und traditioneller Fachwissenschaft zurückgekehrt zu sein. Ihm lag auch daran, neue Ansätze der Wissenschaft ebenfalls in den Schulunterricht zu integrieren. Deshalb ging er der Frage nach, ob die Fachwissenschaft in der Lage sei, weitere „Beiträge zur Vermittlung der Raumverhaltenskompetenz" (ebd., S. 70) zu leisten. Die von ihm intendierte Wissenschaftsorientierung definierte er dabei „als Orientierung an den methodologisch-konzeptionell aktuellen, also den neuen / neueren Ansätzen der Fachwissenschaft Geographie" (ebd., S. 78). Zu diesen Ansätzen zählten zu der damaligen Zeit „aus der Sicht des Vf. (...) der chorologische Ansatz, die Modellbildung, die Mathematisierung, der sozialgeographische sowie der geoökologische Ansatz" (ebd., S. 78).

Die Relevanz des chorologischen Ansatzes für die Raumverhaltenskompetenz ergab sich für Köck aus einem Untersuchungsergebnis von Fichtinger, das besagte, „dass sich das Verhalten im Raum nicht nach dessen Struktur, sondern nach dem Bild, das ein Individuum von dieser hat, richtet" (Fichtinger 1974, zit. n. Köck 1980, S. 113). Aus diesem Ergebnis zog Köck den Schluss, dass „mithin die Vorstellung von der Struktur eines Raumes ein bedeutender Faktor für das räumliche Verhalten ist" (ebd., S. 113). Auch wenn einerseits die „Diskrepanz zwischen Vorstellung und Wirklichkeit jedoch als prinzipiell unaufhebbar gelten muss, andererseits Daseinsgestaltung und Raumverhalten ohne wenn auch wirklichkeitsungetreue Wahrnehmung und Vorstellung undenkbar sind" (ebd.,

---

Allgemeiner Geographie und Regionaler Geographie, von Geofaktorenlehre und Chorologie, Rechnung. (...) Der Dualismus zwischen Allgemeiner und Regionaler Geographie, zwischen faktorenbezogener und raumbezogener Fragestellung, ist nun keineswegs so schroff, wie es oft den Anschein hat. Zwar steht bei der Elementaranalyse der einzelne Geofaktor im Vordergrund, aber die systematisierende Betrachtungsweise zielt doch immer schon auf die Erklärung seiner räumlichen Anordnung als Strukturelement der Geosphäre. Die Betonung des chorologischen Aspekts wird dann in dem Maße stärker, wie die Stufe der Elementaranalyse verlassen wird, der Übergang zur regionalen Geographie vollzieht sich fließend" (Hambloch 1979, S. 2f).

S. 113), bleibe „aus der Sicht des zielorientierten Geographieunterrichts der Auftrag, Raumstrukturen zu erschließen bzw. Vorstellungen von Raumstrukturen aufzubauen, um dadurch rationales Raumverhalten zu ermöglichen, uneingeschränkt bestehen, wenngleich von vornherein feststeht, dass er nur unvollständig einzulösen ist" (ebd., S. 113). Dass das zitierte Untersuchungsergebnis die Möglichkeit eines rationalen Raumverhaltens prinzipiell in Frage stellen könnte, lag offensichtlich außerhalb des Interpretationsrahmens des Autors. Als weiteres Argument für die Bedeutung des chorologischen Ansatzes - aber auch der Modellbildung und der Mathematisierung - für die Entwicklung von Raumverhaltenskompetenz führte Köck die Möglichkeit des Transfers „von an bestimmten Raumbeispielen / Lerninhalten gewonnenen Erkenntnissen / Regeln / Gesetzen etc. auf andere gleichartige, ebenso aber auch andersartige Raumbeispiele / Lerninhalte" (ebd., S. 114) an. Transferleistungen seien nicht nur für effektives Lernen von Bedeutung, sondern „als auf den Raum bezogene Transferkompetenz zugleich auch eine fundamentale intellektuelle Disposition für adäquates Verhalten im und zum Raum" (ebd., S. 115). Als dritten Punkt für die Erschließung von Raumstrukturen nannte Köck den „Aspekt des Lernens / Behaltens / Reproduzierens von Wissen und Einsichten" (ebd., S.115). Da Menschen sich Strukturen besser merken könnten als Einzelelemente, könnten die „jeweils benötigten kognitiven wie auch instrumentellen Dispositionen im konkreten Fall tatsächlich auch in hinreichendem Maße verfügbar" (ebd., S. 115) sein, wenn Schüler im Unterricht mit Erkenntnissen des chorologischen Ansatzes, mit Modellbildung und Mathematisierung in Kontakt gekommen wären.

Die Legitimation des sozialgeographischen Ansatzes zog Köck dementsprechend auch nicht – wie seines Erachtens meist üblich – aus der Gleichsetzung von Sozialgeographie und Anthropogeographie (ebd., S.121), sondern aus dem Verständnis des sozialgeographischen Ansatzes als einer Betrachtungsweise. Diese Betrachtungsweise besage, „dass sich die Gruppenhaftigkeit der anthropogenen Raumwirksamkeit in ihrem Ausprägungsgrad umgekehrt proportional, die Raumprägung durch einige wenige, nicht jedoch alle einzelnen Individuen dagegen direkt proportional zu dem entlang des historischen Kontinuums zunehmend höheren wirtschaftlich-gesellschaftlichen Entwicklungsgrad" (ebd., S. 124) verhalte. In entwickelten Gesellschaften gehörten zu den raumprägenden Individuen „auch bestimmte juristische Personen / Körperschaften wie gemeinwirtschaftliche Unternehmen, Kapitalgesellschaften, staatliche Institutionen, Organisationen und Gebietskörperschaften" (ebd., S. 124f). Aus diesem Umstand lasse sich allerdings nur „ex negativo" eine Relevanz für die Raumverhaltenskompetenz ableiten, „denn, wenn und soweit sich dabei ergibt, dass es in industriestaatlichen Gesellschaften zumindest in der Regel eben nicht soziale Gruppen, sondern in erster Linie einige wenige, nicht jedoch alle einzelnen Individuen zudem unterschiedlicher Art und Komplexität sind, die den Raum gestalten und dessen Nutzung notwendigerweise planen, so ergibt sich daraus um so dringlicher die Notwendigkeit, auf raumpolitische Sensibilisierung und Partizipation hinzuwirken" (ebd., S. 125). Mit dieser Beschreibung banalisierte Köck die Frage der Macht, die beim Lernziel der Emanzipation zumindest implizit immer auch eine Rolle gespielt hatte. Durch die Gleichsetzung von Kapitalgesellschaften mit Individuen kann das ökonomische Verhältnis „Kapitalgesellschaft" ohne große Mühen in das schlichte Mensch-Natur-Schema der traditionellen Geographie integriert werden. Wenn nun aber das Individuum „Kapitalgesellschaft" die Natur schädigt und damit andere Individuen, die nur natürliche Personen, also schlichte Menschen, sind, in ihrem Mensch-Natur-Verhältnis beeinträchtigt, dann brauchen diese Menschen nach Köck keine Emanzipation, sondern sie müssen, „um das jeweils höchstmögliche und rechtlich zulässige wie vor allem auch zugestandene Maß an partizipativem Raumverhalten verwirklichen zu können" (ebd., S. 125), lediglich über eine Raumverhaltenskompetenz verfügen, deren Voraussetzung ein „fundierter Einblick in das Zustandekommen von Raumstrukturen" (ebd., S. 125) sei.

Dass der geoökologische Ansatz für die Entwicklung von Raumverhaltenskompetenz relevant sei, schloss Köck bereits aus dem „gegenwärtige(n) ökologische(n) Zustand selbst" (ebd., S. 126). Aus den ökologischen

324

Beeinträchtigungen folge „die Notwendigkeit, das Verhalten des Menschen seiner natürlichen Umwelt gegenüber so zu verändern, dass es deren ökologischen Gesetzmäßigkeiten und Regulierungsmechanismen angemessen Rechnung trägt" (ebd., S. 126).

Zu Beginn der 80er Jahre hatte Köck so – sprachlich überaus elaboriert – die Geographie in der Schule auf ihren alten Kern, das Mensch-Natur-Verhältnis, zurückgeführt und diesen Kern mit dem moralischen Anspruch an die Lernenden verknüpft, sich der Erde gegenüber raumverhaltenskompetent zu zeigen. Am Ende der 80er Jahre kam Schrand zu der Einschätzung, dass diese Ausführungen in der Geographiedidaktik zur weitgehenden Akzeptanz der „Zielformel der Raumverhaltenskompetenz" (Schrand 1989, S. 4) geführt haben. Das mochte auf fachpolitischer Ebene stimmen. Schulpraktisch dürfte die Aussage nicht mehr stimmen, denn Unterricht ist im Großen und Ganzen auch ohne Bezug auf eine wie auch immer definierte Raumverhaltenskompetenz möglich. Tatsächlich scheint die Formel sich weder in der Schulpraxis noch in der theoretischen Fachdidaktik breitenwirksam durchgesetzt zu haben. Beiträge, die sich im Titel oder Untertitel explizit auf diese Formel beziehen, sind in der Datenbank Schulpraxis zumindest nicht verzeichnet (Landesinstitut für Schule und Weiterbildung 2003).

5.2.2.2 VOM ZANKAPFEL TOPOGRAPHIE ZUM ORIENTIERUNGSRASTER

Für die Schulpraktiker war die Diskussion um die Topographie vermutlich viel wichtiger als die Forderung nach einem Leitziel „Raumverhaltenskompetenz". Hatten Fachdidaktiker die Topographie vor und zu Beginn der Reform noch mit „Bezeichnungen wie ,blutleere Topographie' (Schüttler 1960), ,Kreuz der Topographie' (Wagner 1955) oder ,Kreuzworträtselwissen und inhaltsleere Briefträgergeographie' (Birkenhauer 1971)" (Geibert 1988a, S. 2) gekennzeichnet, wurde ihr bereits kurze Zeit nach der Reform eine „neue Wertschätzung" (ebd., S. 2) zuteil. Diese neue Wertschätzung resultiere letztlich – so die damalige Diagnose – aus dem „Druck der Öffentlichkeit – insbesondere aus der

Elternschaft und dadurch auch aus den Kultusbehörden" (Kirchberg 1984, S. 6
– vgl. Birkenhauer 1981, S. 58; Haubrich 1984a, S. 10). Die Öffentlichkeit sehe
in der Vermittlung topographischer Kenntnisse nach wie vor „die Hauptaufgabe
geographischen Unterrichts" (Kirchberg 1980, S. 322), die durch den neuen
Geographieunterricht nicht mehr geleistet werde (vgl. Daum, Schmidt-Wulffen
1983, S. 310; Kirchberg 1984, S. 7). Dort gehe es in „Rösselsprüngen" (Kirchberg 1984, S. 6) von einem Fallbeispiel zum nächsten, was in den Köpfen der
Schüler zu einer „Tupfengeographie" (Birkenhauer 1981, S. 56; Fuchs 1983, S.
382; Kirchberg 1984, S. 6; Geibert 1987, S. 47; 1988a, S. 3; 1988b, S. 8; Sperling 1992, S. 65) und in der Folge zu „topographischem Analphabetentum" (Geibert 1987, S. 46; 1988b, S. 8) führe. Der länderkundliche Durchgang dagegen
sei „ohne den gleichzeitigen Aufbau topographischen Wissens nicht denkbar"
(Fuchs 1983, S. 379) und führe somit „zu sicheren topographischen Vorstellungen" (Kirchberg 1980, S. 322). Aus der Sicht der Öffentlichkeit sei deshalb „nur
Länderkunde (...) ,ernsthafter' Geographieunterricht" (ebd., S. 322). Eher traditionell orientierte Geographiedidaktiker forderten dementsprechend eine
Rückkehr zum Prinzip vom Nahen zum Fernen (Birkenhauer 1981, S. 62; Newig,
Reinhardt, Fischer 1983, S. 38; Kaminske 1984, S. 19[122]; Newig 1986, S. 266).
Ihre lernzielorientierten Kollegen dagegen stellten das „Junktim zwischen län-
derkundlichem Unterricht und Topographie" (Fuchs 1983, S. 380 – vgl. Geibert
1987, S. 46) in Frage und machten Verunsicherungen in der Lehrerschaft
(Kirchberg 1980, S. 322; Fuchs 1983, S. 379; Kirchberg 1984, S. 6) für die
tatsächlichen oder angeblichen „auffälligen Defizite bei den Schülern aller
Schularten" (Geibert 1988a, S. 2) verantwortlich. Ihre Bedenken rührten vor
allem „aus einer verständlichen methodischen Verunsicherung heraus, wie

---

122 Kaminske formulierte diese Forderung nur weniger plakativ als die anderen Autoren. Bei
ihm hieß es: „Sämtliche Informationen nehmen in ihrem Bedeutungsgehalt mit zunehmender
Entfernung vom wahrnehmenden Subjekt rapide ab. Kleine Erderschütterungen der schwäbi-
schen Alb führen zu mehr Engagement und besserer Beteiligung im Unterricht als große Erdbeben in Friaul, Iran oder Peru. Solche Verbindlichkeitsnormen im räumlichen System entsprechen in ihrem Aufbau durchaus dem tierischen Territorialverhalten, obwohl andere Verhaltensweisen zur Durchsetzung herangezogen werden" (Kaminske 1984, S. 19).

326

denn nun ohne Länderkunde topographisch gearbeitet werden könne" (Kirchberg 1984, S. 6). Spätestens zu Beginn der 80er Jahre war die Topographie somit zum „'Zankapfel' der aktuellen Schulerdkunde geworden" (Geibert 1988b, S.8), wobei die inhaltliche Auseinandersetzung mit dem Problem zunächst von den eher reformorientierten Fachdidaktikern dominiert wurde.

Auffällig an der Reaktion der Geographiedidaktiker dieser Fraktion war vor allem, dass keiner „von ihnen die an den reformorientierten Unterricht gestellte Erwartung, er möge topographische Kenntnisse vermitteln, als unbegründet zurückweist" (Uhlenwinkel 1999, S. 293). Ganz im Gegenteil betonte Kirchberg sogar, dass „die Vermittlung topographischer Fakten (...) eine unverzichtbare Aufgabe des Geographieunterrichts" (Kirchberg 1984, S. 6) sei. Indem diese Fraktion die Vermittlung von topographischen Kenntnissen als sachfremden Maßstab anerkannte[123] (Uhlenwinkel 1999, S. 293), war sie aufgefordert zu belegen, dass „Lernzielorientierung und Topographie keine sich ausschließenden Gegensätze sind, sondern sich wechselseitig bedingen" (Kirchberg 1980, S. 322). Zu diesem Zweck einigte man sich darauf, die Topographie nicht mehr nur als Inhalt, sondern als „Fähigkeit zur Orientierung" (Kirchberg 1980, S. 324; 1984, S. 6) zu verstehen. Diese Fähigkeit, die „für den Schüler – weit über seine Schulzeit hinaus – als Grundlage von Weltverstehen, als Teil einer gedanklich geordneten Vorstellungswelt und als Verhaltensdisposition von Bedeutung" (Kirchberg 1984, S. 6) sei, wurde als neues Richtziel proklamiert (Kirchberg 1980, S. 323; 1984, S. 7 – vgl. Fuchs 1983, S. 383). Um dieses Richtziel zu erreichen, dürfe man sich nicht ausschließlich auf „das Aneignen von statischen Fakten" (Kirchberg 1984, S. 7 und 1988, S. 21) konzentrieren, sondern es müsse „ein anwendungsbezogenes Verfügungswissen und Können aufgebaut werden" (Kirchberg 1988, S. 21). Dementsprechend sei das Lernziel in

---

123 Eine Ausnahme bildete hier Haubrich, der bezweifelte, „ob im Zeitalter der Computer- bzw. Datenspeichersysteme Gedächtnisleistungen hohe Priorität haben sollten" (Haubrich 1984a, S. 11). Und er folgerte: „Mit Sicherheit muß der Schüler und zukünftige Staatsbürger, um raumbezogene und gesellschaftliche Erscheinungen verorten zu können, kein wandelndes Lexikon sein" (ebd., S. 15).

„verschiedene Verhaltensbereiche" (Kirchberg 1984, S. 7) einzuteilen, die „keineswegs isoliert voneinander gesehen werden dürften, die aber für den Unterricht als eigene Lernfelder topographischen Arbeitens unterschieden werden können" (ebd., S. 7 – vgl. Abb. 19):

- Das topographische Orientierungswissen entsprach in etwa dem, was sich die vielzitierte Öffentlichkeit unter Topographie vorstellte. Begründet wurde dieses Lernfeld damit, dass „die Kenntnis eines bestimmen Grundgerüsts topographischer Namen und Positionen (…) die Voraussetzung für eine Orientierung im Raum" (Kirchberg 1980, S. 323) sei. Dieses Wissen müsse somit „fester begrifflicher Bestandteil des Weltbilds sein" (ebd., S. 323).

- Die räumlichen Ordnungsvorstellungen in Form von Orientierungsrastern und Ordnungssystemen sollten dafür sorgen, dass das topographische Wissen nicht „beziehungslos" (Kirchberg 1980, S. 323) bleibt. Besonders in Bezug auf die Ordnungssysteme[124] ging es dabei nicht nur um die relative Lage der einzelnen Orte, sondern „um eine Strukturierung der Erdoberfläche in Form einer engen Verzahnung von Topographie und Thema" (Fuchs 1983, S. 385). Diese Ordnungssysteme verfügten über eine größere Leistungsfähigkeit, weil das Thema als „Filter" (ebd., S. 385) wirke, der auf der einen Seite „im konkreten Fall nur eine begrenzte (…) Menge an topographischer Information" (ebd., S. 385) durchlasse und auf der anderen Seite „das immer wieder für das Topographielernen geforderte Lernen in sinnvollen Sachzusammenhängen" (ebd., S. 385) sicherstelle.

---

124 Die Begriffe Orientierungsraster und Ordnungssysteme werden von den beteiligten Autoren nicht immer ganz synonym gebraucht. Kirchberg unterscheidet beide Begriffe von dem Grundkanon der Grobtopographie (Kirchberg 1980, S. 324 – vgl. Abb. 19), differenziert sie aber nach ihrer Komplexität: „So schafft z. B. das grobe Orientierungsraster ‚Temperaturzonen und Klimate der Erde' die Grundlage für die Erarbeitung des Ordnungssystems ‚Klima- und Vegetationszonen der Erde', welches die naturwissenschaftlichen kausalen Zusammenhänge sehr viel stärker einbezieht" (ebd., S. 324). Fuchs unterscheidet dagegen unter Bezug auf Kirchberg 1977 und 1980 Orientierungsraster wie „die Gliederung der Erdoberfläche in Kontinente und Ozeane, die orographische Großgliederung des Festlandes oder aber die Temperaturzonen der Erde" (Fuchs 1983, S. 384) von den „komplexeren Ordnungssystemen" (ebd., S. 384) wie z. B. die Klima- und Vegetationszonen.

- Die topographischen Fähigkeiten und Fertigkeiten sollten dem Schüler die Möglichkeit geben, „sich selbständig räumliche Orientierungshilfen zu schaffen bzw. solche zu benutzen" (Kirchberg 1980, S. 324), um so die im Unterricht notwendig offenbleibenden Lücken je nach Bedarf zu füllen.

Alle drei Lernfelder müssten im lernzielorientierten Unterricht – anders als im länderkundlichen Unterricht – *immer wieder* Bestandteil des Unterrichts sein, weil die Arbeit mit Fallbeispielen „ein ständiges Einordnen" (Kirchberg 1980, S. 325) herausfordere. Die Fähigkeit, geographische Sachverhalte selbständig zu verorten, würde sich dabei „nicht nebenbei, und schon gar nicht ‚von selbst'" (Kirchberg 1984, S. 7) einstellen, sondern müsse systematisch aufgebaut werden (Kirchberg 1980, S. 325). Dazu sei es sinnvoll, während der Einführung in ein neues Thema das Raumbeispiel zunächst rein topographisch mit Hilfe von Globus und Atlas zu lokalisieren (ebd., S. 325), um den Schülern das „Erkennen von Lagebeziehungen" (ebd., S. 325) zu ermöglichen. In der Erarbeitungsphase sollten die Schüler dann vor allem mit der Feintopographie vertraut gemacht werden (ebd., S. 325), wobei „transferfähige Lernziele des Bereichs Topographie angesprochen" (ebd., S. 326) werden sollen. Zu diesem Bereich würden z. B. Stadtgrundrisse, die Struktur von Verkehrsnetzen u. ä. gehören (ebd., S. 325f). Als letzter Schritt habe die „Ausweitung" (ebd., S. 326) des Raumbeispiels zu erfolgen, die „das bearbeitete Fallbeispiel aus seiner Isolierung befreit" (ebd., S. 326) und „durch ausgreifende Orientierung, durch Zuordnung und Verknüpfung neue regionale und globale Ordnungsvorstellungen" (Kirchberg 1984, S. 7) schafft. Durch die ständige Wiederholung dieses methodischen Vorgehens sei „ein fundiertes topographisches Wissen und Können (...) nicht nur im Rahmen der ‚alten' und der ‚neuen' Erdkunde möglich, ja Topographie lässt sich im Zusammenhang mit der ‚neuen' Erdkunde sogar wesentlich effektiver betreiben als bei der ‚alten' Erdkunde" (Geibert 1988a, S. 8).

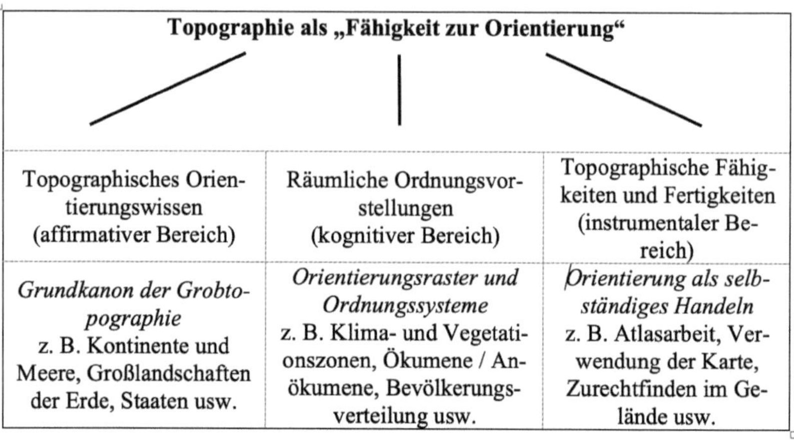

Topographie als „Fähigkeit zur Orientierung"		
Topographisches Orientierungswissen (affirmativer Bereich)	Räumliche Ordnungsvorstellungen (kognitiver Bereich)	Topographische Fähigkeiten und Fertigkeiten (instrumentaler Bereich)
Grundkanon der Grobtopographie z. B. Kontinente und Meere, Großlandschaften der Erde, Staaten usw.	*Orientierungsraster und Ordnungssysteme* z. B. Klima- und Vegetationszonen, Ökumene / Anökumene, Bevölkerungsverteilung usw.	*Orientierung als selbständiges Handeln* z. B. Atlasarbeit, Verwendung der Karte, Zurechtfinden im Gelände usw.

Abb. 19: Lernfelder des „Sich orientierens"
(Quelle: Kirchberg 1980, S. 324 – Layout geändert)

Als problematisch erwies sich dieses Konzept vor allem dort, wo es argumentativ an den Richtlinienentwurf der Schulgeographen von 1975 anschloss (vgl. Kap. 4.2.5.2) und in Bezug auf die Orientierungsraster und Ordnungssysteme forderte, dass mit ihnen der „Zusammenhang des geographischen Kontinuums" (VDSG 1975, S. 350, als Zitat vorgetragen von Kirchberg 1980, S. 323) gesichert werden müsse. Zum einen war damit der Weg frei, das Prinzip vom „Nahen zum Fernen" als eine Art von räumlichem Kontinuum zu verstehen (vgl. Newig, Reinhardt, Fischer 1983, S. 38; Haubrich 1984a, S. 14; Sperling 1992, S. 64), womit auch hier die Hintertür für revisionistische Bestrebungen offenstand. Zum anderen führte es weg von rationalen – natur- oder sozialwissenschaftlichen - Erklärungsansätzen für geographische Sachverhalte und hin zu einem „Raumfetischismus" (Daum 1992b, S. 3), der es bestenfalls verstand, „die Räume zu verwalten und die Probleme zu verbiedern" (ebd., S. 3).

Besonders differenziert ausgeführt worden ist dieser Raumfetischismus von Köck (1984), der damit an seine Habilitationsschrift von 1980 (vgl. Kap. 5.2.2.1) anschloss. Für Köck ist jeder räumliche Sachverhalt „durch einen raumgesetzlichen, raumlogischen Kalkül definiert" (Köck 1984, S. 31), der es einerseits

330

erlaube, „die raumstrukturell zusammengehörigen Sachverhalte als notwendig, als zwingend zusammengehörend zu erkennen, andererseits, das die betreffende raumlogische Struktur aufweisende geosphärische System durch logische Operationen zu rekonstruieren" (ebd., S. 31). Diese Rekonstruktion sei „weniger ein topographisches als vielmehr ein chorologisches und damit relationslogisches Problem" (ebd., S. 25), denn „vielfach entstammen die verursachenden, erklärenden Faktoren ganz anderen Raumsachzusammenhängen als der gerade interessierende Fall" (ebd., S. 28). Die Verknüpfung der verschiedenen Raumsachverhalte dürfe „allerdings nicht der Beliebigkeit überlassen werden" (ebd., S. 27), denn es hätte „wenig Sinn, den Permafrost Nordasiens mit der Raumwirksamkeit sozialer Gruppen in Vorder- und Südasien oder die Marginalität in Städten der Dritten Welt mit den badland-Problemen der USA verknüpfen zu wollen" (ebd., S. 27). Solche Verknüpfungen seien „chorologisch und mithin geographisch irrelevant, da sie keinerlei Sach- und Raumgesetzlichkeit unterliegen bzw. aufweisen, folglich auch keine chorologische (raumlogische) und damit geographisch relevante Ordnung konstituieren" (ebd., S. 27). Raumlogische Verknüpfungen setzten „Systeme geosphärischer Raumsachverhalte" (ebd., S. 27) voraus, die ihrerseits „in sich hierarchisch gegliederte Gesamtheiten von Räumen art- / gattungsgleicher Raumgesetzlichkeit" (ebd., S. 27) seien[125]. Raumgesetzlich definierte Raumsysteme seien „nicht zufällig und willkürlich über die Geosphäre verteilt" (ebd., S. 34), sondern würden „nur dort vorkommen, wo die betreffenden Lage- / Entstehungsbedingungen, d. h. die Bedingungen zur Hervorbringung der betreffenden Typus-/ Kategoriemerkmale, gegeben sind" (ebd., S. 34). Ein derart beschriebenes räumliches Kontinuum sei „empirisch evident" (ebd., S. 24). Lediglich das „intrasubjektiv aufzubauende kognitive Korrelat dieses empirischen erdräumlichen Kontinuums stellt ein gedankliches Konstrukt dar" (ebd., S. 25), das im einzelnen Menschen „zu

---

125 Faktisch formuliert Köck hier eine wunderschöne Tautologie: Raumgesetze können nur für solche Raumsachverhaltssysteme formuliert werden, die durch eben diese Raumgesetze charakterisiert werden.

jedem Zeitpunkt nur partiell" (ebd., S. 25) existiere[126]. Der Aufbau eines solchen kognitiven erdräumlichen Kontinuums stelle eine „Aufgabe von curricularer Dimension, ein curriculares Problem also dar" (ebd., S. 25), denn – so könnte man den Satz fortführen – nur so könne der Mensch befähigt werden, „vom Raum und seinen Erscheinungen her gegenwärtiges und (zu)künftiges Dasein rational zu gestalten" (Köck 1980, S. 25 – vgl. Kap. 5.2.2.1).

Beide Formen des räumlichen Kontinuums – sowohl das Prinzip „vom Nahen zum Fernen" als auch die Reifikation des Kontinuums durch Köck - waren einigen Geographiedidaktikern zu der damaligen Zeit durchaus suspekt:

Daum und Schmidt-Wulffen erklärten das räumliche Kontinuum im Sinne des Prinzips „vom Nahen zum Fernen" schlicht zum „Mythos" (Daum, Schmidt-Wulffen 1983, S. 310), weil die Aneignung topographischer Kenntnisse „sich auf der Grundlage interessengeleiteter, stets selektiver Wahrnehmung" (ebd., S. 310) vollziehe. Diese Wahrnehmung beziehe sich im Alltag aber nicht nur auf den Nahraum, denn die Massenmedien wirkten an „einem höchst selektiven, sich ständig umschichtenden topographischen ‚Weltbild' kräftig mit" (ebd., S. 310), wenn sie von den jeweils aktuellen Brennpunkten berichteten (vgl. Kap. 2.2.1). Für jeden, „der am tagespolitischen Geschehen rege Anteil nimmt, ist das fachdidaktisch vielbeklagte ‚Springen' und ‚Hüpfen' über die Erde Gewohnheit und kein Grund zum Lamentieren" (ebd., S. 310). Auch Haubrich betonte, dass „Kenntnisse erdräumlicher Verteilungsmuster und Lagebeziehungen (...) raumzeitlichen Bedingungen und Veränderungen unterworfen" (Haubrich 1984a, S. 11) seien und das räumliche Kontinuum deshalb weder ein „abgeschlossenes Gebilde in den Köpfen von Schülern oder Erwachsenen" (ebd., S. 11) sei, noch als „Grundkanon abschließend und trennscharf definiert werden" (ebd., S. 11) könne. Andere europäische Länder hätten aus diesen

---

126 Offen bleibt hier, woher Köck weiß, dass das räumliche Kontinuum empirisch evident ist, wenn „wir die empirischen Gegebenheiten nie so sehen, wie sie sind, sondern immer nur so, wie sie uns erscheinen" (Köck 1984, S. 25) und das mögliche gedankliche Konstrukt zudem immer nur partiell erstellt werden kann. Ist er etwa der einzige Beobachter, der das räumliche Kontinuum so erfassen kann, wie es ist?

Überlegungen schon längst Schlüsse gezogen. In der englischsprachigen Literatur werde die flächendeckende Vermittlung eines Weltbildes deshalb „sowohl als unnötig als auch als unmöglich dargestellt" (ebd., S. 11) und selbst im eher „als konservativ geltenden Frankreich" (ebd., S. 14) habe man „das distanziell verstandene Prinzip vom Nahen zum Fernen zur Erarbeitung des geographischen Kontinuums (...) verlassen" (ebd., S. 14).

In Bezug auf den Aufbau eines Kontinuums in Form von Ordnungssystemen betonte Haubrich, dass das erdräumliche Kontinuum „immer in der Gefahr der Simplifizierung, Verfälschung bzw. Stereotypisierung" (Haubrich 1984a, S. 16) und damit ein „Minenfeld geographischer Vorurteile und Ideologien" (ebd., S. 16) sei. Es täusche eine „wissenschaftliche Objektivität vor" (ebd., S. 15), denn der Schüler erfahre „selten, dass Konzepte wie Gradnetz, Vegetationszonen, Kulturerdteile menschliche Konstrukte darstellen" (ebd., S. 15 – vgl. Jannsen 1982, S. 7). Selbst Kirchberg ahnte das Problem und forderte für die Oberstufe „eine Problematisierung der Kriterien zur Gliederung und Abgrenzung von Ordnungssystemen" (Kirchberg 1980, S. 325)[127].

Anders als in England und Frankreich, wo über das räumliche Kontinuum „keine sehr differenzierte theoretische Diskussion geführt" (Haubrich 1984a, S. 12) wurde, setzte sich die Vorstellung eines räumlichen Kontinuums in Deutschland praktisch in Form *verschiedener* Ordnungssysteme durch. Bemerkenswerterweise waren es gerade jene Konzepte, die einen Anspruch auf den zumindest impliziten Einbezug kausaler Zusammenhänge formulierten (vgl. Kirchberg 1980, S. 324) und dadurch in ihrer Aussage durchaus als problematisch angesehen werden konnten, die in den Folgejahren Lehrpläne und Schulbücher prägten.

---

127 Im Gegensatz zu Jannsen hinderte ihn das allerdings nicht daran, später zu fordern, dass geographischer Unterricht darauf hinwirken solle, die „subjektiven Raumvorstellungen wenigstens teilweise zu objektivieren" (Kirchberg 1984, S. 7).

5.2.2.2.1 LANDSCHAFTSGÜRTEL

Eines der Ordnungssysteme, das sich relativ schnell und praktisch fast widerspruchslos durchgesetzt hat, war das der Klima- und Vegetationszonen. Bereits in Schultzes Stoffanordnung nach Kategorien der allgemeinen Geographie wurden einzelne Landschaftsgürtel in den Klassen 5-8 - zum Teil wiederholt - zum Thema gemacht (vgl. Tab. 10). Die Empfehlungen zu Richtlinien des VDSG von 1975 schlugen vor, Klima- und Vegetationsgürtel in der 7. / 8. Klasse mit dem Ziel zu behandeln (VDSG 1975, S.354), dass Schüler „Kausalzusammenhänge der Geofaktoren erkennen und ihre Wechselwirkungen beschreiben" (ebd., S. 352) können. Und auch der Basislehrplan „Geographie" von 1980 sah in der 7. Klasse die Behandlung der Klima- und Vegetationsgürtel vor, um daran „naturgeographische Faktoren in ihrer Raumwirksamkeit" (ZVDG 1980, S. 8) zeigen zu können. Vermutlich lag es an dieser faktisch bereits schon vollzogenen Durchsetzung der Landschaftsgürtel als Ordnungssystem, dass Kirchberg die topographische Arbeit im lernzielorientierten Unterricht gerade am Beispiel der Oasenstadt In Salah verdeutlichen wollte (Kirchberg 1980; 1988)[128]. Kirchberg folgte bei der Darstellung des Beispiels den drei von ihm schon allgemein dargestellten Unterrichtsphasen (vgl. Tab. 17) und beschränkte sich bewusst „auf topographische Zielsetzungen" (Kirchberg 1988, S. 21). Für das Verständnis der dem „Ordnungssystem Landschaftsgürtel" zugesprochenen Leistung sind besonders die zweite und dritte Phase von Bedeutung.

Die zweite Phase war Kirchberg zu Folge als „Hauptphase" (Kirchberg 1980, S. 325) anzusehen. Während der Arbeit an der Fallstudie der Oase In Salah sollten „exemplarisch Schwierigkeiten und Möglichkeiten der Versorgung in Trockenräumen" (ebd., S. 325) gezeigt werden. Daneben sollten über die „Feintopographie des Raumbeispiels exemplarische, d. h. transferfähige Einsichten auch des Lernbereichs Topographie gewonnen werden" (Kirchberg 1988, S. 22). Zu diesen transferfähigen Einsichten zählte Kirchberg neben der „Lage der Stadt

---

128 Kirchberg selbst begründet seine Wahl des Themas lediglich damit, dass es „ein in Schulbüchern vertretenes Bespiel" (Kirchberg 1988, S. 21) sei.

am Schnittpunkt von früheren Karawanenwegen[129]" (ebd., S. 22) auch den „Grundriss und die innere Gliederung der Oasenstadt" (ebd., S. 22) und „die Herkunft des Wassers" (ebd., S. 22). In der dritten Phase, die „in der Praxis häufig vernachlässigt" (ebd., S. 22) werde, gehe es dann vor allem darum, „die erreichten Ergebnisse nicht nur in Verbindung mit dem individuellen ‚Fall' In Salah stehenzulassen, sondern sie im Sinne eine Verfügungswissens anzuwenden" (ebd., S. 22). Zu diesem Zweck schlug Kirchberg 1988 vor, das Beispiel zunächst „in den räumlichen Zusammenhang ‚Sahara' (zu) stellen" (ebd., S. 22) und danach „die weltweite Verbreitung des Phänomens ‚Wüste / Trockenräume' (zu) zeigen" (ebd., S. 22), damit die Schüler „Regelhaftigkeiten in der Anordnung (sowie azonale Abweichungen!) erkennen" (ebd., S. 22) könnten und damit „die Wendekreiswüsten (...) als Orientierungsraster verfügbar" (ebd., S. 22) würden. 1980 schlug er darüber hinaus noch den „vergleichend-kontrastierenden Transfer auf ein anderes Raumbeispiel in einem anderen Trockenraum" (Kirchberg 1980, S. 326) vor und nannte als Beispiel die Behandlung einer Schaffarm in Australien[130] (ebd., S. 326).

Die Tauglichkeit der Landschaftsgürtel als Ordnungssystem ist zu Beginn der 80er Jahre von verschiedenen Seiten in Frage gestellt worden. Schon die Klimazonen seien „nicht als Natursystem" (Jannsen 1982, S. 7) zu verstehen, son-

---

129 Im Beitrag von 1980 heißt es hier noch: „Lage der Siedlung am Schnittpunkt von früheren Karawanenwegen (heute Straßen)" (Kirchberg 1980, S. 325). Die Gleichsetzung heutiger Straßen mit früheren Karawanenwegen kann aber wohl kaum aufrechterhalten werden. Nach der von Kirchberg reproduzierten Karte der Karawanenwege war In Salah nach Norden über Wargla mit Algier verbunden, nach Süden über Mabruk und Arauan mit Timbuktu und nach Osten mit Riad und Ghadames. Eine Westverbindung gab es nicht (Kirchberg 1988, S. 23). Heute führt die Hauptverbindung (N 1) von Algier über Ghardaia nach In Salah und weiter über Tamanrasset, Agadez und Zinder nach Kano (Bertelsmann 1994). Sie liegt damit im südlichen Teil deutlich weiter im Osten als der ursprüngliche Karawanenweg. In westlicher Richtung kann man aus In Salah über eine ausgebaute Straße an die N 6 nach Goa gelangen, nach Osten führt nur eine Piste (Bertelsmann 1994).

130 Wie auf dieses Beispiel allerdings der „Grundriss und die innere Gliederung der Oasenstadt" (Kirchberg 1988, S. 22) übertragen werden soll, bleibt Kirchbergs Geheimnis.

Phase	Funktionen für das Topographielernen	mögliche Inhalte	Medien, Materialien
Hinführung	Einordnung (auf der Erde, in Afrika)	Einstieg	zwei Bilder von In Salah
	Anbindung (an bereits bekannte Raumbeispiele und Orientierungsraster)	Längen- und Breitenlage Sahara Distanz zum Schulort, zu anderen bekannten Räumen	Globus Weltkarte Afrikakarte Nordafrikakarte
Fallstudie	Feintopographie des Raumbeispiels	Lage an den Karawanenwegen	Karte der Karawanenwege in der Sahara Text aus einem Reiseführer
		Innere Gliederung der Oasenstadt	Bilder von In Salah Blockbild der Foggara-Oase In Salah Text aus einem Reiseführer Ortsplan von In Salah
Ausweitung	Verknüpfung (mit weiteren Raumbeispielen)	Großraum Sahara	Karte der Karawanenwege in der Sahara Text aus Merianheft Karte Nordafrika / Vorderasien
	Überblick / Zuordnung / Transfer (Räume ähnlicher Prägung; zonale Gliederung, Orientierungsraster)	Wendekreiswüsten Wüstengürtel Trockengebiete	Klima- und Vegetationskarten der Erde

*Tab. 17: Phasen zur topographischen Einbettung der Fallstudie „Oasenstadt In Salah"
(Quelle: Kirchberg 1988, S. 20 – ergänzt durch genauere Angaben zu den Materialien)*

1. Klima ist nichts, was erfahren, beobachtet, gemessen werden kann. Klima ist kein Ding an sich, das wirklich vorhanden ist, nicht an und für sich erkennbar, sondern nur vermittelt über einen gesellschaftlich bestimmten Beobachtungsprozess.

2. Dieser Beobachtungsprozess (verschiedene Mess- und Rechenvorgänge zu den Grunddaten über Temperatur, Niederschlag, Feuchte etc. und deren Verknüpfung) wird auf der Basis einer Konstruktionsvorschrift für die Herstellung des Produktes Klima entwickelt und durchgeführt. Unterschiedliche Messergebnisse führen zu unterschiedlichen Eigenschaften des Produktes (z. B. A-, B-, C-Klima etc.), deren Unterschiede regionalisiert werden durch Grenzlinien (-gebiete, -säume). Die Areale zwischen derartigen Linien werden jeweils Klimaten zugeordnet.

3. Das Klima selbst ist Resultat oder Produkt einer rechnerisch-statistischen Operation und insofern eine Abstraktion der Wirklichkeit, die gesellschaftlich hergestellt wird. Daran ändert auch die Korrelation mit auf andere Weise festgestellten Erscheinungen (etwa Unterschieden in der Vegetation) nichts. Sinn derartiger Korrelationen ist der Nachweis der Verwendbarkeit des Produktes Klima.

4. Die Gesamtheit der unterschiedlichen Klimate, d. h. der unterschiedlichen Eigenschaften des Modells Klima, wird zusammengefasst zum Modell Klimazonen. Dieses ist ein Ordnungssystem mit dem Zweck, die unterschiedlichen Erscheinungen der und Abläufe in der Atmosphäre abstrakt, gesetzmäßig zu erfassen. Dabei werden wie bei jedem Gesetz über Natur Randbedingungen und Störfaktoren ausgeschaltet. Konkrete Einzelaussagen können aus einem solchen Gesetz nicht abgeleitet werden.

Kasten 15: Exkurs zur Frage „Wie wird das Modell Klima hergestellt?"
(Quelle: Jannsen 1982, S. 8)

dern „als gesellschaftliches Modell" (ebd., S. 7 – vgl. Kasten 15), das „den eigentlichen Zweck hatte, langfristige agrarische Produktionsmöglichkeiten in verschiedenen Gebieten der Erde grob und später auch feiner abzuschätzen" (ebd., S. 9). Ein solches Modell bleibe trotzdem immer eine Abstraktion, aus der konkrete Einzelerscheinungen nicht abgeleitet werden könnten (ebd., S. 8). Selbst bei strikter naturgeographischer Betrachtung müsse man feststellen, dass man „bei Nicht-Beachtung von geringfügigen Unterschieden" (Haubrich 1984a, S. 16) die Welt zwar „in ca. 12 Klimazonen" (ebd., S. 16) einteilen könne, dass aber die „Reisen in derartige Vegetationszonen zeigen (würden), wie erstaunlich viele Unterschiede im Pflanzenbild bestehen – ganz abgesehen von der unterschiedlichen anthropogenen Überformung" (ebd., S. 16). Dort wo die Abstraktion Landschaftsgürtel dennoch mit konkreten anthropogenen Sachverhalten in Beziehung gesetzt werde, erschienen die Geozonen „dem Schüler dann als eine, wenn nicht die entscheidende ‚Basis' zum Verständnis der regionalen Lebensverhältnisse" (Hard 1982b, S. 173). Die in den Schulbüchern oft zu findende „diffus-geodeterministische Mensch-Natur-Pespektive" (Hard, 1982b, S. 171) erzeuge oder verfestige „naturdeterministische Welt- und Lebensvorstellungen" (Jannsen 1982, S. 9 – vgl. Haubrich 1984a, S. 16), in denen die „Natur als Basis gesellschaftlichen Handelns (...) ersetzt (wird) durch Natur als Bestimmung über gesellschaftliches Handeln" (Jannsen 1982, S. 9).

Obwohl die erste Kritik am Konzept der Landschaftsgürtel schon sehr früh geäußert wurde und man durchaus auch davon ausgehen konnte, „dass eine physische Gliederung in den Lehrplänen, wo sozial- bzw. kulturgeographische Lernziele dominieren, keine Aussicht auf Verwirklichung" (Newig 1989, S. 16) hätte, erfreuen sich die Landschaftsgürtel bis heute großer Beliebtheit unter den Lehrplanmachern (Uhlenwinkel 2003a, S. 5). Selbst der erst 1999 erschienene „Grundlehrplan Geographie" des Schulgeographenverbandes forderte noch die Behandlung der Landschaftszonen in Klasse 7 mit dem Ziel, „grundlegende Einsichten über die Bedeutung des Klimas, der Vegetation und des Reliefs für die Lebensweise des Menschen" (VDSG 1999, S. 18) zu vermitteln.

5.2.2.2.2 KULTURERDTEILE

1983 erschien, scheinbar unabhängig von der bisherigen Diskussion um Orientierungsraster, in der Geographischen Rundschau ein zweiseitiges Diskussionspapier, das „die längste und vielfältigste Diskussion" (Newig, Fischer, Reinhardt 1984, S. 40) auslöste, „die je in dieser Zeitschrift stattgefunden hat" (ebd., S. 40). In diesem Diskussionspapier kritisierten Newig, Reinhard und Fischer das Ergebnis der Reformen um 1970, wobei sie einen an allgemein-geographischen Kategorien ausgerichteten und einen lernzielorientierten Unterricht zwar praktisch gleichsetzten, trotzdem aber zwei jeweils eigene Argumente gegen die „neue Geographie" daraus machten:

- Gegen die allgemeine Geographie spreche, dass „das räumliche Kontinuum (Gang über die Erde vom Nahen zum Fernen bzw. Fortschreiten in

‚konzentrischen Kreisen')" (Newig, Reinhardt, Fischer 1983, S. 38) ersetzt worden sei „durch Themenbereiche, deren Anordnung dem ‚Normalverbraucher', dem Lehrer, dem Schüler, den Eltern, nicht einleuchten wollte" (ebd., S. 38). Man habe dabei unterstellt, der Durchgang vom Nahen zum Fernen sei nicht kindgemäß, „da die Jugendlichen der Sek. I sich gar nicht für den Nahraum interessierten" (ebd., S. 38). Dies sei „ein ‚Rufmord', denn empirische Untersuchungen, die dies zwingend beweisen, gibt es nicht" (ebd., S. 38).

- Gegen die Lernzielorientierung spreche, dass „Gliederungen aufgrund theoretischer Lernzielkonstrukte zu abstrakt werden" (ebd., S. 38) und deswegen zum einen „das kindliche Verständnis auf der Strecke" (ebd., S. 38) bleibe und zum anderen Unterrichtsstoffe entfielen, „die die Öffentlichkeit für Kernbestandteile des Erdkundeunterrichts hält" (ebd., S. 38). Zu diesen Unterrichtsstoffen zähle etwa die Behandlung der Landeshauptstadt oder Berlins (ebd., S. 38), aber auch die Beschäftigung „mit abgegrenzten Räumen wie Ländern und Landschaften". Die „vielen Fernsehsendungen über fremde Länder sowie eine auflagenstarke, populärwissenschaftliche Zeitschrift" (ebd., S. 38) zeigten, dass diese Themen ein allgemeines Interesse fänden.

Aus dieser Kritik zogen die Autoren den Schluss, dass es gelte, „einen Lehrplan zu schaffen, der dem Informationsbedürfnis der Gesellschaft, dem Interesse der Schüler und dem fachlichen Selbstverständnis entspricht" (ebd., S. 38). Dabei gehe es „nicht um eine Neueinführung der alten Länderkunde und auch nicht um eine Abschaffung der Allgemeinen Geographie (...), sondern um eine ‚Verschränkung' (Hingst) der positiven Elemente beider Ansätze" (ebd., S. 38). Eine solche Geographie fuße „einerseits auf dem Eigenwert von Räumen (...), andererseits auf den Einsichten, die sich aus der Allgemeinen Geographie gewinnen lassen" (ebd., S. 38). Die Betonung des Eigenwerts der Räume sei wichtig, damit „dem Eindruck entgegengewirkt werden [könne], das menschliche Handeln vollziehe sich weltweit auf der Basis der europäisch geprägten Industriekultur mit Produktionsziffern und Bruttosozialprodukt als Maß aller Dinge" (ebd., S. 38). Es komme darauf an, die kulturellen Bedingtheiten der einzelnen Regionen stärker zu berücksichtigen, denn „rationale Argumente in einer wissenschaftlichen Welt bringen nicht viel, wenn auf der anderen Seite der Glaube an Allah steht" (ebd., S. 38): „Deshalb werden die 10 Kulturerdteile (...) zur Grundlage der räumlichen Ordnung des neuen Lehrplans gemacht" (ebd., S. 38).

Was genau die Autoren unter dem Begriff „Kulturerdteil" verstanden, legte Newig allerdings erst einige Jahre später ebenfalls in der Geographischen Rundschau dar (Newig 1986). Unter Berufung auf Kolb definierte er „Kulturerdteil" als einen „Raum subkontinentalen Ausmaßes" (Kolb 1962, zit. nach Newig 1986, S. 264), „dessen Einheit auf dem individuellen Ursprung der Kultur, auf der besonderen einmaligen Verbindung der landschaftsgestaltenden Natur- und Kulturelemente, auf der eigenständigen, geistigen und gesellschaftlichen Ordnung und dem Zusammenhang des historischen Ablaufes beruht" (Kolb 1962, zit. nach Newig 1986, S, 264). Das Konzept der Kulturerdteile versuche, „die Kulturen und ihre sozio-ökonomischen Bedingungen gleichsam aus sich selbst heraus zu verstehen" (Newig 1986, S. 264). Kulturerdteile würden „durch großräumlich (in der Regel überstaatlich) wirkende einigende Kräfte geformt" (ebd., S. 264). Bei ihrer Abgrenzung ständen nicht naturräumliche Gegebenheiten, sondern „der in Gruppen handelnde Mensch im Vordergrund" (ebd., S. 264). Zu den wichtigsten Merkmalen von Kulturerdteilen zählten „nach Meinung des Verfassers" (ebd., S. 264):

- das normative Leitsystem, „zumeist in Form von Religion oder Ideologie" (ebd., S. 264),
- „Sprache, Schrift, Recht und andere Bestandteile des jeweiligen Kommunikations- und Infrastruktursystems, wie Sitten, Gebräuche, Kleidung, Behausung, Siedlung" (ebd., S. 264), die „in ihrer Bedeutung für den Zusammenhalt der Kulturerdteile gar nicht hoch genug eingeschätzt werden" (ebd., S. 264) könnten,

340

- Hautfarbe bzw. Rasse,
- die Wirtschaft,
- die Lagesituation, die sich aus den Grenzen der Länder ergebe. Hier spielten sowohl „Kultur- und Militärpakte" (ebd., S. 264), als auch „die ‚Außeneinschätzung', die Beurteilung einer Region durch Angehörige fremder Kulturerdteile"[131] (ebd., S. 264), als auch die Unterschiede zwischen „Durchgangsgebieten (Europa, Orient)" (ebd., S. 264) und „Endländern (Australien, Südasien)" (ebd., S. 264) eine Rolle.

Diese Merkmale seien „wechselseitig miteinander verflochten" (ebd., S. 264), so dass Kulturerdteile auch „als raumzeitliche Vernetzungserscheinungen von hohem Komplexitätsgrad - mit einer kaum überschaubaren Zahl von Variablen" (ebd., S. 265) – aufgefasst werden könnten. Insgesamt wies Newig in Anlehnung an Kolb 10 Kulturerdteile aus (ebd., S. 265), bei deren Beschreibung er allerdings gerade das von ihm als besonders wichtig erachtete Merkmal der Kommunikations- und Infrastruktur weitgehend außer Acht ließ (vgl. Tab. 18).

	Normatives Leitsystem (Religion / Ideologie)	Kommunikations- und Infrastruktursystem	Hautfarbe Rasse	Wirtschaft	Lagesituation	sonstige
Europa	Christentum Industriekultur	indogermanisch		Kolonialmacht	Wahrnehmung als Einheit durch andere	
Orient	Islam Ursprungsgebiet der drei monotheistischen Religionen			Rentenkapitalismus	grenzt an 5 weitere Kulturerdteile Arabische Liga	Trockenraum

---

131 Mit dieser Bestimmung der Lagesituation widerspricht Newig seinem gerade erst formulierten Anliegen, die Kulturen „gleichsam aus sich selbst heraus zu verstehen" (Newig 1986, S. 264).

Afrika	Stammeskulturen animistische Vorstellungen			früher Lieferant von Sklaven	OAU – Organisation afrikanischer Staaten	tropischer Erdteil
Süda-sien	religiöse Gegensätze Islam Hinduismus Kastenwesen			Reiserdteil	Endland SARC – Südasiatischer Kulturpakt	tropischer Erdteil Monsun
Südost-asien	mehrere Religionen: Buddhismus Islam Christentum			Reiserdteil	Brückenerdteil ASEAN – Association of South-East Asian Nations	tropischer Erdteil
Ostasien	Konfuzianismus Buddhismus		gelber Erdteil	Reiserdteil		
Austra-lien Ozeanien			weißer Erdteil		SPF – Südpazifisches Forum	
Latein-amerika	katholischer Erdteil politisch instabil				Einwanderung OAS – Organisation amerikanischer Staaten ALADI – Lateinamerikanische Integrationsvereinigung	

Nord-amerika	unbegrenzte Möglichkeiten keine Staatskirche keine verbindliche sozio-kulturelle Leitidee			Maximierung des Kapitalprofits		
Sowjet-union	Kommunismus	Dominanz der Russen		Staatskapitalismus geringes Sozialgefälle		

Tab. 18: Merkmale von Kulturerdteilen nach Newig 1986
(Quelle: Newig 1986, S.265f)

Die Behandlung der so bestimmten Kulturerdteile im Unterricht solle zu „einer Relativierung des eigenen Standortes, zu einer Abkehr vom Eurozentrismus" (Newig 1986, S. 264) führen, ohne „auf eine Wertschätzung des Raumes, in dem man selbst lebt" (ebd., S. 264), zu verzichten. Es solle „nicht einem Weltbürgertum das Wort geredet werden, das sich der Verantwortung für den eigenen Raum entzieht" (ebd., S. 264), sondern es solle „der Gefahr einer Diskriminierung vom Ansatz her entgegengewirkt" (ebd., S. 264) werden.

Die schulische Umsetzung des Ansatzes beschrieben Newig – und 1983 seine Mitautoren Reinhardt und Fischer – auf zwei Ebenen: der Lehrplanebene und der Ebene der Unterrichtspraxis. Die Erstellung eines neuen, auf den Kulturerdteilen basierenden Lehrplans sollte unter fünf Leitgesichtspunkten durchgeführt werden:

- „Das räumliche Kontinuum (Prinzip ‚Vom Nahen zum Fernen', ‚Konzentrische Kreise': Heimat – Europa –Welt) ist wieder Gliederungsprinzip für den Erdkundeunterricht" (Newig, Reinhardt, Fischer 1983, S. 38), obwohl die

Kulturerdteile eigentlich „in der Schule prinzipiell in jeder beliebigen Reihenfolge behandelt werden" (Newig 1986, S. 266) könnten.

- Länder werden exemplarisch „unter Bildung räumlicher Dominanten" behandelt (Newig, Reinhardt, Fischer 1983, S. 38).
- Die allgemeine Geographie wird angemessen berücksichtigt (ebd., S. 38).
- Die historische Dimension ist stärker zu betonen (ebd., S. 38).
- Die Umweltproblematik muss stärker berücksichtigt werden. (ebd., S. 38).

Klasse	Physische Geographie und allgemeine Orientierung	Anthropo- bzw. Sozialgeographie	Räumliche Ordnung
5	topographischer Weltraster (Teil I); morphologische Grobgliederung von Deutschland; Grundbegriffe wie Löß, Moor, Eiszeit u. a.	Verkehrsgeographie (einschließlich Grenzverkehr, z. B. innerdeutsche Grenze) u. a.	Deutschland
6	topographischer Weltraster (Teil II); Vulkanismus, geologisches Becken u. a.	Fremdenverkehrsgeographie (vgl. europäischer Fremdenverkehrsgebiete) u. a.	Europa
7	Meeresströmungen, Winde u. a.	Agrargeographie, Siedlungsgeographie u. a.	Orient, Afrika (ohne Mittelmeerländer), Indien
8	Erdgeschichte, Klima und Vegetation der heißen Zone, Jahreszeiten u. a.	Bevölkerungsgeographie u. a.	Südostasien, Ostasien, Australien / Neuseeland / Ozeanien
9	Klima und Vegetation der gemäßigten und kalten Zone, Tal- und Flächenbildung	Politische Geographie, Wirtschaftsgeographie	Lateinamerika, Angloamerika, Sowjetunion
10	Plattentektonik, Gebirgsbildung u. a.	Weltwirtschaftsgeographie	Deutschland

Tab. 19: Lehrplan nach dem Kulturerdteilkonzept für das Gymnasium (Quelle: Newig, Reinhardt, Fischer 1983, S. 39)

Unter Berücksichtigung dieser fünf Leitgesichtspunkte ergab sich für Newig, Reinhardt und Fischer ein Lehrplankonzept, bei dem jeder Klassenstufe – in der Schulform unterschiedlich – Räume und Teilbereiche der Physio- und Anthropogeographie zugeordnet wurden (ebd., S. 39 - vgl. Tab. 19). Welche Länder jeweils exemplarisch behandelt werden sollen, ist dem Schema allerdings nicht zu entnehmen. Da unter den Rubriken zur allgemeinen Geographie lediglich unterschiedliche Teilbereiche genannt wurden, war es auch praktisch unmöglich nachzuvollziehen, ob die „historische Dimension" oder die Umweltschutzproblematik entsprechend berücksichtigt wurden.

Manche der Punkte, die im Lehrplan zunächst sehr abstrakt blieben, legten die Autoren für die unterrichtspraktische Ebene am Beispiel des Orients genauer dar (Newig, Reinhardt, Fischer 1983, S. 38f). Die unterrichtliche Behandlung des Raumes, die in allen Schulformen für die 7. Klasse vorgesehen war (ebd., S. 39), sollte in vier Schritten[132] erfolgen:

1. Topographischer Überblick.

2. Physisch-geographischer Überblick, wobei „insbesondere das Klima (Trockengürtel) angesprochen" (ebd., S. 38) wird[133].

3. Humangeographischer Überblick, wobei „die Schüler mit wesentlichen Elementen der orientalischen Wirtschafts- und Lebensformen vertraut gemacht" (ebd., S. 38) werden sollten. Hierzu gehöre: Islam (Religionsgeographie – die im Lehrplankonzept bestenfalls unter „u. a." vorkommt / A. U. – ebd., S. 39), orientalische Stadt (Siedlungsgeographie), Erdöl als Wirtschaftsgut (Wirtschaftsgeographie – die in der Hauptschule für Klasse 8 und in den anderen beiden Schularten in Klasse 9 vorgesehen ist / A. U. – ebd., S. 39), Bewässerung von Trockenräumen (Agrargeographie),

---

132 In der Fassung von 1986 waren es fünf Schritte: 1. topographische Orientierung, 2. kurze kulturgeographische Einführung, 3. ausgewählte physische und anthropogeographische Kapitel, 4. ausgewählte Länder, 5. Zusammenfassung „möglichst unter dem Aspekt des interkulturellen Vergleichs zum Transfer von Einsichten und Fertigkeiten" (Newig, 1986, S. 266).

133 Dieser Schwerpunkt überrascht, da in dieser Klassenstufe eigentlich Meeresströmungen und Winde als physisch-geographische Themen vorgesehen sind, während das Klima in den Klassen 8 und 9 zum Thema werden sollte (vgl. Kirchberg, 1983, S. 81 und Tab. 19).

Konsequenzen einer ungleichmäßigen Bevölkerungsverteilung (Bevölkerungsgeographie – die in der Hauptschule gar nicht und in den anderen beiden Schulformen in Klasse 8 vorgesehen ist / A. U. – ebd., S. 39).

4. *Einige* exemplarisch zu behandelnde Länder, „z. B. Iran (junge Entwicklungen), Türkei (als Heimat vieler Gastarbeiter), Saudi-Arabien (Wahrung der sunnitischen Tradition; Erdölexportland), Ägypten (Stromoase am Nil), Marokko (Interferenz von orientalischer Tradition und Kolonialerbe)" (Newig, Reinhardt, Fischer 1983, S. 39).

Prüfe man diese Behandlung an den fünf Leitgesichtspunkten, so werde „der Bezug unmittelbar deutlich" (ebd., S. 39), fügten die Autoren dann hinzu und dementierten diese Setzung gleich selbst mit dem Hinweis, dass der Umweltaspekt nicht direkt angesprochen werde, „weil er gleichsam in die stofflichen Details, die hier nicht ausgeführt werden können, eingewoben ist" (ebd., S. 39). Gleiches treffe wohl auch für die „historische Dimension" zu. Ebenso unklar blieb, ob und inwieweit sich an den für die exemplarische Behandlung genannten Ländern wirklich wichtige „Dominanten" zeigen ließen (vgl. Dürr 1987, S. 231; Schramke 1999d, S. 134f).

Die sich an die beiden Aufsätze anschließende, jeweils gut ein Jahr während Diskussion des Konzepts durch Lehrer, Eltern, Fachdidaktiker und Fachwissenschaftler wies einige interessante Merkmale auf (vgl. Tab. 20):

• Zunächst meldeten sich zwei Vertreter der „Reformgeographie" – Kirchberg und Haubrich - zu Wort, die beide am 1980 erschienenen Basislehrplan mitgearbeitet hatten (ZVDG 1980, S. 3). Obwohl sie sich in der Form deutlich voneinander unterschieden – Kirchberg argumentierte noch (Kirchberg 1983), während Haubrich meinte, „es lohnt nicht, die Zeit und Mühe aufzuwenden, sich mit Details zu beschäftigen" (Haubrich 1983, S. 196) – war die Hauptkritik der beiden doch ähnlich. Kirchberg fand es erschreckend, „mit wie wenig ,Rücksicht' die Autoren argumentieren: so, als habe es in den letzten 15 Jahren keine ernsthafte Lehrplandiskussion gegeben"[134] (Kirchberg 1983, S. 81), und Haubrich stellte fest, dass „weder deutsche noch interna-tionale geographiedidaktische und erst recht nicht pädagogische Veröffentlichungen und Erkenntnisse (...) in das Gedankengebäude" (ebd., S. 196) Eingang gefunden hätten. Auch der erst mühsam von den verschiedenen Verbänden entwickelte Basislehrplan werde „noch nicht einmal erwähnt" (ebd., S. 196).

- Eltern und Lehrer reagierten erst auf den Vorschlag, nachdem er von den beiden Vertretern der „Reformgeographie" kritisiert worden war.

- Die Elternvertreterin „begrüßt und befürwortet" (Overbeck-Jacobs 1983, S. 312) den vorliegenden Entwurf. Sie betonte, dass die Eltern „nach negativen Erfahrungen im Schulalltag ihrer Kinder" (ebd., S. 312) schon seit Jahren Bedenken anmeldeten, sich aber „bei der Erstellung eines ‚Basislehrplans Geographie' (1979) durch einen Ausschuss deutscher Hochschul- und Schulgeographen trotz intensiven Bemühens nicht durchsetzen" (ebd., S. 312) konnten.

- Lehrer und selbst nicht aktiv an der Reform beteiligte Fachleiter äußerten sich fast durchgängig zustimmend zu dem Konzept. Diese positive Einschätzung des Konzepts belegten sie in aller Regel nicht mit Erkenntnissen aus der Literatur. Stattdessen stellten sie offen ihre – willentliche – Theorieferne zur Schau: Im „Veränderungstaumel der siebziger Jahre" (Braun 1983, S. 538) sei „unter gewaltigem didaktischen Getöse (...) eine sich inzwischen bereits evolutionär wandelnde Länderkunde verteufelt" (ebd., S. 538) und durch ein „diffuses Durcheinander geographischer Formalia" (ebd., S. 538) ersetzt worden. Im letzten Jahrzehnt sei „aus Profilierungssucht ein Konzept nach dem anderen" (Bräuer 1983, S. 407) erschienen, „wo schon der Laie erkennen konnte, dass es undurchführbar war" (ebd., S. 407). Die Fachdidaktik habe einen „absurden Schaukampf aus den

---

134 Wenn man bedenkt, dass Kirchberg selbst auch „Kulturkreise" zu einem Ordnungssystem erklärte, mit dem man Schülern im lernzielorientierten Unterricht Topographie vermitteln könne (Kirchberg 1980, S. 323), scheint die plötzliche Aufregung etwas überraschend.

Fenstern ihres Elfenbeinturms" (Schmitz 1988, S. 60) geführt und dabei mit „Halsstarrigkeit und Ignoranz (...) die Schulgeographie in das kaum noch vermeidbare Chaos" (ebd., S. 60) getrieben. Die „wirkliche Unterrichtsarbeit" (Jahn, Kistler 1983, S. 266) müsse sich freimachen „vom gelehrten Streit, ob Erdkundeunterricht, Länderkunde oder Allgemeine Geographie sein müsse" (ebd., S. 266). Die Diskussion um „einen vernünftigen Lehrplan" (Juranek 1983, S. 312) müsse „erst einmal wieder auf den Boden der Tatsachen und des ‚Machbaren' zurückkehren" (ebd., S. 312). Es werde Zeit, „dass die schweigende Masse von Schulgeographen ihre Vorstellungen vom Schulfach Erdkunde, in dem topographische und regionalgeographische Fragen nicht als überflüssige ‚räumliche Phänomene' abgetan werden, klar und deutlich artikuliert" (Schmitz 1988, S. 60). Erst dann erhielten „besonders" (Schoop 1983, S. 407) die Schüler eine Ordnung, die „so sehr gefehlt" habe (ebd., S. 407).

- Richter beeilte sich als Vertreter der Schulgeographen, der Elternvertreterin – aber vermutlich auch den Lehrern – mitzuteilen, dass der Verband der Deutschen Schulgeographen „der wichtigen didaktischen Kategorie der Topographie und Orientierung in seinen Beratungen große Aufmerksamkeit gewidmet" (Richter 1983, S. 408) und seine Auffassung im Herbst 1982 in einer „Ergänzung zum ‚Basislehrplan Geographie'" (ebd., S. 408) verdeutlicht habe.

- Fachdidaktiker und Fachwissenschaftler meldeten sich vor allem nach dem zweiten Beitrag zu Wort. Sie äußerten sich zumeist kritisch (Daum, Schmidt-Wulffen 1983; Dürr 1987; Tröger 1987; Engelhard 1987), manchmal auch verhalten positiv (Niemz 1983; Pollex 1987) gegenüber Newigs Vorschlägen. In ihren Ausführungen beriefen sie sich entweder auf den Stand der dermaligen Diskussion (Literatur) oder eigene Forschungen (Niemz 1983, S. 598). Abgesehen von ihren inhaltlichen Argumenten (s. u.) kritisierten einige Autoren dieser Gruppe explizit das (nicht-) wissenschaftliche Vorgehen von Newig, das sich in verschiedenen Punkten bemerkbar mache. *Erstens* nehme Newig die bereits geführten Diskussionen nicht zur Kenntnis: Daum und Schmidt-Wulffen stellten dementsprechend fest, dass „ohne Erwähnung der Debatte Knübel / Schultze bis in die Wortwahl hinein die Argumente Knübels (1957) bezüglich der Übertragbarkeit länderkundlichen Wissens als neuste Erkenntnis" (Daum, Schmidt-Wulffen 1983, S. 310) verkauft wurden. Und Dürr betonte einige Jahre später in Bezug auf die fachwissenschaftliche Grundlage des Lehrplanvorschlags, dass „die empirische und theoretische Arbeit mit bzw. an dem Konzept ‚Kulturerdteil'" (Dürr 1987, S. 230) schon seit mehr als zwanzig Jahren „keine nennenswerten Fortschritte gemacht" (ebd., S. 230) habe[135]. Dort, wo Newig sich auf Literatur beziehe, gehe er *zweitens* „unzulässig oder zumindest unsauber" (Dürr 1987, S. 229) mit Begriffen wie Kulturerdteil um. Ein Wissenschaftler sei gehalten, „die bisher üblichen (akzeptierten) Definitionen eines Terminus zu sichten und diesen seine eigene Begriffsauffassung zuzuordnen. Weicht jene vom bisherigen Sprachgebrauch ab, so wäre das aus-

---

135 Ein Beleg für diese Aussage liefert mehr als 15 Jahre später Popp (2003): Bei seinem Versuch, die Auseinandersetzung mit den Kulturräumen in bayerischen Lehrplänen auf „ein solides Fundament" (ebd., S. 20) zu stellen, indem er zunächst die „fachwissenschaftliche[.] Sicht" (ebd., S. 20) darlegt, beschäftigt er sich mit einer „Karte der Kulturformen" von Hettner aus dem Jahre 1929 (ebd., S. 23), einer Karte der „Kulturwelten der Erde" von Schmitthenner aus dem Jahre 1951 (ebd., S. 26), der „Definition der Kulturerdteile" von Kolb aus den Jahre 1961 (ebd., S. 25), der Karte der Kulturerdteile von Newig aus dem Jahre 1986 (ebd., S. 28) und der Karte der „Welt der Zivilisationen / Kulturkreise" von Huntington aus dem Jahre 1996 (ebd., S. 32 und 33). Huntington aber ist ebenso wenig wie Newig ein Fachwissenschaftler der Geographie, sondern Historiker und Politikwissenschaftler (ebd., S. 19). Die letzte zitierbare fachwissenschaftliche Auseinandersetzung mit den Kulturerdteilen hat dementsprechend nach dieser Darstellung Anfang der 60er Jahre stattgefunden: „Für eine Weiterführung dieser globalen und im Sinne des Wortes kulturgeographischen Ansätze, die über beschreibende Typologie mit Regionalisierung und ihre handliche Umsetzung für den Unterricht hinausgehen, fehlen derzeit noch wesentliche Voraussetzungen: die schärfere Fassung der Kriterienkataloge, die Aufnahme der dynamischen Komponente und die Auseinandersetzung mit theoretischen Konzepten. Dazu gehört auch, die globalen Zusammenhänge und die kulturelle Dimension nicht weiter zu vernachlässigen. Originär geographische Beiträge, die sich kritisch mit der Tradition der Kulturerdteile in der Geographie befassen und gleichzeitig die anregenden Perspektiven etwa von Wallerstein (1991) oder Galtung (1993) aufnehmen, wären sehr wünschenswert" (Oßenbrügge, Sandner 1994, S. 683 – vgl. Ehlers 1996, S. 344).

Autor	Statusgruppe	Jahr	Heft	Anzahl der Literaturangaben[1]	Position zu Newig[2]
Newig / Reinhardt / Fischer	*Fachdidaktiker*	*1983*	*1*	*7*	*/*
Kirchberg	Studiendirektor	1983	2	(2)	N
Haubrich (a)	Fachdidaktiker	1983	4	0	N
Jahn / Kistler	(Ober-) Studiendirektor	1983	5	1	P
Daum / Schmidt-Wulffen	Fachdidaktiker	1983	6	15	N
Rauchfuß	Lehrer	1983	6	0	N
Juranek	Gymnasiallehrer	1983	6	0	P
Overbeck-Jacobs	Elternbeirat	1983	6	0	P
Bräuer	Hauptschullehrer	1983	8	0	P
Schoop	Hauptschullehrerin	1983	8	0	P
Zickenheimer	Fachhochschul-Prof.	1983	8	0	P
Mittelstädt	Oberstudienrat	1983	8	0	* / N
Richter	Studiendirektor	1983	8	0	* / P
Thöneböhn	Regierungsschuldirektor	1983	9	8	N
Braun	Fachleiter	1983	10	0	P
Borchert	Universitäts-Professor	1983	10	(3)	P
Haubrich (b)	Fachdidaktiker	1983	11	(1)	N
Niemz	Fachdidaktiker	1983	11	0	P / N
Newig / Fischer / Reinhardt	*Fachdidaktiker*	*1984*	*1*	*5*	*/*
Newig	*Fachdidaktiker*	*1986*	*5*	*20*	*/*
Pollex	Fachdidaktiker	1987	1	14	P / N
Dürr	Fachwissenschaftler	1987	4	18	N
Tröger	Fachwissenschaftler	1987	5	10	N
Engelhard	Fachdidaktiker	1987	6	32	N
Schmidt	Lehrer	1988	1	0	P
Newig	*Fachdidaktiker*	*1988*	*10*	*33*	*/*

[1] (*n*) = ohne Literaturverzeichnis im Text zitierte Literatur

[2] P = dem Ansatz gegenüber positiv; N = dem Ansatz gegenüber negativ, * = bezieht sich in weiten Teilen auf einen anderen Diskussionsbeitrag

Tab. 20: Die Diskussion um die Kulturerdteile – ein formaler Überblick

(eigene Zusammenstellung; die Berufsangaben für die erste Diskussion stammen weitgehend aus Newig, Fischer, Reinhardt 1984, S. 40f sowie aus ZVDG 1980, S. 3 und mdl. Auskunft von Schramke)

350

drücklich anzugeben (und zu begründen)" (Dürr 1987, S. 229). Newig hingegen überschreite den „von Kolb gesetzten konzeptionellen Rahmen" (ebd., S. 229 - vgl. Popp 2003, S. 27f) mit seinen Merkmalen deutlich, ohne dies zu begründen (Dürr 1987, S. 229). *Drittens* trete er den „Rückzug in die Vergangenheit" (Daum, Schmidt-Wulffen 1983, S. 310) an, „ohne sich mit einer ernsthaften Analyse der Schwächen der ‚neueren' Geographie aufzuhalten" (ebd., S. 310). Newig bewegte sich somit in den Augen dieser Wissenschaftler außerhalb der Wissenschaftsgemeinde.

Auf der inhaltlichen Ebene ist Newig besonders für seinen im Konzept der Kulturerdteile vertretenen Kulturbegriff und die sich aus diesem Begriff ergebenden theoretischen Konsequenzen kritisiert worden. Newigs Kulturbegriff erwies sich dabei nach zwei Seiten hin als unzureichend.

Zum einen war „die Willkür bei der Verwendung und Gewichtung der Einzelmerkmale in den Beschreibungen der Kulturerdteile unübersehbar" (Dürr 1987, S. 231). Zwar komme der Einbezug von Wirtschaft und Politik in den Kulturbegriff dem geographischen Gegensatz von Natur- und Kulturraum nahe (ebd., S. 230), eine deutlich größere Nähe zu Kolbs Vorstellungen werde aber mit einem auch in den Nachbarwissenschaften genutzten, eingeschränkteren Kulturbegriff erreicht (ebd., S. 230). Kultur werde dabei „beispielsweise verstanden als ‚Summe des Wissens', der Überzeugungen, Glaubenssätze, Konventionen, Geschmacksrichtungen und Vorurteile, die in einer Gruppe der Gesellschaft überkommen sind und durch Teilnahme am Leben der Gesellschaft erworben werden" (Dürr 1987, S. 230 – vgl. Stöber 1996, S. 191f; 2001, S. 149f; Schramke 1999d, S. 132f). Lege man diesen Kulturbegriff den Beschreibungen der Kulturerdteile bei Newig (1986) zugrunde, stelle man schnell fest, dass er abgesehen von der Religion zu diesen Punkten wenig sage (vgl. Tab. 18).

Zum anderen rücke Newig „das Einzigartige eines Kulturraumes in den Mittelpunkt der Betrachtung" (Tröger 1987, S. 279). Diese Zugriffsweise entspreche den heutigen Bedingungen aber nicht mehr, denn „mit der weltweit wirkenden Beeinflussung durch industriegesellschaftliche Normen kapitalistischer wie sozialistischer Prägung" (Engelhard 1987, S. 360) seien „kulturspezifische räumliche Ordnungsmuster und Entwicklungsprozesse verändert worden, so dass Länder, Staaten, Kulturerdteile für sich allein genommen keine ausreichende Erklärungsgrundlage abgeben können" (ebd., S. 360). Selbst die Ausweisung von Grenzsäumen zwischen den Kulturerdteilen treffe diese Realität nicht, da wir es „seit fünf Jahrhunderten (...) mit einer weltweit zunehmenden Verwestlichung zu tun (haben), die jede Kultur der Erde beeinflusst und oft deren schwerste Probleme verursacht" (Dürr 1987, S. 231). Auch solle man die „Inder in Südostafrika, Japaner in Brasilien, Chinesen in Ostasien" (ebd., S. 231) nicht vergessen. In Newigs Betrachtungsweise gehe die Dynamik der sich unter diesen Einflüssen wandelnden Kulturen verloren und werde – entgegen Newigs Zielsetzung – durch eine „ahistorische und fast statische" (Tröger 1987, S. 218) Darstellung des Kulturraumes ersetzt (vgl. Wollnik 1999, S. 41f), dessen Genese nur noch mit seinen „‚fremdländischen' Erscheinungsformen" (ebd., S. 218) erklärt werden könne. Auf diese Weise würden die ‚räumlichen Bedingungen' in üblicher Geographenmanier zum Erklärenden gemacht (Daum, Schmidt-Wulffen 1983, S. 310). Für sich genommen erkläre der Raum aber „rein gar nichts. Er kann nur im Zusammenhang mit nicht-geographischer, nicht-naturräumlicher, nicht-raumwissenschaftlicher Theorie Erkenntnisse von Belang hervorbringen (...). Bei Licht besehen sind die angeblich ‚räumlichen' Probleme der Geographen eher finanzieller, sozialer, ökonomischer, politischer oder juristischer Natur" (Daum, Schmidt-Wulffen 1983, S. 310).

Tröger konnte zudem in Bezug auf den zweiten inhaltlichen Kritikpunkt am Beispiel eines am Kulturerdteilkonzept ausgerichteten Schulbuchs zeigen, wie sich die Überbetonung der Kultur als Erklärungsvariable in der Praxis auswirke. Sie führte dazu zum Kapitel „Südasien" des Buches eine Untersuchung der Argumentationsstruktur mit Hilfe eines Ursache-Wirkungsgefüge durch (Tröger 1987, S, 279 - vgl. Abb. 20). Dabei stellte sie zunächst fest, dass in dem Kapitel deutlich mehr negativ bewertete Aspekte beschrieben werden als positive Erscheinungen. Bei der Begründung der „angeführten Unterentwicklungsphänomene fällt der nahezu ausschließliche Argumentationszusammenhang: kultur-erdteilspezifische Begründung (Ursache) → Unterentwicklungserscheinung (Wirkung) auf" (Tröger 1987, S. 279). Die positiven Erscheinungen dagegen werden „bis auf die Ausnahme der rational unverständlichen ‚Heilwirkung des Ganges', allgemeinökonomisch begründet" (ebd., S. 280). Abgesehen von dem einen Beispiel des heiligen Flusses seien damit alle „anderen positiven Erscheinungen dem europäischen Fortschrittsdenken zuzuordnen" (ebd., S. 280). Den Schülern werde es somit gerade wegen der Behandlung Südasiens als Kulturerdteil erschwert, die von Newig angestrebte Gleichwertigkeit des Fremden anzuerkennen (ebd., S. 282).

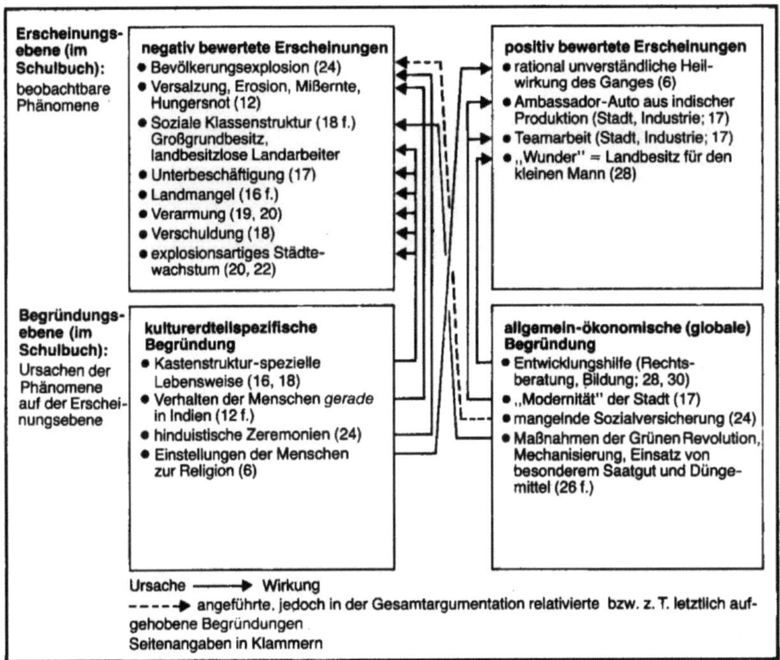

Abb. 20: Analyseschema für Diercke Erdkunde für Baden-Württemberg, Bd. 4, 1985 (Quelle: Tröger 1987, S. 279)

Aus den fachlichen Mängeln ergaben sich für die verschiedenen Autoren auch didaktische Einschränkungen bei der Umsetzung des Konzepts in Unterricht. Unabhängig davon, ob die Autoren Newigs Konzept eher zustimmten oder ihm eher ablehnend gegenüberstanden, bezweifelten sie, dass „die Aggregatebene Kulturerdteil" (Dürr 1987, S. 231) mit ihrem hohen Komplexitätsgrad (Pollex 1987, S. 59) und den damit verbundenen Überblicken (Engelhard 1987, S. 361; Pollex 1987, S. 60) Schüler anspreche und ihren Lernbedürfnissen entspreche. Mit den unterschiedlichsten Argumenten plädierten sie deswegen für die Behandlung kleiner, überschaubarer Einheiten:

- Pollex stellte aufgrund seiner Erfahrungen fest, dass schon die Länderkundler vor 1970 mit dem Problem der Komplexitätsreduktion zu tun gehabt hätten, wobei die Lösungsversuche „sich durchweg als mühevoll und zumeist als unbefriedigend" (ebd., S. 59) erwiesen hätten: „Sie führten fast immer zu Unterrichtsinhalten mit statischen, kompilativen und / oder abstrakten Zügen" (ebd., S. 60). Um entsprechend oberflächliche Darstellungen zu vermeiden, hätten die Reformer nach 1970 „zum Nutzen der Schulgeographie" (ebd., S. 60) *Fallstudien* in den Vordergrund gerückt. Auch bezüglich der Kulturerdteile ließen sich solche Fallstudien nutzen, denn es liege im Wesen der Kulturerdteile, „dass sie im unterrichtsträchtigen kulturgeographischen Bereich über eine Mindesthomogenität verfügen. Trotz der kontinentalen Fülle individueller Raumelemente hält sich die Anzahl der zugehörigen Klassen in erträglichen Grenzen" (ebd., S. 60). Dementsprechend könne „ein relativ kleinräumiges, gut gefügtes Objekt" (ebd. S. 60) den Schülern die Chance eröffnen, „sich in selbständiger Arbeit und im Unterrichtsgespräch den sichtbaren Elementen und den zwischen ihnen bestehenden Relationen und ablaufenden Prozessen zuzuwenden, sie in ihrer Regelhaftigkeit zu verstehen und übertragbare Einsichten zu gewinnen" (ebd., S. 60).
- Dürr betonte, dass „das wissenschaftliche Interesse in Politologie, Soziologie, Ethnologie und Geschichtswissenschaft (...) sich zunehmend auf die

kulturellen Ausdrucksweisen *einzelner sozial(-geographisch)er Gruppen"* (Dürr 1987, S. 230 – Herv. A. U.) richte. Damit rückten die „Handlungsspielräume und Artikulationsmöglichkeiten" (ebd., S. 230) dieser vergleichsweise überschaubaren Gruppen ins Zentrum der Betrachtung (Schramke 1999d, S. 139). Ihre Lebenswelten würden „oft (..) in Kontrast gesetzt zu den auf kulturelle Vereinheitlichung abzielenden zentralstaatlichen und internationalen Bürokratien" (Dürr 1987, S. 230). Auch das von Newig zitierte „natürliche Interesse des Schülers an fremden Völkern und Ländern" (Newig 1986, S. 267) beziehe sich wohl eher „auf die persönlichen Lebensumstände einzelner Gruppen und von Individuen, d. h. auf die oben erwähnten Lebenswelten" (Dürr 1987, S. 231 – vgl. Schramke 1999d, S. 138f). Ein schülergerechter Geographieunterricht müsse deswegen an „Kulturen im oben definierten engere Sinne ansetzen" (Dürr 1987, S. 231) und „derartige Alltagssituationen (Probleme, Konflikte) in zweierlei Hinsicht genau (...) prüfen: Erstens, welchen Beitrag die kulturspezifische Perspektive zu einem besseren Verständnis solcher konkreter Situationen liefert. Und zweitens, ob diese jeweilige konkrete Problemsituation wirklich zur präzisen Vorstellung von ‚Kulturerdteilen' führt – oder nicht vielleicht eher von Konstrukten wie ‚internationale Machtbeziehungen', ‚menschliche Unterdrückung', ‚interner Kolonialismus'" (ebd., S. 231).

- Engelhard rückte ebenfalls *das menschliche Handeln* in den Mittelpunkt seiner Überlegungen, „denn die vorfindliche räumliche Ordnung der Kulturlandschaft lässt sich in ihrer je spezifischen regionalen Ausprägung als Folge menschlicher Handlungen auffassen" (Engelhard 1987, S. 360). Da sich Handlungen an subjektiven Sinngehalten und gesellschaftlichen Normen orientierten, ließen sich „räumliche Ordnungen auch als kulturbedingt identifizieren" (ebd., S. 360). Diese kulturbedingten Faktoren könnten „im internationalen Bezugsrahmen" (ebd., S. 260) zwar nur „zu den singulären Randbedingungen gerechnet" (ebd., S. 360) werden, aber auf der lebensweltlichen Ebene könnten sie „durchaus vorrangige Bedeutung erlangen" (ebd., S. 360). Unterricht solle deswegen „an konkreten, von Schülern erlebbaren und nachvollziehbaren Lebenszusammenhängen" (ebd., S. 360) ansetzen. Solch ein Ansatz an der Lebenspraxis bewahre den Lehrer auch „vor dem Ausklammern der ökologischen, soziökonomischen, soziokulturellen und der politischen Dimension" (ebd., S. 360) sowie „vor politischer Abstinenz und vor einer Überforderung der Schüler" (ebd., S. 360).

Abgesehen von den Mängeln, die sich direkt aus dem zugrunde gelegten Konzept der Kulturerdteile ergaben, bezweifelten einige Kritiker, dass es möglich sei, der „Forderung nach mehr und geordnetem topographischen Wissen mit der Rückkehr zum flächendecken länderkundlichen Unterricht" (Engelhard 1987, S. 358) gerecht zu werden. Daum und Schmidt-Wulffen hielten es sogar „für unzulässig, die Frage des optimalen und zuträglichen Erwerbs topographischer Kenntnisse mit der Frage nach Länderkunde oder Thematischer Geographie zu verquicken" (Daum, Schmidt-Wulffen 1983, S. 310), denn man wisse nicht einmal gesichert, ob die topographischen Erkenntnisse der Schüler tatsächlich zurückgegangen seien (ebd., S. 310).

Nach beiden Diskussionen erhielt Newig – 1983 zusammen mit Reinhardt und Fischer – die Möglichkeit zu einer abschließenden Stellungnahme. Dabei teilte er die Autoren der Diskussionsbeiträge im Großen und Ganzen – aber mit Ausnahmen - in zwei Gruppen ein: die der Fachdidaktiker und Fachwissenschaftler, die gegen ihn seien, und die der Lehrer, Eltern und „Öffentlichkeit", die für das Konzept seien. Die Beiträge der Fachdidaktiker von 1983 wurden dabei trotz ihrer durchaus unterschiedlichen Form allesamt als „emotional gefärbte Beiträge" (Newig, Fischer, Reinhardt 1983, S. 40) von Leuten klassifiziert, die eigentlich schon verloren hatten: „Drei der Leserzuschriften, diejenigen von Haubrich (...), Kirchberg (...) und Daum / Schmidt-Wulffen (...), nehmen eine Sonderstellung ein. Sie versuchen, unsere Konzeption ins Lächerliche zu ziehen. Dankenswerterweise haben zahlreiche Leser darauf gebührend reagiert (...). Wir nehmen die polemischen Tiraden als das, was sie sind: Feldgeschrei angesichts einer Konzeption, deren Brisanz diese Autoren trotz gegenteiliger

Beteuerungen spüren" (ebd., S. 40). Ein mindestens ebenso emotional gefärbter Beitrag eines Lehrers von 1986 fand bei Newig deutlich mehr Anklang: „Als letzter Teilnehmer an der Diskussion meldet sich ein Praktiker zu Wort. Schmidt verbindet seine positive Einstellung gegenüber unserer Konzeption mit einer nachdrücklichen Kritik an der Praxisferne von Teilen der Fachdidaktik und ihrem ‚absurden Schaukampf aus den Fenstern ihres Elfenbeinturms' (1988, S. 60). Diesen nur eine Seite langen Artikel können wir jedem, dem die Theorie-Praxis-Beziehung wirklich am Herzen liegt, nur nachdrücklich zur Lektüre empfehlen" (Newig 1988, S. 68).

Bei solch starker Distanzierung von der Theorie und bedingungsloser Hinwendung zur Praxis musste früher oder später die Kritik aufkommen, dass Newig in seinem Beitrag von 1986 die „schon 1983 vor allem von Kirchberg, Daum / Schmidt-Wulffen, Rauchfuß und Thöneböhn geäußerte Kritik" (Engelhard 1987, S. 358) unzureichend verarbeitet habe (ebd., S. 358) und im Grunde „kaum Neues" (Dürr 1987, S. 228) biete (vgl. Popp 2003, S. 30 für einen späteren Kartenentwurf Newigs). Neben der schon festgestellten Abstinenz von der fachlichen Diskussion im Allgemeinen wurde hier das Diskussionsverhalten Newigs im Besonderen bemängelt: Er sei nicht bereit, „die Auffassungen anderer wahr- und aufzunehmen, sie zu verarbeiten" (Dürr 1987, S. 228), sondern folge stattdessen der Parole: „Position beziehen, einigeln, Gefolgschaft sammeln" (ebd., S. 228). So richtig diese Kritik auf der *grundsätzlichen* Ebene sein mochte, so sehr ging sie doch an Newigs *konkretem* Diskussionsverhalten vorbei. Schultze betonte im Interview folglich auch, dass Newig sehr sensibel auf die Kritik reagiert habe und die Diskussionen die Ausformulierung des Konzepts eher angeheizt haben. Das Ergebnis wird bei einem Vergleich der Texte deutlich.

Während Newig, Reinhardt und Fischer sich 1983 noch eindeutig gegen die Lernzielorientierung aussprachen, konnte Tröger in ihrem Diskussionsbeitrag von 1987 auf „zahlreiche in den Richtlinien aller Bundesländer ausgewiesene allgemeine Bildungs- oder Erziehungsziele" (Tröger 1987, S. 278 – vgl. Stöber

1996, S. 175) verweisen, die Newig in dem Beitrag von 1986 seinem Konzept zuordnete:

- „ein angemessener Umgang mit Völkern und Kulturen auf der Basis der Gleichberechtigung" (Tröger 1987, S. 278 – vgl. Newig 1986, S. 264),
- die „Verhinderung von Diskriminierung" (ebd., S. 278 – vgl. Newig 1986, S. 264),
- die „Relativierung des eigenen Standortes" (ebd., S. 278 – Newig 1986, S. 264),
- die „Abkehr vom Eurozentrismus" (ebd., S. 278 – vgl. Newig 1986, S. 264 und 267),
- die „Bereitschaft zum Verständnis fremder Kulturen aus sich heraus" (ebd., S. 278 - vgl. Newig 1986, S. 267),
- und die „Anerkennung des Eigenwerts und der Würde der Kulturen" (ebd., S. 278 – Newig 1986, S. 264)

Ebenso hinzugekommen war der „Gesichtspunkt des ‚interkulturellen Vergleichs'" (Newig 1986, S. 266) bei der Festlegung der Reihenfolge, in der die Kulturerdteile im Unterricht behandelt werden sollten.

Beide Punkte waren am ersten Beitrag durch Kirchberg moniert worden: Er wies die Autoren – unter Bezugnahme auf Hoffmann (1970) – darauf hin, dass es nicht um die Frage nach „Allgemeiner Geographie oder Länderkunde", sondern um Lernziele gehe (Kirchberg 1983, S. 81). Und er beanstandete, „dass da Regionen zusammenhanglos aneinandergereiht werden. Selbst der ‚regionale Faden' des alten kontinentalen Durchgangs (den ich keinesfalls befürworte!) leistete hier mehr, weil er bei jedem Kontinent den interkulturellen Vergleich erforderte (z. B. Nordafrika – Schwarzafrika – Südafrika)" (ebd., S. 81). Diese durchaus berechtigte Kritik wiesen Newig, Fischer und Reinhardt in ihrer Stellungnahme von 1983 zwar verbal als unbegründet zurück: „Dem ist nicht so. Wie sich aus unserem Beitrag leicht erschließen lässt, gehören das Kennenlernen der Kulturerdteile und die Fähigkeit zum interkulturellen Vergleich – neben den allgemeingeographischen Einsichten – zu unseren fachlichen Hauptlernzielen"

(Newig, Fischer, Reinhardt 1984, S. 40). Tatsächlich aber sind Lernziele und interkultureller Vergleich erst im Beitrag von 1986 *leicht* erkennbar. Der Verdacht liegt durchaus nahe, dass „Newig sein stofforientiertes Konzept nachträglich in ein lernzielorientiertes umwandeln will, oder doch zumindest eine Synthese aus beiden anstrebt, um auf Kritiker wie Kirchberg (...) zu reagieren" (Wollnik 1999, S. 14f).

In ähnlicher Weise wie hier gezeigt hat Newig sein Konzept verbal *immer wieder* an integrierbare Kritiken angepasst. Die im Beitrag von 1986 genannten Merkmale von Kulturerdteilen (Newig 1986, S. 264 – vgl. Tab. 18) lassen sich in der Homepage-Version (Newig 2002) der Kulturerdteile z. T. nur noch mit Mühe wieder finden (vgl. hierzu auch Wollnik 1999, S. 34). Aus dem Merkmal „Sprache, Schrift, Recht und andere Bestandteile des jeweiligen Kommunikations- und Infrastruktursystems" (Newig 1986, S. 264) wird nun das schlichte Merkmal „Geschichte / Kultur" (Newig 2001a), aus dem Merkmal „Hautfarbe (Rasse)" (Newig 1986, S. 264) wird das weitaus weniger kontrovers formulierte Merkmal „Mensch / Bevölkerung" (Newig 2001b) und aus dem Merkmal „Lagesituation" (Newig 1986, S. 264) wird das Merkmal „Raum / Umwelt" (Newig 2001c). Lediglich die Merkmale „Normatives Leitsystem, zumeist in Form von Religion oder Kultur" (Newig 1986, S. 264) und das Merkmal „Wirtschaft" (ebd., S. 264) werden mit „Leitsystem / Religion" (Newig, 2001d) und „Wirtschaft / Infrastruktur" (Newig, 2001e) ähnlich formuliert. Während sich hinter den umformulierten Merkmalen „Geschichte / Kultur" und „Mensch / Bevölkerung" aber der Ursprungsversion weitgehend entsprechende Aussagen fanden, hat Newig das Merkmal „Raum / Umwelt" mit der Zeit neu gefüllt. 2001 ging es hier nicht mehr um „Kultur- und Militärpakte" (Newig 1986, S. 264) oder um „die Beurteilung einer Region durch Angehörige fremder Kulturerdteile" (ebd., S. 264), sondern um den Raum „als physische Unterlage für menschliches Handeln" (Newig 2001c). Dieser Raum wirke „durch die Einmaligkeit der Kombination klimatischer, hypsometrischer (durch die verschiedene Höhenlage bedingt), und anderer Faktoren auf die dort lebenden menschlichen Gruppen ein" (ebd.). Das

Klima habe „unmittelbare Auswirkungen auf die Bevölkerungsdichte und die Bevölkerungsverteilung auf der Erde, zumal die Qualität der Böden ebenfalls zu einem guten Teil klimagesteuert" (ebd.) sei.

Dass Newig in seinem Diskussionsverhalten unbeweglich sei, kann man ihm somit nur in Bezug auf die konkreten Inhalte und Ideen, nicht aber in Bezug auf die gewählten Formulierungen vorwerfen.

5.3 DIE 80ER JAHRE – EINE ZUSAMMENFASSUNG

Die 80er Jahre waren nicht nur ruhige Jahre, sie waren auch Jahre der Stagnation und sogar des Rückschritts. Das Verhältnis der Geographiedidaktik zu den für sie interessanten Nachbarwissenschaften, also vor allem den Erziehungswissenschaften und der Geographie, zeichnete sich durch eine weitgehende Abkopplung von deren Entwicklung aus:

1. In den Erziehungswissenschaften waren inzwischen verschiedene Modelle entwickelt und diskutiert worden, die zumindest in Bezug auf die Unterrichts- und z. T. auch auf die Lehrplangestaltung fruchtbare Ansätze boten: Vorstellungen zum Projektunterricht (vgl. Gudjons 1997; Hahne, Schäfer 1997), zum handlungsorientierten Unterricht (vgl. Becker 1991) oder zum offenen Unterricht (vgl. Wallrabenstein 1991) sind von der Geographiedidaktik aber ebenso wenig rezipiert und zur Weiterentwicklung des Unterrichts adaptiert worden wie Klafkis Allgemeinbildungskonzept (Klafki 1985a; 1985b) oder das „Hamburger Modell" von Schulz (vgl. Topsch 2002).

2. Auch die Fachwissenschaft hatte sich in der 80er Jahren weiterentwickelt. Ihr war an vielen Stellen der erste Schritt zum Anschluss an die für sie wichtigen Nachbardisziplinen gelungen. Der Preis dafür war eine weitgehende „Pluralisierung der Forschungsrichtungen" (Kroß 1991b, S. 14). Vegetationsgeographen hatten mehr mit Biologen gemein als mit ihren sozialgeographisch arbeitenden Fachkollegen, während diese sich wiederum gewinnbringender mit Soziologen austauschen konnten. Diese

Spezialisierung führte dazu, dass zum Beispiel die „Klimazonenlehre [...] praktisch kein Ausbildungsgegenstand mehr" (ebd., S. 14) sei und „die Karteninterpretation, die ursprünglich als Synthese allgemeingeographischer Inhalte gedacht war, [...] durch die Ausrichtung auf sektorale Planungsentscheidungen fachlich verengt" (ebd., S. 15) werde. Kroß sah in diesem sich zwischen Fachwissenschaft und Schulfach auftuenden Graben vor allem ein Problem für die Mutterwissenschaft, der „nach dem Verlust ihrer Monopolstellung als Informationslieferant nun auch noch der Verlust ihrer wissenschaftlichen Orientierungsfähigkeit und Integrationskraft" (ebd., S. 14) drohe[136]. Tatsächlich war das Problem aber eher hausgemacht: Mit Rücksicht auf eine in weiten Teilen nicht fortbildungswillige Lehrerschaft[137] und unter Berufung auf eine ominöse Öffentlichkeit hatte sich die Fachdidaktik inhaltlich wie erkenntnistheoretisch selbst von den Entwicklungen in der Fachwissenschaft abgekoppelt und damit die „Bindung an die Bezugsdisziplin Geographie [ge]lockert" (ebd., S. 15).

Zeitgleich mit der Abkopplung von den Nachbarwissenschaften hat es im Spannungsfeld zwischen praktischer Anwendung und Forschung eine Verschiebung

---

136 Die Fachwissenschaft selbst scheint damit aber gar kein Problem zu haben. Popp z. B., der Newigs Konzept der Kulturerdteile fachwissenschaftlich kritisiert (Popp 2003), beantwortet „die zentrale Frage, ob es tatsächlich überhaupt noch zulässig ist, solch pauschalisierende und grobe Aussagen wie sie auf der Maßstabsebene von Kulturerdteilen getroffen werden, zu verwenden" (ebd., S. 39) für den Unterricht positiv: „Ich meine, dass – anders als in der Forschung zur „Neuen Kulturgeographie" – für die Zwecke des Unterrichts dieses grobe Raster unter bestimmten, näher zu präzisierenden Voraussetzungen durchaus noch geeignet ist" (ebd., S. 39). Die Abgrenzungsproblematik bei Darstellungen von Kulturerdteilen sei „Schülern in der 7. und 8. Jahrgangsstufe nicht zu vermitteln" (ebd., S. 38). Dem Fachwissenschaftler scheint es dementsprechend gar nicht so wichtig zu sein, auf welcher fachlichen Basis Geographieunterricht stattfindet, bzw. – um es praxeologisch zu sagen – woher der Lehrer seine Informationen bekommt. Didaktisch geht die vorgeschlagene Beschränkung im Schulfach zudem hinter den Stand der Diskussion zurück: Schon 1982 hatte Jannsen am Beispiel der Landschaftszonen gezeigt, wie man solche Konstrukte im Unterricht thematisieren kann (Jannsen 1982, S. 8).
137 Kroß behandelte die Lehrer, analog zu Popp, etwas vorsichtiger, wenn er betonte, dass, „was für die Forschung gut ist, [...] die Lehre überfordern" (Kroß 1991b, S. 14) kann - „zumindest in der Sekundarstufe I" (ebd., S. 14). Wenn die Lehrer mit der Aufgabe aber überfordert sind, dann muss es nicht an der Aufgabe liegen, sondern es kann auch daran liegen, dass diejenigen, die sich dieser Aufgabe stellen sollen, nicht willig oder nicht fähig dazu sind.

gegeben. Diese hat allerdings nicht zu einer Stärkung der Forschung geführt, sondern sich im Feld der praktischen Anwendung selbst vollzogen: Stand in den 70er Jahren noch der Anwendungsbereich des Unterrichts im Mittelpunkt des didaktischen Interesses, so waren es nun vor allem die Lehrpläne oder – weiter gefasst – fachpolitische Belange im Allgemeinen. Dabei konzentrierte man sich darauf, normative Vorgaben zu formulieren, die den Wünschen der Lehrerschaft weitgehend entsprachen. So konnte man scheinbare Erfolge feiern, die der wissenschaftlichen Konsolidierung der Disziplin aber eher schadeten.

Eine solche Etablierung als Wissenschaft schien aber auch kaum noch im Horizont der Fachvertreter zu liegen: Eine breitere Auseinandersetzung über den Forschungsgegenstand, die Fragestellung oder gar die Formulierung theoretischer Konzepte ist in den 80er Jahren nicht festzustellen.

In Bezug auf die in den 70er Jahren diskutierten vier verschiedenen Herangehensweisen an den zu vermittelnden Stoff, muss man feststellen, dass sowohl der Zweig des arbeitenden Wissens als auch das Zweiglein des methodischen Handlungswissens weitgehend verkümmert waren. Der Ast des Handlungswissens, der auch etwas schwächelte, taugte nunmehr nur noch als fachpolitisches Argument, denn neue übergreifende Lehrplankonzeptionen gab es nicht. Durch die fachdidaktische Diskussion legitimiert ist lediglich der Ast des Verfügungswissens gestärkt aus den 80er Jahren hervorgegangen. Jeweils mit Bezug auf die Notwendigkeit der topographischen Bildung hat er sich in zwei große Äste aufgeteilt: einen, der die Landschaftsgürtel zum grundlegenden Verfügungswissen machte, und jenem, der die Kulturerdteile als Grundlage für Verfügungswissen sah.

Nicht ohne Grund mahnte Geipel bereits Ende der 80er Jahre, dass der „Geographieunterricht des Jahres 2000 [nur] so gut sein [werde], wie seine (älter gewordenen) Lehrer, mediengesättigten Schüler, die intellektuelle Gesamtverfassung der Disziplin in Hochschule *und* Schule, die Lehrplangestalter und das Zeitgeschehen es zulassen" (Geipel 1987, S. 21 – Herv. A. U.). Auf eine solide fachliche Basis zu achten, sei auch in fachpolitischer Hinsicht wichtig, denn „je harmloser und beflissener ein Fach ist, je mehr es sich auf das Alte, Vertraute, in den retrospektiven Wünschen der Elternschaft Artikulierte einlässt, umso mehr wächst der Appetit expansiver Fächer auf die Plünderung der disziplinären Restbestände" (Geipel 1987, S. 18). Ob Geipel mit dieser Prophezeiung Recht behalten würde, mussten die folgenden Jahre zeigen.

6 DIE 90ER JAHRE – EIN SCHRITT VOR UND ZWEI ZURÜCK?

Die ruhigen 80er Jahre endeten abrupt mit dem Mauerfall und der Wiedervereinigung. Für die Geographiedidaktik machte sich dies zunächst darin bemerkbar, dass „Länder mit einer anderen, stärker regionalen Lehrplantradition zu den bisherigen dazugekommen" (Kirchberg 2000, S. 55) waren. Sie übernahmen zum Teil überaus schnell das Konzept der Kulturerdteile als Grundlage für ihre erneuerten Lehrpläne (vgl. LISA 1993; Wollnik 1999, S. 5) und schienen damit den Entwicklungstrend aus den 80er Jahren drastisch zu beschleunigen. Gleichzeitig wurden aber auch viele neue Stellen geschaffen, auf die zumindest in Teilen Didaktiker berufen wurden, die auf der einen Seite mit dem Hinweis auf eine veränderte Jugend (vgl. Schramke 1993a; Kirchberg 1998; Kroß 1999, S.122, Schramke 1999a) für eine erneute Rezeption der Pädagogik plädierten und auf der anderen Seite eine theoretisch fundierte Darstellung der Inhalte des Unterrichts einforderten (vgl. Schultz 1996, 1997a; Lethmate 2000a, 2000b). Aus beidem ergab sich eine brisante Mischung, die zu einer augenfälligen Unübersichtlichkeit der Diskussion führte.

6.1 DIE AKTEURE . . .

Die Akteure der 90er Jahre waren in ihrer Zusammensetzung deutlich heterogener als die Vorgängergenerationen. Einige von ihnen stammten aus der Generation der „Schmuddelkinder". Sie hatten vor ihrer Berufung an die Universität oft längere Zeit in anderen Berufsfeldern und / oder anderen Fächern verbracht:

Schultz, der 1993 an die Humboldt-Universität in Berlin berufen wurde, hat gut zehn Jahre Referendare im Fach Geschichte ausgebildet (Schultz 2004c). Lethmate, der 1996 an die Universität Münster berufen wurde, kam schwerpunktmäßig aus der Biologie, war lange Zeit in der regionalen, überregionalen und internationalen Lehrerfortbildung tätig und mehrere Jahre Fachbeauftragter für Umwelterziehung beim Regierungspräsidenten in Münster (Lethmate 2004). Und Schramke, der 1997 an die Universität Bremen berufen wurde (Schramke 2004), kam aus der Erwachsenenbildung und damit vor allem aus der Pädagogik. Andere kamen aus den gerade angeschlossenen ostdeutschen Bundesländern. Nur sehr wenige waren „junger" Nachwuchs aus dem Westen.

Drei der Akteure der 90er Jahre – Wolfgang Schramke, Hans-Dietrich Schultz und Jürgen Lethmate - konnten für diese Arbeit nicht interviewt werden, weil sie sie betreuten oder als Gutachter tätig waren. Trotz der Auslassung dieser drei Akteure blieb das Spektrum der Interviewpartner vergleichsweise bunt: Daum war lange Zeit in Hannover tätig, bevor er eine Professur für Sachunterricht in Osnabrück annahm (Keil, Wilhelmi 2004). Rhode-Jüchtern war Lehrer an einer Versuchsschule. Hemmer dagegen gehört zum „jungen" Nachwuchs.

6.1.1 EGBERT DAUM

Egbert Daum, geb. 1941, war lange Zeit so etwas wie das schlechte Gewissen der Geographiedidaktik. Viele vom Mainstream oft euphorisch aufgenommene Ideen hat er – z. T. zusammen mit Schmidt-Wulffen – im Laufe der Jahre einer kritischen Betrachtung unterzogen: Die allgemeingeographischen Kategorien von Schultze (Daum, Schmidt-Wulffen 1980, S. 87-93), die Daseinsgrundfunktionen (ebd., S. 93-101; Daum 1990, S. 18f), die Bedeutung topographischen Wissens (ebd., S. 187-193; Daum 1991b; 1992b; 1993), das Begriffe-Lernen (Daum 1981, S. 19-20), die Lernzielorientierung (Daum 1980a, 1980b), das RCFP (Daum 1980c, S. 62-63), die Kulturerdteile (Daum, Schmidt-Wulffen 1983) und die Raumverhaltenskompetenz (Daum 1992a; 1998b). Doch obwohl Daum in diesem Sinne sicher auch eine wichtige Funktion in der didaktischen

Diskussion gespielt hat, war er nicht ganz glücklich darüber, dass Schultze für seine „40 Texte zur Didaktik der Geographie" (Schultze 1996a) ausgerechnet einen dieser Texte gewählt hat. Er hätte es lieber gesehen, wenn sein Beitrag zum „Lernen mit allen Sinnen" (Daum 1988) oder zur „Geographie des eigenen Lebens" (Daum 1993a) in den Band aufgenommen worden wäre.

Weder beim „Lernen mit allen Sinnen" noch bei der „Geographie des eigenen Lebens" ging es Daum allerdings um eine „neue Innerlichkeit" (Daum 1988, S. 18), eine „harmonisch-ganzheitliche Wesensschau" (ebd., S. 18) oder einen „neuen Gefühlskult" (Daum 1993b, S. 1), sondern um die Art, *wie* Schüler lernen. Im tradierten Unterricht werde dem „erwarteten Lernergebnis mehr Aufmerksamkeit geschenkt (...), als den Bedingungen und Prozessen des Lernens sowie dem darin verstrickten Lernsubjekt" (ebd., S. 19). Die mit der Konzentration auf die Lernergebnisse einhergehende „Verkopfung" (ebd., S. 19) führe dazu, dass sich Schüler im Unterricht „teils tote Wissensbestände in extenso aneignen" (Daum 1993a, S. 65) müssten. Dabei gehe die Motivation der Schüler verloren, da es zu keiner „emotionalen und handfesten Auseinandersetzung mit den gestellten Themen und Aufgaben" (Daum 1988, S. 19) komme. Um das Interesse der Schüler am (Geographie-) Unterricht ohne den Rückgriff auf eine oberflächliche „Motivationsakrobatik" (ebd., S. 19) wiederzugewinnen, bedürfe es im Unterricht einer „Versöhnung von Emotionalität und Rationalität" (ebd., S. 20). Eine solche Versöhnung sah Daum u. a. in der britischen Form der Feldarbeit, die über die in Deutschland üblichen Formen der Besichtigung oder Übersichtsexkursion hinausgehe (Daum 1977, S, 64f; 1986, S. 26). Kennzeichnend sei dabei zum einen die „eigene Aktivität und Entdeckerfreude" (Daum 1986, S. 26) der Schüler, zum anderen die „an wissenschaftlichen Vorgehensweisen" (ebd., S. 26 – vgl. Daum 1977, S. 66 und 70) orientierte Anlage der Arbeit. Um diese Art des Lernens auch für den deutschen Geographieunterricht zu erschließen, griff Daum zunächst auf „die Vorschläge von H. Meyer zu einem handlungsorientierten Unterricht" (Daum 1988, S. 20) zurück, baute diesen Ansatz dann aber seit Mitte der 90er Jahre unter Hinzunahme konstruktivistischer

Vorstellungen zu einer „Geographie des eigenen Lebens" aus (Daum 1993a; 1993b; 1998a; 1999; Daum, Werlen 2002). Kernanliegen dieses Ansatzes war es, Lernen nicht allein von der fachwissenschaftlichen Wahrnehmung her zu strukturieren (Daum 1993a, S. 67), sondern „in erster Linie von der normalen Wahrnehmung der Individuen im Alltag" (ebd., S. 67), denn nur so entsprächen die Ordnungsprinzipien der Erkenntnis dem „jeweiligen Arrangement persönlicher (‚autobiographischer') Lebens-Interessen" (ebd., S. 67). Eine solche Entsprechung sei aber Voraussetzung dafür, dass „ein lebendiges, ja sogar ‚lebbares' Wissen in verschiedenen, gleichermaßen möglichen Wirklichkeits-Konstruktionen" (ebd., S. 66) entstehe.

Praktisch versuchte Daum seine Ideen in der „Didaktischen Werkstatt Sachunterricht" umzusetzen, die er seit seiner Berufung auf die Professur für Sachunterricht 1994 an der Universität Osnabrück aufbaute (Keil, Wilhelmi 2004). Die Werkstatt besteht aus zwei Räumen: einem Veranstaltungsraum, in dem „im Sinne eines handlungsorientierten Sachunterrichts praktisch und theoretisch gearbeitet und geforscht" (Fach Sachunterricht 2005) wird und einer Mediothek, in der sich neben einem „Grundstock an wissenschaftlicher Literatur" (ebd.) auch „eine Sammlung von Schulbüchern, Lernkarteien und anderen Lehr- und Lernmitteln" (ebd.), eine „Kindersachbuch-Bibliothek" (ebd.) und eine Anzahl von Computern befindet (ebd.). Durch die Arbeit in der Werkstatt soll Studierenden die Möglichkeit gegeben werden, Erfahrungen mit Unterricht zu sammeln, die sie dann in der Praxis zum Einsatz bringen sollen (Keil, Wilhelmi 2004).

Die Tätigkeit als Geographie- oder Sachunterrichtsdidaktiker scheint Egbert Daum aber nicht ausgelastet zu haben, so dass er darüber hinaus jahrelang unter dem Pseudonym „Gisela Daum" jeden Monat einen englischen Filserbrief in der Wochenendausgabe der Süddeutschen Zeitung veröffentlichte (vgl. Kasten 16). Die Idee für die Filserbriefe sei ihm gekommen, nachdem er „Englisch sprechenden Deutschen aufs Maul geschaut" habe, die man in London schon aus der Entfernung erkennen könne, wenn sie Dinge sagen wie: „You can say you to me". Diese Sprache in der Korrespondenz zwischen fiktiven Personen zu übertreiben, sei für ihn ein Mittel, Englisch lebensnah zu vermitteln. Er benutze dabei einen minimalen Wortschatz und übersetze die deutschen Sprachbilder direkt ins Englische. Viele Englischlehrer der Sekundarstufe II schätzten diese Briefe, weil man daran sehr gut Differenz und Interferenz der beiden Sprachen deutlich machen könne. Es werde den Schülern so klar, dass man deutsche Sprichwörter nicht einfach übersetzen könne, und dass es in den verschiedenen Sprachen „unterschiedliche Muster von Bildern" gebe, die man bestenfalls übertragen könne. Für ihn sei das auch eine Form von „interkulturellem Lernen". Er habe von vielen Lehrern dankbare Briefe für diese Anregung bekommen. Herausgegeben unter einem weiteren Pseudonym – „Egbert von Meckinghoven" – ist ein Teil dieser Filserbriefe auch in Buchform erschienen (Daum, G., 1988; 1990; 1992; 2000).

Dear Peter,

the summers in this our land have their name real not earned. Naturely comes the one or the other hot day in our broads fore, but mostest falls the weather so out, how it our great poet and thinker Heinrich Heine with pregnant words bewritten has: "The summers in Germany are only green-painted winters." No wonder, that our land's people in masses into the south stream, where the inhomish people eye-shinely a better wire than we to St. Petrus have.

Freely am I in the rule not for long travels who knows whereto to have. All in all find I my fatherland very beautifull, special here in Bavaria. But when it newly once again out all buckets shedded, overfell me a panic. Wet to the bones after a horrible shower, thought I only of my before-standing holidays and became promt a crisis. Only one idea went me steady through the head – summer, sun and beach. Nothing like away from here!

Flight's begave I me into a travel-bureau, where me to ears came, that I a bit late thereon was. Last Minute was the device – as we newerthings wordwordly in German say. In ghost saw I me already on Gran Canaria, in the Dominican Republic, in Sri Lanka or on Mauritius. It was me equal, headsake summer, sun and beach. In last minute landed I on Mallorca.

I will it not under the carpet sweep: Tofirst had I many bethinkings – cleanwoman-island, Ballermann and so. But what for Boris Becker and Claudia Schiffer, Peter Maffay and Sabine Christiansen, Michael Douglas and Frédéric Chopin good enough is, should for me only right and cheap be. These prominents and number-rich would-like-to-be-prominents have halt on Mallorca their tents for always up-beaten – Frédéric Chopin to byplay in the beautifull mountainvillage Valldemossa. What shall I say – temperatures, water and beach were full in order. "Full" is overhead the right word. It came me so fore, as if this year all world on Mallorca holiday makes. Who counts the peoples, knows the names, who guestly here together came? I see this total positive: Innerhalf of minutes learn you dozens of fully different persons know.

But the best of Mallorca is, that you yourself complete to home feel can. The pubs carry names like "Münchner Kindl", "Schluckspecht", "Futterkrippe" or "Mozart II". The main streets are the "Bierstraße" and the "Schinkenstraße". In the restaurants stand Eisbein with Sauerkraut, Grillhaxen, Currywurst and Jägerschnitzel on the card. The serving speaks a halfway's understandable German. You must nothing miss – not the good German beer out Munich or Warstein and not the excellent German filter-coffee with this unbewritable Verwöhnaroma. Heart, what will you more? A bit hinderly, when not paradox is it othersides, that you always with Pesetas pay and in Pesetas think must. Were it not easier and only consequent, when Mallorca one day's our seventeenth federal land be would?

The mega-event is but a night-beseek in the beercellar "Oberbayern". Already the whole day see you Spaniards dressed in leather-trousers, white-blue t-shirts and with blue hair, who for this local reclame make. Up goes it with music from finest: Costa Cordalis, Wolfgang Petry and Roland Kaiser. And then is Polonaise Blankenese onsaid – in goose-march goes it over stools, tables and banks. But the absolute highpoint is the election of "Miss Oberbayern". Thereagainst comes me the "Hofbräuhaus" in Munich like a cloister fore.

After fourteen days were my most costbar weeks of the year foreby. Shall I you honest say, what I on the last day to me said? Nothing like away from here!

Your true Gisela

P.S. Two Germans meet a Mallorquinese man near the Ballermann 6 on Mallorca. The man understands the two not. Says the one German to the other: "You, he is not from here."

Kasten 16: Nothing like away from here
(aus: Daum, G. 2000, S. 32-34)

6.1.2 INGRID HEMMER

Ingrid Hemmer, geb. 1954, ist die jüngste der befragten Geographiedidaktiker. Sie hat die Reformjahre um 1970, anders als alle anderen, nicht einmal mehr als studentische Beobachterin erlebt. Auch in ihrer Studienzeit (1973-1978) sei ihr nicht bewusst geworden, dass es eine Reform gegeben habe, da es keine Didaktikveranstaltungen gegeben habe. Erst im Referendariat (1979-81) habe sie die Reform eher unbewusst mitbekommen, da die Ausbildung allgemeingeographisch ausgerichtet gewesen sei. Richtig bewusst geworden sei ihr die Existenz der Reform erst während ihrer Zeit als wissenschaftliche Mitarbeiterin in

Münster. Dort habe sie die Möglichkeit gehabt, in Seminare der Kollegen mitzugehen. In einem Seminar zur Mediennutzung im Unterricht habe der Lehrende u. a. einen Schulbuchvergleich vorgenommen und daran gezeigt, wie sich die Konzeptionen für den Geographieunterricht mit der Reform verändert hätten. Daneben habe sie sich auch die „Einführung in die Geographiedidaktik" eines Kollegen angehört, der sich dort mit der Reform auseinandergesetzt habe. Verschiedene Facetten der Reform – z. B. Schultzes Aufsatz und Pfeil, die Münchener Sozialgeographie oder das RCFP - sind für Frau Hemmer heute vor allem Ausbildungsinhalte. Oft scheint sich die Bedeutung der Reform insgesamt aber vor allem durch die von den „jüngeren" älteren Kollegen in Gesprächen beschriebene Aufbruchstimmung zu vermitteln.

Von den an der Reform aktiv und wegweisend beteiligten Didaktikkollegen wird Hemmer allerdings kaum als Geographiedidaktikerin akzeptiert. Haubrich meinte, ihre Forschungsarbeiten seien empirisch zwar gut, aber nicht pädagogisch. Und Schultze hielt sie eher für eine Fachwissenschaftlerin als für eine Didaktikerin, wobei er vor allem auf ihre Arbeiten zur Rentierwirtschaft verwies. Für eine solche Einschätzung bietet die Veröffentlichungstätigkeit von Hemmer durchaus Anlässe.

Obwohl sie zu der jüngeren Generation von Geographiedidaktikern gehört und es zum Zeitpunkt ihrer Promotion schon eine Reihe von didaktischen Dissertationen gegeben hat, war ihre Arbeit rein fachwissenschaftlich ausgerichtet. Das Thema „Entwicklung und Struktur der Rentierwirtschaft in Finnmark und Troms (Nordnorwegen)" (VGDH 2002, S. 162) hat sie in der Folgezeit mehrfach wieder aufgenommen und zwar sowohl in fachwissenschaftlichen Beiträgen (Bronny, Hemmer, Sokki 1985; Hemmer 1987; Hemmer 1996a) als auch als Thema für

Unterrichtseinheiten (Hemmer 1985[138]; Hemmer 1988; Hemmer 1989[139]), wobei gerade bei der schulpraktischen Umsetzung z. T. auch Aspekterweiterungen vorgenommen wurden (vgl. Hemmer 1992b[140]). Auffallend bei den fachwissenschaftlichen Aufsätzen ist dabei die vergleichsweise traditionelle Herangehensweise. In den zunächst sehr „aktuell" klingenden Aufsätzen „Die skandinavische Rentier*wirtschaft* nach Tschernobyl" (Hemmer 1987 – Herv. A. U.) und „Die samische Rentier*wirtschaft* 10 Jahre nach Tschernobyl" (Hemmer 1996a – Herv. A. U.) werden *ökonomische* Aspekte praktisch gar nicht behandelt. In beiden Aufsätzen geht es eigentlich nur um Fragen der radioaktiven Belastung der Rentiere und um staatliche Subventionen und Hilfsmaßnahmen. Die Rentierwirtschaft wurde vor allem als „Kulturträger" (Hemmer 1987, S. 326 – vgl. Hemmer 1988, S. 20; 1996a, S. 465) gesehen. Dass die Rentierwirtschaft als Kulturträger um jeden Preis erhalten bleiben muss, obwohl sie „ökonomisch noch [sic!] keine optimalen Ergebnisse vorweisen kann" (Bronny, Hemmer, Sokki 1985, S. 536), wurde schon vor der Reaktorkatastrophe in der Ukraine festgestellt und typisch geographisch begründet: Sie sei nicht nur wichtig für die „kulturelle Identität" (ebd., S. 530) der Samen, sondern sie stelle auch eine „ökologisch sinnvolle Nutzung" (ebd., S. 536) für den „einzigartigen Naturraum an der nördlichen Peripherie Europas" (ebd., S. 536) dar.

Erst in ihrer Habilitationsschrift wandte sich Hemmer einer didaktischen Fragestellung zu, die mit dem Titel „Untersuchungen zu wissenschaftsprodädeutischen Arbeiten im Geographieunterricht der Oberstufe" (VGDH 2002, S. 162)

---

138 Wie stark fachwissenschaftlich dieser Entwurf im Prinzip ist, zeigt sich zum einen an dem rein inhaltlich und fast nur in Stichworten formulierten möglichen Unterrichtsverlauf (vgl Hemmer 1985, S. 33) und zum anderen an den Aufgabenstellungen, die sich nur auf einen Teil der Materialien beziehen (vgl. ebd., S. 34 und 37).

139 Dieser „Unterrichtentwurf" besteht allerdings nur aus zwei Seiten Einleitung und einer Materialseite. Aufgaben und Vorstellungen zur Unterrichtsdurchführung fehlen völlig (vgl. Hemmer 1989).

140 Auch dieser Unterrichtsentwurf zeichnet sich leider vor allem dadurch aus, dass es keine erschließenden Aufgabenstellungen gibt. Die unterrichtspraktische Erschließung der Materialien wird lediglich durch einen Kasten „Hinweise zu den Materialien" (Hemmer 1992, S. 17) vorgenommen.

allerdings sehr universitätsnah formuliert war. Ziel der Arbeit war es herauszufinden, ob durch einen wissenschaftspropädeutischen Unterricht ein affektives Interesse für Wissenschaft im Allgemeinen und für die Fachwissenschaft Geographie im Besonderen geweckt werden könne (vgl. Hemmer 1990, S. 188f). Grundlage der Untersuchung war eine von der Autorin selbst durchgeführte, 10-stündige Unterrichtseinheit (ebd., S. 188) zum Thema „Stadtklima in Augsburg und Neu-Ulm" (ebd., S. 182). Da es sich hierbei praktisch um eine Selbstevaluation handelte, waren die zu erreichenden Unterrichtsziele[141] fast durchgängig so formuliert, dass man sie gar nicht verfehlen konnte: Das instrumentale Richtziel „Fähigkeit zur Durchführung von Messungen mit dem Assmannschen Aspirationspsychrometer (Teil der Klasse)" (ebd., S. 185) verriet schon durch den Zusatz, dass es sich hier eher um eine Unterrichtshandlung als um ein zu erreichendes Ziel handelte. Andere Ziele wie „Einblick in die Bedeutung eines geographischen Forschungsprojektes für die Praxis" (ebd., S. 182) waren entweder sehr vage oder durch die bloße Darstellung des Forschungsprojektes zu erreichen.

Nach der Berufung auf eine Professur für Geographiedidaktik an der Universität Eichstätt orientierte sich Hemmer verstärkt an der quantitativen empirischen Forschung und führte zusammen mit Michael Hemmer Untersuchungen zur Qualität der Lehrerausbildung (Hemmer 1997b; Hemmer, Hemmer 2000a, 2000b) oder zu Schülerinteressen (Hemmer, Hemmer 1996a; 1996b; 1997a; 1977b; 1997c; 1998; 1999; 2002) durch. Unterrichtspraktische Anregungen veröffentlicht sie kaum noch. Lediglich zum ökologischen Landbau erschienen Mitte der 90er Jahre zwei methodisch vergleichsweise anspruchslose[142] Unterrichtseinheiten (Hemmer 1996b; 1997a).

---

[141] Angesichts der differenzierten Debatte über Lernziele (vgl. Kap. 4.2.2.2.2) seit Ende der 70er Jahre erstaunt es schon etwas, mit welcher Unbefangenheit hier auf dieses behavioristische Konzept zurückgegriffen wurde. Dass dies kein quasi wissenschaftspraktisch zu begründender Einzelfall war, zeigt der Rückgriff auf die von Hendinger 1970 aufgestellten Lernziele bei der Begründung von „Frauenthemen" im Geographieunterricht (vgl. Hemmer 1992a, S. 14).

[142] Einer dieser Vorschläge war eine reine Materialsammlung ohne Aufgabenstellung für die Schüler (Hemmer 1997). Dem anderen Vorschlag waren zwar Aufgaben hinzugefügt, dabei

6.1.3 TILMAN RHODE-JÜCHTERN

Tilman Rhode-Jüchtern, geb. 1946, hat die Reform vor allem im Zusammenhang mit der Auseinandersetzung um die hessischen Rahmenrichtlinien erlebt. Noch als Student habe er an mehreren Tagungen in der Reinhardswaldschule teilgenommen, auf denen Universitätsvertreter, Fachleiter, Lehrer und Studenten über die neuen Richtlinien diskutiert hätten. Die Vertreter der Geographie seien auf diesen Tagungen immer hin und her gerissen gewesen zwischen der Zustimmung zu einen Integrationsfach Gesellschaftslehre und dem Gefühl, dass ihr Fach dadurch bedroht sei. Die Gruppe der Studenten habe aber auch eigene Papiere geschrieben und auf den Tagungen eingebracht. Von diesen Papieren sei eine der Referentinnen aus dem Ministerium so begeistert gewesen, dass sie sich vor allem mit den Studenten unterhalten wollte. Auch parallel zur Arbeit an seiner Dissertation[143] habe er sich noch an der Debatte um die hessischen Rahmenrichtlinien beteiligt. Die Auseinandersetzung um die Richtlinien GL sei mit der Zeit allerdings so heftig geworden, dass sie vom hessischen Elternverein und von dem Historiker Nipperdey zum Wahlkampfthema gemacht wurden (vgl. Nipperdey, Lübbe 1973) und die Regierung von Friedeberg gestürzt hätten. Damit sei die Sache praktisch gestorben.

Anschließend habe für Rhode-Jüchtern „erst recht" festgestanden, in die Schule zu gehen, weil dort das „Einfallstor für neue Ideen" sei. Er sei dann für das Referendariat von Marburg nach Bremen gegangen. Dort sei Günter Hoffmann sein Fachleiter gewesen. Er habe ihm weitgehend frei Hand gelassen, womit er die Chance hatte, die Zeit des Referendariats positiv zu nutzen. Abgeschlossen habe er das Referendariat mit einer Examensarbeit über „Didaktische Strukturgitter" (vgl. Rhode-Jüchtern 1977, 1978). Darin ging es ihm insbesondere darum aufzuzeigen, wie in der Unterrichtsplanung ein „Ausgleich zwischen

---

scheint es sich aber nur um *mögliche* Aufgaben zu handeln, die einander z. T. ausschlossen (Hemmer 1996). Ein roter Faden für den Unterricht war so kaum ersichtlich.

143 Die Disseration war rein fachwissenschaftlich und beschäftigte sich mit Planungstheorien. Sie ist 1975 unter dem Titel „Geographie und Planung" erschienen (SSG 2004b).

Regelung, Überprüfbarkeit und Mitgestaltung" (Rhode-Jüchtern 1978, S. 83) hergestellt werden könne. Auf der inhaltlichen Ebene gab Rhode-Jüchtern dazu zunächst das Rahmenthema „Politische Planung und Lebensqualität" (ebd., S. 84) vor. Zu diesem Thema wurde im Unterricht ein aus mehreren Subsystemen[144] bestehender „'Wegweiser' durch das System politischer Planung" (ebd., S. 87) entwickelt, der als Orientierungsrahmen dienen sollte (ebd., S. 87). Eines der im Wegweiser dargestellten Subsysteme sollten die Schüler genauer unter die Lupe nehmen (ebd., S. 88), wobei sie sich als Gesamtgruppe auf das gewünschte Subsystem einigen mussten. Nach einer weiteren Einführung in dieses Subsystem sollten die Schüler in Gruppenarbeit konkrete Einzelthemen mit Hinblick auf dieses Subsystem bearbeiten (ebd., S. 88). Die Themen reichten dabei von Industrieansiedlungen über Wohnen bis zum Umweltschutz (ebd., S. 88). Anschließend wurden die Gruppenergebnisse im Plenum vorgestellt (ebd., S. 88).

Nach dem Referendariat habe er dann eine Stelle am Oberstufen-Kolleg in Bielefeld angenommen. Das Oberstufenkolleg ist allerdings keine „normale Schule". 1974 zusammen mit der Laborschule von Hartmut von Hentig gegründet (Sokoll 2000) und als „Zentrale Wissenschaftliche Einrichtung" (ebd.) der Universität Bielefeld angegliedert, verbindet das Oberstufenkolleg die Sekundarstufe II mit dem universitären Grundstudium (ebd.). Die Schüler – Kollegiaten genannt und oft aus bildungsfernen Schichten[145] (Novak 2000) – besuchen das Kolleg vier Jahre lang und belegen neben den Kursen des Oberstufenkollegs auch Grundstudiumsveranstaltungen an der Universität (Sokoll 2000). Die Lehrenden unterrichten nicht nur, sondern sind auch in der Forschung tätig (ebd.). Im Mittelpunkt stehen dabei sowohl neue Lehr- und Lernmethoden (ebd.) wie auch fächerübergreifende Ansätze (Krause-Isermann 1994, S. 2). Um den

---

144 Die Subsysteme waren: Politik, Wirtschaft, Gesellschaft, Wissenschaft (Rhode-Jüchtern 1978, S. 87).

145 Das Oberstufenkolleg nimmt Bewerber im Alter zwischen 16 und 25 Jahren auf (Sokoll 2000). Viele sind Schulabbrecher oder Hauptschüler. 50% der Neu-Kollegiaten haben „keinen Qualifikationsvermerk in ihrem letzten Abschlusszeugnis" (ebd.), also keine Zulassung für eine normale gymnasiale Oberstufe. 20 bis 25% der Kollegiaten sind Migranten (ebd.).

Lehrenden Forschung und Entwicklung zu ermöglichen, wurde ihr Stundendeputat niedriger angesetzt als das von Lehrkräften an der Regelschule. Im Unterricht selbst habe es – so Rhode-Jüchtern - alle möglichen Freiheiten zum Ausprobieren gegeben, was auch dadurch begünstigt worden sei, dass man sich nicht an vorgefertigte Lehrpläne habe halten müssen. Am Oberstufenkolleg hat Rhode-Jüchtern etwa 20 Jahre gearbeitet, bevor er Ende der 90er Jahre eine Stelle als Geographiedidaktiker an der Universität Jena annahm.

Im Interview kokettiert Rhode-Jüchtern zwar damit, dass er an Jena eigentlich kein Interesse gehabt habe und ja auch erst noch eine Habilitationsschrift haben musste. Tatsächlich aber hat er seine Habilitationsschrift bereits 1994 abgeschlossen (Rhode-Jüchtern 1995, S. 9). Allerdings amüsiert sich Rhode-Jüchtern im Interview auch darüber, dass die Habilitationsschrift „eigentlich keine sei". Im Buch sei eher „meine Unterrichtserfahrung zusammengetragen" (Interview) und es sei „entsprechend ‚irdisch' geschrieben" (Rhode-Jüchtern 1995, S. 9).

6.2 . . . UND WAS SIE BEWEGTE

6.2.1 IM ZEICHEN DER WIEDERVEREINIGUNG

In den 90er Jahren wurden vor allem die Mängel und Unzulänglichkeiten der Bildungsexpansion der 60er und 70er Jahre sichtbar. Sie gingen zum Teil auf Strukturprobleme zurück, zum Teil aber auch auf eine ausgebliebene „unideologische" (Baumert, Cortina, Leschinsky 2003, S. 136) Modernisierung der Schulen in den 80er Jahren, die in anderen west- und nordeuropäischen Staaten in die Wege geleitet worden war.

Zu einem der offensichtlichsten Strukturprobleme der 90er Jahre gehörte die Überalterung der Lehrerschaft: In vielen Kollegien lag das Durchschnittsalter bei 50 Jahren und mehr (vgl. Hagen-Düver u. a. 1998, S. 15). In Lehrerzeitschriften, aber auch in der breiteren Öffentlichkeit machte ein Cartoon die Runde, „der eine Geburtstagsfeier in einem Lehrerkollegium darstellt, die unter dem Motto steht ‚Unser Jüngster wird 50'" (Baumert, Cortina, Leschinsky 2003,

374

S. 84 – vgl. Schramke 1999a, S. 18). Diese Lehrerschaft, für die „Identitätsbildung noch als Übernahme einer sozialen Rolle [funktionierte], abgesichert durch die kollektive Identität einer festen Gruppenzugehörigkeit einschließlich der spezifischen leitenden Normen" (Schramke 1999a, S. 7), stieß in den 90er Jahren auf Schüler, die ein völlig anderes Lebensgefühl hatten als selbst die Schülergeneration der 80er Jahre: Diese Jugendgeneration mixte „mit einer betörenden Selbstverständlichkeit" (Shell Deutschland 2002, S. 92) alte und neue Werte: Die Entscheidung für einen Freizeitstil musste „nicht unbedingt mit der Ablehnung eines anderen Stils verbunden sein" (ebd., S. 89). Vieles, was für die ältere Generation wie ein Widerspruch aussah, schien für die Jugend „irgendwie kompatibel zu sein" (ebd., S. 93). Dazu gehörte nicht nur die Beobachtung, dass, „wer auf gesunde Ernährung achtet, (...) nicht unbedingt auch auf unnötiges Autofahren" (Haubrich 1997, S. 5) verzichtet, sondern auch die für Ältere kaum vorstellbare Konstellation, dass ausgerechnet die Jugendlichen, die Computer intensiv nutzten, über einen großen Freundeskreis verfügten und vergleichsweise häufiger Mitglieder in Vereinen waren (Shell Deutschland 2002, S. 91)[146]. Die weit verbreitete Ablehnung starrer Ideologien (ebd., S. 89) hatte zwar zur Folge, dass die Jugendlichen sich immer weniger für Politik interessierten (Baumert, Cortina, Leschinsky 2003, S. 103) und „den großen poli-tischen Institutionen" (Deutsche Shell 2002, S. 88) immer weniger Vertrauen entgegenbrachten. Das hieß aber nicht, dass Deutschland, wie der damalige Bundeskanzler Helmut Kohl 1993 vermutete, zu einem „kollektiven Freizeitpark" (zit. n. Baumann u. a. 2001, Sp. 974) geworden sei. Auch an dieser Stelle mischten die Jugendlichen wieder kräftig alles das durcheinander, was für die Elterngeneration nicht zusammenpasste: Trotz immer ausgefeilterer Freizeitvergnügen wie Bungeespringen oder Snowboarden gab sich die Jugend

---

146 Dieser Trend wurde interessanterweise auch durch eine fachwissenschaftliche Studie zum Einkaufsverhalten von Internetnutzern bestätigt: „Kaufen 58,7% der Onliner häufig bis sehr häufig in der Innenstadt, geben dies nur 35,2% der Nonliner an. (...) Dezentrale Shopping-Center sind besonders bei Konsumenten beliebt, die das Internet bisher nicht für ihre Einkäufe nutzen. 54,2% dieser Gruppe kaufen dort häufig bis sehr häufig, ein, unter den Onlinern sind es dagegen nur 41,5%" (Tegeder 2004, S. 117).

verantwortungsbewusst, engagierte sich für Familie und Freunde und „plante ihre Zukunft gewissenhaft" (Deutsche Shell 2002, S.90 – vgl. Schramke 1999b, S. 72). Wenn angesichts dieser rasanten Entwicklungen aber schon „ein beträchtlicher Anteil der 15-jährigen Jugendlichen in Familien lebt, in denen die sozialen und kulturellen Gemeinsamkeiten zwischen den Generationen auf ein Minimum geschrumpft sind" (Baumert, Cortina, Leschinsky 2003, S. 111 – vgl. Schramke 1999b, S. 75), wie musste es dann erst in den Schulen aussehen, wo die Jugendlichen „de facto von einer Oma- und Opa-Generation unterrichtet" (Schramke 1993a, S. 18) wurden?

Für die Lehrerschaft, die sich nicht auf den Standpunkt des Beobachters des Beobachters stellte, war dieses Strukturproblem nur als ein Problem der veränderten Zusammensetzung der Schülerschaft sichtbar (Tillmann 1994, S. 5): die Gymnasiallehrer sahen sich einer zunehmend heterogenen Schülerschaft gegenüber (Böttcher, Rösner 1998, S. 51), die Hauptschullehrer mussten mit einer immer homogeneren Schülerschaft zurechtkommen (Rösner 1998, S. 50). Tatsächlich verbarg sich hinter dieser Wahrnehmung ein weiteres Strukturproblem, das lange Zeit entweder gar nicht wahrgenommen oder weitgehend ignoriert wurde. In dem Moment, in dem „die Hauptschule die mittleren und guten Schüler an die Realschulen und teilweise auch an die Gymnasien abgab" (Baumert, Cortina, Leschinsky 2003, S. 86) und ihr damit immer mehr die Aufgabe zufiel, „nach Herkunft (also strukturell) benachteiligte Kinder zu unterrichten, zu integrieren, für andere Bildungsgänge zu qualifizieren oder die in anderen Bildungsgängen Gescheiterten aufzufangen" (ebd., S. 47), wurde sie auch immer mehr zur Schule für „Jugendliche aus Zuwandererfamilien" (Baumert, Cortina, Leschinsky 2003, S. 86). 1996 waren 18,7 Prozent aller Hauptschüler Ausländer, während der Ausländeranteil an Gesamtschulen 11,7 Prozent, an Realschulen 6,5 Prozent und an den Gymnasien nur 4,0 Prozent betrug (KMK 1997, zit. n. Böttcher, Rösner 1998, S. 50). Damit wurde eine neue Chancenungleichheit im deutschen Bildungssystem sichtbar, die nicht mehr auf Konfessionen oder Geschlechterdifferenz beruhte, sondern auf der ethnischen Zugehörigkeit

(Böttcher, Rösner 1998, S. 50; Baumert, Cortina, Leschinsky 2003, S. 145).
Diese ungleiche Bildungsbeteiligung von Ausländern verdankte sich vor allem
der „politischen Unentschiedenheit gegenüber Zuwanderung" (Baumert, Cortina, Leschinsky 2003, S. 145), die dazu führte, dass die „nationale Aufgabe"
(ebd., S. 145) der Integration lange Zeit nicht wahrgenommen wurde. Erst als
es kurz nach der Wende zu einer ganzen Serie von ausländerfeindlichen Über-
griffen kam – 1991 in Hoyerswerda, Saarlouis und Hünxe (Baumann u. a. 2001,
Sp. 953), 1992 in Rostock und Mölln (ebd., Sp. 957), 1993 in Solingen (ebd.,
Sp. 977) und 1994 in Madgeburg (ebd., Sp. 994) – und Vertreter aus der Wirtschaft, von den Gewerkschaften (Die interaktive Jahrhundert-Chronik 2001b),
aber auch aus dem Ausland zunehmend Befremden über die Ausschreitungen
äußerten (Die interaktive Jahrhundert-Chronik 2001c), kam es auch in der Bildungspolitik und Pädagogik zu einer offeneren Diskussion dieses Problems.
Ebenfalls zunehmend virulent wurde in den 90er Jahren die Frage, ob die höheren Bildungsabschlüsse von immer mehr Jugendlichen auch tatsächlich eine
höhere Bildung bedeuteten. Tatsächlich war diese Frage nicht leicht zu beantworten. Klagen über die mangelnde Leistungsfähigkeit der nachwachsenden
Generation hatte es schon immer gegeben (Keller 1989; Block, Klemm 1997, S.
74-78); empirische Studien waren rar, und dort, wo es sie gab, von zweifelhaf-
ter Validität (Block, Klemm 1997, S. 80). Eines der größten Probleme von Test-
Vergleichen zwischen den Generationen bestand bislang darin, dass sie „veränderte kulturelle Kontexte und Curricula (...) unberücksichtigt" (ebd., S. 79) ließen. Nur unter Berücksichtigung dieser Kontexte ließen sich Ergebnisse aus der
Mitte der 80er Jahre sinnvoll interpretieren, die zeigten, dass Jugendliche zu
diesem Zeitpunkt zwar oft über „keinerlei Kenntnisse in alten Sprachen" (ebd.,
S. 79) verfügten, sich andererseits aber – nach Selbsteinschätzung (ebd., S.
83) - „der Anteil der Personen mit brauchbaren Kenntnissen zumindest einer
Fremdsprache (...) im Vergleich der ältesten zur jüngsten Altersgruppe von
rund 40 auf über 80 Prozent" (Baumert, Cortina, Leschinsky 2003, S. 101) verdoppelt hatte. Ein fast ebenso großes Problem bildete die Bestimmung der zu

vergleichenden Kohorten (Block, Klemm 1997, S. 79). Wollte man den Bildungsstand einer ganzen Generation messen, reichte es nicht, „die durchschnittlichen Fähigkeiten einer Abiturklasse der fünfziger Jahre (als nur 6 % eines Abiturjahrgangs das Abitur machten) mit den Fähigkeiten einer Klasse der neunziger Jahre zu vergleichen, in der sich der Jahrgangsanteil mit 27 % mehr als vervierfacht hat" (ebd., S. 79f). Tatsächlich wusste man in den 90er Jahren nicht, „inwieweit die Realschule und das Gymnasium die Anpassung an veränderte Schülervoraussetzungen mit einem schleichenden Wandel ihres Bildungsprogramms zu bezahlen hatten" (Baumert, Cortina, Leschinsky 2003, S. 86). Was man wusste, war, dass die Hauptschulen in den 90er Jahren damit begannen, „das fachliche Niveau zu differenzieren und gegebenenfalls herunterzusetzen - bis zur Aufgabe der Pflichtfremdsprache" (ebd., S. 136), um den ihr anvertrauten Schülern zumindest die notwendigen Basiskompetenzen vermitteln zu können. Diese veränderte Aufgabendefinition zusammen mit einer „sich wandelnden Auslesepraxis" (ebd., S. 135), führte dazu, dass trotz des Rückgangs der Anmeldungen zur Hauptschule der Anteil der Schüler, die die Schule ohne Abschluss verließen, von 20 Prozent im Jahre 1970 auf 13 Prozent im Jahre 2000 (ebd., S. 135) sank.

Obwohl die Bildungsexpansion ihr Ziel erreicht hatte, einen größeren Teil der Jugendlichen zu höheren Bildungsabschlüssen zu führen und obwohl kaum gesagt werden konnte, ob diese höhere Bildung mit entsprechend höheren Kenntnissen und Fähigkeiten korrelierten, machte sich zu Beginn der 90er Jahre erneut Unzufriedenheit mit den Leistungen des Schulsystems bemerkbar.

Auf Seiten der Lehrerschaft war es vor allem die in den 80er Jahren entstandene „Normalschwierigkeit" (Ziehe 1996, S. 37- vgl. Kap. 5.2.1.), die ihnen zu schaffen machte. Mit traditionellen Unterrichtsformen und –inhalten konnten sie die Schüler, die in einer durch „Pluralisierung (von Lebensformen, Sinn und Erklärungsangeboten, Erziehungsnormen) und Individualisierung (von Lebenslaufmustern, Lernformen und Erziehungsverhältnissen)" (Schramke 1999a, S. 19) gekennzeichneten Gesellschaft aufwuchsen, kaum mehr erreichen. Statt sich auf einen unhinterfragbaren Kanon zurückziehen zu können, mussten sie „nun die Plausibilität des Lehrstoffs herstellen, eine personale Beziehung zwischen sich und den Schülern aufbauen, zur Selbstmotivation anregen und Lernsituationen arrangieren" (Ziehe 1996, S. 37). Daraus folgte fast zwangsläufig, dass Kommunikation und Kooperation einen immer größeren Stellenwert im Unterricht erlangten (Wierwille 1998, S. 76). Wenn es aber immer größere Teile des Schullebens „zwischen den Beteiligten auszuhandeln gilt" (Schratz, Iby, Radnitzky 2001, S. 61), dann werde es auch immer weniger zweckmäßig, „pädagogische Praxis von zentraler Stelle aus bis ins Detail zu regeln" (ebd., S. 61). Um auf die veränderten gesellschaftlichen Bedingungen angemessen reagieren zu können, müssten die Schulen somit größere "finanzielle, organisatorische und inhaltliche Gestaltungsmöglichkeiten" (ebd., S. 61) erhalten.

Auf der Seite des Schulträgers, der hier ja angesprochen war, war es allerdings eher die „Krise des Staates, genauer der öffentlichen Verwaltungen" (Rolff 1995, S. 32), die zu einem Umdenken führte. Die Vielzahl der Aufgaben der öffentlichen Verwaltung führe dazu, dass sie „im operativen Tagesgeschäft" ersticke (ebd., S. 32). Sie binde dabei auf der einen Seite „üppige Ressourcen" (ebd., S. 32), die angesichts der „Finanzkrise der öffentlichen Hand" (ebd., S. 32) kaum aufzubringen seien, und käme gleichzeitig nicht dazu, „die wesentlichen Grundsatzentscheidungen zu fällen und einen Handlungsrahmen zu entwickeln" (ebd., S. 32). Die Lösung dieses Problems wurde darin gesehen, „die Verwaltungen ‚schlanker' zu machen" (ebd., S. 32) und die Tagesgeschäfte an die unterste Ebene zu delegieren, um „die Probleme dort lösen zu lassen, wo sie anfallen" (ebd., S. 32). Das bedeutete für die Einzelschule auf der einen Seite mehr Autonomie (ebd., S. 31), verlangte auf der anderen Seite aber auch Verantwortung für die Qualitätsentwicklung und -sicherung (Becker 1998, S. 33; Pilgram 1998, S. 25; Schratz, Iby, Radnitzky 2001, S. 61). Zu diesem Zweck wurden die Schulen ab Mitte der 90er Jahre von den Schulträgern der einzelnen Länder zunehmend angehalten, Schulprogramme zu entwickeln und den Erfolg der eigenen Anstrengungen zu evaluieren (Diegelmann, Porzelle 1999). Die erwünschte Kostenreduzierung im staatlichen Sektor (Rolff 1995, S. 33) führte allerdings zeitgleich dazu, dass auch in den Schulen selbst gespart wurde: So wurden „die Pflichtstundenzahlen der Lehrer(innen) [...] landauf, landab wieder erhöht, Klassenfrequenzen [...] heraufgesetzt, Verfügungsstunden gestrichen, und die Neueinstellungen von Lehrer(innen) [...] wieder einmal hinausgeschoben" (Tillmann 1994, S. 4).

Angesichts dieser Konstellation von nicht zu übersehendem Problemdruck durch eine neue Generation von Schülern, administrativer Erhöhung der Belastungen in den alten Kernbereichen und Erweiterung der Aufgaben durch eine größere Autonomie der Schule war es kaum verwunderlich, dass viele Lehrer die neuen Handlungsspielräume zwar positiv einschätzten, die zusätzliche Arbeitsbelastung aber für „nicht wünschenswert" (Schlömerkemper 1999, S. 30) erachteten und insgesamt glaubten, dass sich ihre mit dem Schulprogramm verbundenen Wünsche eher nicht erfüllten (ebd., S. 30)[147]. Berichte zur Entwicklung von Schulprogrammen deuteten dementsprechend oft auch auf „eine abwartende Haltung" (Hagen-Döver u. a. 1998, S. 15 – vgl. Pilgram 1998, S. 25) im Kollegium hin, auf Aktivitäten, die – weil es „so viele andere Arbeiten und Probleme im Schulalltag" (ebd., S. 18) gab – im Sande verliefen (ebd., S. 18) oder auf dynamischen Stillstand, wo viel gemacht, aber kaum etwas erreicht wurde (Pilgram 1998, S. 26). Um diese Schwierigkeiten zu überwinden, wurden von Seiten der Landesinstitute viele Hilfen angeboten (Fleischer-Bickmann, Maritzen 1998; Sommer, Stöck 1998; Eikenbusch 1999). Welche Rolle in diesem Umfeld die Fachdidaktik spielte, ob sie hilfreich sein konnte bei der Beantwortung von drängenden Fragen oder ob sie angesichts der Vielfalt der organisatorischen Aufgaben mehr oder weniger randständig werden würde, musste die Diskussion in den 90er Jahren erst noch erweisen.

---

147 Ganz anders dachte da im Übrigen die Schulverwaltung: Ihre Repräsentanten gingen nicht davon aus, dass die Lehrkräfte „mit zusätzlichem Arbeitsaufwand belastet werden" (Schlömerkemper 19999, S. 30). Dafür rechneten sie aber mit deutlich positiveren Ergebnissen als die betroffenen Lehrer selbst (ebd., S. 30).

6.2.2 ERWACHT AUS DEM DORNRÖSCHENSCHLAF

Zu Beginn der 90er Jahre erwachte auch die Geographiedidaktik unsanft aus ihrem Dornröschenschlaf der 80er Jahre: Sie musste zur Kenntnis nehmen, dass die Anbiederung an die wirklichen oder angeblichen Bedürfnisse „der Öffentlichkeit" nicht zu einer vermehrten Nachfrage nach geographischem Unterricht geführt hatte, sondern dass die Erdkunde ganz im Gegenteil „dazu verdammt ist, aus dem Kanon der (Pflicht-)Fächer unserer Schulen langfristig zu verschwinden" (Bierwirth 1992, S. 48), denn in immer mehr Bundesländern und Jahrgängen werde die Geographie auf „Ein- oder Null-Stundendeputate oder integrative Fachanteile" (Köck 1992a, S. 183) reduziert. „Die Öffentlichkeit", die sich dem Bemühen der Geographiedidaktiker gegenüber derart undankbar zeigte, wurde nun in zweierlei Hinsicht für die als krisenhaft empfundene Situation verantwortlich gemacht: Zum einen verdankte sich das miserable Image des Schulfaches nun nicht mehr dem Umstand, dass es den öffentlichen Erwartungen nicht genügte, sondern dass die Öffentlichkeit nicht „so recht zu wissen scheint, was die Erdkunde eigentlich macht" (Bierwirth 1992, S. 48). Diese „Ahnungslosigkeit der Öffentlichkeit über die eigentliche Aufgabe und Leistung des Geographieunterrichts" (Köck 1992a, S. 183) mache sich z. B. darin bemerkbar, dass „die Mehrheit der (fachfremden) Kollegen den geographischen Anteil des Faches bei dem Halbjahresthema ‚Entwicklungsländer' darauf beschränkten, dass die Schüler wissen sollten, wo Rio de Janeiro liegt" (Bierwirth 1992, S. 48). Diese Beschränkung, die man in den 80er Jahren noch als Kronzeugen dafür nutzte, dass die verschiedenen Reformbemühungen allesamt in Sackgassen geführt haben, wurde nun als Grund dafür angesehen, „dass durch die alleinige Vermittlung von Raumwissen nach dem Motto, was wo beziehungsweise wo was liegt, das Fach, oft auch mit einem leicht spöttischen Beigeschmack Erdkunde genannt, intellektuell harmlos erscheint" (Köck 1992b, S. 48). Damit aber entstand eine double-bind-Situation[148], in der der Geographieunterricht von der

---

148 Double-bind-Situationen entstehen, wenn an eine Person zwei einander widersprechende Erwartungen herangetragen werden. Das in der double-bind-Situation gefangene Opfer hat

381

Öffentlichkeit genau für das belächelt wurde, was sie von ihm erwartete. Nicht zu Unrecht fragte Daum deshalb: „Wieviel Schuld haben wir selbst, auch durch Unterlassung, dass unser Fach in der Öffentlichkeit als dermaßen blöd angesehen wird?" (Daum 1992b, S. 3).

6.2.2.1 RAUMVERHALTENSKOMPETENZ REVISITED

Um die drohenden Stundenstreichungen abzuwenden, forderte Köck Anfang der 90er Jahre in mehreren kurzen Beiträgen eine „systematische und professionelle Öffentlichkeits- und Lobbyarbeit" (Köck 1992a, S. 185 – vgl. 1993a, S. 3) und bot seinen Begriff der „Raumverhaltenskompetenz" – theoretisch gegenüber der Version von 1980 deutlich weniger differenziert, dafür moralisch um so anspruchsvoller - als werbewirksames Etikett an (Köck 1992a, 1992b, 1993a, 1993b). Die neue Schwerpunktsetzung wurde dabei bereits an der leichten Verschiebung in der Definition des Begriffs deutlich: Raumverhaltenskompetenz sollte nun nicht mehr dazu befähigen, „vom Raum und seinen Erscheinungen her gegenwärtiges und (zu)künftiges Dasein rational zu gestalten, die räumliche Dimension des Daseins also adäquat zu strukturieren" (Köck 1980, S. 25 – vgl. Kap. 5.2.2.1), mit ihr war vielmehr „die Fähigkeit gemeint, das persönliche ebenso wie das gemeinschaftliche Leben von den räumlichen Bedingungen her erfolgreich zu gestalten" (Köck 1992b, S. 48). Der Schüler und spätere Erwachsene sollte sein Leben somit nicht mehr nur rational, sondern auch erfolgreich gestalten. War es ihm im ersten Fall freigestellt, eigene Ziele zu setzen und dann zu versuchen, diese auch zu erreichen, implizierte die *erfolgreiche* Gestaltung im zweiten Fall einen bereits vorhandenen Maßstab: die „gewünschte Raumverhaltenskompetenz" (ebd., S. 49), an der sich der Grad des Erfolges messen ließ. Unter kompetentem Raumverhalten stellte sich Köck dementsprechend ein Verhalten vor, das „selbstbestimmt sowie übertragbar ist,

---

dann keine Möglichkeit sich „richtig" zu verhalten. „Doppelt gebundene Kommunikationen sind eine häufige Ursache von seelischer Verwirrung und Orientierungslosigkeit; sie hinterlassen im Opfer das Gefühl: ‚Wie ich's mache, ist es falsch!'. Sie sind weit verbreitet und nicht auf Familien mit einem an Schizophrenie leidenden Mitglied beschränkt" (Schmidbauer 1991, S. 51f).

382

eine globale Reichweite besitzt, das Fließgleichgewicht erdräumlicher Systeme zu bewahren hilft und gleichwertigen räumlichen Lebensverhältnissen sowie ethischen Prinzipien verpflichtet ist" (Köck 1992a, S. 184). Um die so neu definierte Raumverhaltenskompetenz zu erreichen, waren andere Teilqualifikationen nötig als die noch 1980 beschriebenen Lernziele. Die damaligen „Funktionsziele", die sich an den Daseinsgrundfunktionen orientierten (vgl. Kap. 5.2.2.1), ersetzte Köck deswegen folgerichtig durch drei neue Teilqualifikationen: die „Fähigkeit zum Denken und Handeln in räumlichen Strukturen" (Köck 1992b, S. 48 und 1993b, S. 17), die „Befähigung des Schülers zum Denken und Handeln in räumlichen Systemen" (Köck 1992b, S. 49) und die „Fähigkeit zum Denken und Handeln in räumlichen Prozessen" (Köck 1993b, S. 17 – vgl. Köck 1992b, S. 49). Die Forderung nach diesen drei Teilqualifikationen beruhte auf der Annahme, dass „man auch das erdräumliche richtige Einzelverhalten nur von den jeweils in Frage kommenden erdraumgesetzlichen Zusammenhängen und Strukturen her ableiten" (Köck 1992b, S. 48 – vgl. Köck 1993b, S. 16) könne. Hierzu sei es notwendig, „räumliche Erscheinungen einerseits als je eigenständige Systeme, andererseits als Bestandteile jeweils übergeordneter und hierarchisch integrierter Systeme mit der Erde bzw. Welt als ranghöchstem System, gegebenenfalls jedoch auch als Obersysteme von untergeordneten Systemen zu verstehen und die für Systeme konstitutive vielseitige innere wie äußere Verflochtenheit und Wechselwirkung sowie (geo)ökologische Haushalts-beziehung als Determinante des eigenen Raumverhaltens zur Geltung zu bringen"[149] (Köck 1993b, S. 18). Die Schüler müssten darüber hinaus lernen, die erdräumlichen Prozesse „zu beurteilen und zu bewerten, ihre Folgen abzuschätzen, in wünschenswerte Bahnen zu lenken und endlich im eigenen Raumverhalten in Rechnung zu stellen"[150] (Köck 1992b, S. 49). Die Berücksichtigung dieser

---

149 Wie später Rhode-Jüchtern (vgl. Kap. 6.2.3.3) bezog sich Köck in diesem Zusammenhang auch auf die Ergebnisse des Psychologen Dietrich Dörner (vgl. Rhode-Jüchtern 1996c, S. 46), der mithilfe von Simulationen die Fähigkeit der Versuchspersonen getestet hatte, in komplexen Systemen zu denken (Köck 1993b, S. 18; Rhode-Jüchtern 1996a, S. 27-29).
150 Als Beispiel für raumkompetentes Verhalten nannte Köck einen Bauherrn, dessen „zur Bebauung vorgesehenes Grundstück genau über einer geologischen Verwerfung liegt" (Köck

Gesetzmäßigkeiten gelte „sowohl für kurzfristig ablaufende dynamische Prozesse als auch für Langzeitprozesse, die in Hunderten, Tausenden oder gar in Millionen von Jahren langsam ablaufen" (ebd., S. 49). Gerade die Beschäftigung mit den Langzeitprozessen ermögliche es dem Schüler, Veränderungen „als zusammenhängende und dabei regelhaft, gerichtet und strukturiert ablaufende Ereignisfolgen, eben als Prozesse" (Köck 1993b, S. 18) zu verstehen, auch wenn „sie aus unzähligen, raumzeitlich scheinbar unzusammenhängenden Einzelereignissen" (ebd., S. 18) beständen. Grundlage für die Entwicklung der drei Teilqualifikationen sei zudem eine „räumliche Orientierungsfähigkeit" (Köck 1992b, S. 48; 1993b, S. 16), die sich nicht auf ein „'gewußt wo'" (Köck 1992b, S. 48) reduzieren lasse, sondern die Kenntnis der „Lagebeziehungen und Lagestrukturen, die sich aus dem räumlichen Zueinander der Dinge auf der Erde ergeben" (ebd., S. 48) ebenfalls beinhalte[151].

1992b, S. 48). Dieser Bauherr würde sich raumkompetent verhalten, wenn er „von der Bebauung absieht oder entsprechende bautechnische Vorsorge trifft" (ebd., S. 48). Daum entdeckte in diesem Beispiel allerdings lediglich eine „erstaunliche Harmlosigkeit und Dürftigkeit" (Daum 1992a, S. 41) und fragte, „was passiert, sobald es nur ein wenig turbulenter zugeht" (ebd., S. 41), also das Grundstück etwa neben einer Disco, einem Klärwerk, einem Asylanten-Wohnheim oder in der Einflugschneise eines Flughafens liege (ebd., S. 41). Man könnte weiter fragen, was denn ein Konsument angesichts der Theorie der Zentralen Orte alles zu bedenken habe. Darf er in dem vom Ambiente her schöneren und für den Pkw leichter zugänglichen Mittelzentrum einkaufen, wenn er das Oberzentrum dadurch schwächt? Und was ist mit den Angeboten auf der grünen Wiese? Handeln diese Anbieter nicht selbst schon gegen „erdraumgesetzliche Zusammenhänge"? Oder handeln sie zwar gegen die Theorie der Zentralen Orte, aber gemäß der Theorie der Suburbanisierung? Und an welche Theorie sollen sie sich eher halten? Man sieht: Es gibt mehr Fragen als Antworten, wenn versucht wird, wissenschaftliche Gesetzmäßigkeiten in Recht zu überführen.

151 Eine auf der Kenntnis von Lagebeziehungen und Lagestrukturen beruhende räumliche Orientierungsfähigkeit würde nach Köck folgendes beinhalten: „Zum Beispiel reicht es nicht aus zu wissen, dass Langeoog eine deutsche Nordseeinsel ist, sondern erst die Einordnung in den Raum – Langeoog Insel in der südöstlichen Nordsee, nördlich parallel der ostfriesischen Nordseeküste, westlich von Spiekeroog, östlich von Baltrum, Bestandteil der west- und ostfriesischen Inselkette, die ihrerseits, wie auch die Einzelinsel, in West-Ost-Richtung der Küste parallel vorgelagert ist – ermöglicht dem Schüler eine raumlogische Orientierungsfähigkeit" (Köck 1992b, S. 48). Für die Anden sei es dementsprechend wichtig zu wissen, „in wessen Nachbarschaft die Anden liegen, wie sie zu diesen Nachbarn angeordnet sind, wo sonst noch vergleichbare Hochgebirge auf der Erde vorkommen, wie die betreffenden Hochgebirge zueinander liegen und angeordnet sind, welche globalen Lage- und Ordnungsstrukturen sich daraus ergeben, schließlich, wie sich die Hochgebirgsgürtel ihrerseits in die großräumige Ordnung der Kontinente und

384

Mit dieser Neudefinition der Raumverhaltenskompetenz war allerdings noch nicht begründet, warum es für Schüler unabdingbar sei, eine solche Kompetenz zu erwerben und warum die Vermittlung dieser Kompetenz im Geographieunterricht institutionalisiert werden sollte. Köck beantwortete die erste Frage mit dem Rückgriff auf ein altes Zitat von Neef: „Alle geographischen Erscheinungen sind durch eine räumliche Ordnung gekennzeichnet. Es ist kein Stück geographischer Substanz denkbar, das nicht in diese räumlichen Beziehungen eingeflochten wäre" (Neef 1956, S. 88 / 89; zit. n. Köck 1992a, S. 183 – vgl. Köck 1993b, S. 15). Aus diesem Zitat folgerte er, dass - „wenn man so will" (Köck 1992a, S. 183) – „die Erde überhaupt Raum" (ebd., S. 183) und das Leben auf der Erde dementsprechend „Leben im Raum, Leben in räumlichen Verhältnissen" (ebd., S. 183) sei. Für Köck war damit „unstrittig, dass niemand auf der Erde umhinkann, sich in seinem individuellen wie gemeinschaftlichen Leben auch mit den räumlichen Gegebenheiten der Erde auseinanderzusetzen" (ebd., S. 184). Obwohl er den Raum so zu einer „permanent lebensbestimmenden Größe" (Köck 1993a, S. 2) erklärte und „das permanente Raumverhalten" (ebd., S. 2) damit ebenfalls nahezu „unumgänglich" (ebd., S. 2) wurde, ging er davon aus, dass eine Befähigung zu kompetentem Verhalten im Raum „nicht mehr allein durch Primärsozialisation" (Köck 1992a, S. 184 – vgl. Köck 1993a, S. 2; 1993b, S. 16) zu erreichen sei. Der Lebensraum habe sich mit der sozioökonomischen Höherentwicklung „sukzessive bis zur weltweiten Reichweite vergrößert" (Köck 1993a, S. 2), wodurch „Raumbezüge komplexer, Raumansprüche höher, raumbezogene Probleme gravierender und deren Lösung komplizierter" (ebd., S. 2) geworden seien. Gleichzeitig werde „die ‚Halbwertzeit' räumlicher Strukturen, Systeme, Prozesse und Problemlösungen kleiner" (ebd., S. 2). Eine Erziehung zu kompetentem Raumverhalten könne „angesichts der Komplexität

---

Meere, Mittelgebirge und Tiefländer, Staaten und Staatensysteme, Klima-, Boden- und Vegetationszonen usw. einfügen" (Köck 1993b, S. 16). Daum sah in diesen Beispielen eine „verschärfte topographische Tortur" (Daum 1998b, S. 83), die „an Schlichtheit und Trivialität schwerlich übertroffen werden könne" (ebd., S. 83).

und Globalität der heutigen Raumbindung" (Köck 1992a, S. 184) „nur auf institutionalisierte und professionelle Weise geleistet werden" (Köck 1993a, S. 2). Zuständig für diese Erziehung sei der Geographieunterricht (Köck 1993b, S. 16), der damit zum „Schlüsselfach" (Köck 1992a, S. 183; 1992b, S. 49; 1993a, S.2; 1993b, S. 14, 16 und 20) avanciere. Diesem Schlüsselfach werde man „nicht dadurch gerecht,

- dass man es, wenn es eben beliebt, mit anderen Fächern zu einem gesichtslosen Sammelfach zusammenfasst,

- dass man sein Stundendeputat zugunsten anderer Fächer oder zur Reduzierung der Gesamtstundenzahl nicht selten auf eine zu vernachlässigende Restgröße oder gar auf Null reduziert – und dies angesichts der eigentlich zusätzliche Stunden erfordernden Zentrierungsfunktion[152],

- dass man es mithin als fachpolitisch wie unterrichtsorganisatorisch gleichermaßen willkommene ‚Verfügungsmasse' missbraucht,

- dass man ihm Lehrpläne verordnet, die unter weitreichendem Ausschluss der einschlägigen Fachkompetenz zustandegekommen sind,

- dass es zu einem erheblichen Teil von dafür nicht ausgebildeten Lehrern unterrichtet wird" (Köck 1992a, S. 185).

Die fachdidaktische Rezeption dieser Vorstellungen zur Raumverhaltenskompetenz war allerdings längst nicht so positiv, wie Köck selbst es in seinem Beitrag von 1993 darstellte, denn der vom ihm zitierte „hohe innerfachliche Zustimmungsgrad" (Köck 1993b, S. 16) konnte sich rein von der zeitlichen Abfolge her nur auf ältere Beiträge beziehen, von denen er selbst seine Habilitation von 1980 und seinen Aufsatz von 1989 nannte (ebd., S. 16)[153]. Die Reaktion auf die

---

152 Nach Köck ist die Geographie ein Zentrierungsfach, weil sie in der Schule eine Reihe von universitären Disziplinen, die über kein korrespondierendes Schulfach verfügten, mitvertrete (Köck 1992a, S. 184). Zu diesen Disziplinen gehörten „Astronomie, Geologie, Petrographie, Mineralogie, Raumordnung / -planung usw." (ebd., S. 184).

153 Köck zitiert hier: „z. B. Birkenhauer 1986, S. 70 / 71; 1988, S. 6 / 7; Engelhard / Hemmer 1984 (gemeint ist 1989 – Anm. A. U.), S. 27; Haubrich et al. 1988, S. 20 (gemeint ist vermutlich Engelhard, 1988 – In: Haubrich et al., denn Haubrich ist für 1988 im Literaturverzeichnis nur alleine – also ohne „et al." - zitiert, und der zitierte Aufsatz enthält auch keine S. 20 – Anm. A. U.); Kroß 1992, S. 57; Schrand 1989, S. 4" (Köck 1993b, S. 16). Die Beiträge von Birkenhauer

386

beiden Aufsätze von 1992 fiel dagegen eher verhalten (Mittelstädt, 1992; Czapek 1992) bis kritisch (Daum 1992a; Uhlenwinkel 1993) aus:

- Mittelstädt, dessen Bemerkungen Köck selbst als „konstruktiv" (Köck 1993a, S. 2) einstufte, sah in Köcks Beitrag in der Geographischen Rundschau (Köck 1992a) vor allem „eine wichtige Stimulanz zur Rollenfindung und eine brauchbare Grundlage für die Argumentation der Schulgeographen im fachdidaktischen Diskurs und gegenüber der Öffentlichkeit" (Mittelstädt 1992, S. 463). Er nutzte die Abstraktheit der Vorstellung von der Raumverhaltenskompetenz, bestimmte ihre inhaltliche Füllung aber neu und durchaus konträr zu Köcks Vorstellungen: Ihm ging es vor allem darum, „den Veränderungen von Kindheit und Jugend sowie der Schule ebenso Rechnung [zu] tragen wie den globalen Umwälzungen in unserer Gegenwart" (ebd., S. 463). Zu diesem Zweck sollten aktuelle Problemzusammenhänge, wie etwa „Leben in der Einen Welt, Bewahrung der Umwelt, Europa, Leben in einer multikulturellen Gesellschaft" (ebd., S. 463) in den Geographieunterricht integriert werden. Den „bisherigen klimageographischen Durchgang in der Jahrgangsstufe 7" (ebd., S. 463) hielt Mittelstädt dagegen für problematisch, da er von den Schülern aufgrund ihres

---

und Haubrich bzw. Engelhard sind so früh erschienen, dass sie sich nicht einmal auf Köcks Aufsatz von 1989 beziehen konnten, in dem er zwar noch bei seiner 1980 – wenn auch in anderen Worten (vgl. Köck 1989, S. 20) - formulierten Vorstellung blieb, dass „schulstufenaufwärts (...) zunehmend komplexere räumliche Systeme" (Köck 1980, S. 58 – vgl. Kap. 5.2.2.1) behandelt werden sollten, aber die Raumverhaltenskompetenz schon deutlicher „auf die systemische Dimension" (Köck 1989, S. 17) hin definierte. Den 1986er Beitrag von Birkenhauer zitierte Köck in diesem Beitrag von 1989 sogar selbst als Unterstützung für die Aussage, dass es „Aufgabe des Geographieunterrichts [sei], die zur adäquaten Gestaltung der erdräumlichen Dimension erforderliche Kompetenz zu vermitteln" (Köck 1989, S. 14). Die Beiträge von Engelhard / Hemmer und Schrand sind im selben Heft von „Geographie und Schule" erschienen wie der 1989er Aufsatz von Köck und konnten deswegen auch nur sehr kursorisch auf diesen Beitrag Bezug nehmen, Schrand etwa mit der Formel „(vgl. Beitrag Köck)" (Schrand 1989, S. 4). Engelhard und Hemmer bezogen sich an der fraglichen Stelle auf Köck, 1980 (Engelhard, Hemmer 1989, S. 27). Nur Kroß bezog sich in dem genannten Aufsatz auf Köck 1980 *und* 1989, allerdings *nicht* auf die hier in Frage stehenden Beiträge von 1992, was zeitlich wohl auch kaum machbar gewesen wäre.

„Erfahrungs-, Verständnis- und Fragehorizonts" (ebd., S. 463) kaum erreichbar sei.

- Auch Czapek, dessen Kritik sich ebenfalls auf den Aufsatz in der Geographischen Rundschau bezog und dessen Beitrag Köck als „konstruktiv-kritische Auseinandersetzung" (Köck 1992a, S. 2) verstand, nahm Köcks Überlegungen vor allem als Zeichen dafür, dass eine Diskussion über die „Unverwechselbarkeit" (Czapek 1992, S. 464) des Faches im Schulkanon „erneut vonnöten" (ebd., S. 464) sei. Ebenso wie Mittelstädt setzte er in dieser Diskussion seine ganz eigenen Akzente, die sich vom Beitrag Köcks weitgehend emanzipierten. Für ihn lag der Schlüssel für die Entwicklung des Geographieunterrichts in den von Köck „nur beiläufig" (Czapek 1992, S. 464) erwähnten Begriffen „Unterrichtspraxis" und „überzeugend" (ebd., S. 464). Die damalige Unterrichtspraxis hielt er dabei für eher wenig überzeugend. Den Fachlehrern mangele es zwar „kaum an sachlicher Kompetenz" (ebd., S. 464), aber sie neigten dazu, den „fachlichen Anspruch vor allem durch Stofffülle zu erheben" (ebd., S. 464). Diese Einstellung sei aber „kontraproduktiv" (ebd., S. 464), weil der Unterricht „letztlich nur in lexikalischer Vermittlung" (ebd., S. 464) stecken bleibe. Im Gegensatz zu einem solchen „Informationsunterricht" (ebd., S. 464) verlange der Bildungsauftrag der Schule aber „nicht nur Kenntnisse zu vermitteln, sondern auch Fähigkeiten und Fertigkeiten zu schulen" (ebd., S. 464f). Der Geographieunterricht sei besonders geeignet, dafür „auch methodisches Lernen" (ebd., S. 465) zu ermöglichen, und müsse sich *damit* als Schlüsselfach profilieren (ebd., S. 465).

- Im Gegensatz zu den beiden vorangegangenen Beiträgen beschäftigten sich die Beiträge von Daum (1992a) und Uhlenwinkel (1993) tatsächlich mit den vorgebrachten Argumenten. Obwohl sie sich auf je unterschiedliche Aufsätze von Köck bezogen, kamen beide zu dem Schluss, dass Köcks Ansatz auf tautologischen Schlüssen (Daum 1992a, S. 42; Uhlenwinkel 1993, S. 199) beruhe und sich kompetentes Raumverhalten nicht aus abstrakten geographischen Gesetzmäßigkeiten ableiten lasse (Daum 1992a, S. 42; Uhlenwinkel 1993, S. 199). Da Köcks Beitrag in „geographie heute" deutlich weniger theoretisch formuliert war als der in der Geographischen Rundschau, mussten die beiden Autoren auf unterschiedlichen Ebenen zu der sehr ähnlichen Einschätzung kommen. Daum leitete seinen Tautologievorwurf dementsprechend vom Begriff der Raumverhaltenskompetenz selbst her, der mit der universellen Kategorie Raum „für sich allein keinen plausiblen Rahmen für kategoriale Bildungsbemühungen abgeben [könne] - es sei denn, man begnügte sich mit pauschal determinierenden bzw. tautologischen Aussagen, die zudem unerträglich apodiktisch klingen" (Daum 1992a, S. 42). Uhlenwinkel dagegen bezog sich auf Köcks Begründung für die Unabdingbarkeit des Erwerbs von Raumverhaltenskompetenz: Das Zitat von Neef sei tautologisch, weil „Erscheinungen sowieso nur ‚geographisch' [werden], indem man sie der Betrachtungsweise der geographischen Wissenschaft unterwirft" (Uhlenwinkel 1993, S. 199). Mit der Behauptung, dass Leben auf der Erde notwendig Leben im Raum sei, werde „die Betrachtungsweise der Wissenschaft zu einer Eigenschaft des betrachteten Gegenstandes erklärt" (ebd., S. 199) nur um „dann voller Erstaunen" (ebd., S. 199) festzustellen, „dass alles um [uns] herum geographisch ist" (ebd., S. 199). Mit einer derart auf den Raum fixierten Betrachtungsweise werde der Blick „auf grundlegende gesellschaftliche, wirtschaftliche und politische Entscheidungsmomente" (Daum 1992a, S. 42) verstellt. Sieht man allerdings „erst einmal von jedem Interesse ab, und verlangt dann auch noch ein kompetentes Verhalten, das sich an einem Abstraktum wie ‚dem Raum' bewähren soll, ja dann ist man geradezu gezwungen, dieses Abstraktum mit moralischen Maßstäben zu füllen" (Uhlenwinkel 1993, S. 199). Statt auf die Formulierung immer neuer normativ definierter Anforderungen an die Schüler komme es aber darauf an, derartige „immer schon vorgefertigten Muster der Weltannäherung und Weltaneignung in Frage stellen und nach neuen Zugängen zu suchen, die nicht zuletzt für den

Lernenden subjektiv bedeutsam sind und gleichermaßen mehr Lernchancen eröffnen" (Daum 1992a, S. 42). Mit diesem Schluss kamen *diese beiden* Argumentationen, von denen Köck eine (Uhlenwinkel) für „polemische Kritik" (Köck 1992a, S. 2) mit nur „vereinzelten Ansatzpunkten für eine ernsthafte wissenschaftliche Auseinandersetzung" (ebd., S. 2) und die andere (Daum) gleich für einen „pamphletistischen Rundumschlag" (ebd., S. 2) hielt, den Vorstellungen des deutlich sanfter beurteilten Mittelstädt durchaus nahe.

Die vor allem von Köck geführte Diskussion um die Raumverhaltenskompetenz schien zu Beginn der 90er Jahre vor allem zur Lagerbildung tauglich gewesen zu sein. Allerdings hat Köck sein eigenes Lager deutlich größer erscheinen lassen als es tatsächlich war.

6.2.2.2 BEWAHRUNG DER ERDE – ODER: DIE NEUE LERNZIELORIENTIERUNG DER 90ER JAHRE

Fast zeitgleich mit der Popularisierung der Idee einer Raumverhaltenskompetenz formierte sich auch schon eine Gegenbewegung, deren argumentative Hauptvertreter zunächst Kroß (1991a, 1992, 1994, 1995a, 1995b, 1997a, 1997b) und später auch Haubrich (1993b, 1994, 1996) waren.

Kroß monierte in einem ersten Schritt, der inzwischen gängige Begriff der Raumverhaltenskompetenz sei für eine Lernzielorientierung nicht geeignet. Die „scheinbar griffige Formel" (Kroß 1992, S. 57) sei zu abstrakt (ebd., S. 57; 1994a, S. 17): „Ihre inhaltliche Füllung und Wertorientierung muss jeweils neu bestimmt werden. Sie eignet sich deshalb wenig für die Diskussion im Fach oder mit der Öffentlichkeit und noch weniger für die Orientierung im alltäglichen Unterricht. Wir brauchen eine konkretere Zielangabe, die das Verhältnis Mensch-Erde beschreibt, also unser Verhältnis zur Umwelt, zur Mitwelt und zur Nachwelt" (Kroß 1992, S. 57). Eine solche konkrete Zielangabe wollte Kroß in einem zweiten Schritt mit dem Leitbild der „Bewahrung der Erde" liefern. Kernanliegen dieses Leitbildes war es, „die Sicherung einer tragfähigen, gesunden

Umwelt und das friedliche Zusammenleben aller Menschen" (Kroß 1995b, S. 6) als zwei einander ergänzende Zielsetzungen zu vereinigen.

Angestoßen wurde die Formulierung dieses Leitbildes allerdings nicht von der geographiedidaktischen Diskussion. Als Referenzpunkte galten Kroß vor allem außergeographische „wegweisende Publikationen" (Kroß 1992, S. 59) und „internationale Konferenzen" (ebd., S. 59). Den „wichtigsten Anstoß zum Umdenken" (Kroß 1994, S. 21) sah er im 1972 erschienenen Bericht des „Club of Rome" (vgl. Kroß 1992, S. 59; 1994, S. 21; 1995b, S. 4). Ziel der Autoren dieses Berichts war es, „mit Hilfe der neuartigen Techniken der wissenschaftlichen Systemanalyse und der Datenverarbeitung" (Meadows u. a. 1973, S. 15) Prognosen zu den „fünf wichtigen Trends mit weltweiter Wirkung: der beschleunigten Industrialisierung; dem rapiden Bevölkerungswachstum; der weltweiten Unterernährung; der Ausbeutung der Rohstoffreserven und der Zerstörung des Lebensraumes" (ebd., S. 15) zu erstellen. Die Ergebnisse „erregten sofort weltweites Aufsehen" (Meadows u. a. 1993, S. 9). Sie führten aber auch zu einer ganzen Reihe von Nachfolgestudien: vom Bericht an den Präsidenten „Global 2000" (vgl. Kroß 1992, S. 59; 1994, S. 21 – vgl. Abb. 21) über die Worldwatch-Berichte (Kroß 1992, S. 59; 1994, S. 21) und „Die neuen Grenzen des Wachstums" (Kroß 1994, S. 21), dem Folgewerk zum Bericht des „Club of Rome", bis zur „Erdpolitik" von E. U. von Weizäcker (vgl. Kroß 1991a, S. 45; 1992, S. 62; 1994, S. 21; 1995b, S. 9). Neben diesen „wissenschaftlichen Bestandsaufnahmen über den Zustand der Erde" (Kroß 1992, S. 59) wurden besonders auf internationalen Konferenzen immer wieder „politische Handlungsanweisungen" (Kroß 1992, S. 59 – vgl. Abb. 46) formuliert, deren „wichtigste [...] vielleicht der Brundtland-Bericht der Weltkommission für Umwelt und Entwicklung über ‚unsere gemeinsame Zukunft' (1987)" (Kroß 1994, S. 21 – vgl. Kroß 1992, S. 59; 1997b, S. 14) sei. Als Bindeglied zwischen der Politik der großen Konferenzen und der „Entwicklung neuer Lebensstile" (Kroß 1992, S. 59 – vgl. Abb. 46) können die vielen Basisbewegungen verstanden werden, die seit Beginn der siebziger Jahre "zum festen Bestandteil politischer Kultur der Bundesrepublik"

(Ramminger, Weckel 1997, S. 13) geworden sind. Zu ihnen zählen neben der Friedens- (Kroß,1995a, S. 22; Ramminger, Weckel 1997, S. 13) und der Frauenbewegung (Ramminger, Weckel 1997, S. 13) auch die Ökologie- und die Solidaritätsbewegung (Kroß 1995a, S. 22; Ramminger, Weckel 1997, S. 13), wobei die Anfänge der Dritte-Welt-Gruppen deutlich vor dem Aufkommen der sogenannten Neuen Sozialen Bewegungen liegen (Ramminger, Weckel 1997, S. 13). Dabei war die politische Ausrichtung dieser Gruppen nicht immer gleich. Während die erste, bereits in den 50er Jahren entstandene Solidaritätsbewegung sich vor allem „auf die moralische Empörung über die Menschenrechtsverletzungen der Franzosen in Algerien" (ebd., S. 14) stützte, gab es im Rahmen der Proteste gegen den Vietnam-Krieg Ende der 60er Jahre „intensivste theoretische Auseinandersetzungen sowohl um die Verhältnisse in der BRD als auch um die Zusammenhänge zwischen Entwicklung und Unterentwicklung, um imperiale Strukturen und politisch-ökonomische Interessen der USA" (ebd., S. 14). Die Politisierung der Dritte-Welt-Gruppen „machte vor den Kirchen nicht halt" (ebd., S. 15). Innerkirchlich wurde sie u. a. begünstigt durch die Vollversammlung des Ökumenischen Rates der Kirchen in Uppsala 1968[154] (Kroß 1994, S. 21; Ramminger, Weckel 1997, S. 15), auf der „anstelle der traditionellen Forderung nach Barmherzigkeit [...] die Forderung nach sozialer Gerechtigkeit erhoben" (Kroß 1994, S. 21) wurde. Es blieb allerdings eine religiöse Interpretation der politischen Ereignisse: Ab 1977 warb die Aktion „e" von „Brot für die Welt" mit der Parole „Anders leben – damit andere überleben" (Kroß 1991a, S. 42) für „persönliche Konsequenzen" (Kroß 1994, S. 21). Es habe sich gezeigt, „dass unser Lebensstil und unser Wohlstand nicht als Maßstab für die übrige Welt gelten könne" (Kroß 1995a, S. 22). Dementsprechend gehe es auch nicht länger an, „immer nur die anderen oder die Gesellschaft schlechthin für den Zustand der Welt verantwortlich zu machen" (Kroß 1994, S. 21). Persönliche

---

154 Ramminger und Weckel nennen daneben noch die Genfer Konferenz des Weltrates der Kirchen 1966 für die evangelische Kirche und das II. Vatikanische Konzil sowie die lateinamerikanische Bischofskonferenz von Medellin für die katholische Kirche (Ramminger, Weckel 1997, S. 15).

Konsequenzen seien gefragt, womit der Handlungsbegriff „personalisiert" (Kroß 1991a, S. 42) werde. Praktisch sei das geforderte Handeln „nur im Nahraum möglich" (Kroß 1997b, S. 15). Damit sei dieser Handlungsbegriff zwar eine „Absage an revolutionäre Utopien" (Kroß 1991a, S. 42), bleibe aber trotzdem „radikal und politisch brisant".

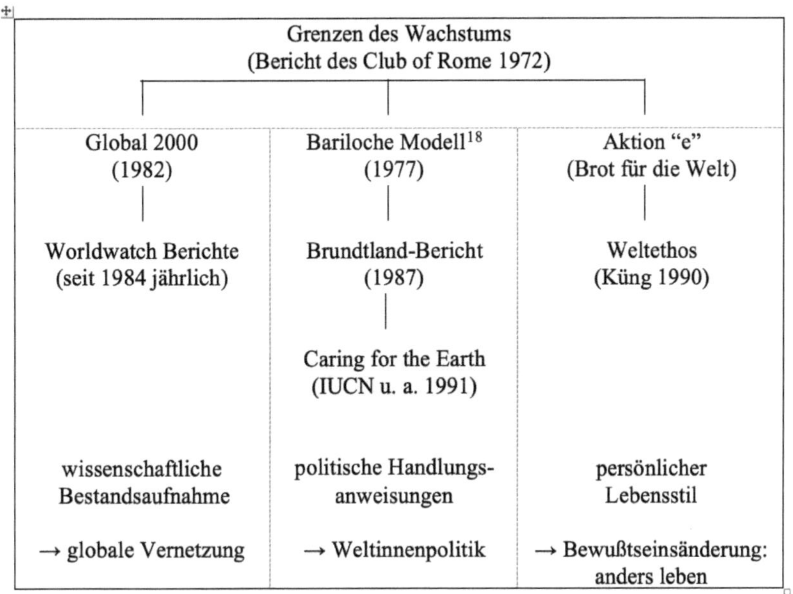

Abb. 21: Bewahrung der Erde: wegweisende Publikationen und Konferenzen (Quelle: Kroß, 1992, S. 59) – Layout geändert)

Alle drei Referenzpunkte – wissenschaftliche Bestandsaufnahme, politische Handlungsanweisungen und Veränderung des persönlichen Lebensstils – zusammengenommen, führe der Weg zur Bewahrung der Erde über globales Denken und lokales Handeln (Kroß 1991a, S. 45; 1992, S. 62; 1995a, S. 21; 1995b, S. 7). Um beides zu erreichen, seien „methodische Veränderungen fast noch wichtiger als inhaltliche" (Kroß 1995b, S. 6). Anregungen für methodische

Veränderungen fand Kroß dabei in der Dritte-Welt-Pädagogik, etwa beim Bremer Grundschulpädagogen R. Schmitt und seinem Projekt „Eine Welt in der Schule" (Kroß 1992, S. 58; 1995b, S. 7, 1997b, S. 15), beim Schweizer Forum „Schule für eine Welt" (Kroß 1997a, S. 149; 1997b, S. 14) und beim Pädagogen K. Seitz (Kroß 1995a, S. 22; 1995b, S. 4). Ausgangspunkt der Bemühungen war hier die Überlegung, dass der Unterricht nicht bei der „kognitiven Dimension" (Kroß 1997a, S. 152) des Lernens stehen bleiben dürfe, sondern „die affektive und die konative[155] Dimension" (ebd., S. 152 – vgl. Tab. 21) mit einbeziehen müsse, um sich den Problemen stellen zu können, die sich bei der Vermittlung zwischen globalem Denken und lokalem Handeln ergeben. Lehrer und Pädagogen gäben sich „gerne der Illusion hin, dass aus der ausgewogenen Wissensvermittlung die angemessene Einstellung und daraus wieder das richtige Verhalten erwächst" (Kroß 1992, S. 61), obwohl ein solcher Zusammenhang bisher eher widerlegt als bestätigt werden könne. Deswegen müsse globales Denken durch globales Lernen „vertieft werden" (Kroß 1997a, S. 149). Um sowohl globales Denken als auch lokales Handeln zu erreichen, müsse der Unterricht „die angemessene Balance zwischen Information und Aktion" (Kroß 1995b, S. 6) finden. Diese Balance könne hergestellt werden, wenn es gelinge, „die Lernsituationen offener zu gestalten, damit die Schülerinnen und Schüler ohne Gefahr vor einem Gesichtsverlust ihre Vorurteile artikulieren und prüfen können, inwieweit sich das eigene Wertsystem zur Veränderung von Einstellungen reorganisieren ließ" (Kroß 1995a, S. 23). Um dies zu realisieren, gäbe es eine ganze Reihe von wenig aufwendigen methodischen Möglichkeiten (vgl. Tab. 21) wie Fallstudien, Rollenspiele, Planspiele (Kroß 1995a, S. 23; 1995b, S. 7) oder auch die Spurensuche (Kroß 1995b, S. 7). Als aufwendigere methodische Arrangements würden sich dagegen „internationale Begegnungen, multikulturelle Aktionen, Ausstellungen, Leserbriefe, Schulpartnerschaften (mit Austausch und Hilfeleistungen) und Energiesparaktionen" (Kroß 1995b, S. 6) anbieten.

---

155 strebend, antriebhaft – hiermit führt Kroß wie vorher schon Ernst (1970) eine neue Lernzielebene ein, die in der Pädagogik nicht bekannt ist.

Die so formulierten didaktischen Vorstellungen waren zwar „auf der Höhe der Zeit", aber in eine Schulgeographie und Geographiedidaktik vermittelt, die ihre Reformbemühungen längst begraben hatten. Um dennoch Gehör zu finden, stellte Kroß verschiedene Verbindungslinien her.

Zunächst versuchte er eine „gute Geschichte" zu erzählen, mit der er an die Diskussionen der 70er Jahre anschließen konnte. Zu diesem Zweck formulierte er eine Traditionslinie, die das neue Leitbild der Bewahrung der Erde für möglichst viele Beteiligte plausibel machen sollte (vgl. Abb. 22). Das konnte nur gelingen, wenn Kroß den Zeitgeist der 70er Jahre zum herausragenden Kennzeichen sowohl des lernzielorientierten als auch des allgemeingeographischen Ansatzes machte und für den damaligen Geographieunterricht unterstellte, dass dort „allgemeingeographische Begriffe zu erarbeiten waren und die Inwertsetzung von Räumen eine zentrale Rolle spielte" (Kroß 1992, S. 59). Mit dieser Formulierung machte er das Leitbild aber nicht nur für die Reformfraktion anschlussfähig, sondern sprach gleichzeitig die Anhänger einer eher traditionellen Geographie an, denn tatsächlich war der Begriff der Inwertsetzung „von Birkenhauer (1970 und 1973) in die Geographiedidaktik eingeführt" (ebd., S. 57) worden und sollte vor allem „dazu dienen, den länderkundlichen Unterricht zu modernisieren"[156] (ebd., S. 57). Indem Kroß sein Leitbild der „Bewahrung der Erde" einem Zeitgeist gegenüberstellte, der praktisch alle geographiedidaktischen Ansätze der 70er Jahre beeinflusste, da sie alle auf die gleichen gesellschaftlichen Verhältnisse reagierten und den gleichen Stand der Wissenschaf-

---

156 An anderer Stelle stellte Kroß den Zusammenhang anders, aber weniger richtig dar: „Mit der Dominanz der Sozialgeographie und dem Gewinn an Planungskompetenz gewannen Fortschrittsoptimismus und Machbarkeitsvorstellungen die Oberhand. Die Menschen wurden nun weitgehend isoliert von ihrer Umwelt betrachtet und der Raum zunehmend passiver gesehen. Die Erde wurde zum Planungs- und Verfügungsraum menschlicher Gruppen (...). Dementsprechend hat Birkenhauer (1973 und 1979) die Inwertsetzung als zentrale Idee geographischer Bildung angesprochen" (Kroß, 1991b, S. 13). Aufgrund dieser zwei durchaus unterschiedlichen Darstellungen zum selben Thema ist davon auszugehen, dass Kroß zumindest intuitiv wusste, dass die Argumentation nicht ganz schlüssig war.

Lerndimension	Ziel	Methode[157]	Funktion der Schule
kognitiv	global denken: weltweite Perspektiven Vernetzungen „Eine Welt"	Strukturschema Weltkarte u. Globus Papiercomputer[158] Computersimulation	Lehranstalt
affektiv	anders wahrnehmen[159]: Betroffenheit Selbstreflexion Empathiefähigkeit soziale Gerechtigkeit	„mental map" Rollenspiel Spurensuche Phantasiereise	Bildungsort[160]
konativ	anders leben: lokal handeln in globaler Perspektive Mitverantwortung Solidarität Ökologie[161]	Projekt Planspiel Handeln in virtueller Welt Energiesparen	Lernwerkstatt

Tab. 21: Globales Lernen
(Quelle: Kroß 1997a, S. 153 – Layout geändert)

---

157 In Kroß 1997b in „alt" und „neu" unterteilt: Dabei sind die zwei oberen Methoden jeweils „alt", die beiden unteren „neu" (Kroß 1997b, S. 15). In einer weiteren Spalte wurden Inhalte als „alt" und „neu" bestimmt. Alt wären: Großbritannien, USA, Entwicklungsländer, Landwirtschaft. Neu wären: Treibhauseffekt, saurer Regen, Ferntourismus, Telekommunikation, Migration, „global city" (Kroß 1997b, S. 15).

158 Ein von Vester (1983, S. 130ff) eingeführter Begriff. Ein Papiercomputer ist eine Matrix, in der sowohl senkrecht als auch waagerecht die Elemente eines kybernetischen Netzes eingetragen werden. In den Feldern der Matrix werden anschließend Werte notiert, die den Grad der Einwirkung eines Elements auf das andere wiedergeben sollen. Sind alle Einwirkungen notiert, können die Zahlen für ein Element sowohl waagerecht als auch senkrecht addiert werden. Der waagerechte Wert stellt die Aktivsumme, der senkrechte Wert die Passivsumme des Elements dar. In der Aktivsumme wird ausgedrückt, wie stark ein Element die anderen beeinflusst, in der Passivsumme, wie stark es von anderen beeinflusst wird. Über die Berechnung des Quotienten aus Aktiv- und Passivsumme können aktive und reaktive Elemente festgestellt werden, über die Berechnung des Produkts aus Aktiv- und Passivsumme dagegen kritische und puffernde Elemente (vgl. Vester 1983, S. 131-133). Der Papiercomputer tauchte bisher in Methodenhandbüchern nicht als Stichwort auf (vgl. Klippert 1994; Gugel 1997, 1998; Peterßen,1999; Horst, Ohly 2000; Haubrich 2001d; Müller 2001; Klein 2002). Auch auf der Datenbank Schulpraxis fand sich das Stichwort bei nur zwei Beiträgen im Titel, Untertitel, Paralleltitel, Schlagwortverzeichnis oder Abstract (Landesinstitut für Schule und Weiterbildung 2002). Beide Beiträge stammen aus dem Bereich der beruflichen Bildung.

159 In Kroß 1997b als „mit anderen Augen sehen, mit anderen fühlen" (S. 15). Die „Betroffenheit" fehlt als Unterpunkt.

160 In Kroß 1997b als „moralische Anstalt" bezeichnet (S. 15)

161 fehlt in Kroß 1997b, S. 15.

396

ten reflektierten, konnte er über alle ideologischen Gräben hinweg an die Erfahrungen und das Lebensgefühl einer großen Zahl der älteren Geographielehrer anschließen.

Allerdings musste die Forderung nach der Erziehung zu „lokalem Handeln" bei den eher traditionell orientierten Didaktikern und Lehrern auf Skepsis stoßen. Besonders die Diskussion um die hessischen Rahmenrichtlinien habe „deutlich gemacht, dass die Schule Verhaltensdispositionen schaffen kann, dass aber politisches Handeln in Konkurrenz zu den Parteien nicht ihr Ziel sein kann" (Kroß 1991a, S. 44). Trotzdem erscheine nach den Erfahrungen der 70er Jahre vielen Kollegen heute *jede* „Anleitung zum Handeln" (Kroß 1991a, S. 44) als an sich problematisch. Gegenüber den damaligen *politischen* Handlungen blieben aber für einen am Leitbild der Bewahrung ausgerichteten Unterricht immer noch „weniger kontroverse Formen des Handelns" (ebd., S. 44), wobei Kroß vor allem vier Möglichkeiten sah:

1. „Wir können Informationen sammeln und so aufbereiten und vertiefen, dass aus Lernstoff Verfügungswissen wird, so dass wir in öffentlichen Diskussionen zum Meinungsträger werden.

2. Wir können öffentliche Aktionen im Unterricht analysieren mit dem Ziel, Verhaltensdispositionen für eigenes Handeln zu schaffen.

3. Wir können eigene Aktionen versuchen, vom Geld sammeln bis hin zum Briefe schreiben. Nur sollten diese Aktionen nicht vom Lehrer fremdgesteuert sein und sich in kurzatmigem Aktionismus erschöpfen.

4. Wir könnten schließlich versuchen, persönliche Konsequenzen durch Veränderung unseres Lebensstils zu ziehen. Das könnte mehr Ehrlichkeit und sicherlich mehr Überzeugungskraft in unser Handeln bringen" (Kroß 1991a, S.44)[162].

---

162 Ein Jahr später hatte sich die Liste noch weiter in Richtung „globales Denken" verschoben: „1. Wir können zu sozialen und ökologischen Problemen in unserer Umwelt und Mitwelt Informationen sammeln, aufbereiten und so vertiefen, dass die kontroversen Standpunkte sichtbar werden, um die eigene Urteilsbildung und Identitätsfindung zu fördern. 2. Wir können Informationen zu sozialen und ökologischen Problemen so aufarbeiten, dass unter Annahme gleichbleibender Entwicklungstrends Prognosen möglich werden, die Handlungsspielräume aufzeigen. 3. Wir können politisches Handeln im Raum analysieren, auf scheinbare Sachzwänge

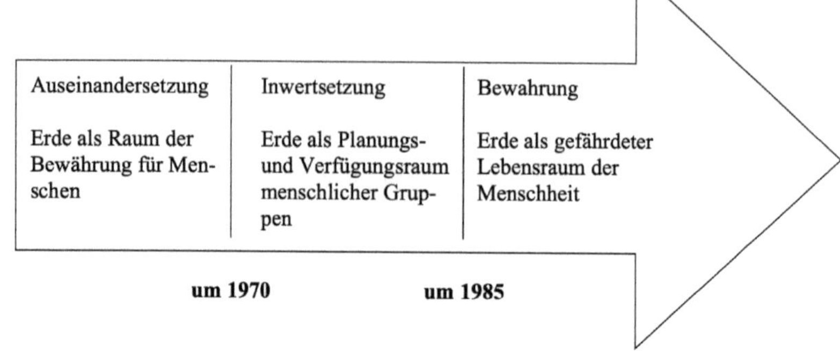

*Abb. 22: Veränderungen geographiedidaktischer Leitvorstellungen
(Quelle: Kroß 1991b, S. 12 – Layout geändert)*

Ziel der Förderung lokalen Handelns sei, dass jeder einzelne alle Möglichkeiten nutze, seiner Verantwortung gerecht zu werden: „Wir alle sind aufgefordert, uns stärker als bisher um den schonenden Umgang mit den Ressourcen und die Überwindung von Ungleichheit zu bemühen" (Kroß 1995a, S. 22). Dabei gehe es nicht darum, „jeden Eingriff, jede ‚Raumgestaltung' von vornherein zu verurteilen" (Kroß 1994a, S. 22), sondern nur darum, „Abschied zu nehmen von einem Denken, das den Menschen außerhalb der natürlichen Kreisläufe stehend begreift, und hinzuführen zu einem Denken und Handeln, das ihn zur Schonung seines Lebensraumes befähigt und motiviert" (ebd., S. 22).

Reichten die beiden bisherigen Verbindungslinien bis in die 70er Jahre und damit bis in die Zeit der Reformen zurück, versuchte Kroß mit der dritten Verbindungslinie an die Nach-Reform-Ära der 80er Jahre anzuschließen. Dies gelang

---

befragen und versuchen, daraus Alternativen zu entwickeln. 4. Wir können vor allem aus unseren Erkenntnissen persönliche Konsequenzen ziehen und versuchen, unseren Lebensstil zu verändern. Das könnte mehr Ehrlichkeit und sicherlich mehr Überzeugungskraft in unser Handeln bringen. Bevor wir die Welt verändern, sollten wir versuchen, uns selbst zu ändern" (Kroß 1992, S. 61f).

398

ihm, indem er einen der beiden zentralen Begriffe seines Ansatzes so definierte, dass er sich in die Topographiediskussion der 80er Jahre integrieren ließ: Unter „globalem Denken" sei dementsprechend eine „sich wechselseitig erhellende Verschränkung globaler und lokaler Perspektiven" (Kroß 1991a, S.40) zu verstehen, die erreicht werden könne, wenn den drei von Kirchberg und Fuchs ausgewiesenen Lernbereichen des Lernfeldes Topographie – dem topographischen Orientierungswissen, den räumlichen Ordnungsvorstellungen und den topographischen Fähigkeiten und Fertigkeiten – ein vierter Lernbereich hinzugefügt werde: „die Fähigkeit zum globalen Perspektiven- und Maßstabswechsel" (Kroß 1995b, S. 7). Solch ein „Perspektiven- und Maßstabswechsel ist notwendig, um ferne Räume nah erleben zu können. (...) Es genügt nicht mehr, die Dinge nur von einer lokalen oder nationalen Warte aus zu betrachten" (ebd., S. 7).

Damit widerspreche die Forderung nach globalem Denken einer Rückkehr zum Prinzip vom Nahen zum Fernen, die man im Gefolge der geographiedidaktischen Diskussion um die Kulturerdteile in den Rahmenrichtlinien beobachten könne (Kroß 1991b, S. 11). Die Wiedereinführung dieses Prinzips sei schon deshalb wenig wünschenswert, weil sich die gesellschaftlichen Bedingungen seit den 60er Jahren deutlich verändert hätten: „War es früher so, dass die Annäherung an die Ferne ein didaktisches Problem war, so müssen wir heute feststellen, dass die Barrieren niedrig geworden sind, weil die Ferne sich uns förmlich aufdrängt – selbst in unserer Nähe" (Kroß 1991a, S. 43). Einer derart globalisierten Welt müsse auch ein verändertes topographisches Weltbild entsprechen, in dem „wir die Welt nicht mehr polar, zonal, plural oder sonst wie sehen sollten (z. B. Newig 1986[163]), sondern integral und ganzheitlich (Kroß 1991, S. 44)" (Kroß 1995a, S. 22 – vgl. Mittelstädt 2004, S. 14).

---

163 Interessanterweise schrieb Kroß Newig hier nicht wie andere Autroen ein topographisches Weltbild zu, das sich an der Länderkunde orientierte (vgl. Schramke 1999b, S. 92; Daum, Werlen 2002, S. 7). Stattdessen siedelte er Newigs Vorstellungen an der zitierten Stelle eher in den 70er Jahren an, was Newigs Selbstwahrnehmung („Allgemeine Geographie am regionalen Faden") durchaus entsprach: „In den 60er Jahren, als es darum ging, die Auseinandersetzung des Menschen mit der physischen Umwelt zu zeigen und das einzigartige Wesen von Ländern

Ebenso wenig wie das Prinzip vom Nahen zum Fernen reiche aber „der weltweite Transfer von einem Beispiel auf andere Fälle" (Kroß 1992, S. 60) heute noch aus, um globales Denken zu fördern. Es müsse stattdessen „die Überwindung thematisch isolierenden Denkens" (ebd., S. 60) angestrebt werden. Dazu biete sich „eine mehrperspektivische Sicht" (ebd., S. 60) der zu behandelnden Problemlagen an. Ein solcher Ansatz[164] müsse von der Feststellung ausgehen, dass die meisten Menschen „sich nur um Dinge kümmern, die ihre Familie und ihre unmittelbaren Freunde in naher Zukunft betreffen" (Meadows u. a. 1973, S. 13 – vgl. Abb. 23). Er dürfe dort aber nicht stehen bleiben. Das Hier-und-Jetzt des eigenen Lebens solle zwar Ausgangspunkt des Lernens sein, dem Schüler müsse aber auch ein Perspektivenwechsel angeboten werden, der auf der räumlichen Ebene die gesamte Erde umfasse und auf der zeitlichen Ebene über die eigene Lebensspanne hinausgehe. Mit Hilfe dieser Herangehensweise werde manches bisher positiv bewertete Beispiel – wie z. B. die wirtschaftliche Entwicklung der USA als Vorbild für andere Nationen – vermutlich deutlich kritischer bewertet.

In Bezug auf die in den 80er Jahren wieder aufgeflammte Diskussion um regionale oder thematische Geographie zog Kroß folgerichtig den gleichen Schluss wie sein ehemaliger Fachleiter Hoffmann in den 70er Jahren: „Im übrigen scheint sich die Einsicht durchgesetzt zu haben, dass Allgemeine Geographie und Regionale Geographie nicht gegeneinander ausgespielt werden sollten. Beide Zweige der Geographie haben mit ihrer nomothetischen bzw.

---

zu erfassen, reichte ein punktuelles Orientierungswissen weitgehend aus. In den 70er Jahren, als die Inwertsetzung der Erde angesprochen wurde, waren schon weltweite Raster notwendig, um Entwicklungsländer und Industrieländer gegenüberzustellen, Kernräume und Ergänzungsräume einander zuzuordnen oder Hungergürtel und Ballungsgebiete abzugrenzen. Heute – wenn es darum geht, die Bewahrung der Erde zum zentralen Thema des Geographieunterrichts zu machen – ist globales Denken funktional und überlebenswichtig. Es geht darum, duale, polare oder plurale Weltbilder zu überwinden und ein holistisches Weltbild in den Köpfen unserer Schülerinnen und Schüler entstehen zu lassen" (Kroß 1991a, S. 43f).

[164] Ich beziehe mich hier auf die Darstellung von Kroß in seiner „Schlussvorlesung: Globales Lernen als Aufgabe des Geographieunterrichts" am 24. Juli 2003 in Bochum.

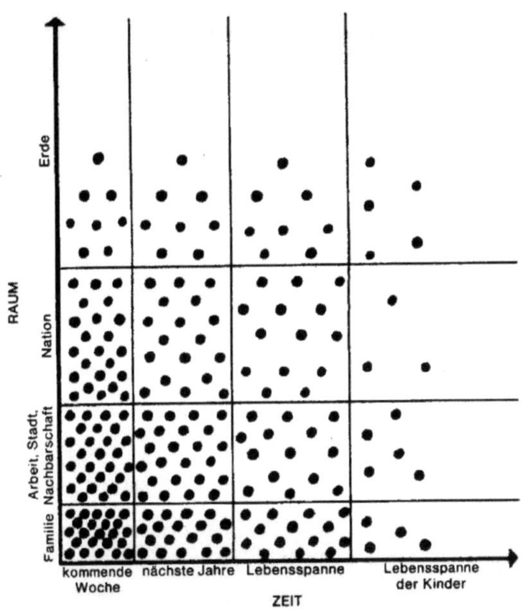

Abb. 23: Aussichten der Menschheit
(Quelle: Meadows u. a. 1973, S. 13)

ideographischen Betrachtungsweise spezifische didaktische Potenzen. Man kann sie nur dann optimal nutzen, wenn man allgemeingeographische und regionalgeographische Fragestellungen nicht starr aneinanderkoppelt, sondern, wie es bereits Hoffmann 1970 gefordert hatte, curricularen Zielsetzungen des Faches unterordnet" (Kroß 1991b, S.11). Dabei sei allerdings zu bedenken, dass mit dem Leitbild der „Bewahrung der Erde" ein Lernziel formuliert sei, das sich *nicht* auf den „kleinsten gemeinsamen Nenner, (...) die Grundrechte unserer Verfassung und die allgemeinen Menschenrechte" (Kroß 1997b, S. 15) und somit auf den formalen Umgang miteinander zurückführen lasse. Es verlange von den Menschen vielmehr ein *bestimmtes* inhaltliches Verhalten und müsse sich damit auch dem objektiven Problem stellen, „dass es in unserer pluralen Welt

401

immer schwieriger werde, allgemein verbindliche Wertvorstellungen zu formulieren" (ebd., S. 15). Trotz dieser deutlichen Einschränkungen sei globales Lernen notwendig, denn die Schule könne zwar „gesellschaftliche Entwicklungen nicht außer Kraft setzen (...), sie kann aber versuchen, die Gesellschaft ein klein wenig menschlicher und die Umwelt etwas zukunftsfähiger zu machen" (Kroß 1997a, S. 155).

Was Kroß bei seinen Bemühungen um das Leitbild der „Bewahrung der Erde" offensichtlich übersehen hatte, war die von Hard bereits Ende der 80er Jahre diagnostizierte „geistig-politische Verwandtschaft geographischen und grün-alternativen Denkens" (Hard 1987, S. 118). Am Beispiel eines Plakats der „Alternativen – die Grünen" (ebd., S, 114), das neben der Darstellung einer – aufgehenden – Sonne und einer Sonnenblume (ebd., S. 112) die schriftliche Botschaft „Atomkraft – nein danke!" zeigt (ebd., S. 114), entwickelt er den im grün-ökologischen Denken tief verwurzelten Gegensatz von „guter" und „böser" Natur (vgl. ebd., S. 115f). Die böse, schwarze Natur ist dabei die Natur, „wie sie in der Naturwissenschaft und in der Produktionssphäre der Industriegesellschaften berechnet und bearbeitet wird" (ebd., S. 116). Die Vision einer guten, grünen Natur dagegen „zielt auf eine (zumindest in ihrer Essenz, vielleicht nicht mehr in den Details) wiederhergestellte oder schöpferisch erneuerte nicht-industriekapitalistische Beziehung von Mensch und Natur, nämlich auf eine Welt, wo ein konkreter regionaler Mensch sich konkret auf konkret-ökologische, landschaftliche Natur bezieht. Konkrete menschliche Tätigkeit (und so auch Naturbearbeitung) wird hier noch oder wieder von konkret-ökologischer Natur her gesteuert und geordnet" (ebd., S. 117). Diese Vorstellung einer guten Natur setze ihrerseits „ein kognitives Ideal voraus", mit dessen Hilfe die Natur anders genutzt werden könnte als bisher. Es sei ein Wissenstyp gefragt, „dessen Beobachtung, Theorie und Anwendung mit der lebensweltlich-landschaftlichen Physiognomie der Natur verbunden bleibt" (ebd., S. 117). Ein solcher Wissenstyp aber sei aus der Sicht der heutigen Wissenschaften „nicht-szientifisch" (ebd., S. 117) und „vor-modern" (ebd., S. 117). Er sei aber höchst kompatibel mit dem wissenschaftlichen Selbstverständnis einer Geographie (ebd., S. 117), die den „Sprung, welcher Wissenschaft von Nichtwissenschaft (Alltagswissen, Laienwissenschaft) trennt" (ebd., S. 128), nie konsequent ausgeführt habe. Angesichts der Nähe der Geographie zu nicht-wissenschaftlichen Denkweisen scheint es nur folgerichtig, dass Haubrich, der mit Kroß in der grundsätzlichen Zielsetzung der Bewahrung der Erde übereinstimmte (Haubrich 1993, S. 5; 1994, S. 54; 1996, S. 4), sein Hauptaugenmerk im Gegensatz zu Kroß *explizit* auf die Werteerziehung legte: Einstellungen und Werte hätten bisher „nicht genügend Berücksichtigung in der geographischen Erziehung gefunden" (Haubrich 1994, S. 55), obwohl sie „Theorie und Praxis miteinander verbinden, d. h. Kenntnisse zu Handlungen überführen" (ebd., S. 55). Der anzustrebende Perspektivenwechsel führe somit „von einer Erd-Kunde zu einer Erd-Ethik bis hin zu einer Erd-Solidarität, d. h. einer engagierten Verbundenheit mit Mensch und Erde" (ebd., S. 54f). Die „Ablehnung des mechanistischen Weltbildes und des modernen Zweckrationalismus" (Haubrich 1993, S. 7) müsse mit einer „Renaissance der Geisteswissenschaft als ‚Orientierungswissen' für mehr ‚Humanitas' verbunden werden" (ebd., S. 7). Dieses Orientierungswissen dürfe nicht mehr allein aus einer „egozentrischen Ethik" (Haubrich 1994, S. 57) oder einer „soziozentrischen Ethik" (ebd., S. 57) entnommen werden, sondern müsse sich einer „ökozentrischen Ethik" (ebd., S. 58) verpflichtet fühlen. Eine solche Ethik beruhe „auf folgenden Annahmen:

1. Alles ist mit allem verbunden. Das Ganze beeinflusst die Teile bzw. Veränderungen eines Teiles verändern die anderen Teile und das Ganze, d. h. den ökologischen Kreislauf.
2. Das Ganze ist mehr als die Summe der Teile.
3. Ökologische Systeme sind synergetische Systeme mit anderen Effekten als der Summe individueller Effekte.
4. Biologische und soziale Systeme sind offene Systeme, die ständig Energie und Materie mit ihrer Umwelt austauschen. Nichtlineare Beziehungen können Inputs zu unerwarteten Effekten führen.

5. Eine ganzheitliche Betrachtung widerspricht dem Mensch-Natur-Dualismus und geht von der Einheit von Mensch und Natur aus, d. h. Mensch und Natur sind Teil des selben kosmologischen Systems" (ebd., S. 58f).

Aus diesen Annahmen könnten als „überragende Ziele" (ebd., S. 58) einer Ökoethik „Gleichgewicht der Natur, Erhaltung, Einheit, Stabilität, Verschiedenheit und Harmonie des Ökosystems Erde" (ebd., S. 58) abgeleitet werden. Diesen Zielen entsprechend sei eine Handlung „nur dann ethisch gerechtfertigt, wenn sie die Stabilität einer ökologischen Gemeinschaft bewahrt" (ebd., S. 58). Ansätze für eine solche Ökoethik ließen sich bei „Naturvölkern" finden (ebd., S. 59), aber auch bei den großen Weltreligionen gebe es Zeichen „eines Wandels ihrer ökoethischen Anschauung" (ebd., S. 59). Hinzu kämen „spirituelle Ökologen" (ebd., S. 59), die mit „quasireligiösen Riten" (ebd., S. 59) versuchten, „ein tiefes Bewusstsein herbeizuführen über das, was die Menschen unserer Zeit der Erde antun" (ebd., S. 59). In „Gaia Meditationen" (ebd., S. 60) würden die Teilnehmer „eingeladen, sich in den Kreislauf von Erde, Luft, Feuer und Wasser einzufügen" (ebd., S. 60). Da die Vermittlung von Informationen „nicht genug" (ebd., S. 60) sei, könnten „Ausführungen über eine globale Ethik im Rahmen globaler Erziehung (...) vor allem die Aufgabe [haben], die eigene Erd-Ethik überdenken zu helfen, um globale Solidarität zu ermöglichen" (ebd., S. 60).

Neben Haubrich haben sich vor allem auch in der zweiten Hälfte der 90er Jahre eine ganze Reihe weiterer Geographiedidaktiker der „Bewahrungsformel" angeschlossen, sie z.T. „kleingearbeitet" (vgl. Meyer 1980, S. 149), sie in ihre eigenen Theoriegebäude assimiliert oder aber auch für fachpolitische Auseinandersetzungen genutzt:

1. Obwohl er sich nicht explizit auf die Leitidee der „Bewahrung der Erde" bezog, ging es Hemmer (1996) bei seinen Ausführungen zur Reiseerziehung doch auch darum, Schülern die „begründete Einsicht in die Notwendigkeit eines neuen touristischen Ethos sowie die Erfahrung subjektiver Partizipationsmöglichkeiten" (Hemmer 2002a, S. 23) nahe zu bringen. Analog zu Kroß forderte er zunächst eine Abkehr von der Beschränkung auf die

„Vermittlung von Informationen und instrumentellen Fähigkeiten der Rei-
seplanung und –durchführung" (Hemmer 1996, S. 4 – vgl. Haversath 2000,
S. 53). In den Vordergrund treten sollte vielmehr eine „zeitgemäß-wertori-
entierte Reiseerziehung" (Hemmer 1996, S. 4), deren Ziel es sei, Schüler
zu befähigen, „eine Reise selbständig und verantwortungsbewusst – im
Einklang mit Mensch und Natur – planen, durchführen und reflektieren zu
können" (ebd., S. 22 – vgl. Hemmer 2002a, S. 23). Ob dieses Ziel durch
Unterricht erreicht werden könne, wollte er mit Hilfe einer empirischen Untersuchung überprüfen[165]. Dazu entwarf er zunächst eine Unterrichtseinheit, die sich durch „Methodenvielfalt und Handlungsorientierung" (ebd., S.
135) auszeichnen sollte[166]. Diese Unterrichtseinheit wurde in drei Klassen
eines bayrischen Gymnasiums durchgeführt (ebd., S. 42) und bezüglich ihrer Wirksamkeit mittels Fragebogen evaluiert (ebd., S. 88). Das Ergebnis
darf als zumindest ambivalent angesehen werden: Zwar konnte „gezeigt
werden, dass die Schüler und Schülerinnen nach erfolgtem treatment eine
signifikant positivere Einstellung zu einem umwelt- und sozialverträglichen
Reisestil aufwiesen als vorher" (ebd., S. 141), gleichzeitig musste aber „die
Annahme, dass Schüler und Schülerinnen ihr Verhalten aufgrund einer
14stündigen Unterrichtsreihe grundlegend korrigieren und verändern, (...)
von vornherein zurückgewiesen werden" (ebd., S. 139). Erfolge stellten

---

165 Obwohl der Untersuchungsgegenstand dementsprechend die „Einstellungsänderung in
Richtung eines umwelt- und sozialverträglichen Reisestils" (Hemmer 1996, S. 84) war, sollte
auf gar keinen Fall der Eindruck entstehen, dass „die Ausrichtung an der Theorie des Sanften
Tourismus" (ebd., S. 34) ein „Patentrezept" (ebd., S. 34) darstelle oder gar indoktrinär sei
(ebd., S. 34).
166 Das „breite Methoden- und Medienrepertoire" (Hemmer 1996, S. 79) bestand dabei aus:
„1. Exkursion, 2. Rollenspiel, 3. Malen und Zeichnen" (ebd., S. 79) und viertens dem „Erstellen
einer Checkliste" (ebd., S. 135). In den Verlaufsskizzen (ebd., S. 50-77) fanden sich in der
Rubrik „Methoden", abgesehen vom Rollenspiel, nur Angaben zu Sozialformen (vgl. Meyer
1987, S. 136; Schramke 1993b, S. 56). Von den vier theoretisch möglichen Sozialformen -
Frontalunterricht, Gruppenunterricht, Partnerarbeit, Einzelarbeit (Meyer 1987, S. 138) – wurde
dabei der Frontalunterricht weiter untergliedert in die „Handlungsmuster" (Schramke 1993b, S.
56) Lehrervortrag, Schülervortrag, Unterrichtsgespräch (vgl. Hemmer 1996, S. 46).

sich somit vor allem auf der Ebene der Bekundungen, nicht aber auf der Ebene der Handlungen ein.

2. In das eigene Theoriegebäude assimiliert wurde die Bewahrungsformel von Köck, der ihre Stärke vor allem darin sah, dass sie sich „der außerfachlichen Öffentlichkeit gut vermitteln lässt" (Köck 1997a, S. 32). Aus wissenschaftlicher Sicht sei die Formel allerdings nicht tragbar, da sie kein Ziel formuliere, sondern ihr „eher der Status eines Topos" (ebd., S. 32) zukäme, „der die inhaltliche Arbeit im Geographieunterricht aus übergeordneter Perspektive gedanklich leiten soll" (ebd., S. 32). Allerdings sei die Formel auch für diesen Zweck zu eng, da sie „große und zugleich legitime Bereiche des Geographieunterrichts nicht abdecken" (ebd., S. 33) könne, wie z. B. die innerstädtische Gliederung, Hot Spots oder den Umgang mit Karten (ebd., S. 33). Weil Köck auf die Außenwirkung dieser Formel aber nicht verzichten wollte, hat er seine für den Wissenschaftsbereich gedachte Zielformel der Raumverhaltenskompetenz (ebd., S. 22) um die auf Außendarstellung gerichtete Formel des „erdgerechten Verhaltens" (ebd., S. 35; 1997b, S. 163) ergänzt. „Erdgerecht" sei ein Verhalten dann, „wenn es in seinem Erdbezug natur- und sozialraumgesetzlich verträglich und mithin begründet ist" (Köck 1997b, S. 164). „Erdgerecht" wäre es nach Köck, wenn Schüler „sich geoökosystemgerecht [...] verhalten" (ebd., S. 171), was zum einen beinhalten würde, „dass das jeweilige Systemgleichgewicht erhalten bleibt oder wiederhergestellt wird" (ebd., S. 171), und zum anderen von den Handelnden erwarten würde, dass sie ihre Entscheidungen mit der „Erkenntnis des Fließgleichgewichts von Geoökosystemen" (ebd., S. 171) begründen könnten. Die „Nähe zur Bewahrungsformel ist offensichtlich" (Schultz 1999a, S. 189).

3. Wie viele andere Stichworte auch ist das Leitbild der „Bewahrung der Erde" als „veränderte Voraussetzung" (VDSG 1999, S. 5) für den Geo-graphieunterricht in die Präambel des Grundlehrplans der Schulgeographen aufgenommen worden (vgl. ebd., S. 6). Umschrieben wurde dieses Leitbild von

406

den Schulgeographen mit „der Fähigkeit, von weltweiten geographischen Kenntnissen ausgehend in größeren Dimensionen Mitverantwortung zu erkennen und zu übernehmen" (ebd., S. 6). Welche dieser beiden Komponenten – geographische Kenntnisse oder Mitverantwortung – dabei als handlungsleitend betrachtet wurde, ist allerdings nicht so leicht auszumachen. Zwar hieß es im Grundlehrplan, dass der „Geographieunterricht ein wissenschaftlich fundiertes Bild von der Erde" (ebd., S. 7) entfalte, aber in seiner Erläuterung eben dieses Grundlehrplans betonte Kirchberg, der immerhin Mitautor des Lehrplans war (vgl. ebd., S. 4), dass Geographie „nicht deshalb Schulfach [sei], weil es die Wissenschaft Geographie gibt, sondern weil globale, internationale und ökologische Erziehung für die heutigen Schülerinnen und Schüler eine große Bedeutung hat" (Kirchberg 2000, S. 56). Hinweise, der Grundlehrplan entspreche mit dem Leitbild der Bewahrung der Erde „internationalen Verpflichtungen und Vereinbarungen" (VDSG 1999, S. 6), scheinen eine fachunabhängige Begründung zu unterstützen, zeigen aber auch, wie leicht eine Fachdidaktik, die sich zu sehr um Ziele kümmert, den Boden unter den Füßen verlieren kann.

Wegen dieser in Teilen deutlichen Distanzierung von den wissenschaftlichen Grundlagen hat es neben der „breiten Zustimmung zur Bewahrungsformel" (Schultz 1999a, S. 189) auch eine breite und überaus differenzierte Kritik des Leitbildes und der aus ihm gezogenen Konsequenzen gegeben (Schultz 1996; 1997; 1999; Tröger 1999a; 1999b; Lethmate 2000a; 2000b; 2001a; Tröger 2002). Obwohl die einzelnen Autoren dabei deutlich voneinander unterscheidbare Schwerpunkte gelegt haben, griffen die Argumente in ihrer Gesamtheit so ineinander, dass aus ihnen ein komplexer, in sich schlüssiger Argumentationszusammenhang hergeleitet werden kann[167].

---

167 Das impliziert nicht, dass alle drei die gleichen Standpunkte vertraten. Tröger z. B. interpretierte die Auffassung Lethmates, dass „angesichts verhaltensgenetischer Resultate die Erziehungsallmacht der Eltern schon ein Mythos" (Lethmate, 2000b, zit. n. Tröger 2002, S. 36; Lethmate 2000a, S. 37) sei, als ein Argument, das „die Menschen allgemein als in ihrem Handeln durch die Gesetze der Evolution geleitet" (Tröger 2002, S. 36) sieht und wies diese Vorstellung im Vergleich zu anderen zurück (ebd., S. 36).

Den Anfang in der kritischen Beschäftigung mit dem Leitbild der „Bewahrung der Erde" machte H.-D. Schultz, indem er „einige Argumentationsfiguren aus der umweltpädagogischen Literatur vor dem Hintergrund des geographischen Mensch-Natur-Paradigmas" (Schultz 1996, S. 43) problematisierte, das, wie gezeigt, sowohl von Kroß als auch von Haubrich zur Ausgangsbasis ihrer Überlegungen gemacht wurde[168]. Das Verhältnis von Mensch und Natur werde in der umweltpädagogischen Literatur überaus einseitig dargestellt: Auf der einen Seite stehe dabei immer „die *gute* Mutter Erde, die *liebe* Natur, die trotz aller Maltraitierung immer noch zum Versöhnungsfest bereit ist und mit dem Versprechen ködert, den Menschen in ihr harmonisches Beziehungsgefüge wiederaufzunehmen, wenn er sich ihrer sanften Führung anvertraut, und auf der anderen Seite der *böse* Mensch, der ‚Schurke' im Spiel, den Apokalyptiker für unverbesserlich halten" (Schultz 1997a, S. 297 – vgl. Lethmate 2000a, S. 37; 2000b, S. 61). Die Darstellung beider Seiten halte einer rationalen Überprüfung nicht stand: Die Natur sei „selbst neutral" (Schultz 1996, S. 44 – vgl. Voland 2000, S. 136) und sie kenne keine „bevorzugten Gleichgewichtszustände" (Schultz 1999a, S. 190 – vgl. Lethmate 2000a, S. 39; 2001a, S. 38). Die Vorstellung eines „naturgemäßen Gleichgewichtszustand (...), der sich durch ein harmonisches Zusammenwirken aller Kräfte auszeichnet, wird durch die Natur selbst dementiert: Nicht Konstanz, sondern Dynamik, nicht Gleichgewicht,

---

168 Dass das Mensch-Natur-Paradigma längst nicht mehr auf die Geographie beschränkt ist, zeigt z. B. eine Stellenanzeige der Universität Flensburg, mit deren Hilfe eine Professur für „Didaktik der Biologie – Mitweltbildung" besetzt werden sollte. Dort werden vom Bewerber Schwerpunkte „in der Botanik und vor allem im Bereich der gesellschaftlich relevanten Beziehungen zwischen Mensch und Natur [...], insbesondere im Zusammenhang mit der Nutzbarmachung und Manipulation der Natur von der Landwirtschaft bis zur modernen Biotechnologie" (Universität Flensburg 2005) gefordert. Darüber hinaus soll der Bewerber sich dem „Themenkreis Natur-Umwelt-Gesundheit" widmen (ebd.). Auch das vom Wissenschaftlichen Beirat der Bundesregierung „Globale Umweltveränderungen" unter Mitarbeit des Instituts für Klimafolgenforschung entwickelte Konzept des Syndromansatzes (Reusswig 1999) will „sowohl die natürlichen als auch die zivilisatorischen Faktoren" (ebd., S. 187) integrieren. Dieses Konzept ist aus der geographischen Fachwissenschaft heraus bereits kritisiert worden: „Die tautologischen Teufelskreiskonstrukte der Syndromforschung bleiben einer deskriptiven Methodik verhaftet und beinhalten das Risiko von gravierenden Fehldeutungen bei der Ursachenanalyse von Umweltveränderungen" (Krings 2002, S. 139).

sondern Ungleichgewicht ist ihr Prinzip, so dass nur vorübergehend als stabiles Netz erscheint, was in Wahrheit in ständiger Bewegung ist" (Schultz 1997a, S. 299). Eindeutiger Beleg für diese Sicht sei die Tatsache, dass sich die konkrete Zusammensetzung der natürlichen Systeme im Laufe der Evolution mehrfach deutlich geändert habe, so dass Trilobiten (Lotze 1973, S. 127; Lehmann 1992, S. 24f), Ammoniten und Belemniten (Lotze 1973, S. 152; Lehmann 1992, S. 33) und sogar die Saurier (Lotze 1973, S. 152; Lehmann 1992, S. 43) heute der – erdgeschichtlichen - Vergangenheit angehörten. Ein bestimmter erhaltenswerter Zustand der Natur könne aus evolutionsbiologischer Sicht deswegen nicht vorhergesagt werden (Winkler 2004, S. 36). Ebenso wenig sei es statthaft zu behaupten, „erst der Mensch würde die ‚Vielfalt der Arten' dezimieren" (ebd., S. 48). Zudem sei das gerade vorhandene Ökosystem oft „kein Schlaraffenland, keine friedliche Idylle, kein harmonisches Zusammenspiel aller Teile in einem Ganzen (wie schon in der klassischen Landschaftsgeographie), sondern eine durchaus unparadiesische Angelegenheit" (Schultz 1997a, S. 298 – vgl. Lethmate 2000b, S. 62), wie man an den von der Ökopädagogik selten behandelten Kleidermotten, Filzläusen, Zecken u. ä. sehen könne (Schultz 1997a, S. 298 – vgl. Winkler 2004, S. 48). Wer mit rein ökologischen Argumenten argumentiere, übersehe damit systematisch, „dass keiner der Grundbegriffe der Ökologie – Gleichgewicht, vernetztes System, Stabilität, Vielfalt der Arten und Kreislauf – dazu geeignet ist, den Erhalt eines bestimmten Systemzustandes als Wert an sich zu fordern" (Schultz 1996, S. 44). Wenn die Natur – oder die Erde – an sich aber keinen Maßstab für einen wünschenswerten Zustand der Ökosysteme liefere, könne sie „ohne nähere Angaben zur gewünschten Struktur (...) prinzipiell keine Zielvorstellung sein" (Lethmate 2000a, S. 38 – vgl. Lethmate 2000b, S. 63). Da sich aus dem Wissen über ökologische Zusammenhänge somit „kein Sollen begründen" (Schultz 1996, S. 44) lasse, könne der Umweltpädagoge der Natur nur dann Handlungsanweisungen entnehmen, wenn „er sie zuvor sinnhaft aufgeladen" (Schultz 1996, S. 44) habe. Er sei das Subjekt, die Natur das Objekt (vgl. Winkler 2004, S. 46f). Dort, wo er Werte in der Natur entdecke, finde er somit „nur seine Projektionen aus der sozialen Welt, er trifft immer nur auf sich selbst" (Schultz 1997a, S. 301). Die von den Umweltpädagogen bevorzugte Projektion sei „die Vorstellung von einer ‚ökologischen Einheit' von Mensch und Erde, die im Prozess der Zivilisation verloren gegangen sei" (ebd., S. 299). Daraus resultiere eine „Sonderstellung des Menschen" (Schultz 1996, S. 43), die die Ökopädagogen „durch dessen Re-Inkorporation in den Naturzusammenhang" (ebd., S. 43) rückgängig machen wollten, „um von nun an (wieder – A. U.) teilzuhaben am Selbstregulierungsmechanismus einer sich im ökologischen Gleichgewicht haltenden Natur" (ebd., S. 43). Eine derartige Projektion habe auf der einen Seite den unübersehbaren theoretischen Mangel, dass „ein solches holistisches ‚Einssein' mit der Natur (...) uns selbst zur Natur machen und uns von allem entschuldigen" (Lethmate 2001a, S. 38 – vgl. Schultz 1997a, S. 299) würde. Sie offenbare auf der anderen Seite aber auch ein überaus naives, wenig differenziertes Verständnis von Gesellschaft, denn „wenn von dem Menschen (...) gesprochen wird, dann muss man sich darüber im klaren sein, dass man hier mit einer Abstraktion arbeitet, die nur in bestimmten Kontexten sinnvoll ist, in anderen dagegen nicht" (Schultz 1996, S. 44). Zu den Kontexten, in denen eine solche Abstraktion keinen Sinn mache, gehöre die Frage nach dem Umgang der Gesellschaft mit der Natur, denn zum einen sei „schon die Wahrnehmung eines Sachverhalts als Umweltproblem (...) gesellschaftlich vermittelt" (ebd., S. 44), und zum anderen werde auch der „Wert der Erdnatur von den Interessenlagen der Menschen her" (Schultz 1999a, S. 190) bestimmt, die „bekanntlich nicht uniformierbar" (ebd., S. 190) seien. Die Nicht-Berücksichtigung der gesellschaftlichen Strukturen erweise sich dabei auf zwei Ebenen als unzulässig. Zum einen gehe es bei der Auseinandersetzung um eine wünschenswerte Umwelt immer um „Optionen und Legitimationen, die allein die Subjekte vor Ort haben können" (ebd., S. 191), womit „notwendigerweise auch Macht- und Herrschaftsverhältnisse und mithin politische Auseinandersetzungen ins Spiel [kommen], während eindeutige Lösungen, die absolut gelten sollen, jeder politischen Auseinandersetzung entrückt wären und nur noch exekutiert werden können" (ebd., S. 191). Zum anderen habe die „gesellschaftliche Dynamik einer lebenslangen Identitätsbildung" (Tröger 2002, S. 36) dazu geführt, dass der Einzelne „nicht mehr als ein vom Ganzen geprägter Teil" (ebd., S. 35) auftrete, sondern sich seine Werthaltung in Auseinandersetzung mit der Umwelt selbst konstruiere (Lethmate 2000a, S. 37 – vgl. Winkler 2004, S. 18f). Diese Wertorientierungen seien dabei – besonders bei Jugendlichen – in erster Linie „an dem Bemühen um Einzigartigkeit ausgerichtet" (Tröger 2002, S. 34), was dazu führe, dass es „auf der einen Seite eine relative Offenheit und geringe Zwangsläufigkeit der Kombination von Werthaltungen und Orientierungen" (ebd., S. 34) gebe und auf der anderen Seite „einmal definierte Orientierungen nicht notwendigerweise beibehalten werden" (ebd., S. 34). Dieser Umgang mit Werthaltungen bedeute aber auch, dass „eine gesellschaftlich stringent abzuleitende Verbindlichkeit der Werte infrage gestellt" (ebd., S. 35) sei und „so auch nicht mehr als Maßstab für Sozialisation fungieren" (Tröger 2002, S. 35) könne. Spätestens hier werde aber die „Werte-Vermittlung" an sich in Frage gestellt, denn „in einer demokratischen Gesellschaft mit ihrer pluralistischen Interessenlage wird man sich damit abfinden müssen, dass es das ‚richtige' Verhalten nicht gibt (und entsprechend keinen Gesinnungsunterricht)" (Schultz 1996, S. 46). Eine Pädagogik, die den Jugendlichen helfen wolle, dürfe deswegen nicht „die Selbstentmündigung des Menschen als denkendes, lernendes, erkennendes, wollendes und handelndes Wesen" (ebd., S. 43) betreiben, sondern müsse „sich in ihren wertenden Zielen an den jeweils gegebenen gesellschaftspolitischen Rahmenbedingungen der Lebenswelt der Lernenden orientieren und sich auf die hier vorzufindenden Wertungen in dem jeweiligen gesellschaftlichen Selbstverständnis beziehen" (Tröger 1999a, S. 28). Tue sie das nicht, würde „sie mit ihren Zielsetzungen in eine gesellschaftliche ‚Leere' laufen" (ebd., S. 28), denn die von ihr oft „unterstellten Bedingungszusammenhänge zwischen Wissen und Engagementbereitschaft, Wertorientierung und Beteiligungsform, Einstellungen und Verhaltensmuster [seien] bei den Heranwachsenden außer Kraft" (Tröger 1999b, S. 13f) gesetzt. Die Befunde der empirischen Sozialforschung zeigten dementsprechend, dass umweltgerechtes Handeln „als konsistente Verhaltenskategorie gar nicht fassbar" (Lethmate 2000a, S. 37) sei, warnten „vor der Überbeanspruchung der Erwartungen, die an Pädagogik gerichtet werden und die in dem Handeln der Subjekte den Motor für Änderungen im globalen Maßstab sehen" (Tröger 1999a, S. 28) und mahnten folgerichtig „zu pädagogischer Zurückhaltung" (Lethmate 2000a, S. 37). Den Kritikern des Leitbildes der „Bewahrung der Erde" „scheint es vernünftiger zu sein, die Idee eines verhaltensverbindlichen, appellativen Leitbildes aufzugeben" (Schultz 1999a, S. 191), da sie im Verdacht stehe, „ihr als ‚gut' bewertetes Anliegen über Einübung, anstelle kritischer Einsicht zu verwirklichen" (Winkler 2004, S.- 42). Stattdessen käme es im Unterricht darauf an, „fundierte Kenntnisse über ökologische Fragestellungen zu erarbeiten" (ebd., S. 54) und „den Gebrauch des analytischen Verstandes" (Schultz 1996, S. 44) zu trainieren, denn „die bewusst-reflektierte Auseinandersetzung mit gesellschaftlichen Zusammenhängen der eigenen Erfahrung ist zwar auch emotionsgeladen, insgesamt jedoch durchaus kognitiv gesteuert" (Tröger 1999b, S. 16 - vgl. Schultz 1996, S. 45).

Um die Fallstricke einer physiozentrischen Ökopädagogik zu vermeiden, machten die Autoren jeweils ihrem eigenen Schwerpunkt gemäße Vorschläge für einen veränderten Umgang mit Ökologie und Wertevermittlung im Unterricht:

- Tröger ging dabei von der Feststellung aus, „dass in der fachdidaktischen Diskussion der Frage der lebensweltlichen Erfahrungen der Lernenden und ihrer Funktion für ethisches Lernen als einem Hauptanliegen Globalen Lernens eine zu geringe Beachtung zuteilwird" (Tröger, 1999b S. 16). Diese müssten aber „Ausgangspunkt des Unterrichts" (Tröger 1999a, S. 31) sein, da sie „die interpretative Basis vor und im Anschluss an den Lernprozess darstellen" (ebd., S. 31). Um dies zu erreichen, sei eine intensivere Reflektion über im Unterricht eingesetzte Methoden notwendig, denn auf der Basis von Methodenkompetenz könne „leichter Eigenverantwortung übernommen werden und Kommunikationsprozesse können egalitär angelegt und durchgeführt werden" (Tröger 2002, S. 37). Die Schüler machten „auf diese Weise mit Kommunikation und gesellschaftlichem Diskurs ‚am eigenen Leib'" (ebd., S. 37) Erfahrungen. Indem sich alle Beteiligten „mit ihren Werten der Diskussion stellen und ernst genommen werden" (ebd., S. 37), sei ein methodisch ausgefeilter Unterricht als solcher schon dazu geeignet, „zu einer Wertstabilisierung im Sinne der genannten Grundwerte wie Toleranz und Gleichberechtigung beizutragen" (ebd., S. 37).

- In diesem Rahmen lässt sich auch die Anregung von Schultz umsetzen, sich der ökologischen Denkfiguren nicht zu bedienen, „um scheinbar tiefgründige Lösungen zu präsentieren" (Schultz 1996, S. 45), sondern stattdessen „ihre Funktion in der gesellschaftlichen Kommunikation deutlich" (ebd., S. 45) zu machen. Dazu gehöre auch, die Schüler „zu befähigen, zwischen diesen beiden Welten, der naturwissenschaftlichen und der sozialen, klar zu unterscheiden, um je nach Erfordernis die Seite wechseln zu können, statt sie in einem ethischen Kraftakt zu versöhnen" (Schultz 1997a, S. 301 – vgl. Arning 2000, S. 384). Eine solche Differenzierung befähige die Schüler eher dazu, „sich selbst an jenen Überlebensdiskursen, politischen Auseinandersetzungen und Entscheidungen kompetent beteiligen zu können" (Schultz 1996, S.46), weil sie sich „auf der Basis eines differenzierten Wissens" (ebd., S.46) bewegten.

- Ein differenziertes ökologisches Wissen sollten die Schüler sich Lethmate zufolge vor allem im Nahraum (Lethmate 2000a, S. 38; 2000b, S. 67), auf jeden Fall aber „in der großmaßstäbigen, sprich kleinräumigen Analyse geoökologischer Zusammenhänge" (Lethmate 2000b, S. 67) erarbeiten. Im naturwissenschaftlichen Teil gehe es dabei vor allem um handlungs- und erfahrungsorientiertes Lernen (ebd., S. 67) mittels Geländearbeit (Lethmate 1996, S. 276) und Experimenten (Arning, Lethmate 2003). Dabei gehe es aber nicht um reines Tun, sondern um den Nachvollzug des „naturwissenschaftlichen Erkenntnisprozesses" (Arning, Lethmate 2003, S. 35), weswegen diese Handlungselemente in „forschend-entwickelnde

Unterrichtsverfahren" (ebd., S. 35) integriert werden sollten. Um die Arbeit als originär geographisch zu kennzeichnen, sei dabei ein „ökosystemkompartimentübergreifender Forschungsansatz"[169] (Lethmate 2000b, S. 73 – vgl. Lethmate 1998; 1999, 2002) zu verfolgen, der „nicht organismuszentriert" (Lethmate 1998, S. 32) sei, sondern „vor allem mit Stoff-Flüssen und Stoffbilanzen" (ebd., S. 32) arbeite. Dieser naturwissenschaftliche Ansatz müsse ergänzt werden um eine eher sozialwissenschaftliche Perspektive, wie sie z. B. der von Helmut Geist vertretene politisch-ökologische Erklärungsansatz (Geist 1992; 1999 – vgl. Krings 1999; Flitner 2003) oder die von Gerhard Hard entwickelte Spurensuche (Hard 1989; 1995) lieferten (Lethmate 2000b, S. 65 und 74).

Die Beiträge von Schultz und Tröger sind weitgehend unkommentiert von der Fachöffentlichkeit aufgenommen worden[170] (vgl. Winkler 2004, S. 29), während auf die Beiträge von Lethmate in der Geographischen Rundschau und in „Die Erde" deutliche Reaktionen folgten. Der Beitrag in der Geographischen

---

169 Ein Ökosystemkompartiment ist dabei ein Geofaktor (Lethmate 2000c, S. 387), z. B. der Boden (Lethmate 2001b, S. 47; 2002, S. 44). In einem Geosphärenausschnitt, z. B. einem Wald, gibt es dementsprechend mehrere Kompartimente (vgl. Lethmate 1998, S. 33). Wer sich mit einem Waldökosystem beschäftigt, kann dies nur kompartimentübergreifend tun, wie z. B. bei den brutgestörten Meisen: „ein spezifisch chemisches Klima der Atmosphäre (kontinuierlich hohe Säureeinträge) verursacht die zunehmende Entbasung / Versauerung / Nährstoffverarmung der Pedosphäre, was auf die Biosphäre zurückwirkt (calciumarme Produzenten und Konsumenten, darunter auch die brutgestörten Meisen)" (Lethmate 1999, S. 38). Kaminske sah die Kompartimente als Subsysteme, die „in modellhaft reduzierter Form als Black-Box-Elemente" (Kaminske 2000, S. 356) in größere Systeme integriert werden können, um in der Schule zur „altersspezifisch wichtigen Differenzierung beizutragen" (ebd., S. 356).
170 Lediglich Lethmates Hinweis, Haubrich möge sein eigenes Naturverständnis anhand eines Untertitels von Schultz: „Die Natur ist, was sie ist, und sonst gar nichts" (Schultz 1997a, S. 296) überdenken (Lethmate 2001c, S.30), führte zu einer indirekten Reaktion auf Schultz (vgl. Winkler,2004, S. 44): „Nimmt man dieses Zitat wörtlich, dann ist die Natur statisch und kein Prozess, und sie kann deshalb weder ausgebeutet noch geschützt werden, denn Natur ist ja das, was sie ist, und sonst gar nichts" (Haubrich 2001b, S. 100). Diese Kritik ist allerdings schon etwas merkwürdig, wenn man bedenkt, wie Schultz die Natur in dem entsprechenden Text beschrieb: „Ökosysteme, die zusammenbrechen, sind immer nur die Basis eines neuen Systems, das zugegebenermaßen artenärmer sein kann, aber dennoch ein Ökosystem ist. (...) Einen bestimmten Zustand zum Endzustand der Naturgeschichte zu erklären, stünde gerade nicht im Einklang mit der Natur, denn es gibt keine Argumente dafür, dass die Evolution nicht auch diesen nur als Durchgangsstadium betrachtet" (Schultz 1997a, S. 299).

Rundschau führte zu einem Schlagabtausch zwischen Haubrich (2000) und Lethmate, der in seiner zweiten Runde in „Geographie und ihre Didaktik" (Haubrich 2001b; Lethmate 2001c) verlagert wurde[171]. Der Beitrag in „Die Erde" rief dagegen eine breitere Diskussion hervor (Aepkers 2000; Arning 2000; Kaminske 2000; Kroß 2000; Menting 2000; Müller 2000; Rempfler 2000; Schmidt-Wulffen 2000b; Verbeek 2000; Wilhelmi 2000), die in ihrer Ausformung auch bei den „älteren" Beteiligten Trögers These von der geringen Zwangsläufigkeit der Orientierungen bestätigte: Einzelne Autoren ergänzten und widersprachen sich in den unterschiedlichsten Punkten. Zwei Aspekte erschienen dabei den meisten Autoren diskussionswürdig: der Aspekt der fachwissenschaftlichen Anbindung und der Aspekt der ökologischen Erziehung.

Bei der Frage nach der fachwissenschaftlichen Anbindung des Geographieunterrichts lassen sich auf den ersten Blick zwei Gruppen erkennen. Die eine Gruppe begrüßte es, „der Geoökologie zusammen mit der Ethnologie als ökologisch-naturwissenschaftliche Dimension der Erdkunde mehr Gewicht zu verleihen" (Wilhelmi 2000, S. 379). Der systemanalytische Ansatz biete „eine wichtige Voraussetzung für kognitives Lernen" (Rempfler 2000, S. 363), womit „die Geographie auch wieder in den Bereich der exakten Naturwissenschaften zurückgeführt werden"[172] (Kaminske 2000, S. 356f) könne. Ökologie sei „in der Tat primär keine Problemanalyse" (ebd., S. 360), sondern eine „wertneutrale Untersuchung oder Darstellung" (ebd., S. 360). Die andere Gruppe von Autoren

---

171 Lethmate begründete diesen Wechsel des Publikationsortes: „Entgegen der dezidierten Zusage der GR-Redaktion, mich über das Leserecho zu meinem Beitrag „Das geoökologische Defizit der Geographiedidaktik" (Lethmate 2000a) zu unterrichten, habe ich weder vom Leserbrief Haubrichs noch von seinem Erscheinungsdatum erfahren. Meine Replik auf Haubrich wurde von der GR-Redaktion abgelehnt mit der Begründung abgeschlossener Themenplanung bis Ende 2001" (Lethmate 2001c, S. 21).

172 Ob es tatsächlich gelänge, aus der Geographie eine exakte Naturwissenschaft zu machen, darf allerdings bezweifelt werden. Kaminskes Wahrnehmung, dass „die häufig aufzufindende Gleichsetzung von ‚Landschaftsökologie' und ‚Geoökologie' (...) bei Leser bereinigt" (Kaminske 2000, S. 357) worden sei, widersprach deutlich der Argumentation von Menting, der Leser einen „synergetisch-holistisch interpretierten Geoökosystembegriff" (Menting 2000, S. 381 – vgl Menting 2001, S. 61) nachwies, „dem letztlich noch immer die Intuition ‚Landschaft' zugrunde liegt" (Menting 2000, S. 381 – vgl. Menting 2001, S. 61).

bewertete die Anbindung an die Fachwissenschaft deutlich ambivalenter. Auf der einen Seite wurde offen zugestanden, dass „Handeln ohne Wissen in die Irre" (Haubrich 2000, S. 61) gehe und der Unterricht deswegen „bezüglich der Wissenschaft auf der Höhe der Zeit sein" (Verbeek 2000, S. 372) solle. Auf der anderen Seite wurde vor einer „reinen Abbilddidaktik" (Kroß 2000, S. 375 – vgl. Kroß 1999, S. 122) gewarnt, „die sich an die vermeintliche Wertfreiheit der Wissenschaft klammert" (ebd., S. 375). Eine Wissenschaft zum Hauptbezugspunkt von Unterricht zu machen, sei auch im Hinblick auf die Schüler „nahezu aussichtslos" (Schmidt-Wulffen 2000b, S. 353), weil „die Psyche des Menschen zum geringsten Teil aus Wissenschaft" (Verbeek 2000, S. 372) bestehe und die Auseinandersetzung der Schüler mit der Umweltproblematik im Alltag „auch ohne ein grundlegendes Verständnis naturwissenschaftlicher Grundlagen" (Aepkers 2000, S. 377) geschehe. Trotz dieser Warnung vor zu viel Wissenschaft wurde von dieser Gruppe dann aber gleichzeitig postuliert, dass „eine sozialwissenschaftliche Komponente[173] unabdingbarer Bestandteil jeglichen Unterrichts mit ökologischer Thematik" (Müller 2000, S. 370) sei, denn die Ökologie sei „nicht Thema, sondern Aspekt einer übergreifenden Fragestellung" (Schmidt-Wulffen 2000b, S. 354). Ohne „die Klärung des sozialen Elements" (Müller 2000, S. 370) sei „die Frage nach den Konsequenzen naturwissenschaftlicher Erkenntnisse" (Kroß 2000, S. 375) nicht entscheidbar und „ein Verstehen von (Geo-)Systemen nicht möglich" (Müller 2000, S. 370).

So unterschiedlich die Positionen beider Gruppen zunächst erscheinen mögen, sie trafen sich in der *Zustimmung* zum von Schultz *kritisierten* Mensch-Natur-Paradigma (Kaminske 2000, S. 360; Kroß 2000, S. 376; Müller 2000, S. 369; Rempfler 2000, S. 364). Kaminske unterstrich dabei, dass die Mensch-Erde-Beziehung im Unterricht „vor allem unter der Leitidee der Inwertsetzung

---

173 Unter der sozialwissenschaftlichen Komponente verstanden die Autoren aber weniger sozialwissenschaftliche Theorien als vielmehr „'Handlungssysteme als soziale Systeme', die auf ‚Werten und Normen' beruhen; vgl. Habrich 1999" (Müller 2000, S. 370). Der anthropogeographische Anteil des Unterrichts schien sich dabei praktisch auf „die Klärung naturschädigenden Verhaltens im eigenen Umfeld" (Schmidt-Wulffen 2000b, S. 354) und auf den Austausch von „moralischen und ethischen Argumenten" (Kroß 2000, S. 375) zu reduzieren.

416

naturräumlicher Gegebenheiten durch den Menschen" (Kaminske 2000, S. 360) thematisiert werden müsse. Allerdings müsse in Anbetracht der Umweltdiskussion „neben der Inwertsetzung auch die Erhaltung natürlicher Ressourcen auf einer zu stark genutzten Erde immer mehr in den Vordergrund treten" (Kaminske 2000, S. 360). Damit schloss er genauso an die neue Zielorientierung an wie Schmidt-Wulffen, der meinte, dass es sich für einen ökologisch ausgerichteten Unterricht anböte, „das Motiv der Bewahrung – statt es dogmatisch zu vermitteln (‚die Schüler sollen…') mit dem der In-Wert-Setzung, ehrlicher – der Vernutzung – kritisch in Beziehung zu setzen" (Schmidt-Wulffen 2000b, S. 352). Entsprechend der beiderseitigen Zustimmung zum Mensch-Natur-Paradigma tauchte auch die von Schultz kritisierte Vorbildfunktion der „Naturvölker" (Schultz 1997a, S. 296) in beiden Lagern auf. Gerade im Hinblick auf „Fragestellungen von Tragfähigkeit und menschlichem Entwicklungsstand" (Kaminske 2000, S. 357) zeige sich „sowohl verhaltensbiologisch als auch physiologisch, fortpflanzungsbiologisch, soziologisch und last not least ökologisch eine ziemlich gute Anpassung (…) von traditionell lebenden Buschleuten, Aborigenes, Inuit oder Papuas an ihren Lebensraum, in dem sie sich über Jahrtausende als Teil der Natur empfanden" (Kaminske 2000, S. 357f). Angesichts solcher Einschätzungen monierte Haubrich nahezu folgerichtig, dass man es nicht als ökologische Zumutung bezeichnen könne, „wenn ein Autor über die Naturverbundenheit von Puebloindianern informiert" (Haubrich 2000, S. 61). Schließlich würde niemand von den Schülern verlangen, dass sie sich „wie Puebloindianer oder ökologische Mystiker verhalten. Aber es ist doch wohl interessant und anregend zu wissen, welche Einstellungen andere Menschen und Kulturen zur Natur haben" (ebd., S. 61). Ob den Schülern dabei tatsächlich deutlich werde, dass es sich bei der Naturverbundenheit der Puebloindianer „*nicht* um wissenschaftliche Tatsachen und ‚Wahrheiten' handelt" (Arning 2000, S. 384 – Herv. A. U.), darf mit einigem Recht bezweifelt werden. Das Mensch-Natur-Paradigma, ob von nun eher sozialwissenschaftlicher oder eher naturwissenschaftlicher Seite betrachtet, führt bis heute fast zwangsläufig zu der Feststellung, dass alles was der Mensch tut, „nur aus geoökologischen Grundlagen erwachsen darf" (Menting 2000, S. 381 – vgl. Menting 2001, S. 61).

Die allgemeine Zustimmung zum Mensch-Natur-Paradigma wurde ergänzt durch eine breite Akzeptanz der ökologischen Erziehung. Zwar sprachen sich mehrere Autoren explizit gegen den Versuch der Indoktrination (Haubrich 2000, S. 61; Schmidt-Wulffen 2000b, S. 351; Verbeek 2000, S. 372) oder zumindest einer „Überbetonung (umwelt-)ethischer Aspekte" (Wihelmi 2000, S. 379) aus, lenkten aber gleich ein, dass daraus nicht zu schließen sei, dass „der Gedanke einer Werteerziehung pauschal abgewertet" (Kaminske 2000, S. 360) werden dürfe. Darüber, wie die verbleibende Werteerziehung aussehen solle, bestand zumindest verbal kein eindeutiger Konsens. Während die einen Leitbilder „nicht als reales, konkretes Ziel, wohl aber als Richtung gebende Denkfigur" (Schmidt-Wulffen 2000b, S. 352 – vgl. Haubrich 2000, S. 61) verstanden wissen wollten, verbanden die anderen die Leitbilder mit expliziten Anforderungen an die Schüler: „Nichtsdestotrotz scheint es mir legitim, auf hierarchisch höchster Lernzielebene Dispositionen zu formulieren, die ein systemadäquates und auf Nachhaltigkeit ausgerichtetes Verhalten von Lernenden postulieren" (Rempfler 2000, S. 364 – vgl. Kroß 2000, S. 376; Müller 2000, S. 370). Das etwas konkreter formulierte Ziel, „einen Teil der künftig Erwachsenen nicht nur verbal, sondern auch faktisch zu entbehrungsreicher Ressourcenschonung zu veranlassen" (Verbeek 2000, S. 373), wurde allerdings nicht unbedingt als wünschenswert angesehen, da Menschen, die dieses Ziel umsetzten, über kurz oder lang „von der Bildfläche verschwinden [würden], als Wirtschaftssubjekte, im Extremfall sogar in ihrer physischen Existenz" (ebd., S. 373). Das sich aus dieser Einsicht ergebende „moralische Dilemma" (ebd., S. 373) dürfe aber umgekehrt nicht dazu führen, „auf jeden Beitrag zu einer Verbesserung der Umweltmoral [zu] verzichten" (ebd., S. 373). Die in diesem Dilemma geradezu implizierte Erfolglosigkeit einer Erziehung zur Nachhaltigkeit machte die Geographiedidaktiker allerdings nicht nachdenklich, sondern verleitete sie zu der Einsicht, dass dann erst recht eine Notwendigkeit zu moralischer Erziehung bestehe (Haubrich 2000, S. 61; Kroß 2000, S. 375; Rempfler 2000, S. 366f).

Mit ihren Repliken auf Lethmate bestätigten die Autoren auf breiter Ebene seinen Verdacht, dass „Geographiedidaktik wie keine andere Didaktik verhaltensorientierte Lernziele verfolgt" (Lethmate 2001a, S. 40). Da die „Stärke der Schule" (Lethmate 2000c, S. 390; 2001a, S. 38) aber im „Aufbau differenzierten Wissens" (Lethmate 2001a, S. 38) liege und differenziertes Wissen „als Propädeutik für Werthaltung" (ebd., S. 38) gelte, plädierte Lethmate in seinen Erwiderungen nochmals für „einen aufklärerischen Erziehungsanspruch" (Lethmate 2000c, S. 390; 2001a, S. 38), mit dessen Hilfe Lernziele wie „Sachlickeit" (Lethmate 2000c, S. 390) verfolgt werden sollten. Dieses Lernziel sei keinesfalls „dürftig" (Müller 2000, S.371), sondern erfordere vom Lehrer „das mühsame, geduldige Anleiten zum Verstehen, (…) die Entwicklung und Ermutigung zu einer schulgemäß-wissenschaftlichen Haltung im Sinne rationalen Verhaltens, intellektueller Redlichkeit und Kontrolle sowie Objektivität gegenüber Kritik" (Lethmate 2000c, S. 391).

Dieses überaus anspruchsvolle Programm wurde von einem größeren Teil von Geographiedidaktikern und Schulgeographen offensichtlich weniger als Chance für einen Neubeginn, sondern viel eher als eine Bedrohung wahrgenommen: „Wenn Lethmate Recht hätte, müsste man in der Tat alle geographiedidaktischen Lehrstühle streichen und sogar den Geographieunterricht abschaffen" (Haubrich 2001b, S. 101).

6.2.2.3 SCHLÜSSELPROBLEME

Ebenfalls zu Beginn der 90er Jahre legte Schmidt-Wulffen (1994b) einen Neuansatz vor, der auf einer „kritischen Reflexion der fachdidaktischen und erziehungswissenschaftlichen Entwicklungen der ‚Nach-Robinsohn-Zeit" (ebd., S. 13, vgl. Schmidt-Wulffen 1999f, S. 29f) beruhte. Diese kritische Reflexion brachte ihn dabei zunächst sowohl bezüglich der Reformgeographie als auch der Raumverhaltenskompetenz zu Ergebnissen, die denen von Kroß strukturell sehr ähnlich waren: In seiner Argumentation unterstellte Schmidt-Wulffen, dass im Fach seit der Reformgeographie ein Konsens darüber bestehe, „dass die Schulgeographie einer problemorientierten Ausrichtung bedarf" (Schmidt-Wulffen 1994b, S. 13). Diesem Anspruch seien aber weder der allgemeingeographische noch der sozialgeographische Ansatz gerecht geworden, weil es beiden „vor allem um die Erschließung fachlicher Kategorien – von Begriffen, Regeln, Gesetzen, Systemen und Modellen" (ebd., S. 13) gegangen sei. Ähnlich wie Kroß verknüpfte Schmidt-Wulffen diese starke Betonung „geographischer Wissensbestände und Erkenntnisweisen" (ebd., S. 13) in der Schule mit den „die Reformgeographie konstituierenden gesellschaftlichen Leitvorstellungen von ‚Inwertsetzung', ‚Um'- bzw. ‚Aufwertung' von Räumen" (ebd., S. 13). Beides zusammen führe zu einer Orientierung „an Machbarkeitsvorstellungen und (…) einem Fortschrittsoptimismus, der angesichts der sich verschärfenden sozialen und ökologischen Probleme in der Welt zunehmend obsolet geworden" (ebd., S. 13) sei. Auch die Raumverhaltenskompetenz sei den neuen Anforderungen nicht gewachsen, weil es sich bei ihr zum einen lediglich um eine „wertneutral-unverbindliche" (ebd., S. 13) Zielkategorie handle, die zum anderen vor allem durch „die Vermittlung von Sachinformationen" (ebd., S. 13) erreicht werden solle. Wolle die Menschheit überleben, könne „die Leitvorstellung nur noch *Bewahrung* (…) lauten" (Schmidt-Wulffen 1994b, S. 13 – Herv. im Orig.). Um dieses Ziel zu erreichen, sei zum einen „eine ‚Übersetzung' der abstrakten fachlichen Zielvorstellungen in den Wahrnehmungs- und Handlungshorizont der Schülerinnen und Schüler" (Schmidt-Wulffen 1994b, S. 13) vonnöten. Zum anderen gestatte diese Leitvorstellung „keine Wertneutralität: Schülerinnen und Schüler müssen sich mit den Folgen der von ihnen bezogenen Position auseinandersetzen. Sind zur Umwelterhaltung eher Wachstum oder Vermeidung und Verzicht das bessere, persönliche Konsequenzen abverlangende Konzept?" (Schmidt-Wulffen 1994b, S. 15). Wie Kroß kam somit auch Schmidt-Wulffen zu dem Schluss, dass es Aufgabe des Unterrichts sei, „Schülern und Schülerinnen zu bewussten Verhaltensweisen und zur Handlungsbereitschaft zu verhelfen (etwa zum Umwelthandeln)." (ebd., S. 13). Erst dann seien sie „als *Subjekt* des Unterrichts gefordert" (ebd., S. 13 – Herv. im Orig.).

Angesichts dieser Argumentation scheint die Einschätzung Trögers durchaus berechtigt, dass Schmidt-Wulffens „Beiträge, obwohl nicht mit dem Etikett des ‚Globalen Lernens' versehen, dennoch in ihrer Mehrzahl faktisch zu diesem pädagogischen Anliegen zu rechnen sind" (Tröger 1999b, S. 15). Bleibt also die Frage, warum sich Schmidt-Wulffen nicht, wie etwa Haubrich, einfach diesem durchaus populären Ansatz anschloss. Die Antwort ist so schlicht wie weitreichend: Haubrich ging es bei seiner Argumentation „um die Grundfesten unseres Faches" (Haubrich 2001b, S. 101) und damit um den Erhalt des Geographieunterrichts (ebd., S. 101); Schmidt-Wulffen dagegen ging es zum einen darum, für das „Einstundenfach" (Schmidt-Wulffen 1994b, S. 13) Geographie „mittels geeigneter Kriterien den enger gewordenen Rahmen auszufüllen" (ebd., S. 13) und zum anderen den Auftrag des niedersächsischen Kultusministeriums zu erfüllen, „Erdkunde, Geschichte und Sozialkunde zur Integration zu bringen" (ebd., S. 13). Deshalb griff er nicht zum – fachpolitisch durchaus „belasteten" - Etikett des „globalen Lernens", sondern forderte die Geographiedidaktik dazu auf, den Schlüsselproblemansatz des Pädagogen Klafki (vgl. Klafki 1991; 1995) zur „Grundlage zukünftigen Geographieunterrichts" (ebd., S. 13) zu machen.

Ähnlich wie Schmidt-Wulffen formulierte auch Klafki Zielsetzungen, die denen von Kroß durchaus kompatibel waren: Ein „tragfähiges neues Bildungskonzept" (Klafki, 1991, S. 51) könne nicht „primär durch den Bezug zur modernen Industriegesellschaft begründet werden" (ebd., S. 51). Zwar dürften „die zukünftigen Anforderungen der industriellen Gesellschaft" (ebd., S. 51) nicht außer acht gelassen werden, da die Schüler in ihr leben müssten. Aber gleichzeitig dürfe „die Weiterentwicklung dieser industriellen Gesellschaft nicht im Sinne eines unkritischen, technisch-ökonomisch bestimmten Fortschrittsoptimismus" (ebd., S. 51) betrieben werden. Der Pädagogik käme damit nicht nur die Aufgabe zu, auf die gesellschaftlichen Verhältnisse „zu *re*agieren, sondern sie unter dem Gesichtspunkt der pädagogischen Verantwortung für gegenwärtige und zukünftige Lebens- und Entwicklungsmöglichkeiten jedes jungen Menschen der nachwachsenden Generation (...) zu beurteilen und mitzugestalten" (ebd., S. 50f). Als Orientierungsrahmen für ein Bildungswesen, das diese Aufgaben bewältigen könne, schlug Klafki ein neues Konzept von Allgemeinbildung vor (ebd., S. 53; 1995, S. 10). Allgemeinbildung könne dabei „weder in traditionalistischer Orientierung an unhistorisch verabsolutierten ‚Werten' (....) noch in Anlehnung an irgendeine Wissenschaftssystematik begründet werden" (Klafki 1995, S. 10). Vielmehr müsse Allgemeinbildung verstanden werden „als Bildung *für alle*, als Bildung *,im Medium des Allgemeinen'* (....), als *allseitige bzw. vielseitige Bildung in allen Grunddimensionen menschlicher Interessen und Fähigkeiten* (kognitiv, handwerklich-technisch und hauswirtschaftlich, psycho-motorisch, sozial, ästhetisch, ethisch und politisch)" (ebd., S. 11 – Herv. im Orig.). Die Bildung im Medium des Allgemeinen bezog sich dabei auf die „Auseinandersetzung mit den die Erwachsenen und die nachwachsende Generation gemeinsam angehenden Frage- und Problemstellungen ihrer geschichtlichen Gegenwart und der sich abzeichnenden Zukunft, ihrer Aufgaben, Gefahren, Chancen" (ebd., S. 11). Diese Problemstellungen sollten als „epochaltypische Schlüsselprobleme" (Klafki 1991, S. 56; 1995, S. 111) den Kanon der Allgemeinbildung definieren. Die Liste der von Klafki genannten Schlüsselprobleme wandelte sich allerdings ständig (vgl. Schmidt-Wulffen 1999f, S. 36 und Tab. 22), so dass eine stabile Grundlage für einen Kanon nicht gegeben war.

Trotz der durchaus sehr variablen Listen von Schlüsselproblemen (vgl. Heske 1996, S. 227) ging Schmidt-Wulffen davon aus, dass es „durch Rückbezug auf *konsensfähig* ermittelte Schlüsselprobleme" (Schmidt-Wulffen 1994b, S. 14 – Herv. im Orig.) möglich werde, „die Beliebigkeit und Subjektivität der Inhalte und Themen in Hinblick auf die Zukunftsbewältigung der Schülerinnen und Schüler einzuschränken" (ebd., S. 14.). Für konsensfähig erachtete er dabei elf

1991[174]	1995
• die Friedensfrage • die Umweltfrage • die gesellschaftlich produzierte Ungleichheit • die Gefahren und Möglichkeiten der neuen technischen Steuerungs-, Informations- und Kommunikationsmedien • das Phänomen der Ich-Du-Beziehung: die Erfahrung der Liebe, der menschlichen Sexualität, des Verhältnisses zwischen den Geschlechtern oder aber gleichgeschlechtlicher Beziehungen	• die Friedensfrage • die Problematik des Nationalitätsprinzips • das Umweltproblem • das Problem der wachsenden Weltbevölkerung • das Problem der gesellschaftlich produzierten Ungleichheit • das Verhältnis der sogenannten entwickelten Industriegesellschaften zu den sogenannten ‚Entwicklungsländern' • die Gefahren und Möglichkeiten der neuen technischen Steuerungs-, Informations- und Kommunikationsmedien • die menschliche Sexualität und das Verhältnis der Geschlechter zueinander bzw. gleichgeschlechtliche Beziehungen

Tab. 22: Schlüsselprobleme nach Klafki
(Quelle: wörtlich, aber gekürzt übernommen aus: Klafki, 1991, S. 56-60; 1995, S. 12)

Schlüsselprobleme[175], die allerdings nicht alle im geographischen Unterricht behandelt werden sollten. Vielmehr sei zu überlegen, was „bei Zugrundelegung der Schlüsselprobleme als *Kern* des Geographieunterrichts betrachtet werden" (ebd., S. 14) könne. Diese Überlegung führte Schmidt-Wulffen wiederum praktisch zu denselben Problemkreisen, die Kroß auch schon genannt hatte (vgl. Schramke 1999b, S.92): „die Probleme der **Umwelterhaltung** und der **Globalen Ungleichheiten**" (ebd., S. 14 – Herv. i. O.) sollten im Zentrum des

---

174 Klafki brach die Reihe der Beispiele hier nach fünf Schlüsselproblemen ab, betonte aber, dass „die Anzahl solcher Schlüsselprobleme (...) keineswegs beliebig erweiterbar" (Klafki 1991, S. 60) sei.
175 Diese Schlüsselprobleme lauteten: „1. Völkerverständigung und Friedenssicherung, 2. Verwirklichung von Menschenrechten, 3. Herrschaft und Demokratisierung, 4. Soziale Ungerechtigkeit, 5. Geschlechter- und Generationenverhältnis, 6. Umgang mit Minderheiten, 7. Arbeit, 8. Umwelterhaltung, 9. Sucht, Aggression und Gewalt, 10. Massenmedien und Alltagskultur, 11. Globale Ungleichheit" (Schmidt-Wulffen 1994b, S. 14).

423

Geographieunterrichts stehen. Darüber hinaus könne er noch mitwirken an den Problemfeldern „Völkerverständigung / Friedenssicherung, Soziale Ungleichheit, Umgang mit Minderheiten und Arbeit" (ebd., S. 14). Ein auf diese Schlüsselprobleme ausgerichteter Unterricht bedürfe dabei „weniger grundlegend neuer Themen als der Aktualisierung und Neuauslegung bisheriger Themen" (ebd., S. 14). Dabei komme es vor allem auf eine konsequente „Schüler- und Wissenschaftsorientierung" (ebd., S. 14) an, denn „subjektive Ausgangspunkte müssen beachtet werden, bedürfen aber der objektiven Korrektur durch Wissenschaftsorientierung" (ebd., S. 14)[176].

Auf dem Hintergrund dieser Argumentation mutete es schon etwas bizarr an, dass sich Schmidt-Wulffen - zusammen mit Schramke[177] - angesichts einer Diskussion um ein Positionspapier des Verbandes Deutscher Schulgeographen (VDSG 1994) „geographischen Nihilismus" (Richter 1995, S. 45) vorwerfen lassen musste, der „penetrant die Demontage geographischer Bildung und Umwelterziehung" (ebd. S. 45) betreibe und einer „unkonturierten und populistisch aufgeblähten Weltproblemkunde" (Czapek 1995, S. 46) das Wort rede. Mit Hilfe der „gestelzten Strukturierungskünste einstmals phänomenaler klafkischer Schlüsselprobleme" (ebd., S. 46) werde das Fach von Schmidt-Wulffen „auf Schmalspur gezogen" (Richter 1995, S. 45), da er die fachlichen Grundlagen mit ihren „ganzheitlichen Betrachtungsweisen und vernetzenden Zugriffen auf der soliden Grundlage fachbezogener Inhalte, Fragestellungen und Arbeitsweisen (...) für nicht zeit- und schülergemäß" (ebd., S. 45) halte. Diese harschen Vorwürfe konnten sich kaum der inhaltlichen Argumentation Schmidt-Wulffens verdanken, denn dann hätten sie gegen Kroß in ähnlicher Form geäußert

---

176 Schmidt-Wulffen hat versucht diesen theoretischen Ansatz in dem von ihm herausgegebenen Schulbuch „Er(d)kunde!" (Schmidt-Wulffen 2001b; 2002a; 2003) in die Praxis umzusetzen.
177 Die beiden hier zitierten Texte beziehen sich auf einen Diskussionsbeitrag von Schmidt-Wulffen und Schramke (1995) zu einem vom VDSG herausgegebenen Positionspapier mit dem Titel „Geographische Bildung und Umwelterziehung – eine Forderung unserer Zeit" (VDSG 1994). Die Autoren wiesen in ihrem Diskussionsbeitrag u. a. darauf hin, dass „das Schlüsselproblem-Konzept Klafkis als Grundlage neuer Rahmenrichtlinien und Schülerbücher" (Schmidt–Wulffen, Schramke 1995, S. 44) wachsende Beachtung erfahre.

424

werden müssen. Tatsächlich gingen sie vermutlich auch eher auf die Unterstellung zurück, dass Schmidt-Wulffen und Schramke sich „ausgiebig und mit Hingabe für ein Integrationsfach" (Czapek 1995, S. 46) einsetzten[178].

Völlig außer Acht gelassen wurde bei diesem „undifferenzierten Rundumschlag" (Heske 1996, S. 226) die Kritik, die am Konzept der Schlüsselprobleme wirklich hätte geäußert werden können. Sie ist – überaus zerstreut und oft eher beiläufig[179] – an anderen Stellen zu finden:

Konsensfähige „epochaltypische Schlüsselprobleme" zu definieren, ist nicht so einfach, wie von den verschiedenen Autoren suggeriert, denn auch wenn der Begriff „den Eindruck erweckt, als ob es bestimmte, eindeutig zu fassende, zentrale Probleme in unserer Gesellschaft gäbe, können wir letztlich nur erahnen, wie einige Probleme beschaffen sein werden, zu deren Lösung die Jugendlichen beizutragen haben werden und welche Maßnahmen der Problemlösung erfolgreich sein könnten" (Tröger 2002, S. 35).

Die Behauptung, dass in den durch den Schlüsselproblemansatz legitimierten Fächern Gesellschaftslehre oder WUK „tatsächlich eine thematische Integration von Methoden und Inhalten stattfindet" (Heske 1996, S. 226), lässt sich nur sehr bedingt empirisch belegen. Das von Heske genannte Beispielthema „Namibia – Staat mit deutschen Spuren" (ebd., S. 227), das in der Klasse 9 „das historische Thema ‚Zeitalter des Imperialismus' mit dem politischen Thema ‚Selbstbestimmung und Unabhängigkeit' und dem geographischen Klassiker ‚Probleme von Entwicklungsländern'" (ebd., S. 227) verbinde, bildete eher die Ausnahme als die Regel. Themen wie „Die Pracht Augusts des Starken"

---

178 Dass dies nur eine Unterstellung sein kann, zeigt eine gründliche Lektüre des Diskussionsbeitrags von Schmidt-Wulffen und Schramke. Dort heißt es: „die Schlüsselprobleme ‚Globale Disparitäten' (Nord-Süd-Konflikt, Neuordnung im Osten) und ‚Umwelterhaltung' (könnten – A. U.) zu tragenden Säulen *eines Erdkunde*-Unterrichts werden, der die Schrumpfung zum Einstundenfach konstruktiv als Chance einer überfälligen inhaltlichen ‚Verschlankung' begreift" (Schmidt-Wulffen, Schramke 1995, S. 44 – Herv. A. U.).

179 Anders als Schrand meinte beobachten zu können, sind die Inhalte der Geographie eher *nicht* „ausgiebig unter dem Fahnenwort ‚Schlüsselprobleme' diskutiert worden" (Schrand 1999, S. 116).

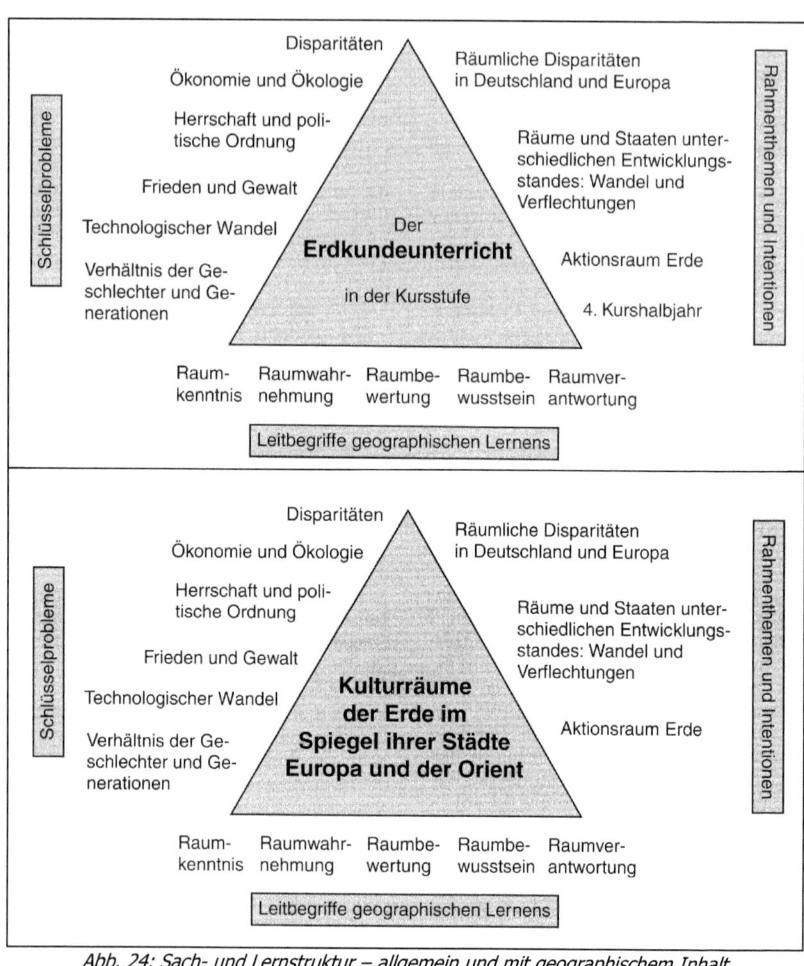

Abb. 24: Sach- und Lernstruktur – allgemein und mit geographischem Inhalt (Quelle: Mittelstädt 1999, S. 43 und 44)

(Landesinstitut für Schule und Weiterbildung 1991, S. 73), „Im nächsten Jahr dürfen wir in die Schulkonferenz!" (ebd., S. 61) oder „Ferien im Bayerischen

426

Wald" (ebd., S. 70) waren eindeutig fachbezogen formuliert. In der Schulpraxis wurde ihnen oft erst dann ein Schlüsselproblem zugeordnet, wenn sie bereits in den Stoffverteilungsplan der Schule aufgenommen worden waren. Wie dehnbar das Konzept in der Praxis war, zeigt das niedersächsische „didaktische Strukturdreieck" (Mittelstädt 1999, S. 43 – vgl. Abb. 24) für die Kursstufe, in das „sich alle schulgeographischen Inhalte einsetzen bzw. einordnen [lassen] (vgl. Abb. 24 – A. U.), da sie – in unterschiedlicher Intensität und mit jahrgangsabhängigen Reduzierungen – Bezüge zu Schlüsselproblemen, zu den in der Oberstufe vorgesehenen Rahmenthemen und Intentionen sowie zu Leitbegriffen geographischen Lernens aufweisen [müssen]" (ebd. S. 43).

Der Schlüsselproblemansatz, bei dem ein gemeinsames Problem durch mehrere Fächer gelöst wird (konzentrische Zusammenführung), ist nicht die einzige Möglichkeit, Fachgrenzen zu überschreiten (Schultz 1997b, S. 387): Daneben böten sich drei weitere Möglichkeiten an, die für den Erkenntnisgewinn oft weitreichender erscheinen: die komplementäre Zusammenführung, bei der die Sicht eines Faches durch ein anderes ergänzt wird (ebd., S. 387), die kontrastive Zusammenführung, bei der die Sicht eines Faches durch die Sicht eines anderen Faches relativiert wird[180] (ebd., S. 387) und die reflexive Sichtweise, bei der ein Fach selbst zum Gegenstand eines anderen Faches wird (ebd., S. 388). Gerade der historische Blick auf die Entwicklung der Inhalte eines Faches lasse den Konstruktionscharakter jeglichen Wissens deutlich zu Tage treten (Wildt 1988, S. 50; Schultz 1999c).

Der Schlüsselproblemansatz Schmidt-Wulffens ist von weiten Teilen der Geographiedidaktik ignoriert und von den Verbandsvertretern der Schulgeographen vorschnell abgeurteilt worden. Tatsächlich hatte er überaus große Nähen zu

---

180 Hier geht es vor allem darum, gemeinsame Grundbegriffe verschiedener Fächer, wie z. B. „System", „Zeit" oder „Evolution" integriert einzuführen, so dass Ähnlichkeiten, aber auch Unterschiede in der jeweiligen Verwendung des Begriffs sichtbar werden (vgl. Schultz 1997, S. 388). Diesem Ansatz entspricht das in vielen romanischen Ländern unterrichtete Fach „Wissenschaft des Lebens und der Erde", in dessen Zentrum der Gedanke der Evolution steht (vgl. Lehingue, Robert 2002; Ribeiro Ferreira, o. J.).

anderen allgemein akzeptierten Standpunkten wie z. B. dem Leitbild der „Bewahrung der Erde".

6.2.3 DIE „SCHMUDDELKINDER" KEHREN ZURÜCK

Zu Beginn der 90er Jahre fanden in der Bensberger Thomas-Morus-Akademie zwei Tagungen statt, deren Titel Programm waren: „Die Geographiedidaktik neu denken – Perspektiven eines Paradigmenwechsels" am 27. und 28. 11. 1990 (Hasse, Isenberg 1991b, S. 7) und „Vielperspektivischer Geographieunterricht" am 12. und 13. 11. 1991 (Hasse, Isenberg 1993b, S. 7). Auf diesen beiden Tagungen formierten sich die „Schmuddelkinder" neu, wobei sich allerdings nicht nur die personelle Zusammensetzung deutlich geändert hatte, sondern auch die theoretischen Ausrichtungen der einzelnen Beteiligten inzwischen sehr individuelle und in ihrer Gesamtheit recht plurale Züge annahmen. Zunächst einmal versuchten die Organisatoren der Tagungen an die Entwicklung der Geographiedidaktik seit Ende der 70er Jahre anzuschließen, indem sie Eugen Ernst und Eberhard Kroß um Darstellungen zur „Fachdidaktik Geographie seit der Curriculumreform" baten (vgl. Hasse, Isenberg 1991a, S. 5). Für ihre eigene Positionierung griffen sie allerdings vor allem auf Autoren zurück, die sich weder eindeutig der Didaktik noch eindeutig der „klassischen" Fachwissenschaft zuordnen ließen. Ihre „das Denkfeld ergänzenden Beiträge" (Hasse, Isenberg 1991b, S. 7) erschienen zwar nur als Erweiterung der Druckfassung der gehaltenen Referate. Deutlich war dabei aber der Rückgriff auf Arbeiten von Gerhard Hard zu registrieren, der zusammen mit seiner damaligen Doktorandin Frauke Kruckemeyer (Hasse, Isenberg 1991a, S. 207) im Band zur ersten Tagung drei von vierzehn (ebd., S. 5f) und im Band zur zweiten Tagung sogar drei von acht (Hasse, Isenberg 1993a, S. 5) Beiträgen stellte.
Inhaltlich ging es den Organisatoren der Tagungen vor allem darum, zu klären, ob die sich in allen Bereichen der Wissenschaft „seit Mitte der 80er Jahre" (Hasse, Isenberg 1991b, S. 7) mehrenden „autoreferentiellen Diskurse des konstruktiven ‚Selbstzweifels'" (ebd., S. 7) nicht auch in der Geographiedidaktik

428

„eine vitalisierende Rolle spielen" (ebd., S. 7) könnten. Dazu bedürfe es allerdings „einer neuen didaktischen Fundierung, die den aktuellen gesellschaftlichen Veränderungen gerecht werden kann, und zwar in erkenntnis*theoretischer* wie erkenntnis*praktischer* Sicht" (Hasse, Isenberg 1993, b, S. 7 – Herv. im Orig.). Auf erkenntnistheoretischer Ebene sei ein erneuter Paradigmenwechsel notwendig (Hasse, Isenberg 1991b, S. 7), denn der „selbstverständliche und allein schon durch den Szientismus legitimierte Diskurs zählt unter den Bedingungen einer kritischen Autoreferentialität nicht mehr viel" (ebd., S. 7). Es komme auf erkenntnispraktischer Ebene somit darauf an, zu prüfen, was die neuen metatheoretischen Grundlagen für Ziel-, Inhalts- und Methodenentscheidungen bedeuteten (ebd., S. 7). Diese Prüfung sei nicht „mit dem intellektuellen Geiz einer Krämerseele zu betreiben" (Hasse, Isenberg 1993b), sondern müsse zu einer fächerverbindenden Mehrperspektivität führen (ebd., S. 7).

Ob die Bensberger Tagungen ihr Ziel wirklich erreicht haben, darf mit einiger Berechtigung in Zweifel gezogen werden. Trotzdem können sie als Wendepunkt für die Geographiedidaktik in den 90er Jahren angesehen werden: Viele „Jungdidaktiker", die im nächsten Jahrzehnt auf Professuren berufen wurden, haben an ihr teilgenommen. Neben dem Organisator Jürgen Hasse, der nach Frankfurt berufen wurde, waren das z. B. die Vortragenden: Egbert Daum und Wolfgang Schramke, aber auch Teilnehmer am „Katzentisch" wie Rhode-Jüchtern (vgl. Rhode-Jüchtern, Hennings 1991 und Kap. 6.2.3.1.2). Auch Ingrid Hemmer, die bereits 1991 nach Eichstätt berufen wurde (VGDH 2002, S. 162), war Teilnehmerin der ersten Tagung (mdl. Auskunft Schramke). Alle Akteure haben in ihrer Tätigkeit versucht, an den auf der Tagung vorgetragenen Vorstellungen eines „gigantischen Individualisierungsprozesses" (Schramke 1993a, S. 57) und der „Aufwertung des Subjektiven" (Hasse 1993, S.12) anzuknüpfen. Dabei haben sie sich allerdings auf überaus unterschiedliche theoretische Grundlagen bezogen, so dass es – anders als im Kapitel zu den 70er Jahren – kaum noch möglich ist, einen in sich geschlossenen Theoriehintergrund für die verschiedenen Argumentationslinien darzustellen. Die aus anderen Wissenschaften hinzuge-

zogenen theoretischen Grundlagen der einzelnen Autoren werden dementsprechend in den folgenden Kapiteln gesondert dargestellt.

6.2.3.1 KONSTRUKTIVISMUS

Der Konstruktivismus – so wie er in weiten Teilen der Pädagogik und Fachdidaktik rezipiert wurde – geht zurück auf die Vorstellung von Maturana und Varela, dass Lebewesen gleich welcher Größe und Komplexität eine geschlossene
Einheit bildeten, die über ihre jeweilige autopoeitische Organisation definiert
werden könne (Maturana, Varela 1987, S. 56). Alle Lebewesen zeichneten sich
demnach dadurch aus, „dass das einzige Produkt ihrer Organisation sie selbst
sind, das heißt, es gibt keine Trennung zwischen Erzeuger und Erzeugnis"
(ebd., S. 56). Bei der Reproduktion seiner selbst könne das autopoeitische System allerdings auch „keine Elemente, keine unverarbeiteten Partikel aus der
Umwelt importieren" (Luhmann 2002, S. 22), sondern es müsse alles, was es
für die eigene Reproduktion brauche, selbst herstellen (ebd., S. 22f). Dies gelte
nicht nur für den Zellstoffwechsel einer einzelnen Zelle (vgl. Maturana, Varela
1987, S. 51 und 53), sondern für alle Lebewesen, denn auch wenn sie sich in
ihren Strukturen unterschieden, seien sie „in Bezug auf ihre Organisation gleich"
(ebd., S. 55). Darüber hinaus – und für den schulischen Kontext besonders
wichtig – gehe die neuere Forschung davon aus, dass man auch Bewußtseins-
systeme „als operativ geschlossen, also als autopoeitische Systeme" (Luhmann
2002, S. 23) charakterisieren müsse, da das Gehirn „nicht direkt in Kontakt mit
der Umwelt treten" (Roth 1997, S. 249) könne.
Die Umwelt oder das „umgebende Milieu" (Mantura, Varela 1987, S. 84) existiere demnach unabhängig von den Lebewesen. Sie diene ihnen lediglich als
Quelle von Interaktionen, die sie „immer im Sinne ihrer Struktur" (ebd., S. 84)
verarbeiteten. Das Gehirn sei für die Wahrnehmung des umgebenden Milieus
auf die Sinnesorgane angewiesen. Sie sendeten aber kein einfaches Abbild der
Umwelt an das Gehirn, sondern sie übersetzten „die spezifischen Einwirkungen
von physikalischen und chemischen Umweltereignissen in Nervenimpulse (...),

430

also in die ‚Sprache des Gehirns‘“ (Roth 1997, S. 249). Dabei verlören die Sinneseindrücke ihre jeweilige Spezifität, so dass das Gehirn „Nervenimpulse, die in den verschiedenen Sinnesorganen entstehen, (...) nicht modalitätsspezifisch voneinander (...) unterscheiden“ (ebd., S. 249) könne. Bereits diese Umsetzung sei alles andere als ein-eindeutig: Mit Hilfe von physikalischen Messungen könne z. B. gezeigt werden, dass in einem „von uns blaugrün wahrgenommenen Schatten tatsächlich kein Vorherrschen der Wellenlängen, die den Farben Grün und Blau entsprechen“ (Maturana, Varela 1987, S. 26), zu finden sei. Es müsse demnach von der „populären und heute vorherrschenden Sicht“ (ebd., S. 145) Abschied genommen werden, die das Nervensystem „als ein Instrument [betrachtet], vermittels dessen der Organismus Informationen aus der Umwelt aufnimmt, Informationen, die er benutzt, um eine Abbildung (Repräsentation) der Welt aufzubauen“ (ebd., S. 145), denn es könne „keine eindeutige Beziehung zwischen Umweltreizen und gehirninternen Prozessen“ (Roth 1997, S. 100) hergestellt werden.

Trotz der durch diese Uneindeutigkeit gegebenen Fehlermöglichkeit sei die „Neutralität des neuronalen Codes“ (Roth 1997, S. 249) notwendig, „damit verschiedene Sinnsysteme und Verarbeitungsbahnen innerhalb eines Sinnsystems überhaupt miteinander kommunizieren“ (ebd., S. 249) könnten. Für das Gehirn, dem folglich „nur seine eigenen Erregungen gegeben“ sind“ (ebd., S. 104), entstehe daraus allerdings die Aufgabe, dass es „deren Herkunft und Bedeutung (...) *erschließen* muss“ (ebd., S. 104). Das Resultat dieser Tätigkeit sei „die vom Organismus entwickelte Erfahrungs- bzw. Lebenswelt als einzige ihm zugängliche Wirklichkeit“ (Werning 1998, S. 39). Unsere Wirklichkeit sei somit „kein Produkt einer ‚objektiven‘ Realität, sondern im wesentlichen ein menschliches Erzeugnis“ (Daum 2001, S. 209 – vgl. Dove 1999, S. 13; Scheunpflug 2001b, S. 32f; Roberts 2003, S. 27). Die „Wirklichkeit, wie sie ‚wirklich ist“ (Daum 1998a, S. 53), bleibe uns verschlossen, denn unser Gehirn „‚bildet‘ die äußere Welt nicht ab, ‚spiegelt‘ sie nicht wider, ‚eignet‘ sie sich nicht an, wie sie objektiv ist, und ‚speichert‘ auch kein (‚eingetrichtertes‘) Wissen etwa sequentiell wie

eine Festplatte ab" (ebd., S. 53), sondern es steuere selbst, welche „Sinneseindrücke zugelassen (....) und im Gehirn in neuronale Verbindungen umgesetzt
werden" (Scheunpflug 2000, S. 47). Kognitive Leistungen müssten heute dementsprechend als „das Ergebnis interner selbstorganisierender Prozesse oder
der Interaktion des Organismus mit der Umwelt" (Roth 1997, S. 193) verstanden werden.

Trotz der grundsätzlichen „Strukturdeterminiertheit" (Werning 1998, S. 40) der
Wahrnehmung seien die entstehenden neuronalen Netzwerke nicht „fest ver-
drahtet" (Roth 1997, S. 193), „sondern während der Ontogenese sehr plastisch
und selbst im Erwachsenenalter noch veränderbar, wenn auch in bestimmten,
systemabhängig sehr unterschiedlichen Grenzen" (ebd., S. 193). Diese Plastizi-
tät des neuronalen Netzes gestatte es dem Menschen, die Welt „in einer endlos
autobiographischen Tätigkeit" (Daum 2001, S. 213 – vgl. Roberts 2003, S. 27)
wahrzunehmen und „aus dem Rohmaterial der Erinnerungen Szenen und Geschichten (zu) destillieren, an denen wir ablesen können, wer wir eigentlich sind
und wie wir dem Stoff unseres Lebens erzählbaren Sinn und Bedeutsamkeit
abzugewinnen versuchen" (Daum 1998a, S. 53). Auch Kinder und Jugendliche,
die in der Schule etwas lernen, seien dementsprechend *„Konstrukteure ihrer
eigenen Wirklichkeit* und des Wissens um diese Wirklichkeit" (Daum 2000, S. 3
– Herv. i. O.). Folglich verstehe auch jeder von ihnen „die Welt notwendigerweise anders" (Daum 2001, S. 210 – vgl. Roberts 2003, S. 27).

Aus dieser grundsätzlichen Selbstreferentialität (Roth 1997, S. 324; Werning
1998, S. 40; Lethmate 2000c, S. 388; Scheunpflug 2000, S. 51) könne umgekehrt aber nicht der Schluss gezogen werden, dass alle Konstruktionen des Gehirns willkürlich seien (Roth 1997, S. 125). Denn damit sich der Einzelne, trotz
seiner Unfähigkeit, die Welt unmittelbar wahrzunehmen, in ihr zurechtfinden
könne und nicht am laufenden Band auf Sinnestäuschungen hereinfalle, ope-
riere das Gehirn mit einer Reihe von Wirklichkeitskriterien (Roth 1997, S. 321).
Diese ließen sich in syntaktische (ebd., S. 321), semantische (ebd., S. 323) und
pragmatische (ebd., S. 323) Kriterien einteilen. Die syntaktischen Kriterien

beschäftigten sich mit den Sinneseindrücken selbst (ebd., S. 321). Dinge werden demnach umso eher als „real" eingestuft, „je heller sie gegenüber ihrer Umgebung sind, je kontrastreicher sie sich abheben, je schärfere Konturen sie aufweisen und je strukturell reichhaltiger sie sind" (ebd., S. 322). Daneben werden Dinge eher als real angenommen, wenn sie dreidimensional erscheinen, wenn sie sich bewegen und wenn sie „durch mehr als nur ein Sinnsystem wahrgenommen" (ebd., S. 322) werden, wobei die unterschiedlichen Sinnsysteme über eine durchaus unterschiedliche Glaubhaftigkeit verfügten: Anders als es die Alltagserfahrung vielleicht nahe lege, sei dabei nicht der Sehsinn - der zusammen mit dem Hörsinn die einzigen beiden Sinne bildet, die Distanzen überwinden können (Scheunpflug 2000, S. 47) - der glaubhafteste, sondern „das Gleichgewichtssystem, gefolgt vom Tastsystem" (Roth 1997, S. 322). Die semantischen Wirklichkeitskriterien umfassten die Bedeutungen, die den verschiedenen Informationen zugemessen werden. Dabei erschienen Dinge als realer, wenn man ihnen leicht eine Bedeutung zuordnen könne, wenn sie in den vorgegebenen Kontext zu passen scheinen und wenn sie für attraktiv angesehen werden (ebd., S. 323). Die pragmatischen Wirklichkeitskriterien bezögen sich auf unseren Umgang mit den Dingen, wobei Gegenstände, die man anfassen und verändern könne, als realer erschienen als andere. Ebenso hielten wir Dinge für „real", wenn wir sie erwartet haben oder wenn sie von mehreren Personen berichtet werden, es also eine „intersubjektive Bestätigung" (ebd., S. 323) ihrer Existenz gebe. Keines dieser Wirklichkeitskriterien arbeite allerdings „vollständig verlässlich" (ebd., S.324), denn im Endeffekt habe unser Gehirn immer „nur seine eigenen Informationen einschließlich seines Vorwissens zur Verfügung und muss hieraus schließen, womit die Aktivitäten, die in ihm vorgehen, zu tun haben, was sie bedeuten und welche Handlungen es daraufhin in Gang setzen muss" (ebd., S. 324).

Aus dem konstruktivistischen Ansatz lasse sich zwar nicht linear ableiten, wie Unterricht gestaltet werden sollte (Werning 1998, S. 41), da er lediglich „wissenschaftstheoretische Kriterien" (ebd., S. 39) formuliere, die in der didaktischen Theoriebildung zu berücksichtigen seien (ebd., S. 39). Umgekehrt sei es wissenschaftlich aber auch nicht zulässig, die Berücksichtigung dieser Kriterien von der Art des zu vermittelnden Wissens abhängig zu machen (vgl. Schmidt-Wulffen 2000b, S. 44) und daraus ein „undogmatisches Mischungsverhältnis" (ebd., S. 45) zwischen objektivistischen und konstruktivistischen Lernformen abzuleiten, „das aber in der Tendenz zu einem allmählichen Überwiegen des konstruktivistischen Lernens führen" (ebd., S. 45) könne. Die konstruktivistische Perspektive sei „keine Frage des Glaubens" (Aufschnaiter 1998, S. 55), denn ihre Intention liege in „der Erklärung des Erkennens und Lernens" (ebd., S. 55). Darin müsse sie sich bewähren, und das tue sie solange, wie ihre Erklärungen der „kritischen Interpretation empirischer Daten über Lernen" (ebd., S. 55) standhielten. Der Konstruktivismus erkläre somit jedes Lernen, gleichgültig ob es sich nun um Frontalunterricht, Freiarbeit oder Üben für die Klassenarbeit handele. Es habe sich bei dieser Erklärung als deutlich hilfreicher erwiesen als informationsverarbeitende Theorien (ebd., S. 55) oder eine „handlungstheoretisch argumentierende Didaktik" (Scheunpflug 2001b, S. 13). Wenn diese Erklärungen sich aber als valide und funktional erwiesen, dann solle man auch überlegen, welche Konsequenzen für pädagogisches Handeln man aus diesen Erkenntnissen ziehen könne. Auch wenn es „keine einfachen Patentrezepte für optimale Lernangebote geben" (Scheunpflug 2001a, S. 88) könne, so ließen sich doch einige begründete Annahmen machen:

- Wenn Schüler keine „trivialen Maschinen" (Foerster 1999, S. 12) sind, sondern „nicht-triviale Organismen" (Werning 1998, S. 40), die auf einen bestimmten Input nicht mit immer dem „exakt gleichen Output" (ebd., S. 40 – vgl. Foerster 1999, S. 12) reagieren, dann ist Wissen auch „kein Stoff, der vermittelt wird, sondern eine kognitive Leistung der Person" (Lethmate 2000c, S. 389 – vgl. Daum, Werlen 2002, S. 8). Dementsprechend könne es beim Lernen auch nicht um „die Aneignung eines extern vorgegebenen ‚objektiven' Zielzustandes" (Werning 1998, S. 40) gehen - wie er etwa in der Raumverhaltenskompetenz oder ähnlichen geographiedidaktischen

Zielvorgaben formuliert ist (Daum 1991a, S. 166; Schramke 1999b, S. 81). Alle diese Zielvorgaben gingen im Endeffekt davon aus, dass es sich bei geographischen Sachverhalten um konvergierende Probleme (Werning, Kriwet 1999, S. 7) handele, für die es nur eine richtige Lösung gebe. Tatsächlich aber müssten Geographielehrer und -didaktiker besonders unter Berücksichtigung der konstruktivistischen Perspektive davon ausgehen, dass die Themen im Geographieunterricht meist divergierende Probleme (ebd., S. 7) zum Gegenstand haben, deren Lösung nicht eindeutig sei und es somit der „frei verantworteten Selbstbestimmung" (Daum 1998b, S. 85) bedürfe, um individuell zu entscheiden, welche Lösung für akzeptabel angesehen werden könne.

- Wenn Kinder – wie Erwachsene - nur das lernen, „was sie lernen wollen, was für ihre individuelle, persönliche, selbst geschaffene Umwelt ‚anschlussfähig' ist" (Lethmate 2000a, S. 37), dann blieben bei jedem – auch beim Geographen - „von den vielen, vielen Räumen" (Daum 1991a, S. 167), die er im Laufe seines Lebens durchfahre, bereise oder auch im Fernsehen sehe, „nur wenige Einzelheiten im Gedächtnis haften" (ebd., S. 197). Und die Räume, die man gemeinsam z. B. mit einer Schulklasse besuche, könnten „trotz ‚objektiv' gleicher materieller Ausstattung (...) für verschiedene Benutzer sehr unterschiedliche individuelle Bedeutungen haben" (Daum 2001, S. 210). Geographische Gegebenheiten wandelten sich so von „vermeintlich stabilen Vorgaben" (Daum 2001, S. 211) zu einem Konstrukt und ihre genauere Untersuchung bringe „primär die Eigenheiten der Beobachter, nicht die der ‚Gegenstände' zum Vorschein" (ebd., S. 211 – vgl. Budke 2004, S. 33). Vorschläge zum Umgang mit Beobachtungen und Beobachtungen der Beobachtungen in der geographischen Lehre waren schon deutlich vor der konstruktivistischen Wende vom Fachwissenschaftler Gerhard Hard unterbreitet worden (vgl. Kap. 6.2.3.1.1). Seit Mitte der 90er Jahre hat auch Tilman Rhode-Jüchtern diesen Ansatz unter dem Titel „Perspektivenwechsel" aufgenommen (vgl. Kap, 6.2.3.1.2).

- Wenn Menschen ihr Wissen über die Wirklichkeit auch dadurch erlangen, dass sie gegenseitig ihre Beobachtungen beobachten, dann „konstruiert das Individuum seine Wirklichkeit nicht etwa in einem solipsistisch[181] abgeschlossenen Sinne, sondern stets auch *sozial*" (Daum 2001, S. 212 – vgl. Roberts 2003, S. 27), d. h. seine Vorstellungen von der Welt „ergeben sich durch Kommunikation mit anderen Individuen" (ebd., S. 212). Dementsprechend stellten die soziale Interaktion und die Kommunikation einen „unhintergehbaren Bestandteil konstruktivistischer Didaktik" (Kommer 2000, S. 34 - vgl. Daum 1991a, S. 164; Schramke 1999b, S. 76) dar.

- Wenn die Konstruktionen der Welt mit Hilfe von Kommunikationsprozessen hergestellt werden, gewinne die konkrete soziale und gesellschaftliche Lebenssituation des Einzelnen für die Herstellung von Vorstellungswelten an Bedeutung. Die Lebenswelten der Kinder und Jugendlichen seien heute aber pluraler und die Kommunikationszusammenhänge reflexiver geworden (Schramke 1993a, S. 57). In einer Welt voller Möglichkeiten sei fast jeder dauernd damit beschäftigt, „die Konsistenz der eigenen Identität herzustellen" (ebd., S. 57), was dazu führe, dass jeder Schüler seine „je eigene durch autobiographisches Lernen geprägte Voreinstellung" (Daum 1999, S. 173) mit in den Unterricht bringe. Sowohl für die Forschung als auch für die Praxis ergeben sich daraus „ungeahnte Schwierigkeiten, für Schule und Unterricht brauchbare Lebenswelt- beziehungsweise Lebenswirklichkeitsanalysen zu erstellen" (Daum 1999, S. 173 – vgl. Daum 1998a, S. 51; Schramke, Uhlenwinkel 2001b, S. 8). Auf der Grundlage der pädagogischen Interessenforschung versuchte die geographiedidaktische Interessenforschung zumindest die Voreinstellungen bezüglich des Faches Erdkunde zu ermitteln (vgl. Kap. 6.2.3.1.3).

- Wenn Schüler „in ihrem individuellen Erfahrungshintergrund immer unterschiedlicher werden" (Scheunpflug 2001a, S. 85), werde es immer

---

181 Solipsismus: erkenntnistheoretischer Standpunkt, der nur das eigene Ich mit seinen Bewusstseinsinhalten als das einzige Wirkliche gelten lässt und alle anderen Ichs mit der ganzen Außenwelt nur als dessen Vorstellungen annimmt.

436

schwieriger, ihnen Anknüpfungsmöglichkeiten nur „über die Präsentation von Inhalten zu bieten" (ebd., S. 85). Deshalb sollte sich didaktisches Handeln „darum bemühen, möglichst unterschiedliche und vielfältige Zugänge als Anschlussmöglichkeiten an den Lehrstoff herzustellen und damit möglichst individuell unterschiedliche Lernwege anzubieten" (ebd., S. 88). Die britischen Geographiedidaktiker diskutieren im Rahmen der sogenannten „Unterrichtsforschung" schon seit langem darüber, wie man die unterschiedlichen Zugänge der Schüler zu einem Thema am Beginn einer Unterrichtseinheit thematisieren kann (Dove 1999, S. 13; S. 18, S. 31-33; Smeaton 2000, S.16; Roberts 2003, S. 43-44). Die dort erarbeiteten Methoden und Methoden aus der teilnehmerzentrierten Erwachsenenbildung sind besonders von der Bremer Geographiedidaktik aufgenommen und weiterentwickelt worden (vgl. Kap. 6.2.3.1.4).

6.2.3.1.1 SPURENSUCHE

Deutlich bevor in der Geographiedidaktik über konstruktivistische Ansätze überhaupt nachgedacht wurde, begann der Fachwissenschaftler Gerhard Hard (vgl. Kasten 17) seinen methodologischen Ansatz der Spurensuche zu entwickeln. Er bezog sich dabei zunächst explizit auf das alte Kernparadigma der klassischen Geographie (Hard 1989, S. 9), die sich vor allem durch ihre „eigentümliche Gegenstandskonstitution" (Hard 1991, S. 127) ausgezeichnet habe. Sie habe ihr Interesse zwar auf einen „physisch-materiellen Gegenstand, nämlich die Erdoberfläche und ihre irdisch-dinglich erfüllten Räume, Länder und Landschaften" (ebd., S. 127) gerichtet, diesen Gegenstand dann aber „nicht etwa naturwissenschaftlich bearbeitet" (ebd., S. 127), sondern ihn als eine Ansammlung von Zeichen betrachtet, die zwar aus „materiellen Bedeutungsträgern" (Hard 1989, S. 6) bestanden, daneben aber immer auch eine tiefere „entschlüsselbare soziale oder historische Bedeutung" (ebd., S. 6) hatten. So fand „der im Vorderen Orient reisende Geograph (Wirth 1965) (...) bei den Maroniten (...) ‚eine höchst eindrucksvolle Kulturlandschaft': ‚freundliche Farben ... manchmal schon

mehr mitteleuropäisch als mediterran ... Haus und Flur ... überaus gepflegt ...'.
Was ,fällt sofort ins Auge'? ,Sauberkeit und eine gewisse Wohlhabenheit' sowie
,außerordentliche Gepflegtheit' – die Landschaft ,modern', die Leute ,wohlha-
bend und aufgeschlossen'" (Hard 1992, S. 3). Bei diesem Wissenstyp, der es
„im wesentlichen mit (unräumlichen) Signifikaten zu tun [habe] und mit den
Signifikanten nur, insoweit sie als Bedeutungsträger fungieren (d. h., auf Signi-
fikate verweisen)" (Hard 1993a, S. 65), blieben „Beobachtung, Theorie und Anwendung mit der lebensweltlich-landschaftlichen Physiognomie der Natur verbunden" (Hard 1987, S. 117). Eine solch schlichte Betrachtung des Gegenstandes, wie sie implizit oft auch in Schulbuchkapiteln oder Unterrichtsvorschlägen
zu finden ist, reiche aber nicht aus.

Der Landschaftsgeograph richte seinen Blick nämlich nur „auf einen Teil der
Laien-Alltagswelt" (Hard 1989, S. 9) und erkläre sich seinen Gegenstand mit
„einer laienwissenschaftlichen ,Hermeneutik des Alltags'" (ebd., S. 9). Die „vermeintliche Anschaulichkeit gesellschaftlicher Vorgänge und Zusammenhänge"
(Isenberg 1991a, S. 170) verleite den altgeographischen Beobachter dabei
„allzu schnell zu einer großen Selbstsicherheit" (ebd., S. 170). Damit aber fehle
dieser Disziplin die „rupture épistémologique" (Hard 1987, S. 128), der epistemologische Bruch (Hard 1993a, S.61), der eine „Wissenschaft von Nichtwissenschaft (Alltagwissen, Laienwissenschaft) trennt" (Hard 1987, S. 128). Es sei in
der geographischen wissenschaftlichen Praxis bisher nicht der Punkt erreicht
worden, „wo die Gegenstände und die Gegenstandskonstitutionen der Alltagswelt (oft kontra-intuitiv und kontra-evident) durch Gegenstände und Gegenstandskonstitutionen ersetzt werden, die im außerwissenschaftlichen Wissen
nicht aufzufinden sind" (ebd., S. 128). Eine solche Überführung von Gegenständen der Alltagswelt in Gegenstände der Wissenschaft könne auf zwei verschiedenen Wegen stattfinden: „Nicht nur objektivistisch und konstruktiv (also em-
pirisch-analytisch oder szientifisch im *engeren* Sinne), sondern auch reflexiv
und explikativ (sozusagen philosophisch oder szientifisch im *weiteren* Sinne).
,Verwissenschaftlichung' kann in der einen oder in der anderen Weise vor sich

gehen, und ‚folk science' (oder ‚vorwissenschaftlich') bedeutet, dass das eine oder das andere fehlt" (ebd., S. 134). Dort, wo die Geographie den ersten Weg gewählt habe, sei ein „neugeographischer" (Hard 1989, S. 2) Raumbegriff entstanden, der die „landschaftlich-physiognomische Welt des Alltagsauges auf ihre geometrischen Ordnungsraster, ein formaldistanzielles Gerippe (das berühmte ‚Distanzrelationengefüge') reduziert" (ebd., S. 3). Werde dieser Raum mit vorwiegend empirisch-analytischen Mitteln untersucht, ergebe sich, wie Hard (1986, S. 218-224) am Storchenbeispiel zeigte, ein „unfruchtbares, zumindest ein zu enges Projekt" (Hard 1989, S. 3). Dort, wo die Geographie den zweiten Weg versucht habe, sei sie oft dabei stehen geblieben, „sich in irgendwelche Texte oder Autoren oder ‚regionalen Lebenswelten' verständnisvoll hineinzubegeben" (Hard 1987, S. 115) und somit klassische Geographie zu betreiben. Damit übernahm diese Richtung aber auch die Grenzen der altgeographischen Erkenntnis:

Die in der Landschaft wahrgenommenen Zeichen haben „eine Tendenz, sich auf die intendierten, expliziten, offiziellen, eindeutigen, referentiellen und funktionalen Zeichen zu konzentrieren" (Hard 1992, S. 14). Solche ein-eindeutigen Zeichen lägen dann vor, wenn sie „nach einem bekannten Kode dekodiert" (Hard 1993b, S. 72) werden könnten, der „mehr oder weniger konventionell und offiziell" (ebd., S. 72) sei.

Da es dem Beobachter vor allem um das „Wiederfinden bekannter Bedeutungen" (ebd., S. 72) gehe, stellten sich blinde Flecken ein. Nicht wahrgenommen würden deshalb oft „Zeichen ohne Mitteilungsabsicht – also Zeichen, die nicht intendiert sind, oder Zeichen, die anderes sagen sollten, als sie dann verraten (oft nicht nur ohne Absicht, sondern sogar ohne Bewusstsein und gegen alle Absicht der Produzenten)" (Hard 1992, S. 14).

Ebenfalls nicht wahrgenommen würden jene Geschehnisse in der sozialen Welt, die keine materiellen Spuren hinterlassen oder deren Spuren bereits verwischt seien, denn „das Soziale [wird] nur in Form von physischen Spuren gegenwärtig und zugänglich" (Hard 1989, S. 9). Selbst ein geübter Zeichenleser komme somit „aus eigener Kraft immer nur zu ganz pointilistischen (und dazu auch noch sehr vieldeutigen) Bildern von Gesellschaft, Wirtschaft und Politik" (ebd., S. 9).

Der geographische Beobachter könne seine Beobachtungslücken darüber hinaus nicht bemerken, weil er in der Regel die Beobachtung der eigenen Spurendeutung nicht in die Untersuchung einbeziehe (Kruckemeyer 1991a, S. 100). Täte er es, dann müsste er bemerken, dass „er nur **ein** Beobachter und nicht **der** Beobachter ist" (Hard 1991, S. 139). Damit aber würden die unterstellten eindeutigen Kodierungen und Dekodierungen fragwürdig, denn Zeichen und Spuren könnten auf sehr unterschiedliche Weise gelesen werden (Hard 1989, S. 6).

Gerhard Hard, geb. 1934, gilt als der letzte Allrounder im Fach Geographie[182], der seine Umwelt oft durch „seine umfassenden Kenntnisse scheinbar ganz abgelegener Wissensbestände verblüffte" (Künzel). Obwohl er seit 1977 eine Professur für Physische Geographie an der Universität Osnabrück innehatte, publizierte er immer wieder auch in fachdidaktischen Zeitschriften und das nicht nur in der Geographie, sondern auch in anderen Fächern, wie Beiträge in „Gegenwartskunde", „Der Deutschunterricht" oder „Kunst + Unterricht" zeigen (Landesinstitut für Schule und Weiterbildung 2004). Dabei konnte er auf seine Erfahrung als Volksschul- und Gymnasiallehrer zurückgreifen, die von ihm, anders als oft zu beobachten, nicht „als Legitimation für einen theoretischen Denkdispens herangezogen wird" (Wenzel). Ganz im Gegenteil: intellektuelle Anspruchslosigkeit habe ihn eher sprachlos gemacht (Künzel).

Kasten 17: Gerhard Hard

Mit seinem Ansatz der Spurensuche wollte Hard die Grenzen des altgeographischen Zeichenlesens überwinden und entwickelte dabei ein zugleich schlichtes und anspruchsvolles Programm. Das Spurenlesen unterschied sich vom Zeichenlesen vor allem darin, dass es „das ‚Hinterfragen' auffälliger Zeichen" (Heintel, Pichler 1994, S. 28) ermöglichte. Damit ging es „nicht oder weniger ums Entschlüsseln und Reproduzieren bekannter Bedeutungen, sondern mehr

---

182 Ich beziehe mich hier vor allem auf die Darstellungen von Rainer Künzel und Hans-Joachim Wenzel im Rahmen der Verabschiedungsveranstaltung für Gerhard Hard am 4. 2. 2000 in Osnabrück.

ums Erschließen, Produzieren, Erfinden mehr oder weniger neuer Bedeutungen" (Hard 1993b, S. 72). Eine Spur zeige allerdings oft nur „minimale, abgeleitete und entfernte Effekte vergangener Ereignisse; vieldeutige, lückige, deformierte, oft schon halbverwischte, wegerodierte oder auch (sei es zufällig, sei es absichtsvoll) wieder aufgedeckte Überreste; eine Ansammlung von meist unbeabsichtigten, ja unvorhergesehenen und sogar unbemerkt, zufällig und nebenher produzierten Handlungsfolgen, die dann fortlaufend in neuen Handlungen (mit oder ohne Absicht) um- und weggearbeitet, um- und weggedeutet, genutzt, abgenutzt und umgenutzt werden" (Hard 1989, S. 5). Aber nicht nur die Spur an sich sei oft schwer zu erschließen, auch ihre Bedeutung sei alles andere als eindeutig: „Das Signifikat ist hochgradig unabhängig von der Natur des Signifikanten, die semantische und die materielle (‚ökologische') Ebene existieren und entwickeln sich weiterhin autonom und unabhängig voneinander, und deshalb gibt es auch in der Landschaft keine regelhaften oder gar ‚natürlichen' Zuordnungen von materiellen und semantischen Strukturen" (Hard 1989, S. 6). Um diese sich kaum selbst erschließenden Spuren lesen und erklären zu können, müsse der Spurenleser sich auf der metatheoretischen Ebene zunächst die „Logik des Spurenlesens" (Hard 1995, S. 74) bewusst machen. Diese Logik gehe davon aus, dass eine Spur immer aus zwei Ebenen bestehe, dem Substrat auf dem die Spur sich befindet und der Spur selbst (Hard 1995, S. 75). Das Substrat bilde den Anfangszustand, die Spur den Endzustand. Beide zusammen seien das, „was zu erklären ist" (ebd., S. 74), das Explanandum. Die Erklärung der beiden Enden erzähle als „narrative Erklärung" (ebd., S. 74) die Geschichte der Veränderung. Diese „erklärende Geschichte umfasst durchweg zwei Ebenen: Eine Ebene physisch-materieller Ereignisse und eine Ebene menschlicher Handlungen" (ebd., S. 75). Auf der Ebene der physisch-materiellen Ereignisse werden Kausalerklärungen herangezogen, d. h. hier gehe es um naturwissenschaftliche Erklärungen der objektiven Zusammenhänge (ebd., S. 79). Auf der Ebene der menschlichen Handlungen gehe es dagegen um intentionale Erklärungen, die mit Hilfe „hypothetischer Absichten und

Situationswahrnehmungen bzw. Situationseinschätzungen von Akteuren"
(ebd., S. 79) die subjektiven Sinnzusammenhänge erschließen sollen (ebd., S.
79). Mit der expliziten Trennung von naturwissenschaftlichen und sozialwissenschaftlichen Erklärungsansätzen überwand Hard zum einen die altgeographi-
sche „verstehende Naturwissenschaft" (Hard 1991, S. 127), zum anderen aber
auch die „blinden Flecken" bezüglich der sozialen Welt.

Um bei der Hinzuziehung naturwissenschaftlicher und sozialwissenschaftlicher
Erklärungsansätze nicht unversehens „aufs Gelände einer anderen, schon bestehenden Disziplin" (Hard 1989, S. 9) zu gelangen, führte Hard das Spurenlesen auf der Ebene der erkenntnistheoretischen Ableitung auf die Grundlage der
„idiographischen Wissenschaften" (Hard 1995, S. 77) zurück. Dazu fügte er der
in der allgemeinen Geographie üblichen Unterscheidung von Deduktion und Induktion (vgl. Hambloch 1979, S. 11; Werlen 1997, S. 59-64) die Abduktion[183]
hinzu (vgl. Kasten 18). Die Abduktion unterscheide sich von den anderen beiden
Formen der Ableitung dadurch, dass sie weder „vom Allgemeinen aufs Besondere" (Deduktion), noch „vom Besonderen aufs Allgemeine" (Induktion), sondern „vom Besonderen aufs Besondere" schließe (Hard 1995, S. 76). Bei diesem
Schluss „muss aber immer wenigstens eine allgemeine Regel oder Gesetzmäßigkeit mitverwendet oder ‚miterraten' werden" (ebd., S. 77), denn „ein singu-
lärer Sachverhalt könne nur aus (mindestens) einem singulären Sachverhalt
und aus (mindestens) einer allgemeinen Gesetzmäßigkeit deduziert werden"
(ebd., S. 77), um aus dem bloßen Postulat eines Zusammenhangs eine Erklärung zu machen. Obwohl dieses Verfahren sich zunächst auf singuläre Fälle
beziehe, binde es den Spurenleser „nicht (...) unentrinnbar ans ‚Individuelle'

---

183 An anderer Stelle (Plöger 2003, S. 150) wurde das gleiche Verfahren unter der Bezeichnung
„Hempel-Oppenheim-Schema" geführt: „Das Hempel-Oppenheim-Schema (H-O-Schema) bietet die Möglichkeit, ein bestimmtes Ereignis zu erklären. Dieses Ereignis, das die Form eines
singulären Satzes hat, wird als Explanandum bezeichnet. Das H-O-Schema erlaubt nun, das
Explanandum deduktiv aus einer (oder mehreren) Gesetzesaussage(n) (generelle Sätze) und
einer (oder mehreren) Antecedenzbedingung(en) logisch gültig abzuleiten und damit zu erklären" (Plöger 2003, S. 150).

442

Das Schema der *Deduktion* lautet im einfachsten Fall:

Prämissen	(1)	(x) F(x) → Gx)	*Gesetz, Regel*
	(2)	F (a)	*Antecedens*
Konklusion	(3)	G(a)	*Konsequenz, Wirkung*

d. h.: (1) Von allen x gilt: Wenn F von x, dann G von x; (2) Nun F von a; also (3) G von a. Zum Beispiel: „Wenn Festuco-Crepideten stark betreten werden, werden Trittrasen (Lolio-Plantaginetum) daraus; hier wurde ein Festuco-Crepidetum stark betreten, also hat es sich in ein Lolio-Plantaginetum verwandelt."
Demgegenüber ist die Induktion ein gewagter „Sprung" von (2) und (3) auf (1), die Abduktion ein noch gewagterer „Sprung" von (3) und (1) oder von (3) allein auf (2).
Im Fall der Induktion also:

Prämissen	(2)	F (a)	*Antecedens*
	(3)	G(a)	*Konsequenz, Wirkung*
Konklusion	(1)	(x) F(x) → Gx)	*Gesetz, Regel*

Also z. B.: „Hier wurde ein Festuco-Crepidetum betreten und verwandelte sich in ein Lolio-Plantaginetum – daraus schließe ich, dass ein Festuco-Crepidetum sich bei Tritt immer so verhält."
Und im Falle der Abduktion:

Prämissen	(3)	G(a)	*„Rätsel"*
	(1)	(x) F(x) → Gx)	*Gesetz, Regel*
Konklusion	(2)	F (a)	*„Ursache"*

Zum Beispiel: „Hier ist ein Lolio-Plantaginetum, also ist hier ein Festuco-Crepidetum betreten worden (und das ‚schließe' ich, weil ich außerdem weiß oder vermute, dass sich Festuco-Crepideten bei Tritt unter bestimmten Bedingungen in Lolio-Plantagineten verwandeln)." – Oder, in kürzester Form:

Deduktion	*Induktion*	*Abduktion*	
(1)	(2)	(3)	(3)
(2)	(3)	(1)	(1)
(3)	(1)	(2)	(2)

Kasten 18: Deduktion, Induktion und Abduktion beim Spurenlesen
(aus: Hard 1995, S. 76f)

und ‚Qualitative‛ (ebd., S. 78f), sondern lasse durch das Abduzieren „auf eine wiederkehrende Geschichte, eine Regel-Geschichte‛ (ebd., S. 78) auch die Bildung allgemeiner Hypothesen zu, die dann ihrerseits wieder geprüft werden könnten.

Um nicht in den altgeographischen Fehler zu verfallen, die eigene Kodierung einer Spur für eindeutig und „richtig‛ zu halten, müsse dem Spurenleser bei allen seinen Bemühungen der „Konstruktcharakter der Spur‛ (Hard 1995, S. 80) präsent sein. Spuren seien nicht „nur Ereignisse von Geschichten‛, sondern sie haben „auch selber eine sie verändernde Geschichte und Überlieferung‛ (ebd., S. 80). Da „nichts an sich eine Spur ist‛ (Hard 1989, S. 6), aber prinzipiell alles als Spur verstanden werden könne (ebd., S. 6), liege es nahe, dass es zu jeder Zeit und in jedem Raum Spuren gebe, die von einzelnen oder sogar allen Beobachtern nicht wahrgenommen würden (vgl. Heintel, Pichler 1994, S. 33 – dass dies auch für oft eindeutig erscheinende naturwissenschaftliche Erkenntnisse zutrifft, zeigte Lomborg 2002 – vgl. Kasten 19). Die Gründe für eine Nichtbeachtung könnten vielfältig sein: Die Spur könne von anderen Spuren vergraben und damit an der Oberfläche nicht mehr wahrnehmbar sein, sie könne übersehen werden, weil sie kein Interesse wecke oder weil ein theoretischer Interpretationszusammenhang fehle, in dem sie wichtig wäre (Hard 1995, S. 82). Umgekehrt könnten sich bestimmte Spuren den Beobachtern auch geradezu aufdrängen, weil sie gesammelt, gepflegt und ausgestellt worden seien (vgl. Heintel, Pichler 1994, S. 32). Neben die Geschichte, die die Spur erkläre, müsse somit die Geschichte treten, die das Spurenlesen selbst behandele: „Die Geschichtsschreibung durch Spuren muss kontrolliert werden durch eine Geschichtsschreibung über Spuren, Spurenlesen und Spurenleser‛ (Hard 1995, S. 82). Eine solche Geschichtsschreibung des Spurenlesens ermögliche es auf der einen Seite, die Geschichte des Signifikanten (Gestaltwandel) und die Geschichte des Signifikaten (Bedeutungswandel) als weitgehend unabhängig voneinander zu verstehen (ebd., S. 84) und offenbare auf der anderen Seite auch „eine ‚histoire des silences‛‛, eine Geschichte der Spuren, die nicht gesehen wurden (ebd., S. 84). Gerade diese Ebenen des Spurensicherns ermöglichten es dem Beobachter, sich immer wieder darüber bewusst zu werden, dass er *nur ein Beobachter* ist – und dass andere zu ganz anderen, aber ebenfalls validen Ergebnissen kommen könnten (vgl. die Geschichte von den „Russenbaracken" bei Hard 1993b, S. 95-105 und 1995, S. 170-180).

Ein ärgerliches, aber nicht ungewöhnliches Problem ergibt sich für Wissenschaftler dann, wenn sie ein Problem lange untersucht haben, ohne entscheidende Zusammenhänge ausfindig zu machen. Was tun? Sie mögen ihre Ergebnisse so veröffentlichen wollen, wie sie sind („interessant ist in diesem Zusammenhang auch, dass es keinen gab"), aber die meisten Herausgeber verhalten sich in solch einer Situation ziemlich ablehnend. So landen viele Untersuchungen dieser Art in der Schublade.

Nun ist es ganz selbstverständlich, dass ein Herausgeber Artikel ohne „interessante Ergebnisse" ablehnt; es führt aber zu einem unausgewogenen Verhältnis in der Darstellung wissenschaftlicher Ergebnisse. Nehmen wir an, zahlreiche Forscher hätten den Zusammenhang zwischen schwachen elektromagnetischen Feldern bei elektrischen Leitungen und Krebserkrankungen untersucht. Die meisten haben weder einen Zusammenhang gefunden, noch haben sie ihre Untersuchungen veröffentlicht. Die erste Studie, die einen (vielleicht zufälligen) Zusammenhang entdeckt, wird jedoch publiziert und dürfte für einigen Wirbel sorgen. Erst jetzt wird eine Studie, die keinen Zusammenhang feststellt, überhaupt für interessant gehalten. Bekannt ist dieses Phänomen als Schubladenproblem – zuerst bekommen wir den alarmierenden Zusammenhang präsentiert, dann stellt sich heraus, dass andere Studien, die keinen Zusammenhang finden, die anfängliche Schreckensmeldung relativieren (Ashworth u. a. 1992).

Man kann aber auch so viel Material sammeln, dass wenigstens eine der Angaben einen Zusammenhang aufzeigt. Wenn eine Studie über den Zusammenhang zwischen Pestiziden und Krebserkrankungen bei französischen Bauern herausfindet, dass eine Beziehung zwischen dem Pestizideinsatz und Gehirntumoren besteht (Viel u. a. 1998), können wir uns mit Recht fragen, warum die Forscher sich gerade für diese Art von Krebs interessiert haben. Falls sie tatsächlich nach etwa 30 verschiedenen Krebsarten gefragt hatten, dann dürften sie wohl zumindest einen Zusammenhang aufgespürt haben – nämlich den mit Gehirntumoren -, auch wenn er rein zufällig sein mag. Diese Methode, eine Entdeckung zu produzieren, wird oft als „data massage" (Datenmassage) bezeichnet – die Daten werden so lange geknetet, bis sie etwas aussagen. Und weil natürlich jeder interessante Zusammenhänge veröffentlichen will, besteht zumindest ein gewisser Anreiz, die Daten etwas stärker zu strapazieren.

Wir sollten jedenfalls nicht alle Forschungsberichte sofort für bare Münze nehmen. Eine unveröffentlichte Studie, die irgendwo in der Schublade schlummert, könnte sie widerlegen.

Kasten 19: Schubladen und frisierte Daten
(aus: Lomborg 2002, S. 55)

Vor allem in der ersten Hälfte der 90er Jahre sind eine ganze Reihe – zum großen Teil auch für Unterricht formulierte - Beispiele für Spurensuchen veröffentlicht oder auch neu veröffentlicht worden (vgl. Tab. 23). In Anbetracht des anspruchsvollen theoretischen Programms haben sich die Autoren bei der Wahl ihrer Beobachtungsgegenstände und Untersuchungsgelände zum einen deutlich beschränkt. Zum anderen wurden bei ihnen aber auch Beobachtungsgegenstände zu Spuren, die von der Geographie traditionell eher nicht untersucht werden (Kruckemeyer 1992, S. 28), und Räume zu Untersuchungsräumen, die manch einem Altgeographen als abwegig erscheinen mochten. Dies sollte aber nicht darüber hinwegtäuschen, dass dieser Ansatz sowohl der alten Forderung Schultzes nach „arbeitendem Wissen" (Schultze 1970a, S. 7) entsprach, als

Beobachtungs-gegenstand	Untersuchungsge-lände	geographischer oder metatheoretischer Inhalt	Literaturnachweis
Graffiti	Stadt (Osnabrück)	Sozialstruktur einer Stadt	Hard, Gerdes, Ebenhan 1984 Hard 1993b
Naturwerk-stein	Innenstadt (Osnabrück)	CBD-Index, Schaufensterindex	Drabik, Fenkes, Hard 1982 Hard 1993c
Werkswoh-nungsbau	Stadtteil (Osnabrück)	Gartenstadtidee, Sanierung	Kruckemeyer 1992 Kruckemeyer 1993b
durch Teilnehmer selbst gewählt	Dorf (Seix / Pyrenäen)	k. A.	Isenberg 1991a Isenberg 1991b
durch Teilnehmer selbst gewählt	Dorf (Obdach / Steiermark)	Transitverkehr, Tourismus	Heintel, Pichler 1994
durch Teilnehmer selbst gewählt	Schulhof (Gesamtschule Schinkel in Osnabrück)	laut RRL: „Raumanalyse am Beispiel eines Nahraums"; Naturbegriff; Dekonstruktion einer Biotopwahrnehmung; Selbstreflexion	Kruckemeyer 1991b Kruckemeyer 1992 Kruckemeyer 1993a

Vegetation	Ausgleichsfläche am Stadtrand (Osnabrück)	Dekonstruktion der offiziellen Lesart von „Natur"; Siedlungsgenese	Hard 1993b
Vegetation	Vorgarten (Osnabrück)	Regionalismus; Heimatschutz; Naturschutz	Hard 2002
Vegetation	Straßenrand (Osnabrück)	Begriff des Exotischen; Selbstreflexion	Kruckemeyer 1991a
Vegetation	ehemaliger Hausgarten (Osnabrück)	Pflanzengesellschaften, -sukzession; Nutzungsgeschichte	Hard 1995
Vegetation	Baulücke	Pflanzengesellschaften; Nutzung	Hard 1988
Vegetation	Wäschetrockenrasen (Osnabrück)	Pflanzengesellschaften, -sukzession; Nutzungsintensität und -geschichte	Hard 1995
Vegetation	wilder Spielplatz (Osnabrück)	Pflanzengesellschaften, -sukzession; Nutzungsintensität durch Kinder und Nutzungsgeschichte	Hard 1988
Vegetation	Industriebrache (ehemaliges Klöckner-Gelände in Osnabrück)	Pflanzengesellschaften, -sukzession; Nutzungsgeschichte; Selbstreflexion	Hard 1993b Hard 1995
Vegetation	ehemaliges Güterbahnhofsgelände (Osnabrück)	Pflanzengesellschaften, -sukzession; Selbstreflexion	Kruckemeyer 1994

Tab. 23: Beispiele für Spurensuchen

auch neueren pädagogischen Forderungen nach dem „Sich-auf-eine-Sache-Einlassen" (Rumpf 1998, S. 92 – vgl. Heintel, Pichler 1994, S. 33f), der „Entselbstverständlichung" der Gegenstände (Ziehe 1996, S. 39) und der „Zulassung einer Pluralität von Zugängen, Bedeutungen, Lesarten, Sehweisen und ‚Wirklichkeitserzeugungen'; Zulassung von Subjektivität und Emotionalität (aber mit Bewusstsein davon); eine reflektierte Präferenz für Multiperspektivität, Mehrdeutigkeit, Vielschichtigkeit und Mehrfachkodierung in jedem Text, an jedem Ort, in jeder Situation, in jeder Welt" (Hard 1993b, S. 71). Ein solches Programm dürfe nicht einfach „als ein resignatives Zugeständnis, als billige[r] Relativismus oder als Indifferenz" (ebd., S. 71) verstanden werden. Es müsse vielmehr als „„Allgemeinbildung gegen die herrschenden Allgemeinheiten"" (Hard 1991, S. 134) begriffen werden und gewinne seinen „Wert und Inhalt gerade durch kontinuierliche Auseinandersetzung mit den Geltungsansprüchen und partiellen Richtigkeiten der herrschenden Universalien (Abstraktionen, Theorien, Normen, Lebensformen usf.)" (ebd., S. 134).

Angesichts dieser Bestimmung der Bedeutung des Ansatzes ist es kaum verwunderlich, dass Hard ihn für „vor allem *laienwissenschaftlich* und *didaktisch* interessant" (Hard 1989, S. 9 – Herv. im Orig.) hielt. Mit diesem Ansatz könne der Lehrer „seine gewohnten Gegenstände nicht nur einfach umformulieren, sondern auch überraschend verfremden und so seinen abgestumpften Blick auf scheinbar altvertrautes Gelände ent-automatisieren." (Hard 1991, S. 131). Eine solche Übung sei aber auch den Geographiedidaktikern zu empfehlen, denn „vor allem didaktische ‚Theorien' sollten (…) keine Versuche sein, ‚Grund' zu legen, neue oder gar sichere Fundamente zu schaffen, Begründungen oder Legitimationen zu liefern; sie sollten eher Anstöße sein, es auch einmal anders zu sehen und anders zu versuchen" (Hard 1991, S. 133).

6.2.3.1.2 PERSPEKTIVENWECHSEL

Das Konzept des Perspektivenwechsels wurde in der Geographiedidaktik vor allem von Rhode-Jüchtern begründet, der Mitte der 90er Jahre sowohl seine Habilitationsschrift (Rhode-Jüchtern 1995a) als auch eine Reihe weiterer Beiträge zu dem Thema (Rhode-Jüchtern 1995b, 1996a, 1996b, 1996c, aber auch noch 2001) veröffentlicht hat[184]. Unter Perspektivenwechsel verstand Rhode-

---

184 Die Vielzahl der Texte macht die theoretische Darlegung dabei allerdings kaum transparenter – eher im Gegenteil: Während in der Habilitationsschrift im Kapitel „Komplexität" (1995a, S. 27-35) eine Argumentationslinie von den Labor-Simulationen von Dörner über Aussagen Luhmanns zur Reduktion von Komplexität bis hin zur „Hermeneutik der Stile" von Schulze hergestellt wurde, verteilten sich die entsprechenden Textpassagen im Oldenbourg-Bändchen

Jüchtern dabei eine „Art des Betrachtens / Fragens / Erkennens aus einem Kopf / aus verschiedenen Köpfen heraus, die alle etwas anderes sehen, sehen wollen, sehen können" (Rhode-Jüchtern 1995a, S. 35). Dass alle etwas anderes sehen, liege dabei sowohl an der Sache selbst als auch an dem Blickwinkel, aus dem sie gesehen werde (ebd., S. 35): „Wäre der Ngorongoro-Krater kreisrund und würden wir uns auf diesem Kreis verteilen und von hier in den Krater hineinsehen: wir würden alle Verschiedenes sehen; nicht nur aus goniometrischen[185] Gründen, sondern auch, weil sich der eine für die Landschaft, die andere für die Tiere, der dritte für die Dürre interessiert. Außerdem, weil die eine hier Safari-Urlaub macht, der zweite einen Fotoband, der dritte eine Dissertation. Und schließlich, weil der eine ein einheimischer Träger ist, die andere im Geländewagen sitzt und der letzte ein Elfenbeinwilderer ist. Nicht zu vergessen: der eine vor 20 Jahren, die andere heute, der andere in 10 Jahren" (Rhode-Jüchtern 1995a, S. 36). Jeder der Beobachter müsse somit sagen, was er an der Sache an sich betrachten könne und was die Sache für ihn bedeute (ebd., S. 36). Genauer meinte Rhode-Jüchtern den Begriff in seiner Habilitationsschrift „wohl nicht klären" zu können (ebd., S. 36), was erstaunt, da er selbst durchaus an weitergehenden Diskussionen des Begriffs beteiligt war: Am Bielefelder Oberstufen-Kolleg, seiner damaligen Arbeitsstätte, entwickelte die Arbeitsgruppe „Interdisziplinarität" von 1991 bis 1994 (Krause-Isermann 1994, S. 2) unter dem Titel „Perspektivenwechsel" ein Konzept für den fächerübergreifenden Unterricht (Kupsch, Schülert 1996, S.589), das im März 1994 in einem „Kolloquium mit Lehrenden am Oberstufen-Kolleg" (Krause-Isermann, Kupsch, Schumacher 1994, S. 87-100) diskutiert wurde. An diesem Kolloquium hat auch

---

(1996c) ohne die Andeutung eines Zusammenhangs auf drei Kapitel: Dörner in Kapitel 7 (S. 46-49), Luhmann in Kapitel 6 (S. 43-44), Schulze in Kapitel 8 (S. 57-59). Die Luhmann-Passage zur Selbstreferentialität, die sich 1996 direkt an Luhmanns Komplexitätsreduktion anschloss (S. 44-45), findet sich 1995 fast am Ende des Buches auf den Seiten 168-169. Da viele Textbausteine dementsprechend unterschiedlich eingebettet sind, können sie mit Hilfe der verschiedenen Texte auch überaus unterschiedlich interpretiert – und belegt – werden.
185 die Goniometrie = Winkelmessung betreffend

Rhode-Jüchtern teilgenommen[186]; an dem aus dem Diskussionszusammenhang entstandenen Ambos[187]-Band mit Grundsatzbeiträgen und Unterrichtsbeispielen hat er sich allerdings nicht beteiligt. Weder in seiner Habilitationsschrift noch in späteren Schriften nannte Rhode-Jüchtern den Kontext des Bielefelder Oberstufen-Kollegs als Anstoß- oder Ausgangspunkt für seine Überlegungen. Stattdessen bezog er sich mehrfach auf die beiden Tagungen der Geographiedidaktiker in Bensberg (Rhode-Jüchtern 1995a, S. 62; 2001, S. 430), die mit ihren Titeln „Die Geographiedidaktik neu denken. *Perspektiven* eines Paradigmenwechsels" (Hasse, Isenberg 1991a – Herv. A. U.) und „Viel*perspektivischer* Geographieunterricht" (Hasse, Isenberg 1993a – Herv. A. U.) „Perspektiven" zwar als Thema nahelegten und auf denen auch viele dem Perspektivenwechsel nahe Denkzusammenhänge wie „Zeichenlesen und Spurensichern" (Hard 1991) oder „Widerstände gegen das ‚Spurenlesen'. Wie Ich-Nähe und Selbstreferenz beim Spurenlesen zum Problem werden können" (Kruckemeyer 1993) dargelegt wurden, auf denen das Konzept des Perspektivenwechsels aber nicht explizit Gegenstand der Auseinandersetzung war.

Am Bielefelder Oberstufen-Kolleg wurde das Konzept des Perspektivenwechsels aus einer in der Praxis unbefriedigenden Situation heraus entwickelt: Seit seiner Gründung bot das Kolleg neben dem Fachunterricht auch fächerübergreifenden Unterricht an, in dem die Spezialisierung der Fächer „transzendiert und reflektiert" (Krause-Isermann 1994, S. 2) werden sollte. In der Praxis sei daraus aber oft nur ein unbefriedigendes Nebeneinander von Fachunterricht und fächerübergreifendem Unterricht (Kupsch, Schumacher 1994, S. 41) geworden, bei dem der gleiche Gegenstand einmal aus der Fachperspektive und das andere Mal aus der Alltagsperspektive betrachtet wurde, ohne dass die beiden Sichtweisen einander wechselseitig erhellt hätten. Ein didaktisches Konzept für den fächerübergreifenden Unterricht ließ sich offensichtlich „nicht automatisch aus

---

186 Die Arbeit an seiner Habilitationsschrift hat Rhode-Jüchtern im Mai 1994 abgeschlossen (vgl. 4. Innenseite in Rhode-Jüchtern 1995a)
187 AMBOS = **A**rbeits**m**aterialien aus dem **B**ielefelder **O**ber**s**tufen-Kolleg

der Addition der Didaktiken der beteiligten Fächer ableiten" (Krause-Isermann 1994, S. 2). Hier sollte das Konzept des Perspektivenwechsels Abhilfe schaffen. Bei der Formulierung des Konzepts wurden vor allem neuere Vorstellungen der Erkenntnistheorie berücksichtigt, wobei die „Beobachterabhängigkeit von Erkenntnissen" (Krause-Isermann 1994, S. 2) in den Mittelpunkt der Betrachtung gestellt wurde. Ausgangspunkt war die Feststellung, dass jede Beobachtung selektiv sei, „dass man also nie alles ‚sieht'" (Kupsch, Schumacher 1994, S. 49). Die Beobachtungsformen seien nicht „Formen der Welt, sondern kontingente Formen der Beobachter" (ebd., S. 49). Diese Beobachtungsformen müssten vom Individuum immer wieder neu gelernt werden, z. B. wenn es sich in einer fremden Umwelt zurechtfinden wolle (ebd., S. 50). Das hieße aber auch, dass Beobachtungsformen nicht determiniert seien, sondern vom einzelnen gewechselt werden könnten oder dass ihr Wechsel „wenigstens thematisiert" (ebd., S. 49) werden könne. Als Elementarform der Selektion von Beobachtungen gelte die Unterscheidung (ebd., S. 49), denn „wenn man keine Unterschiede macht, ‚sieht' man nichts" (ebd., S. 50). Indem ein bestimmter Teil der Welt besonders hervorgehoben und betrachtet werde, werden dafür andere Teile ausgeblendet, ohne dass sie aufhörten zu existieren. Die „ausgeschlossene Seite schwingt immer mit" (ebd., S. 49) und könne deswegen auch thematisiert werden, wenn eine andere Unterscheidung vorgenommen werde. Ein „komplexes Set von aufeinander bezogenen Unterscheidungen" wurde von den Bielefeldern als Perspektive bezeichnet (ebd., S. 50). Die Perspektiven einzelner Beobachter könnten nur erkannt werden, wenn man die Beobachter in das Blickfeld des Interesses rücke (ebd., S. 52). Es sei allerdings keinem Beobachter möglich, „gleichzeitig zu beobachten und zu beobachten, wie man beobachtet" (ebd., S. 52), so dass es immer einen „blinden Fleck der Beobachtung" (ebd., S. 52) gebe, der auf der nächst höheren Beobachtungsebene „nur um den Preis erneuter ‚blinder Flecken'" (ebd., S. 53) aufgedeckt werden könne.

Das Bielefelder Konzept des Perspektivenwechsels ging somit deutlich über Rhode-Jüchterns Vorstellungen hinaus: Wo Rhode-Jüchtern noch meinte, einen

Unterschied zwischen der Erkenntnis der Sache an sich und für sich postulieren zu können, gingen Kupsch und Schumacher davon aus, dass keine Beobachtung die Sache „an sich" erkennen könne. Immer gebe es auch Seiten an der Sache, die der Beobachter mit seiner Brille nicht sehe. Das Ergebnis der Beobachtung müsse deswegen aber nicht notwendig subjektiv sein, denn die Beobachtungen könnten vom Beobachter unterschiedlich stark kontrolliert werden.

An einem für Geographen naheliegenden Beispiel – der Beobachtung eines Ausschnitts des Erdraums – kann gezeigt werden, wie sich die beiden unterschiedlichen Konzepte in der konkreten Umsetzung auswirken (vgl. Abb. 25). Dem Ambos-Band, der die Diskussion am Bielefelder Oberstufen-Kolleg dokumentierte, war ein sokratischer Dialog vorangestellt, der mehrere Perspektivenwechsel anhand von räumlichen Darstellungen diskutierte (Hölscher 1994 – vgl. Kasten 20[188]). Dabei ging es zum einen um die photographische oder bildliche Abbildung, zum anderen um die kartographische Darstellung. In Bezug auf die photographische Abbildung wurde zunächst einmal ihre Anschaulichkeit hervorgehoben: Sie könne sowohl das Schöne als auch das Hässliche einer Sache zeigen (Hölscher 1994, S. 32 – vgl. Kasten 20). Das heiße aber noch nicht, „dass gezielt in die Irre geführt wird, sondern erst einmal nur, dass auf unbestreitbar Vorhandenes aufmerksam gemacht wird" (ebd., S. 16). Ein Foto zeige dem Betrachter, was der Fotograph schön, interessant oder wichtig findet (ebd., S. 21). Das zur Darstellung benutzte Medium „Foto" stelle aufgrund seiner ihm eigenen Perspektivität allerdings auch ein hochkompliziertes System dar, das von der Alltagswahrnehmung beträchtlich abweiche, weil wir „nicht perspektivisch, sondern sinnlich vielfältig wahrnehmen" (ebd., S. 27). Im Foto dagegen werden „unsere Sinneseindrücke auf das Sichtbare reduziert" (ebd., S. 27). Gleichzeitig werde „dieses Sichtbare [...] dann aber systematisch geordnet" (ebd., S. 27). Was heute ein technisch ausgefeilter Fotoapparat liefere, sei

---

188 Leider kann ich hier nicht die gesamte Argumentation wiedergeben. Dem interessierten Leser sei eindringlich empfohlen, den Text im Original zu lesen.

früher von Künstlern geschaffen worden. Dabei sei es alles andere als einfach gewesen, die Perspektive „aufs Papier zu bringen, weil das dafür erforderliche unablässige Vergleichen äußerste Konzentration und Genauigkeit voraussetzte" (ebd., S. 28). Um das perspektivische Zeichnen zu erleichtern, erfanden die Künstler Hilfsmittel. Eines der benutzen Verfahren hat Albrecht Dürer seinerseits in einer Zeichnung veranschaulicht[189] (vgl. ebd., S. 28). Für die Künstler „galten diese Verfahren keineswegs als Tricks, sondern ganz im Gegenteil als wissenschaftlich exakte Methoden zur Wiedergabe der Wirklichkeit. Und es bestätigt wiederum nur, dass die perspektivische Darstellung so sehr von unseren alltäglichen Wahrnehmungen abweicht, dass sie regelrecht erlernt werden muss" (ebd., S. 28f). Das Bild oder Foto wurde von Hölscher somit zunächst als eine Abbildung beschrieben, die vor allem den Blickwinkel des Betrachters zeige, um dann zu betonen, welche wissenschaftliche Leistung hinter solch einem Bild steckte. Bei der kartographischen Abbildung verfuhr der Autor genau umgekehrt: Zunächst wurde sie dem Foto als zwar unanschaulicher, aber relativ objektiv gegenübergestellt (ebd., S. 19f – vgl. Kasten 20). Sie mache „genaue Angaben über die räumlichen Verhältnisse" (ebd., S. 20) und sei damit allgemeingültig (ebd., S. 21). Aber schon bald erwies sich auch die Karte als problematische Darstellung von Wirklichkeit (ebd., S. 31): Straßen z. B. seien meist zu breit dargestellt (ebd., S. 31) und bei der zweidimensionalen Darstellung der dreidimensionalen Erde komme es zu Problemen (ebd., S. 32). Obwohl sie

---

189 Eine dieser Abbildungen fand sich auch bei Rhode-Jüchtern (1995a, S. 43). Der begleitende Text lautet: „Das ist ein eigenartiges Ding mit der Vielperspektivität, mit der *Differenz* von *System und Umwelt*, von *Innen und Außen*, von *Erkenntnis und Interesse* (vgl. Abb. 12, ,Frau Welt' von Dürer; siehe auch Kapitel 4, S. 61f)" (Rhode-Jüchtern 1995a, S. 43). Auf „Seite 61f" hieß es weiter: „Stellvertretend für die Argumentationslinie über den Sinn der Vielperspektivität in Teil A verweise ich hier noch einmal zurück auf Dürers Perspektive-Lehrbuch ,Unterweysung der Messung mit Zirkel und Richtscheyt' (1525), in der wir u. a. das ,Liegende Weib', sagen wir in unserem Zusammenhang ,Frau Welt', vorfinden (siehe Abb. 12, S. 43). Das Raster, der Zweck, die Haltung der Betrachtung des Zeichners machen die Frau Welt zum reinen Gegenstand; aber wer weiß, was der Zeichner wirklich sieht, oder warum Dürer für sich selbst (oder für die zu Belehrenden) die Frau gerade so in Holz geschnitten hat, mit schwellendem Kopfkissen und am offenen Fenster zur Landschaft? Eine Frau Welt, viele mögliche Perspektiven, viele Realitäten" (Rhode-Jüchtern 1995a, S. 61f).

„immer zielstrebig auf den jeweiligen Gebrauch, auf die *Produktion* oder die *Funktion* eines Objekts ausgerichtet" (ebd., S. 32) seien, ließen sich Verzerrungen somit auch bei der Karte nicht vermeiden. Der Wechsel der Perspektiven führe demnach nicht dazu, dass der Beobachter am Ende die Wahrheit oder „gar ‚das Ganze'" (Kupsch, Schumacher 1994, S. 54) erkenne, sondern „man wechselt die Perspektive, um die Perspektiven, die im Spiel sind, beobachten zu können, wechselt zwischen den einzelnen Fachperspektiven, um schließlich andere Unterscheidungen zu übernehmen oder neue hinzuzufügen" (ebd., S. 53).

Aber wenn ich ein Foto sehe, dann kann ich doch alles wieder erkennen, es zeigt doch genau das, was ich gesehen habe!

So sicher ist das gar nicht. Wenn du zum ersten Mal das fotographische Abbild einer Straße vor Augen hast, durch die du schon oft gegangen bist, so wirst du durchaus Schwierigkeiten haben herauszufinden, was die Ansicht eigentlich zeigt. Erst wenn du einige bekannte Objekte identifizieren kannst, wirst du sagen, ach das ist ja die Bahnhofsstraße, so habe ich die ja noch gar nicht gesehen. Und außerdem, wenn du jemandem beschreiben willst, in welcher Straße sich ein bestimmtes Geschäft befindet, so wirst du dazu kaum ein Foto benutzen, sondern allenfalls eine Lageskizze oder einen Stadtplan.

Das stimmt zwar, aber wenn ich herausgefunden habe, welche Ansicht die Karte zeigt, dann sieht sie eben doch aus wie die Wirklichkeit.

Nein, keineswegs, sondern deine Wirklichkeit sieht aus wie auf der Karte. Du wirst nämlich beim nächsten Besuch in deiner Straße nachprüfen, ob die wirklich so aussieht wie auf der Karte. Du wirst wahrscheinlich den Standpunkt des Fotografen suchen und dann feststellen: Ist ja interessant, wie die aussieht, von wo ist denn das gesehen? Aber künftig wirst du sie möglicherweise immer so ansehen. Die Ansichtskarte hat deine Ansicht festgelegt.

Um nun wieder auf die Perspektive zurückzukommen, kann ich zunächst einmal nur sagen, die Ansicht auf der Karte ist perspektivisch richtig, das Foto zeichnet buchstäblich objektiv auf, was vom Objektiv erfasst wird, aber es gibt nur das Sichtbare wieder und das auch nur von einem einzigen Punkt aus, während du ja herumgehst und dein Augenmerk gezielt auf ausgewählte Objekte richtest; außerdem siehst du nicht nur, sondern hörst und riechst und fühlst. Unsere ganz alltägliche Wahrnehmung und die perspektivische Beobachtung sind also zwei ganz verschiedene Dinge.

Du meinst also, der alltäglichen Wahrnehmung entsprechen *Aussichten* und der gezielten Beobachtung entsprechen *Perspektiven*. Wenn aber die perspektivischen Ansichten so verschieden sind, warum werden sie denn festgelegt und dann noch gekauft?

Dafür gibt es einige gute Gründe. Viele Menschen möchten zeigen, dass ihre Stadt *ansehnlich* ist, dass es lohnend ist, sie zu betrachten, dass sie schlicht schön ist. Je nachdem, was für wichtig befunden wird, soll etwas *anschaulich* werden, das Großzügige oder das Malerische oder das Geschäftige oder das Erholsame, und dazu sind nun einmal perspektivische, und das heißt fotographische Darstellungen hervorragend geeignet; sie zeigen genau das, worauf es den Betreffenden ankommt.

Ist das nicht Manipulation?

Sicher wird eine gezielte Auswahl getroffen. Aber das heißt ja noch nicht, dass gezielt in die Irre geführt wird, sondern erst einmal nur, dass auf unbestreitbar Vorhandenes aufmerksam gemacht wird.

[…]

So ist es, zur Orientierung gibt es bessere Hilfsmittel, nämlich die Stadtpläne.

Das ist doch merkwürdig, die Fotos sehen aus wie die Wirklichkeit, auch wenn ich mich erst daran gewöhnen muss, aber sie helfen mir nicht, mich zurechtzufinden, und die Stadtpläne haben überhaupt keine Ähnlichkeit mit der Wirklichkeit, aber ich kann mit ihrer Hilfe überall hinfinden.

Das ist gar nicht so merkwürdig, denn es stimmt ja nicht, dass die Pläne keine Ähnlichkeit mit der Wirklichkeit haben, im Gegenteil, sie zeigen sogar wesentlich mehr davon als noch so viele Ansichtskarten. Um das zu erklären, muss ich noch einmal auf deine anfängliche Aussage zurückkommen, du könntest zwar keine *Ansicht*, aber einen *Lageplan* von deinem Elternhaus zeichnen. Vergleiche doch einmal, was ich durch eine Ansicht und was ich durch einen Lageplan erfahre: bei der Ansicht sehe ich von einem willkürlichen Standpunkt aus, wie das Gebäude und seine unmittelbare Umgebung aussieht, erfahre aber nichts über die genaueren Größenverhältnisse oder über die Aufteilung des Hauses und des Geländes. Das kann ich aber deinem Lageplan entnehmen, also sagt der doch mehr aus über die reale Situation als das Foto. Diese ist aber auch nicht überflüssig, zeigt es mir doch, wie du das Haus siehst, ich erfahre also auch etwas über *deine* Ansicht.

Gut und schön, aber die Geschichte mit der Wirklichkeit überzeugt mich nicht, denn die ist dreidimensional, und der Plan vermittelt mir nichts von den dreidimensionalen Verhältnissen. Aus dem Plan erfährst du zwar die Lage des Platzes, aber nicht, wie hoch das Haus ist oder wie die einzelnen Seiten beschaffen sind.

Das ist richtig, aber du musst dabei berücksichtigen, dass auch das Foto dir nicht alle diese Informationen liefert und dass es außerdem die Dreidimensionalität verzerrt und dadurch verhindert, die realen Proportionen richtig einzuschätzen. Andererseits kannst du durchaus im Rahmen deines Lageplanverfahrens genaue Angaben über die räumlichen Verhältnisse machen. Du zeichnest nämlich nach dem gleichen zweidimensionalen Prinzip alle Seiten des Hauses und gibst dabei sogar noch die richtigen Größenverhältnisse wieder. Dieses Verfahren nennt man auch Grundriss- / Aufrissdarstellung. Der Grundriss zeigt die Anordnung der Raumeinheiten auf dem „Grund", dem Untergrund, und der Aufriss zeigt die Proportionen dessen, was darauf steht. Zusammengefasst kann ich sagen, dein um die Aufrisse ergänzter Lageplan zeigt mir, wie die tatsächlichen Maßverhältnisse sind; und dein Foto zeigt mir, ob du das schön findest, was du daran interessant und wichtig findest.

So wie du das darstellst, ist ja die Behauptung gar nicht zutreffend, die mittels Foto präsentierte perspektivische Ansicht sei objektiv, im Gegenteil, sie ist ausgesprochen subjektiv.

Wenn du das anders ausdrückst, wird die Sache klarer: die perspektivische Darstellung ist weniger subjektiv, als auf die Individuen bezogen. Sie zeigt die Welt aus der Sicht aller derjenigen, die einen ausgesuchten Standpunkt einnehmen, während die Grundriss- / Aufrissdarstellung unabhängig von Standpunkten ist und somit für alle gilt. Sie legt keine Sichtweise fest, sondern stellt neutral die konkreten Maßstabsverhältnisse dar.

Kann ich dann nicht doch sagen, die perspektivische Ansicht zeigt ein subjektives und die Grundriss- / Aufrissdarstellung das objektive Bild?

[…]

Der Grad der Wirklichkeitstreue lässt sich allgemein nicht feststellen, weil die Wirklichkeit nicht eindeutig ist. Es gibt ja nicht *die* Wirklichkeit, denn was wirklich ist, was auf dich wirkt, ist ja ganz davon abhängig, wofür du gerade empfänglich bist, was du erwartest. [...] Es geht nie um *die* Wirklichkeit, sondern immer darum, was du vermitteln willst, und darum, was du an Informationen erwartest. Du triffst nicht nur eine gezielte Auswahl aus der Fülle aller möglichen Wahrnehmungen gemäß dem, was du vermitteln willst, sondern du wählst ebenso ein Darstellungsprinzip, welches genau das anschaulich macht, worum es geht.

Wenn du etwas herstellen lassen willst, brauchst du eine Konstruktionszeichnung, also eine Grundriss- / Aufrissdarstellung, weil nur sie präzise Angaben über Maße und Winkel ermöglicht. Aber auch bei der Rissdarstellung muss ich Einschränkungen machen, denn meine Aussagen gelten streng genommen nur für Konstruktionspläne, also für Objekte von eher begrenzten Dimensionen.

Sobald ich größere Areale zeigen will, bekomme ich Probleme. Einerseits kann ich ja nicht alles zeigen, was sich auf dem Areal befindet, weil der Plan dadurch eine verwirrende Vielfalt hat. Das heißt, ich bin gezwungen auszuwählen, und das, worauf es mir ankommt, deutlich hervorzuheben. Bei Straßenkarten sind zum Beispiel alle Wege sehr viel breiter wiedergegeben, als ihrer tatsächlichen Ausdehnung entspricht, einfach damit sie auf der Karte gut zu erkennen sind. Diese ‚Verzerrung‘ kann darüber hinaus auch zur Unterscheidung von Haupt- und Nebenstraßen benutzt werden, sie hat also sehr einfach erkennbare Bedeutung. Darüber hinaus beeinträchtig sie keineswegs die übrigen Entfernungsangaben, die sogar bemerkenswert genau sind, denn du kannst mit einem speziellen Entfernungsmesser durch Nachfahren der Wege ziemlich eindeutig herausbekommen, wie lang eine Strecke ist. Bei normalen Straßenkarten sind die Verzerrungen also durchaus sinnvoll und sogar leicht verständlich. Schwieriger wird es dagegen bei Landkarten, die größere Gebiete der Erdoberfläche abbilden, weil hier wieder das Problem der flächigen Darstellung von Dreidimensionalität auftritt, nämlich der Projektion der räumlichen Erdkugel auf die *Ebene* der Karte. Aber darauf brauche ich jetzt nicht im einzelnen einzugehen, es genügt zu wissen, dass auch in der Rissprojektion schon allein durch die Auswahl der wiedergegebenen Daten „Verzerrungen" nicht zu vermeiden sind. Diese sind allerdings immer zielstrebig auf den jeweiligen Gebrauch, auf die *Produktion* oder die *Funktion* eines Objekts ausgerichtet. Willst du dagegen das Aussehen oder die ‚Atmosphäre‘ eines Gegenstandes zeigen, hilft dir natürlich keine Konstruktionszeichnung, da kommst du nur mit einer perspektivischen Ansicht weiter und heute eben mit einer fotographischen Abbildung. Du hast dabei sogar die Möglichkeit einer differenzierten Bewertung. Je nachdem, wie du z. B. ein Gebäude begutachtest, wie du seine Nützlichkeit einschätzt, zeigst du dementsprechend die dafür attraktive „Schauseite" oder die unansehnliche „Kehrseite".

Nun gut, beide Darstellungsarten haben ihre Vor- und Nachteile, aber mir scheint die Grundriss- / Aufrissprojektion doch brauchbarer und eher allgemeingültig zu sein. Die Auswahl der Standpunkte bei der perspektivischen Ansicht kommt mir reichlich willkürlich vor!

Wenn ich jetzt alles zusammenfasse, muss ich feststellen, dass jede Darstellung zwar objektiv ist, weil sie einem Prinzip folgt, dass sie aber immer jeweils nur einen Teil dessen zeigt, was sich überhaupt darstellen lässt.

Das ist richtig, aus der Ausschnitthaftigkeit kann ich nicht herauskommen, die verwirrende Fülle auch meiner ganz konkreten Umgebung ist schlicht nicht darstellbar. Du kennst selbst die Erfahrung, dass du umso verwirrter bist, je mehr nebensächliche Informationen du erhältst.

Rhode-Jüchterns „Brückenschlag" (Rhode-Jüchtern 1995a, S. 49) zwischen allgemeiner Theorie und geographischer Praxis sah dagegen ganz anders aus, obwohl es auch ihm um die „räumliche Perspektive" (ebd., S. 49) ging. Er wandte sich in erster Linie „gegen die rationalistische Kartierung von Punkten und Linien" (ebd., S. 50 – vgl. Rhode-Jüchtern 1994b, S. 15), die er u. a. mit folgendem Beispiel belegte: „Die Straße von Entreveau nach St. Auban in den Alpes Maritimes ist wegen ihrer amtlichen Klassifikation („D") nicht in der Straßenkarte 1:1 Million notiert; die Straße der nächsthöheren Klasse ist notiert. Ich folge der Legende von Wirklichkeit, die die Karte erzählt und in der die „D"-Straße nicht existiert; Tage später merke ich im ‚Exil des Reisens', das heißt beim Fahren ohne Karte, dass es diese Straße gibt und dass sie viel schöner und kürzer ist. In der Disziplinargesellschaft ist sie mir verborgen, in der listigen Praxis des eigenen Handelns wird sie mir sichtbar" (Rhode-Jüchtern 1995a, S. 56). Rhode-Jüchtern setzte hier die Darstellung der Wirklichkeit in der Karte *gegen* die Darstellung der Wirklichkeit im – imaginären[190] – Bild und bewertete

---

190 Da das Bild als Darstellungsform in den Ausführungen von Rhode-Jüchtern nicht vorkommt und dementsprechend auch nicht als solches thematisiert wird, ist eine gewisse Nähe zu den Vorstellungen der Länder- und Landschaftskundler nicht zu übersehen: So, wie sie davon ausgingen, dass der Gegenstand die Betrachtung bestimme und verschiedene theoretische Strömungen im Prinzip nur Modeerscheinungen seien (vgl. Schultz 1980, S. 264), so drückt sich

beide Darstellungsformen aus der Perspektive der subjektiven ästhetischen Erfahrung. Die Kartendarstellung repräsentierte aus dieser Erfahrung heraus die „Banalität und Arroganz des Denkens in ‚Punkten und Linien‘" (ebd., S. 50), denn „wer in der traditionellen Manier als Soziologe oder Geograph die Stadt kartiert, wer der unersättlichen Eigenart folgt, Handeln in (karto)graphische Lesbarkeit zu übertragen, kann vieles nicht notieren. Kartierung ist eine *Konstitution des Vergessens*" (ebd., S. 55 – vgl. Rhode-Jüchtern 1994b, S. 16; 1996d, S. 188[191]). An die Stelle dieses Vergessens setzte Rhode-Jüchtern den Versuch, „den Raum in Netzen zu erzählen" (ebd., S. 50), was für ihn bedeutete, den Raum mit Hilfe der „Figuren der Rhetorik, verstanden nach den Erkenntnissen der Psychologie und Kommunikationslehre" (ebd., S. 52) darzustellen. Solch eine Erzählung in Netzen müsste im obigen Beispiel die als schöner und kürzer beschriebene Straße darstellen, die im sokratischen Dialog von Hölscher (1994) als Fotographie oder Bild vorkäme. Dieses Bild hielt Rhode-Jüchtern der Karte entgegen und kritisierte an ihr, dass sie die Atmosphäre der Straße nicht ebenso gut vermitteln könne. Sieht man aber einmal davon ab, dass eine Straßenkarte 1:1.000.000 vielleicht tatsächlich ungeeignet ist, um den Weg in einen Ort von der Größe von St. Auban mit seinen 269 Einwohnern (Provence Web 2003) zu finden[192], bleibt ebenfalls der Zweifel, ob *dieses* Anliegen mit einem Foto der Straße besser hätte gelöst werden können.

---

auch in Rhode-Jüchterns Beschreibung der Kartendarstellung ein Unbehagen an der Theorie aus, das erst durch die Praxis der Objektbegegnung beseitigt wird.

191 In diesem Beispiel ging es nicht so sehr um Wege und Straßen, sondern um New York. Dazu hieß es: „Das ‚leichte Öffnen der Lippen‘ der Gewürzhändler ist womöglich ein valider Indikator für die soziale, ethnische, ökonomische Segregation, gültiger sicher als ‚Wohndichte‘ oder ‚Nutzung‘" (Rhode-Jüchtern 1996d, S. 188). Rhode-Jüchterns Interesse an New York konzentrierte sich allerdings auch nicht in erster Linie auf sozial- oder wirtschaftsgeographische Fragestellung, sondern darauf, „diese Stadt zu ‚verstehen‘" (ebd., S. 187). Damit hatte er aber ein Anliegen formuliert, das dem der alten Länderkundler in nichts nachstand.

192 Der Vollständigkeit halber sollte hinzugefügt werden, dass eine Frankreich-Karte im Maßstab 1:750.000 St. Auban zwar als Ort kennzeichnet, der einen Umweg lohne (vgl. Falk 2001), dass sie aber *keine* Strasse darstellt, die dort hinführt (ebd.). Wer mit einer derart kleinmaßstäbigen Karte fährt, ist also auf die Ausschilderung vor Ort angewiesen, um St. Auban zu finden. Wer dagegen mit einer Karte im Maßstab 1:200.000 reist, wird gleich mehrere D-Straßen finden, die nach St. Auban führen (vgl. Michelin 2002). Einige dieser D-Straßen stoßen kurz

458

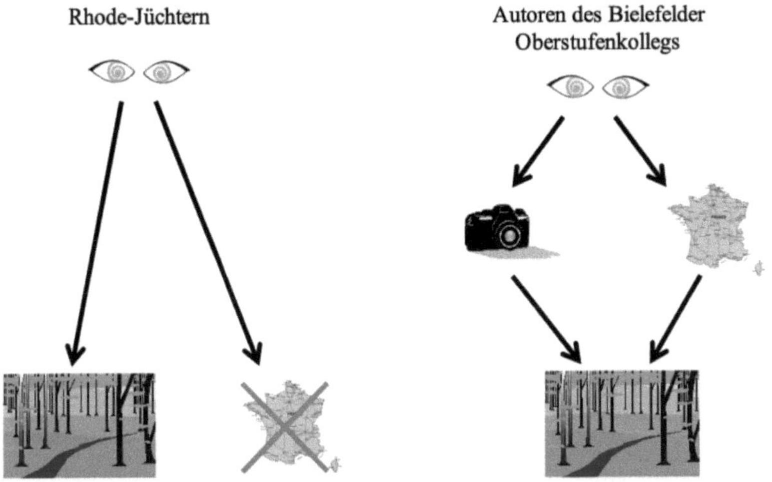

Abb. 25: Perspektivenwechsel bei Rhode-Jüchtern und bei den Autoren des Bielefelder Oberstufenkollegs

Statt eines Perspektivenwechsels bot Rhode-Jüchtern hier eher eine Polarisation: Auf der einen Seite stand die Karte mit ihren Punkten und Linien, die als gegenständlich, disziplinierend und kalt beschrieben wurde, und auf der anderen Seite stand der „als Netz erzählte Raum", der als menschlich, handelnd und warm angesehen wurde. Offen bleibt dabei allerdings, wie aus dem Netz, das ja nichts weiter als eine Ansammlung von Punkten und Linien darstellt, mehr werden soll als eben diese Ansammlung. Selbst wenn Rhode-Jüchtern dabei an das „soziale Netzwerk" aus der Psychologie gedacht hatte, das „das Muster von

---

vor oder nach St. Auban auf die D 2211 (ebd.). Als Lagebeschreibung für Touristen findet sich dementsprechend auch die Aussage „50 km from Grasse on the N 85 for 40 km and then turn right on the D 2211" (Provence Web 2003). Höherrangige Straßen, die nach St. Auban führen, gibt es nicht. Da fragt sich nur noch, was jetzt die „Legende von Wirklichkeit" (Rhode-Jüchtern 1995a, S. 56) ist.

Arbeits- und Gefühlsbeziehungen [darstellt], in dem ein Mensch lebt" (Schmid-bauer 1991, S. 136), bleiben Linien und Punkte (Knoten) als Metaphern erhalten: „Die Linien des Netzes entsprechen den ‚Bindungen', die Knoten den ‚Personen'" (ebd., S. 136). Die Gleichsetzung von Karten mit „Linien und Punkten" und Bildern mit „Netzen" half somit kaum weiter, im Gegenteil: sie blieb hinter der differenzierteren Darstellung des Perspektivenwechsels von Hölscher (1994) zurück. Dieses Zurückfallen war nicht zufällig. Es zog sich, wie die folgende Darstellung zeigen wird, wie ein roter Faden sowohl durch die Diskussionen, die Rhode-Jüchtern vor seiner Habilitation mit Vertretern des Ansatzes des Perspektivenwechsels im weitesten Sinne geführt hatte, als auch durch die Ausführungen in der Habilitationsschrift selbst.

Zwischen den beiden Bensberger Tagungen, die für Rhode-Jüchtern später zum Beginn und zentralen Bezugspunkt für die Profilierung seiner Vorstellungen zum Perspektivenwechsel wurden, präsentierte er sich zusammen mit Werner Hennings „am Katzentisch sitzend"[193], als „Schulpraktiker" (Rhode-Jüchtern, Hennings 1991, S. 129), der wissen wollte, was „die Mitteilungen von Hasse u. a. im Hochschulforum 1990 ‚Die Geographiedidaktik neu denken' praktisch" bedeuteten (ebd., S. 129). Um das Ergebnis der Diskussion auch für spätere Leser transparent zu machen, wurde zunächst eine „Übersetzungshilfe und Anschlussmöglichkeit für alle (geboten), die im November 1990 und jetzt im Moment und im November 1991 nicht dabei sein konnten / können" (ebd., S. 129). Dabei fällt auf, dass die Autoren in der Darstellung *nicht* auf Beiträge der ersten Bensberger Tagung zurückgriffen, sondern sich weitgehend auf zwei Beiträge bezogen, die einer der Organisatoren, Jürgen Hasse, an anderen Stellen zur Diskussion gestellt hatte: einen Beitrag zur „Sozialgeographie an der Schwelle der Postmoderne", der 1989 in der Zeitschrift für Wirtschaftsgeographie publiziert wurde (Rhode-Jüchtern, Hennings 1991, S. 131) und einen Beitrag zur

---

193 „Der Katzentisch ist ein Tisch für Kinder oder unwichtige Gäste. Daraus leitet sich die Redewendung ‚am Katzentisch sitzen' ab, was ‚abseits stehend' oder ‚nicht beteiligt werden' bedeutet" (adLexikon 2005).

„Didaktik des Ephemeren"[194], der 1989 und 1990 in zwei Teilen in „Geographie und ihre Didaktik" abgedruckt wurde (ebd., S. 134). Der didaktische Beitrag Hasses wurde von Rhode-Jüchtern und Hennings in ganzen elf Zeilen zusammengefasst (ebd., S. 134): „Als postmoderne Innovation schlägt Hasse (...) eine ‚Didaktik des Ephemeren' vor. Begründung: Der Gebrauch der Sinne ist zivilisationsgeschichtlich zugerichtet und enteignet; die Realität wird nur ‚oberflächlich' im doppelten Sinne betrachtet. Nötig wäre aber, die differenzierte und vervielfachte Objektwelt teilnehmend zu verstehen, durch theoretische und ästhetische Erfahrung. Und durch dialektisches Pendeln zwischen dem sinnlichen Eintauchen in die (imaginäre oder vorgefundene) Welt der vorgefundenen Begebenheiten und dem assoziativen wie kritisch-reflexiven Denken über den Sinn des (flüchtig) Gesehenen. Wesentlicher Kern der Dinge ist oft die Anästhetik (das Nicht-Wahrgenommene oder nicht Wahrnehmbare), man sollte sich also bereithalten für das Unerwartete (assoziative, spontane, ungeordnete, spielerische Annäherung / Aneignung) und das Verschiedene zusammen-sehen und – denken" (ebd., S. 134). Die beiden Autoren äußerten an den referierten Ideen keine Kritik, sondern bescheinigten ihnen sogar, dass sie „gut" klängen (ebd., S. 134). Kaum hatten sie ihre Zustimmung geäußert, folgte allerdings das „Aber": Das Programm sei „für die dialektische Einbindung des Ephemeren in die Ganzheitlichkeit der Wirklichkeit" (ebd., S. 134) nicht geeignet, es sei „kein Schlüssel" (ebd., S. 134), um „die Zusammenhänge zu rekonstruieren, Dialektik zu erkennen, Oberflächen- und Tiefenstrukturen zu identifizieren" (ebd., S. 134), stattdessen führe es „in eine postmoderne Nische mit dem zu bescheidenen Anspruch des Subjektivismus" (ebd. S. 134). Damit wollten die Autoren nicht die von Hasse herausgestellte Notwendigkeit bestreiten, „den Diskurs über das Affektive und Ästhetische in der Geographiedidaktik dringend aufzunehmen" (Hasse 1989, S. 205). Ihnen ging es um etwas anderes, das sich erst erschließt, wenn man das von ihnen im Folgenden entworfene „Modell des

---

194 „Ausführliche Fassung eines am 03. 10. 1989 auf dem 47. Deutschen Geographentag in Saarbrücken im Arbeitskreis ‚Richtlinien und Lehrpläne...' gehaltenen Vortrags" (Hasse 1990, S. 39); ephemer = nur kurze Zeit bestehend

‚Dreifachen Blicks‛" (Rhode-Jüchtern, Hennings 1991, S. 135), das Rhode-Jüchtern auch in seine Habilitationsschrift übernommen hat (Rhode-Jüchtern 1995a, S.72f – vgl. auch Rhode Jüchtern 1996d, S. 189), genauer ansieht (vgl. Abb. 26). In dem Modell wurde das Erkenntnisobjekt im Hinblick auf Vergangenheit („genetischer Blick"), Gegenwart („Blick auf das Vorgefundene") und Zukunft („konstruktiver Blick") betrachtet. Alle Blicke fielen durch einen Relevanzfilter, der „einiges durchlässt und anderes ausblendet" (Rhode-Jüchtern, Hennings 1991, S. 136). Dieser Relevanzfilter enthalte „die drei klassischen Filter von szientifischem Rationalismus, immanent nachvollziehbarer Hermeneutik und kreativ-nischenmäßigem Subjektivismus"[195] (ebd., S. 136) sowie die „Beschichtung der Handlungsorientierung"[196] (ebd., S. 136). Mit dem im Modell implizierten „ganzheitlichen Blick" (ebd., S. 136) lasse sich „Handeln orientieren" (ebd., S. 136). Das Modell nehme damit „die alten Kategorien der politischen Bildung (etwa: Wahrnehmung – Erkennen – Handeln[197]) ebenso auf wie die Frequenzen des Subjektivismus und die neue Freiheit der Postmoderne" (ebd., S. 136). Im Gegensatz zu Hasses Vorschlag sei es aber „nicht beliebig, sondern prinzipienfest und von daher durchaus im Kampf um die Definitionen von Wirklichkeit" (ebd., S. 136) brauchbar. Rhode-Jüchtern und Hennings wollten eben auch und vor allem eine Botschaft vermitteln dürfen, die Schüler zum Handeln anleiten könne. Ein entsprechendes Anliegen lehnte Hasse in seinem Beitrag ab. Zwar sollten auch im ästhetischen Lernen „Werte (...) aufgebaut und herausgebildet

---

195 Für die Behandlung der „Metropole Berlin" sollten den Filtern folgende Fragestellungen entsprechen: „(1) Was sind die Funktionen eines Regierungsviertels? Was ergeben sich daraus für Forderungen an die Gebäude, die Umgebung, die Bauarbeiten? Oder: (2) Was sind die möglichen baulichen Optionen für ein neues Regierungsviertel in der Demokratie? Lassen sich Sicherheit und eine offene Gesellschaft vereinbaren? Lässt sich eine solche Planungsherausforderung am Leitbild des ökologischen Umbaus orientieren? (3) Was versprechen sich Daimler-Benz und Sony wohl vom Standort Potsdamer Platz? Was steckt wohl hinter der Kollhoff-Bauphilosophie? Was denkt sich wohl der Dekonstruktivist Libeskind?" (Rhode-Jüchtern 1996d, S. 189).
196 Hier würde dann behandelt werden: „Alles zusammen von (1) – (3) und die Frage: Was folgt aus der Auswahl einer Option gegen andere Optionen? Wo wäre Einmischung möglich? Wie sind die Chancen und Machtverhältnisse? etc." (Rhode-Jüchtern 1996d, S. 189).
197 Vgl. variiert dargestellt bei Schramke 1978a, S. 41
462

werden; aber um deren Inhalt darf es aus Gründen der Menschenwürde nicht gehen – soweit die Menschenrechte als konsensueller Rahmen akzeptiert werden. Gleichwohl geht es im Diskurs um ästhetisches Lernen um Methoden der Wahrnehmung (-sdifferenzierung und -erweiterung) und damit um Methoden der Erkenntnisgewinnung. Hier würde die Schulung des subjektiven Vermögens in den Mittelpunkt rücken, Werte auf einem hohen Niveau des Selbstbewusstseins – als Bewusstsein seiner Selbst – herauszubilden" (Hasse, 1990 S. 34).

Die Vermutung, dass Rhode-Jüchtern die unabhängige – aber begründete – Meinungsbildung des Individuums für unangebrachten Subjektivismus hält, wurde durch seinen Diskussionsbeitrag auf dem Kolloquium zum Perspektivenwechsel am Bielefelder Oberstufen-Kolleg im März 1994 bestätigt. Dort betonte er, dass es ihm „weniger wichtig (wäre), was Perspektivenwechsel begriffslogisch oder –historisch bedeutet und wie sich das Konzept vom ‚Verstehen' oder der philosophischen Hermeneutik unterscheidet" (Rhode-Jüchtern 1994a, S. 96), sondern wichtig sei, „was man mit den Erkenntnissen aus dem Perspektivenwechsel macht" (ebd., S. 96). Mit der Methode selbst habe „man zunächst ‚nur' einen Sachverhalt vielfältiger erschlossen" (ebd., S. 96) und stoße dabei auf „differente Interpretationen" (ebd., S. 96). Ein neues Konzept, das sich „sowohl gegen die Hegemonie von herrschender Meinung / ‚political correctness' als auch gegen den Relativismus eines ‚anything goes'" (ebd., S. 96) wenden solle, dürfe dort aber nicht stehen bleiben, „sondern ich bilde auf einem höheren Niveau meine Werturteile, ich verändere womöglich auch mein Handeln: ich bin aufgeklärter und muss mich dem stellen" (ebd., S. 96). Solch ein Konzept sei „kein beliebiges Spiel mit beliebigen Themen" (ebd., S. 96), sondern „eine Haltung, die 1. andere Perspektiven als real existierend akzeptiert (sie existieren so oder so, ob ich sie schön finde oder nicht), 2. diese erkennen und einordnen will und 3. daraus die eigene Urteils- und Handlungskompetenz weiterentwickelt" (ebd., S. 96).

Ein derartiges Konzept entwarf Rhode-Jüchtern in seiner Habilitationsschrift

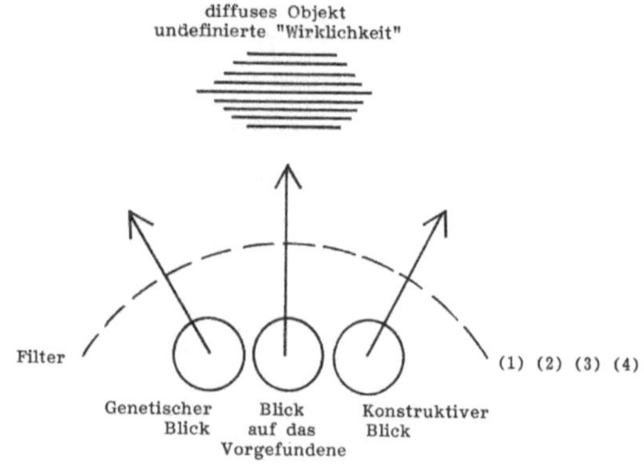

Erkenntnis-(und Interessen-)Filter

(1)   Verengter "szientifischer" Rationalismus
      ("echte" Erkenntnis, Wenn-Dann-Kausalitäten)

(2)   Sinnverstehen
      (hermeneutische Erkenntnis aus Beschreibung des Vorgefundenen
      plus geglaubte Struktur plus Lebenserfahrung)

(3)   Subjektivismus
      ("dunkle" Erkenntnis, Fokus auf Erleben und Konstitution von Sinn)

(4)   Analytische und kritisch-reflexive und konjunktivische und handlungs-
      orientierte Wahrnehmung
      (das Wahrnehmbare und das Nicht-Wahrnehmbare und das Denkbare/
      Potentielle verbinden)

Abb. 26: Modell des „Dreifachen Blicks"
(Quelle: Rhode-Jüchtern, Hennings 1991, S. 135)

und den sich daran anschließenden Publikationen. Da der Perspektivenwechsel, so wie er in der didaktischen Diskussion der damaligen Zeit verstanden wurde, offenbar nicht der theoretische Zielpunkt der Bemühungen war, bleibt die Frage, was in Rhode-Jüchterns Ansatz den bzw. *seinen* Perspektivenwechsel ausmacht.

Als Ausgangspunkt postulierte Rhode-Jüchtern zunächst eine Differenz zwischen dem vorhandenen fachlichen Wissen und der „Selbstreflexion des

464

betrachtenden, wissenden Subjekts" (Rhode-Jüchtern 1995a, S. 35). Bildlich ausgedrückt sei „das Besitzen eines Buches (einer Zahnbürste etc.) das eine und das Umgehen mit diesem Buch (dieser Zahnbürste etc.) das andere: die Lesefähigkeit das eine, die Lesewilligkeit das andere; das Reden über Toleranz das eine, das Handeln mit Sensibilität das andere" (ebd., S. 35). Diese Differenz führe in Bezug auf „'rationales' Verhalten oder Handeln" (Rhode-Jüchtern 1996c, S. 46) zu einem Dilemma: „Man *weiß* es ja eigentlich längst, aber sucht nach jedem ‚rationalen' Strohhalm, es *nicht zu tun* und zugleich so zu *tun als ob*" (Rhode-Jüchtern 1996a, S. 81). Hier müsse Unterricht ansetzen und auf zwei Ebenen reagieren: „*Unterrichtsziel* kann das Wissen über die Energieaufwendigkeit der Aluminiumherstellung sein, *Erziehungsziel* der Verzicht auf die Cola-Dose" (Rhode-Jüchtern 1995a, S. 35). Dieses Erziehungsziel lasse sich nur über „eigene geistige Tätigkeit" (Rhode-Jüchtern 1996a, S. 71) erreichen, über „Lesen-Lernen und Lesen-Wollen von Gegenständen und Vorgängen, ohne über Moral dazu genötigt zu werden oder durch zu komplexe Kontexte verwirrt zu werden" (ebd., S. 71).

Der bisherige „Anspruch des Geographieunterrichts, individuell und gesellschaftlich funktionierende ‚Raumverhaltenskompetenz' zu vermitteln" (Rhode-Jüchtern 1995a, S. 24) verfehle dieses Erziehungsziel, denn hinter dem Begriff stehe, „wenn das nicht privatistisch beantwortet werden soll (‚Jeder verhält sich so gut wie irgendwie möglich'), (...) eine klare funktionalistische Utopie, gegründet auf den *homo oeconomicus* oder das *animal rationale* (mit Sozialbindungsklausel), auf ein Set von fraglos gültigen gesellschaftlichen Normen und Schranken (nach Enzensberger etwa das ‚zivilisatorische Minimum'), und auf den professionell optimierenden Interventions- und Planungsstaat.[198] (...) Es gäbe ein klares Bild von Leitbildern und Verhaltensmustern, der Streit über die

---

198 Gegen diese Charakterisierung des Begriffs der Raumverhaltenskompetenz legte Köck (1997, S. 24f) Einspruch ein. Er wies darauf hin, dass sich Rhode-Jüchtern „unter Nichtbeachtung, jedenfalls unter Nichterwähung und –verarbeitung der gegenüber der ersten Entwicklung deutlich differenzierteren und operationalisierteren Explikation des Begriffs Raumverhaltenskompetenz von 1989" (Köck 1997a, S. 24) nur auf seinen Beitrag von 1993 bezog. Köck hielt sowohl den Utopievorwurf als auch „das Attribut ‚funktionalistisch'" (ebd., S. 24) für verfehlt.

Begriffe (intentionales) ‚Handeln‘ und (reaktives) ‚Verhalten‘ wäre durch Definition zu beenden“ (Rhode-Jüchtern 1995a, S. 20). Aber „‚die‘ Raumverhaltenskompetenz gibt es weder noch kann sie die Geographie einsinnig vermitteln“ (Rhode-Jüchtern 1995a, S. 23). Dass sich Raumverhaltenskompetenz nicht vermitteln lasse, liege nicht so sehr an der grundsätzlichen Idee[199], als vielmehr an sich verändernden gesellschaftlichen Bedingungen: „Wenn wir uns künftig einen jungen Menschen vorstellen, den wir ‚tüchtig‘ machen wollen ‚für das Leben‘, auch kompetent also, sich im Raum (Stadtteil, Fernreise, Weltwirtschaft und Konsum, Verkehr,...) zu orientieren, haben wir es mit der *neuen Unübersichtlichkeit des inneren und äußeren Milieus* zu tun“ (Rhode-Jüchtern 1995a, S. 25). Da „unsere Erde und die Zivilisation“ (ebd., S. 24) zusammengehörten wie „zwei Seiten einer Medaille“ (ebd., S. 24), könne auch die „Krise der Zivilisation (...) nicht folgenlos für das ‚Raumverhalten‘“ (ebd., S. 24) sein. Schülern eine Hilfestellung zur Orientierung „in einer unübersichtlichen Welt“ (ebd., S. 26) zu geben, verlange „die konstruktive[200] Wendung der Kritik“ (ebd., S. 26). Für diese konstruktive Wendung eigne sich der „Zugriff durch *Vielperspektivität / Perspektivenwechsel*“ (ebd., S. 15).

Das „Neue“ an diesem Zugriff war der Rückgriff auf einen relativ alten Aufsatz von Luhmann und Schorr (1981), der schon im Titel fragt: „Wie ist Erziehung möglich?“ (ebd., S. 37) und von der Pädagogik – wenn sie ihn überhaupt wahrgenommen hat – eher als Provokation empfunden wurde (Arnold 1995, S. 599; Hof 1991, S. 31; Treml 1981, S. 435). Fragwürdig an dem fast ausschließlichen Bezug auf diesen einen Text[201] war aber auch, dass damit „der von Luhmann

---

199 „Beide Konzepte (Raumverhaltenskompetenz und Perspektivenwechsel – A. U.) werden derzeit parallel vertreten, das eine als ‚Mainstream‘, das andere ‚seit Bensberg‘ (1990). Sie sind womöglich am Ende sogar vermittel- und versöhnbar“ (Rhode-Jüchtern 1995a, S. 15).

200 Diese Wortwahl ist durchaus bezeichnend für die Arbeiten von Rhode-Jüchtern: Obwohl er sich gerne auch den Anschein gab, auf einem *konstruktivistischen* Theoriehintergrund zu arbeiten, lautete der Untertitel seiner Habilitationsschrift unzweideutig „Perspektiven einer *konstruktiven* Erdkunde“. Dass es sich hierbei trotz der Ähnlichkeit der Wörter um zwei durchaus unterschiedliche bis gegensätzliche Ansätze handeln kann, diskutierte Rhode-Jüchtern nicht.

201 Im jeweiligen Literaturverzeichnis der beiden Hauptwerke sind zwar jeweils weitere sieben Texte von Luhmann verzeichnet: davon wurden in „Raum als Text“ (Rhode-Jüchtern 1995a)

466

proklamierte zweite Paradigmenwechsel in der Systemtheorie" (Arnold 1995, S. 599) ausgeklammert wurde. Luhmann habe seine Theorien „beständig modifiziert und weiterentwickelt" (Arnold 1995, S. 611), wobei „seit ca. 1984" (ebd., S. 606) – also nach dem von Rhode-Jüchtern zugrunde gelegten Beitrag von Luhmann und Schorr - die „Autopoiesis (...) das zentrale Konzept der Luhmannschen Systemtheorie" (ebd., S. 606) gewesen sei. Gerade dieser Teil der Systemtheorie schien für Rhode-Jüchtern aber in Form der „Figur der ‚Selbstreferenz'" (Rhode-Jüchern 1995a, S. 169) von besonderem Interesse gewesen zu sein, so dass kaum nachvollziehbar ist, warum er sich hier nicht auf neuere Ausführungen berief. Mit Bezug auf den vergleichsweise alten Text betonte Rhode-Jüchtern so zunächst, dass die Vorstellung der Selbstreferentialität personaler Systeme helfe, „vorschnelle Schlüsse auf Kausalitäten etwa zwischen Familie, Schule, Freizeitzentren" (ebd., S. 169) und dem Verhalten Jugendlicher[202] zu ziehen. Selbstreferenz bezeichne nach Luhmann (und Schorr)[203] ein „‚infrastrukturelles Formgesetz[204], ohne welches die darüberliegenden Ebenen psychischer und sozialer Systembildung weder möglich noch funktionsfähig wären'. Diese selbstreferentiellen Systeme können von außen – innerhalb eines Möglichkeitsspielraums – ‚nur durch Auslösung einer Selbständerung geändert

---

aber nur vier und in „Den Raum lesen lernen" (Rhode-Jüchtern 1996c) nur zwei zitiert, wobei der nach Luhmann und Schorr (1981) am zweithäufigsten zitierte Text aus dem Jahre 1973 stammte.

202 Rhode-Jüchtern sprach hier nur von Jugendgewalt, ohne das Beispiel allerdings besonders zu begründen.

203 Rhode-Jüchtern selbst nannte im fortlaufenden Text nur Luhmann, obwohl er sich auf den Text von Luhmann, Schorr 1981 bezog (Rhode-Jüchtern 1995a, S. 169 – vgl. auch Rhode-Jüchtern 1996c, S. 45, wo die Textstelle gar nicht belegt ist)

204 Diese abstrakte Formulierung führte Rhode-Jüchtern leider nicht weiter aus. Im Original hieß es dazu: „Selbstreferenz ist aber zunächst und vor allem ein biologisches Phänomen. Sie stellt sicher, dass sensorische und motorische Prozesse nicht unabhängig voneinander aktiviert werden können; dass vielmehr schon der zentral gesteuerte Organismus nur aufgrund einer intern geschlossenen Organisation des Selbstkontaktes Umweltbeziehungen haben kann. Die vollständige interne Geschlossenheit der Umweltoffenheit ist überhaupt der eindrucksvollste Grundtatbestand von Selbstreferenz, und alle darauf aufbauenden ‚höheren' psychischen und sozialen Systeme haben darin die Bedingung ihrer Möglichkeit. Sie können den strukturellen Konsequenzen dieses Grundtatbestandes nicht entgehen, sie können sie nur durch emergente Formen selbstreferentieller Organisation überformen" (Luhmann, Schorr 1981, S. 44).

werden'[205], dies auch nur dann, wenn der Mensch dies als strukturell möglichen Sinn verarbeiten kann und ihn dies als neue Erfahrung anregt" (Rhode-Jüchtern 1995a, S. 169). Die Handlungskalküle von Menschen ließen sich somit „nicht unmittelbar aus der Logik des sozialen Systems" (Rhode-Jüchtern 1996c, S. 200), sondern „zunächst nur im personalen System interpretieren" (ebd., S. 200). Somit könne man „nicht einfach Werte und Normen installieren, sondern diese müssen von anderen Menschen als *verarbeitbar und anregend* empfunden und aus dem Vorrat der Möglichkeiten ausgewählt werden" (Rhode-Jüchtern 1995a, S. 169). Die Schule[206] müsse ihre Einwirkungsmöglichkeiten auf den Erziehungsprozess „nüchtern sehen und ihrerseits Bedingungen der Möglichkeit arrangieren, womöglich gar: durch Vorleben glaubhaft machen" (ebd., S. 169). Spätestens hier verließ Rhode-Jüchtern den Argumentationszusammenhang von Luhmann und Schorr, denn die beiden Autoren kamen praktisch zu dem umgekehrten Schluss: „Nicht der Lehrer erzieht, sondern das Interaktionssystem Unterricht" (Luhmann, Schorr 1981, S. 50)[207]. Aufgrund dieser recht unterschiedlichen Schlussfolgerungen wurde auch die Rolle der Mehrperspektivität im Unterricht von Rhode-Jüchtern und Luhmann / Schorr verschieden interpretiert. Für letztere gab es „unterhalb aller im Unterricht erfahrenen Macht- und Konsensprobleme (...) eine unaufhebbare, sich laufend

---

205 Dieses Zitat folgte bei Luhmann und Schorr tatsächlich erst auf der nächsten Seite und ist als solches nicht nachgewiesen.

206 Rhode-Jüchtern nannte hier „Schule, Polizei, Kirche, Eltern" – in dieser Reihenfolge! -, da sich Luhmann und Schorr aber explizit auf das „Interaktionssystem Unterricht" (Luhmann, Schorr 1981, S. 47) bezogen, halte ich die Beschränkung auf diesen Gegenstand hier für sinnvoll.

207 Und genau dieser Schluss war es, der auch bei wohlwollenderen Pädagogen auf Kritik gestoßen ist: "Lehrer wie Schüler sind in diesem Denkmodell auf der Sozialebene ebenso ‚funktional äquivalent' und damit austauschbar wie die Inhalte auf der Sachebene, weil letztlich nur die Organisation ‚erzieht'. Nur noch hinsichtlich ihrer Qualifizierung zur ‚Lernfähigkeit' werden Unterrichtsinhalte vergleichbar, und hier wird Latein funktional äquivalent zu Sanskrit oder Kisuaheli, Mathematik zu Kybernetik und Logik, Literatur und Fremdsprachen zum Hamburger Telefonbuch usw. Wo aber alles funktional äquivalent ist und keine faktische Kraft des Normativen mehr die Selektion zu steuern vermag, bricht die normative Kraft des Faktischen umso ungehinderter durch und legitimiert schließlich alles, wie es ist – wenn auch mit dem Perfektionsvorbehalt, dass alles noch besser sein könnte" (Treml 1981, S. 441) " – Rhode-Jüchtern ignorierte dieses Problem und setzte ihm seine Sicht der Welt entgegen.

468

regenerierende Mehrperspektivität" (Luhmann, Schorr 1981, S. 48), die „den
Unterricht pädagogisch relevant macht" (ebd, S. 48), weil jeder Teilnehmer –
also Schüler und Lehrer – wisse oder wissen könne, „dass der gemeinsam trak-
tierte Sinn für die anderen etwas anderes bedeutet, in anderen Hinsichten interessiert, andere Anschlussmöglichkeiten weiteren Erlebens und Handelns er-
öffnet, andere Gefährdungen der Selbsteinschätzung anrührt, andere Erinnerungen wachruft" (ebd., S. 49). Dieses Wissen über die Perspektivität sei aber
„kein Weg zum Konsens. Es multipliziert nur die Differenzen, schleift sie ab,
lehrt ein Sich-darauf-einstellen. Ein soziales System entsteht aber bereits
dadurch, dass die Präsenz anderer die Verhaltensweisen beeinflusst; es ist nicht
darauf angewiesen, dass die Anwesenden ‚eines Sinnes sind' oder gar dieselben
Zwecke verfolgen" (ebd., S. 49). Für Rhode-Jüchtern dagegen bestand die
„Leistung der Systemtheorie (..) darin, [darauf] aufmerksam zu machen, dass
alle Macht- und Konsensprobleme auf einer ‚unaufhebbaren, laufend sich rege-
nerierenden Mehrperspektivität' erfahren werden[208], dass aber dies Mitwissen
kein Weg zum Konsens ist, sondern ein Sich-darauf-Einstellen lehrt. Ein funktionaler Begriff von Mehrperspektivität also (der zwar die Bedingung der Möglichkeit zur Verständigung enthält, bis hin zum ‚Konsens zum Dissens', der aber
natürlich die Machtprobleme, die Hegemonien und Asymmetrien in der Kommunikation nicht wegzaubern kann)" (Rhode-Jüchtern 1995a, S. 170).
Rhode-Jüchtern brauchte diese Abwendung vom „System als Machtfaktor", um
im Gegensatz zu Luhmann und Schorr die schon in der Kritik der Raumverhaltenskompetenz unterstrichene Unterscheidung zwischen (intentionalem) Handeln und (reaktivem) Verhalten nun explizit vornehmen zu können, wobei mit

---

208 Dem würden Luhmann und Schorr vermutlich eher widersprechen, denn dort hieß es an
anderer Stelle: „Dies Interaktionssystem Unterricht konstituiert die Möglichkeiten / Unmöglich-
keiten des Verhaltens, im Hinblick auf welche Lehrer wie Schüler ihre Entschlüsse treffen, und
es ist die hier konstituierte Differenz von Möglichkeit und Wirklichkeit, die die pädagogische
Leistung erbringt. Die für den Schüler nach seiner Sozialisation und seinen Anlagen, die für den
Lehrer nach seinen persönlichen Begabungen, Interessen und nach seiner pädagogischen Ausbildung mögliche Welt wird als solche gar nicht Auswahlbereich. Es regiert die Situation, und
diese lässt immer nur wenig zu, reicht aber andererseits aus, um alles Verhalten als kontingent,
also als Handeln erscheinen zu lassen" (Luhmann, Schorr 1981, S. 47).

Handeln das „aus subjektivem Sinn und Absicht entschiedene Tun eines Menschen" (Rhode-Jüchtern,1996c, S. 200) und mit Verhalten „die aus einem Reiz sich vorhersehbar ergebende Reaktion eines Lebewesens" (ebd., S. 200) gemeint sei. Diese Unterscheidung zwischen „subjektiv freien Entscheidungen [und] konditionierten / normierten Verhaltensweisen" (ebd., S. 200f) war für Rhode-Jüchtern wichtig, um mit ihr *und* dem Postulat der Selbstreferentialität etwas Ordnung in eine „unübersichtliche Welt" (Rhode-Jüchtern 1995a, S. 20) bringen zu können.

Wie er sich diese Ordnung vorstellte, beschrieb er allerdings nicht in der Habilitationsschrift selbst, sondern erst im Habilitationsvortrag, den er am 30. 1. 1995 an der Universität Bielefeld hielt (Rhode-Jüchtern 1996a, S. 70)[209], und in dem im selben Jahr im Oldenbourg-Verlag erschienenen Band „Den Raum lesen lernen" (Rhode-Jüchtern 1996c). In dem Habilitationsvortrag ging es nicht mehr in erster Linie um seinen an sich schon sehr individuellen Begriff vom Perspektivenwechsel, sondern um Umwelterziehung (Rhode-Jüchtern 1996a, S. 71)[210]. Ausgangspunkt war aber auch hier das bereits oben zitierte Dilemma, dass „die klugen Schüler des EK-Leistungskurses über den Strombedarf von Aluminiumhütten reden und derweil aus Coladosen trinken" (ebd., S. 74). Dieses Dilemma entstehe, weil „aufgeklärte Menschen mit zwei Hirnhälften unterschiedlich denken und handeln" (ebd., S. 74). Bereits 1970 habe der

---

209 Der in GuiD veröffentlichte Text, auf den ich mich im Folgenden beziehe, ist allerdings eine „leicht gekürzte" (Rhode-Jüchtern 1996a, S. 70) Fassung des eigentlichen Vortrags.

210 Interessanterweise begründet Rhode-Jüchtern das Thema völlig gegen die Argumentation von Luhmann und Schorr: „Umwelterziehung wäre demnach geradezu die wichtigste Station für den überlebensnotwendigen Wertewandel zum Ziel des ökologischen Umbaus unserer Zivilisation. Und – so die These fast aller Umweltpolitiker – das entscheidende Instrument ist das *Recht*, und die einheitliche Energiewährung im Stoffwechsel unserer Zivilisation ist das *Geld*. Mein Thema bleibt also, wenn es aus Gründen der Fachkompetenz nicht das Recht und das Geld sein soll, die Umwelterziehung" (Rhode-Jüchtern 1996a, S. 71). Ausgerechnet mit den von Luhmann und Schorr identifizierten Systemzusammenhängen, in denen Entscheidungen getroffen werden, wollte sich Rhode-Jüchtern „aus Gründen der Fachkompetenz" nicht beschäftigen. Damit negierte er aber den von anderen Autoren durchaus nachvollziehbar aus der Luhmannschen Darstellung gezogenen Schluss, dass „das eigene Leben bisweilen gar kein eigenes Leben ist, sondern in hohem Maße abhängig von institutionellen Vorgaben, von spätmodernen Formen der Vergesellschaftung und Verrechtlichung des Einzelnen" (Daum, Werlen 2002, S. 8).

470

Hirnforscher R. W. Sperry „die kognitive Dissonanz in der gewöhnlichen Vernunft so bezeichnet: Die linke Hirnhälfte (also die für die bewusste, normale Vernunft zuständige) liefere die plausible Begründung dafür, dass die rechte soeben ein unsinnig großes und zu teures Auto bestellt hat (berichtet bei Verbeek, Anm. A. U.[211]). Man möchte rational handeln und glaubt auch, dies zu tun" (ebd., S. 74f), tut es aber nicht, denn „Dissonanzen werden unauffällig harmonisiert" (ebd., S. 75). *Wie* sich seine folgenden Ausführungen auf die hier beschriebene kognitive Dissonanz beziehen, führte Rhode-Jüchtern nicht aus[212], aber es lässt sich erahnen. In Anlehnung an Verbeek[213] und mit deutlichem Rückbezug auf die Selbstreferentialität beschrieb er zunächst die Funktionsweise des menschlichen Gehirns: „Das Gehirn rekonstruiert mit Hilfe

---

211 Dieses Zitat war schon bei Verbeek nicht belegt. Dort hieß es lapidar: „Sperry hat einmal treffend gesagt, die linke Hirnhälfte (also die für die bewusste, normale Vernunft zuständige) liefere die plausible Begründung dafür, dass die rechte soeben ein unsinnig großes und zu teures Auto bestellt hat. Mit diesem Beispiel sagt ein hervorragender Hirnforscher ganz direkt, was die gewöhnliche Vernunft mit Umweltzerstörung zu tun hat" (Verbeek 1998, S. 246). Der von Rhode-Jüchtern zitierte Aufsatz von „Sperry (Perception and its Disorders, Baltimore 1970)" (Rhode-Jüchtern 1996a, S. 74) wurde von Verbeek auch zitiert, allerdings in einem anderen Zusammenhang. Er referierte dort die Ergebnisse von Versuchen mit Epilepsie-Patienten, denen „das dicke Bündel von Verbindungsfasern zwischen den Hirnhemisphären" (Verbeek 1998, S. 243) durchtrennt worden ist. Da die beiden Hirnhälften nun nicht mehr interagieren konnten, reagierten sie einzeln und z. T. widersprüchlich. In Bezug auf diese Experimente kam Verbeek auch zu der Aussage: „Das Unbewusste kommandiert die Intelligenz. Nur, diese gibt das nicht zu. Man möchte rational orientiert handeln und glaubt auch, dies zu tun. Man erhält sich seine Illusion" (ebd., S. 245).
212 Das ist vielleicht nicht weiter verwunderlich, denn Rhode-Jüchtern betonte selbst an mehreren Stellen, dass er keinen stringenten Theoriebeitrag liefern könne oder wolle. In seiner Habilitationsschrift hieß es beispielsweise: „Ich habe diese Anknüpfung auf den Gebrauchswert hin orientiert. Der Preis dafür ist, dass sie kein eigener *immanenter* Theoriebeitrag sein kann, sondern nur eine Interpretation und ein Plausibelmachen. Dies ist also bereits eine *subjektive* Anschließung, ein Verwertungsprozess, ohne den Grundlagenforscher und den Meta-Theoretiker (...) fragen zu können, ob er mit der Deutung und Verwertung einverstanden wäre" (Rhode-Jüchtern 1995a, S. 61 – Herv. i. O.).
213 Verbeek wurde hier nicht als Quelle genannt, er kam aber zu sehr ähnlichen Aussagen: „Schon mehrfach wurde angesprochen, dass unser Gehirn, auch schon das der Tiere (wenngleich in den meisten Fällen mit geringerer Perfektion) mit Hilfe neuronaler Schaltungen und chemischer Prozesse eine innere Welt rekonstruiert, welche in einem für das jeweilige Lebewesen offensichtlich hinreichenden Maße der objektiven Welt entspricht, aber keineswegs mit ihr identisch ist. Die innere Welt ist eben ein Konstrukt" (Verbeek 1998, S. 77).

neuronaler Schaltungen und chemischer Prozesse eine innere Welt, die in einem für das jeweilige Lebewesen hinreichenden Maße der objektiven Welt entspricht" (ebd., S. 76). Entsprechend den Annahmen der Soziobiologie ging Rhode-Jüchtern davon aus, dass das Hirn bei diesen Rekonstruktionen von verschiedenen „Programmen" geleitet werde, die in der evolutionären Psychologie auch als „Module", „mental organs" oder „Darwinische Algorithmen" bezeichnet werden (Voland, Voland 2002, S. 694). Trotz der scheinbaren Nähe seiner Vorstellungen zur psychologischen Forschung unterschied sich Rhode-Jüchterns Darstellung von diesen Programmen deutlich von deren Vorlagen. Während die evolutionäre Psychologie davon ausging, dass es für jedes „ganz spezifisches Lebensproblem" (ebd., S. 694) ein eigenes Modul gebe (ebd., S, 694f), reduzierte Rhode-Jüchtern die Anzahl der Programme auf zwei: Da sei zum einen die Biophilie-Hypothese, die besage, dass „das menschliche Bewusstsein, das sich in Jahrmillionen der Auseinandersetzung mit der Natur und nach Schaffung von mehr und mehr künstlichen Umwelten herausgebildet hat, im wesentlichen noch immer ‚biozentrisch' sei; die Psyche sei essentiell auf den engen Kontakt mit der natürlichen Umwelt angewiesen, ihre emotionale und geistige Verknüpfung mit der Natur tief in unseren Genen verankert" (Rhode-Jüchtern 1996a,, S. 75). Diese These fand Rhode-Jüchtern „natürlich tröstlich, weil sie die letztliche Liebe zum Leben und zur Natur mit genetischer Verankerung belegt" (ebd., S. 75). Dieser Trost stand allerdings auf wackeligen Füssen, denn die Hypothese stammte nach Rhode-Jüchterns eigenen Aussagen aus dem „populärwissenschaftlichen Magazin ‚psychologie heute'" (ebd., S. 75) und fand kaum eine Entsprechung in den von ihm genutzten wissenschaftlichen Grundlagen. Dort waren verschiedene Autoren ganz entgegen dieser Hypothese der Ansicht, „dass mit der Natur als Maßstab Chancengleichheit zwischen ‚gut' und ‚böse' hergestellt" (Voland, Voland 2002, S. 703) sei. Zudem hatte die These den großen Nachteil, dass man, wenn sie zuträfe, eigentlich keine Umwelterziehung mehr brauche. Bei der Beantwortung der Frage, warum wir trotzdem nicht ökologisch handeln, griff Rhode-Jüchtern erneut auf Vorstellungen aus der

Soziobiologie zurück: Die Suche nach dem Hinderungsgrund für ökologisches Verhalten „mündet in der Cockpit-Hypothese" (Rhode-Jüchtern 1996c, S. 56), die besage, „dass die Menschen für ihr Überleben sog. ‚Fitness-Imperativen'[214] zu folgen haben, die sich im engen Rahmen ihrer eigenen Wertvorstellungen wie in einem Auto-Cockpit ergeben. Nicht was langfristig tragfähig und überlebenssicher ist, sondern was hier und jetzt zur Überlegenheit verhilft, wird im ‚Cockpit' gewählt" (ebd., S. 193). Dieses Verhalten sei seinerseits evolutionär angelegt worden, denn „ein steter Selektionsdruck hat für die ‚genetische Verankerung der rosigen Zukunftsbrille'[215] gesorgt, ‚große Illusionsfähigkeit ist also eine gute Voraussetzung für eine erfolgreiche Karriere'[216], aber evolutionär herausgebildete Eigenschaften können in einem zivilisatorisch geprägten Umfeld katastrophale Folgen haben" (Rhode-Jüchtern 1996a, S. 77) zum Beispiel dann, wenn sich ein Verhalten bewährt zu haben scheine, das umweltzerstörend wirke. Damit hatte Rhode-Jüchtern zwei genetisch vorgegebene Perspektiven konstruiert, von denen die eine, die „rationale", durch „operante Konditionierung" (ebd., S. 78) von der anderen mit ihrer „konstitutiven Illusionsfähigkeit" (ebd., S. 77) formbar sei. Obwohl er sich hier in der Argumentationsfigur den Vorstellungen der Soziobiologie näherte, die davon ausging, dass „dem Bewusstsein die Rolle des vernünftigen Piloten im Cockpit der verhaltenssteuernden Maschinerie abzuerkennen" (Voland, Voland 2002, S. 692f) und „die Hauptfunktion des Ich die Manipulation von Eindrücken" (ebd., S. 693) sei, teilte er deren Ansicht „vom Menschen als einem evolutionsbewährten und deshalb womöglich kaum zu verbesserndem Naturprodukt" (ebd., S. 691) nicht.

---

214 Rhode-Jüchtern greift hier – bewusst oder unbewusst – auf einen Begriff aus der Evolutionsbiologie zurück. Dort steht der Begriff allerdings für die Fähigkeit eines *Gens*, sich möglichst oft zu reproduzieren und sich damit langfristig gegen andere Gene durchzusetzen (vgl. Voland 2000, S. 143).

215 Rhode-Jüchtern scheint sich hier eng an Verbeek anzulehnen. Dieses ungekennzeichnete Zitat stammt zumindest aus Verbeek 1998, S. 84

216 Dieses ebenfalls ungekennzeichnete Zitat hatte bei Verbeek den Zusatz „(...), besonders als Politiker oder Feldherr" (Verbeek 1998, S. 85).

Stattdessen stellte er Überlegungen dazu an, wie dem „Cockpit" „Biophilie" zu vermitteln sei.

Ein Unterricht, der den Perspektivenwechsel als „didaktische Figur" (Rhode-Jüchtern 1996a, S. 87) nutzen wolle, setze am „Cockpit" an. Der Lehrer brauche sich mit Hilfe dieser Figur „nicht in ein von vorn herein verlorenes Spiel einzulassen (also etwa Schüler gegen die Faszination der Technik konditionieren zu wollen)" (ebd., S. 88), sondern er „setzt an Oberflächenstrukturen, also allgemein sichtbaren Dingen oder Vorgängen an" (ebd., S. 84). Jeder Teilnehmer schildere seine subjektive Wahrnehmung der Dinge, und so sammle man „Aspekte, wie man diese Sache sehen und bezeichnen könnte" (ebd., S. 84). Die Teilnehmer erführen so, dass man einen Gegenstand aus vielen verschiedenen Perspektiven sehen könne. Seien die Aspekte erst einmal geordnet und geprüft, folge die „Ergänzung durch fachliche Hinweise von außen" (ebd., S. 84). Am Ende des Perspektivenwechsels sollen sich die Teilnehmer die Tiefenstruktur des Gegenstandes erarbeitet haben. Am Beispiel eines Autocockpits sehe das etwa so aus: „Ohne Moral, ohne weitere Zahlen lesen wir zunächst an der Oberfläche die Botschaft: Geschwindigkeit bis 250 km/h, Verbrauch bis 30 l / 100 km, ABS, Airbag, Telefon. In geographischer Interpretation der Tiefenstruktur bedeutet das u. a.: Es gibt 1994 ein Land auf der Welt, in dem darf ein Mensch 250 km/h fahren, bis 30 l / 100 km verbrauchen; in diesem Land tun das viele Menschen auch; sie fahren zwischen dem Regierungsleitbild von Richt-geschwindigkeit 130 und dem Regierungsleitbild von der Exportbedeutsamkeit von Autobahnen ohne Tempolimit" (ebd., S. 85). Damit wäre der Ausgangspunkt der Argumentation, die Definition des Perspektivenwechsels, durch Rhode-Jüchtern wieder erreicht: Die Sache für sich ist dann die hohe Geschwindigkeit, die Sache an sich das Problem der Umweltbeeinträchtigung. Als Tiefenstruktur ergebe sich eine vom Autor weitgehend durchgehaltene Dipolarisierung: Auf der einen Seite stehe die Sache für sich, die durch eine große Bandbreite möglicher Perspektiven gekennzeichnet sei. Diese Perspektiven werden in der Zivilisationsgesellschaft im Cockpit konditioniert und bedienten sich dabei der genetisch vorgegebenen konstitutiven Illusionsfähigkeit des Menschen. Es resultiere ein Verhalten, das der Mensch nicht selbst steuere. Dieses Verhalten werde von der anderen, der eigentlich biophilen Seite des Menschen rational begründet, obwohl es keine rationale Begründung gebe. Diese andere Seite, die Seite der „Sache an sich", werde dabei in ihrem rationalen Denken missbraucht, denn eigentlich basiere das durch diese Seite beeinflusste Handeln auf der freien Entscheidung, die sich auf der Grundlage von Fachwissen und dem angeborenen Bedürfnis nach Natur bilde. Um dieser Seite vernünftiges Handeln zu ermöglichen, reiche es nicht, Wissen zu vermitteln, sondern die Seite der „Sache für sich" müsse zunächst Verzicht lernen, damit die Seite der „Sache an sich" nicht dauernd „falsches Verhalten" rationalisieren müsse.

Vom ursprünglichen Perspektivenwechsel und seinen theoretischen Begründungen und Implikationen war dabei allerdings nicht viel übriggeblieben. An die Stelle des konstruktivistischen Bildes der Hand mit ausgestrecktem Zeigefinger: „Zeige ich auf etwas oder jemanden (fokussiere ich also auf jemanden oder etwas), so weisen immer drei Finger auf mich selbst zurück. Ich muss lernen, mich als den Beobachter zu beobachten" (Schramke 2003) setzte Rhode-Jüchtern eine andere Hand: „Ich zeige mit dem Finger auf ein Problem oder andere Menschen und entdecke, dass dabei drei Finger zurück, auf mich zeigen. Dieses Bild erzeugt eine konstruktive Haltung, die fragen lässt: was haben die Reden in Rio – trotz aller Differenz – mit mir / uns zu tun" (Rhode-Jüchtern 1995a, S. 85)? Das aufwendige theoretische Gerüst Rhode-Jüchterns begründete somit keinen wirklichen Perspektivenwechsel. Es war dagegen durchaus anschlussfähig an Vorstellungen von Raumverhaltenskompetenz oder anderen normativen, moralisierenden Vorgaben für den Unterricht.

6.2.3.1.3 INTERESSENFORSCHUNG

Mitte der 90er Jahre wurden eine Reihe von empirischen Studien zu den Interessen von Schülern am Geographieunterricht durchgeführt (Hemmer, Hemmer 1996a; 1996b; Schmidt-Wulffen 1996; Hemmer, Hemmer 1997a; 1997b;

1997c; Obermaier 1997; Schmidt-Wulffen 1997, S. 18f; Hemmer, Hemmer 1998; Schmidt-Wulffen 1998b, S. 125-136; Hemmer, Hemmer 1999; Schmidt-Wulffen 1999b, S. 54-68; 1999g, S. 237-243; Hemmer, M. 2001; Hemmer 2002b), die sich scheinbar deutlich unterschieden (vgl. Schmidt-Wulffen 1999b, S. 55, S. 60-64) und doch zu ähnlichen Ergebnissen kamen (ebd., S. 60). Schmidt-Wulffens Forschungsinteresse bestand vor allem darin zu zeigen, dass Jugendliche nicht – wie es dem Schlüsselproblemansatz (vgl. Kap. 6.2.2.3) oft vorgehalten werde - „infolge ständiger medialer Berieselung und Katastrophen-meldungen der ‚ewigen Probleme' überdrüssig" (Schmidt-Wulffen 1996, S.52) seien. Im Sinne der „subjektiven Wende in der Didaktik" (Seitz, zit. n. Schmidt-Wulffen 1998b, S. 125) müsse mit Bezug auf das Thema „Entwicklungsländer" vielmehr davon ausgegangen werden, dass die „psychische Ferne" (ebd., S. 125) des Gegenstandes Grund für das geringe Interesse der Jugendlichen sei. Diese psychische Ferne könne aber durch „konkrete Lebensweltbezüge" (ebd., S. 125) überwunden werden. Mit ihrer Hilfe ließe sich dann auch eine Brücke zu den in den Rahmenrichtlinien formulierten Schlüsselproblemen schlagen. Um die Validität dieser Aussage zu prüfen, bat Schmidt-Wulffen zunächst zwei Klas-sen einer Kooperativen Gesamtschule, in denen er „in den vorangegangenen Jahren ein (7.) bzw. zwei (9.) Unterrichtsbeispiele zu Afrika" (ebd., S. 78) durchgeführt hatte, Fragen zu notieren, die sie gerne an ghanaische Jugendli-chen stellen würden (ebd., S. 126). Anschließend wählte er 11 der von den Schülern öfter genannten Fragen aus und mischte sie mit 11 Fragen aus einem zeitnah erschienenen Schulbuch (ebd., S. 126). Für den Fragebogen passte er beide Fragenkataloge sprachlich an, „um die unterschiedlichen Anregungsqua-litäten der Fragen soweit wie möglich einander anzugleichen" (ebd., S. 126). Diesen Fragebogen ließ er im Frühjahr 1996 (ebd., S. 125) „mit Hilfe vieler mir bekannter Lehrerinnen und Lehrer" (ebd., S. 126) von 1677 Schülern der Klas-sen 5 bis 10 beantworten (ebd., S. 126). Das Ergebnis entsprach den Erwar-tungen: „Die Jugendlichen gaben – mit weitem Abstand – jenen Fragen den Vorzug, die ihnen psychisch-emotional ‚nahe' sind" (Schmidt-Wulffen 1999b),

476

also jenen Fragen, die zuvor von Schülern formuliert worden waren (ebd., S. 60). Bei den Schulbuchfragen trafen besonders „die an Schlüsselproblemen orientierten Themen der jüngeren Rahmenrichtliniengeneration mancher Bundesländer – die Fragen nach Entstehung von Hunger, Armut und Umweltproblemen - (...) auf starke Resonanz" (ebd., S. 60). Schmidt-Wulffens Untersuchung bestätigte somit die von ihm vertretenen Konzepte der Schlüsselprobleme und des „(gemäßigten) Konstruktivismus" (ebd., S. 54).

Anders als Schmidt-Wulffen bezog sich die vor allem in Bayern vorangetriebene geographische Interessenforschung in weiten Teilen „auf das Theoriekonzept der Pädagogischen Interessentheorie" (Hemmer, Hemmer 2002, S. 2). Diese Theorie arbeitete auf der Grundlage von zwei metatheoretischen Annahmen, die sich auch in konstruktivistischen Ansätzen immer wieder finden:

1. Es gibt eine „wechselseitige Abhängigkeit von Mensch und Umwelt, die eine rein personenzentrierte Interpretation des menschlichen Erlebens und Verhaltens als unzulänglich erscheinen lässt" (Krapp 1992b, S. 300).

2. Der Mensch besitzt eine „reflexive Handlungskompetenz" (ebd., S. 300), d. h. er ist nicht von Umweltreizen steuerbar, sondern steuert sein Verhalten selbst.

Diesen Grundnahmen entsprechend wandten sich die Vertreter der pädagogischen Interessentheorie explizit gegen motivationstheoretische Ansätze, die „die Prozesse der Motivierung zu einseitig als rational-reflexives Kalkül" (Krapp 1992a, S. 747) auffassten. Diese Ansätze befassten sich in erster Linie „mit leistungsthematischem Verhalten" (Krapp 1992a, S. 747), das häufig auch noch „auf den Aspekt der ‚schulisch bewerteten Leistung' reduziert" (Krapp 1999, S. 396) werde, und gingen dabei von „relativ stabilen und aufgabeninvarianten Zielpräferenzen" (Krapp 1999[217], S. 393) aus. Entsprechend dieser Zielpräferenzen werden dabei die Lernenden in zwei Lerntypen unterschieden: den extrinsisch motivierten Lerner, „der primär wegen guter Noten, Anerkennung durch

---

217 Diesen Aufsatz haben weder „Hemmer / Hemmer (1996-1999)" (Hemmer, Hemmer 2002, S. 2) noch Obermaier (1997) berücksichtigen können. Was hier explizit formuliert wurde, war in den früheren Ausführungen zum Interessenkonstrukt implizit aber schon enthalten.

Bezugspersonen oder anderer instrumenteller Kriterien lernt" (ebd., S. 393) und den intrinsisch motivierten Lerner, „der sich vor allem für die Sache interessiert und einen Zugewinn an Kompetenz und Leistungstüchtigkeit anstrebt" (ebd., S. 393). Diese Beschränkung auf lediglich zwei Lerntypen sei sowohl inhaltlich als auch vom Ansatz her zu hinterfragen. Auf der inhaltlichen Ebene sei darauf hinzuweisen, dass *intentionale* Lernhandlungen mit dem Konstrukt der intrinsischen Motivation weder beschrieben noch erklärt werden könnten (ebd., S. 391), da sie immer zielgerichtet seien und damit „als zweckzentriert klassifiziert werden" (ebd., S. 391) müssten. Im Hinblick auf den Ansatz sei zu kritisieren, dass er „den Verlauf und die Auswirkungen einer (einzelnen) in sich abgeschlossenen Handlung im Blickfeld hat und daher die aus den Handlungserfahrungen resultierenden persönlichkeitsspezifischen Entwicklungen nicht aufzuklären vermag" (ebd., S. 396). Für die pädagogische Interessenforschung sei dieser Ansatz zu eng (ebd., S. 396). Ihr gehe es neben der „optimalen Förderung der individuellen Leistungstüchtigkeit" (ebd., S. 396) vor allem „um die Entwicklung und Förderung einer mündigen, in einer Gesellschaft lebenslang handlungsfähigen und letztlich glücklichen, psychisch gesunden Persönlichkeit" (ebd., S. 396). In Bezug auf dieses Leitbild wurde von den Vertretern dieses Ansatzes der Begriff des Interesses definiert und mit Inhalt gefüllt.

Unter Interesse verstand die pädagogische Interessentheorie zunächst eine „persönliche Vorliebe, sich mit einem bestimmten Inhalt auf bestimmte Weise zu beschäftigen" (Prenzel, Lankes 1995, S. 12). Der Begriff des Interesses benannte somit „eine bedeutungsmäßig herausgehobene Personen-Gegenstands-Relation" (Krapp 1992b, S. 307), wobei unter Personen-Gegenstands-Bezug[218] eine „in der Persönlichkeitsstruktur (relativ) dauerhaft verankerte (spezifische) Relation zwischen einer Person und einem Gegenstand" (ebd., S. 317) verstanden wurde.

---

218 in der entsprechenden Community auch als „PG-Bezug" bezeichnet (vgl. Fink 1992; Jechle, Winter 1992)

Auf der Seite der „Person" waren für das Interesse „drei allgemeine Bestimmungsmerkmale charakteristisch" (Prenzel, Krapp, Schiefele 1986, S. 166):

1. Die kognitive Komponente bezog sich auf das Wissen einer Person über den Gegenstand des Interesses. Während die pädagogische Interessentheorie zunächst davon ausging, dass sich das Interesse „in einer differenzierenden und vielfältig variierbaren Gegenstandsauffassung sowie in einem umfangreichen Repertoire an Handlungsmöglichkeiten" (ebd., S. 166) ausdrücke, hat sie diesen Punkt später mehrfach revidiert (Krapp 1992b, S. 311; Krapp 1999, S. 398): Obwohl sich diese Aussage „sowohl theoretisch als auch empirisch gut begründen" (Krapp 1992b, S. 311) lasse, sei das Merkmal für eine definitorische Bestimmung „nicht unbedingt erforderlich" (ebd., S. 311). Sein Stellenwert komme erst in explanativen Modellen zum Tragen, wo es als abhängige Variable betrachtet werde (ebd., S. 311). Der Wegfall dieser Bestimmung auf der Ebene des persönlichen Interesses schließe aber nicht aus, dass die „'Einschätzung' der eigenen Fähigkeit zur Bewältigung gegenstandsspezifischer Probleme" (ebd., S. 320) als Merkmal herangezogen werden könne. Dabei werde davon ausgegangen, dass Menschen, die sich für einen bestimmten Gegenstand interessieren, versuchen werden, in Bezug auf diesen Gegenstand Kompetenzerfahrungen zu machen (ebd., S. 320). Solche Kompetenzerfahrungen könnten sie herbeiführen, wenn sie ihre Kenntnisse und Fähigkeiten bezüglich des Gegenstands erweiterten (ebd., S. 321). Dementsprechend sei eine auf Interesse beruhende Personen-Gegenstands-Relation immer auch „mehr oder weniger explizit auf die Erweiterung des Wissens bzw. Verbesserung des ‚Könnens' in einem bestimmten Gegenstandsbereich gerichtet" (ebd., 1999, S. 398). Es ging also nicht mehr so sehr um ein schon vorhandenes differenziertes Wissen, sondern vor allem um den Wunsch nach der Ausformung eines entsprechenden Wissens. Damit konnten auch Anfänge der Interessenentwicklung besser gefasst werden.

2. Die emotionale Merkmalskomponente verwies vor allem auf die „überwiegend positiven Gefühle" (Krapp 1992b, S. 321), die mit der Interessenhandlung verbunden werden. Die Interessentheorie erklärte diese angenehmen Gefühle bisher mit der „Optimierung der Möglichkeiten zur Aktivierung und Erfüllung der grundlegenden Bedürfnisse nach Kompetenzerfahrung, Selbstbestimmung und sozialer Eingebundenheit" (Krapp 1999, S. 398 – vgl. Bayrhuber, Mayer 2001, S. 14). Hinzugefügt werden sollte nach Krapp trotz theoretischer Schwierigkeiten allerdings auch die Betrachtung von „Emotionen als zentraler Komponente eines nicht-kognitiven rudimentären Motivations- und Verhaltensregulationssystems" (ebd., S. 398). Die emotionale Komponente wurde in empirischen Untersuchungen z. B. über Rating-Skalen in Logbüchern erfasst, die vor und nach der Beschäftigung mit dem Interessengegenstand ausgefüllt werden mussten (Prenzel, Heiland 1986, S. 387).

3. Die wertbezogene Komponente ging davon aus, dass die Auseinandersetzung mit dem Gegenstand von der Person als „für sich genommen wertvoll" (Prenzel, Krapp, Schiefele 1986, S. 166) wahrgenommen wird. Eine über die Interessenhandlung hinausgehende „instrumentelle Zwecksetzung" (ebd., S. 166) war dementsprechend nicht nötig: Umgekehrt schloss die instrumentelle Zwecksetzung eine Interessenhandlung nicht aus, solange das Individuum sich „mit den aktuellen Zielen (Intentionen) des Handlungsgeschehens vollständig identifiziert und die möglichen Instrumentalitäten nicht als Einschränkungen der Handlungsautonomie erlebt" (Krapp 1992b, S. 315). Die wertbezogene Komponente hatte mit diesem Konzept der Selbstintentionalität (Krapp 1992b, S. 316) eine „sehr viel stärkere Ich-Nähe" (Krapp 1999, S. 399), denn es ging hier nicht in erster Linie darum, dass sich eine Person selbstbestimmt mit einem Gegenstand beschäftigt, sondern vor allem darum, dass sie „das Wissen um diesen Gegenstand als etwas persönlich Wichtiges erlebt" (ebd., S. 399).

Auf der Seite des „Gegenstandes des persönlichen Interesses" standen für die Beschreibung ebenfalls drei „allgemeine strukturelle Komponenten" (Krapp 1992b, S. 318) zur Verfügung:

1. Die erste Strukturkomponente umfasste die realen Objekte, „auf die sich das Interesse richtet oder die für die Ausübung eines Interesses erforderlich sind" (Krapp 1992b, S. 318f). Dabei konnte es sich z. B. um Taucherbrille und Schnorchel handeln, um dem Interesse an marinen Ökosystemen zu folgen, oder um Briefmarken, um das Interesse an der nationalen Selbstdarstellung verschiedener Länder zu befriedigen. In empirischen Untersuchungen der Interessen-forschung dienten diese Gegenstände als Referenzobjekte, „um in qualitativen Analysen möglichst konkret über den Gegenstandsbereich und die Realisierungsformen eines bestimmten Interesses sprechen zu können" (Krapp 1992b, S. 319).

2. Die zweite Strukturkomponente beschrieb die Tätigkeiten und Auseinandersetzungsformen, „die mit ganz bestimmten Interessengebieten verbunden sind" (Krapp 1992b, S. 319). Bei den oben genannten Beispielen wären das z. B. das Tauchen und das Sammeln von Briefmarken, aber auch das Lesen von Büchern, um sich die jeweiligen Themengebiete zu erschließen (Prenzel, Heiland 1986, S. 386). Weiterhin könnte die Pflege eines Aquariums oder der Besuch von Briefmarkentauschbörsen hinzukommen.

3. Die dritte Strukturkomponente wurde von Krapp unter dem Begriff „Themen" (Krapp 1992b, S. 319) zusammengefasst. Themen waren für ihn „Dimensionen der gegenstandsspezifischen Wissensorganisation" (ebd., S. 319), die die „kognitiven Substrukturen der umfassenden Gegenstandsauffassung darstellen" (ebd., S. 319). Bei oben genannten Beispielen werden die kognitiven Substrukturen ebenso durch das „deklarative Wissen" (Krapp 1992a, S. 749) über Fische und deren Lebensweise sowie Aquarien oder über Nationen und deren Selbstdarstellungstendenzen sowie Briefmarken wie durch das „prozedurale Wissen" (ebd., S. 749) über das Tauchen oder Tauschen bestimmt. In Bezug auf Kindergarten- und

Grundschulkinder wurden Themen auch konkreter als „Tiere" oder „Arzt" (Fink 1992, S. 59) aufgefasst. Sie dienten den Kindern oft „als Suchraster der interessenorientierten Auseinandersetzung" (ebd., S. 55), mit deren Hilfe sie sowohl die Bandbreite der Realobjekte als auch der Tätigkeiten ausdifferenzieren konnten (vgl. das Beispiel in ebd., S. 75f).

Referenzobjekte, Tätigkeiten und Themen eines bestimmten Interesses bildeten eine strukturelle Einheit und beschrieben als solche einen „komplexen PG-Bezug" (ebd., S. 60).

Bei der Rekonstruktion von Interessengegenständen war zu beachten, dass der Gegenstand des Interesses zwar immer auch „objektiv" vorhanden sei, es aber erst aufgrund einer bestimmten Gegenstandsauffassung durch eine Person zu einer Interessenhandlung käme (Krapp 1992b, S. 308). Um diese meist überaus komplexe Gegenstandsauffassung analytisch fassen zu können, ging die empirische Forschung oft von „Ankerdimensionen" (Fink, 1992, S. 60) aus, denen verschiedene Referenzobjekte, Tätigkeiten und Themen untergeordnet wurden. Ankerdimensionen konnten in allen drei Strukturkomponenten gefunden werden (vgl. ebd., S. 60). Ein Interesse am Thema „Tiere" als Ankerdimension konnte dabei überaus unterschiedliche individuelle Ausprägungen annehmen (Stadler 1995): Ein Kind interessiert sich z. B. für eine kleine Anzahl ganz bestimmter Ponys, zu denen es eine emotionale Beziehung aufbaut. Es weiß viel über die Verhaltensweisen der einzelnen Ponys und schätzt den praktischen Umgang mit den Tieren. Aber es weiß wenig über Pferderassen und ähnliche eher „theoretische" Aspekte. Das Wissen besteht vor allem aus Handlungswissen (Stadler 1995, S. 31). Das andere Kind dagegen beschäftigt sich zunächst vor allem theoretisch mit den Tieren seines Interesses, indem es versucht, alles über die Lebensgewohnheiten von Fischen und über Angeltechniken herauszubekommen. Erst dann erfolgt die Interessenhandlung des Fischens, die mit Hilfe der gewonnenen Kenntnisse vorbereitet wird (ebd., S. 31). Beide Interessen können sich im Laufe der Zeit unterschiedlich ausdifferenzieren (vgl. Fink 1992), denn die Interessengegenstände sind stets „ein subjektiv bestimmter

Umweltausschnitt, den eine Person von anderen Umweltausschnitten unterscheidet und als strukturierte Einheit in ihrem Repräsentationssystem abbildet" (Krapp 1992b, S. 305). Wie die einzelne Person welche Inhalte ihrem jeweiligen Interessengegenstand zuordnet, lasse „sich mit detaillierter Beschreibungsabsicht nur in Einzelfallanalysen hinreichend genau bestimmen und auf dieser Ebene streng genommen nur idiosynkratisch rekonstruieren" (Krapp 1992b, S. 317 – vgl. Krapp 1999, S. 397). Trotzdem gingen Vertreter der pädagogischen Interessentheorie davon aus, dass aufgrund der Ergebnisse auch allgemeine Aussagen möglich seien, da „das Individuum die einen Gegenstand charakterisierenden Sinneinheiten niemals vollständig allein, sondern stets im Kontext seiner vielfältigen sozialen Bezüge" (Krapp 1999, S. 397) konstruiere.

Entsprechend der Zielsetzung und dem theoretischen Konstrukt des Interesses ließen sich für die empirische Forschung mehrere deskriptive bzw. deskriptiv-explanative Teiltheorien entwickeln (Prenzel, Krapp, Schiefele 1986, S. 167), die jeweils verschiedene Aspekte betonten: die „differentiellen Teiltheorien befassen sich mit inter- und intra-individuellen Unterschieden der Interessenausprägung" (ebd., S. 167), die aktualgenetischen Teiltheorien mit dem „aktuellen Verlauf von Interessenhandlungen in speziellen Situationen und Umweltbedingungen" (ebd., S. 167) und die ontogenetischen Teiltheorien mit den Prozessen der „Entstehung und Veränderung (von Interessen – A. U.) im Verlauf der individuellen Lebensgeschichte" (ebd., S. 167). Alle drei Teiltheorien ließen sich sowohl in Bezug auf die spezielle Interessentheorie anwenden, die sich auf einzelne Gegenstandsbereiche beziehe, als auch auf die allgemeine Interessentheorie, die gegenstandsübergreifende Fragen untersuche (ebd., S. 167). Unabhängig davon, auf welche Teiltheorien sie sich bezogen, untersuchten die empirischen Forschungsvorhaben meist vergleichsweise kleine Probandengruppen, von z. B. vier (Prenzel; Heiland 1986, S. 385), sieben (ebd., S. 385), zehn (Prenzel, Bauereiss, Bogner 1992, S. 244), zwölf (Fink 1992, S. 57) oder vierzehn[219] (Prenzel, Bauereiss, Bogner 1992, S. 252) Personen. Diese geringen Zahlen ergaben sich auch dadurch, dass oft Längsschnittstudien durchgeführt wurden (Prenzel, Heiland 1986, S.385; Fink 1992, S. 57; Prenzel, Bauereiss, Bogner 1992, S. 244). Methodisch wurde dabei auf Interviews (Prenzel, Heiland 1986, S. 386; Fink 1992, S. 57f; Prenzel, Bauereiss, Bogner 1992, S. 244), Fragebögen (Fink 1992, S. 58), Logbücher (Prenzel, Heiland 1986, S. 386; Prenzel, Bauereiss, Bogner 1992, S. 244), Checklisten (Fink 1992, S. 58) und direkte Beobachtung (Fink 1992, S, 58) zurückgegriffen.

Obwohl sich die geographischen Interessenstudien explizit auf die pädagogische Interessentheorie beriefen (Hemmer, Hemmer 1996b, S. 193; 1997b, S. 119; 1999, S. 51; Hemmer, M. 2001, S. 175; Hemmer, Hemmer 2002, S. 2 – vgl. ebenso Hemmer u. a. 2005, S. 58), gingen sie empirisch völlig anders vor: Auf der rein formalen Ebene arbeiteten sie mit deutlich größeren Probandenzahlen von 2657[220] (Hemmer, Hemmer 1997a, S. 68; 1997b, S. 120; 1999, S. 51), „mehr als 2000" (Hemmer, M. 2001, S. 176) bzw. 2014 (ebd., S. 178), 1000 (Obermaier 1997, S. 41) oder 702 (Golay 2000, S.133) Schülern. Selbst die im Rahmen des „Forschungsdialogs System Erde" (Hemmer u. a. 2005, S. 57) erstellte Studie arbeitete noch mit 333 Probanden (ebd., S. 60). Diese großen Probandenzahlen ließen sich auf der methodischen Ebene kaum über Logbücher und direkte Beobachtung erfassen, so dass für die Erhebung der Daten durchgängig standardisierte Fragebögen genutzt wurden (Hemmer, Hemmer 1996b, S. 195; 1997a, S. 68; 1997b, S. 120; Obermaier 1997, S. 37; Hemmer, Hemmer 1999, S. 51; Golay 2000, S. 134; Hemmer, M. 2001, S. 177; Hemmer u. a. 2005, S. 59). Mit Fragebögen konnten nicht nur größere Probandenzahlen erfasst werden, sie sollten darüber hinaus auch eine größere

---

219 Diese 14 Probanden wurden allerdings zuvor aus einer größeren Gruppe von 42 Probanden ausgewählt (Prenzel, Bauereiss, Bogner 1992, S. 251). Kriterium war ihre Zugehörigkeit zu unterschiedlichen Dritteln auf einer Un-/Sicherheitsskala (ebd., S. 251).
220 Bereits in der Pilotstudie zu der Untersuchung wurden insgesamt 151 Schüler befragt (Hemmer, Hemmer 1996b, S. 195). In der Hauptstudie wurden neben der schon recht großen Hauptgruppe bayrischer Schüler auch noch 216 Schüler aus Ost-Berlin befragt (Hemmer, Hemmer 1999, S. 51).

484

„Durchführungs-, Auswertungs- und Interpretationsobjektivität" (Obermaier 1997, S. 37) gewährleisten. Alle Fragebögen seien trotzdem „sorgfältig nach dem Theoriekonzept" (Hemmer, Hemmer 2002, S. 2) konstruiert. Dieser Konstruktionsvorgang wurde von Hemmer und Hemmer zumindest für den A-Teil ihres Fragebogens[221] explizit beschrieben (Hemmer, Hemmer 1996b).

Grundlage für die Erhebung sollte eine deskriptive Teiltheorie[222] sein (Hemmer, Hemmer 1996b, S. 193), mit deren Hilfe folgende Fragen beantwortet werden sollten (vgl. ebd., S. 193):

1. Welche Anteile des Geographieunterrichts sind für Schüler mehr oder weniger interessant?

2. Welche altersabhängige Entwicklung nimmt das Interesse am Geographieunterricht?

3. Welchen Einfluss haben unabhängige Variablen wie z. B. das Geschlecht auf das Interesse am Geographieunterricht?

Das Interesse selbst sollte anhand der drei von der pädagogischen Interessentheorie formulierten Strukturkomponenten des Interessengegenstandes ermittelt werden, wobei die Autoren allerdings auf die Berücksichtigung der Referenzobjekte verzichteten (ebd., S. 193), da der Gegenstand ihrer Untersuchung nicht das „Sachinteresse (an der Geographie)" (ebd., S. 193), sondern das „Fachinteresse (am Schulfach Erdkunde)" (ebd., S. 193) sei[223]. In Bezug auf

---

221 Der B-Teil wurde nur in den Abschlussklassen eingesetzt und beschäftigte sich mit den Erinnerungen der Schüler an ihren Erdkundeunterricht, während der C-Teil das Interesse am Geographieunterricht im Vergleich zum Interesse an anderen Fächern mittels Polaritätsprofil zu erfassen versuchte (Hemmer, Hemmer 1996b, S. 197).

222 Im Text ist von „der deskriptiven Teiltheorie" (Hemmer, Hemmer 1996b, S. 193) die Rede, was auch angesichts der damals rezipierbaren Literaturgrundlage (vgl. Prenzel, Krapp, Schiefele 1986) als wenig aussagekräftig angesehen werden muss.

223 Bei einem Vergleich der geographischen Interessenforschung mit seiner eigenen empirischen Untersuchung betont Schmidt-Wulffen in einem von Hemmer und Hemmer durchgesehen Exkurs zu ihren Arbeiten allerdings, dass es in der Studie sowohl um „das **Sach**interesse von Schülerinnen und Schülern (also das Interesse an der Geographie und ihren Sachverhalten" (Schmidt-Wulffen 1999b, S. 55 – Herv. im Orig.) als auch um das „**Fach**interesse (als das Interesse am Schulfach und seinen Themen und Fachmethoden)" (ebd., S. 55 – Herv. im Orig.) gehe.

dieses Fachinteresse wurden die beiden verbleibenden Strukturkomponenten „Tätigkeiten und Auseinandersetzungsformen" (ebd., S. 193) und „Themen" (ebd., S. 194) erfasst, wobei unter Tätigkeiten die verschiedenen Arbeitsweisen im Erdkundeunterricht (ebd., S. 193) und unter Themen die im Erdkundeunterricht behandelten Themen verstanden wurden (ebd., S. 194). In der Pilotstudie wurden 70 Themen und 13 Arbeitsweisen abgefragt (ebd., S. 197), in der Hauptstudie 50 Themen, 24 Regionen und 16 Arbeitsweisen (Hemmer, Hemmer 1999, S. 51). In beiden Fällen sollten alle Items von den Probanden auf einer fünfstufigen Skala von „interessiert mich sehr" bis „interessiert mich gar nicht" bewertet werden (Hemmer, Hemmer 1996b, S. 197; 1997b, S. 120). Nicht ermittelt wurden bei der Untersuchung „Tätigkeiten, die außerhalb der Schule Indikatoren für ein Sachinteresse bilden können, wie z. B. Wandern mit Karten, Besuch geowissenschaftlicher Museen" (Hemmer, Hemmer 1996b, S. 1993). Gleiches galt für Themen, die außerhalb der Schule Gegenstand von Interessenhandlungen sein könnten.

Diese Anlage der empirischen Untersuchung erwies sich in Bezug auf die theoretische Grundlage in mehreren Punkten als problematisch:

1. Es wurden keine Interessenhandlungen, sondern Interessenbekundungen erfasst. Dies galt auch für die Untersuchung von Obermaier (1997), die zwar auch potentielle[224] außerschulische Interessenäußerungen wie Freizeitaktivitäten[225] (ebd., S. 83), Reiseländer (ebd., S. 85) und

---

224 „Potentiell" deswegen, weil die schlichte Tatsache, dass Schüler bestimmte Freizeitaktivitäten wie Wandern oder Skifahren durchführen, ja noch lange nicht heißt, dass sie dies aus Interesse tun. Oft handelt es sich wohl eher um „Familienaktivitäten". Dies gilt – bis zu einem bestimmten Alter - für die Reiseländer in noch stärkerem Maße.

225 Die berücksichtigten Freizeitaktivitäten weisen dabei ein sehr begrenztes Spektrum auf: Wandern, Bergsteigen Klettern, Radausflüge, Skifahren, Tretboot, Rudern, Kanu, Kajak, Segeln, Windsurfen, Schwimmen im See, Fossilien (Versteinerungen) oder Steine sammeln, Naturfotos machen (vgl. Obermaier 1997, S. 141). Damit wird nicht eine Aktivität abgefragt, die auf eher humangeographische Themen zielt, obwohl hier einiges denkbar wäre: Kunsttechniken aus verschiedenen Ländern beherrschen, Freizeitparks besuchen, Gesellschaftsspiele zu verschiedenen Themen spielen, Kochen unterschiedlichster Rezepte, Modelleisenbahnbau, Indianerspiel mit Playmobil, Computerspiele, in denen Städte gebaut oder Länder entwickelt werden müssen etc.

Sachbuchlektüre[226] (ebd., S. 92) abfragte, aber im Endeffekt keine zusammenhängenden Interessenhandlungen, etwa der Art, dass ein Schüler gerne Bücher über Dinosaurier liest, deswegen beginnt Steine und Fossilien zu sammeln, was wiederum die Alpen zu einem bevorzugten Reiseziel werden lässt und das Interesse für bestimmte Themen des Geographieunterrichts, etwa „Wie sind die Alpen entstanden" oder „Fossilien", weckt[227].

2. Die Strukturkomponenten des Interessengegenstandes werden nicht als strukturelle Einheit konzipiert, sondern als austauschbar betrachtet. Dementsprechend kommt es als Fazit z. B. in Bezug auf die von Schülern wenig geschätzten wirtschaftsgeographischen Themen (Hemmer, Hemmer 1997b, S. 120) zu der Empfehlung, sie „mit Fallbeispielen (zu) verknüpfen, die den Lebensalltag der betroffenen Menschen widerspiegeln oder eine ökologische Fragestellung beinhalten" (Hemmer, Hemmer 1999, S. 53). Diese Forderung stand solchen Ergebnissen der Interessenforschung diametral entgegen, die zeigten, dass „mit anekdotischen Bestandteilen" (Krapp 1992a, S. 758) aufgeladene Sachtexte kaum etwas zum „Verständnis des eigentlichen Sachgebietes (...) beitragen" (ebd., S. 758), da sich die Leser „mit höherer Wahrscheinlichkeit an interessante aber irrelevante Details erinnern als an bedeutungsmäßig zentrale aber weniger ‚auffällige' Sinneinheiten" (ebd., S. 758)[228].

3. Die von Hemmer und Hemmer ausgewiesene Strukturkomponente „Themen" entsprach in der Interessenforschung eher der Betrachtung eines

---

226 Bei der Auswahl der Sachbücher ergibt sich das gleiche Problem wie bei den Freizeitaktivitäten. Die Titel der Bücher lauteten: „Unsere Erde", „Wetter", „Vulkane", „Naturereignisse", „Umwelt", „Regenwald", „Verkehr", „Eiszeit", „Dinosaurier", „Tieratlas", „Himmel und Sterne" (Obermaier 1997, S. 92). Nicht angeboten werden: „Atomenergie", „Entdecker und ihre Reisen", „Versunkene Städte", „Der Wilde Westen", „Briefmarken", „Die Eisenbahn", „Fahnen und Flaggen", „Geld", „Brücken", „Samurai" oder „Weltreligionen", um nur einige mögliche Titel aus der Was-ist-Was-Reihe zu nennen.

227 Diese Einschränkung des Aussagewerts trifft auch auf die Untersuchung von Schmidt-Wulffen zu, der sich allerdings auch nicht auf die pädagogische Interessentheorie als Grundlage berief.

228 Auch dieser Punkt könnte auf die Schlussfolgerungen Schmidt-Wulffens (1999b, S. 67) ebenso zutreffen.

Interessengegenstandes auf unterschiedlichen Abstraktionsebenen (Krapp 1992b, S. 318), wobei die Ebene „Fachinteresse am Erdkundeunterricht" einen deutlich geringeren Präzisionsgrad hätte als die Ebene „Industrie" (vgl. Krapp 1992b, S. 318). Für beide Abstraktionsebenen müsste das Interesse demnach jeweils gesondert untersucht werden, wobei immer wieder alle drei Strukturkomponenten beachtet werden müssten.

4. Welche Struktur das Interesse an einzelnen Gegenständen hat, war weder den Untersuchungen von Hemmer und Hemmer noch den Arbeiten von Obermaier (1997) oder Golay (2000) zu entnehmen. Das Interesse der Schüler an „Naturvölkern" (Hemmer, Hemmer 1996a, S. 41) kann sich z. B. kaum auf einen real vorhandenen Gegenstand beziehen, da es wirkliche „Naturvölker" praktisch nicht mehr gibt (Uhlenwinkel 2003c, S. 31). Das hier geäußerte Interesse bezieht sich vermutlich viel eher auf die *Vorstellungen* von „Naturvölkern": den eigenen wie den in den Medien verbreiteten Weltbildern über „Naturvölker". Ein solches Interesse kann sehr unterschiedlich in Interessenhandlungen umgesetzt werden: als Abenteuerurlaub, als Engagement bei Greenpeace oder der Gesellschaft für bedrohte Völker, als rein intellektuelles Interesse, als Interesse an einem bestimmten Foto- oder Malmotiv etc. Ein geographisches Interesse am Leben der Nachkommen der „Naturvölker" muss sich darin gar nicht äußern. Gleiches gilt für das von Hemmer und Hemmer (1997b, S. 123; 1997c, S. 40 – vgl. Hemmer, M. 2001) sowie Obermaier (1997, S. 67) erhobene Interesse an einzelnen Regionen.

5. Die von Hemmer und Hemmer ausgewiesene Strukturkomponente „Arbeitsweisen" bezog sich vor allem auf „den Umgang mit Medien" (Hemmer, Hemmer 1997a, S. 68) wie Filmen, Karten, Tabellen und Texten. Darüber hinaus wurden einige „sogenannte Unterrichtsmethoden" (ebd., S. 69) wie Rollenspiel oder Projektarbeit[229] abgefragt. Nicht berücksichtigt wurden die

---

229 Der Pädagoge Hilbert Meyer bezeichnet projektorientierten Unterricht als „Unterrichtskonzept" (vgl. Meyer 1987a, S. 208-213).

für ein Interesse an einem bestimmten Unterrichtsfach ebenfalls durchaus relevanten, von Hilbert Meyer differenziert aufgeführten Nebentätigkeiten wie Comic-Figuren zeichnen, essen, Papierschwalben falten etc. (vgl. Meyer 1987b, S. 68-70), für die Schüler „größtes Interesse" (ebd. S. 68) aufbrächten. Es könnte ja durchaus sein, dass sich der Geographieunterricht für manche Nebentätigkeiten besonders gut eignet und er deswegen als interessant empfunden wird.

6. In der pädagogischen Interessenforschung wurde das Interesse als unabhängige Variable betrachtet, deren Einfluss auf Lernleistungen untersucht werden sollte (Krapp 1992a, S. 748). In der geographischen Interessenforschung wurde aus den pädagogischen Fragen „Was ist Interesse?", „Wie funktioniert Interesse?" und „Welche pädagogische Bedeutung hat Interesse?" (Obermaier 1997, S. 10), die Frage danach, „wie Interessen entstehen" (ebd., S. 24). Damit wurde das Interesse zu einer abhängigen Variable. Fragen danach, wie Schüler mit starkem Interesse im Gegensatz zu Schülern mit schwachem oder keinem Interesse an einem Gegenstand lernen, gerieten so aus dem Blickfeld. Pädagogische Studien zu dieser Frage haben ergeben, „dass hoch interessierte Studenten beim Lesen eines Textes im Vergleich zu weniger interessierten häufiger elaborative Techniken und spezielle Lesestrategien einsetzen (z. B. bildhafte Vorstellungen erzeugen, das Gelesene mit eigenen Worten zusammenfassen, Querbezüge zu anderen Wissensbeständen herstellen)" (Krapp 1992a, S. 761). Aus diesem Resultat könnte man tatsächlich Schlüsse für eine bessere Unterrichtspraxis ziehen (vgl. Uhlenwinkel 2002, S. 174-178, plus CD-Rom 2003a, S. 9 plus Stationen).

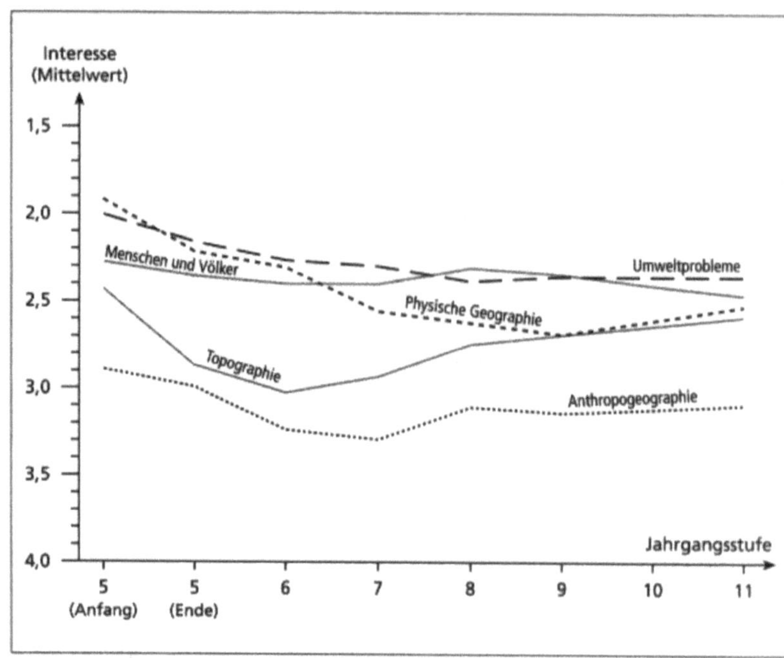

Abb. 27: Entwicklung des Schülerinteresses nach Subskalen
(Hemmer, Hemmer 1999, S. 53)

7. Die in allen geographischen Interessenstudien formulierte unabhängige Variable „Geschlecht" (Hemmer, Hemmer 1996b, S. 193; Obermaier 1997, S. 37; Golay 2000, S. 131) wurde in der Interessenforschung als eine „Moderatorvariable" (Krapp 1992a, S. 754) definiert, da sie lediglich die Höhe der Korrelation, nicht aber die Korrelation selbst beeinflusse (ebd., S. 754 – vgl. Schmidt-Wulffen 1998b, S. 66f). Eine Korrelation zwischen Interesse und Leistung z. B. lasse sich sowohl bei Jungen als auch bei Mädchen finden, aber bei Jungen sei sie insgesamt höher (ebd., S. 754), d. h. Jungen sind bei der Leistungserbringung stärker davon abhängig, an der Sache auch Interesse zu haben. Der Versuch, eine Korrelation zwischen einer

490

unabhängigen Variable „Geschlecht" und einem daraus abzuleitenden Interesse herstellen zu wollen, dürfte ebenso zum Scheitern verurteilt sein, wie der Versuch, das Interesse – ganz geographisch – aus der Wohnortgröße abzuleiten (Obermaier 1997, S. 37).

8. Alle bisher durchgeführten geographischen Interessenstudien waren Querschnittsstudien[230]. Eine Entwicklung von Interesse im Sinne der pädagogischen Interessentheorie konnte damit nicht erfasst werden. Die von Hemmer und Hemmer (1999, S. 53; 2002, S. 3) dargestellte Entwicklung des Interesses (vgl. Abb. 27) suggerierte zwar Kontinuität, erfasste aber tatsächlich nur die Interessen von *verschiedenen* Schülern *verschiedenen* Alters zu *einem* Zeitpunkt.

Alle diese von der theoretischen Grundlage her betrachteten empirischen Unzulänglichkeiten haben bisher nicht zu einer allgemeinen Unzufriedenheit mit den Ergebnissen der Studien geführt, was darauf schließen lässt, dass das Forschungsinteresse vielleicht doch ein anderes war als bei den pädagogischen Interessenforschern. Tatsächlich erlauben die Bemerkungen in den Faziten und Ausblicken eine solche Interpretation: Praktisch alle Autoren forderten, dass „die bei der bisherigen Lehrplanerstellung nur unzureichend berücksichtigten Schülerinteressen (...) ein stärkeres Gewicht bekommen" (Hemmer, Hemmer 1999, S. 59) sollten (vgl. Obermaier 1997, S. 115; Golay 2000, S. 145). Allerdings dürfe das Schülerinteresse dabei „nicht das einzige Auswahlkriterium für die Inhalte und Methoden des Erdkundeunterrichts sein" (Hemmer, Hemmer 1996b, S. 201 – vgl. Obermaier 1997, S. 115). Wo dem Schülerinteresse gefolgt werden solle und wo nicht, lässt sich aus den Untersuchungen allerdings nicht mehr entnehmen. Während Golay aus dem Interesse an Umweltproblemen schloss, dass „Verantwortungsbewusstsein und Respekt im Umgang mit der Umwelt (...) dringend vermehrt zu den Unterrichtszielen gehören sollten" (Golay 2000, S. 145), ohne zu wissen, ob es wirklich die moralische Erbauung war,

---

230 Ausnahme war hier eine Studie, die die Einstellung von Schülern zur Wissenschaft Geographie ermitteln wollte (Calé, Hemmer 1992). Dieser Studie war aber auch eine deutlich niedrigere Probandenzahl zugrunde gelegt (ebd., S. 93).

die die Schüler mit dem Interesse an Umweltproblemen gemeint hatten, schlossen Hemmer und Hemmer sehr selektiv vom Schülerinteresse auf die Berücksichtigung im Lehrplan: Die „wenig geliebte traditionelle Anthropogeographie"[231] (Hemmer, Hemmer 1997b, S. 126) solle demnach zwar durch „Umweltthemen, abenteuerliche erdwissenschaftliche Themen" (ebd., S. 126), „katastrophale Naturereignisse" (Otto 2005, S. 30) oder „das Leben der Menschen" (Hemmer, Hemmer 1997b, S. 126) ersetzt werden, auch sollten außereuropäische Regionen mehr Beachtung finden (ebd., S. 126), die von den Schülern wenig geliebten Regionen mit Ost-Image sollten aber trotzdem *verstärkt* unterrichtet werden (ebd., S. 126 – vgl. Hemmer, Matejczuk 2001), um „die im Sinne der Internationalen Erziehung und des Interkulturellen Lernens kaum wünschenswerte West-Ost-Interessendiskrepanz" (Hemmer, Hemmer 2002, S. 6) nicht weiter festzuschreiben. Die Ermittlung der Schülerinteressen diente offensichtlich nicht so sehr dem Bemühen um die Persönlichkeitsentwicklung des Einzelnen, sondern eher einem legitimatorischen Interesse, das die Interessenäußerungen dazu nutzt, bestimmte – von den jeweiligen Autoren als sinnvoll erachtete - Lehrplaninhalte zu begründen.

Die Berücksichtigung der Schülerinteressen sollte dabei zwar auch „zu größerem Lernerfolg" (Hemmer, Hemmer 1999, S. 50) führen, im Vordergrund schien aber zu stehen, durch die „verstärkte Integration von interessanten Themen (...) die Fachbeurteilung weiter (zu) verbessern" (Hemmer, Hemmer 1998, S. 43). Anders lässt sich nicht erklären, warum „die Ergebnisse dieser Untersuchung von nicht unbedeutendem fachpolitischem Interesse" (Hemmer, Hemmer 1998, S. 43) sein sollen.

Trotz – oder gerade wegen – des fachpolitischen Interesses war es mit den Studien der geographischen Interessenforschung nicht möglich, das

---

231 Tatsächlich lässt sich gar nicht so eindeutig sagen, dass die Anthropogeographie derart ungeliebt sei. Feller / Uhlenwinkel kamen bei einer ohne großen theoretischen Aufwand durchgeführten Befragung von Schülern der gymnasialen Oberstufe im Lande Bremen zu einem ganz anderen Ergebnis: Dort lag die „Wirtschaftsgeographie" auf Platz zwei der Themenwünsche der Schüler. Auf Platz 1 lag mit geringem Vorsprung die „Geoökologie". Mit größerem Abstand auf Platz drei folgten die „Entwicklungsländer" (Feller, Uhlenwinkel 1993, S. 4).

Schülerinteresse am Fach auch nur annähernd zu ermitteln. Ein vergleichsweise schlichter, aber durchaus aussagefähiger Versuch zur Ermittlung des *Fach*interesses wurde dagegen in Großbritannien vorgelegt (Norman, Harrison 2004): Die Autorinnen befragten 400 Schüler danach, was ihnen am Geographieunterricht gefalle und was nicht (ebd., S. 12). Die Schüler konnten beide Fragen *frei* beantworten (ebd., S. 12). Erst im Nachhinein wurden ihre Antworten von den Autorinnen in Kategorien zusammengefasst (ebd., S. 12). Die Aussagen zu beiden Fragen zusammengenommen (vgl. Tab. 24 und 25) machten vor allem zwei Dinge deutlich:

Es gibt eine ganze Reihe von Themen / Arbeitsweisen, die in beiden Listen unter den „top ten" zu finden sind: Karten und Diagramme zeichnen, Karten- und Atlasarbeit sowie Projektarbeit (ebd., S. 13). Empirische Untersuchungen, die ein eindeutiges Schülerinteresse an etwas nachweisen wollen, vergessen durchweg, die zweite Frage zu stellen: nämlich was Schüler *nicht* interessiert. Das Ergebnis wird immer sein „what one student likes another will dislike" (ebd., S. 13 – vgl. Daum 1998a, S. 51; 1999, S. 174).

Rang	Themen / Arbeitsweisen	Zahl der Nennungen
1	Etwas über andere Länder / Kulturen herausfinden	167
2	Videos sehen	112
3	Exkursionen	89
4	Karten und Diagramme zeichnen	68
5	Naturkatastrophen	63
6	Karten- und Atlasarbeit	46
7	Projektarbeit	37
8	Diskussionen	33
8	Praktische Arbeit, z. B. Modelle und Wettermessgeräte bauen	33
8	Poster gestalten	33

Tab. 24: Was „year 9 students"[232] am Geographieunterricht gefällt (n = 400)
(Quelle: Norman, Harrison 2004, S. 12)

---

232 „year 9 students" bilden den letzten Jahrgang der „key stage 3", in der Schüler im Alter von 11 bis 14 Jahren unterrichtet werden (teachernet 2004).

Die beiden Tabellen zeigen trotzdem einen eindeutigen Trend: Schüler mögen einen Unterricht, in dem sie etwas tun können, in dem sie miteinander kommunizieren können (Norman, Harrison 2004, S. 12f). Ein Unterricht, der vor allem „leise" Einzelarbeit und Schreiben von ihnen verlange, gefalle ihnen dagegen nicht so gut (ebd., S. 13). Dieses Ergebnis würde Schmidt-Wulffens Vermutung stützen, dass die Abneigung einem Thema gegenüber sich oft vermutlich weniger dem Thema als dem traditionellen, lehrergesteuerten Unterricht verdanke (Schmidt-Wulffen 1999b, S. 63).

Rang	Themen / Arbeitsweisen	Zahl der Nennungen
1	Schreiben	124
2	Karten- und Atlasarbeit	79
3	Von der Tafel oder aus dem Buch abschreiben	56
4	Schulbucharbeit	48
5	Tests	29
6	Physische Geographie	28
7	Hausarbeiten	25
8	Langandauernde Projektarbeit	21
9	Untersuchungen des Wetters	19
10	Karten und Diagramme zeichnen	18

Tab. 25: Was „year 9 students" am Geographieunterricht nicht gefällt (n = 400)
(Quelle: Norman, Harrison 2004, S. 12)

6.2.3.1.4 TEILNEHMERZENTRIERUNG

Eher aus der kritischen Gesellschaftsanalyse kommend (vgl. Kap. 4.2.6) und auf Erfahrungen aus der Erwachsenenbildung aufbauend, hat vor allem Schramke (1999b, 1999c, 2000, 2002) seit den späten 90er Jahren den Einsatz teilnehmerzentrierter Methoden im Geographieunterricht propagiert. Dabei verstand er Teilnehmerzentrierung als einen Bestandteil einer revidierten Auffassung von politischer Bildung (Schramke 1999b, S. 87 – vgl. Abb. 28). Politische Bildung am Ausgang des 20. Jahrhunderts sei allerdings zugleich bescheidener (ebd., S. 87) und anspruchsvoller (ebd., S. 95) als noch in den 70er Jahren.

494

Bescheidener geworden sei sie vor allem in Bezug auf den gesellschaftspolitischen Veränderungsanspruch. Erfahrungen dürften nicht mehr nur artikulierbar
gemacht werden (ebd., S. 89), sie müssten Schülern überhaupt erst ermöglicht
werden (ebd., S. 89): „Wenn Schule früher die außerschulisch gewonnene Anschauung ‚sehend' machen musste, so muss sie heute die von Erfahrung abge-
hobene Begriffs- (und Bilder-) Flut ‚füllen', weil Gelerntes ohne Verankerung im
individuellen Erfahrungszusammenhang nutzlos bleibt" (ebd., S. 90). Ebenso
sei als Ziel politischen Handels nicht mehr nur zu sehen, „über individuell oder

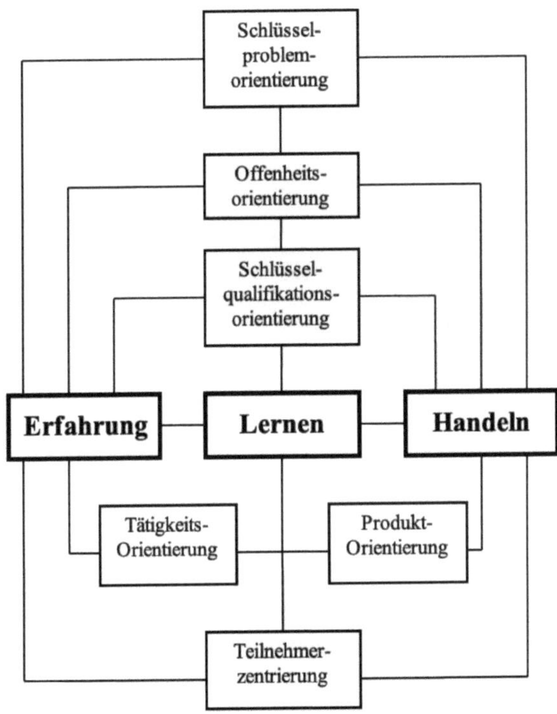

Abb. 28: Unterrichtsprinzipien im Zusammenhang
(Quelle: Schramke 1999b, S. 88 – verändert: die kursiv gedruckten Begriffe der Ursprungsfas-
sung wurden weggelassen)

kollektiv angemessene Strategien zur Veränderung [einer] als defizitär erlebten Situation zu gelangen" (Schramke 1978a, S. 37). Unter den Bedingungen einer pluralen Gesellschaft gehe es vielmehr zuerst darum, Jugendlichen „bei der Erschaffung ihrer eigenen Orientierungen zu helfen" (Schramke 1999b, S. 90), indem ihnen Möglichkeiten geboten werden, Wissen „in selbst entworfene Handlungen" (ebd., S. 91) umzusetzen.

Anspruchsvoller werde dieser Unterricht, weil er vom Lehrer verlange, Lernprozesse zu initiieren, in denen „jede und jeder Beteiligte erkennen können soll, dass sie oder er wirklich ‚vorkommt' als Person und Individuum" (ebd., S. 95). Dies setze nicht nur voraus, dass jeder „jederzeit etwas individuell Sinnvolles zu tun" (ebd., S. 95) habe, sondern auch, dass Aufgaben und Problemstellungen so formuliert seien, dass sie mehrere verschiedene Antworten oder zumindest Lösungswege zuließen (ebd., S. 93).

Teilnehmerzentrierung wurde zu einem wichtigen Bestandteil von Schramkes revidiertem Entwurf zur „Geographie als politische Bildung"; sie war aber nicht nur mit veränderten gesellschaftlichen Bedingungen zu begründen. Vielmehr unterstrichen vor allem auch die Erkenntnisse der konstruktivistischen Lehr-Lern-Forschung zwei Grundannahmen schulischen Lernens, die in der didaktischen Diskussion in Deutschland oft in Vergessenheit geraten sind:

Kinder kommen nicht als „tabula rasa" (Kroß 1991c, S. 7) oder geographische Mängelwesen in die Schule (Daum 2000, S. 3). Ganz im Gegenteil: Wenn sie das erste Mal einen Klassenraum betreten, haben sie bereits jahrelange „Entdeckungsreisen" hinter sich (Scoffham 2000, S. 19f), auf denen sie sich ein erstes Bild von der Welt gemacht haben, die sie umgibt (Smeaton 2000, S. 15; Schuler 2004, S. 42). Wie die Vorstellungen der Erwachsenen seien auch die Bilder in den Köpfen der Kinder oft lückenhaft und verzerrt (Smeaton 2000, S. 16). Dort, wo es sich um „gelungene Repräsentationen" (Daum, Werlen 2002, S. 4) handele, seien sie aber trotz allem oft hilfreich. Gerade die „nützlichen" Kenntnisse von Schülern würden oft unterschätzt (vgl. Scoffham 2000, S. 19). So zeigten britische Untersuchungen, dass fünfjährige Kinder ein in einem

Zimmer verstecktes Spielzeug mit Hilfe einer Karte des Raumes finden konnten und dabei kaum Schwierigkeiten hatten, die symbolische Darstellung zu entschlüsseln (ebd., S. 20). Ebenso war es ihnen möglich, vorgegebene Wege mit Hilfe von Karten zurückzulegen (ebd., S. 20). Besonders große Lücken zeigten sich dagegen bei Wissensbeständen, die für das tägliche Zurechtfinden nicht so bedeutsam waren: Gefragt, welche Länder sie kennen, haben siebenjährige Grundschüler in Yorkshire im Schnitt gerade einmal fünf Namen genannt, von denen einige nicht einmal Länder, sondern Landmassen bezeichneten[233] (Scoffham 2000, S. 25). So subjektiv und fragmentarisch die Vorstellungen der Kinder beim Eintritt in die Schule – und auch später - sind, sie seien der einzige legitime Ausgangspunkt, von dem aus Lernen ermöglicht werden könne (Smeaton 2000, S. 16; Mittelstädt 2004, S. 15).

Ein Unterricht, der Kindern und Jugendlichen einen erweiterten Zugang zu ihrer Welt verschaffen wolle, dürfe nicht nur totes Merkwissen vermitteln (vgl. Schramke 1999b, S. 81; Daum, Werlen 2002, S.9; Roberts 2003, S. 33), sondern müsse ihnen die Chance geben, „Erfahrungen mit sich selbst, ihren Stärken und Schwächen, ihren (je unterschiedlichen) Lernwegen und ‚Antennen', aber auch Erfahrungen mit anderen" (Schramke 1999b, S. 89) zu machen. Menschen interessierten „sich vor allem für Menschen. Und mit guten Gründen interessieren sie sich zuallererst für den nächsten Menschen: sich selbst" (Schramke 2000, S. 26). Jeder Unterricht habe deswegen seinen Ausgang zu nehmen von „einer ‚Dissonanz', einer echten Fragestellung, einer Differenz zwischen aktueller und gewünschter Kompetenz, einer vom Handelnden selbst wahrgenommenen Diskrepanz zwischen ‚Ist' und ‚Soll(te)'" (Schramke 1999b, S. 91) und er müsse dem Schüler Mittel an die Hand geben, die Dissonanz zu überwinden. Dabei gelte es, „alle Dimensionen der Lernkompetenz zu berücksichtigen" (ebd., S. 94), von der Fach- und Methodenkompetenz (ebd., S. 94) bis hin zur kommunikativen Kompetenz (ebd., S. 76; Daum, Werlen 2002, S. 8). Die so ermöglichte Erfahrung des Zugewinns an Kompetenz werde von

---

233 Genannt wurden z. B. Amerika, Afrika, Indien und Australien (Scoffham 2000, S. 25).

Schülern als positiv empfunden, was sich u. a. darin zeige, dass Schüler „'Methodenlernen' im Rahmen eines methodenorientierten Unterrichts meist interessanter finden als rein inhaltliches Lernen" (Paul 1998a, S. 7 – vgl. für Lehramtsanwärter: Tatsch 2000b, S. 30).

Für die Arbeit des Lehrers ergeben sich aus diesen beiden Grundannahmen deutliche Veränderungen. Er sei nicht mehr derjenige, der „alles weiß" (Foerster, Pörksen 2004, S. 69) und dieses Wissen auf unwissende Schüler übertrage (ebd., S. 69), sondern er sei jemand, der individuelle Lernprozesse ermöglichen solle (Schramke 2000, S. 22). Zu diesem Zweck müsse der Geographieunterricht "von seinem Monopol der Weltbeschreibung und Weltdeutung" (Daum, Werlen 2002, S. 9) abrücken und anfangen, Lernen zu verstehen als „a collaborative process involving dialogue in which learners had as important a role as teachers" (Roberts 2003, S. 31). Dieser Dialog wurde im Englischen mit dem Begriff „scaffolding" (ebd., S. 32) umschrieben. „Scaffolding", also ein Baugerüst errichten, sei deswegen eine passende Metapher für den Lernprozess, weil es vor und während des Baus eines Hauses aufgebaut werde, den Bau des Hauses unterstütze und wieder abgebaut werde, wenn das Haus fertig sei (ebd., S. 33). In analoger Weise habe der Dialog mit den Schülern ihnen im ersten Schritt zu helfen, „to achieve higher levels of understanding than they would without support" (ebd., S. 33 – vgl. Schreiber, Schuler 2005, S. 10). Das Fernziel allerdings sei, dass Schüler auch lernen, ihre Kompetenzen ohne fremde Hilfe zu erweitern (ebd., S. 33), indem sie sich ihre eigenen Gerüste bauen.

Um ein guter „Gerüstbauer" zu werden, müsse der Lehrer zunächst selbst zum Forscher werden (Foerster, Pörksen 2004, S. 71), der herausfinden müsse, „was den Schüler daran hindert, ihn zu verstehen und seine Ideen, die mit Physik, Geographie oder Mathematik zu tun haben mögen, zu begreifen" (ebd., S. 72).

Dazu müsse der Lehrer zuerst auf der eher mengenmäßigen Ebene versuchen herauszufinden, was die Schüler schon wissen, um die Planung seines

Unterrichts auf eine solide Grundlage zu stellen (Schramke, Uhlenwinkel 2001b, S. 7). Wo diese Grundlage fehle, komme es trotz guter Vorbereitung des Lehrers oft zu enttäuschenden Ergebnissen (ebd., S. 7), weil Schüler schon wüssten, was sie gerade lernen sollten, weil sie schon könnten, was sie üben sollten (Scoffham 2000, S. 26) oder – umgekehrt - weil die Inhalte für sie nicht greifbar seien. Letzteres lasse sich im naturwissenschaftlichen Unterricht besonders dann beobachten, wenn lebensweltlich geprägte Situationen übersprungen werden (Aufschnaiter 1998, S. 57) und der Stoff lediglich auf der Ebene von Eigenschaften, Prinzipien und Systemen dargestellt werde (ebd., S. 55). An jüngeren Kindern, die einzelne Länder oft über bestimmte Tiere identifizierten (Scoffham 2000, S. 25), gehe ein Unterricht, in dem Tierfotos lediglich auf eine Weltkarte geklebt werden, deshalb genauso vorbei wie ein Unterricht, der Länder über ihre Lage, Größe und den Namen der Hauptstadt zu erschließen suche. Auf der eher qualitativen Ebene müsse der Lehrer sodann die „alternative conceptions" (Dove 1999, S. 11) seiner Schüler erforschen, da sie den Lernprozess erheblich behindern könnten (ebd., S. 11; Scoffham 2000, S. 26; Bayrhuber, Mayer 2001, S. 12; Schramke, Uhlenwinkel 2001b, S. 7; Daum, Werlen 2002, S. 4; Schuler 2004, S. 42), wenn Schüler versuchen, neue Inhalte in vorhandene, aber wenig viable Konstrukte einzubinden (Dove 1999, S. 11; Schuler 2004, S. 42). „Alternative conceptions" könnten auf unterschiedlichste Weise entstehen: Zum Teil seien sie „selbstgemachte", aus der eigenen Beobachtung resultierende Vorstellungen (Schramke, Uhlenwinkel 2001b, S. 7), zum Teil gingen sie aber auch auf gelernte „falsche" Informationen zurück. Die Quellen für „alternative conceptions" seien vielfältig und reichten von Kinderbüchern (Kroß 1991c, S. 6; Dove 1999, S. 17) oder Spielen, über Sachbücher für Kinder (Uhlenwinkel 2003b, S. 12) und Schulbücher (Dove 1999, S. 35; Schramke, Uhlenwinkel 2001b, S. 7) bis zu Filmen (Dove 1999, S. 25; Schuler 2004, S. 42) und Reiseprospekten (Schramke, Uhlenwinkel 2001b, S. 7). Entsprechend vielfältig seien auch die „alternative conceptions", mit denen ein Lehrer rechnen müsse: Besonders jüngere Kinder lebten oft mit der Vorstellung, dass es in

Entwicklungsländern keine Straßen gebe und dort vor allem Jäger-Sammler-Gesellschaften existierten (Scoffham 2000, S. 25 – vgl. Schmidt-Wulffen 1997; 1999e; 1999g, S. 226-233). Jugendliche und auch Erwachsene meinten oft, dass Wüsten nur aus Sanddünen beständen (Dove 1999, S. 22; Popp 2001, S. 4) oder dass Eisbären und Pinguine beide Polarregionen bevölkerten (Dove 1999, S. 23; Uhlenwinkel 2003b, S. 12). Ebenso häufig scheint bei Jugendlichen die Vorstellung, dass das Ozonloch für die globale Klimaerwärmung verantwortlich sei (Dove 1999, S. 28; Schuler 2004, S. 43).

Für die „Unterrichtsforschung"[234], also die Erkundung der Kenntnisse und Anknüpfungspunkte der Schüler, stehe den Lehrern eine ganze Palette von Methoden zur Verfügung, die oft im anglophonen Raum entwickelt und erprobt worden sind (Schramke 1999c, S. 18; 2002, S. 7; Uhlenwinkel, Schramke 2000, S. 8). Auf der rein visuellen Ebene könnten die Schüler gebeten werden,

- ein Bild zu zeichnen (Gugel 1996, S. 13; Dove 1999, S. 24), das ihre Vorstellungen zu einem bestimmten Gegenstand zeigt;

- ein Bild aus einer Bildkartei auszusuchen (Klippert 1995, S. 106; Gugel 1998, S. 15-17; Schramke 2000, S. 23) und zu begründen, warum es ihre Vorstellungen am besten zeigt. Bildkarteien sind Sammlungen von Bildern (Schramke 2000, S. 22), die in der Regel auf dickeres Papier gedruckt sind und einzeln in einer Mappe liegen. Die Bilder werden zu Beginn der Unterrichtseinheit auf Tischen verteilt (ebd., S. 23), so dass jeder jedes Bild gut sehen kann. Es sollten drei- bis viermal so viele Bilder vorhanden sein wie Teilnehmer (ebd., S. 23), damit jeder eine reale Chance hat, das von ihm gewünschte Bild auch tatsächlich wählen zu können.

Alternativ könnten sie aufgefordert werden, Begriffsassoziationen (Dove 1999, S.23) zu notieren. Dies kann erfolgen mit Hilfe von:

---

234 Während „Unterrichtsforschung" in Deutschland vor allem die „eigenständige empirische Forschungspraxis *der Didaktik*" (Jank, Meyer 1991, S. 60 – Herv. A. U.) bezeichnet, gilt es in England auch als Unterrichtsforschung, wenn Lehrer die „alternative conceptions" ihrer Schüler erforschen. Dort werden sie sogar explizit dazu aufgefordert, diese Ergebnisse zum Nutzen aller zu veröffentlichen (Dove 1999, S. 39).

- einer Kartenabfrage (Nissen, Iden 1995, S. 32; Bönsch 1998, S. 106; Wierwille 1998, S. 76f; Obermann 1998, S. 25; Schmidt-Wulffen 1999b, S. 27; 1999d, S. 21; 1999f, S. 46), bei der jeder Teilnehmer eine Anzahl von drei bis fünf Karten erhält (Obermann 1998, S. 25), auf die er seine Ideen zum Thema schreibt. Auf jeder Karte soll dabei nur eine Aussage stehen (Iden, Nissen 1995, S. 32), damit die Karten im Plenum zu Clustern zusammengefasst werden können (ebd., S. 32). Jedes Cluster erhält am Ende eine gemeinsam festgelegte Überschrift (ebd., S. 32). Damit eignet sich diese Methode nicht nur zur Erkundung von Schülervorstellungen, sondern mit ihrer Hilfe kann auch der Arbeitsplan für die nächsten Stunden erstellt werden.

- einem ABC-Bogen (Gugel 1996, S. 124f; 1997, S. 91; Schramke, Uhlenwinkel 2001b, S. 8; Reuter 2002, S. 20), der aus einem senkrecht auf einen DIN A4-Bogen geschriebenen ABC besteht (vgl. Gugel 1997, S. 92; Schramke, Uhlenwinkel 2001b, S. 14). Aufgabe des einzelnen Teilnehmers ist es, zu jedem Buchstaben einen Begriff oder einen Ausdruck zu finden, der ihm zu dem vorher genannten Thema einfällt (Schramke, Uhlenwinkel 2001b, S. 8).

- einem Akrostichon[235] (Gugel 1997, S. 91; Uhlenwinkel 1998, S. 26; Schramke, Uhlenwinkel 2001b, S. 1; Reuter 2002, S. 20), das im Prinzip wie ein ABC-Bogen genutzt wird, aber aus einem untereinander geschriebenen Wort besteht (vgl. Uhlenwinkel 1998, S. 26). Dieses Wort bezeichnet das Thema des Akrostichons.

- Brainwriting bzw. die Methode 635 (Hüholdt 1984, S. 433; Infoquelle 1999; Schramke, Uhlenwinkel 2001b, S. 11; Hansonis 2002, S. 24). Diese Methode ist eine Erweiterung des Brainstormings (Schramke, Uhlenwinkel 2001b, S. 11). Sie erweitert die bisherigen Ideenabfragen um den Aspekt der Gruppe, denn hier bekommt jeder Teilnehmer bereits im Rahmen des

---

235 Akrostichon = „Gedicht, bei dem die Anfangsbuchstaben (-silben, -wörter) der einzelnen Verse oder Strophen aneinandergereiht ein Wort, Namen oder Satz ergeben" (Wilpert 1979, S. 11).

Brainstormings die Chance auf die Ideen der anderen zu reagieren. Die Gruppen sollten zwischen fünf und acht Personen groß sein (ebd., S. 11). Um den Gedankenaustausch zwischen diesen Personen zu organisieren ist ein Arbeitsbogen notwendig, der eine dreispaltige Tabelle zeigt. Bei einer Gruppe von 6 Personen sollte die Tabelle sechs Zeilen haben (vgl. ebd., S. 11). Jeder Teilnehmer erhält einen Arbeitsbogen. Nachdem er drei Begriffe zum Thema in die erste Zeile geschrieben hat, reicht er das Blatt nach rechts weiter und erhält das Blatt seines linken Nachbarn (vgl. ebd., S. 11). Er liest die Begriffe des Nachbarn und lässt sich zu weiteren Ideen anregen, die er in der zweiten Zeile notiert. Dieses Verfahren wird so lange wiederholt, bis der Teilnehmer seinen Ursprungsbogen zurückbekommen hat (ebd., S. 11).

Etwas anspruchsvoller werde es, wenn nicht einzelne, unverbundene Begriffe abgefragt werden, sondern strukturierte Assoziationen zu einem Themenkomplex. Für die Ermittlung solcher Vorstellungen böten sich Methoden an wie

- die W-Fragen (Schramke, Uhlenwinkel 2001b, S. 8; Reuter 2002, S. 20), bei denen – ähnlich wie beim ABC-Bogen – verschiedenen Frage-Pronomen untereinandergeschrieben werden (Schramke, Uhlenwinkel 2001b, S. 8). Diese Fragen sollen von den Teilnehmern in Bezug auf ein bestimmtes Thema beantwortet werden. Dabei können sie sich jedesmal neu entscheiden, ob sie die Frage eher auf das Oberthema oder die Antwort auf die vorhergehende Frage beziehen, so dass am Ende oft mehrere längere Assoziationsketten entstehen.
- Mind Maps (Kirckhoff 1995; Gugel 1997, S. 80f; Krüger 1997; Paul 1998b, S. 20; Schramke, Uhlenwinkel 2001b, S. 9; Wollnik 2002, S.12), die inzwischen wohl bekannteste Form der Abfrage von Ideen. In Mind Maps wird das Thema in den Stamm in der Mitte geschrieben (vgl. Kirckhoff 1995, S. 4). Vom Stamm gehen verschiedene Äste ab, von denen ihrerseits Zweige abgehen können (vgl. ebd., S. 4 und 5).

- vorstrukturierte Bilder (Gugel 1997, S. 82; Schramke, Uhlenwinkel 2001b, S. 9; Lieser 2002, S. 28), die einen Baum mit vielen Blättern (Gugel 1997, S. 83), ein Haus mit verschiedenen Räumen (ebd., S. 82) oder andere Dinge zeigen können. In die Blätter des Baumes oder Räume des Hauses sollen die Teilnehmer wiederum Begriffe schreiben. Die Anordnung der Begriffe im Bild soll dabei Zusammenhänge und Nähen ausdrücken (vgl. Gugel 1997, S. 82; Schramke, Uhlenwinkel 2001b, S. 9).

- Schreibgespräche (Dritte Welt Haus Bielefeld 1990, S. 130f; Schramke, Uhlenwinkel 1999, S. 10; Hansonis 2002, S. 24), die von Gruppen von vier bis fünf Teilnehmern geführt werden (Schramke, Uhlenwinkel 1999, S. 10). Jede Gruppe erhält hierzu ein großes Stück Packpapier, auf dem sie über ein vorgegebenes Thema schweigend und schriftlich miteinander kommunizieren soll. Schreibgespräche können im Sinne der Graffiti-Methode (Tatsch 2000b, S. 35) erweitert werden. In diesem Falle wird auf jedes Packpapier ein anderer Aspekt eines übergreifenden Themas geschrieben. Jede Kleingruppe beginnt ihre Ideenformulierung zunächst auf einem Packpapier. Nach einer vereinbarten Zeit wechseln die Gruppen dann zum nächsten Packpapier, lesen die Ideen der Vorgängergruppe und schreiben ihre eigenen dazu (vgl. Tatsch 2000b, S. 35).

Komplexe Zusammenhangsvorstellungen ließen sich erforschen mit Hilfe von

- Spinnwebanalysen (Gugel 1996, S. 80f; 1997, S. 186; Schramke, Uhlenwinkel 2001b, S. 10; Lieser 2002, S. 28). Um eine Spinnwebanalyse durchzuführen ist ein Arbeitsblatt notwendig, das eine größere Anzahl von leeren Ovalen mit ausgewählten Verbindungslinien darstellt (vgl. Gugel 1997, S. 188). In eines der Ovale wird das Thema geschrieben. In den anderen Ovalen sollen Begriffe so notiert werden, dass die Verbindungslinien interpretierbar werden, etwa als Folgen oder Ursachen (Schramke, Uhlenwinkel 2001b, S. 10).

- Concept Maps (Leat, Candler 1996; Dove 1999, S. 31; Schramke 1999c; Schramke, Uhlenwinkel 2001b, S. 10; O'Brien 2002; Wollnik 2002, S. 12) sehen den Spinnwebanalysen am Ende sehr ähnlich, werden aber völlig anders erstellt: Zunächst werden Begriffe auf Kärtchen vorgegeben oder selbst erarbeitet und notiert (vgl. Schramke 1999c, S. 18), ausgeschnitten und auf einem großen Blatt Papier so angeordnet, dass Aspekte, die zusammengehören, möglichst nah beieinander liegen (vgl. ebd., S. 21). Im Anschluss werden die Kärtchen aufgeklebt und mit Verbindungslinien versehen (ebd., S. 21). An diese Verbindungslinien wird jeweils die Art des Zusammenhanges der Aspekte geschrieben (ebd., S. 21).

Die Ergebnisse der Unterrichtsforschung können sehr unterschiedlich ausfallen: sie können zum einen sehr große Ähnlichkeiten in den Vorstellungen zeigen, wie z. B. bei Schmidt-Wulffens Frage nach dem Afrika-Bild deutscher Schüler[236] (Schmidt-Wulffen 1997, S. 13; 1999e, S.10; 2001a, S. 13), sie können zum anderen aber auch große Unterschiede in den Wahrnehmungen deutlich machen, wie die Beantwortung von W-Fragen zum Thema „Stadt" durch Studenten zeigt (vgl. Kasten 21). Wie immer die Ergebnisse ausfallen, die gerade geleistete „Annäherungsarbeit" (Daum 1993a, S. 69) dürfe nicht auf den Einstieg oder die „Motivationsphase" beschränkt bleiben (ebd., S. 70). Zu einem Unterricht, der die Schüler ernst nehme, gehöre auch „der verstärkte methodische Umbau von Lehrarrangements weg vom belehrenden Unterricht hin zur Einführung handlungsorientierter, schüleraktiver Lernformen" (Schramke 1999b, S. 86). Dabei verlagere sich die Lehrerarbeit auf „die Erfindung und Gestaltung offener Situationen für handelndes Lernen" (Schramke 1999b, S. 86), mit deren

---

236 Schmidt-Wulffen hat die Schüler bei dieser Untersuchung gebeten, ihr „Bild" von Afrika entweder zu zeichnen oder zu beschreiben (Schmidt-Wulffen 1997, S. 11). Diese Koppelung scheint in diesem Falle durchaus sinnvoll, denn die Technik des Zeichnens von Bildern hat zwar viele Vorteile, da Zeichnen eine kreative Tätigkeit ist, die die *Bilder* im Kopf rekonstruiert, und es Schülern mit ungenügenden Sprachkenntnissen ermöglicht, sich adäquat zu äußern. Sie hat aber auch einige Nachteile, derer man sich bewusst sein sollte, wenn man sie anwendet: Abstrakte Vorstellungen wie „Hitze", „Armut" oder „hohe Luftfeuchtigkeit" (vgl. ebd., S. 17) lassen sich schlecht zeichnen (Dove 1999, S. 24); wie bei der Sprache hängt es auch hier von den zeichnerischen Fähigkeiten des Einzelnen ab, was dargestellt wird (ebd., S. 24). Dies könnte dazu beigetragen haben, dass manche „moderneren" Aspekte des Lebens in Afrika in den Zeichnungen unterrepräsentiert waren.

Hilfe die vorhandenen Vorstellungen der Schüler erweitert, differenziert oder revidiert werden könnten (Daum 1998a, S. 57). Ein solcher Unterricht erfordere vom Lehrenden vor allem Kreativität und eine gründliche Kenntnis des Fachgebiets, das er vermitteln soll (Roberts 2003, S. 31).

	Student A	Student B
Wann?	immer, außer im Urlaub	bei Nacht und Tag
Warum?	Atmosphäre, Kultur, Angebote, Arbeit, Freunde	Unterhaltung, Kultur, Arbeiten, Leben?
Was?	wohnen, arbeiten, amüsieren, ausgehen	Spiel, Spaß, Lebens-Ernst
Durch was?	viele Menschen, viele Möglichkeiten	Notwendigkeit: Arbeitsnähe, Uni-Nähe
Was für ein?	liebster Wohn-, Arbeits-, Aufenthaltsort	kleinere, gemütlichere Stadt
Wozu?	siehe: was	studieren
Wen?	Freunde, Familie, Kollegen, Fremde	egal
Für wen?	Mich	jeder der will
Wer?	ich (und mein Anhang)	hier geht's um sich
Alle?	viele, die ich kenne und gerne treffe	gerne
Nicht alle?	Familie teilweise nicht, nicht alle Freunde	s. o.
Keine?	doch, viele!	Riesenstadt
Wichtig?	zum Wohlfühlen sehr wichtig	Freunde, Nähe, nette Umgebung
Wieder?	immer wieder!	nicht unbedingt
Allein?	wenn's sein muss auch allein, sonst zusammen	geht auch, aber besser nicht
Was für eine?	Altbauwohnung mit Garten	s. o.
Was für welche?	drei bis vier Zimmer	nette Leute
Wem?	möglichst Eigentum	jedem
Mit wem?	Freund (und vielleicht Familie)	allein
Woher?	Bielefeld	Kleinstadt
Weshalb?	Studium	Studium
Wessen?	Zur Zeit zur Miete	meins
Wie?	monatlich ca. 1000,-	eigentlich ganz gut

Wie sehr?	gerade noch ok	ländlich ist besser
Wie viel	s. o.	HB-Größe
Wie weit?	Zentral	egal
Wo?	östl. Vorstadt	egal
Woanders?	Nein	Warum nicht?
Wie oft?	Immer	nicht zu oft
Zusammen?	Immer	lieber ja
Womit?	Fuß, Fahrrad, ÖPNV	Freund(in)
Worin?	Bus, Bahn	kleine Wohnung
Worüber?	Straße	Omas
Wovon?	BSAG	Geld von vielerlei Seiten
Wohin?	Zentrum, Uni	eher wieder raus
Wie lange?	10-15 Minuten	solange es sein muss
Mehr?	Nein	nee, weniger
Öfter?	kommt darauf an	nein
Weniger?	s. o.	jawoll
Wodurch?	Arbeit, Freizeit	Notwendigkeit
Wofür?	Weg zurücklegen	für mich
Woher?	zu Hause	s. o.
Schwerer?	Leicht	auch nicht
Leichter?	Ok	vieles ist hier leichter
Mit?	meist alleine, abends zusammen	Mittel zum Zweck

Kasten 21: W-Fragen zum Thema „Stadt"
(Quelle: Schramke, Uhlenwinkel 2001b, S. 17)

Die Formen, die ein solcher Unterricht annehmen könne, reichten von Projekten
über Freiarbeitsformen wie Wochenpläne, Lernzirkel (Schramke 1999b, S. 86)
und Lesetagetücher (Schramke, Uhlenwinkel 2001a) bis hin zu einem Frontalunterricht, der entweder „integriert" (Gudjons 2004, S. 23) oder „teilnehmer-
zentriert" sein könne. Letzteres etwa dann, wenn eine Fantasiereise, ein Rollenspiel (Meyer 2001, S. 96) oder ein Schreibgespräch (Schramke, Uhlenwinkel
1999; Meyer 2004, S. 113) durchgeführt werde, oder wenn Schüler mit den
Denkhüten von de Bono (Schramke, Uhlenwinkel 2004, S. 28) oder einer Bildkartei arbeiteten (Schramke 2000; 2003). Wichtig bei all diesen Formen sei,
dass Inhalte, Materialien und Aufgaben sinnvoll aufeinander abgestimmt sind
(vgl. Uhlenwinkel 2005a) und möglichst vielen Schülern individuelle Zugänge

zu den Inhalten gewähren. Die Beschäftigung mit den Möglichkeiten derart binnendifferenzierter Lernarrangements fristet in der deutschen Geographiedidaktik allerdings ein Schattendasein: In den zu Beginn der 2000er Jahre publizierten „Geographiedidaktiken" (Kestler 2002; Rinschede 2003) findet sich der Begriff ebenso wenig wie im Ende der 90er Jahre neu aufgelegten „Begriffslexikon" (Böhn 1999a)237. Diese zu beobachtende Wortlosigkeit in Bezug auf die Binnendifferenzierung rührt vermutlich vor allem daher, dass der Begriff in Deutschland im Rahmen der Diskussion um die Gesamtschulentwicklung in den 70er Jahren in erster Linie unter dem Aspekt der Leistungsdifferenzierung wahrgenommen wurde (Eberwein 1998, S. 50). Definitionsversuche wie der von Groeben (1997), wonach Binnendifferenzierung der Versuch sei, „Unterrichtsgegenstände so anzulegen, dass deren erhoffte bildende Wirkung alle Schülerinnen und Schüler erreicht, indem möglichst unterschiedliche und vielfältige Anlässe, Methoden und Formen individueller Aneignung bereitgestellt werden" (Groeben 1997, S. 7), sind dagegen eher selten. In der britischen Geographiedidaktik sind die Chancen eines solchen nicht nur auf Leistung bezogenen Ansatzes offensichtlich deutlicher erkannt worden[238] (vgl. Hunt, Jebb 2001; Rawding, Johnson, Price 2004), so dass auch in diesem Punkt die Anregungen eher aus

---

237 Auch die fachdidaktische Zeitschriftenliteratur hat hier fast nichts zu bieten: Eine Recherche auf der „Datenbank Schulpraxis" (Landesinstitut für Schule und Weiterbildung 2004) wies bei Zeitschriften, die im Titel „Geographie" enthalten, weder in der Rubrik „Titel" noch in der Rubrik „Schlagwörter" einen Eintrag zum Begriff „Binnendifferenzierung" auf. Die Kombination der Schlagwörter „Binnendifferenzierung" und „Erdkunde" erbrachte ebenfalls keinen Eintrag; die Kombination „Binnendifferenzierung" und „Geographie" wies immerhin drei Titel auf, von denen zwei aus der Mitte der 80er Jahre stammten. Die Kombination „Differenzierung" und „Erdkunde" erbrachte ebenfalls 3 Einträge – allesamt aus dem Jahr 1982. Kombiniert mit „Geographie" erreichte „Differenzierung" sogar 6 z. T. neuere Einträge. Diese Einträge waren aber keine didaktischen Aufsätze, sondern sie beschäftigten sich u. a. mit „Differenzierungsprozessen in der Dritten Welt" und „subzonalen Differenzierungen der polaren Ökozone" (ebd.).
238 In der britischen Geographiedidaktik wurde sogar deutlich vor einer expliziten Leistungsdifferenzierung gewarnt, da schwächere Schüler sich dadurch stigmatisiert fühlen könnten (Hunt, Jebb 2001, S. 16). In der deutschen Pädagogik sah man die Probleme eher bei der äußeren Differenzierung in einem Kurssystem: Dort gebe es deutliche „diagnostische Schwierigkeiten hinsichtlich der Auswahlkriterien, der Ermittlung von Fähigkeitsprofilen und der Korrektur von Einstufungsfehlern" (Eberwein 1998, S. 50). Dass alle diese Punkte für einen nach Leistung binnendifferenzierten Unterricht genauso zutreffen, wurde meist nicht gesehen.

dem anglophonen Raum stammen. Das Hauptaugenmerk liegt in der britischen Diskussion über Differenzierung auf dem Verhältnis zwischen Material, Aufgaben und Ergebnis (vgl. Rawding, Johnson, Price 2004, S. 19), wobei sich verschiedene Varianten ergeben können:

- Gleiche Materialien, gleiche Aufgaben, verschiedene Ergebnisse (Rawding, Johnson, Price 2004, S. 19). Diese Form der Binnendifferenzierung finde eigentlich immer statt (Eberwein 1998, S. 51; Miller 1999, S. 58f), werde aber in der Praxis meist mit Sanktionen gegen den schwächeren Schüler belegt. In der konstruktivistischen Didaktik lasse sich diese Form der Differenzierung auch positiv nutzen, wenn „die Kategorien von ‚richtig / falsch' (…) durch die Begriffe ‚plausibel', ‚in sich stimmig', ‚einleuchtend', ‚angemessen', ‚sowohl-als-auch', ‚nachvollziehbar'…u. ä." (Miller 1999, S. 60) erweitert würden, so dass Informationen unterschiedlich erklärt und Gedankengänge unterschiedlich interpretiert werden könnten. Ebenfalls als positiv zu verstehen seien unterschiedliche Ergebnisse dort, wo es um divergierende Probleme (Werning, Kriwet 1999, S. 7 – vgl. Kap. 6.2.3.1) gehe, die als solche diskutiert werden sollten, anstatt vorschnell fertige Lösungen zu präsentieren. Hierher gehören z. B. die Arbeit mit Phantasiereisen (Unterbruner 1998, S. 32f; Wollnik 2000, S. 27), Zukunftsszenarien (Fountain 1996, S. 203) oder Schreibgespräche (Schramke, Uhlenwinkel 1999).

- Verschiedene Materialien, gleiche Aufgaben, verschiedene Ergebnisse (Rawding, Johnson, Price 2004, S. 19): Dieser Ansatz erlaube es dem Lehrer im Rahmen der Behandlung eines vom Lehrplan vorgegebenen Unterrichtsgegenstandes, Beispiele aus verschiedenen Regionen oder verschiedenen thematischen Schwerpunkten anzubieten. Damit könne auf der einen Seite den verschiedenen Interessen der Schüler stärker entgegengekommen werden, auf der anderen Seite werde aber auch die Vermittlung eines Bildes der Welt vermieden, das vor allem auf „consensus" (Dove 1999, S.38), also auf der einen richtigen Vorstellung, und weniger auf „argument" (Dove 1999, S.38) beruhe, denn unterschiedliche Beispiele

508

könnten unterschiedliche Deutungen, Assoziationen, Erklärungen, Perspektiven, Bewertungen, Lösungsphantasien o. ä. nahe legen.

- Gleiche Materialien, verschiedene Aufgaben, verschiedene Ergebnisse (Rawding, Johnson, Price 2004, S. 19): Dieser Differenzierungstypus lässt sich z. B. in der auch in Deutschland bekannten Form des Lesetagebuchs wieder finden (Schramke, Uhlenwinkel 2001a; Böcker 2002; Kreuzberger 2003). Bei diesem Ansatz soll der Lehrer dem Schüler über die Aufgabenstellung verschiedene Lernstrategien ermöglichen. Dabei kommt besonders den Elaborationsstrategien und den Reduktions- / Organisationsstrategien eine große Bedeutung zu (Friedrich 1999, S. 165). Elaborationsstrategien sollen dabei helfen, „neue Information mit bereits vorhandenen Wissensbeständen zu verknüpfen" (ebd., S. 165), also die neue Information zu erweitern, etwa durch das Zeichnen eines Bildes oder das Suchen nach einem konkreten Beispiel für einen abstrakten Sachverhalt (Metzig, Schuster 1982, S. 141; Friedrich 1999, S. 165). Reduktions- / Organisationsstrategien dagegen sollen „Bezüge innerhalb des neu zu erwerbenden Wissens herstellen, um dieses zu organisieren und zu reduzieren" (Friedrich 1999, S. 166). Dabei bietet sich besonders die Nutzung von Maps oder Flussdiagrammen an (Metzig, Schuster 1982, S. 119; Friedrich 1999, S. 166).
- Verschiedene Materialien, verschiedene Aufgaben, verschiedene Ergebnisse (Hunt, Jebb 2001, S. 16): Diese Variante findet sich vor allem in Freiarbeitsformen wie Wochenplänen (Uhlenwinkel 2000a, 2003c) und Lernzirkeln (Kreuzberger 2000; Krienke u. a. 2000; Tatsch 2000a; Uhlenwinkel 2000c; 2003a). Für beide Formen gilt, dass sie die drei zuvor genannten Differenzierungsmöglichkeiten beinhalten müssen, um mehr zu sein als schlichte Aneinanderreihungen von Arbeitsaufgaben oder –blättern (vgl. Uhlenwinkel 2005a, S. 48), nämlich teilnehmerzentrierte Unterrichtsarrangements.
- Verschiedene Materialien, gleiche Aufgaben, ein Ergebnis: Diese Form der Binnendifferenzierung berücksichtigt besonders auch das „soziale Lernen"

(Eberwein 1998, S. 49), denn hier werden einzelne Schüler zu „Experten"
(Frieling, Uhlenwinkel 2000, S. 32), deren Kenntnisse und Fähigkeiten von
der Gruppe gebraucht werden. Diese Form der Binnendifferenzierung lässt
sich etwa im Gruppenpuzzle (Klippert 1995, S. 151; Frieling, Uhlenwinkel
2000, S. 32; Hoffmann 2003, S. 42f) oder Reportage-Puzzle (Klippert 1995,
S. 149; Uhlenwinkel 2003d, S. 30) verwirklichen.

Bei allen diesen Differenzierungsmöglichkeiten ist eine Differenzierung nach
Leistung nicht völlig ausgeschlossen, sie ist oft sogar impliziert (Rawding, Johnson, Price 2004, S. 19), allerdings steht sie bei den teilnehmerzentrierten Unterrichtsarrangements nicht im Mittelpunkt, und es geht auch nicht in erster
Linie darum, dass alle am Ende das gleiche Lernziel erreichen, denn konstruktivistisches Lernen ist immer auch „zieldifferentes Lernen" (Eberwein 1998, S.
53): Jeder lernt nur das, was er „in bestehendes Vorwissen integrieren kann"
(ebd., S. 52). Deswegen kommt es im teilnehmerzentrierten Unterricht ebenso
darauf an, „mit einzelnen Kindern zusammen immer wieder die Möglichkeiten
und Grenzen ihrer Lern- und Leistungsfähigkeit durch Beobachtung erfahrbar
zu machen" (ebd., S. 54). Wie für alle anderen Felder teilnehmerzentrierten
Arbeitens steht auch hierfür eine Reihe methodischer Arrangements zur Verfügung, die von den verschiedenen Formen der Präsentation (Stary 1997; Uhlenwinkel 2000b) bis zu Portfolios (Czekalla 2004; Easley, Mitchell 2004; Häcker
2005) reichen.

In der deutschen Lehrerschaft gilt Binnendifferenzierung allerdings auch Ende
der 90er Jahre noch als „Reizthema" (Ahlring 2000, S. 8). Sie wird als „Illusion"
(ebd., S. 8; Groeben 1997, S. 6) bezeichnet, als eine „Überforderung" (Ahlring
2000, S. 8 – vgl. Groeben 1997, S. 6; Roeder 1997, S. 13), der weder jüngere
(Roeder 1997, S. 13) noch ältere (Ahlring 2000, S. 8) Kollegen gerecht werden
könnten. Potenziert werde das Unbehagen zudem durch die fehlenden Hilfen
aus der Pädagogik und Fachdidaktik, es gebe „niemanden, der es einem zeigen
kann..." (zitiert nach Ahlring 2000, S. 8). Unbestritten erfordert ein teilnehmerzentrierter Unterricht von den Lehrern ein hohes Maß an Professionalität. Viele

haben Angst vor dem angeblichen oder tatsächlichen Kontrollverlust, sei es nun in Bezug auf die Disziplin der Schüler (Meyer, Meyer 1997, S. 35) oder in Bezug auf die Ergebnissicherung (Schramke 1999b, S. 94). Hinzu kommt, dass der Lehrer in Bezug auf den Inhalt auch seine „eigenen Idiosynkrasien" (Foerster, Pörksen 2004, S. 72 – vgl. Dove 1999, S. 39) erkennen muss. Er müsse wissen, „wie und auf welche Weise *er* sich angewöhnt hat, die Welt, seine Umgebung, sein Gegenüber zu sehen" (Foerster, Pörksen 2004, S. 72 – Herv. A. U.). Gleichzeitig müsse er, entgegen seinem Bestreben, den Stoff durchzubekommen (Meyer, Meyer 1997, S. 35), „die Überwindung des flüchtigen Blicks [und] die Wiederentdeckung der Langsamkeit" (Daum 1991a, S. 167) betreiben. Solch ein Lernprozess „,kostet' Zeit; man ,schafft' weniger Inhalte, arbeitet erzwungenermaßen exemplarisch" (Schramke 1999b, S. 84) – und ist damit wieder bei der Forderung Schultzes, die in den 70er Jahren noch kaum durchsetzbar war. Nur hat sich das gesellschaftliche Umfeld inzwischen ebenso verändert, wie sich die Erklärung von Lernprozessen weiterentwickelt hat. Schüler immer noch auf das Leben in den 1950er Jahren vorbereiten zu wollen, macht heute noch weniger Sinn als in den 1970er Jahren.

6.2.3. VERBANDSPOLITIK: GRUNDLEHRPLAN GEGEN CURRICULUM 2000+

Ende der 90er Jahre entstand auf verschiedenen Seiten das Bedürfnis, den Basislehrplan von 1980 „nach beinahe zwanzig Jahren hinsichtlich seiner Inhalte und Methoden den Erfordernissen der Zeit anzupassen" (Schallhorn 2000, S. 42). Zwar hatte schon der Basislehrplan sein Ziel *nicht* erreicht, die Lehrpläne der verschiedenen Bundesländer einander anzugleichen (Kirchberg 2000, S. 54; Schallhorn 2000, S. 42), doch Mitte der 90er Jahre meinte man offensichtlich erneut auf eine Bedrohung der geographischen Bildung reagieren zu müssen (ebd., S. 42): Die „Zersplitterung der Fachwissenschaft Geographie, die stark divergierenden Strömungen in der Geographiedidaktik und die Stundenkürzungen durch die Bildungsminister in den Ländern haben die Position des Faches in den deutschen Schulen nicht gerade gestärkt" (Kirchberg 2000, S. 60). Für die Erstellung eines neuen Planes sei – so Hemmer im Interview - 1997 eine Arbeitsgruppe in der DGfG eingerichtet worden, an der Vertreter aller Verbände beteiligt gewesen seien. Diese Arbeitsgruppe habe allerdings nur zwei Sitzungen überlebt. Schon bei der zweiten Zusammenkunft hätten die Schul-geographen es zu einem Eklat kommen lassen, wonach die Sitzung frühzeitig beendet worden sei. Eine fachliche Begründung für die Differenzen konnte Hemmer nicht nennen, es habe eher „unterschwellige Aggressionen" gegeben. Die Schulgeographen hätten wohl Angst gehabt, „in etwas hineingezogen zu werden, das sie nicht wollten". Nach der Auseinandersetzung arbeiteten die zwei Gruppen an je eigenen Lehrplanempfehlungen. Das Ergebnis dieser Bemühungen war auf der einen Seite der „Grundlehrplan Geographie" (VDSG 1999) und auf der anderen Seite das „Curriculum 2000+" (Arbeitsgruppe Curriculum 2000+ 2002a; 2002b). Beide Lehrplanempfehlungen unterschieden sich allerdings nicht so sehr voneinander, wie es die Vorgeschichte vermuten lassen könnte. Beide zeigten aber sehr deutlich die desolate Lage sowohl der fachpolitischen als auch der geographiedidaktischen Auseinandersetzung am Ende der 90er Jahre[239].

Einer der augenfälligsten Unterschiede zwischen den beiden Lehrplanempfehlungen lag dabei im Umgang mit der inzwischen entstandenen Pluralität im Schulfach und seiner Didaktik:

- Die Autoren des Curriculum 2000+ haben Hemmer zufolge bewusst *nicht* versucht, gegen die sehr unterschiedlichen Konzepte der Länder ein Gegenkonzept zu stellen, da man davon ausging, dass einzelne Länder, die nichts von ihrem Konzept in den Empfehlungen wieder fänden, den Plan von vornherein nicht beachten würden. Stattdessen hätten sich die beteiligten Vertreter bemüht, einen Plan „auf höherer Ebene" zu formulieren.

---

[239] Dieser Einschätzung entgegen steht z. B. die Einschätzung Rhode-Jüchterns, der das Curriculum 2000+ offensichtlich für eine „entwickelte konsensfähige und belastbare Konzeption" (Rhode-Jüchtern 2004, S. 218) hielt, die es bisher noch nicht gab – auch nicht in Form des „Grundlehrplans Geographie" des Verbandes Deutscher Schulgeographen (ebd., S. 218).

512

Damit bestehe die Chance, „die Fraktionierungen im eigenen Fach, die destruktive Praxis der Gegenidentifikation langsam zu beenden" (Rhode-Jüchtern 2004, S. 215).

- Die Autoren der Grundlehrplans haben dagegen versucht, in den Vorbemerkungen die gesamte Palette der vorhandenen Vorstellungen und Konzepte als „neue Impulse" (VDSG 1999, S. 5) zur Grundlage ihrer Überlegungen zu machen. Diese Impulse reichten von einer „veränderten Kindheit und Jugend" (ebd., S. 5) über die verschiedensten Zielformulierungen – Raumverhaltenskompetenz (ebd., S. 5) „Umwelterziehung" (ebd., S. 6), „Bewahrung der Erde" (ebd., S. 6), „Internationale Erziehung" (ebd., S. 6), Europaerziehung (ebd., S. 6) sowie Heimatbewusstsein[240] (ebd., S. 6) – und fachlichen Bezugspunkte – „Geowissenschaften" (ebd., S. 5), „Länderkunde" (ebd., S. 6) – bis hin zu eher unterrichtspraktischen Ansätzen wie der „Fächerkooperation" (ebd., S. 6) und dem Einsatz neuer Medien. Damit hat der Grundlehrplan die vielen Impulse zwar verbal aufgegriffen (vgl. Kirchberg 2000, S. 56), er ordnet sie dann aber nicht mehr den einzelnen Klassenstufen (ebd., S. 56) oder gar Themen zu.

Beide Lehrplanempfehlungen waren damit auf ihre jeweils eigene Art konzeptionslos und scheuten davor zurück, richtungsweisende Neuorientierungen anzubieten.

Beide Lehrplanempfehlungen betonten in unterschiedlichen Kontexten, dass ihre Ansätze der in den 90er Jahren viel diskutierten Schüler- bzw. Alltagsorientierung verpflichtet seien (VDGS 1999, S. 12; Arbeitsgruppe Curriculum 2000+ 2002b, S. 6), ohne diesen Grundsatz im Folgenden explizit umzusetzen. Beide Lehrplanempfehlungen unterschieden in ihren Zielsetzungen inhaltliche Kompetenzen (VDGS 1999, S. 8; Arbeitsgruppe Curriculum 2000+ 2002b, S. 9), methodische Kompetenzen (VDGS 1999, S. 8; Arbeitsgruppe Curriculum 2000+ 2002b, S. 10f) sowie personale und soziale Kompetenzen (VDGS 1999, S. 9;

---

240 „Wird Heimat zum Gegenstand von Lernprozessen, dann soll in das Denken, Empfinden und Handeln von Kindern und Jugendlichen eingegriffen werden" (Hasse 1988, S. 26).

Arbeitsgruppe Curriculum 2000+ 2002b, S. 10). In den näheren Ausführungen dieser Zielsetzungen ergaben sich allerdings graduell durchaus bemerkenswerte Unterschiede[241]:

- Während sich die Schulgeographen im Bereich der methodischen Kompetenzen vor allem auf Fachmethoden wie die Nutzung verschiedener Informationsquellen, die Anwendung verschiedener Techniken der Feldbeobachtung und –kartierung und den Gebrauch verschiedener Präsentationstechniken konzentrierten (VDSG 1999, S. 8), nannte die Arbeitsgruppe Curriculum 2000+ hier explizit auch die Fähigkeit, Lernstrategien einsetzen und wissenschaftliche Verfahren anwenden zu können (Arbeitsgruppe Curriculum 2000+ 2002b, S. 11).
- Im Bereich der inhaltlichen Kompetenzen formulierten die Schulgeographen die Zielsetzungen deutlich stringenter auf Wissen oder Können gerichtet als die Arbeitsgruppe Curriculum 2000+. Während z. B. die Beschäftigung mit den natürlichen Systemen der Erde bei den Schulgeographen „nur" dazu dienen sollte, „die Interaktion innerhalb und zwischen Ökosystemen verstehen zu können" (VDSG 1999, S. 8), verfolgte die Arbeitsgruppe Curriculum 2000+ mit einem identischen Inhalt gleich das Ziel, „in Wirkungszusammenhängen denken und umweltbewusst handeln zu können" (Arbeitsgruppe 2000+ 2002b, S. 9 – vgl. Kasten 22). Damit wurden im Curriculum 2000+ bereits auf der reinen Inhaltsebene Verhaltensziele angestrebt.
- Auch im Bereich der personalen und sozialen Kompetenzen unterschieden sich die Zielsetzungen der beiden Lehrpläne deutlich. Die Schulgeographen formulierten ihre Ziele vergleichsweise offen und im Duktus übergeordneter demokratischer Institutionen. Dementsprechend sollte der Unterricht Schüler z. B. dazu befähigen, „die Bedeutung von Werten und

---

241 Da sich die Anordnung der drei verschiedenen Kompetenzbereiche in den beiden Lehrplanempfehlungen unterschied, ist hier nicht beiden gleichzeitig gerecht zu werden. Für eine schlüssigere argumentative Darstellung habe ich mich für eine zu beiden Entwürfen alternative Anordnung der Kompetenzbereiche entschieden.

514

Einstellungen bei Entscheidungsfindungen zu verstehen" (VDGS 1999, S. 9). Die Arbeitsgruppe Curriculum 2000+ dagegen formulierte die Ziele eher normativ im Duktus von Interessengruppen. In Bezug auf die Bedeutung von Werten und Normen hieß es im Curriculum 2000+ folglich: „Aufgeschlossenheit für ethische Kategorien (Normen, Werte) und das Wissen um ihre Bedeutung bei Entscheidungsfindungen sowie die Bereitschaft diese zu übernehmen, um Leitlinien für verantwortliches Handeln zu besitzen" (Arbeitsgruppe Curriculum 2000+ 2002, S. 10 – vgl. Kasten 23).

Kenntnis und Verstehen (Grundlehrplan)
- von Orten und Räumen, um nationale und internationale Ereignisse in einen geographischen Rahmen einordnen und grundlegende räumliche Gegebenheiten und Beziehungen verstehen zu können;
- wichtiger natürlicher Systeme der Erde (Landformen, Böden, Wasserkörper, Klimate, Vegetation), um die Interaktion innerhalb und zwischen Ökosystemen verstehen zu können;
- wichtiger sozioökonomischer Systeme (Landwirtschaft, Siedlung, Transport, Industrie, Handel, Energie, Bevölkerung, Staaten), um Einsicht in Orte und Räume zu erhalten;
- von Verschiedenheiten der Völker und Gesellschaften auf der Erde, um kulturelle Vielfalt der Menschheit zu erfahren;
- von Strukturen und Prozessen in Heimatregion und Heimatland als dem täglichen Handlungsraum;
- von Herausforderungen und Chancen globaler Abhängigkeiten.

Inhaltliche Kompetenzen (Curriculum 2000+)
- Topographisches Orientierungswissen und Kenntnis räumlicher Ordnungsraster, um für sich selbst und zum Einordnen geographischer Objekte Standortbestimmungen durchführen und die durch Medien vermittelte Informationsfülle ordnen zu können.
- Kenntnis und Verständnis unterschiedlicher Raumwahrnehmung und Raumbewertung, um Räume und Probleme mehrperspektivisch zu sehen und analysieren zu können.
- Kenntnis und Verständnis der Möglichkeiten von Individuen und Institutionen, einen Raum zu konstruieren, um Relativität und Subjektivität des Raumbegriffs zu erfahren
- Kenntnis und Verständnis von räumlichen Strukturen (z. B. Naturraumstrukturen, Ausstattung mit Ressourcen, Kategorien, Disparitäten), um deren Vielfalt zu erfahren und ein differenziertes Weltbild zu gewinnen.
- Kenntnis und Verständnis von natürlichen und anthropogen induzierten raumbezogenen Prozessen, um deren Einflussfaktoren zu erkennen und Mitverantwortung für Planungen im Raum zu übernehmen zu können.
- Kenntnis und Verständnis von natürlichen Systemen (Geoökosystemen) der Erde, um in Wirkungszusammenhängen denken und umweltbewusst handeln zu können.

- Kenntnis und Verständnis von gesellschaftlichen / ökonomischen Bedingungen und Wechselwirkungen auf der Erde, um an einer nachhaltigen Entwicklung in der Einen Welt sozialverträglich mitwirken zu können.
- Kenntnis und Verständnis des Zusammenwirkens von natürlichen und anthropogenen Faktoren, um raumbezogene Probleme wahrnehmen, vermeiden oder zu deren Lösung beitragen zu können.
- Kenntnis und Verständnis der Notwendigkeit, raumbezogene Entwicklungen zukunftsfähig zu gestalten, um sich kompetent in entsprechende Entscheidungsprozesse einbringen zu können.
- Kenntnis und Verständnis von globalen, regionalen und lokalen Zusammenhängen, um im Bewusstsein dieser Verflechtungen verantwortungsbewusst handeln zu können.
- Kenntnis und Verständnis der Lebens- und Wirtschaftsweise von unterschiedlichen Völkern und Kulturen, um deren Vielfalt als kulturellen Reichtum zu erfahren.
- Kenntnis und Verständnis von verschiedenen Ländern und Regionen, um deren Unterschiede und Gemeinsamkeiten zu erfahren und nationale wie internationale Ereignisse in einen geographischen Rahmen einordnen zu können.

Kasten 22: Inhaltliche Kompetenzen in den Lehrplanempfehlungen des Verbandes Deutscher Schulgeographen und der Arbeitsgruppe Curriculum 2000+
(Quelle: VDSG 1999, S. 8; Arbeitsgruppe Curriculum 2000+ 2002b, S. 9)

Diese unterschiedlichen Zielformulierungen sind besonders in Bezug auf die Art des zu vermittelnden Wissens von Bedeutung. Die Arbeitsgruppe Curriculum 2000+ unterstrich bereits in der Einleitung zu ihren Empfehlungen, dass die im Papier „entfalteten Zielsetzungen inhaltlich und formal innovativ" (Arbeitsgruppe Curriculum 2000+ 2002b, S. 5) seien, weil „sie konsequent auf Verhaltensdispositionen der Schüler / innen ausgerichtet" (ebd., S. 5) seien. Der Verband der Deutschen Schulgeographen wollte sich dagegen nicht einseitig auf Handlungswissen festlegen lassen. Beim Vergleich von Basislehrplan und Grundlehrplan betonte Kirchberg ausdrücklich, dass „damals im Rahmen des lernzielorientierten Unterrichtskonzepts die Zielsetzungen absolut vorrangig" (Kirchberg 2000, S. 56) gewesen seien, während „heute auch (wieder) Unterrichtsinhalte als Lerngegenstand umrissen" (ebd., S. 56) würden. Dass sich diese Unterrichtsinhalte vor allem auf Verfügungswissen bezogen, lässt sich zum einen aus der Betonung der „Topographie als eigenem Lernfeld" (ebd., S. 60) und dem verstärkten Gewicht der Länderkunde (VDSG 1999, S. 6) entnehmen, zum anderen aber auch aus der Tatsache, dass dem arbeitenden Wissen

516

im Sinne Schultzes (Schultze 1970, S. 7) praktisch kaum Beachtung zukam. Dies galt allerdings auch für das Curriculum 2000+.

Einstellungen, Werte und Verhalten (Grundlehrplan)
Schülerinnen und Schüler werden durch den Geographieunterricht befähigt,
- Interesse an ihrem Lebensraum und an der Vielfalt der natürlichen und kulturellen Er-scheinungen auf der Oberfläche der Erde zu nehmen;
- die Schönheit der natürlichen Welt und die Verschiedenheit der Lebensbedingungen der Menschen zu schätzen;
- die Umwelt auch als Lebensraum zukünftiger Generationen zu bewahren;
- die Bedeutung von Werten und Einstellungen bei Entscheidungsfindungen zu verstehen; geographische Kenntnisse und Fähigkeiten im privaten, beruflichen und öffentlichen Le-ben angemessen zu nutzen;
- die Gleichberechtigung aller Menschen zu respektieren;
- sich für die Lösung lokaler, regionaler und internationaler Probleme auf der Basis der „Universellen Erklärung der Menschenrechte" (Vereinte Nationen 1948) zu engagieren.

Personale und soziale Kompetenzen (Curriculum 2000+)
- Aufgeschlossenheit für ethische Kategorien (Normen, Werte) und das Wissen um ihre Bedeutung bei Entscheidungsfindungen sowie die Bereitschaft diese zu übernehmen, um Leitlinien für verantwortliches Handeln zu besitzen.
- Interesse am Heimatraum und anderen Lebenswelten, um sowohl regional-kulturelle Identifikation als auch weltoffenes Verhalten zu entwickeln.
- Aufgeschlossenheit für die Schönheit, Vielfalt und Eigenart von Natur und Landschaften, um sich für deren Bewahrung einzusetzen und um die eigene Persönlichkeit zu berei-chern.
- Mitverantwortung für die Lebensbedingungen zukünftiger Generationen, um die Bereit-schaft zu fördern, sich für eine bessere Qualität der Umwelt und für eine nachhaltige Entwicklung einzusetzen.
- Bereitschaft an nachhaltigen Entwicklungsprozessen mitzuwirken, um das Leben in der Einen Welt zu sichern und Unterschieden der wirtschaftlichen Entwicklung entgegen zu wirken.
- Anerkennung der Gleichwertigkeit von Völkern und des Eigenwerts der Kulturen, um Dialogfähigkeit, Toleranz und Empathie zu entwickeln sowie kulturell bedingte Lebens-formen zu verstehen.
- Respektierung der Gleichberechtigung aller Menschen und Bereitschaft, sich für die Einhaltung der Menschenrechte einzusetzen, um Solidarität zu entwickeln und zur Frie-denssicherung beizutragen.
- Fähigkeit und Bereitschaft zur Selbstreflexion, um zum Abbau von Vorurteilen bei sich und anderen beizutragen.
- Mut zur Zukunft, um ihr zuversichtlich entgegenzusehen und sie verantwortungsbewusst mitzugestalten.

- Fähigkeit und Bereitschaft zur Kommunikation und Diskussion, um gemeinsam mit anderen konstruktiv an Lösungen arbeiten zu können.
- Bewusstheit von Interessenkonflikten bei Nutzungsansprüchen verschiedener Personen und Gruppen, um die Ursache solcher Konflikte zu verstehen und sie in angemessener Weise auszugleichen.
- Sensibilisierung für die existentielle Bedrohtheit durch Naturkatastrophen, um sie einerseits in ihrer Unvermeidlichkeit zu verstehen, andererseits um Beiträge zur Linderung der Notlagen der Betroffenen zu leisten.

Gemeinsam war beiden Entwürfen auch die Art ihres Bezugs auf die Wissenschaften. Sowohl der Verband der deutschen Schulgeographen als auch die Arbeitsgruppe Curriculum 2000+ postulierten zwar ihre Wissenschaftsorientierung (VDGS 1999, S. 13; Arbeitsgruppe Curriculum 2000+ 2002b, S. 6), verstanden darunter aber offensichtlich zum einen rein formal „Methoden der Wirklichkeitserschließung" (Arbeitsgruppe Curriculum 2000+, S. 6) oder „Verfahrens- und Erkenntniswissen" (VDSG 1999, S. 13) und zum anderen eher objektsprachlich definierte „Inhalte" (Arbeitsgruppe Curriculum 2000+, 2002b, S. 6) oder „Gegenstände" (VDSG 1999, S. 13). Die bereits zu Beginn der 80er Jahre von Daum begründete Forderung, „dem Lernenden sozusagen Gerüste für die Entfaltung kognitiver Fähigkeiten im Umgang mit den räumlichen Konzepten zu liefern" (Daum 1981, S. 22), fand in keinen der beiden Entwürfe Eingang[242]. Entsprechend oberflächlich war der Bezug zur eigentlichen Mutterwissenschaft, der „Geographie". Wollte man sich wirklich an der eigenen

---

242 Einzige Ausnahme war hier der von Ute Wardenga für das Curriculum 2000+ vorgelegte Entwurf zur Umsetzung des Themas „'Räume' werden gemacht – die konstruktivistische Perspektive auf die Welt" (Arbeitsgruppe Curriculum 2000+ 2002b, S. 24-26). Dieser Ansatz, der sich auf die im Bildungsauftrag formulierten Perspektiven bezog, unter denen man „Raum" betrachten könne (vgl. Arbeitsgruppe Curriculum 2000+ 2002b, S. 8), stand allerdings überaus isoliert da. Auf die anderen Entwürfe hatte die konstruktivistische Sicht praktisch keine Auswirkung: Die „nachhaltige Stadtentwicklung" wurde ebenso wenig als Konstrukt thematisiert wie Karten und Satellitenbilder oder die Vorstellung, „dass sich Menschen anhand sichtbarer / beobachtbarer Merkmale ethnisch-kulturell voneinander unterscheiden" (Thieme in Arbeitsgruppe Curriculum 2000+ 2002b, S. 17 – vgl. dazu Schultz 1999c).

518

Wissenschaft orientieren, dann hätte man z. B. mit Blick auf die Wirtschaftsgeographie Konzepte wie die „langen Wellen der Regionalentwicklung" (Marshall 1987; Bathelt, Glückler 2002, S. 247-251), Filiéres (Schamp 2000, S. 25-37; Lenz 2005) oder Netzwerkbildungen (Schamp 2000, S. 64-101; Bathelt, Glückler 2002, S. 153-193) thematisieren und an schülergerechten Beispielen darstellen müssen. Das war aber nicht geschehen.

Stattdessen nannten beide Entwürfe mehr oder weniger kontingente Themen. Im Grundlehrplan wurde dabei eine ganze Palette unterschiedlichster Inhalte geboten, die verschiedenen Klassenstufen zugeordnet wurden und vom „Reisanbau auf Java" (VDSG 1999, S. 17) über den „Karst im Dinarischen Gebirge" (ebd., S. 19) bis zur „Stellung Australiens im Welthandel" (ebd., S. 21) reichten. Dabei gab es auch Gegenstände, die es entweder gar nicht gab, wie z. B. das „Güterverkehrszentrum Seddin" [243] (ebd., S. 17 – vgl. Warkenthin 2004, Anhang) oder zu denen keine neuere fachwissenschaftliche Literatur vorlag, wie z. B. zum „Wertwandel in der Pampa"[244] (VDSG 1999, S.19).

Dem Curriculum 2000+ waren lediglich fünf Beispiele angehängt, die verdeutlichen sollten, „wie die herausgearbeiteten Grundsätze bei der Umsetzung auf konkrete Beispiele wirksam werden können" (Arbeitsgruppe Curriculum 2000+). Inhaltlich spiegelten diese Beispiele mehr oder weniger deutlich die jeweiligen persönlichen Präferenzen der Autoren. Angeboten wurden dabei:

---

243 Dies musste eine Studentin erfahren, die im Seminar „Einführung in die Geographiedidaktik II" das Thema „Im Güterverkehrszentrum Seddin" bei der Zulosung von Gegenständen für einen Unterrichtsentwurf gezogen hatte. Nach arbeitsintensiver Recherche fand sie heraus, dass es nicht nur das Güterverkehrszentrum nicht gibt, sondern dass Seddin nicht einmal über einen Gleisanschluss verfügt (Warkenthin 2004, Anhang).
244 Eine Lidos-Recherche zum Stichwort „Pampa" ergab keinen einzigen Eintrag (SSG 2004b). Die Suche nach dem Begriff „Pampa" im Titel brachte immerhin zwei Treffer: „Die Pampa – Korn- und Fleischkammer der Erde" aus einem Heft der Praxis Geographie aus dem Jahr 1988 und „Patterns of organic matter accumulation in soils of the semiarid Argentinian Pampas" aus der Zeitschrift für Pflanzenernährung und Bodenkunde aus dem Jahr 1991. Es darf begründet bezweifelt werden, ob sich auf dieser Grundlage ein zeitgemäßer, wissenschaftlich fundierter Unterricht entwickeln lässt.

„Internationale Wanderungen und ethnische Vielfalt"[245] (ebd., S. 16),
„Stadtökologie und nachhaltige Stadtentwicklung" (ebd., S. 20), „'Räume werden gemacht – die konstruktivistische Perspektive auf die Welt" (ebd., S 24),
„Die Nutzung neuer Informations- und Kommunikationstechnologien – am Beispiel ‚Der Sanxia (Drei-Schluchten)-Staudamm in China'"[246] (ebd., S. 27) und
„Regionales Beispiel – Indien"[247] (ebd., S. 34).

So unterschiedlich beide Lehrplanempfehlungen im Detail auch sein mochten,
sie waren beide deutlich stärker am Handlungswissen der Schüler als an den
Theoriebeständen ihrer Mutterwissenschaft orientiert. Das mag daran liegen,
dass es unter den Geographiedidaktikern Ende der 90er Jahre eine tiefe Abneigung gegen die Abbilddidaktik gab, die dementsprechend „in dieser strengen
Form kaum noch ernsthaft vertreten wird" (Schrand 1999, S. 113). Wenn eine
solche Ablehnung aber dazu führt, ganz von der Vermittlung von Kenntnissen
und Fertigkeiten abzusehen, dann besteht auch die Gefahr der „Emotionalisierung traditioneller fachlicher Inhalte" (Hasse 1988, S. 26), womit den Schülern
ebenso wenig geholfen ist.

---

245 Dieser Beitrag bezog sich noch am deutlichsten auf die zuvor formulierten curricularen
Grundsätze. Das führte bei der Benennung der „inhaltlichen Kompetenzen" allerdings dazu,
dass oft nichts wirklich Neues gesagt wurde: Aus der allgemein formulierten inhaltlichen Kompetenz „Kenntnis und Verständnis von natürlichen und anthropogen induzierten raumbezogenen Prozessen, um deren Einflussfaktoren zu erkennen und Mitverantwortung für Planungen
im Raum übernehmen zu können" (Arbeitsgruppe Curriculum 2000+ 2002,b, S. 9) wurde bezogen auf das konkrete Beispiel dann: „Kenntnis und Verständnis von [natürlichen und] anthropogen induzierten Prozessen im Raum, um deren raum-zeitliche Veränderbarkeit und damit
Mitverantwortung für räumliche Planungen übernehmen zu können" (Thieme in Arbeitsgruppe
Curriculum 2000+ 2002b, S. 16).
246 Dieser Beitrag soll der Arbeitsgruppe zufolge „methodenorientiert angelegt" (Arbeitsgruppe
Curriculum 2000+ 2002b, S. 15) sein. „Neue Lehr-, Lern- und Unterrichtsformen" (Hassenpflug
in Arbeitsgruppe Curriculum 2000+ 2002b, S. 27) sind allerdings im gesamten Entwurf nicht zu
finden. Der wiederholte Hinweis auf Arbeitsgruppen (ebd., S. 28 und 30) bezeichnet keine
Methoden, sondern Sozialformen (Meyer 1987a, S. 136-143). Was bleibt, sind die Arbeit mit
dem Internet (Hassenpflug in Arbeitsgruppe Curriculum 2000+ 2002b, S. 27) und mit Satellitenbildern (ebd., S.28 und 30f). Beides sind aber Medien, keine Methoden.
247 Dieser Beitrag orientiert sich zwar an den allgemein formulierten Grundsätzen, ist aber
wenig informativ, da er sich weitgehend auf die Nennung und Zuordnung oft objektsprachlicher
Begriffe beschränkt. Viele Begriffe werden ohne Nennung von Gründen verschiedenen Stichworten gleichzeitig zugeordnet.

520

6.3 DIE 90ER JAHRE – EINE ZUSAMMENFASSUNG

Vermutlich aufgrund der mangelnden eigenen Theoriebildung und der Rückkehr eines um Lethmate und Schultz erweiterten Kreises von Schmuddelkindern griff die Geographiedidaktik in den 90er Jahren verstärkt auf Konzepte aus den Nachbarwissenschaften zurück. Dies führte allerdings zu einer erheblichen Fragmentierung der eigenen Disziplin[248]:

1. Sowohl Kroß als auch Schmidt-Wulffen griffen mit ihren Vorstellungen zur „Bewahrung der Erde" bzw. zum „Globalen Lernen" und zu den Schlüsselproblemen auf Zielformulierungen aus der Bildungstheorie und -politik zurück.

2. Rhode-Jüchtern bezog sich in seinen Darstellungen auf einen ganzen Strauß von Autoren von der Soziologie (Luhmann) bis zur Biologie (-didaktik) (Verbeek).

3. Ingrid Hemmer stellte ihre empirischen Untersuchungen in einen Zusammenhang mit der pädagogischen Interessenforschung.

4. Hard, Daum, Schramke und auch Lethmate machten den in verschiedenen Disziplinen diskutierten Ansatz des Konstruktivismus (auch) für die Geographiedidaktik nutzbar.

5. Schultz und Lethmate erinnerten die Geographiedidaktiker einmal mit historischem, einmal mit naturwissenschaftlichem Schwerpunkt an ihre fachlichen Grundlagen. Hard zeigte, wie man beides – Natur- und Sozialwissenschaft - im Nahraum zu spannendem Unterricht machen kann.

Diese Rückbindung an theoretische Konzepte aus den Nachbarwissenschaften hat allerdings nicht in allen Teilen zu einer stärkeren Schwerpunktsetzung in der Forschung geführt, selbst wenn es von manchen Fachvertretern so wahrgenommen wird. Erneute Verschiebungen und Differenzierungen gab es vor allem im Bereich der praktischen Anwendung:

---

248 Die folgende „Raffung" spitzt zu. Sie schließt nicht aus, dass einzelne Didaktiker nicht zumindest auch andere genannte und weitere nichtgenannte Konzepte wahrgenommen und verarbeitet haben.

1. In Bezug auf die Fachpolitik sind – je nach eigener politischer Couleur – verschiedene Lernzielvorschläge formuliert worden (Raumverhaltenskompetenz, Bewahrung der Erde, Schlüsselprobleme). Daneben hat sich die empirische Interessenforschung etabliert, die ihre eigenen Zielvorstellungen nicht mit Rückbezug auf die politische Auseinandersetzung, sondern mit Rückbezug auf die Schüler formuliert. Schmidt-Wulffen nimmt in dieser Konstellation eine Zwischenposition ein, indem er sowohl mit Schülerbefragungen als auch mit Konzepten argumentiert.

2. Unterricht als Anwendungsfeld ist mit der Rückkehr eines erweiterten Kreises von Schmuddelkindern wieder verstärkt in den Mittelpunkt des Interesses gerückt. Daraus entsprangen unterschiedliche, aber durchaus kompatible Perspektiven, die vor allem durch die berufliche Tätigkeit der einzelnen Didaktiker vor ihrer Berufung auf eine Professur angestoßen wurden: Lethmate konzentrierte sich auf die naturwissenschaftlichen Inhalte, besonders in Grenzbereich zur Biologie, Schultz auf die Konstruktion geographischer Weltbilder in historischer Sicht und Schramke und Daum auf die Unterrichtsgestaltung mit Rückgriff auf die Erkenntnisse der Erziehungswissenschaften zu Konstruktivismus und Teilnehmerzentrierung. Hard verband alle drei Bereiche für den Unterricht mit älteren Schülern und Studenten.

Die starke Verengung auf den fachpolitischen Bereich hat in den 90er Jahren eine neue Kontroverse zwischen Didaktikern und Schulgeographen heraufbeschworen, die in der fast zeitgleichen Formulierung von Lehrplanempfehlungen zum Ausdruck kam. Doch obwohl beide Gruppen meinten, eine eigene Lehrplanempfehlung erstellen zu müssen, waren die Positionen durchaus verhandelbar, z. T. sogar sehr ähnlich.

In Bezug auf die wissenschaftliche Etablierung der Geographiedidaktik müssen die 90er Jahre als überaus ambivalent betrachtet werden. Auf der einen Seite finden sich Arbeiten, die theoretisch fundiert, mit wissenschaftlicher Fragestellung und deutlich umgrenzten Gegenstand ein Fundament für eine eigene Theoriebildung legen könnten, auf der anderen Seite gibt es einen überaus starken Drang zu lediglich fachpolitisch motivierten Arbeiten, deren Gegenstand bestenfalls als „Erhalt des Faches im Schulkanon" identifiziert werden kann. Die Fragmentierung der Forschung bedingt, dass es weder disziplinübergreifende Fragestellungen noch eine eigene, die bisherigen Ergebnisse integrierende Theoriebildung gibt.

Versucht man die Diskussionen der 90er Jahre an die Entwicklungen der 70er und 80er Jahre anzuschließen, so zeichnet sich vor allem eine ungeahnte Renaissance der Zielorientierungen ab. Allerdings wurden diese Ziele nicht mehr nur formal-inhaltlich beschrieben, wie das etwa beim Ziel „Emanzipation" in den 70er Jahren der Fall war. In den 90er Jahren wurden die Ziele *entweder* formal *oder* inhaltlich formuliert. Dabei erlebte zunächst das eigentlich aus den 80er Jahren stammende rein formale Ziel der Raumverhaltenskompetenz einen verblüffenden Aufschwung. Die sich an diesem Ziel entzündende Kritik führte in der Folgezeit zu einer ganzen Reihe mehr oder weniger umfassend formulierter inhaltlicher Ziele, die ihren normativ-moralischen Charakter nur selten verbergen konnten oder wollten. Zu diesen Zielen gehörte in erster Linie das Ziel der „Bewahrung der Erde", aus dem Teilziele wie z. B. das Ziel des sanften Reisens abgeleitet wurden. Versetzt mit Vorstellungen des Konstruktivismus und damit theoretisch überaus inkonsistent, wurde hier auch eine konstruktive Perspektive propagiert, die im Endeffekt zu Zielen führen sollte, die dem der Bewahrung der Erde durchaus kompatibel waren[249]. In seiner auf das Fach bezogenen Ausführung war auch der Ansatz der Schlüsselprobleme mit dem Ziel der Bewahrung der Erde weitgehend vereinbar. Dennoch ergab sich ein sehr plurales Bild, weil jeder Protagonist an „seinem" Begriff und den jeweils zugehörigen Versatzstücken festhielt.

Neben der erneuerten Zielorientierung hielt man besonders im Grenzbereich zwischen Didaktik und Schulgeographie auch an der Vermittlung von

---

249 Ein ähnlich inkonsistenter Ansatz findet sich einige Jahre später bei Haubrich: Er möchte mit der Entwicklung von – allerdings deutlich auf das Fachliche begrenzten – methodischen Fähigkeiten der Schüler „auch ihre Werte und Einstellungen beeinflussen und schließlich ein angemessenes soziales und ökologisches Verhalten erleichtern" (Haubrich 2005b, S. 14).

Verfügungswissen fest. Landschaftsgürtel und Kulturerdteile strukturierten vermehrt Lehrpläne und Schulbücher, je nach Bundesland und Autorenteam mit unterschiedlichen Schwerpunkten. Diesem Trend wurde vor allem in den Lehrplanempfehlungen des Verbandes der Schulgeographen Rechnung getragen.

Von der augenscheinlich nicht immer nur ertragreichen Diskussion um Zielsetzungen und objektsprachlich definierte Inhalte weitgehend unbemerkt, ist in der zweiten Hälfte der 90er Jahre der Zweig des „arbeitenden Wissens" zu neuem Leben erwacht. Genährt wurde er vor allem von fachlichen Quereinsteigern und (ehemaligen) Vertretern der „Geographie als politische Bildung", die der wissenschaftlichen Diskussion in ihren Fächern und in der Didaktik aufgrund ihrer außergeographiedidaktischen Sozialisation offensichtlich ein größeres Gewicht einräumten. Mit je unterschiedlichen fachlichen und methodischen Schwerpunkten kombinierten sie neuere Erkenntnisse aus der Neurobiologie und den Kognitionswissenschaften mit einem deutlichen Bezug auf die Vermittlung von (wissenschaftlichen) Qualifikationen. Herausgekommen ist ein bunter Strauß von Ansätzen, vom forschenden Lernen über die Betonung der historischen Perspektive bis hin zum teilnehmerzentrierten Lernen.

Welche dieser Strömungen wird das erste Jahrzehnt des 21. Jahrhunderts überleben? Werden die einzelnen Ideen weiter nebeneinanderstehen oder wird eine sich gegenüber den anderen durchsetzen? Im Interview habe ich die „Neuen" aus den 90er Jahren gefragt, wie sie die Überlebenschancen einiger Ansätze des letzten Jahrzehnts einschätzten. Ihre Antworten waren so bunt wie die Ansätze selbst:

Das Konzept der Kulturerdteile hielt Daum für schlicht überholt. Man brauche es nicht mehr zu diskutieren, weil im Prinzip alles gesagt worden sei. Rhode-Jüchtern ging dementsprechend auch gar nicht mehr auf dieses Konzept ein, während Hemmer zwar betonte, sie wolle das Konzept nicht mittragen, aber gleichzeitig darauf hinwies, dass es sowohl Schulvertreter als auch Didaktiker und Fachwissenschaftler gebe, die es für tragfähig hielten. Einige Fachwissenschaftler lehnten das Konzept für den wissenschaftlichen Bereich zwar ab, hielten es für den Unterricht aber für belastbar. Sie selbst bewerte nur die im Konzept enthaltene Beschäftigung mit Fragen der Kultur und der Menschen positiv.

Den Begriff der Raumverhaltenskompetenz hielt Hemmer lediglich für „irreführend und interpretationsbedürftig", während er für Daum eine „massive Überschätzung des Faches und seiner Kompetenz" ausdrückte. Diesen Einschätzungen entsprechend gingen die beiden auch mit dem Begriff unterschiedlich um: Hemmer wollte ihn für die Lehrplanarbeit in „raumbezogene Handlungskompetenz" umtaufen, was dann in etwa der Vorstellung vom „Verständnis der Welt" von Birkenhauer entspreche. Daum dagegen meinte, dass der Begriff lediglich von einigen Anhängern Köcks und von „einfältigen Schulgeographen" propagiert werde, ansonsten aber keinen Bestand habe und deswegen „schleunigst weg" müsse. Es sei ein peinlicher Raumfetischismus. Rhode-Jüchtern dagegen betonte, der Begriff, der aus der Diskussion um die Ergebnisse des Club of Rome entstanden sei, könne nicht bestehen, weil er sich inhaltlich verstehe, und Inhalte immer an den Zeitgeist gebunden seien.

Die Zielsetzung der „Bewahrung der Erde" hielt Rhode-Jüchtern für „nichtssagend", während Daum darin vor allem „das Paradigma des Gut-Menschen" sah, den es nicht gebe. Das Konzept habe Berührungspunkte mit den Schlüsselproblemen. In beiden Konzepten sei die Verantwortlichkeit zu abstrakt formuliert und von außen vorgegeben. Das Ziel der Bewahrung der Erde sei zwar gut gemeint, aber „voll daneben". Ganz im Gegensatz zu dieser Einschätzung wollte Hemmer das Konzept lieber weiterentwickeln zum Ziel der „Bewahrung der Erde durch nachhaltige Entwicklung" und das Ganze dann mit einem erneuerten Begriff der Raumverhaltenskompetenz kombinieren.

Trotz der fachpolitischen Festlegung des Faches auf normatives und moralisch begründetes Handlungswissen hat sich die Geographiedidaktik am Ende der 90er Jahre deutlich pluralisiert und fragmentiert. Darum wundert es wenig, dass meine Frage danach, wer für den jeweiligen Interviewpartner heute aktive wichtige Didaktiker seien[250], ein überaus heterogenes Bild ergeben hat:

1. Eine wirkliche Clique ist nicht zu erkennen. Lediglich die ehemaligen Vorsitzenden und die amtierende Vorsitzende des Hochschulverbandes für Geographie und ihre Didaktik haben einander als Gruppe wechselseitig genannt, wenn auch nicht durchgehend positiv. Die Fraktion der „Schmuddelkinder" ist dagegen – trotz oder wegen der versuchten Lagerbildung am Ende der 70er Jahre – als Gruppe praktisch nicht zu erkennen.[251]

2. Gerade die älteren Fachvertreter („ist man erstmal pensioniert, rügt sich's völlig ungeniert") haben die ursprüngliche Frage erweitert und auch diejenigen benannt, die sie explizit *nicht* für Didaktiker halten. Das musste nicht unbedingt heißen, dass sie die jeweiligen Personen geringschätzten. Ingrid Hemmer z. B. wurde von einem Kollegen zwar für ihre empirische Arbeit gelobt, aber für „eher nicht pädagogisch" erachtet. Manche Didaktiker wurden *nur mit Einschränkungen* zum Kreis der wichtigen Didaktiker gerechnet. Ihnen wurde oft zugutegehalten, sie hätten zwar viel getan, ihre Inhalte aber kaum vermitteln können.

3. Bei nicht geklärter Interpretation der Vorgabe „wichtige Fachdidaktiker" durch die Interviewten fällt die extreme Streuung der Zahl von Nennungen auf: Schultze 20 (davon 8 positiv), Kross 10 (davon 5 positiv), Schrettenbrunner 5 (alle positiv) und Newig 1 (davon keinen positiv). Auffallend ist in diesem Zusammenhang auch der „umgekehrte Stern" in Person von Ingrid Hemmer. Während der Stern im Soziogramm jemand ist, der von vielen Gruppenmitgliedern positiv gewählt wird (Kretschmer, Stary 1998, S.

---

250 Nicht gestellt wurde diese Frage an Eugen Ernst und Robert Geipel, weil davon ausgegangen werden konnte, dass beide inzwischen zu weit weg waren von der Geographiedidaktik und ihrem aktuellen Personal. Im Prinzip traf dies auch für Barbara Kreibich zu, wie die Antwort zeigt.

251 Dieses Bild würde sich leicht verändern, wenn die Gutachter dieser Arbeit in die Befragung einbezogen worden wären. Schramke nennt Daum, W. Engelhardt, Hard, Kross, Lethmate, H. Meyer, Newig, Schmidt-Wulffen, H.-D. Schultz, Schultze, W. Sitte, Tröger, Uhlenwinkel, Vielhaber, Wagenschein und Ziehe. Schultz nennt: Köck, Lethmate, Rhode-Jüchtern und eingeschränkt Uhlenwinkel. Lethmate nennt Hard, Rhode-Jüchtern, Schramke und H.-D. Schultz.

526

38), drückt sich ihre Rolle als Verbandsvorsitzende darin aus, dass sie versucht hat, möglichst alle anderen positiv zu nennen. Wer von den genannten Fachdidaktikern von ihr nun wirklich als wichtig erachtet wird, ist dabei allerdings nicht zu erkennen.

4. Relativ viele positive Anwahlen erhielten zum einen jene Fachdidaktiker, die sich in den 90er Jahren maßgeblich an den Zieldiskussionen beteiligt hatten – Haubrich 3, Köck 3, Kroß 4 - und zum anderen mehrere Vertreter aus dem Umfeld der ehemaligen „Schmuddelkinder" – Rhode-Jüchtern 4, Schramke 3, Schultz 4. Auch der Grenzgänger Hard erhielt drei positive Anwahlen. Besonders in der starken Anwahl der Letztgenannten scheint sich ein gewisses Bedürfnis nach fundierter Theoriediskussion auszudrücken.

5. Diejenigen, die in den 70er Jahren zum Umfeld der „Schmuddelkinder" gezählt wurden, orientieren sich deutlich stärker an Vertretern der Fachwissenschaften oder Pädagogik inklusive Soziologie als an Kollegen aus der Geographiedidaktik – und zwar selbst dann noch, wenn sie grundlegende Zielformulierungen im Prinzip teilen. Schwer entscheiden lässt sich dabei, ob eher die Ausgrenzungsversuche der 70er Jahre oder die Anspruchslosigkeit der fachinternen Diskussion zu dieser Außenorientierung beigetragen haben.

6. Newig zieht nur zwei Nennungen (davon eine positiv) auf sich, was die von ihm selbst so interpretierte Außenseiterrolle – ein „Einzelner aus Norddeutschland" - bestätigt.

7. Mehrere (ehemalige) Autorenteams sind in den Nennungen nicht wiederzufinden: Schmidt-Wulffen / Daum, Rhode-Jüchtern / Henings, Hemmer / Hemmer.

8. Mehrere Kollegen haben sich auch selbst genannt.

9. Das Verhältnis zwischen Doktorvater (-mutter) und Doktorand / Habilitand scheint in manchen Fällen gespannt, in anderen amnestisch: Schultze betrachtet Bünstorf ebenso wenig als Didaktiker wie Rhode-Jüchtern Hasse,

und Ingrid Hemmer vergisst in ihrer umfassenden Aufzählung Michael Hemmer.

10. Obwohl ich nach „heute aktiven" Didaktikern gefragt hatte, wurden auch eine Reihe bereits pensionierter Didaktiker genannt. Ein Großteil des „Nachwuchses" wird dagegen überhaupt nicht genannt. Die wenigen „Jungdidaktiker", die genannt werden, erhalten oft negative Anwahlen.

7 DIE SPITZE DES PFEILS: PISA

In den Adventstagen 2001 wurde die deutsche Öffentlichkeit unsanft aus ihrer bildungspolitischen Lethargie gerissen. Ähnlich wie viele andere Nachrichtenmagazine und Zeitungen auch meldete Der Spiegel: „Mangelhaft. Setzen" (Darnstädt u. a. 2001, S. 60) und schockierte seine Leser damit, dass deutsche Schüler in der internationalen Vergleichsstudie PISA[252] im Lesen nur Platz 21 von 31 erreicht hatten (ebd., S. 61), und in Mathematik sowie in den Naturwissenschaften jeweils nur Platz 20 (ebd., S. 62). Das deutsche Schulsystem produzierte somit gerade einmal unteres Mittelmaß. Mit der PISA-Studie wurde wieder öffentlich über Bildung und Schulen diskutiert (Brügelmann, Heymann 2002, S. 40).

Auch in den einschlägigen fachdidaktischen und pädagogischen Zeitschriften entfaltete sich eine breite Diskussion. Die Datenbank Schulpraxis verzeichnete allein in den zwei Jahren nach der Veröffentlichung der Studie 185 Beiträge, die im Titel das Wort PISA führten (Landesinstitut für Schule und Weiterbildung 2004). Die Geographiedidaktiker haben sich bei der Rezeption der Ergebnisse der PISA-Studie allerdings vornehm zurückgehalten. Einschließlich des Jahres 2004 waren lediglich vier unterrichtspraktische Beiträge (Bullinger, Hieber, Lenz 2002; Schmidt-Wulffen 2002b; Flath 2004, Lenz 2004) und eine fachpolitische Bewertung (Schallhorn 2004b) erschienen. Alle diese Beiträge bezogen sich

---

252 PISA = Programme for International Student Assessment (Baumert, Stanet, Demmrich 2001, S. 15).

528

ausschließlich auf den Teil der Studie, der sich mit der Lesekompetenz der Schüler beschäftigte[253].

Unter Lesekompetenz verstanden die Autoren der PISA-Studie „*nicht* lediglich die Fähigkeit zum Entziffern von schriftlichem Material (Decodieren)" (Artelt u. a. 2001, S. 70 – Herv. A. U.). Diese Fähigkeit wurde in der untersuchten Altersgruppe von 15-jährigen vorausgesetzt (ebd., S. 70). Vielmehr wurde Lesekompetenz „in Einklang mit der Forschung zum Textverstehen (...) als aktive Auseinandersetzung mit Texten aufgefasst" (ebd., S. 70). Unter Lesen verstanden die Autoren damit „keine passive Rezeption dessen, was im jeweiligen Text an Informationen enthalten ist, sondern aktive (Re-) Konstruktion der Textbedeutung" (ebd., S. 71). Bei einer solchen (Re-) Konstruktion werden Textbedeutungen nicht einfach dupliziert, sondern neue Bedeutung generiert, indem die Aussagen des Textes „mit dem Vor-, Welt- und Sprachwissen des Lesers verbunden" (ebd., S. 71) werden.

Um die Lesekompetenz der Schüler zu untersuchen, griff die PISA-Studie auf jene Arten von Texten zurück, denen Jugendliche und Erwachsene „in ihrem privaten oder beruflichen Alltag" (ebd., S. 80) begegneten. Damit orientierte sich PISA an der schon in den 70er Jahren formulierten Vorstellung, dass sich „Kompetenzen in authentischen Anwendungssituationen" (Baumert, Stanat, Demmerich 2001, S. 19) bewähren müssten. Die in diesen Situationen anzutreffenden Texte unterschied die Studie in kontinuierliche Texte wie etwa „Erzählungen, Sachbeschreibungen, Kommentare und Argumentationen" (Artelt u. a. 2001, S. 80) und nicht-kontinuierliche Texte wie „Diagramme, Bilder, Karten, Tabellen oder Graphiken" (ebd., S. 80).

---

253 Die Untersuchung der Lesekompetenz stellte zwar auch den Schwerpunkt der ersten PISA-Studie dar (Baumert, Stanat, Demmrich 2001, S.17), trotzdem ist es schon verwunderlich, dass die Vertreter eines Schulfachs, das die gesamten Geowissenschaften mit umfassen will, dem naturwissenschaftlichen Teil keine Aufmerksamkeit geschenkt haben. Immerhin ordneten die Autoren der PISA-Studie 25% der naturwissenschaftlichen Items dem Fachgebiet der Geowissenschaften zu, und sogar 40% gehörten nach Ansicht der Autoren in den Anwendungsbereich „Erde und Umwelt" (Prenzel u. a. 2001, S. 202).

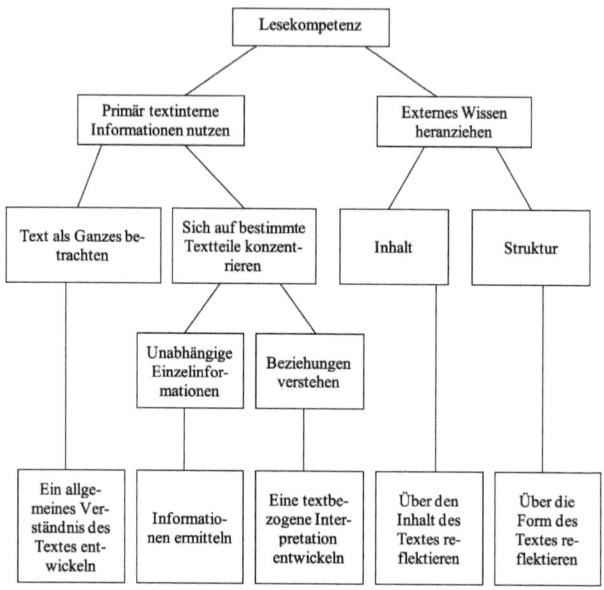

Abb. 58: Theoretische Struktur der Lesekompetenz in PISA
(Quelle: Artelt u. a. 2001, S. 82)

Den theoretischen Rahmen für die Ermittlung der Lesekompetenz bildete ein Modell zur Struktur von Lesekompetenz (vgl. Abb. 58), das zunächst „grob textimmanente von wissensbasierten Verstehensleistungen" (Artelt u. a. 2001, S. 82) unterschied, die ihrerseits „noch einmal nach Gesichtspunkten der Komplexität oder formaler Anforderungen unterschieden" (ebd., S. 82) wurden. Am Ende des Strukturbaumes standen fünf Aspekte der Lesekompetenz (vgl. Abb. 58), die für die Erhebung der Lesekompetenz zu drei Subskalen zusammengefasst wurden. Dabei blieb beim textimmanenten Verständnis der Aspekt „Informationen ermitteln" als Subskala erhalten (vgl. Artelt u. a. 2001, S. 83), während die Aspekte „ein allgemeines Verständnis des Textes entwickeln" und „eine textbezogene Interpretation entwickeln" zur Subskala „textbezogenes Interpretieren" zusammengefasst wurden (ebd., S. 83). Die dritte Subskala „Reflektie
530

ren und Bewerten" wurde durch die Aspekte der wissensbasierten Verstehensleistung gebildet.

Für die drei Subskalen der Lesekompetenz wurden jeweils fünf Kompetenzstufen ausgewiesen, die genauer beschreiben, welche Anforderungen die Aufgaben an den Leser stellen (vgl. Tab. 26). Der Schwierigkeitsgrad wurde dabei bestimmt durch „den Komplexitätsgrad des Textes und die Vertrautheit mit dem Kontext" (Artelt u. a. 2001, S. 88), „die Deutlichkeit der Hinweise auf die relevanten Informationen oder Ideen sowie die Anzahl und das Ausmaß von irrelevanten, aber attraktiven und somit konkurrierenden Informationen im Text" (ebd., S. 90), die „Anzahl der Einzelinformationen, die herauszusuchen sind" (ebd., S. 90) und das Maß, „in dem die ermittelten Informationen organisiert werden müssen" (ebd., S. 90). Ebenso als Maßstab herangezogen wurde die „Art der geforderten Interpretation (z. B. Hauptidee identifizieren, Beziehungen verstehen, Verstehen von Sprache im Kontext und analoges Schlussfolgern)" (ebd., S. 90) und die „Art der verlangten Reflexion (z. B. einfache Verbindungen oder Erklärungen; Bilden von Hypothesen, Bewertungen)" (ebd., S. 90).

	Subskala „Informationen ermitteln"	Subskala „Textbezogenes Interpretieren"	Subskala „Reflektieren und Bewerten"
	Aufgaben auf der jeweiligen Kompetenzstufe erfordern vom Leser...		
Stufe V	... verschiedene, tief eingebettete Informationen zu lokalisieren und geordnet wiederzugeben. Üblicherweise ist der Inhalt und die Form des Textes unbekannt, und der Leser muss entnehmen, welche Information im Text für die Aufgabe relevant ist.	... ein vollständiges und detailliertes Verstehen eines Textes, dessen Format und Thema unbekannt sind.	... die kritische Bewertung oder das Bilden von Hypothese, unter Zuhilfenahme von speziellem Wissen. Typischerweise verlangen Aufgaben dieses Niveaus vom Leser den Umgang mit Konzepten, die der Erwartung widersprechen.

Stufe IV	... mehrere eingebettete Informationen zu lokalisieren. Üblicherweise ist der Inhalt und die Form des Textes unbekannt.	... z. B. das Auslegen der Bedeutung von Sprachnuancen in Teilen des Textes, die unter Berücksichtigung des Textes als Ganzes interpretiert werden müssen. Andere Aufgaben erfordern das Verstehen und Anwenden von Kategorien in einem unbekannten Kontext.	... z. B. die kritische Bewertung eines Textes oder das Formulieren von Hypothesen über Information im Text, unter Zuhilfenahme von formalem oder allgemeinem Wissen. Leser müssen ein akkurates Verstehen von langen und komplexen Texten unter Beweis stellen.
Stufe III	... Einzelinformationen herauszusuchen und dabei z. T. auch die Beziehungen dieser Einzelinformationen untereinander zu beachten, die mehrere Voraussetzungen erfüllen. Die Auswahl wird durch auffallende und konkurrierende Informationen erschwert.	... die in verschiedenen Teilen des Textes enthaltenen Aussagen zu berücksichtigen und zu integrieren, um eine Hauptidee zu erkennen, eine Beziehung zu verstehen oder die Bedeutung eines Wortes oder eines Satzes zu schlussfolgern. Beim Vergleichen, Kontrastieren oder Kategorisieren müssen viele Merkmale berücksichtigt werden. Oft ist die erforderliche Information nicht auffallend oder es gibt andere Textschikanen, wie z. B. Ideen, die das Gegenteil zu einer Annahme ausdrücken oder negativ formuliert sind.	... entweder Verbindungen, Vergleiche und Erklärungen, oder sie erfordern vom Leser, bestimmte Merkmale des Textes zu bewerten. Einige Aufgaben erfordern vom Leser ein genaues Verständnis des Textes im Verhältnis zu bekanntem Alltagswissen. Andere Aufgaben verlangen kein detailliertes Textverständnis, aber erfordern vom Leser, auf wenig verbreitetes Wissen Bezug zu nehmen. Der Leser muss die relevanten Faktoren teilweise selber ableiten.

Stufe II	... eine oder mehrere Informationen zu lokalisieren, die beispielsweise aus dem Text geschlussfolgert werden müssen und die mehrere Voraussetzungen erfüllen müssen. Die Auswahl wird durch einige konkurrierende Informationen erschwert.	... z. B. das Erkennen eines wenig auffallend formulierten Hauptgedanken eines Textes. Andere Aufgaben erfordern das Verstehen von Beziehungen oder das Erfassen einer Bedeutung innerhalb eines Textteils auf der Basis von einfachen Schlussfolgerungen. Aufgaben auf diesem Niveau, die analoges Denken beinhalten, erfordern üblicherweise Vergleiche oder Kontraste, die auf nur einem Merkmal des Textes basieren.	... z. B. einen Vergleich von mehreren Verbindungen zwischen dem Text und über den Text hinausgehendem Wissen. Bei anderen Aufgaben müssen Leser auf ihre persönlichen Erfahrungen und Einstellungen Bezug nehmen, um bestimmte Merkmale des Textes zu erklären. Die Aufgaben erfordern ein breites Textverständnis.
Stufe I	... eine oder mehrere unabhängige, aber ausdrücklich angegebene Informationen zu lokalisieren. Üblicherweise gibt es eine einzige Voraussetzung, die von der betreffenden Information erfüllt sein muss, und es gibt, wenn überhaupt, nur wenig konkurrierende Informationen im Text.	... das Erkennen des Hauptgedankens des Textes oder der Intention des Autors bei Texten über bekannte Themen. Der Hauptgedanke ist dabei entweder durch Wiederholung oder durch früheres Erscheinen im Text auffallend formuliert.	... z. B. eine einfache Verbindung zwischen Information aus dem Text und weit verbreitetem Alltagswissen herzustellen. Der Leser wird ausdrücklich angewiesen, relevante Faktoren in der Aufgabe und im Text zu beachten.

Tab. 26: Beschreibung der typischen Anforderungen pro Kompetenzstufe und Subskala (Quelle: Artelt u. a. 2001, S. 89)

70% der Aufgaben des Tests zur Lesekompetenz bezogen sich auf die Nutzung textinterner Informationen, nur 30% verlangten den Schülern ab, externes Wissen heranzuziehen (ebd., S. 82). Zu den Aufgaben, die auch externes Wissen verlangten, gehörte z. B. die zweite Aufgabe der auch von Schallhorn zitierten Einheit „PLAN international" (vgl. Artelt u. a. 2001, S.93; Schallhorn 2004b, S. 158). Grundlage dieser Einheit war eine Tabelle, in der die Projektergebnisse einer Hilfsorganisation für das östliche und südliche Afrika[254] dargestellt waren (OECD 2000a, S. 20). Die Projektergebnisse bezogen sich auf die Bereiche „gesund aufwachsen", „Lernen" und „Habitat" (ebd., S. 20). Im Gegensatz zu allen anderen dargestellten Ländern hatte Äthiopien nur im Bereich „Habitat" Geld bekommen und dort auch nur dafür, dass „Gemeindevertreter 1 oder mehr Tage geschult" (ebd., S. 20) wurden. Die Frage zu dieser Tabelle lautete schlicht: „1996 war Äthiopien eines der ärmsten Länder der Welt. Wenn du diese Tatsache und die Informationen in der Tabelle bedenkst, wodurch lässt sich deiner Meinung nach der Umfang der Aktivitäten von PLAN International in Äthiopien, verglichen mit den Aktivitäten in anderen Ländern, erklären" (ebd., S. 21)? Vermutlich zur Enttäuschung manch eines Schulgeographen oder Geographiedidaktikers bestand das herauszuziehende externe Wissen allerdings *nicht* aus der Kenntnis der topographischen Lage des östlichen Afrikas oder gar Äthiopiens. Als vollständig beantwortet galt die Aufgabe vielmehr, wenn die Schüler „sich auf Kenntnisse und Erfahrungen beziehen, um eine Hypothese zu formulieren, die mit den gegebenen Informationen konsistent ist" (OECD 2000b, S. 32). Die Lösungen konnten dementsprechend lauten:

- „Hilfsorganisationen fangen ihre Arbeit in einem Land oft damit an, dass sie Einheimische ausbilden, also würde ich sagen, dass PLAN 1996 gerade erst angefangen hatte, in Äthiopien zu arbeiten.
- Vielleicht ist die Schulung von Gemeindevertretern die einzige Hilfe, die sie dort leisten können. Vielleicht gibt es keine Krankenhäuser oder Schulen, in denen sie mit anderen Hilfsarbeiten ansetzen könnten.
- Vielleicht helfen schon andere Hilfsorganisationen mit medizinischer Versorgung usw., und PLAN sieht, dass sie wissen müssen, wie sie das Land verwalten sollten" (ebd., S. 32).

Als nur teilweise Lösung galt u. a. eine Antwort, die im Geographieunterricht aller Beobachtung nach durchaus auf ungeteilte Akzeptanz gestoßen sein

---

254 Darunter fielen neun Länder: Ägypten, Äthiopien, Kenia, Malawi, Sudan, Tansania, Uganda, Sambia und Simbabwe (OECD 2000a, S. 20)

534

könnte: „Die Menschen in Äthiopien könnten eine Kultur haben, die den Umgang mit Ausländern schwierig macht" (ebd., S. 33). Nicht gelöst war diese Aufgabe, wenn sich Schüler auf Aussagen zurückzogen, in denen sie vor allem ihr ethisches Raumverhalten zum Ausdruck brachten, also etwa: „Sie tun in Äthiopien nicht so viel" (ebd., S. 33) oder „Sie sollten Äthiopien mehr geben" (ebd., S. 33). Dem der PISA-Studie zugrunde liegenden Kompetenzbegriff, „der sich auf prinzipiell erlernbare, mehr oder minder bereichsspezifische Kenntnisse, Fertigkeiten und Strategien" (Baumert, Stanat, Demmerich 2001, S. 22) bezog und sich „also in aller Deutlichkeit von einem in pädagogischen Feldern häufig anzutreffenden umgangssprachlichen Wissensbegriff [absetzt], der Wissen auf reproduzierbares Faktenwissen reduziert und wirklichem Verstehen entgegensteht" (ebd., S. 22), konnten die Forschungen und Erkenntnisse der Geographiedidaktik in keiner Weise gerecht werden.

Dementsprechend erstaunlich ist es, mit welcher Selbstverständlichkeit die wenigen zu PISA publizierten Überlegungen meinten, Patentrezepte für die Förderung von Lesekompetenz im Geographieunterricht bereitstellen zu können[255].

- Schmidt-Wulffen (2002b) formulierte als Alternativvorschlag für einen klassischen Topographie-Test (ebd., S. 41) drei Aufgaben (vgl. Kasten 24). Doch obwohl sich die erste dieser Aufgaben an eine PISA-Aufgabe aus dem Mathematiktest anlehnte[256], „war das zu lösende Problem dort sehr viel

---

255 Interessant ist dabei auch, wie die PISA-Studie überhaupt rezipiert wurde: Schmidt-Wulffen verzichtete in seinem Beitrag „auf eine umfangreiche Literaturliste" (Schmidt-Wulffen 2002b, S. 46, FN 5) und begnügte sich „mit den Namen bekannter Pädagogen und Bildungsplaner" (ebd., S. 46, FN 5). Ein explizier Hinweis auf die PISA-Studie findet sich in seinem Beitrag nicht. Flath listete die Studie zwar im Literaturverzeichnis auf, bezog sich in ihrem Text aber vor allem auf eine Schrift von Groeben und Hurrelmann (vgl. Flath 2004, S. 68). Selbst die in einem Kasten mitgelieferte Definition von Lesekompetenz stammte nur aus einer *Zusammenfassung zentraler Befunde"* (ebd., S. 68 – Herv. A. U.). Auch Rhode-Jüchtern (2004) verzichtete bei seiner Auseinandersetzung mit PISA im Rahmen von Lehrplanarbeit auf Belege aus der eigentlichen Studie (ebd., S. 202-221). Lediglich Bullinger, Hieber, Lenz (2002) und Lenz (2004) bezogen sich auf Darstellungen, die sich tatsächlich in der PISA-Studie finden lassen.
256 Die entsprechende Aufgabe in dem PISA-Test lautete „Schätze die Fläche der Antarktis, indem du den Maßstab auf der Karte benutzt. Schreibe deine Rechnung auf und erkläre, wie du zu deiner Schätzung gekommen bist. (Du kannst in der Karte zeichnen, wenn dir das bei deiner Schätzung hilft.)" (OECD 2000c, S. 7)

klarer formuliert" (Schramke 2005, S. 40). Die zweite und dritte Aufgabe entsprachen in ihrer Anlage der aus vielen topographischen Materialien bekannten Alltagsorientierung: Länder wurden mit Produkten identifiziert und Paris mit dem Eifelturm (vgl. Kasten 24), wobei der Sinn dieser Zuschreibungen völlig unklar blieb (vgl. Schramke, 2005, S. 40f).

- Der Vorschlag von Bullinger, Hieber und Lenz (2002) reduzierte sich vor allem darauf, gefettete Begriffe und Wolken- und Pfeilsymbole in eine Profilzeichnung einzusetzen (ebd., S. 45) und deren Inhalt mit Hilfe von vorgegebenen Begriffen zu versprachlichen (ebd., S. 44). Weitergeführt werden sollte die Aufgabe mit topographischen Aufgabenstellungen und der Arbeit mit Klimadiagrammen (ebd., S. 44).

- Flath empfahl, kontinuierliche Texte durch „Markieren und Nachschlagen unbekannter Begriffe, Formulierung von Zwischenüberschriften, Markierung von Hauptaussagen [und] Formulierung einer kurzen Inhaltsangabe" (Schramke 2005, S. 42) zu erschließen. Ihre eigenen Lösungsvorschläge zeigten dabei aber die typischen Mängel von Schülerarbeiten: Die Markierungen waren viel zu zahlreich (z. B. ist die Information „40 Familien" völlig nebensächlich gewesen) und der zusammenfassende Text hat die Form einer schlichten Paraphrase.

- Lenz versuchte zwar Aufgaben für verschiedene Kompetenzstufen zu formulieren, tappte bei den Aufgaben der oberen Kompetenzstufen allerdings in die von ihm selbst beschriebene Falle, die gefragte „eigene sprachliche Produktion" (ebd., S. 10) auf Formen der „reinen Wissensfragen" (S. 10) zu reduzieren. Ohne „auf das im Schülerheft festgehaltene und auswendig gelernte Wissen" (ebd., S. 19) zurückzugreifen, sind Fragen wie „Erkläre, warum auf den Great Plains Bodenerhaltungsmaßnahmen von besonderer Bedeutung sind" (ebd., S. 9) oder „Erkläre die Gründe für das dargestellte Problem, indem du auf natürliche und vom Menschen verursachte Faktoren eingehst"[257] (ebd., S. 9) nicht zu beantworten, wenn es keine Materialien gibt, aus denen diese Erklärungen entnommen werden könnten.

1. Dein Heimatland ist Baden-Württemberg. Dein Nachbar ist Frankreich. Schlage eine Methode vor, mit der man feststellen kann, um wie viel größer Frankreich als Baden-Württemberg ist. Wenn du dieses Problem gelöst hast, finde heraus, wie Baden-Württemberg und Luxemburg von der Größe her zueinander einzuschätzen sind.
2. Frankreich, das bedeutet für viele von uns Käse und Wein. Natürlich gibt es auch andere Länder in Europa, die für Käse oder Wein stehen: Italien – Schweiz – Holland – Portugal – Dänemark – Griechenland. Sortiere diese Länder nach „Käse" und nach „Wein". Atlaskarten und (vielleicht auch) dein Erdkundebuch helfen dir bei möglichen Erklärungen, warum in den einen Ländern Käse, in den anderen Wein ein bedeutender Wirtschaftsfaktor ist. Für welche Produkte steht eigentlich Deutschland? Überlege auch hierzu eine Erklärung.
3. Paris wird oft als „Herz Frankreichs" bezeichnet. Eine Frankreichkarte im Atlas und Bilder wie das folgende (Eiffelturm) könnten verdeutlichen, ob diese Kennzeichnung berechtigt ist. Finde heraus
a) Paris – das Herz Frankreichs? Die Atlaskarte gibt Antwort.
b) Paris – das Herz Frankreichs? Kennst du ähnlich herausragende Bauwerke in anderen französischen Städten, für die der Eiffelturm nur ein Beispiel ist?
c) Berlin – das Herz Deutschlands? Vergleiche Berlin mit Paris (Atlas).

Kasten 24: PISA-Fragen nach Schmidt-Wulffen
(Schmidt-Wulffen 2002b, S. 42)

Ebenso selbstsicher wie die Autoren der Beiträge zu den unterrichtspraktischen Vorstellungen zu einer neuen Aufgaben- und Lesekultur gab sich auch der Vorsitzende des Schulgeographenverbandes in seiner fachpolitischen Auseinandersetzung mit PISA (Schallhorn 2004b). Unter der Beitragsüberschrift "PISA-Studie und Methoden im Geographieunterricht" stellte er zunächst einmal fest, dass die in PISA genutzten Texttypen „im Geographieunterricht ihren festen Platz haben und alltäglich im Unterrichtsgeschehen gebraucht und ausgewertet werden" (ebd., S. 158). Aus dieser Feststellung folgte nun aber nicht die selbstkritische Überlegung, „inwieweit dabei von Geographielehrern methodische Fehler gemacht worden sein könnten – wenn doch so viele der 15-jährigen mit

---

257 Auffällig ist hier auch die Form der Fragestellung, die von der Art der oben zitierten PISA-Aufgabe insofern abweicht, als dass Lenz „richtige" Erklärungen unterstellt, während in der PISA-Studie nach möglichen Erklärungen gesucht werden soll.

solcher Art von Texten nur unbefriedigend umzugehen vermögen" (Schramke 2005, S. 39). Stattdessen ließ sich der Autor zu der Behauptung hinreißen, dass die PISA-Studie zu belegen scheine, „dass im Geographieunterricht eo ipso Kompetenzen geübt werden, die auch aus internationaler Sicht wesentlich für die zukünftige Bewältigung des Lebens sind" (Schallhorn 2004b, S. 158). Aus diesem völlig unbegründeten Befund zog er sodann den Schluss, dass geprüft werden müsse, „welchen Einfluss die geringe Wochenstundenanzahl des Faches Geographie auf die Ergebnisse der PISA-Studie hat" (ebd., S. 159).

Die überaus verhaltene Rezeption der und Reaktion auf die PISA-Studie sowie die selbstsichere Hilflosigkeit der wenigen unterbreiteten Vorschläge für unterrichtspraktische Verbesserungen zeigen die tiefe Orientierungslosigkeit eines Faches, das drei Jahrzehnte lang versucht hat, intellektuelle Ansprüche an den Unterricht mit Atlas und erhobenem Zeigefinger abzuwehren.

8 AUSBLICK

In der Geographiedidaktik sind während der wenigen Jahrzehnte seit ihrer Institutionalisierung viele „gute" gute Geschichten erzählt worden. Sie mögen für den jeweiligen Erzähler durchaus von autobiographischem Wert sein. Für die nachfolgende Generation allerdings wird damit der Blick auf Diskontinuitäten und Spielräume verstellt. Die hier vorgelegte schlechte Geschichte, die implizit auch eine gute Geschichte enthält, versucht, auch und vielleicht sogar vor allem Widersprüche, Gegentexte und Konfliktlinien innerhalb der Geographiedidaktik aufzuzeigen, über die ansonsten nicht oder zumindest nicht oft gesprochen wird.

Die Geschichte beginnt mit der die Institutionalisierung des Fachs begleitenden Reformdiskussion, die mitnichten so geschlossen war, wie oft behauptet wird. Im Spannungsfeld von Fachwissenschaft, Verbandspolitik, zweiter Ausbildungsphase und Schulpraxis musste sich die Fachdidaktik gegen die unterschiedlichen Interessen als eigenständiges Fach begründen. Dabei hat sie den Schwerpunkt ihrer Tätigkeit zunächst weniger in der Forschung als in der Anwendung gesehen, und hier vor allem in der Anwendung in der Schule. Dass sich die Geographiedidaktik Ende der 70er, Anfang der 80er Jahre dabei kaum als Wissenschaft etabliert hatte, kann dem Disput um die „Geographie als politische Bildung" entnommen werden, deren Vertreter nicht argumentativ herausgefordert, sondern schlicht fachpolitisch ausgegrenzt wurden. Zu Beginn der 80er Jahre trat bei einer gleichzeitig sinkenden Nachfrage nach Junglehrern Ruhe ein. Der Arbeitsschwerpunkt verschob sich innerhalb des Anwendungsbereichs immer mehr hin zur Fachpolitik und diente vor allem dem Interesse, die Geographie im Fächerkanon der Schulen zu erhalten. In den 90er Jahren wurde auch aufgrund der Wiedervereinigung eine Reihe neuer Stellen für Geographiedidaktik geschaffen, die z. T. mit ehemaligen Vertretern der „Geographie als politische Bildung" und vom theoretischen Anspruch her ähnlich orientierten Didaktikern besetzt wurden. Mit ihnen rückte auch der Geographieunterricht als Untersuchungsgegenstand wieder stärker ins Blickfeld, ohne dass die fachpolitische Ebene an Bedeutung verloren hätte. Gerade hier wurde zunehmend mit empirischen Studien gearbeitet, die zwar wissenschaftlichen Forschungscharakter beanspruchten, deren Fragestellungen sich aber oft im „Erhalt des Faches" oder der Durchsetzung eines bestimmten Fachverständnisses erschöpften. Zusammenfassend betrachtet, bietet die Geographiedidaktik zu Beginn des 21. Jahrhunderts bezüglich ihrer wissenschaftlichen Etablierung ein ähnliches Bild wie die zu Beginn zitierte Beschreibung der Erziehungswissenschaften in verschiedenen europäischen Ländern (Hofstetter, Schneuwly 2000). Als offensichtliche Mängel lassen sich feststellen:

- Es gibt kaum übergreifende Fragestellungen. Die Forschung ist fragmentiert (vgl. Hemmer, I. 2001, S. 154), wobei die einzelnen Projekte oft sehr klein sind (Hofstetter, Schneuwly 2000, S. 9). Die einzige Fragestellung, die auf einer breiteren Basis behandelt wurde, ist die Frage nach dem Erhalt des Faches. Das ist aber keine wissenschaftliche Problemstellung, sondern versuchte Fachpolitik.

- Die Forschung zeigt kaum eigenständige Theoriebildung und führt kaum zu einem verbesserten Gesamtverständnis (ebd., S. 10). In der Geographiedidaktik wird deutlich öfter über Leitbilder als über theoretische Konzepte diskutiert. Das ist keine Wissenschaft, sondern Fachpolitik.
- Die Qualität der Forschung entspricht nicht den Standards der Sozialwissenschaften (ebd., S. 10). An verschiedenen geographiedidaktischen Studien lässt sich nachweisen, dass diese nicht einmal dem Stand in den Erziehungswissenschaften entsprechen.
- Die finanziellen Ressourcen sind gering (ebd., S. 10).
- Internationale Kontakte sind selten (ebd., S 10); und wenn, dann finden sie wiederum vor allem im fachpolitischen Bereich statt. Auf der inhaltlichen Ebene scheint kaum ein Austausch zu bestehen, wenn man einmal von der Unterrichtsforschung (vgl. Kap. 6.2.3.4.2) absieht.
- Die interne Nachwuchsförderung ist begrenzt (S. 10). Das macht sich in der Geographiedidaktik weniger durch eine Stellenbesetzung durch Soziologen oder Psychologen bemerkbar, vielmehr finden sich oft stark fachwissenschaftlich orientierte Bewerber z. T. mit Diplom oder Lehrer ohne wissenschaftliche Qualifikation auf den Stellen (Schramke, Uhlenwinkel 2002, S. 213 und 215).
- Der Konflikt zwischen praktischer Anwendung und Theoriebildung führt eher zu Lagerbildungen als zu konstruktiven Weiterentwicklungen (ebd., S. 10). Dies hat sich in der Geographiedidaktik bisher vor allem in Bezug auf die Schmuddelkinder gezeigt, die in der Regel einen stärkeren Hang zur Theoriebildung zeigten als ihre fachpolitisch orientierten Kollegen.

Bleibendes Problem bei der Etablierung der Geographiedidaktik als wissenschaftliche Disziplin ist das schwierige Verhältnis zur „Kundschaft", das in vielen Interviews zum Ausdruck kam. Objekt der Geographiedidaktik ist und bleibt der Geographieunterricht, womit als Abnehmer für die Erkenntnisse neben Bildungspolitikern vor allem Geographielehrer in Frage kommen. Da der Kunde König ist, darf diese Klientel öffentlich natürlich nicht kritisiert werden, eher schon nimmt man sie in Schutz: Die Forderungen und Bemerkungen von Fachdidaktikern stehen dann schnell „im Verdacht, sich für die Schulgeographie mehr zu wünschen, als tatsächlich realisiert wird" (Winkler 2004, S. 28), wobei das Ergebnis allerdings nicht „der Unfähigkeit der Lehrer zuzuschreiben" (ebd., S. 28) sei. Im eher informellen Rahmen wird die Kundschaft zumindest implizit, oft aber auch explizit ganz anders wahrgenommen. Sie entspricht dann eher der Darstellung von Bartels und Hard, die bereits Mitte der 70er Jahre festgestellt haben, dass ein Großteil der Lehramtsanwärter Geographie als „Zweit- und Nebenfach" (Bartels, Hard 1975, S. I) studiere. Viele würden das Fach wählen, „weil sie für eine Karriere in einer ‚richtigen' Naturwissenschaft, einer anspruchsvollen Philologie oder einer ‚richtigen' Sozialwissenschaft zu schlichten oder zu biederen Zuschnitts gewesen wären" (ebd., S. 6). Andere suchten den Weg des „geringsten Prüfungswiderstandes" (ebd., S. I). Diese Lehrerschaft ist bereit, eine ganze (sechste) Stunde „Schiffe versenken" zu spielen, um in der folgenden Stunde in das Atlasregister einführen zu können (vgl. Schaller 2006, S. 48), womit selbst jeder fachpolitisch motivierte Versuch der Fachdidaktik, die Relevanz des Faches herauszustellen und für mehr Stunden oder zumindest weniger Stundenkürzungen zu plädieren, von Praktikern konterkariert wird.

Mit dem geringen Etablierungsgrad der Disziplin geht besonders, aber nicht nur in der jüngeren Generation von Geographiedidaktikern ein auffallender Mangel an Geschichtlichkeit einher. Dieser lässt sich bereits in den 80er Jahren beobachten, als das Konzept der Kulturerdteile von Newig propagiert wurde, ein Konzept, das weder mit der fachwissenschaftlichen noch mit der gesellschaftlichen Entwicklung kompatibel war. In den 90er Jahren, als viele Autoren auf Theorieansätze aus anderen Fächern zurückgriffen, machte sich die mangelnde Geschichtlichkeit vor allem in der Rückbindung ans eigene Fach bemerkbar: Während Eberhard Kroß und Wulf Schmidt-Wulffen ihre aus anderen Disziplinen bezogenen Konzepte immer noch nach innen anzubinden versuchten, sind bei Ingrid Hemmer und Tilman Rhode-Jüchtern keine entsprechenden

Bemühungen mehr zu erkennen. Mangelnde Geschichtlichkeit in einer Wissenschaft hat – wie man an der Geographiedidaktik sehr gut beobachten kann – Fragmentierung, nicht Pluralisierung, und Wiederholungen zur Folge. Wissenschaftliche Fortschritte, die über Einzelleistungen hinausgehen, rücken in weite Ferne. Und im Blick zurück nach vorn stellt sich die Frage, ob sich die Didaktiker nicht auch gelegentlich über die Etablierung und Identität ihres Faches als Wissenschaft Gedanken hätten machen sollen, um es auf Sicht erhalten zu können. Diese Frage wird noch einmal verschärft, wenn man über den eigenen Tellerrand in andere europäische Länder schaut: In England und Frankreich gibt es keine dem deutschen Fach vergleichbare Geographiedidaktik. In beiden Ländern werden grundlegend verschiedene Formen von Geographieunterricht praktiziert (Chevalier 2000, S. 1), die sich aber jede für sich durch eine innere Konsistenz auszeichnen, von der deutsche Lehrer nur träumen können. In England legt man dabei großen Wert auf den Vorgang des Erkennens und die Forschungsmethodik (vgl. Roberts 2003), in Frankreich auf die „logische[.] und strukturelle[.] Stringenz" (Menschik, Sitte 1997, S. 48) der inhaltlichen Darstellung, die durch eine Orientierung an raumwissenschaftlichen Theorien erreicht werden soll (ebd., S. 48). In Deutschland kann man beides bestenfalls punktuell, nicht aber als Regel beobachten. Die Frage muss erlaubt sein, warum es in Deutschland mit einem Fach Geographiedidaktik und damit dann doch vergleichsweise vielen Mitteln (und viel verfügbarer Arbeitszeit) nicht gelungen ist, ähnliche handhabbare Strukturen umzusetzen. Ist die Geographiedidaktik eher ein Hemmschuh bei der Entwicklung von Geographieunterricht? Oder hat sie vielleicht tatsächlich noch Schlimmeres verhindert? Wie ist es den Engländern und Franzosen gelungen, das weite Feld der Geographie übersichtlich auf eine begrenzte Stundenzahl zu reduzieren? Diese Fragen müssen hier unbeantwortet bleiben, zeigen aber vielleicht eine Suchrichtung, wenn es darum geht, für die Geographiedidaktik Impulse jenseits der Fachpolitik zu finden. Solange das oder im Ansatz Ähnliches nicht geschieht, muss Geipels Warnung vom Ende der 80er Jahre als weithin aktuell angesehen werden: „Je harmloser und beflissener ein Fach ist, je mehr es sich auf das Alte, Vertraute, in den retrospektiven Wünschen der Elternschaft Artikulierte einlässt, um so mehr wächst der Appetit expansiver Fächer auf die Plünderung der disziplinären Restbestände" (Geipel 1987, S. 18 – vgl. Kap. 5.3).

In den ersten Jahren des 21. Jahrhunderts geht die erste Generation von Geographiedidaktikern in den Ruhestand. Sie hinterlässt der nachfolgenden Generation kein leichtes Erbe. Wie diese Generation mit dem Erbe umgehen wird und was sie in den nächsten 30 Jahren aus der Geographiedidaktik gemacht haben wird, lässt sich in *einem* Trendszenario kaum sagen. Auch das aus der Szenariotechnik bekannte Verfahren, jeweils ein positives und ein negatives Extremszenario zu entwerfen, um daraus dann verschiedene Mischformen abzuleiten (Weinbrenner 1998, S. 14), scheint hier wenig hilfreich, denn das würde ein konsensfähiges Ziel voraussetzen, das so nicht unterstellt werden kann. Vielmehr gibt es eine ganze Reihe durchaus unterschiedlicher, nicht immer miteinander kompatibler Ansätze, die die Geographiedidaktik in Zukunft prägen könnten. Ausgehend von den unterschiedlichen Standpunkten (vgl. Fountain 1996, S. 201), sind mindestens vier unterschiedliche Szenarien möglich:

- **Das „Alles-wie-immer"-Szenarium**
  Die Geographiedidaktik ist weiterhin bemüht, vor allem die Relevanz des Unterrichtsfaches zu begründen, d. h. sie agiert in erster Linie fachpolitisch. Das tut sie zum einen, indem sie empirische Studien liefert, die das Interesse von Schülern und Öffentlichkeit am Fach belegen oder konkrete Forderungen an die inhaltliche Ausgestaltung des Faches ermitteln. Zum anderen ist sie bemüht, immer weiter reichende Verhaltensziele zu formulieren und zu begründen, die in der Regel nur vom Unterrichtsfach Geographie erreicht werden können. Durch die extreme Ausrichtung der Inhalte an den Interessen von Schülern und Öffentlichkeit verliert das Unterrichtsfach noch stärker den Kontakt zu den Diskussionen und Erkenntnissen der Mutterwissenschaft „Geographie". Die Ausrichtung vor allem auf

Handlungswissen geht dagegen weitgehend auf Kosten der Rezeption von Ergebnissen in den Erziehungswissenschaften. Mit beidem zieht sich die Geographiedidaktik den Boden unter den Füßen weg, ohne an Reputation dazugewinnen zu können. Für Außenstehende muss das Fach aufgrund seiner nicht haltbaren hehren Ansprüche und der inhaltlichen Belanglosigkeit über kurz oder lang als überflüssig erscheinen. Die Schreckensmeldungen über immer weitere Stundenkürzungen werden sich somit fortsetzen. Gerettet werden könnte dieses Szenarium erst dann, wenn der politische Zeitgeist in der Geographie (erneut) ein Instrumentarium zur Betörung der Massen entdeckt und das Fach machtpolitisch nutzen will. Das wäre allerdings nicht gerade ein ehrenwerter Gewinn.

- **Das „Stadt-Land-Fluss"-Szenarium**

Die Geographiedidaktik reagiert vor allem auf die Nachfrage der Schulpraktiker nach Verfügungs- und Computerwissen. Beide Gebiete gehen dabei eine enge Allianz ein: Schüler können Verfügungswissen mit Computerprogrammen immer wieder aufs Neue lernen und üben. Lehrer können mit Hilfe der Computer Unmengen an Verfügungswissen erschließen oder erschließen lassen. Dabei wird zum einen auf das Internet als schier grenzenloser Informationsquelle zurückgegriffen. Zum anderen dienen GIS-Anwendungen dazu, erhebliche Datenmengen in immer neuen Karten darzustellen. Dabei konzentriert sich die Arbeit fast notwendig auf den Bereich der objektsprachlichen Begriffe, was der Lehrerschaft durchaus recht ist. Allerdings verliert auch dieser Ansatz immer mehr den Bezug zur Mutterwissenschaft Geographie, in der die Theoriebildung weiter fortschreitet. Darüber hinaus wird durch die Gleichsetzung von Medien und Methoden der Computer zu einer zukunftsweisenden Methode eines modernen Geographieunterrichts verklärt, was zu einer weiteren Distanzierung von den Erziehungswissenschaften führt. Auch wenn eine solche Geographiedidaktik der z. T. überaus theoriefernen Lehrerschaft sehr entgegenkäme und ihre Legitimation aus der derzeit noch großen Popularität von Quizshows

ziehen könnte, wird sie das Fach nicht davor schützen, dass von Bildungspolitikern und Vertretern anderer Fächer, die bisher nicht in der Schule
etabliert sind, die Frage nach dem Nutzen eines solchen Wissens gestellt
wird. Immerhin können schlichte Fakten leicht im Internet recherchiert
werden.

- **Das „geowissenschaftliche" Szenarium**

Die 1996 durch die „Leipziger Erklärung" (Alfred Wegener Stiftung für Geowissenschaften 1996) eingeleitete Hinwendung zu den Geowissenschaften wird von der Geographiedidaktik fortgesetzt (vgl. Otto 2004; 2005, S.
26; o. J., S. 59). Die Inhalte der Geologie, Mineralogie, Geophysik und anderer Geowissenschaften verdrängen die (human-)geographischen Inhalte
zunehmend aus dem Unterricht. Dadurch ergeben sich mehrere institutionelle Probleme. Auf der Ebene der Schulorganisation verliert die Geographie ihre Legitimation im gesellschaftswissenschaftlichen Aufgabenfeld,
das ihr bisher immer noch einen Bestandsschutz gewährt hat. Ob sich ein
neues Fach „Geowissenschaften" im naturwissenschaftlichen Aufgabenfeld
etablieren kann, dürfte fraglich bleiben, zumal das die Stellung der bei
Schülern eher unbeliebten „harten Naturwissenschaften" wie Physik und
Chemie in der Oberstufe eher schwächen würde. Auch in der Mittelstufe
dürfte es Legitimationsprobleme geben, denn auch andere (neue) Fächer
wie z. B. die Wirtschaftskunde oder die Informatik erheben Ansprüche auf
Stundendeputate. In der Konkurrenz zu diesen Fächern hätte eine geowis-
senschaftlich ausgerichtete Geographie den nicht unerheblichen Nachteil,
dass ihre institutionelle Einbindung auf der Ebene der Universität überaus
ambivalent wäre. Würde die Ausbildung weiterhin von der Geographie getragen, dann verfügten die ausgebildeten Lehrer nicht über das Wissen und
Können, das sie vermitteln sollen. Rechnet man die extreme Abneigung
von Geographielehrern gegenüber „arbeitendem Wissen", also theoriege-
leiteten Erkenntnissen hinzu, ergäbe sich hier ein erheblicher Mangel an
fachlichen Grundlagen für das Schulfach. Eine Belegpflicht für

geowissenschaftliche Veranstaltungen anderer Fächer würde unweigerlich zu einer Ausdünnung geographischer Veranstaltungen führen. Die für die Geowissenschaften durchaus attraktive Konstellation, an der Schule zwar vertreten zu sein, dafür aber keine Stellen für Didaktiker opfern zu müssen, wird von der Fachwissenschaft Geographie auf Dauer nicht mitgetragen werden. Damit würde sich die Umwandlung von Didaktik- in Fachwissenschaftsstellen fortsetzen und die Geographiedidaktik sich im Grunde selbst auflösen.

- **Das „erziehungswissenschaftliche" Szenarium**
Die Geographiedidaktik beginnt sich als angewandte Erziehungswissenschaft zu verstehen, die die Erkenntnisse der Erziehungswissenschaften nutzt, um die Schulpraxis in Bezug auf das Fach Geographie – und zwar unter Berücksichtigung der Erkenntnisse der Mutterwissenschaft – lernfördernd zu gestalten. Um dies zu gewährleisten, müsste auf der einen Seite sowohl auf Ergebnisse der Unterrichtsforschung als auch auf Entwicklungen in der Unterrichtsmethodik zurückgegriffen werden. Auf der anderen Seite müssten ausgehend von den durch die Schüler zu erwerbenden Kompetenzen für authentische Anwendungssituationen im Sinne der PISA-Studie fachwissenschaftliche Inhalte aufspürt werden, die dabei nützlich sein könnten. Auf diese Weise würde die Geographiedidaktik beide Nachbarwissenschaften als Zulieferer betrachten und aus den gelieferten Einzelteilen etwas Neues machen, über das sie sich identifizieren kann. Eigene Forschungen an der Gelenkstelle zwischen den beiden Wissenschaften sind damit nicht ausgeschlossen, sondern sogar notwendig, da sie die „blinden Flecken" der beiden Bezugswissenschaften beleuchten müssten. Durch die Hinwendung zur angewandten Wissenschaft würde der Nutzen der Geographiedidaktiker auch für den Schulpraktiker vor Ort sichtbarer, weil sie ihm durch die Bereitstellung von gut begründeten Unterrichtsmodellen den Alltag erleichterten.

Welches dieser Szenarien ich bevorzuge, dürfte dem aufmerksamen Leser nicht entgangen sein. Welches er selbst bevorzugt, wird er schon längst entschieden haben. Welches sich am Ende durchsetzen wird, das könnte – wenn alles gut geht – in 30 Jahren in einer anderen Qualifikationsschrift zu lesen sein.

LITERATURVERZEICHNIS

Aden, Abdurahman (2000): Von der Trommel zum Handy. – Bad Honnef

adLexikon (2005): Katzentisch. – abgerufen unter: http://katzentisch.adlexikon.de/ Katzentisch.shtml, 21. 2. 2005

Aepkers, Michael (2000): Geoökologie – mit welchem Ziel? – Die Erde, H. 4, S. 377-379

Ahlring, Ingrid (2000): Es führen viele Wege nach Rom.... Muster und Module binnendifferenzierenden Unterrichts. – In: Praxis Schule 5-10, H. 6, S. 8-14

Alcàzar i Garrido, Joan del (1994): Una Aportación al Debate: Las Fuentes Orales en la Investigación Histórica. – abgerufen unter: http://www.uv.es/~jalcazar/fueoral.htm, 24. 6. 2003

Alfred Wegener Stiftung für Geowissenschaften (in Gemeinschaft mit der deutschen Gesellschaft für Geographie e.V. und dem Institut für Länderkunde in Leipzig) (1996): Leipziger Erklärung zur Bedeutung der Geowissenschaften in Lehrerbildung und Schule. – Köln

Altemüller, Frithjof (1995): Das Unterrichtswerk TERRA Geographie – ein Rückblick. - In: Bünstorf, Jürgen; Kroß, Eberhard (Hrsg.): Geographieunterricht in Theorie und Praxis. Beiträge zur Fachdidaktik. Arnold Schultze zum 65. Geburtstag. – Gotha, S. 199-208

Arbeitsgruppe Curriculum 2000+ [der Deutschen Gesellschaft für Geographie (DGfG)] (2002a): Curriculum 2000+. Grundsätze und Empfehlungen für die Lehrplanarbeit im Schulfach Geographie. – In: geographie heute, H. 200, S. 4-7

Arbeitsgruppe Curriculum 2000+ [der Deutschen Gesellschaft für Geographie (DGfG)] (2002b): Grundsätze und Empfehlungen für die Lehrplanarbeit im Schulfach Geographie. – Bonn

Armanski, Gerhard (1978): Die kostbarsten Tage des Jahres. Massentourismus – Ursachen, Formen, Folgen. – Berlin

Arning, Heike (2000): Ökologie oder Umweltschutz? ‚Drum prüfe wer sich ewig binde...' – In: Die Erde, H. 4, S. 383-385

Arning, Heike; Lethmate, Jürgen (2003): Experimentelles Arbeiten im Geographieunterricht. – In: Geographie und Schule, H. 145, S. 35-39

Arnold, Rolf (1995): Luhmann und die Folgen. Vom Nutzen der neueren Systemtheorie für die Erwachsenenpädagogik. – In: Zeitschrift für Pädagogik, H. 4., S. 599-614

Artelt, Cordula; Stanat, Petra; Schneider, Wolfgang; Schiefle, Ulrich (2001): Lesekompetenz: Testkonzeption und Ergebnisse. – In: Deutsches PISA-Konsortium (Hrsg.): PISA 2000. Basiskompetenzen von Schülerinnen und Schülern im internationalen Vergleich. – Opladen, S. 69-137

Assmann, Aleida (1999): Erinnerungsräume. Formen und Wandlungen des kulturellen Gedächtnisses. – München, broschierte Sonderausgabe 2003

Aufschnaiter, Stefan von (1998): Konstruktivistische Perspektiven zum Physikunterricht. – In: Pädagogik, H. 7-8, S. 52-57

Baade, Jussi; Gertel, Holger; Schlottmann, Antje (2005): Wissenschaftlich arbeiten. Ein Leitfaden für Studierende der Geographie. – Bern, Stuttgart, Wien

Bahrenberg, Gerhard (1975): Die allgemeine Zirkulation der Atmosphäre. – Paderborn, 2., durchgesehene Aufl. 1977

Bale, John (2000): Sportscapes. – Sheffield
Baratta, Mario von (Hrsg.) (1999): Der Fischer Weltalmanach 2000. – Frankfurt
Baratta, Mario von (Hrsg.) (2001): Der Fischer Weltalmanach 2002. – Frankfurt
Baratta, Mario von (Hrsg.) (2002): Der Fischer Weltalmanach 2003. – Frankfurt
Baratta, Mario von (Hrsg.) (2003): Der Fischer Weltalmanach 2004. – Frankfurt
Baratta, Mario von (Hrsg.) (2004): Der Fischer Weltalmanach 2005. – Frankfurt
Baratta, Mario von (Hrsg.) (2005): Der Fischer Weltalmanach 2006. – Frankfurt
Barners, Ernst (1970): Arbeitsgruppe „Ausbildung der Geographielehrer". – In: Geographische Rundschau, H. 8, S. 336-337
Bartels, Dietrich; Hard, Gerhard (1974): Lotsenbuch für das Studium der Geographie als Lehrfach. – o. O.
Bartels, Dietrich; Hard, Gerhard (1975): Lotsenbuch für das Studium der Geographie als Lehrfach. – Bonn, Kiel, 2. Aufl.
Barth, Ludwig; Richter, Dieter (Hrsg.) (1995): GEOS 4: Afrika, Amerika. – Berlin
Bathelt, Harald; Glückler, Johannes (2002): Wirtschaftsgeographie. – Stuttgart
Baumann, Wolf-Rüdiger; Eschenhagen, Wieland; Judt, Matthias; Paesler, Reinhard (2001): Die Fischer Chronik Deutschland. Ereignisse, Personen, Daten. – Frankfurt
Baumert, Jürgen; Lehmann, Rainer u. a. (1997): TIMMS – Mathematisch-naturwissenschaftlicher Unterricht im internationalen Vergleich. Deskriptive Befunde. – Opladen
Baumert, Jürgen; Stanat, Petra; Demmrich, Anke (2001): PISA 2000: Untersuchungsgegenstand, theoretische Grundlagen und Durchführung der Studie. - In: Deutsches PISA-Konsortium (Hrsg.): PISA 2000. Basiskompetenzen von Schülerinnen und Schülern im internationalen Vergleich. – Opladen, S. 15-68
Baumert, Jürgen; Cortina, Kai S.; Leschinsky, Achim (2003): Grundlegende Entwicklungen und Strukturprobleme im allgemein bildenden Schulwesen. – In: Cortina, Kai S.; Baumert, Jürgen; Leschinsky, Achim; Mayer, Karl Ulrich; Trommer, Luitgard (Hrsg.): Das Bildungswesen in der Bundesrepublik Deutschland. Strukturen und Entwicklungen im Überblick. – Reinbek, S. 52-147
Baumert, Jürgen; Roeder; Peter, Martin; Watermann, Rainer (2003): Das Gymnasium - Kontinuität im Wandel. - In: Cortina, Kai S.; Baumert, Jürgen; Leschinsky, Achim; Mayer, Karl Ulrich; Trommer, Luitgard (Hrsg.): Das Bildungswesen in der Bundesrepublik Deutschland. Strukturen und Entwicklungen im Überblick. – Reinbek, S. 487-524
Bayrhuber, Horst; Mayer, Jürgen (2001): Forschung in der Biologiedidaktik. – In: Bayrhuber, Horst; Finkbeiner, Claudia; Spinner, Kaspar H.; Zwergel, Herbert A. (Hrsg.): Lehr- und Lernforschung in den Fachdidaktiken (= Forschungen zur Fachdidaktik, Bd. 3) – Innsbruck, S. 11-19
Beck, Dietmar; Matthies, Wolfgang (1975): Der Geltinger Bucht soll geholfen werden – Entwicklung eines Küstenraumes als Erholungslandschaft. - In: Geipel, Robert, u.a. (Hrsg.): Das Raumwissenschaftliche Curriculum-Forschungsprojekt. Forschungskonzepte und Unterrichtsmodelle. Ergebnisse einer Tagung in Tutzing im März 1975 (= Der Erdkundeunterricht, Sonderheft 3) - Stuttgart, S. 76-83
Beck, Günther (1983): Von einem neuerdings erhobenen vornehmen Ton in der Geographie. – unveröffentlichtes Manuskript

Beck, Ulrich (1983): Jenseits von Stand und Klasse? – In: Beck, Ulrich; Beck-Gernsheim, Elisabeth (Hrsg.) (1994): Riskante Freiheiten. – Frankfurt, S. 43-60

Beck, Ulrich (1997): Was ist Globalisierung? – Frankfurt

Becker, Georg E. (1991): Handlungsorientierte Didaktik. Eine auf die Praxis bezogene Theorie. – Weinheim, Basel

Becker, Gerold (1998): Wie man Züge zum Entgleisen bringt. Oder: Warum das Projekt „Schulprogramm und Evaluation" wirkungslos zu werden droht, noch bevor es richtig begonnen hat. – In: Pädagogik, H. 2, S. 33-35

Bender, Johann R. (1975): Der Lebensbereich sozialer Randgruppen am Beispiel der Gastarbeiter im Ballungsgebiet Mannheim-Ludwigshafen. - In: Geipel, Robert, u.a. (Hrsg.): Das Raumwissenschaftliche Curriculum-Forschungsprojekt. Forschungskonzepte und Unterrichtsmodelle. Ergebnisse einer Tagung in Tutzing im März 1975 (= Der Erdkundeunterricht Sonderheft 3) - Stuttgart, S. 65-67

Berger, Gerhard (2002): Emanzipation. – In: Endruweit, Günter; Trommsdorff, Gisela (Hrsg.): Wörterbuch der Soziologie. – Stuttgart, S. 94-96

Bertelsmann (1994): Afrika Nordwest. New World Edition. – Stuttgart, München

Berthe-Corti, Luise; Jannsen, Gert, Riess, Falk (1978): Projekt: Probleme der Naturverwertung im Gebiet der Unterweser. – In: Fichten, Wolfgang; Schramke, Wolfgang; Strassel, Jürgen (Hrsg.): Geographie als politische Bildung. Beiträge und Materialien für den Unterricht (= Geographische Hochschulmanuskripte, H. 6) – Göttingen, S. 217-230

Bierwirth, Joachim (1992): Bekenntnis zu einem sterbenden Fach. – In: geographie heute, H. 98, S. 48-49

Birkenfeld, Herbert (1979): Sozialgeographie – Grundperspektiven und Unterrichtsmodell (= Der Erdkundeunterricht 32) – Stuttgart

Birkenhauer, Josef (1970): Die Länderkunde ist tot. Es lebe die Länderkunde. Replik auf die Aufsätze von A. Schultze und H. Hendinger in der GR 1970, H. 1. – In: Geographische Rundschau, H. 5, S. 194-204

Birkenhauer, Josef (1979): Die Länderkunde ist tot. Es lebe die Länderkunde. Replik auf die Aufsätze von A. Schultze und H. Hendinger in der GR 1970, H. 1. Nachtrag 1978. – In: Stewig, Reinhard (Hrsg.): Probleme der Länderkunde. – Darmstadt, S. 244-246

Birkenhauer, Josef (1981): Überlegungen zum Aufbau eines räumlichen Kontinuums in der Sekundarstufe I. – In: Hendinger, Helmtraud; Schrand, Hermann (Hrsg.): Curriculumkonzepte in der Geographie. Beiträge zur Gestaltung des geographischen Curriculums. – Köln, S. 55-72

Birkenhauer, Josef (1986): Geographiedidaktische Forschung in der Bundesrepublik Deutschland 1975-1984. – In: Geographische Rundschau, H. 5, S. 218-227

Birkenhauer, Josef (1996): Topographisches Mindestwissen. Orientierung als grundlegende Aufgabe des Erdkundeunterrichts. – In: Praxis Geographie, H. 7-8, S. 38-42

Birkenhauer, Josef; Hendinger, Helmtraud (Hrsg.) (1980): Blickpunkt Welt. Lehrerbuch zu Band 1. – Paderborn

Block, Rainer; Klemm, Klaus (1997): Lohnt sich Schule? Aufwand und Nutzen: eine Bilanz. – Reinbek

Blömeke, Sigrid (2002): Universität und Lehrerausbildung. – Bad Heilbrunn

550

Böcker, Nicole (2002): Das Lesetagebuch. Konstruktive Text(v)erarbeitung am Beispiel „Regenwald". – In: Praxis Geographie, H. 11, S. 9-11

Böhn, Dieter (Hrsg.) (1999a): Didaktik der Geographie. Begriffe. – München

Böhn, Dieter (1999b): Lernziel. – In: Ders. (Hrsg.): Didaktik der Geographie. Begriffe. – München, S. 96-98

Bohnsack, Ralf (2000): Rekonstruktive Sozialforschung. Einführung in Methodologie und Praxis qualitativer Forschung. – Opladen

Bönsch, Manfred (1998): Moderationsmethode. – In: Haarmann, Dieter (Hrsg.): Wörterbuch Neue Schule. Die wichtigsten Begriffe zur Reformdiskussion. – Weinheim, Basel, S. 105-110

Bonnet, Jacques (2005): De Rhône-Poulenc à Sanofi-Aventis: intérêts régionaux et logiques mondiales. – In : L'information géographique, H. 2, S. 117-131

Borchert, Günter (1983): Zum Beitrag von J. Newig u.a. in GR 35 (1983) H. 1, S. 38. – In: Geographische Rundschau, H. 10, S. 538

Böttcher, Hartwig (1970): Diskussionsbeitrag zur Sitzung „Der Geograph – Ausbildung und Beruf. – In: Meckelein, Wolfgang; Bocherdt, Christoph (Hrsg.): Deutscher Geographentag Kiel 21. bis 26. Juli 1969. Tagungsberichte und wissenschaftliche Abhandlungen. – Wiesbaden, S. 225-226

Böttcher, Hartwig (1977): Ballungsgebiete und räumliche Disproportionalitäten (BRD). Unterrichtseinheit für einen Grundkurs in der Sekundarstufe II (= Geographische Hochschulmanuskripte, H. 5) – Göttingen

Böttcher, Wolfgang; Rösner, Ernst (1998): Gymnasium (Sekundarstufe I) oder: Droht der Untergang der Identität im Schülerstrom? – In: Pädagogik, H. 6, S. 46-51

Bräuer, Gottfried (1983): Zum Beitrag von J. Newig u.a. in GR 35 (1983) H. 1, S. 38. – In: Geographische Rundschau, H. 8, S. 407

Braun, Horst (1983): Zum Beitrag von J. Newig u.a. in GR 35 (1983) H. 1, S. 38. – In: Geographische Rundschau, H. 10, S. 538

Bremer Aktionsprogramm Lokale Agenda 21 (2002). – Abgerufen unter: http://www.agenda21.bre-men.de/modell/agenda21/home.html (Aktionsprogramm online-Version); 17. 12. 2002

Brieske, Rainer; Fieberg, Klaus (2006): Klassenraum-„Deko" und Arbeitmittel. Zum Umgang mit der Praxis Geschichte Poster-Beilage. – In: Praxis Geschichte, H. 1, S. 46-51

Brogiato, Heinz Peter (1995): Die Schulgeographie im Spiegel der Deutschen Geographentage. – In: Geographische Rundschau, H. 9, S. 484-490

Brogiato, Heinz Peter (1999) Die Geographische Rundschau 1949-1998: eine Erfolgsgeschichte. – In: Geographische Rundschau, H. 1, S. 4-11

Brogiato, Heinz Peter 2000: 30 Jahre Praxis Geographie – ein Rückblick. – In: Praxis Geographie, H. 10, S. 58-59

Bronny, Horst; Hemmer, Ingrid; Sokki, Nils Thomas (1985): Samische Rentierwirtschaft – Reliktform oder Wachstumsbranche? – In: Geographische Rundschau, H. 10, S. 529-536

Brucker, Ambros; Richter, Dieter (1978): Zur Operationalisierung von Lernzielen – dargestellt am Beispiel der Behandlung von Lawinen. - In: Ernst, Eugen; Hoffmann, Günter

(Hrsg.): Geographie für die Schule. Ein Lernbereich in der Diskussion. – Braunschweig, S. 74-83

Brügelmann, Hans; Heymann, Hans Werner (2002): PISA 2000: Befunde, Deutungen, Folgerungen. Zum internationalen Bericht der OECD. – In: Pädagogik, H. 3, S. 40-43

Brüggemeier, Franz-Josef (1998): Tschernobyl, 26.April 1986. Die ökologische Herausforderung. – München

Buck, Lothar; König, Max; Mayer, Karl; Schultze, Arnold; Schröder, Ulrich; Vogel, Alfred (1976): TERRA Geographie 5. und 6. Schuljahr. – Stuttgart

Buck, Lothar; König, Max; Mayer, Karl; Schultze, Arnold; Vogel, Alfred (Hrsg.) (1974): TERRA Geographie 9. und 10. Schuljahr. – Stuttgart

Budke, Alexandra (2004): Selbst- und Fremdbilder im Geographieunterricht. – In: geographische revue, H. 2, S. 27-41

Bullinger, Roland; Hieber, Ulrich; Lenz, Thomas (2002): PISA. Didaktische und methodische Konsequenzen für den Geographieunterricht. – In: geographie heute, H. 204, S. 40-45

Bünstorf, Jürgen; Kroß, Eberhard (Hrsg.) (1995a): Geographieunterricht in Theorie und Praxis. Beiträge zur Fachdidaktik. Arnold Schultze zum 65. Geburtstag. – Gotha

Bünstorf, Jürgen; Kroß, Eberhard (1995b): Arnold Schultze – Leben und Werk. – In: Bünstorf, Jürgen; Kroß, Eberhard (Hrsg.): Geographieunterricht in Theorie und Praxis. Beiträge zur Fachdidaktik. Arnold Schultze zum 65. Geburtstag. – Gotha, S. 7-15

Calé, Peter; Hemmer, Ingrid (1992): Einstellungen von Schülerinnen und Schülern zur Wissenschaft Geographie im Verlaufe der Oberstufe. – In: Geographie und ihre Didaktik, H. 2, S. 90-103

Chevalier, Jean-Pierre (2000): La géographie dans les programmes scolaire en Europe. - Abgerufen unter: http://193.55.107.45/didact/texte/pgeurop.htm, 1. 6. 2004

Cohen, Robin; Kennedy, Paul (2000): Global Sociology. – Basingstoke

Cornelsen (2004): Tellurium N. Die Innovation im Telluriumbau. – Abgerufen unter: http://www.tellurium.de/tellurium.pdf, 11. 5. 2004

Czapek, Frank-Michael (1992): Unterricht in Geographie – Ein Schlüssel zur Allgemeinbildung. – In: Geographische Rundschau, H. 7-8, S. 464-465

Czapek, Frank-Michael (1995): Das bildungspolitische Positionspapier des Schulgeographenverbandes in der Diskussion. – In: Praxis Geographie, H. 11., S. 46

Czekalla, Dieter (2004): Portfolios: „Ich zeige, was ich kann". – In: Praxis Geographie, H. 9, S. 60-62

Darnstädt, Thomas; Koch, Julia; Mohr, Joachim; Neumann, Conny; Wensierski, Peter (2001): Mangelhaft. Setzen. – In: Der Spiegel, H. 50, S. 60-75

Daum, Egbert (1977): Geographische Exkursionen sind ein Problem. – In: Geographie und ihre Didaktik, H. 3, S. 58-72

Daum, Egbert (1980a): Plädoyer gegen Lernzielorientierung. – In: Geographie im Unterricht, H. 2, S. 42-44

Daum, Egbert (1980b): Didaktische Neuorientierung als Schicksal? Zur Diskussion um geographiedidaktische Strukturgitter. – In: Geographische Rundschau, H. 7, S. 340-344

Daum, Egbert (1980c): Das Innovationsproblem in der Geographiedidaktik. – In: Geographie und ihre Didaktik, H. 2, S. 54-70

Daum, Egbert (1981): Zur didaktischen Legitimierung räumlicher Konzepte. – In: Geographie und Schule, H. 11, S. 18-23

Daum, Egbert (1982): Unterrichtsplanung. – In: Jander, Lothar; Schramke, Wolfgang; Wenzel, Hans-Joachim (Hrsg.): Metzler Handbuch für den Geographieunterricht. Ein Leitfaden für Praxis und Ausbildung. – Stuttgart, S. 520-533

Daum, Egbert (1983a): Offener Brief. – In: Geographie und ihre Didaktik, H. 3, S. 159-161

Daum, Egbert (1983b): Offene Verwunderung über eine „Offene Antwort". – In: Geographie und ihre Didaktik, H. 4, S. 214

Daum, Egbert (1986): Feldarbeit in englischen Field Centres. – In: Praxis Geographie, H. 7-8, S. 26-28

Daum, Egbert (1988): Lernen mit allen Sinnen. Zur Konkretisierung eines handlungsorientierten Unterrichts. – In: Praxis Geographie, H. 7-8, S. 18-21

Daum, Egbert (1990): Orte finden, Plätze erobern. Räumliche Aspekte der Kindheit. – In: Praxis Geographie, H. 6, S. 18-22

Daum, Egbert (1991a): Aneignung und Verarbeitung von Realität. Anmerkungen zu einem didaktischen Leitmotiv. – In: Hasse, Jürgen; Isenberg, Wolfgang (Hrsg.): Die Geographiedidaktik neu denken. Perspektiven eines Paradigmenwechsels (Bensberger Protokolle, 73). – Bergisch Gladbach, S. 161-168

Daum, Egbert (1991b): Im Chaos gibt es keine Orientierung. – In: geographie heute, H. 96, S. 45-46

Daum, Egbert (1992a): Wege zur Inkompetenz. Über die Profillosigkeit eines „modernen" Geographieunterrichts. – In: geographie heute, H. 101, S. 41-42

Daum, Egbert (1992b): Probleme und Chancen einer geographischen Weltdeutung. – In: Rundbrief Geographie, H. 113, S. 3-4

Daum, Egbert (1993a): Überlegungen zu einer „Geographie des eigenen Lebens". – In: Hasse, Jürgen; Isenberg, Wolfgang (Hrsg.): Vielperspektivischer Geographieunterricht (= Osnabrücker Studien zur Geographie, Bd. 13) – Osnabrück, S. 65-70

Daum, Egbert (1993b): Geographie mit allen Sinnen. – In: GW-Unterricht, H. 49, S. 1-7

Daum, Egbert (1998a): Die „Sache" und das „eigene Leben" – autobiographisches Lernen im Sachunterricht. – In: Marquardt-Mau, Brunhilde; Schreier, Helmut (Hrsg.): Grundlegende Bildung im Sachunterricht (= Probleme und Perspektiven des Sachunterrichts, Bd. 8) – Bad Heilbrunn, S. 47-58

Daum, Egbert (1998b): Trendumkehr in der Erdkunde. Vom Glauben an die Einzigartigkeit zu einem offenen Interesse. – In: Duncker, Ludwig; Popp, Walter (Hrsg.): Fächerübergreifender Unterricht in der Sekundarstufe I und II. – Bad Heilbrunn, S. 80-90

Daum, Egbert (1999): Von der „Lebenswelt" zum „eigenen Leben". Sachunterricht zwischen Illusion und Wirklichkeit. – In: Baier, Hans; Gärtner, Helmut; Marquardt-Mau, Brunhilde; Schreier, Helmut (Hrsg.): Umwelt, Mitwelt, Lebenswelt im Sachunterricht (= Probleme und Perspektiven des Sachunterrichts, Bd. 9) – Bad Heilbrunn, S. 169-180

Daum, Egbert (2000): Zur Relativierung des fachlichen Lernens. – In: Grundschulunterricht, H. 2, S. 2-3

Daum, Egbert (2001): Grundlegende Prinzipien eines konstruktivistischen Geographieunterrichts. – In: Meixner, Johanna; Müller, Klaus (Hrsg.): Konstruktivistische Schulpraxis. Beispiele für den Unterricht. – Neuwied, S. 209-225

Daum, Egbert; Schmidt-Wulffen, Wulf-D. (1980): Erdkunde ohne Zukunft? Konkrete Alternative zu einer Didaktik der Belanglosigkeiten. – Paderborn

Daum, Egbert; Schmidt-Wulffen, Wulf-D. (1981): Offener Brief. – In: Geographie und ihre Didaktik, H. 2, S. 93-98

Daum, Egbert; Schmidt-Wulffen, Wulf-D. (1983): Zum Beitrag von J. Newig u.a. in GR 35 (1983) H. 1, S. 38. – In: Geographische Rundschau, H. 6, S. 310-311

Daum, Egbert; Werlen, Benno (2002): Geographie des eigenen Lebens. Globalisierte Wirklichkeiten. – In: Praxis Geographie, H. 4, S. 4-9

Daum, Gisela (1988): Your True Gisela. Die englischer Filserbriefe aus der Süddeutschen Zeitung. – Frankfurt

Daum, Gisela (1990): Higheightingsfull Your True Gisela. Neue englische Filserbriefe aus der Süddeutschen Zeitung. – Frankfurt

Daum, Gisela (1992): Beautifull Greetings Your True Gisela. Neueste englische Filserbriefe aus der Süddeutschen Zeitung. – Frankfurt

Daum, Gisela (2000): Die besten englischen Filserbriefe. Your true Gisela. Herausgegeben von Egbert von Meckinghoven. – München

Degenhardt, Franz-Josef (2003a): Fiesta Peruana. – Abgerufen unter: http://www.franz-josef-degenhardt.de/disco/titel/T-senator-html, 25.2.2003

Degenhardt, Franz-Josef (2003b): Spiel nicht mit den Schmuddelkindern. – Abgerufen unter: http://www.franz-josef-degenhardt.de/d.../spielnichtmitdenschmuddelkindern.html, 17.6.2003

Deiters, Jürgen; Wäldin, Eckart (1975): Brand in Tannenweiler – Standorte für Feuerwehrstationen. - In: Geipel, Robert, u.a. (Hrsg.): Das Raumwissenschaftliche Curriculum-Forschungsprojekt. Forschungskonzepte und Unterrichtsmodelle. Ergebnisse einer Tagung in Tutzing im März 1975 (= Der Erdkundeunterricht Sonderheft 3) - Stuttgart, S. 70-73

Dejung, Christof (2000): Eine Brücke zwischen Zeitzeugen und Historikern. Oral History – Erfragte Vergangenheit als Erweiterung der Quellenbasis. – Abgerufen unter: http://www.access.ch/private-users/geschjetzt/NZOH.HTM, 14. 11. 2001

Deutsche Kommission zur Reinhaltung des Rheins (1991): Rheinbericht 1990. – Düsseldorf

Diegelmann, Elmar, Porzelle, Karin (1999): Schulprogramm und Evaluation. Aktivitäten, Materialien und Programme der Bundesländer – eine Aktualisierung. – In: Pädagogik, H. 11, S. 32-36

Die interaktive Jahrhundert-Chronik (2001a). – Königswinter

Die interaktive Jahrhundert-Chronik (2001b): Aktionen gegen Ausländerfeindlichkeit. – In: Die interaktive Jahrhundertchronik. – Königswinter

Die interaktive Jahrhundert-Chronik (2001c): Rechtsradikale Krawalle in Rostock. – In: Die interaktive Jahrhundertchronik. – Königswinter

Dittmann, Andreas (Hrsg.) (2001): Geographisches Taschenbuch 2001 / 2002. – Stuttgart

Dove, Jane (1999): Immaculate Misconceptions. – Sheffield

Drabik, Manfred; Fenkes, Manfred; Hard, Gerhard (1982): Naturwerksteine als Indikatoren. Auch eine Einführung in die Gesteinskunde. – In: Geographische Rundschau, H. 2, S. 69-75

Dresel, Markus; Heller, Kurt A.; Schober, Barbara; Ziegler, Albert (2001): Geschlechtsunterschiede im mathematisch-naturwissenschaftlichen Bereich: Motivations- und selbstwertschädliche Einflüsse der Eltern auf Ursachenerklärungen ihrer Kinder in Leistungskontexten. – In: Finkbeiner, Claudia; Schnaitmann, Gerhard W. (Hrsg.): Lehren und Lernen im Kontext empirischer Forschung und Fachdidaktik. - Donauwörth, S. 270-288

Dritte Welt Haus Bielefeld (1990): Von Ampelspiel bis Zukunftswerkstatt. Ein Dritte-Welt-Werkbuch. – Wuppertal

Dtv-Lexikon (1992): Band 15. Que-Sah. – Mannheim

Dürr, Heiner (1987): Kulturerdteile: Eine „neue" Zehnweltenlehre als Grundlage des Geographieunterrichts? – In: Geographische Rundschau, H. 4, S. 228-232

Easley, Shirley-Dale; Mitchell, Kay (2004): Arbeiten mit Portfolios. Schüler fordern, fördern und fair beurteilen. – Mülheim an der Ruhr

Eberwein, Hans (1998): Differenzierung, zielbezogene. – In: Haarmann, Dieter (Hrsg.): Wörterbuch Neue Schule. Die wichtigsten Begriffe zur Reformdiskussion. – Weinheim, Basel, S. 49-55

Ebinger, Helmut (1971): Einführung in die Didaktik der Geographie. – Freiburg

Ehlers, Eckhart (1996): Kulturkreise – Kulturerdteile – Clash of Civilizations. Plädoyer für eine gegenwartsbezogene Kulturgeographie – In: Geographische Rundschau, H. 6, S. 338-344

Eichel, Hans (1995): Festrede des Hessischen Ministerpräsidenten Hans Eichel zum 20jährigen Jubiläum (Grundsteinlegung) des Hessenparks am 16. September 1994 – „Das Gedächtnis Hessens". – In: Förderkreis Freilichtmuseum Hessenpark e.V. (Hrsg.): Jahrbuch 1995 Hessenpark. – Neu-Anspach, S. 37-39

Eickhorst, Annegret (1998): Selbsttätigkeit im Unterricht. Grundlagen und Anregungen. – München

Eikenbusch, Gerhard (1999): Erste Hilfe(n) für die Schulprogrammarbeit. – In: Pädagogik, H. 11, S. 10-1

Eisel, Ulrich (2005): Das Leben im Raum und das politische Leben von Theorien in der Ökologie. – In: Weingarten, Michael (Hrsg.): Strukturierung von Raum und Landschaft. Konzepte in Ökologie und der Theorie gesellschaftlicher Naturverhältnisse. – Münster, S. 42-62

Engel, Joachim (1969): Das Verhältnis von Social Studies und Erdkunde in den Schulen der USA. Fachprinzipielle Überlegungen im Zusammenhang mit dem Unterrichtsforschungsvorhaben „High School Geography Project". – In: Die Deutsche Schule, 1969, S. 294-306; zitiert nach dem Abdruck in: Schultze, Arnold (Hrsg.): Dreissig Texte zur Didaktik der Geographie. – Braunschweig, 1971, S. 140-157

Engel, Joachim; Fürstenberg, Martin (1978): Gruppenarbeit und Curriculumentwicklung. – In: Forschungsstab des raumwissenschaftlichen Curriculum-Forschungsprojektes des Zentralverbandes der Deutschen Geographen (Hrsg.): Das raumwissenschaftliche Curriculum-Forschungsprojekt. Erfahrungen und Ergebnisse der Entwicklungsphase 1973-1976. – Braunschweig, S. 97-118

Engelbertz, Susanne; Kotthoff, Siegfried (1998): Hafenstädte verändern sich – weltweit. – Bremen

Engelhard, Karl (1987): Allgemeine Geographie und Regionale Geographie. Zum Vortrag von J. Newig auf dem deutschen Schulgeographentag 1986 in Braunschweig (vgl. GR 5 / 1986, S. 262ff). – In: Geographische Rundschau, H. 6, S. 358-361

Engelhard, Karl; Hemmer, Ingrid (1989): Der unterrichtliche Lernprozess zwischen Lebenspraxis und Wissenschaftsorientierung. – In: Geographie und Schule, H. 57, S. 26-33

Ergenzinger, Peter (1978): Ökologische Perspektiven der Physischen Geographie in der Lehrerbildung. – In: Fichten, Wolfgang; Schramke, Wolfgang; Strassel, Jürgen (Hrsg.): Geographie als politische Bildung. Beiträge und Materialien für den Unterricht (= Geographische Hochschulmanuskripte, H. 6) – Göttingen, S. 211-216

Erll, Astrid (2005): Kollektives Gedächtnis und Erinnerungskulturen. - Stuttgart

Ernst, Eugen (1970): Lernziele in der Erdkunde. – In: Geographische Rundschau, H. 5, S. 186-194 und 202-204

Ernst, Eugen (1978a): Nicht auf dem Niveau von Kreuzworträtseln: Geographie. Ein Plädoyer für das alte Fach Erdkunde unter dem neuen „Dach" der Gesellschaftslehre. - In: Jüngst, Peter; Schultze-Göbel, Hans-Jörg; Wenzel, Hans-Joachim (Hrsg.) (1979): Verspielt die Geographie ihre Chance zur sozialwissenschaftlichen Neubesinnung? Stellungnahmen und Beiträge zu den hessischen Rahmenrichtlinien Gesellschaftslehre (= Urbs et Regio, H. 15) – Kassel, S. 44-46

Ernst, Eugen (1978b): Die Erneuerung der Lehrpläne droht im Schulalltag stecken zu bleiben. - In: Jüngst, Peter; Schultze-Göbel, Hans-Jörg; Wenzel, Hans-Joachim (Hrsg.) (1979): Verspielt die Geographie ihre Chance zur sozialwissenschaftlichen Neubesinnung? Stellungnahmen und Beiträge zu den hessischen Rahmenrichtlinien Gesellschaftslehre (= Urbs et Regio, H. 15) – Kassel, S. 98-101

Ernst, Eugen (1981): Hessisches Freilichtmuseum. Unterrichtseinheiten „Haus und Hof". – In: Praxis Geographie, H. 9, S. 362-368

Ernst, Eugen (1985): Lernen im Freilichtmuseum (= Schriftenreihe des Hessischen Freilichtmuseums H. 6) – Neu-Anspach

Ernst, Eugen (1991): Hessisches Freilichtmuseum. – In: Geographische Rundschau, H. 5, S. 303-309

Ernst, Eugen (1995): Der Weg zum Hessischen Freilichtmuseum. – In: Förderkreis Freilichtmuseum Hessenpark e.V. (Hrsg.): Jahrbuch 1995 Hessenpark. – Neu-Anspach, S. 61-69

Ernst, Eugen; Schrader, Walter (1972): Der Stellenwert der Geographie in der Gesellschaftslehre. Rahmenrichtlinien Sekundarstufe I in Hessen. - In: Jüngst, Peter; Schultze-Göbel, Hans-Jörg; Wenzel, Hans-Joachim (Hrsg.) (1979): Verspielt die Geographie ihre Chance zur sozialwissenschaftlichen Neubesinnung? Stellungnahmen und Beiträge zu den hessischen Rahmenrichtlinien Gesellschaftslehre (= Urbs et Regio, H. 15) – Kassel, S. 20-26

Exenberger, Andreas (2000 / 2001): Die Dritte Welt oder Von der Kolonisierung über die Dekolonisierung zur Rekolonisierung. – Institut für Wirtschaftstheorie, -politik und –geschichte Universität Innsbruck Working Paper 00/09. – Abgerufen unter: http://homepage.uibk.ac.at/~c43207/die/DritteWelt.pdf, 23.8.2002

Fach Sachunterricht (2005): Allgemeine Informationen zum Fach Sachunterricht. – abgerufen unter: www.sachunterricht.uni-osnabrück.de/kw/kw_ws2001_2002.doc, 2. 3. 2005

Fachschaften der Geographischen Institute der BRD und Berlin (West) (1969): Bestandsaufnahme zur Situation der deutschen Schul- und Hochschulgeographie. – In: Geografiker, H. 3, S. 1-39 (wiederabgedruckt in: Stewig, Reinhard (Hrsg.): Probleme der Länderkunde. – Darmstadt, 1979, S. 155-185)

Fachschaften der Geographischen Institute der BRD und Berlin (West) (1970): Bestandsaufnahme zur Situation der deutschen Schul- und Hochschulgeographie. – In: Meckelein, Wolfgang; Bocherdt, Christoph (Hrsg.): Deutscher Geographentag Kiel 21. bis 26. Juli 1969. Tagungsberichte und wissenschaftliche Abhandlungen. – Wiesbaden, S. 191-207

Falk (2001): Länderkarte Frankreich 1:750.000. – Ostfildern

Feller, Gerd (1993): Erinnerung an Dr. Günter Hoffmann, - In: Geographie in der Schule, H. 44, S. 9-11

Feller, Gerd; Uhlenwinkel, Anke (1993): Einstellungen zum Fach Geographie – eine Untersuchung an gymnasialen Oberstufen im Lande Bremen. – In: Geographie in der Schule, H. 44, S. 1-8

Festival International de Géographie (2001a): Rétropective depuis 1990. - Abgerufen unter: http://www.ville-saintdie.fr/fig/prix/retrospective/retrospective.html, 8.10.2001

Festival International de Géographie (2001b): 13e Festival International de Géographie. – Abgerufen unter: http://www.ville-saintdie.fr/fig/essai/pr%8Esentation/ville.html, 8.10.2001

Festival International de Géographie (2001c): 12^{éme} Festival International de Géographie. – Abgerufen unter: http://www.ville-saintdie.fr/fig/essai/fig-2001/fig-2001.html, 8.10.2001

Festival International de Géographie (2001d): Pole universitaire. - Abgerufen unter: http://www.ville-saintdie.fr/fig/universitaire/puniversit%8E.html, 8.10.2001

Festival International de Géographie (2001e): Des animations surprenantes. - Abgerufen unter: http://www.ville-saintdie.fr/fig/animation/surprenante/animation.html, 8.10.2001

Festival International de Géographie (2001f): Salon de la gastronomie: Géo et art de vivre. - Abgerufen unter: http://www.ville-saintdie.fr/fig/salon-gastron/gastronomie.html, 8.10.2001

Festival International de Géographie (2002): FIG 2002. Du 03 au 06 octobre. – Abgerufen unter: http://www.ville-saintdie.fr/fig/essai/fig-2002/index.html, 10.09.2002

Festival International de Géographie (2004a): Les Actes du FIG 2003. – Abgerufen unter: http://xxi.ac-reims.fr/fig-st-die/actes/actes_2003/index.htm, 24.2.2004

Festival International de Géographie (2004b): Appel à poster pour les exposi-tions scientifiques du FIG 2004. – Abgerufen unter: http://xxi.ac-reims.fr/fig-st-die/appel.htm, 24.2.2004

Festival International de Géographie (2005) : Le FIG 2005 : Lieux visibles, réseaux invi-sible. – Abgerufen unter : http://fig-st-die.education.fr/actes/actes_2005/index.htm, 24. 5. 2005

Fichte-Gymnasium (2002a): Lehrerschaft. – Abgerufen unter: http://www.fichte-gym.de/lehrer.htm, 26.11.2002

Fichte-Gymnasium (2002b): Home. – Abgerufen unter: http://www.fichte-gym.de, 26.11.2002

Fichten, Wolfgang; Schramke, Wolfgang; Strassel, Jürgen (Hrsg.) (1978a): Geographie als politische Bildung. Beiträge und Materialien für den Unterricht (= Geographische Hochschulmanuskripte, H. 6) – Göttingen

Fichten, Wolfgang; Schramke, Wolfgang; Strassel, Jürgen (1978b): Vorwort. – In: Fich-ten, Wolfgang; Schramke, Wolfgang; Strassel, Jürgen (Hrsg.): Geographie als politi-sche Bildung. Beiträge und Materialien für den Unterricht (= Geographische Hoch-schulmanuskripte, H. 6) – Göttingen, S. 5

Fick, Karl Emil (1970): Diskussionsbeitrag zur Sitzung „Der Geograph – Ausbildung und Beruf. – In: Meckelein, Wolfgang; Bocherdt, Christoph (Hrsg.): Deutscher Geogra-phentag Kiel 21. bis 26. Juli 1969. Tagungsberichte und wissenschaftliche Abhandlun-gen. – Wiesbaden, S. 230

Fink, Benedykt (1992): Interesseentwicklung im Kindesalter aus der Sicht einer Personen-Gegenstandskonzeption. – In: Krapp, Andreas; Prenzel, Manfred (Hrsg.): Interesse, Lernen, Leistung. Neuere Ansätze der pädagogisch-psychologischen Interessenfor-schung. - Münster, S. 53-83

Flath, Martina (2004): Lesekompetenz im Geographieunterricht. Methodisch-didaktische Überlegungen zur Entwicklung von Lesekompetenz. – In: geographie heute, H. 221 / 222, S. 68-71

Fleischer-Bickmann, Wolff; Maritzen, Norbert (1998): Das Schulprogramm im Schulalltag. Sieben Praxistips als Wegweiser. – In: Pädagogik, H. 2, S. 9-14

Flitner, Michael (2003): Kulturelle Wende in der Umweltforschung? – Aussichten in Hu-manökologie, Kulturökologie und Politischer Ökologie. – In: Gebhardt, Hans; Reuber, Paul; Wolkersdorfer, Günter (Hrsg.): Kulturgeographie. Aktuelle Ansätze und Entwick-lungen. – Heidelberg, Berlin, S. 213-228

Foerster, Heinz von (1999): Sicht und Einsicht. Versuche zu einer operativen Erkenntnis-theorie. – Heidelberg

Foerster, Heinz von; Pörksen, Bernhard (2004): Wahrheit ist die Erfindung eines Lügners. Gespräche für Skeptiker. – Heidelberg

Fountain, Susan (1996): Leben in Einer Welt. Anregungen zum globalen Lernen. – Braun-schweig

Friedrich, Felix Helmut (1999): Unterrichtsmethoden und Lernstrategien. – In: Wiech-mann, Jürgen (Hrsg.): Zwölf Unterrichtsmethoden. Vielfalt für die Praxis. – Weinheim, Basel, S. 163-172

Frieling, Hans-Dieter von; Uhlenwinkel, Anke (2000): Stadtutopien im Film. – In: Praxis Geographie, H. 2, S. 32-37

Friese, Heinz W. (1970): Thesen zur Ausbildung der künftigen Geographielehrer. – In: Meckelein, Wolfgang; Bocherdt, Christoph (Hrsg.): Deutscher Geographentag Kiel 21. bis 26. Juli 1969. Tagungsberichte und wissenschaftliche Abhandlungen. – Wiesbaden, S. 177-182

Friese, Heinz W. (1983): Schreiben an Wolfgang Taubmann vom 9. 2. 1983

Friese, Heinz W.; Ernst, Eugen; Hendinger, Helmtraut; Rössler, Theo; Wocke, Max Ferdinand (1970): Arbeitsgruppe „Grundsatzfragen". – In: Geographische Rundschau, H. 8, S. 332-333

Fuchs, Gerhard (1983): Das Topographie-Problem im heutigen Geographieunterricht als Folge des fachdidaktischen „Maßstabs-Wechsels". Aspekte und Vorschläge. – In: Eriksen, Wolfgang (Hrsg.): Studia Geographica. Festschrift Wilhelm Lauer zum 60. Geburtstag (= Colloquium Geographicum, Bd. 16) – Bonn, S. 377-392

Fuchs, Martina (2000): Vom „Brotkorb des Ruhrgebiets" zum „waterfront redevelopment". Revitalisierung des Duisburger Innenhafens. – In: Praxis Geographie, H. 2, S. 10-14

Fürstenberg, Martin (1980): Die Unterrichtseinheiten. – In: Der Erdkundeunterricht, H. 34, S. 13-43

Fürstenberg, Martin; Jungfer, Hedda (1976): Zum Entwicklungsstand des Raumwissenschaftlichen Curriculum-Forschungsprojekts (RCFP). – In: Geographische Rundschau, H. 5, S. 214-218

Fürstenberg, Martin, Jungfer, Hedda (1980): Einleitung und Zusammenfassung. - In: Der Erdkundeunterricht, H. 34, S. 5-12

Gabler Wirtschaftslexikon (1992). - Wiesbaden

Ganser, Karl (1970): Thesen zur Ausbildung des Diplomgeographen. – In: Meckelein, Wolfgang; Bocherdt, Christoph (Hrsg.): Deutscher Geographentag Kiel 21. bis 26. Juli 1969. Tagungsberichte und wissenschaftliche Abhandlungen. – Wiesbaden, S. 183-190

Geibert, Hilmar (1987): Erdkunde ist nicht Topographie, aber keine Erdkunde ohne Topographie. – In: geographie heute, H. 56, S. 46-48

Geibert, Hilmar (1988a): Was tun, wenn Moskau in Afrika liegt. Zur Topographie im aktuellen Erdkundeunterricht. – In: geographie heute, H. 65, S. 2-8

Geibert, Hilmar (1988b): Thematische Erdkunde und Topographie – ein Widerspruch? – In: geographie heute, H. 65, S. 8-12

Geipel, Robert (1968): Die Geographie im Fächerkanon der Schule. Einige Überlegungen zum Problem des geographischen Curriculums. - In: Geographische Rundschau, 1968, S. 41-45; zitiert nach dem Abdruck in: Schultze, Arnold (Hrsg.): Dreissig Texte zur Didaktik der Geographie. – Braunschweig, 1971, S. 159-169

Geipel, Robert (1975a): Gesamtorganisation und thematischer Umfang des RCFP. – In: Geipel, Robert, u.a. (Hrsg.): Das Raumwissenschaftliche Curriculum-Forschungsprojekt. Forschungskonzepte und Unterrichtsmodelle. Ergebnisse einer Tagung in Tutzing im März 1975 (= Der Erdkundeunterricht, Sonderheft 3) - Stuttgart, S. 8-17

Geipel, Robert (1975b): Schulversorgung von Gastarbeiterkindern in einer Großstadt. – In: Geipel, Robert, u.a. (Hrsg.): Das Raumwissenschaftliche Curriculum-Forschungsprojekt. Forschungskonzepte und Unterrichtsmodelle. Ergebnisse einer Tagung in Tutzing im März 1975 (= Der Erdkundeunterricht, Sonderheft 3) - Stuttgart, S. 63-65

Geipel, Robert (1978a): Ausgangslage, Zielsetzungen und Organisation des RCFP. – In: Forschungsstab des raumwissenschaftlichen Curriculum-Forschungsprojekt des Zentralverbandes der Deutschen Geographen (Hrsg.): Das raumwissenschaftliche Curriculum-Forschungsprojekt. Erfahrungen und Ergebnisse der Entwicklungsphase 1971-1976. – Braunschweig, S. 5-22

Geipel, Robert (1978b): Das RCFP, Ziele und Erfahrungen. – In: Ernst, Eugen; Hoffmann, Günter (Hrsg.): Geographie für die Schule. Ein Lernbereich in der Diskussion. – Braunschweig, S. 56-62

Geipel, Robert (1987): Bildungspolitische, pädagogische und curriculare Reflexionen über die Geographie und ihre Zukunft in der Informationsgesellschaft. – In: Geographie und Schule, H. 49, S. 17-21

Geipel, Robert (1994): IDNDR und Hazardforschung am Beispiel des Friaul. – Geographische Rundschau, H. 7-8, S. 393- 399

Geipel, Robert (1997): Wahrnehmung von Risiken im Mittelrheinischen Becken. – In: Geographische Rundschau, H. 10, S. 605-608

Geist, Helmut (1992): Die orthodoxe und politisch-ökologische Sichtweise von Umweltdegradierung. – In: Die Erde, H. 4, S. 283-295

Geist, Helmut (1999): Political Ecology and International Research on Global Environmental Change . – In: Zeitschrift für Wirtschaftsgeographie, H. 3-4, S. 158-168

Geographie heute (1983): In eigener Sache. Geographie heute auf den Index? – In: geographie heute, H. 16, S. 74

Gerlach, Siegfried (1977): Die Umformung des Geographieunterrichts. Ein Rückblick auf die Entwicklung der Fachdidaktik in den letzten anderthalb Jahrzehnten. – In: Beiheft zur Geographischen Rundschau, H. 1, S. 34-38

Gerlach, Siegfried (1980): Der Bauboom im Oberengadin. – In: Praxis Geographie, H. 5, S. 219-223

Geschichte der Arbeiterbewegung in Hessen e.V. (Hrsg.) (2001): Satzung des Vereins. – Abgerufen unter: http://www.hochtaunus.net/dgb/Dokumente/Satz-A4.pdf, 10.8.2001

Gisevius, Wolfgang (1991): Leitfaden durch die Kommunalpolitik. – Bonn

Golay, David (2000): Das Interesse der Schüler/-innen am Schulfach Geographie auf der Sekundarstufe I in der Region Basel. – In: Geographie und ihre Didaktik, H. 3, S. 131-147

Göschel, Albrecht (1990): Wandlungen kultureller Orientierungen in der Abfolge von Generationen. – In: ProKla, H. 80, S. 118-134

Grass, Günter (1995): Ein weites Feld. - Göttingen

Graves, Norman J. (1968): Das "High School Geography Project" der "Association of American Geographers". - In: Schultze, Arnold (Hrsg.): Dreissig Texte zur Didaktik der Geographie. – Braunschweig, 1971, S. 132-139

Groeben, Annemarie von der (1997): Binnendifferenzierung. Die große Illusion, die große Überforderung oder die große Chance? – In: Pädagogik, H. 12, S. 6-10

Grundgesetz für die Bundesrepublik Deutschland. – Bremen, o.J.

Gruppe von Lissabon (1997): Grenzen des Wettbewerbs. Die Globalisierung der Wirtschaft und die Zukunft der Menschheit. – München

Gudjons, Herbert (1997): Lernen – Denken – Handeln. Lern-, kognitions- und handlungspsychologische Aspekte zur Begründung des Projektunterrichts. – In: Bastian, Johannes; Gudjons, Herbert; Schnack, Jochen; Speth, Martin (Hrsg.): Theorie des Projektunterrichts. – Hamburg, S. 111-132

Gudjons, Herbert (2004): Frontalunterricht im Wandel. Auf dem Weg zur Integration in offene Unterrichtsformen. – In: Pädagogik, H. 1, S. 22-26

Gugel, Günther (1996): Vertretungsstunden mit Pfiff. Anregungen für einen handlungsorientierten Unterricht zum Themenbereich Eine Welt in den Sekundarstufen. – Tübingen

Gugel, Günther (1997): Methoden-Manual I: „Neues Lernen". Tausend Praxisvorschläge für Schule und Lehrerbildung. – Weinheim, Basel

Gugel, Günther (1998): Methoden-Manual II: „Neues Lernen". Tausend neue Praxisvorschläge für Schule und Lehrerbildung. – Weinheim, Basel

Gunn, Angus M. (1978): Die Rolle des HSGP in der breiten Volksbildung. - In: Ernst, Eugen; Hoffmann, Günter (Hrsg.): Geographie für die Schule. Ein Lernbereich in der Diskussion. – Braunschweig, S. 63-65

Häcker, Thomas (2005): Mit der Portfoliomethode den Unterricht verändern. – In: Pädagogik, H. 3, S. 13-18

Hagedorn, Horst (1978): Finanzierung und Organisation. – In: Forschungsstab des raumwissenschaftlichen Curriculum-Forschungsprojekt des Zentralverbandes der Deutschen Geographen (Hrsg.): Das raumwissenschaftliche Curriculum-Forschungsprojekt. Erfahrungen und Ergebnisse der Entwicklungsphase 1971-1976. – Braunschweig, S. 189-197

Hagen-Döver, Sabine; Hoffmann, Helmut; Mischke, Antje; Wollenweber, Bernd: Hindernislauf auf dem Weg zum Schulprogramm. – In: Pädagogik, H. 2, S. 15-18

Hahn, Roland (1974): Die neuen Lehrpläne – eindeutige Rampenstruktur oder beginnende Verwirrung? Lernzielorientiertes Gesamtkonzept aufgrund fachspezifischer und lernpsychologischer Ordnungsprinzipien. – In: Geographische Rundschau, H. 10, S. 402-404

Hahne, Klaus; Schäfer, Ulrich (1997): Geschichte des Projektunterrichts in Deutschland nach 1945. – In: Bastian, Johannes; Gudjons, Herbert; Schnack, Jochen; Speth, Martin (Hrsg.): Theorie des Projektunterrichts. – Hamburg, S. 89-107

Hambloch, Hermann (1979): Allgemeine Anthropogeographie. Eine Einführung (= Erdkundliches Wissen, H. 31) – Wiesbaden

Hansonis, Daniela (2002): Lernziel: Kribbeln im Kopf. Brainwriting, Brainstorming, Schreibgespräch. – In: Praxis Geographie, H. 11, S. 24-26

Hard, Gerhard (1973): Die Geographie. Eine wissenschaftstheoretische Einführung. – Berlin

Hard, Gerhard (1978): Schulbuchbewertung im Jahr 1972. Ein Beitrag zur jüngsten Geschichte der Schulgeographie. – In: Poeschel, Hans-Claus; Stonjek, Diether (Hrsg.): Studien zur Didaktik der Geographie in Schule und Hochschule (= Osnabrücker Studien zur Geographie 1) – Osnabrück, S. 159-183

Hard, Gerhard (1979): Die Disziplin der Weißwäscher. Über Genese und Funktionen des Opportunismus in der Geographie. - In: Sedlacek, Peter (Hrsg.): Zur Situation der deutschen Geographie zehn Jahre nach Kiel (= Osnabrücker Studien zur Geographie, Bd. 2) – Osnabrück, 11- 44

Hard, Gerhard (1981): Buchbesprechung von „Daum, Egbert / Schmidt-Wulffen, Wolf-D. [sic!]: Erdkunde ohne Zukunft? Konkrete Alternativen zu einer Didaktik der Belanglosigkeiten. Paderborn: 1980. Verlag Schöningh. ISBN 3-506-71990-4, 210 S., DM 17,80". – In: Geographie und ihre Didaktik, H. 1, S. 39-44

Hard, Gerhard (1982a): Geodeterminismus / Umweltdeterminismus. – In: Jander, Lothar; Schramke, Wolfgang; Wenzel, Hans-Joachim (Hrsg.): Metzler Handbuch für den Geographieunterricht. Ein Leitfaden für Praxis und Ausbildung. – Stuttgart, S. 104-110

Hard, Gerhard (1982b): Landschaftsgürtel / Landschaftszonen / Geozonen. – In: Jander, Lothar; Schramke, Wolfgang; Wenzel, Hans-Joachim (Hrsg.): Metzler Handbuch für den Geographieunterricht. Ein Leitfaden für Praxis und Ausbildung. – Stuttgart, S. 171-174

Hard, Gerhard (1982c): Textinterpretation / Textanalyse. - In: Jander, Lothar; Schramke, Wolfgang; Wenzel, Hans-Joachim (Hrsg.): Metzler Handbuch für den Geographieunterricht. Ein Leitfaden für Praxis und Ausbildung. – Stuttgart, S. 463-466

Hard, Gerhard (1986): „Wozu Theorie"? Zur Thematisierung von Theorieleistungen im Hochschul- und Schulunterricht. – In: Köck, Helmuth (Hrsg.): Theoriegeleiteter Geographieunterricht. Vorträge des Hildesheimer Symposiums 6. bis 10. Oktober 1985 (= Geographiedidaktische Forschungen, Bd. 15) – Lüneburg, S. 215-231

Hard, Gerhard (1987): Seele und Welt bei Grünen und Geographen: Metamorphosen der Sonnenblume. – In: Bahrenberg, Gerhard; Deiters, Jürgen; Fischer, Manfred M.; Gaebe, Wolf; Hard, Gerhard; Löffler, Günter (Hrsg.): Geographie des Menschen. Dietrich Bartels zum Gedenken (= Bremer Beiträge zur Geographie und Raumplanung, H. 11) – Bremen, S. 111-140

Hard, Gerhard (1988): Die ökologische Lesbarkeit städtischer Freiräume. – In: geographie heute, H. 60, S. 10-15

Hard, Gerhard (1989): Geographie als Spurenlesen. Eine Möglichkeit, den Sinn und die Grenzen der Geographie zu formulieren. – In: Zeitschrift für Wirtschaftsgeographie, H. 1-2, S. 2-11

Hard, Gerhard (1991): Zeichenlesen und Spurensichern. Überlegungen zum Lesen der Welt in Geographie und Geographieunterricht. – In: Hasse, Jürgen; Isenberg, Wolfgang (Hrsg.): Die Geographiedidaktik neu denken. Perspektiven eines Paradigmenwechsels (= Bensberger Protokolle, Nr. 73) – Bergisch Gladbach, S. 127-159

Hard, Gerhard (1992): Reisen und andere Katastrophen. Parabeln über die Legasthenie des reisenden Geographen beim Lesen der Welt. – In: Brogiato, Heinz Peter; Cloß, Hans-Martin (Hrsg.): Geographie und ihre Didaktik, Teil 2. – Trier, S. 1-17

Hard, Gerhard (1993a): Über Räume reden. Zum Gebrauch des Wortes „Raum" in sozialwissenschaftlichem Zusammenhang. – In: Mayer, Jörg (Hrsg.): Die aufgeräumte Welt – Raumbilder und Raumkonzepte im Zeitalter globaler Marktwirtschaft (= Loccumer Protokolle 74) – Rehburg-Loccum, S. 53-77

Hard, Gerhard (1993b): Graffiti, Biotope und „Russenbaracken" als Spuren. Spurenlesen als Herstellen von Sub-Texten, Gegen-Texten und Fremd-Texten. – In: Hasse, Jürgen; Isenberg, Wolfgang (Hrsg.): Vielperspektivischer Geographieunterricht (= Osnabrücker Studien zur Geographie, Bd. 13) – Osnabrück, S. 71-107

Hard, Gerhard (1993c): Zur Imagination und Realität der Gesteine – nebst einigen Bemerkungen über wissenschaftliche Geographie als eine unbewusste Semiotik. – In: Jüngst, Peter; Meder, Oskar (Hrsg.): Zur psychosozialen Konstitution des Territoriums. Verzerrte Wirklichkeit oder Wirklichkeit als Zerrbild (= Urbs et Regio, H. 61) – Kassel, S. 105-155

Hard, Gerhard (1995): Spuren und Spurenleser. Zur Theorie und Ästhetik des Spurenlesens in der Vegetation und anderswo (= Osnabrücker Studien zur Geographie, Bd. 16) – Osnabrück

Hard, Gerhard (2002): Glokalisierung der Natur. – In: Becker, Jörg; Felgentreff, Carsten; Aschauer, Wolfgang (Hrsg.): Reden über Räume: Region – Transformation – Migration. Festsymposium zum 60. Geburtstag von Wilfried Heller (= Potsdamer Geographische Forschungen, Bd. 23) – Potsdam, S. 175-201

Hard, Gerhard; Gerdes, Wolfgang; Ebenhan, Dagmar (1984): Graffiti in Osnabrück. Eine geographische Spurensicherung in einer kleinen Großstadt. – In: Jüngst, Peter (Hrsg.): „Alternative" Kommunikationsformen – zu ihren Möglichkeiten und Grenzen (= Urbs et Regio, H. 32) – Kassel, 1985 [sic!], S. 265-331

Hard, Gerhard; Wenzel, Hans-Joachim (1979): Wer denkt eigentlich schlecht von der Geographie? Neues zur Studienmotivation im Fach Geographie. – In: Geographische Rundschau, H. 6, S. 262-268

Harvey, David (1990): The Condition of Postmodernity. – Malden, Oxford

Hasse, Jürgen (1988): Heimat – der Lernende in seiner Umwelt. Zwischen Emotion und Kognition – ein fachdidaktisches Dilemma? – In: Praxis Geographie, H. 7-8, S. 26-29

Hasse, Jürgen (1989): Plädoyer für eine Didaktik des Ephemeren (I). – In: Geographie und ihre Didaktik, H. 4, S. 197-209

Hasse, Jürgen (1990): Plädoyer für eine Didaktik des Ephemeren (II). – In: Geographie und ihre Didaktik, H. 1, S. 33-42

Hasse, Jürgen (1993): Wahrheiten und Wirklichkeiten sind plural. Aufgaben eines vielperspektivischen Geographieunterrichts. – In: Hasse, Jürgen; Isenberg, Wolfgang (Hrsg.): Vielperspektivischer Geographieunterricht (= Osnabrücker Studien zur Geographie, Bd. 13) – Osnabrück, S. 9-19

Hasse, Jürgen; Isenberg, Wolfgang (Hrsg.) (1991a): Die Geographiedidaktik neu denken. Perspektiven eines Paradigmenwechsels (= Bensberger Protokolle, Nr. 73) – Bergisch Gladbach

Hasse, Jürgen; Isenberg, Wolfgang (1991b): Vorwort. – In: Hasse, Jürgen; Isenberg, Wolfgang (Hrsg.): Die Geographiedidaktik neu denken. Perspektiven eines Paradigmenwechsels (= Bensberger Protokolle, Nr. 73) – Bergisch Gladbach, S. 7

Hasse, Jürgen; Isenberg, Wolfgang (Hrsg.) (1993a): Vielperspektivischer Geographieunterricht (= Osnabrücker Studien zur Geographie, Bd. 13) – Osnabrück

Hasse, Jürgen; Isenberg, Wolfgang (1993b): Vorwort. – In: Hasse, Jürgen; Isenberg, Wolfgang (Hrsg.): Vielperspektivischer Geographieunterricht (= Osnabrücker Studien zur Geographie, Bd. 13) – Osnabrück, S. 7

Haubrich, Hartwig (1979a): Föderalismus der geographischen Lehrpläne. – In: Sedlacek, Peter (Hrsg.): Zur Situation der deutschen Geographie zehn Jahre nach Kiel (= Osnabrücker Studien zur Geographie, Bd. 2) – Osnabrück, S. 81-103

Haubrich, Hartwig (1979b): Zur Reform des geographischen Curriculums – eine Zwischenbilanz. – In: Geographische Rundschau, H. 12, S. 505-512

Haubrich, Hartwig (1981a): Kritische Anmerkungen zu: Daum, Egbert und Schmidt-Wulffen, Wulf-D.: Erdkunde ohne Zukunft? Konkrete Alternativen zu einer Didaktik der Belanglosigkeiten, Paderborn, 1980. – In: Geographie und ihre Didaktik, H. 1, S. 44-48

Haubrich, Hartwig (1981b): Offener Brief. – In: Geographie und ihre Didaktik, H. 2, S. 98-99

Haubrich, Hartwig (1983a): Allgemeine Geographie am regionalen Faden. Stellungnahme zum Beitrag von J. Newig u.a. in GR 35, H. 1, S. 38-39. – In: Geographische Rundschau, H. 4, S. 196

Haubrich, Hartwig (1983b): Zum Beitrag von J. Newig u.a. in GR 35 (1983) H. 1, S. 38. – In: Geographische Rundschau, H. 11, S. 598

Haubrich, Hartwig (1983c): Rezension zu „Metzler-Handbuch für den Geographie-Unterricht. Ein Leitfaden für Praxis und Ausbildung". – In: Geographie und ihre Didaktik, H. 1, S. 36-40

Haubrich, Hartwig (1983d): Offene Antwort. – In: Geographie und ihre Didaktik, H. 3, S. 161-164

Haubrich, Hartwig (1984a): Das erdräumliche Kontinuum – eine ideologische Weltperspektive des Geographieunterrichts? – In: Geographie und Schule, H. 31, S. 10-17

Haubrich, Hartwig (1984b): Geographische Erziehung für die Welt von morgen. – In: Geographische Rundschau, H. 10, S. 520-526

Haubrich, Hartwig (1991): Wie ich mein Land sehe. Fünfzehnjährige Jugendliche aus 28 Ländern berichten. – In: Schultze, Arnold (Hrsg.) (1996): 40 Texte zur Didaktik der Geographie. – Gotha, S. 313-326

Haubrich, Hartwig (1993a): Internationale Charta der geographischen Erziehung. – In: Geographische Rundschau, H. 6, S. 380-383

Haubrich, Hartwig (1993b): Weltuntergang oder neue Weltordnung. – geographie heute, H. 107, S. 4-9

Haubrich, Hartwig (1994): Globale Aspekte der geographischen Erziehung. – In: Flath, Martina; Fuchs, Gerhard (Hrsg.): Die Erde bewahren – Fremdartigkeit verstehen und respektieren. – Gotha, S. 52-63

Haubrich, Hartwig (1996): Nutzung und Bewahrung der Erde durch geographische Erziehung und Forschung. – In: geographie heute, H. 138, S. 4-9

Haubrich, Hartwig (1997): Der Öko-Bürger. Zwischen Öko-Pessimismus und Öko-Optimismus. – In: geographie heute, H. 150, S. 2-7

Haubrich, Hartwig (1998): Die Leipziger Erklärung zur Bedeutung der Geowissenschaften in Lehrerbildung und Schule – ein Kommentar. – In: Die Erde, H. 129, S. 5-19

Haubrich, Hartwig (2000): Biodeterminismus in der Geographiedidaktik? Zum Beitrag von Jürgen Lethmate: „Das geoökologische Defizit der Geographiedidaktik" in GR 52 (2000) H. 6, S. 34-40. – In: Geographische Rundschau, Heft. 10, S. 61-62

Haubrich, Hartwig (2001a): 30 Jahre Hochschulverband für Geographie und ihre Didaktik e.V. – In: Geographie und ihre Didaktik, H. 2, S. 89-99

Haubrich, Hartwig (2001b): Bio-Ethik versus Bio-Determinismus. Zur Reaktion von Jürgen Lethmate (GUID 2001, H. 1, S. 21ff) auf meine Kritik (GR 52, H. 10, S. 61f.) an seinem Beitrag „Das geoökologische Defizit..." (GR 52, H. 6, S. 34ff). – In: Geographie und ihre Didaktik, H. 2, S. 99-102

Haubrich, Hartwig (2001c): Prof. Dr. Hartwig Haubrich. – Abgerufen unter: http://home.ph-freiburg.de/haubrich/index.htm, 31.10.2001

Haubrich, Hartwig (2001d): Lernbox Geographie - Das Methodenbuch. – Seelze-Velber

Haubrich, Hartwig (2004): Ein Geograph erinnert sich. 50 Jahre nationale und internationale Erfahrungen zum Wandel von Gesellschaft und Geographie in Lehrerbildung und Schule. – Freiburg, o. J.

Haubrich, Hartwig (2005a): „Schulgeographie im Wandel". Spotlights zum internationalen Wandel der Ziel- und Inhaltsorientierung des Geographieunterrichts. Eine Abhandlung aus Anlass des 80. Geburtstags von Professor Wolfgang Sitte. – In: GW-Unterricht, H. 100, S. 26-32

Haubrich, Hartwig (2005b): Methodenkompetenz. – In: Schulgeographie, SH, S. 14-21

Hausmann, Wolfram (Hrsg.) (1972): Welt und Umwelt. Geographie für die Sekundarstufe I. 5. und 6. Schuljahr Lehrerausgabe. – Braunschweig

Hausmann, Wolfram (Hrsg.) (1974): Welt und Umwelt. Geographie für die Sekundarstufe I. 7. und 8. Schuljahr Lehrerausgabe. – Braunschweig

Hausmann, Wolfram (Hrsg.) (1976): Welt und Umwelt. Geographie für die Sekundarstufe I. 9. und 10. Schuljahr Lehrerausgabe. – Braunschweig

Haversath, Johann-Bernhard (2000): Vom Reisebericht zur Reiseerziehung. Das Thema „Tourismus" im Erdkunde-Unterricht. – In: Geographische Rundschau, H. 2, S. 51-54

Heinritz, Günter (1999): Ein Siegeszug ins Abseits. Ruppert, K., und F. Schaffer: Zur Konzeption der Sozialgeographie. GR 21 (1969) H. 6, S. 205-214. – In: Geographische Rundschau, H. 1, S. 52-56

Heintel, Martin; Pichler, Herbert (1994): Projekt: Spurensuche – Wahrnehmung und Analyse: Von der „Unbedarftheit" zu einem „kritischen Blick"; Spurensuche als geographisches Betätigungsfeld? – In: GW-Unterricht, H. 53, S. 28-37

Helbrecht, Ilse (2003): Der Wille zur „totalen Gestaltung": Zur Kulturgeographie der Dinge. – In: Gebhardt, Hans; Reuber, Paul; Wolkersdorfer, Günter (Hrsg.): Kulturgeographie. Aktuelle Ansätze und Entwicklungen. – Heidelberg, Berlin, S. 149-170

Hemmer, Ingrid (1985): Kautokeino – Landwirtschaft im polaren Grenzraum der Ökumene. – In: Praxis Geographie, H. 5, S. 33-37

Hemmer, Ingrid (1987): Die skandinavische Rentierwirtschaft nach Tschernobyl. – In: Geographische Rundschau, H. 6, S. 324-327

Hemmer, Ingrid (1988): Die Nutungskonflikte an der Kältegrenze der Ökumene im Geographieunterricht. – In: Geographie und Schule, H. 55, S. 15-22

Hemmer, Ingrid (1989): Tschernobyl und keine Ende. – In: Praxis Geographie, H. 5, S. 30-32

Hemmer, Ingrid (1990): Wissenschaftspropädeutisches Arbeiten im Geographieunterricht. Ein Theoriekonzept und die empirische Überprüfung der Unterrichtsreihe „Stadtklima in Augsburg und Neu-Ulm" als Beispiel eines Konzeptbaustein für die 11. Jahrgangsstufe. – In: Geographie und ihre Didaktik, H. 4, S. 177-198

Hemmer, Ingrid (1992a): Frauen im Geographieunterricht – oder: blinde Flecken in unserer mental map. – In: Praxis Geographie, H. 6, S. 14-15

Hemmer, Ingrid (1992b): Norwegens Frauen – um Längen voraus! – In: Praxis Geographie, H. 6, S. 16-19

Hemmer, Ingrid (1994): Computersimulationen im Geographieunterricht. – In: Schrettenbrunner, Helmut (Hrsg.): Software für den Geographieunterricht (= Geographische Forschungen, Bd. 18) – Nürnberg, S. 133-140

Hemmer, Ingrid (1996a): Die samische Rentierwirtschaft 10 Jahre nach Tschernobyl. – In: Geographische Rundschau, H. 7-8, S. 461-465

Hemmer, Ingrid (1996b): Ökologischer Landbau. (K)ein Thema für den Geographieunterricht? – In: geographie heute, H. 138, S. 10-15

Hemmer, Ingrid (1997a): Das Öko-Modell Hindelang. Eine Erfolgsstory. – In: geographie heute, H. 151, S. 12-15

Hemmer, Ingrid (1997b): Optimierung der Lehrerausbildung im Fach Geographie. Zur Diskussion gestellte Empfehlungen. – In: Praxis Geographie, H. 7-8, S. 74-75

Hemmer, Ingrid (2001): Forschung in der Geographiedidaktik. – In: Bayrhuber, Horst; Finkbeiner, Claudia; Spinner, Kaspar H.; Zwergel, Herbert A. (Hrsg.): Lehr- und Lernforschung in den Fachdidaktiken (= Forschungen zur Fachdidaktik, Bd. 3) – Innsbruck, S. 153-158

Hemmer, Ingrid; Hemmer, Michael (1996a): Welche Themen interessieren Jungen und Mädchen im Geographieunterricht? – In: Praxis Geographie, H. 12, S. 41-43

Hemmer, Ingrid; Hemmer, Michael (1996b): Schülerinteresse am Erdkundeunterricht - grundsätzliche Überlegungen und erste empirische Ergebnisse. – In: Geographie und ihr Didaktik, H. 4, S. 192-204

Hemmer, Ingrid; Hemmer, Michael (1997a): Arbeitsweisen im Erdkundeunterricht – Ergebnisse einer empirischen Untersuchung zum Schülerinteresse und zu Einsatzhäufigkeit. - In: Frank, Friedhelm; Kaminske, Volker; Obermaier, Gabriele (Hrsg.): Die Geographiedidaktik ist tot, es lebe die Geographiedidaktik. Festschrift zur Emeritierung von Josef Birkenhauer (= Münchener Studien zur Didaktik der Geographie, Bd. 8) – München, S. 67-78

Hemmer, Ingrid; Hemmer, Michael (1997b): Lehrerinteresse und Schülerinteresse an Inhalten und Regionen des Geographieunterrichts – ein Vergleich auf der Grundlage empirischer Untersuchungen. - In: Convey, Andrew; Nolzen, Heinz (Hrsg.): Geographie und Erziehung. Festschrift für Hartwig Haubrich zum Abschied von der Pädagogischen Hochschule Freiburg (= Münchener Studien zur Didaktik der Geographie, Bd. 10) – München, S. 119-128

Hemmer, Ingrid; Hemmer, Michael (1997c): Welche Länder und Regionen interessieren Mädchen und Jungen? Ergebnisse einer empirischen Untersuchung. – In: Praxis Geographie, H. 1, S. 40-41

Hemmer, Ingrid; Hemmer, Michael (1998): Wie beurteilen Schüler und Schülerinnen das Unterrichtsfach Geographie? – Ergebnisse einer empirischen Studie. – In: Geographie und Schule, H. 112, S. 40-43

Hemmer, Ingrid; Hemmer, Michael (1999): Schülerinteresse und Geographieunterricht. Zwischenbilanz einer empirischen Untersuchung. - In: Köck, Helmuth (Hrsg.): Geographieunterricht und Gesellschaft. Vorträge des gleichnamigen Symposiums vom 12. – 15. Oktober 1998 in Landau (= Geographiedidaktische Forschungen, Bd. 32) – Nürnberg, S. 50-62

Hemmer, Ingrid; Hemmer, Michael (2000a): Qualität der Lehrerausbildung im Fach Geographie aus der Sicht der Fachleiter / Seminarlehrer. Ergebnisse einer deutschlandweiten Befragung. – In: Geographie und ihre Didaktik, H. 2, S. 61-87

Hemmer, Ingrid; Hemmer, Michael (2000b): Qualität der Lehrerausbildung im Fach Geographie aus der Sicht der Fachleiter / Seminarlehrer. Ergebnisse einer deutschlandweiten Befragung. – In: Geographische Rundschau, H. 10, S. 64

Hemmer, Ingrid; Hemmer, Michael (2002): Mit Interesse lernen. Schülerinteresse und Geographieunterricht. – In: geographie heute, H. 202, S. 2-7

Hemmer, Ingrid; Hemmer, Michael; Bayrhuber, Horst; Häussler, Peter; Hlawatsch, Sylke; Hoffman, Lore; Raffelsiefer, Marion (2005): Interesse von Schülerinnen und Schülern an geowissenschaftlichen Themen. – In: Geographie und ihre Didaktik, H. 2, S. 57-72

Hemmer, Ingrid; Matejczuk, Krzysztof (2001): Vier Stunden Polen sind zu wenig! Ergebnisse einer empirischen Studie zu Schülereinstellungen. – In: Praxis Geographie, H. 11, S. 45-47

Hemmer, Michael (1996): Reiseerziehung im Geographieunterricht. Konzept und empirische Untersuchungen zur Vermittlung eines umwelt- und sozialverträglichen Reisestils (= Geographiedidaktische Forschungen, Bd. 28) – Nürnberg

Hemmer, Michael (1997): Geographiedidaktische Forschungen in der Bundesrepublik Deutschland von 1985 bis 1995. – In: Geographie und ihre Didaktik, H. 2, S. 84-101

Hemmer, Michael (2001): Westen ja bitte – Osten nein danke! Konzeption und erste Ergebnisse einer Studie zur West-Ost-Interessendiskrepanz im Geographieunterricht. – In: Bayrhuber, Horst; Finkbeiner, Claudia; Spinner, Kaspar H.; Zwergel, Herbert A. (Hrsg.): Lehr- und Lernforschung in den Fachdidaktiken (= Forschungen zur Fachdidaktik, Bd. 3) – Innsbruck, S.171-181

Hemmer, Michael (2002a): Anders Reisen – Zwölf Thesen zur Reiseerziehung im Geographieunterricht. - In: Geographie und Schule, H. 135, S. 21-25

Hemmer, Michael (2002b): Interesse an den USA und der GUS. Ergebnisse einer empirischen Studie zur West-Ost-Interessendiskrepanz. – In: geographie heute, H. 202, S. 13-15

Hendinger, Helmtraud (1970): Ansätze zur Neuorientierung der Geographie im Curriculum aller Schularten. – In: Geographische Rundschau, H. 1, 1970, S. 10-18; zitiert nach dem Abdruck in: Schultze, Arnold (Hrsg.): 30 Texte zur Didaktik der Geographie. – Braunschweig, 1976, S. 156-174

Hendinger, Helmtraud; Hoffmann, Günter; Kreibich, Barbara (1978): Lernziele. - In: Forschungsstab des raumwissenschaftlichen Curriculum-Forschungsprojekt des Zentralverbandes der Deutschen Geographen (Hrsg.): Das raumwissenschaftliche Curriculum-Forschungsprojekt. Erfahrungen und Ergebnisse der Entwicklungsphase 1971-1976. – Braunschweig, S. 23-47

Hennings, Werner (1978): Unterrichtsprojekt: Sanierung der Bielefelder Innenstadt. – In: Fichten, Wolfgang; Schramke, Wolfgang; Strassel, Jürgen (Hrsg.): Geographie als politische Bildung. Beiträge und Materialien für den Unterricht (= Geographische Hochschulmanuskripte, H. 6) – Göttingen, S. 178-207

Hentig, Hartmut von (1996): Bildung. Ein Essay. – München, Wien

Herrlitz, Hans-Georg; Hopf, Wulf; Titze, Hartmut (1986): Deutsche Schulgeschichte von 1800 bis zur Gegenwart. – Königstein / Ts.

Heske, Henning (1996): Ende eines Tabus. Argumentation für die Integrationsfächer Gesellschaftslehre bzw. Welt- und Umweltkunde – ein Diskussionsbeitrag. – In: Zeitschrift für den Erdkundeunterricht, H. 6, S. 226-228

Hessenpark (Hrsg.) (1986): Malbuch für Schüler. Bilder aus dem Freilichtmuseum. – Neu-Anspach

Hessische Fachleiter für Geographie (1979): Tagung der hessischen Fachleiter für Geographie. - In: Jüngst, Peter; Schultze-Göbel, Hans-Jörg; Wenzel, Hans-Joachim (Hrsg.): Verspielt die Geographie ihre Chance zur sozialwissenschaftlichen Neubesinnung? Stellungnahmen und Beiträge zu den hessischen Rahmenrichtlinien Gesellschaftslehre (= Urbs et Regio, H. 15) – Kassel, S. 38

Hessische Rahmenrichtlinien Gesellschaftslehre (1972). – Köhler, Gerd; Reuter, Ernst (Hrsg.): Was sollen Schüler lernen? Die Kontroverse um die hessischen Rahmenrichtlinien für die Unterrichtsfächer Deutsch und Gesellschaftslehre, Dokumentation einer Tagung der Gewerkschaft Erziehung und Wissenschaft. – Frankfurt, 1973, S. 188-218

Hessischer Kultusminister (1973): Rahmenrichtlinien Gesellschaftslehre Sekundarstufe I. – In: Jüngst, Peter; Schultze-Göbel, Hans-Jörg; Wenzel, Hans-Joachim (Hrsg.) (1979): Verspielt die Geographie ihre Chance zur sozialwissenschaftlichen Neubesinnung? Stellungnahmen und Beiträge zu den hessischen Rahmenrichtlinien Gesellschaftslehre (= Urbs et Regio, H. 15) – Kassel, S. 10-13

Hettner, Alfred (1932): Das länderkundliche Schema. – In: Stewig, Reinhard (Hrsg.): Probleme der Länderkunde. – Darmstadt, 1979, S. 85-95

HGD (Hochschulverband für Geographie und ihre Didaktik) (2002): Geographiedidaktische Schriftenreihen in der Bundesrepublik Deutschland. – Abgerufen unter: http://www1.ku-eichstaett.de/hp/, 27.8.2002

Hieret, Manfred (1975): Koordination der Strategien zur Lernzielfindung im RCFP. – In: Geipel, Robert, u.a. (Hrsg.): Das Raumwissenschaftliche Curriculum-Forschungsprojekt. Forschungskonzepte und Unterrichtsmodelle. Ergebnisse einer Tagung in Tutzing im März 1975 (= Der Erdkundeunterricht, Sonderheft 3) - Stuttgart, S. 24-30

Hilkovitch, Jason; Fulkerson, Max (2003): Paul Vidal de la Blache. A Biographical Sketch. – Abgerufen unter: http://www.valpo.edu/geomet/histphil/test/vidal.html, 11.2.2003

Hof, Christiane (1991): Systemtheorie als Provokation für die Pädagogik? – In: Pädagogische Rundschau. – H. 1, S. 23-39

Hoffmann, Günter (1968): Die Physiogeographie in der Oberstufe. Ökologisches Denken als didaktisches Ziel. – In: Geographische Rundschau, S. 451-457; zitiert nach dem Abdruck in: Schultze, Arnold (Hrsg.): Dreissig Texte zur Didaktik der Geographie. – Braunschweig, 1971, S. 123-131

Hoffmann, Günter (1970):Allgemeine Geographie oder Länderkunde? Es geht um Lernziele! – In: Geographische Rundschau, H. 8, S. 329-331

Hoffmann, Günter (1974): Das Raumwissenschaftliche Curriculum-Forschungsprojekt (RCFP). Erste Tagung der regionalen Projektgruppen in Gießen, 22.-25.11.1973. – In: Geographische Rundschau, H. 4, S.153-154

Hoffmann, Günter (1975): Anlage: Erläuterung der in den Lernzielen verwendeten Operatoren. – In: Geographische Rundschau, H. 8, S. 354-358

Hoffmann, Günter (1978): Der Weg der Curriculumdiskussion in der Geographie. - In: Ernst, Eugen, Hoffmann, Günter (Hrsg.): Geographie für die Schule. Ein Lernbereich in der Diskussion. – Braunschweig, S. 46-55

Hoffmann, Günter (1990): Wandlungen der Fachdidaktik Geographie. Problemfelder und persönliche Erfahrungen (= Arbeitsberichte des Wissenschaftlichen Instituts für Schulpraxis Bremen) – Bremen

Hoffmann, Günter (1992): Das raumwissenschaftliche Curriculum-Forschungsprojekt (RCFP). – In: Birkenhauer, Josef; Neukirch, Dieter (Hrsg.): Geographiedidaktische Furchen. Festschrift für Helmtraud Hendinger (= Münchener Studien zur Didaktik der Geographie, Bd. 2) – München, S. 45-63

Hoffmann, Thomas (2003): Das Gruppenpuzzle. – In: geographie heute, H. 213, S. 42-43

Hofstetter, Rita; Schneuwly, Bernhard (2000): La production de connaissance dans un champ disciplinaire: l'exemple des sciences de l'éducation (Conferência de Pesquisa Sócio-cultural vom 16. 7. – 20. 7. 2000 in São Paulo, Brasilien). – Abgerufen unter: http://www.fae.unicamp.br/br2000/indit.htm, 1. 6. 2004

Holland, Klaus-Jürgen (1978): Plant die Stadtplanung das Wohnen? – In: Schramke, Wolfgang; Strassel, Jürgen (Hrsg.): Wohnen und Stadtentwicklung. Ein Reader für Lehrer und Planer (= Geographische Hochschulmanuskripte, H. 7/2) – Oldenburg, S. 79-129

Höllhuber, Dietrich (1975): Allokstadt – Standorte für kommunale Schwimmbäder. - In: Geipel, Robert, u.a. (Hrsg.): Das Raumwissenschaftliche Curriculum-Forschungsprojekt. Forschungskonzepte und Unterrichtsmodelle. Ergebnisse einer Tagung in Tutzing im März 1975 (= Der Erdkundeunterricht, Sonderheft 3) - Stuttgart, S. 73-75

Hölscher, Gerhard (1994): Von der Aussicht zur Perspektive. - In: Krause-Isermann, Ursula; Kupsch, Joachim; Schumacher, Michael (Hrsg.): Perspektivenwechsel. Beiträge zum fächerübergreifenden Unterricht für junge Erwachsene (= AMBOS – Arbeitsmaterialien aus dem Bielefelder Oberstufen-Kolleg 38) – Bielefeld, S. 11-38

Horst, Uwe; Ohly, Karl Peter (Hrsg.) (2000): Lernbox. Lernmethoden – Arbeitstechniken. – Seelze-Velber

Hövermann, Jürgen (1970): Diskussionsbeitrag zur Sitzung „Der Geograph – Ausbildung und Beruf. – In: Meckelein, Wolfgang; Bocherdt, Christoph (Hrsg.): Deutscher Geographentag Kiel 21. bis 26. Juli 1969. Tagungsberichte und wissenschaftliche Abhandlungen. – Wiesbaden, S. 215

Hubel, Susanne (1994): Wetterkarte. - In: Schrettenbrunner, Helmut (Hrsg.): Software für den Geographieunterricht (= Geographiedidaktische Forschungen, Bd. 18) – Nürnberg, S. 111-114

Hüholdt, Jürgen (1984): Wunderland des Lernens. Lernbiologie, Lernmethodik, Lerntechnik. – Bochum, 11., neubearb. Aufl. 1998

Hunt, Matthew; Jebb, John (2001): Differentiation by skills. – In: Teaching Geography, H. 1, S. 16-21

Hupke, Klaus-Dieter (2000): Der Regenwald und seine Rettung. Zur Geistesgeschichte der Tropennatur in Schule und Gesellschaft (= Duisburger Geographische Arbeiten, Bd. 22) – Dortmund

Infoquelle (1999): Brainwriting. – Abgerufen unter: wyswyg://65/http://www.info quelle.de/Management/Kreativitaet/Brainwriting.cfm, 17. 4. 2000

Isenberg, Wolfgang (1991a): Die Entsicherung des „naiven" Blicks. Zu einer „kritischen Alltagsgeographie". – In: Hasse, Jürgen; Isenberg, Wolfgang (Hrsg.): Die Geographiedidaktik neu denken. Perspektiven eines Paradigmenwechsels (= Bensberger Protokolle, Nr. 73) – Bergisch Gladbach, S. 169-176

Isenberg, Wolfgang (1991b): Seix mit den Augen. Wie man einen Ort erkundet ohne mit seinen Bewohnern zu sprechen. – In: geographie heute, H. 96, S. 38-39

Jäger, Helmut (1970): Diskussionsbeitrag zur Sitzung „Der Geograph – Ausbildung und Beruf. – In: Meckelein, Wolfgang; Bocherdt, Christoph (Hrsg.): Deutscher Geographentag Kiel 21. bis 26. Juli 1969. Tagungsberichte und wissenschaftliche Abhandlungen. – Wiesbaden, S. 226-227

Jäger, Heinrich (1989): 25 Jahre Institut für Didaktik der Geographie der Johann Wolfgang Goethe-Universität. – In: Niemz, Günter (Hrsg.): Das neue Bild des Geographieunterrichts. Ergebnisse einer bundesweiten Umfrage (= Frankfurter Beiträge zur Didaktik der Geographie, Bd. 11) – Frankfurt, S. 239-252

Jahn, Walter; Kistler, Helmut (1983): Allgemeine Geographie am regionalen Faden. Zum Beitrag von J. Newig, K.-H. Reinhardt und P. Fischer, GR 35 (1983), H. 1, S. 38/39. – In: Geographische Rundschau, H. 5, S. 264 und 266

Jander, Lothar (1981): Entwurf eines Leserbriefes zu einem Ärgernis: Rauchfuß, Geographie als politische Bildung (GR 1, 81). – unveröffentlichtes Manuskript

Jander, Lothar (1982): Programmierte Instruktion. – In: Jander, Lothar; Schramke, Wolfgang; Wenzel, Hans-Joachim (Hrsg.): Metzler Handbuch für den Geographieunterricht. Ein Leitfaden für Praxis und Ausbildung. – Stuttgart, S. 289-292

Jander, Lothar; Rhode-Jüchtern, Tilman (1974): Bericht über die Weiterentwicklung der Hessischen Rahmenrichtlinien Gesellschaftslehre S I, Arbeitsschwerpunkt Geographie. – In: Jüngst, Peter; Schultze-Göbel, Hans-Jörg; Wenzel, Hans-Joachim (Hrsg.) (1979): Verspielt die Geographie ihre Chance zur sozialwissenschaftlichen Neubesinnung? Stellungnahmen und Beiträge zu den hessischen Rahmenrichtlinien Gesellschaftslehre (= Urbs et Regio, H. 15) – Kassel, S. 33-37

Jander, Lothar; Schramke, Wolfgang; Wenzel, Hans-Joachim (Hrsg.) (1982a): Metzler Handbuch für den Geographieunterricht. Ein Leitfaden für Praxis und Ausbildung. – Stuttgart, 1982

Jander, Lothar; Schramke, Wolfgang; Wenzel, Hans-Joachim (Hrsg.) (1982b): Raumwis-
senschaftliches Curriculum Forschungsprojekt (RCFP). – In: Dies. (Hrsg.): Metzler
Handbuch für den Geographieunterricht. Ein Leitfaden für Praxis und Ausbildung. –
Stuttgart, S. 333-337

Jander, Lothar; Schramke, Wolfgang; Wenzel, Hans-Joachim (1983): Nebelwerfer und
Stimmungsmacher. Einladung zu einem fachdidaktischen Streitgespräch anlässlich
Hartwig Haubrichs Versuch einer Buchbesprechung (= GHM Diskussionspapiere, Nr.
4) - Oldenburg

Jank, Werner; Meyer, Hilbert (1991): Didaktische Modelle. – Berlin, 3. Aufl.1994

Jank, Werner; Meyer, Hilbert (2002): Didaktische Modelle. – Berlin, 2002

Jannsen, Gert (1982): Die Rettung der physischen Erdkunde durch die politische Bildung
(= GHM Diskussionspapiere, Nr. 3) – Oldenburg

Jans, Wolfgang (1995): Schulbucharbeit – ein sehr persönlicher Bericht. – In: Bünstorf,
Jürgen; Kroß, Eberhard (Hrsg.): Geographieunterricht in Theorie und Praxis. Beiträge
zur Fachdidaktik. Arnold Schultze zum 65. Geburtstag. – Gotha, S. 21-26

Jansen, Uwe; Rennack, Klaus (1975): Die Industriehafenplanung Neuwerk / Scharhörn
im Rahmen der Regionalentwicklung (Unterelbe). Hafenausbau und Industrialisierung
im Küstenraum. - In: Geipel, Robert, u.a. (Hrsg.): Das Raumwissenschaftliche Curriculum-Forschungsprojekt. Forschungskonzepte und Unterrichtsmodelle. Ergebnisse
einer Tagung in Tutzing im März 1975 (= Der Erdkundeunterricht, Sonderheft 3) -
Stuttgart, S. 83-88

Jechle, Thomas; Winter, Alexander (1992): Ist Schreiben ein Gegenstand von Interesse?
- In: Krapp, Andreas; Prenzel, Manfred (Hrsg.): Interesse, Lernen, Leistung. Neuere
Ansätze der pädagogisch-psychologischen Interessenforschung. - Münster, S. 261-
278

Jonas, Fritz (1970a): Diskussionsbeitrag zur Sitzung „Der Geograph – Ausbildung und
Beruf. – In: Meckelein, Wolfgang; Bocherdt, Christoph (Hrsg.): Deutscher Geographentag Kiel 21. bis 26. Juli 1969. Tagungsberichte und wissenschaftliche Abhandlungen. – Wiesbaden, S. 212-213

Jonas, Fritz (1970b): Arbeitsgruppe „Lehrpläne". – In: Geographische Rundschau, H. 8,
S. 334-335

Jonas, Fritz (1979): Die Geographie in der Gesellschaftslehre. Eine kritische Auseinandersetzung mit den hessischen Rahmenrichtlinien. – In: Jüngst, Peter; Schultze-Göbel,
Hans-Jörg; Wenzel, Hans-Joachim (Hrsg.) (1979): Verspielt die Geographie ihre
Chance zur sozialwissenschaftlichen Neubesinnung? Stellungnahmen und Beiträge zu
den hessischen Rahmenrichtlinien Gesellschaftslehre (= Urbs et Regio, H. 15) – Kassel, S. 27-30

Jungfer, Hedda (1976): Reformvorstellungen von Schul- und Hochschulgeographen für
das Fach Geographie. Ergebnisse einer Umfrage im Jahre 1975 und ihre Verwendung
zur Konstruktion eines Tests. – In: Geographische Rundschau, H. 12, S. 524-532

Jüngst, Peter (1978): Zwischenbilanz der Curriculum-Revision am Beispiel der hessischen
Rahmenrichtlinien Gesellschaftslehre. - In: Jüngst, Peter; Schultze-Göbel, Hans-Jörg;
Wenzel, Hans-Joachim (Hrsg.) (1979): Verspielt die Geographie ihre Chance zur

sozialwissenschaftlichen Neubesinnung? Stellungnahmen und Beiträge zu den hessischen Rahmenrichtlinien Gesellschaftslehre (= Urbs et Regio, H. 15) – Kassel, S. 59-72

Juranek, Christian (1983): Zum Beitrag von J. Newig u.a. in GR 35 (1983) H. 1, S. 38. – In: Geographische Rundschau, H. 6, S. 311-312

Kahl, Reinhard (1997): Jungsein 68, 81, 97. Porträt dreier Generationen. – In: Schüler ´97. Stars – Idole – Vorbilder. – S. 47-52

Kalb, Peter E. (1988): Rolle rückwärts. Wie schnell kann man eigentlich ein Schulsystem nach hinten orientieren? – In: Pädagogik, H. 3, S. 60-61

Kaminske, Volker (1984): Das erdräumliche Kontinuum als kognitives Konstrukt. Die Vorbedingungen und Einflüsse seiner Ausbildung. – In: Geographie und Schule, H. 31, S. 17-24

Kaminske, Volker (1996): Relevanz und Aussagemöglichkeiten geowissenschaftlicher Grundlagendisziplinen für den Geographieunterricht. – In: Geographie und Schule, H. 100, S. 15-22

Kaminske, Volker (2000): Landschaftsökologie oder Geoökologie in der Schule? – In: Die Erde, H. 4, S. 355-362

Kaminske, Volker (2004): Geowissenschaftliche Inhalte im Geographieunterricht. – In: Schallhorn, Eberhard (Hrsg.): Erdkunde-Didaktik. Praxisbuch für die Sekundarstufe I und II. – Berlin, S. 93-99

Keil, Anne; Wilhelimi, Marcia (2004): Email-Interview mit Egbert Daum. – Bremen (unveröffentlicht)

Keller, Gustav (1989): Das Klagelied vom schlechten Schüler. Eine aufschlussreiche Geschichte der Schulprobleme. – Heidelberg

Kestler, Franz (2002): Einführung in die Didaktik des Geographieunterrichts. – Bad Heilbrunn

Kirchberg, Günter (1980): Topographie als Gegenstand und Ziel des geographischen Unterrichts. – In: Praxis Geographie, H. 10, S. 322-329 und 367

Kirchberg, Günter (1983): Ein Lehrplankonzept an brüchigem Faden. Anmerkungen zum Beitrag von J. Newig u.a. in GR 35 (1983), H. 1, S. 38. – In: Geographische Rundschau, H. 2, S. 81

Kirchberg, Günter (1984): Topographie und Orientierung. Aspekte zu einem unverzichtbaren Lernbereich des Geographieunterrichts. – In: Praxis Geographie, H. 4, S. 6-8

Kirchberg, Günter (1988): Topographielernen von Fall zu Fall. Das Beispiel In Salah in Algerien. – In: geographie heute, H. 58, S. 19-25

Kirchberg, Günter (1998): Veränderte Jugendliche – unveränderter Geographieunterricht? Aspekte eines in der Geographiedidaktik vernachlässigten Problems. – In: Praxis Geographie, H. 4, S. 24-29

Kirchberg, Günter (2000): „Basislehrplan 1980" und „Grundlehrplan 1999" – zwei Meilensteine in der Lehrplanarbeit für das Fach Geographie in Deutschland. – In: Schallhorn, Eberhard (Hrsg.): Didaktik und Schule. Dieter Richter zum 65. Geburtstag. – Bretten, S. 54-63

Kirckhoff, Mogens (1995): Mind Mapping. Einführung in eine kreative Arbeitsmethode. – Offenbach

572

Klafki, Wolfgang (1985a): Konturen eines neuen Allgemeinbildungskonzepts. – In: Klafki, Wolfgang: Neue Studien zur Bildungstheorie und Didaktik. Beiträge zur kritisch-konstruktiven Didaktik. - Weinheim, Basel, S. 12-30

Klafki, Wolfgang (1985b): Grundlinien kritisch-konstruktiver Didaktik. – In: Klafki, Wolfgang: Neue Studien zur Bildungstheorie und Didaktik. Beiträge zur kritisch-konstruktiven Didaktik. - Weinheim, Basel, S. 31-86

Klafki, Wolfgang (1991): Grundzüge eines neuen Allgemeinbildungskonzepts. – In: Klafki, Wolfgang: Neue Studien zur Bildungstheorie und Didaktik. Zeitgemäße Allgemeinbildung und kritisch-konstruktive Didaktik. – Weinheim, Basel, 5. Aufl. 1996, S. 43-81

Klafki, Wolfgang (1995): „Schlüsselprobleme" als thematische Dimension einer zukunftsbezogenen „Allgemeinbildung" – Zwölf Thesen. – In: Die Deutsche Schule, 3. Beiheft, S. 9-14

Klein, Kerstin (2002): So erklär' ich das! 60 Methoden für produktive Arbeit in der Klasse. – Mülheim an der Ruhr

Klippert, Heinz (1994): Methoden-Training. Übungsbausteine für den Unterricht. – Weinheim, Basel

Klippert, Heinz (1995): Kommunikations-Training. Übungsbausteine für den Unterricht. – Weinheim, Basel

Klocke, U. (1970): Diskussionsbeitrag zur Sitzung „Der Geograph – Ausbildung und Beruf. – In: Meckelein, Wolfgang; Bocherdt, Christoph (Hrsg.): Deutscher Geographentag Kiel 21. bis 26. Juli 1969. Tagungsberichte und wissenschaftliche Abhandlungen. – Wiesbaden, S. 208

Knauss, Georg (1975): Die bildungspolitische Bedeutung des RCFP. – In: Geipel, Robert (Hrsg.): Das raumwissenschaftliche Curriculum-Forschungsprojekt. Ergebnisse einer Tagung in Tutzing 1975 (= Der Erdkundeunterricht, Sonderheft 3) – Stuttgart, S.7-8

Kneisle, Alois (1983): Es muss nicht immer Wissenschaft sein ... Methodologische Versuche zur Theoretischen und Sozialgeographie in wissenschaftsanalytischer Sicht (= Urbs et Regio, H. 28) – Kassel

Knoch, Peter (1990): Schreiben und Erzählen. Eine Fallstudie. – In: Vorländer, Hartwig (Hrsg.): Oral History. Mündlich erfragte Geschichte. – Göttingen, S. 49-62

Know-Library (2005): Thomas Cook AG. – Angerufen unter: http://thomas_cook_ag.know-library.net, 23. 11. 2005

Koch, Manfred-Thomas (1997): E-Mail-Projekte im Unterricht. – In: geographie heute, H. 152, S.20-21

Köck, Helmuth (1980): Theorie des zielorientierten Geographieunterrichts. – Köln

Köck, Helmuth (1984): Konzepte zum Aufbau des erdräumlichen Kontinuums. – In: Geographie und Schule, H. 31, S. 24-39

Köck, Helmuth (1989): Aufgabe und Aufbau des Geographieunterrichts. – In: Geographie und Schule, H. 57, S. 11-25

Köck, Helmuth (1990): Didaktik der Geographie – Wissenschaft aus eigenem Recht oder Anhängsel der Geographie? – In: Geographica Helvetica, H. 1, S. 31-38

Köck, Helmuth (1992a): Der Geographieunterricht - ein Schlüsselfach. – In: Geographische Rundschau, H. 3, S. 183-185

Köck, Helmuth (1992b): Geographie – Schlüsselfach mit Schlüsselfunktion. Zum Profil des modernen Geographieunterrichts. – In: geographie heute, H. 99, S. 48-49

Köck, Helmuth (1993a): Geographieunterricht – Schlüsselfach. Einige Vorbemerkungen zum Leitbegriff dieses Heftes. – In: Geographie und Schule, H. 84, S. 2-4

Köck, Helmuth (1993b): Raumbezogene Schlüsselqualifikationen – der fachimmanente Beitrag des Geographieunterrichts zum Lebensalltag des Einzelnen und Funktionieren der Gesellschaft. – In: Geographie und Schule, H. 84, S. 14-22

Köck, Helmuth (1997a): Raumverhaltenskompetenz in der Kritik und die Frage nach möglichen Leitzielalternativen. – In: Frank, Friedhelm; Kaminske, Volker; Obermaier, Gabriele (Hrsg.): Die Geographiedidaktik ist tot, es lebe die Geographiedidaktik. Festschrift zur Emeritierung von Josef Birkenhauer (= Münchener Studien zur Didaktik der Geographie, Bd. 8) – München, S. 17-39

Köck, Helmuth (1997b): Zum Bild des Geographieunterrichts in der Öffentlichkeit. – Gotha

Kommer, Sven (2000): Mediendidaktik oder Medienpädagogik? Konzepte zur Computernutzung in der Schule. – In: Pädagogik, H. 9, S. 32-35

Kotre, John (1998): Der Strom der Erinnerung. Wie das Gedächtnis Lebensgeschichten schreibt. – München

Kotre, John (2004): Lebenslauf und Lebenskunst. Über den Umgang mit der eigenen Biographie. – München

Krapp, Andreas (1992a): Interesse, Lernen und Leistung. Neue Forschungsansätze in der Pädagogischen Psychologie. – In: Zeitschrift für Pädagogik, H. 5, S. 747-770

Krapp, Andreas (1992b): Das Interessenkonstrukt. Bestimmungsmerkmale der Interessenhandlung und des individuellen Interesses aus der Sicht einer Personen-Gegenstandskonzeption. – In: Krapp, Andreas; Prenzel, Manfred (Hrsg.): Interesse, Lernen, Leistung. Neuere Ansätze der pädagogisch-psychologischen Interessenforschung. - Münster, S. 297-329

Krapp, Andreas (1999): Intrinsische Lernmotivation und Interesse. Forschungsansätze und konzeptuelle Überlegungen. – In: Zeitschrift für Pädagogik. H. 3, S. 387-406

Krause-Isermann, Ursula (1994): Einleitung. – In: Krause-Isermann, Ursula; Kupsch, Joachim; Schumacher, Michael (Hrsg.): Perspektivenwechsel. Beiträge zum fächerübergreifenden Unterricht für junge Erwachsene (= AMBOS – Arbeitsmaterialien aus dem Bielefelder Oberstufen-Kolleg 38) – Bielefeld, S. 1-9

Krause-Isermann, Ursula; Kupsch, Joachim; Schumacher, Michael (Hrsg.) (1994): Perspektivenwechsel. Beiträge zum fächerübergreifenden Unterricht für junge Erwachsene (= AMBOS – Arbeitsmaterialien aus dem Bielefelder Oberstufen-Kolleg 38) – Bielefeld

Kreibich, Barbara (1977): Stadtplanung aus Schülersicht (= Der Erdkundeunterricht, Sonderheft 5) – Stuttgart

Kreibich, Barbara (1995): Erfahrungen mit Simulationsspielen im Erdkundeunterricht der Sekundarstufe II. – In: Bünstorf, Jürgen; Kroß, Eberhard (Hrsg.): Geographieunterricht in Theorie und Praxis. Beiträge zur Fachdidaktik. Arnold Schultze zum 65. Geburtstag. – Gotha, S. 133-144

Kretschmer, Horst; Stary, Joachim (1998): Schulpraktikum. Eine Orientierungshilfe zum Lernen und Lehren. – Berlin

Kreuzberger, Norma (2000): Ein neuer Anfang für das Seebad Ramsgate: das Seafront Project. Ein Lernzirkel für die Klasse 9. – In: Praxis Geographie, H. 6, S. 8-13

Kreuzberger, Norma (2003): Lesetagebuch „Seoul". Umgang mit einem geographischen Fachartikel in der Sekundarstufe II – ein Erfahrungsbericht. – In: Praxis Geographie, H. 12, S. 44-45

Krienke, Sophie u. a. (2000): Kinder in der Einen Welt. Ein Lernzirkel für die 9. Klasse. – In: Praxis Geographie, H. 7-8, S. 18-25

Krings, Thomas (1999): Editorial: Ziele und Forschungsfragen der Politischen Ökologie. – In: Zeitschrift für Wirtschaftsgeographie, H. 3-4, S. 129-130

Krings, Thomas (2002): Zur Kritik des Sahel-Syndromansatzes aus der Sicht der Politischen Ökologie. – In: Geographische Zeitschrift, H. 3 + 4, S. 129-141

Kroß, Eberhard (1975): Städtebauepochen im Geographieunterricht. – In: Taubmann, Wolfgang (Hrsg.): Unterrichtsmodelle zur Stadtgeographie – Sekundarstufe I (= Der Erdkundeunterricht, Sonderheft 2) – Stuttgart, S. 40-62

Kroß, Eberhard (1991a): „Global denken – lokal handeln". Eine zentrale Aufgabe des Geographieunterrichts. – In: geographie heute, H. 93, S. 40-45

Kroß, Eberhard (1991b): Geographiedidaktik heute. Probleme und Perspektiven 20 Jahre nach dem Umbruch. – In: Hasse, Jürgen; Isenberg, Wolfgang (Hrsg.): Die Geographiedidaktik neu denken. Perspektiven eines Paradigmenwechsels (= Bensberger Protokolle, Nr. 73) - Bensberg, S. 11-24

Kroß, Eberhard (1991c): Außerschulisches Lernen und Erdkundeunterricht. – In: geographie heute, H. 88, S. 4-10

Kroß, Eberhard (1992): Von der Inwertsetzung zur Bewahrung der Erde. Die curriculare Neuorientierung der Geographiedidaktik. – In: geographie heute, H. 100, S. 57-62

Kroß, Eberhard (1994a): Die Erde bewahren – die neue Leitidee für den Geographieunterricht. – In: Flath, Martina; Fuchs, Gerhard (Hrsg.): Die Erde bewahren – Fremdartigkeit verstehen und respektieren. – Gotha, S. 16-23

Kroß, Eberhard (Hrsg.) (1994b): TERRA Erdkunde 7/8 Realschule Nordrhein-Westfalen. – Stuttgart

Kroß, Eberhard (1995a): Entwicklungsländer als Herausforderung für den Geographieunterricht. – In: Geographie und Schule, H. 95, S. 20-26

Kroß, Eberhard (1995b): Global lernen. – In: geographie heute, H. 134, S. 4-9

Kroß, Eberhard (1995c): Die Aufgabenstellung im Geographielehrbuch. – In: Bünstorf, Jürgen; Kroß, Eberhard (Hrsg.): Geographieunterricht in Theorie und Praxis. Beiträge zur Fachdidaktik. Arnold Schultze zum 65. Geburtstag. – Gotha, S. 163-186

Kroß, Eberhard (1996a): Tragfähigkeit – Zukunftsfähigkeit. – In: geographie heute, H. 146, S. 4-9

Kroß, Eberhard (1996b): Wenn in China ... Wer konsumiert wieviel? – In: geographie heute, H. 146, S. 34-37

Kroß, Eberhard (1997a): Globalisierung – Chance oder Problem für die Geographiedidaktik? – In: Convey, Andrew; Nolzen, Heinz (Hrsg.): Geographie und Erziehung. Festschrift für Hartwig Haubrich zum Abschied von der Pädagogischen Hochschule Freiburg (= Münchener Studien zur Didaktik der Geographie, Bd. 10) – München, S. 147-157

Kroß, Eberhard (1997b): Globales Lernen im Geographieunterricht. – In: GW-Unterricht, H.68, S. 11-18

Kroß, Eberhard (1999): Neue Aufgaben des Geographieunterrichts aus anthropogeographischer Sicht. - In: Köck, Helmuth (Hrsg.): Geographieunterricht und Gesellschaft. Vorträge des gleichnamigen Symposiums vom 12. – 15. Oktober 1998 in Landau. – Nürnberg, S. 122-130

Kroß, Eberhard (2000): Ökologische Bildung ohne Moral? – In: Die Erde, H. 4, S. 374-377

Kroß, Eberhard (2001): Forschungsaktivitäten. – Abgerufen unter: http://www.geographie. ruhr-uni.de/institut/home/profile/Kroß.htm, 21. 12. 2001

Kroß, Eberhard (2002): Hochschulgeographie und Schulgeographie. Herausforderungen für die Geographiedidaktik. – In: geographie heute, H. 200, S. 42-45

Kruckemeyer, Frauke (1991a): Ästhetische Blicke auf geographische Gegenstände. – In: Hasse, Jürgen; Isenberg, Wolfgang (Hrsg.): Die Geographiedidaktik neu denken. Perspektiven eines Paradigmenwechsels (= Bensberger Protokolle, Nr. 73) – Bergisch Gladbach, S. 97-111

Kruckemeyer, Frauke (1991b): Ansichten eines Schulhofs. Raumwahrnehmung und ästhetische Kategorien. – In: geographie heute, H. 96, S. 40-44

Kruckemeyer, Frauke (1992): Spurenlesen: Zu „intim" und zu „unsolide"? Wie Ich-Nähe und Selbstreferenz beim Spurenlesen zum Problem werden können. – In: geographie heute, H. 104, S. 28-32

Kruckemeyer, Frauke (1993a): Wechselbilder eines Schulhofes: Gebrauchswerte – Geldwerte – ästhetische Werte. - In: Hasse, Jürgen; Isenberg, Wolfgang (Hrsg.): Vielperspektivischer Geographieunterricht (= Osnabrücker Studien zur Geographie, Bd. 13) – Osnabrück, S. 27-37

Kruckemeyer, Frauke (1993b): Widerstände gegen das „Spurenlesen". Wie Ich-Nähe und Selbstreferenz beim Spurenlesen zum Problem werden können. – In: Hasse, Jürgen; Isenberg, Wolfgang (Hrsg.): Vielperspektivischer Geographieunterricht (= Osnabrücker Studien zur Geographie, Bd. 13) – Osnabrück, S. 39-44

Kruckemeyer, Frauke (1994): Innenwelten in der Außenwelt. Der Aspekt des Ästhetischen im Geographieunterricht: Enthüllungen im Unterholz einer Großstadt. – In: Praxis Geographie, H. 3, S. 28-33

Krüger, Frank (1997): Mind Mapping. Kreativ und erfolgreich im Beruf. – München

Kultusministerkonferenz (1960): Rahmenvereinbarung zur Ordnung des Unterrichts auf der Oberstufe der Gymnasien. – In: Froese, Leonhard (1969): Bildungspolitik und Bildungsreform. Amtliche Texte und Dokumente zur Bildungspolitik im Deutschland der Besatzungszonen, der Bundesrepublik Deutschland und der Deutschen Demokratischen Republik. – München, S. 318-321

Kupsch, Joachim; Schülert, Jürgen (1996): Perspektivenwechsel als reflexives Konzept für fächerübergreifenden Unterricht am Beispiel „Rassismus". – In: Zeitschrift für Pädagogik, H. 4, S. 589-601

Kupsch, Joachim; Schumacher, Michael (1994): Didaktische Annäherungen an den Perspektivenwechsel. – In: Krause-Isermann, Ursula; Kupsch, Joachim; Schumacher, Michael (Hrsg.): Perspektivenwechsel. Beiträge zum fächerübergreifenden Unterricht für junge Erwachsene (= AMBOS – Arbeitsmaterialien aus dem Bielefelder Oberstufen-Kolleg 38) – Bielefeld, S. 39-62

Landesinstitut für Schule und Weiterbildung (1991): Gesellschaftslehre. Materialien für den Unterricht an Gesamtschulen in Nordrhein-Westfalen (= Info 3) – Soest

Landesinstitut für Schule und Weiterbildung (Hrsg.) (2001): Datenbank Schulpraxis 2001. Literaturnachweise für Schule und Unterricht. CD-ROM. - Soest

Landesinstitut für Schule und Weiterbildung (Hrsg.) (2002): Datenbank Schulpraxis 2002. Literaturnachweise für Schule und Unterricht. CD-ROM. - Soest

Landesinstitut für Schule und Weiterbildung (Hrsg.) (2003): Datenbank Schulpraxis 2003. Literaturnachweise für Schule und Unterricht. CD-ROM. - Soest

Landesinstitut für Schule und Weiterbildung (Hrsg.) (2004): Datenbank Schulpraxis 2004. Literaturnachweise für Schule und Unterricht. CD-ROM. - Soest

Leat, David; Chandler, Simon (1996): Using concept mapping in geography teaching. – In: Teaching Geography, H. 3, S. 108-112

Lehingue, Annick; Robert, Christian (2002): Sciences de la Vie et de la Terre. 1re S. – o. O.

Lehmann, Ulrich (1992): Entwicklung des Lebens: zur Entstehung und Entwicklung des Lebewesen auf der Erde. – Hannover

Leinemann, Jürgen (2001): Helmut Kohl. Ein Mann bleibt sich treu. – Berlin

Leisinger, Klaus; Siebold, Thomas (1997): Bevölkerung und Verstädterung. – In: Stiftung Entwicklung und Frieden (Hrsg.): Globale Trends 1998. Fakten Analysen Prognosen. – Frankfurt, S. 118-131

Lenz, Barbara (2005) Verkettete Orte: Filières in der Blumen- und Zierpflanzenproduktion. - Münster

Lenz, Thomas (2004): Förderung der Lese- und Methodenkompetenz. Schriftliche Lern-erfolgskontrollen auf dem Prüfstand. – In: geographie heute, H. 224, S. 5-11

Lethmate, Jürgen (1996): „Waldlehrpfad". Ein vegetationsgeographisches Mikroprojekt im Teutoburger Wald. – In: Zeitschrift für den Erdkundeunterricht, H. 6, S. 276-286

Lethmate, Jürgen (1998): Das Kompartimentmodell des Waldökosystems. – In: Praxis Geographie, H. 6, S. 32-37

Lethmate, Jürgen (1999): Chemisches Klima, calciumarme Böden und brutgestörte Mei-sen, oder: Was heißt „geoökologisch denken"? – In: Geographie und Schule, H. 119, S. 36-41

Lethmate, Jürgen (2000a): Das geoökologische Defizit der Geographiedidaktik. – In: Geographische Rundschau, H. 6, S. 34-40

Lethmate, Jürgen (2000b): Ökologie gehört zur Erdkunde – aber welche? Kritik geogra-phiedidaktischer Ökologien. – In: Die Erde, H. 1, S. 61-79

Lethmate, Jürgen (2000c): Replik: Geoökologie in der Schule – warum, wie und wozu? – In: Die Erde, H. 4, S. 385-395

Lethmate, Jürgen (2001a): Ökologie und Erdkunde: Geographiedidaktische Selbstillusio-nierungen. – In: Geographie und Schule, H. 132, S. 37-43

Lethmate, Jürgen (2001b): „Boden" im Erdkundeunterricht. – Profilmorphologie oder Bo-denökologie? – In: Praxis Geographie, H. 1, S. 46-47

Lethmate, Jürgen (2001c): Lieber biodeterministisch als Gaia-meditativ. Zur Replik von HARTWIG HAUBRICH (2000): Biodeteminismus in der Geographiedidaktik? Geographische Rundschau 52, H. 10, S. 61-62. – In: Geographie und ihre Didaktik, H. 1, S. 21-33

Lethmate, Jürgen (2002): „Boden" im Unterricht: Ökologisches System oder Ökosystem? – In: Praxis Geographie, H. 11, S. 44-45

Lethmate, Jürgen (2004): Prof. Dr. Jürgen Lethmate. – abgerufen unter: http://wwwifdg.uni-muenster.de, 2. 11. 2004

Lethmate, Jürgen (2005a): Definitorische Konfusionen und methodologische Unschärfen bodenkundlicher Unterrichtsinhalte. – In: Geoöko, H. 1-2, S. 113-134

Lethmate, Jürgen (2005b): „Geomethoden". Kritische Anmerkungen zum Fachdidaktischen Verständnis geographischer Arbeitsweisen. – In: Geoöko, H. 3-4, S. 251-282

Leutner, Detlev (1994): Implementation und experimentelle Evaluation von Lernhilfen im computersimulierten Planspiel „Hunger in Afrika". - In: Schrettenbrunner, Helmut (Hrsg.): Software für den Geographieunterricht (= Geographische Forschungen, Bd. 18) – Nürnberg, S. 115-132

Lévy, Jacques (2005): Eine geographische Wende. – In: Geographische Zeitschrift, H. 3, 2004, S. 133-146

Lieser, Katja (2002): Spinnwebanalyse und vorstrukturierte Bilder. – In: Praxis Geographie, H. 11, S. 28-31

Lippuner, Roland (2002): Konstruktionen von „Natur" und „Landschaft". – In: Praxis Geographie, H. 4, S. 35-39

LISA (Landesinstitut für Lehrerfortbildung, Lehrerweiterbildung und Unterrichtsforschung von Sachsen-Anhalt) (1993): Das Kulturerdteilekonzept – neu im Geographieunterricht Sachsen-Anhalts. – o. O.

Lomborg, Bjørn (2002): Apocalypse No! Wie sich die menschlichen Lebensgrundlagen wirklich entwickeln. – Lüneburg

Lotze, Frank (1973): Geologie. – Berlin

Luhmann, Niklas (2002): Das Erziehungssystem der Gesellschaft. – Frankfurt am Main

Luhmann, Niklas; Schorr, Karl-Eberhard (1981): Wie ist Erziehung möglich? Eine wissenschaftssoziologische Analyse der Erziehungswissenschaft. – In: Zeitschrift für Sozialisationsforschung und Erziehungssoziologie, H. 1, S. 37-54

Lundgreen, Peter (1981): Sozialgeschichte der deutschen Schule im Überblick. Teil II: 1918-1980. – Göttingen

Lyon, Andrea (1994): England. Wie ich mein Land sehe. – In: geographie heute, H. 125, S. 52-53

Mager, Robert F. (1965): Lernziele und Programmierter Unterricht. – Weinheim, Berlin, Basel

Marshall, Michael (1987): Long Waves of Regional Development. – Basingstoke, London

Martens, Ekkehard (2003): Vom Staunen oder Die Rückkehr der Neugier. – Leipzig

Marx, Werner; Gramm, Gerhard (2002): Literaturflut – Informationslawine – Wissensexplosion. Wächst der Wissenschaft das Wissen über den Kopf? – Abgerufen unter: http://www.mpi-stuttgart.mpg.de/ivs/literaturflut.html, 23.8.2002

Maturana, Humberto R.; Varela, Francisco J. (1987): Der Baum der Erkenntnis. Die biologischen Wurzeln menschlichen Erkennens. – Bern, München

Maxeiner, Dirk; Miersch, Michael (1998): Lexikon der Ökoirrtümer. Überraschende Fakten zu Energie, Gentechnik, Gesundheit, Klima, Ozon, Wald und vielen anderen Umweltthemen. – Frankfurt

Mayer, Karl Ulrich (2003): Das Hochschulwesen. - In: Cortina, Kai S.; Baumert, Jürgen; Leschinsky, Achim; Mayer, Karl Ulrich; Trommer, Luitgard (Hrsg.): Das Bildungswesen in der Bundesrepublik Deutschland. Strukturen und Entwicklungen im Überblick. – Reinbek, S. 581-624

Mayring, Philipp (2002): Einführung in die qualitative Sozialforschung. – Weinheim, Basel

Meadows, Dennis; Meadows, Donella; Zahn, Erich; Milling, Peter (1973): Die Grenzen des Wachstums. Bericht des Club of Rome zur Lage der Menschheit. – Reinbek

Meadows, Donella; Meadows, Dennis; Randers, Jørgen (1993): Die neuen Grenzen des Wachstums. – Reinbek

Meder, Oskar 1985: Die Geographen – Forschungsreise in eigener Sache. Eine biographieanalytische Untersuchung über Berufsmotivation und Berufsverlauf auf der Basis geschriebener Autobiographien und narrativer Interviews (= Urbs et Regio, H. 36) – Kassel

Memorandum (zur Begründung eines Raumwissenschaftlichen Curriculum-Forschungsprojektes für die BRD) (1971) . – In: Geographische Rundschau, H. 4, S. 149-151

Menschik, Gottfried; Sitte, Christian (1997): La Géographie française – Nachhilfe für Österreich? Einige Bemerkungen zu einer neuen Generation französischer Geographieschulbücher (insbesondere für die „Terminale", dem Vorbereitungsjahr für die Matura / Bac). – In: GW-Unterricht, H. 65, S. 48-59

Mensching, Horst (1970): Diskussionsbeitrag zur Sitzung „Der Geograph – Ausbildung und Beruf. – In: Meckelein, Wolfgang; Bocherdt, Christoph (Hrsg.): Deutscher Geographentag Kiel 21. bis 26. Juli 1969. Tagungsberichte und wissenschaftliche Abhandlungen. – Wiesbaden, S. 218-219

Menting, Georg (2000): Warten auf Godot – In: Die Erde, H. 4, S. 379-383

Menting, Georg (2001): Geoökosystemforschung aufs Abstellgleis? Zum Beitrag *Jürgen Lethmate* „Das geoökologische Defizit der Geographiedidaktik" GR 52 (2000) H. 6, S. 34-40. – In: Geographische Rundschau, H. 3, S. 60-61

Merzyn, Gottfried (2002): Stimmen zur Lehrerausbildung. Ein Überblick über die Diskussion. – Hohengehren

Metzig, Werner; Schuster, Martin (1982): Lernen zu lernen. Lernstrategien wirkungsvoll einsetzen. – Berlin, Heidelberg, New York, 6., verb. Aufl. 2003

Meyer, Hermann (1982): Das Fach Geschichte in den Hessischen Rahmenrichtlinien Gesellschaftslehre. – In: Die Höhere Schule, H. 11, S. 342-351

Meyer, Hilbert (1980): Leitfaden zur Unterrichtsvorbereitung. – Frankfurt, 12. Aufl.1993

Meyer, Hilbert (1987a): UnterrichtsMethoden I: Theorieband. - Frankfurt am Main

Meyer, Hilbert (1987b): UnterrichtsMethoden II: Praxisband. - Frankfurt am Main

Meyer, Hilbert (2001): Plädoyer für die Wiederbelebung des Frontalunterrichts. – In: Ders.: Türklinkendidaktik. Aufsätze zur Didaktik, Methodik und Schulentwicklung. – Berlin, S. 92-118

Meyer, Hilbert; Meyer, Meinert A. (1997): Lob des Frontalunterrichts. Argumente und Anregungen. – In: Friedrich Jahresheft, S. 34-37

Meyer, Hilbert L.; Oestreich, Hans (1976): Anmerkungen zur Curriculumrevision in der Geographie. – In: Schultze, Arnold (Hrsg.): 30 Texte zur Didaktik der Geographie. – Braunschweig, 1976, S. 204-222

Michelin (2002): Frankreich. Provence Côte d'Azur 1:200.000. – Clermont-Ferrand

Mickel, Wolfgang W. (1982) : Der schwierige Konsens. Die Hessischen Rahmenrichtlinien Gesellschaftslehre. – In: Gegenwartskunde, H. 2, S. 215-222

Miller, Reinhold (1999): "Schmidt, schon wieder 'ne Fünf!" Bewertungshandeln und Gerechtigkeit. - In: Pädagogik, Heft 7-8, S. 56-60

Mitscherlich, Alexander (1965) : Die Unwirtlichkeit unsere Städte. Anstiftung zum Unfrieden. – Frankfurt

Mittelstädt, Fritz-Gerd (1983): Cui bono? Zum Beitrag von J. Newig u.a. in GR 35 (1983) H. 1, S. 38.– In: Geographische Rundschau, H. 8, S. 407-408

Mittelstädt, Fritz-Gerd (1992): Geographie – auch ein Beitrag zur Erziehung. Zum Beitrag von H. Köck: „Der Geographieunterricht – ein Schlüsselfach" in GR 3/1992. – In: Geographische Rundschau, H. 7-8, S. 463-464

Mittelstädt, Fritz-Gerd (1999): Kulturräume der Erde im Spiegel ihrer Städte: Europa und der Orient. Ein Lehrbuchkapitel im Kontext von Leitzielen geographischen Lernens und von Schlüsselproblemen zur didaktischen Legitimation für die Stadtgeographie in der Sekundarstufe I. – In: Geographie und Schule, H. 122, S. 43-47

Mittelstädt, Fritz-Gerd (2004): Vom Nahen zum Fernen als Prinzip für den Zugang zur Welt (?) – ein geographiedidaktischer Essay. – In: Rundbrief Geographie, H. 188, S. 13-15

MMZ Potsdam (2002): Hildegard und Saul B. Robinsohn-Sammlung. – Abgerufen unter: http://www.mmz-potsdam.de/1024/800/bott_biblio_spezial_robinsohn.htm, 26.11.2002

Möller, Christine (1986): Die curriculare Didaktik. Oder: Der lernzielorientierte Ansatz. – In: Bastian, Johannes; Daschner, Peter; Gudjons, Herbert; Tillmann, Klaus-Jürgen (Hrsg.): Didaktische Theorien. – Hamburg, S. 63-77

Müller, Alois (2000): Die fragwürdige ‚Ökologisierung' des Erdkundeunterrichts!? – In: Die Erde, H. 4, S. 368-372

Müller, Frank (2001): Selbstständigkeit fördern und fordern. Handlungsorientierte Methoden – praxiserprobt, für alle Schularten und Schulstufen. – Landau

Müller, Margit (1970): Diskussionsbeitrag zur Sitzung „Der Geograph – Ausbildung und Beruf. – In: Meckelein, Wolfgang; Bocherdt, Christoph (Hrsg.): Deutscher Geographentag Kiel 21. bis 26. Juli 1969. Tagungsberichte und wissenschaftliche Abhandlungen. – Wiesbaden, S. 217-218

Nebel, Jürgen (1997): Hartwig Haubrich: 65 Jahre. – In: Geographie und ihre Didaktik, H. 2, S. 109-112

Newig, Jürgen (1986): Drei Welten oder eine Welt: Die Kulturerdteile. – In: Geographische Rundschau, H. 5, S. 262-267

Newig, Jürgen (1988): Zur Kulturerdteil-Diskussion. Eine abschließende Stellungnahme. – In: Geographische Rundschau, H. 10, S. 66-70

Newig, Jürgen (1989): Die Bedeutung globaler Ordnungsraster für das Weltverständnis der Schüler. – In: Geographie und Schule, H. 59, S. 15-22

Newig, Jürgen (1996a): Mein erster Globus. – In: Praxis Grundschule, H. 2, S. 66-67

Newig, Jürgen (1996b): Meine erste Weltkarte. – In: Praxis Grundschule, H. 4, S. 24-27

Newig, Jürgen (1997): Toleranzerziehung in der Grundschule. – Praxis Grundschule, H. 6, S. 45-48

Newig, Jürgen (1998): Über das Chinarestaurant nach China. – In: Praxis Grundschule, H. 2, S. 24-26

Newig, Jürgen (2001a): Geschichte / Kultur. – abgerufen unter: http://www.uni-kiel.de/ewf/geographie/forschung/kulturerdteile/geschi.htm, 26. 6. 2001

Newig, Jürgen (2001b): Mensch / Bevölkerung. – abgerufen unter: http://www.uni-kiel.de/ewf/geographie/forschung/kulturerdteile/mensch.htm, 26. 6. 2001

Newig, Jürgen (2001c): Raum / Umwelt. – abgerufen unter: http://www.uni-kiel.de/ewf/geographie/forschung/kulturerdteile/raum.htm, 26. 6. 2001

Newig, Jürgen (2001d): Leitsystem / Religion. – abgerufen unter: http://www.uni-kiel.de/ewf/geographie/forschung/kulturerdteile/leit_sys.htm, 26. 6. 2001

Newig, Jürgen (2001e): Wirtschaft / Infrastruktur. – abgerufen unter: http://www.uni-kiel.de/ewf/geographie/forschung/kulturerdteile/wirtsch.htm, 26. 6. 2001

Newig, Jürgen (2002): Kulturerdteile – ein anderes Bild der Welt. – abgerufen unter: http://www.uni-kiel.de/ewf/geographie/forschung/kulturerdteile/index.htm, 18. 2. 2002

Newig, Jürgen (2004): Projekte. – Abgerufen unter: http://www.uni-kiel.de/Geographie/Ne-wig/projekte/deut/projekte.htm, 11. 5. 2004

Newig, Jürgen; Fischer, Peter; Reinhardt, Karl Heinz (1984): Allgemeine Geographie am regionalen Faden. Antwort der Autoren zu der ein Jahr währenden Diskussion. – In: Geographische Rundschau, H. 1, S.40-42

Newig, Jürgen; Reinhardt, Karl Heinz; Fischer, Peter (1983): Allgemeine Geographie am regionalen Faden. Diskussionspapier für ein neues Konzept des Faches Erdkunde. – In: Geographische Rundschau, H. 1, S. 38-39

Niemz, Günter (1983): Zum Beitrag von J. Newig u.a. in GR 35 (1983) H. 1, S. 38. – In: Geographische Rundschau, H. 11, S. 598

Niemz, Günter (1989a): Die Reform des Geographieunterrichts ab 1970. – In: Niemz, Günter (Hrsg.): Das neue Bild des Geographieunterrichts. Ergebnisse einer bundesweiten Umfrage (= Frankfurter Beiträge zur Didaktik der Geographie, Bd. 11) – Frankfurt, S. 3-18

Niemz, Günter (1989b): Zielsetzung, Vorbereitung und Durchführung der bundesweiten Umfrage zur Praxis des Geographieunterrichts. - In: Niemz, Günter (Hrsg.): Das neue Bild des Geographieunterrichts. Ergebnisse einer bundesweiten Umfrage (= Frankfurter Beiträge zur Didaktik der Geographie, Bd. 11) – Frankfurt, S. 19-36

Niemz, Günter (1989c): Ergebnisse der bundesweiten Umfrage zur Praxis des Geographieunterichts in der Sekundarstufe I. - In: Niemz, Günter (Hrsg.): Das neue Bild des Geographieunterrichts. Ergebnisse einer bundesweiten Umfrage (= Frankfurter Beiträge zur Didaktik der Geographie, Bd. 11) – Frankfurt, S. 91-171

Nipperdey, Thomas; Lübbe, Hermann (1973): Gutachten zu den Hessischen Rahmen-richtlinien Gesellschaftslehre (= Schriftenreihe der Hessischen Elternvereins e. V. Heft 1) – Bad Homburg

Nissen, Peter; Iden, Uwe (1995): KursKorrektur Schule. Ein Handbuch zur Einführung der ModerationsMethode im System Schule für die Verbesserung der Kommunikation und des miteinander Lernens. – Hamburg

Nohlen, Dieter (2002): Publikationen. – Abgerufen unter: http://www.politik.uni-hd.de/per-sonal/nohlen.htm, 23.8.2002

Norman, Melanie; Harrison, Lorraine (2004): Year 9 students' perceptions of school geography. – In: Teaching Geography, H. 1, S. 11-15

Novak, Peter (2000): Reformprojekt vor dem Aus? jW sprach mit dem Bielefelder Medienpädagogen Harald Hahn. – abgerufen unter: http://www.kverlagundmultimedia.de/Archiv/ Chronolog /Oberstufenkolleg.oberstufenkolleg.html, 2. 3. 2005

Nuscheler, Franz (1991): Lern- und Arbeitsbuch Entwicklungspolitik. – Bonn

Obermaier, Gabriele (1997): Strukturen und Entwicklung des geographischen Interesses von Gymnasialschülern in der Unterstufe – eine bayernweite Untersuchung (= Münchener Studien zur Didaktik der Geographie, Bd. 9) – München

Obermann, Helmut (1998): Die Moderationsmethode im Geographieunterricht. – In: Praxis Geographie, H. 1, S. 23-27

O'Brien, Jilly (2002): Concept mapping in geography. – In: Teaching Geography, H. 3, S. 126-130

OECD (Hrsg.) (2000a): PISA 2000. Beispielaufgaben aus dem Lesekompetenztest. – abgerufen unter: http://www.mpib-berlin.mpg.de/pisa/beispielaufgaben_lesen.pdf, 19. 4. 2004

OECD (Hrsg.) (2000b): PISA 2000. Lösungen der Beispielaufgaben aus dem Lesekompetenztest. – abgerufen unter: http://www.mpib-berlin.mpg.de/pisa/loesungen_lesen.pdf, 19. 4. 2004

OECD (Hrsg.) (2000a): PISA 2000. Beispielaufgaben aus dem Mathematiktest. – abgerufen unter: http://www.mpib-berlin.mpg.de/pisa/beispielaufgaben_mathematik.pdf, 19. 4. 2004

OECD (Hrsg.) (2003): Die Pisa-Studie für jedermann! – Hamburg (CD-Rom)

Oji, Chima (2001): Unter die Deutschen gefallen. Erfahrungen eines Afrikaners. – München

Okapla, Nnaemeka (1995): Nigeria. Wie ich mein Land sehe. – In: geographie heute, H. 127, S. 48-49

Opaschowski, Horst W. (2000): Kathedralen des 21. Jahrhunderts. Erlebniswelten im Zeitalter der Eventkultur. – Hamburg

Oßenbrügge, Jürgen; Sandner, Gerhard (1994): Zum Status der Politischen Geographie in einer unübersichtlichen Welt. – In: Geographische Rundschau, H. 12, S. 676-684

Otremba, Erich (1970a): Diskussionsbeitrag zur Sitzung „Der Geograph – Ausbildung und Beruf. – In: Meckelein, Wolfgang; Bocherdt, Christoph (Hrsg.): Deutscher Geographentag Kiel 21. bis 26. Juli 1969. Tagungsberichte und wissenschaftliche Abhandlungen. – Wiesbaden, S. 209

Otremba, Erich (1970b): Diskussionsbeitrag zur Sitzung „Der Geograph – Ausbildung und Beruf. – In: Meckelein, Wolfgang; Bocherdt, Christoph (Hrsg.): Deutscher Geographentag Kiel 21. bis 26. Juli 1969. Tagungsberichte und wissenschaftliche Abhandlungen. – Wiesbaden, S. 228-229

Otto, Karl-Heinz (2004): Protokoll der Gründungssitzung der Fachsektion „Geodidaktik der GeoUnion Alfred-Wegner-Stiftung". – In: Geographie und ihre Didaktik, H. 4, S. 213-217

Otto, Karl-Heinz (2005): Die Bedeutung der Physischen Geographie und der übrigen Geowissenschaften für den gegenwärtigen und zukünftigen Geographieunterricht. – In: Schulgeographie, SH, S. 23-33

Otto, Karl-Heinz (o. J.): Geowissenschaften im Geographieunterricht. – In: Wefer, Gerold (Hrsg.): Geowissenschaften – Erforschung des Systems Erde. – Bremen, S. 56-59

Overbeck-Jacobs, Urselmarie (1983): Zum Beitrag von J. Newig u.a. in GR 35 (1983) H. 1, S. 38. – In: Geographische Rundschau, H. 6, S. 312

Paes, Wolf-Christian (2002): Kleinwaffen. Eine Bedrohung für die „dritte Welt". – Aachen

Paul, Herbert (1998a): Methodenlernen als Unterrichtsziel. – In: Praxis Geographie, H. 1, S. 4-9

Paul, Herbert (1998b): Von der Mind-Map zum Netzwerk. – In: Praxis Geographie, H. 1, S. 19-22

Peters, Dieter; Wollenweber, Horst (1986): Der Bereich Gesellschaftslehre in der Realschule. – In: Die Realschule, H. 5, S. 207-211

Peterßen, Wilhelm H. (1999): Kleines Methoden-Lexikon. – München

Pilgram, Dirk Karl (1998): „Seit meiner Kindheit träume ich davon, den Nordpol zu erreichen, nun stehe ich am Südpol". Ein Schulprogramm entsteht beim Gehen. – In: Pädagogik, H. 2, S. 24-26

Plöger, Wilfried: Grundkurs Wissenschaftstheorie für Pädagogen. – Paderborn

Pollex, Wilhelm (1987): Die Komplexität der Kulturerdteile, ein fachdidaktisches Problem. – In: Geographische Rundschau, H. 1, S. 59-61

Popp, Herbert (2001): Die Wahrnehmung der Sahara. Stereotype über eine Wüstenregion und ihre touristische Vermarktung. – In: Praxis Geographie, H. 7-8, S. 4-9

Popp, Herbert (2003): Kulturwelten, Kulturerdteile, Kulturkreise – Zur Beschäftigung der Geographie mit einer Gliederung der Erde auf kultureller Grundlage. Ein Weg in die Krise? – In: Popp, Herbert (Hrsg.): Das Konzept der Kulturerdteile in der Diskussion – das Beispiel Afrikas (= Bayreuther Kontaktstudium Geographie, Bd. 2) – Bayreuth, S. 19-42

Popp, Ulrike (1996): Individualisierung. Das „jugendtheoretische" Konzept auf dem Prüfstand. – In: Pädagogik, H. 11, S. 31-35

Postman, Neil (1987): Das Verschwinden der Kindheit. – Frankfurt

Prenzel, Manfred; Bauereiss, Renate; Bogner, Christian (1992): Explorative Studien zur Wirkungsweise von Interesse. - In: Krapp, Andreas; Prenzel, Manfred (Hrsg.): Interesse, Lernen, Leistung. Neuere Ansätze der pädagogisch-psychologischen Interessenforschung. - Münster, S. 239-259

Prenzel, Manfred; Heiland, Alfred (1986): Studien zur Wirkungsweise von Interesse. – In: Zeitschrift für Pädagogik, H. 2, S. 385-393

Prenzel, Manfred; Krapp, Andreas; Schiefele, Hans (1986): Grundzüge einer pädagogischen Interessentheorie. – In: Zeitschrift für Pädagogik, H. 2, S. 163-173

Prenzel, Manfred; Lankes, Eva-Maria (1995): Anregungen aus der pädagogischen Interessenforschung. – In: Grundschule, H. 6, S. 12-13

Prenzel, Manfred; Rost, Jürgen; Senkbeil, Martin; Häußler, Peter; Klopp, Annekatrin (2001): Naturwissenschaftliche Grundbildung: Testkonzeption und Ergebnisse. – In: Deutsches PISA-Konsortium (Hrsg.): PISA 2000. Basiskompetenzen von Schülerinnen und Schülern im internationalen Vergleich. – Opladen, S. 191-248

Priebs, Axel (1998): Häfen und Stadt. Nutzungswandel und Revitalisierung alter Häfen als Herausforderung für Stadtentwicklung und Stadtgeographie. – In: Geographische Zeitschrift, H. 1, S. 16-30

Provence Web (2003): Saint Auban. – Abgerufen unter: http://www.provence-web.fr/e/alpma rit/stauban/stauaban.htm, 16.6.2003

Puls, Willi Walter (1970): Eröffnung der Sitzung „Der Geograph – Ausbildung und Beruf". – In: Meckelein, Wolfgang; Bocherdt, Christoph (Hrsg.): Deutscher Geographentag Kiel 21. bis 26. Juli 1969. Tagungsberichte und wissenschaftliche Abhandlungen. – Wiesbaden, S. 175-176

Puls, Willi Walter; Lippold, Hans (1956): Wirtschafts- und Kulturgeographie Deutschlands. Mensch und Erde (= Emil Hinrichs Erdkunde für höhere Schulen, Bd. 8) – Frankfurt am Main, Berlin, Bonn

Ramminger, Michael; Weckel, Ludger (1997): Dritte-Welt-Gruppen auf der Suche nach Solidarität. – Münster

Rauch, Theo (1978): Entwicklungsstrategien für die Dritte Welt. – In: Fichten, Wolfgang; Schramke, Wolfgang; Strassel, Jürgen (Hrsg.): Geographie als politische Bildung. Beiträge und Materialien für den Unterricht (= Geographische Hochschulmanuskripte, H. 6) – Göttingen, S. 251-262

Rauchfuß, Dieter (1981): Geographie als politische Bildung – Ende der Fachdidaktik Geographie? Anmerkungen insbesondere zu „Geographie als politische Bildung"[1]. – In: Geographische Rundschau, H. 1, S. 27-33

Rauchfuß, Dieter (1983): Zum Beitrag von J. Newig u.a. in GR 35 (1983) H. 1, S. 38. – In: Geographische Rundschau, H. 6, S. 311

Rawding, Charles; Johnson, Steven; Price, Fiona (2004): Achieving effective differentiation in geography. – In: Teaching Geography, H. 1, S. 19-22

Redaktion der Göttinger Stadtzeitung (o. J.): Der Stadt-Streicher. Ein Weg-Weiser durch Göttingen. – Göttingen

Reinborn, Dietmar (1978): Stadtentwicklung als Prozess zunehmender Funktionstrennung. – In: Schramke, Wolfgang; Strassel, Jürgen (Hrsg.): Wohnen und Stadtentwicklung. Ein Reader für Lehrer und Planer (= Geographische Hochschulmanuskripte, H. 7/2) – Oldenburg, S. 5-78

Reinborn, Dietmar (1996): Städtebau im 19. und 20. Jahrhundert. – Stuttgart

Rempfler, Armin (2000): Geoökologie gehört zur Erdkunde – aber wie? – In: Die Erde, H. 4, S. 362-368

Reusswig, Fritz (1999): Syndrome des Globalen Wandels. – In: Zeitschrift für Wirtschaftsgeographie, H. 3-4, S. 184-201

Reuter, Yvonne (2002): Und was fällt euch dazu ein? ABC-Bogen, Akrostichon, W-Fragen. – In: Praxis Geographie, H. 11, S. 20-23

Reutlinger, Christian (2003): Jugend, Stadt und Raum. Sozialgeographische Grundlagen einer Sozialpädagogik des Jugendalters. – Opladen

Rhode-Jüchtern, Tilman (1977): Didaktisches Strukturgitter. Für die Geographie in der Sekundarstufe II. – In: Geographische Rundschau, H. 10, S. 340-343

Rhode-Jüchtern, Tilman (1978): Gibt es neben offenen oder geschlossenen Curricula einen dritten Weg? Handlungsorientierte Geographiekurse in der Sekundarstufe II. – In: Beiheft zur Geographischen Rundschau, Heft 2, S. 80-94

Rhode-Jüchtern, Tilman (1982): Raumplanung. - In: Jander, Lothar; Schramke, Wolfgang; Wenzel, Hans-Joachim (Hrsg.): Metzler Handbuch für den Geographieunterricht. Ein Leitfaden für Praxis und Ausbildung. – Stuttgart, S. 304-313

Rhode-Jüchtern, Tilman (1994a): Diskussionsbeitrag zu „Perspektiven auf den Perspektivenwechsel. Aus einem Kolloquium mit Lehrenden am Oberstufen-Kolleg". – In: Krause-Isermann, Ursula; Kupsch, Joachim; Schumacher, Michael (Hrsg.): Perspektivenwechsel. Beiträge zum fächerübergreifenden Unterricht für junge Erwachsene (= AMBOS – Arbeitsmaterialien aus dem Bielefelder Oberstufen-Kolleg 38) – Bielefeld, S. 96

Rhode-Jüchtern, Tilman (1994b): „Den Raum in Netzen erzählen" – eine Metapher als geographiedidaktisches Konzept. – In: GW-Unterricht, H. 53, S. 11-17

Rhode-Jüchtern, Tilman (1995a): Raum als Text. Perspektiven einer Konstruktiven Erdkunde (= Materialien zur Didaktik der Geographie und Wirtschaftskunde, Bd. 11) – Wien

Rhode-Jüchtern, Tilman (1995b): Der Dilemma-Diskurs. Ein Konzept zum Erkennen, Ertragen und Entwickeln von Werten im Geographieunterricht. – In: Geographie und Schule, H. 96, S. 17-27

Rhode-Jüchtern, Tilman (1996a): „Biophilie"- und „Cockpit"-Hypothesen – geographische Leseübungen zur Ökobilanz. – In: Geographie und ihre Didaktik, H. 2, S. 70-89

Rhode-Jüchtern, Tilman (1996b): Welt-Erkennen durch Perspektivenwechsel. – In: Praxis Geographie, H. 4, S. 4-9

Rhode-Jüchtern, Tilman (1996c): Den Raum lesen lernen. Perspektivenwechsel als geographisches Konzept. – München

Rhode-Jüchtern, Tilman (1996d): Die Stadt als „Narrativer Raum" – eine erkenntnistheoretische Handreichung. – In: Geographie und ihre Didaktik, H. 4, S.183-191

Rhode-Jüchtern, Tilman (2001): Perspektivenwechsel als Verstehenskultur – Über ein produktiv-konstruktives Konzept für die Geographie. – In: Internationale Schulbuchforschung, H. 4, S. 423-438

Rhode-Jüchtern, Timan (2004): Derselbe Himmel, verschiedene Horizonte. Zehn Werkstücke zu einer Geographiedidaktik der Unterscheidung (= Materialien zur Didaktik der Geographie und Wirtschaftskunde, Bd. 18) – Wien

Rhode-Jüchtern, Tilman; Hennings, Werner (1991): Katzentisch-Workshop zum Paradigmenwechsel „Geographie und Postmoderne". – In: Geographie und ihre Didaktik, H. 3, S. 129-140

Ribeiro, Sandra; Ferreira, Elisa (o. J.): Ciências da Terra e da Vida. 11.º ano. – Porto

Richert, Susanne; Schramke, Wolfgang (1984): Unterrichtseinheiten und Unterrichtsmaterialien im Fach Geographie 1971-1983. Quellenkunde, Bibliographie, Bezugshinweise, Annotationen. – Oldenburg

Richter, Dieter (1983): Zum Beitrag von J. Newig u.a. in GR 35 (1983) H. 1, S. 38. – In: Geographische Rundschau, H. 8, S. 408

Richter, Dieter (1993): Geographieunterricht als erdwissenschaftliches Zentrierungsfach. Leistung und Bedeutung. – In: Geographie und Schule, H. 84, S. 22-28

Richter, Dieter (1995): Das bildungspolitische Positionspapier des Schulgeographenverbandes in der Diskussion. – In: Praxis Geographie, H. 11, S. 45

Richter, Dieter (1999): 50 Jahre Verband Deutscher Schulgeographen nach der Wiedergründung – ein Rückblick. – Abgerufen unter: http://www.erdkunde.com/info/hamburg/ richter.htm, 18.07.2001

Richter, Dieter; Schultze, Arnold; Schrettenbrunner, Helmut (1971): Wege zu veränderten Bildungszielen im Schulfach „Erdkunde". Aufgaben und Möglichkeiten einer sozialwissenschaftlichen Geographie. Bericht über eine Tagung in Tutzing im Februar 1971. – In: Geographische Rundschau, H. 4, S. 146-151

Rinschede, Gisbert (2003): Geographiedidaktik. – Paderborn

Roberts, Margaret (2003): Learning Through Enquiry. Making Sense of Geography in the Key Stage 3 Classroom. – Sheffield

Robinsohn, Saul B. (1967): Bildungsreform als Revision des Curriculum. – Neuwied, Berlin

Robinsohn, Saul B. (1975): Vorwort. – In: Ders.: Bildungsreform als Revision des Curriculum. – Neuwied, Berlin, S. VII-XIX

Roeder, Peter M. (1997): Binnendifferenzierung im Schulalltag. Sichtweise von Berliner Gesamtschullehrern. – Pädagogik, H. 12, S. 12-15

Rösner, Ernst (1998): Hauptschule oder: von der Schule für „mehr als die Hälfte aller Kinder" zum „Sorgenkind im Schulwesen". – In: Pädagogik, H. 2, S. 46-51

Rössler, Theo (1970): Bericht von der Arbeitsgruppentagung in Neu Isenburg. – In: Geographische Rundschau, H. 4, S. 162 und 164

Rolff, Hans-Günter (1995): Autonomie als Gestaltungs-Aufgabe. Organisationspädagogische Perspektiven. – In: Daschner, Peter; Rolff, Hans-Günter; Stryck, Tom (Hrsg.): Schulautonomie – Chancen und Grenzen. Impulse für die Schulentwicklung. - Weinheim, München, S. 31-54

Roth, Gerhard (1997): Das Gehirn und seine Wirklichkeit. Kognitive Neurobiologie und ihre philosophischen Konsequenzen. – Frankfurt am Main

Rumpf, Horst (1998): Lernen, sich auf eine Sache einzulassen. – In: Marquardt-Mau, Brunhilde; Schreier, Helmut (Hrsg.): Grundlegende Bildung im Sachunterricht (= Probleme und Perspektiven der Sachunterrichts, Bd. 8) – Bad Heilbrunn, S. 82-95

Rumpf, Horst (2000): Über das Staunen und anfängliche Aufmerksamkeiten. - In: Rumpf, Horst; Kranich, Ernst-Michael (Hrsg.): Welche Art von Wissen braucht der Lehrer?. Ein Einspruch gegen landläufige Praxis. – Stuttgart, S. 13-39

Ruppert, Karl; Schaffer, Franz (1969): Zur Konzeption der Sozialgeographie. – In: Geographische Rundschau, 1969, S. 205-214; zitiert nach dem Abdruck in: Schultze, Arnold (Hrsg.): Dreissig Texte zur Didaktik der Geographie. – Braunschweig, 1976, S. 223-243

Ruppert, Rasso (1987): Klima und die Entstehung industrialisierter Volkswirtschaften. – In: Zeitschrift für Wirtschaftsgeographie, H. 1, S. 1-11

Schaller, Gerhard (2006): Schiffe versenken und Atlasregister verstanden. – In: Praxis Geographie, H. 1, S. 48

Schallhorn, Eberhard (2000): Der „Grundlehrplan Geographie". Ein Vorschlag des Verbandes Deutscher Schulgeographen. – In: geographie heute, H. 178, S. 42-43

Schallhorn, Eberhard (2004a) (Hrsg.): Erdkunde-Didaktik. Praxisbuch für die Sekundarstufe I und II. – Berlin

Schallhorn, Eberhard (2004b): PISA-Studie und Methoden im Geographieunterricht. - In: Ders. (Hrsg.): Erdkunde-Didaktik. Praxisbuch für die Sekundarstufe I und II. – Berlin, S. 155-162

Schamp, Eike W. (1983): Grundsätze der zeitgenössischen Wirtschaftsgeographie. – In: Geographische Rundschau, H. 2, S. 74-80

Schamp, Eike W. (2000): Vernetzte Produktion. Industriegeographie aus institutioneller Perspektive. – Darmstadt

Schamp, Eike W. (2003): Raum, Interaktion und Institution. Anmerkungen zu drei Grundperspektiven der deutschen Wirtschaftgeographie. – In: Zeitschrift für Wirtschaftsgeographie, H. 3-4, S. 145-158

Scheunpflug, Annette (2000): Lernen. Was passiert in den Gehirnen von Schülerinnen und Schülern? – In: Pädagogik, H. 2, S. 46-51

Scheunpflug, Annette (2001a): Biologische Grundlagen des Lernens. - Berlin

Scheunpflug, Annette (2001b): Evolutionäre Didaktik. Unterricht aus system- und evolutionstheoretischer Sicht. – Weinheim, Basel

Schildt, Axel (2001): Vor der Revolte: Die sechziger Jahre. – In: Aus Politik und Zeitgeschichte, B 22-23, S. 7-13

Schlieger, Helmut (2001): Fächerübergreifendes Unterrichtsprojekt Inuit Culture. – In: Der fremdsprachliche Unterricht Englisch, H. 6, S. 16-21

Schlömerkemper, Jörg (1999): Schulprogramm: Wünsche und Wirkungen. Ergebnisse einer Befragung. – In: Pädagogik, H. 11, S. 28-30

Schlottmann, Antje (2002): Globale Welt – Deutsches Land. Alltägliche globale und nationale Weltdeutungen in den Medien. – In: Praxis Geographie, H. 4, S. 28-34

Schmidbauer, Wolfgang (1991): Psychologie. Lexikon der Grundbegriffe. – Reinbek

Schmidt, Heinz (1988): Die Auseinandersetzung über den Beitrag von Newig über die Kulturerdteile aus der Sicht der Schulpraxis. – In: Geographische Rundschau, H. 1, S. 60

Schmidt, Holger (2004): Theorieimport in die Sozialgeographie. Eine Analyse und Interpretation von Texten und Interviews mit Helmut Klüter und Benno Werlen (= OSG-Materialien, Nr. 55) – Osnabrück

Schmidt-Wulffen, Wulf (1981): Brauchen wir Geographie als politische Bildung? Gedanken zu D. Rauchfuß: Geographie als politische Bildung, G. R. 33 / 1981, H. 1, S. 27-32. - unveröffentlichtes Manuskript

Schmidt-Wulffen, Wulf (1982): Allgemeine Geographie. - In: Jander, Lothar; Schramke, Wolfgang; Wenzel, Hans-Joachim (Hrsg.): Metzler Handbuch für den Geographieunterricht. Ein Leitfaden für Praxis und Ausbildung. – Stuttgart, S. 15-21

Schmidt-Wulffen, Wulf (1985a): Dürre- und Hungerkatastrophen in Schwarzafrika – Das Fallbeispiel Mali. - In: Geographische Zeitschrift, H. 1, S. 46-59

Schmidt-Wulffen, Wulf (1985b): Mali: Subsistenz- und Weltmarktproduktion in ihrer Bedeutung für die Entstehung der Dürre-Katastrophe 1969-73. Eine Fallstudie auf der Basis des Verflechtungsansatzes. – In: Zeitschrift für Wirtschaftsgeographie, H. 2, S. 97-106

Schmidt-Wulffen, Wulf (1988): Ernährungssicherung durch Marktwirtschaft? Das Beispiel Mali. – In: Geographische Zeitschrift, H. 1, S. 21-35

Schmidt-Wulffen, Wulf (1989): Begegnung mit Afrika. Natur – Wirtschaft – Soziale Welt im Spiegel afrikanischer und europäischer Stimmen. Ein Lernprogramm für Schule, Hochschule und Erwachsenenbildung (= Urbs et Regio, H. 53) – Kassel

Schmidt-Wulffen, Wulf (1990): Hunger und Umweltzerstörung von Bauern in Mali. – In: Geographie und Schule, H. 64, S. 20-26

Schmidt-Wulffen, Wulf (1991): Ernährungssicherung und technischer Fortschritt durch Marktliberalisierung? Zur Akzeptanz des freien Getreidemarktes durch Bauern in Mali. – In: Geographische Zeitschrift, H. 3, S. 168-180

Schmidt-Wulffen. Wulf (1992a): Umweltwahrnehmung afrikanischer Kleinbauern und europäischer Entwicklungsexperten – Handeln zwischen Fiktion und Realität. – In: Geographische Zeitschrift, H. 3, S. 160-173

Schmidt-Wulffen, Wulf (1992b): Ökologisches „Fehlverhalten" – Ökologische „Verantwortungslosigkeit"? Ghanesische Kleinbauern zwischen Existenzzwängen, Alltagswünschen und ökologischen Erfordernissen. – In: Praxis Geographie, H. 9, S. 11-14

Schmidt-Wulffen, Wulf (1993): Wer allein isst, stirbt auch allein. Afrikanische Entwicklungsbeispiele zwischen Marktzwängen und Solidarität. Eine unterrichtspraktische Erschließung von drei Entwicklungsbeispielen aus Ägypten, Burkina Faso und Ghana für die Sekundarstufe II (= Materialien zur Didaktik der Geographie und Wirtschaftskunde. Bd. 10) – Wien

Schmidt-Wulffen, Wulf (1994a): Kleinbauernförderung in Ghana: Wohin? Yams oder Mais? – In: Praxis Geographie, H. 2, S. 18-23

Schmidt-Wulffen, Wulf (1994b): „Schlüsselprobleme" als Grundlage zukünftigen Geographieunterrichts. – In: Praxis Geographie, H. 3, S. 13-15

Schmidt-Wulffen, Wulf (unter Mitarbeit von Michael Aepkers) (1996): Was interessiert Jugendliche an der „Dritten Welt"? – In: Praxis Geographie, H. 10, S. 50-53

Schmidt-Wulffen, Wulf (1997): Jugendliche und „Dritte Welt": Bewusstsein, Wissen und Interessen. – In: GW-Unterricht, H. 66, S. 11-20

Schmidt-Wulffen, Wulf (1998a): Schlüsselqualifikationen. Bildung für das Leben oder im Dienste der Wirtschaft? – In: Praxis Geographie, H. 4, S. 14-19

Schmidt-Wulffen, Wulf (1998b): Leben in Afrika – (k)ein Kinderspiel? Lebensverhältnisse und Visionen afrikanischer Jugendlicher. Ein Arrangement für einen interkulturellen Projektunterricht in der 5. bis 8. Schulstufe (= Materialien zur Didaktik der Geographie und Wirtschaftskunde, Bd. 14) – Wien

Schmidt-Wulffen, Wulf (1999a): Arbeitswelt und Schlüsselqualifikationsanforderungen für Jugendliche. Plädoyer für selbständiges Lernen. – In: Praxis Schule 5-10, H. 1, S. 6-9

Schmidt-Wulffen, Wulf (1999b): Schüler- und Alltagsweltorientierung im Erdkundeunterricht. – Gotha

Schmidt-Wulffen, Wulf (1999c): Wo ich lebe, zeigt dir, wie ich lebe! Das Leben in Ghana aus Sicht deutscher und ghanaischer Schüler. – In: Praxis Geographie, H. 3, S. 28-32

Schmidt-Wulffen (1999d): Die eigenen Fragen der Schüler aufspüren. – In: Praxis Schule, H. 1, S. 20-22

Schmidt-Wulffen (1999e): „Wie ich Afrika sehe". Zerrbilder und Korrekturversuche. – In: Praxis Geographie, H. 3, S. 9-12

Schmidt-Wulffen, Wulf (1999f): Im Käfig des Stoffkanons: Schlüsselprobleme und Schlüsselqualifikationen als Türöffner?. - In: Schmidt-Wulffen, Wulf-D.; Schramke, Wolfgang (Hrsg.): Zukunftsfähiger Erdkundeunterricht. Trittsteine für Unterricht und Ausbildung. – Gotha, S. 26-66

Schmidt-Wulffen, Wulf (1999g): Eine Welt und Dritte Welt: Länder oder Menschen? - In: Schmidt-Wulffen, Wulf-D.; Schramke, Wolfgang (Hrsg.): Zukunftsfähiger Erdkundeunterricht. Trittsteine für Unterricht und Ausbildung. – Gotha, S. 223-256

Schmidt-Wulffen, Wulf (2000a): Auseinandersetzung mit Wirklichkeitskonstruktionen. Das Unterrichtsbeispiel „Auto und Zukunft". – In: Praxis Geographie, H. 7-8, S. 44-47

Schmidt-Wulffen, Wulf (2000b): Ökologie gehört zur Erdkunde – aber zu welcher? – In: Die Erde, H. 4, S. 351-355

Schmidt-Wulffen, Wulf (2001a): Bilder über „Fremde". Wie deutsche und ghanaische Schüler einander und sich selbst sehen. – In: geographie heute, H. 190, S. 13-15

Schmidt-Wulffen, Wulf (Hrsg.) (2001b): Er(d)kunde! 5/6 Hauptschule Nordrhein-Westfalen. – Berlin

Schmidt-Wulffen, Wulf (Hrsg.) (2002a): Er(d)kunde! 7/8 Hauptschule Nordrhein-Westfalen. – Berlin

Schmidt-Wulffen, Wulf (2002b): PISA: Lesekompetenz im Erdkundeunterricht? – In: GW-Unterricht, H. 88, S. 40-47

Schmidt-Wulffen, Wulf (Hrsg.) (2003): Er(d)kunde! 9/10 Hauptschule Nordrhein-Westfalen. – Berlin

Schmidt-Wulffen, Wulf; Schramke, Wolfgang (1995): Aktion des Schulgeographenverbandes – Eine Offensive für den Geographieunterricht? – In: Praxis Geographie, H. 9, S. 44-45

Schmidt-Wulffen, Wulf; Vielhaber, Christian (1999): Braucht die Erdkunde den Raum? - In: Schmidt-Wulffen, Wulf-D.; Schramke, Wolfgang (Hrsg.): Zukunftsfähiger Erdkundeunterricht. Trittsteine für Unterricht und Ausbildung. – Gotha, S. 97-127

Schmithüsen, Friedrich (2002): Wandel des Erdkundeschulbuchs seit dem Kieler Geographentag. – Aachen

Schöller, Peter (1970): Eröffnung der Sitzung „Der Geograph – Ausbildung und Beruf". – In: Meckelein, Wolfgang; Bocherdt, Christoph (Hrsg.): Deutscher Geographentag Kiel 21. bis 26. Juli 1969. Tagungsberichte und wissenschaftliche Abhandlungen. – Wiesbaden, S. 175

Schöpke, Henning (2003): Erlebnisorientierter Geographieunterricht. Ein fachdidaktischer Beitrag zu verantwortlichem Handeln. – Donauwörth

Scholl, Ursula (1977): Frustriert die moderne Geographiedidaktik unsere Schüler und Lehrer? Eine Befragung über neue Schul-Erdkundebücher. – In: Geographie im Unterricht, H. 11, S. 343-352

Schoop, Birgit (1983): Zum Beitrag von J. Newig u.a. in GR 35 (1983) H. 1, S. 38. – In: Geographische Rundschau, H. 8, S. 407

Schramke, Wolfgang (1978a): Geographie als politische Bildung – Elemente eines didaktischen Konzepts. – In: Fichten, Wolfgang; Schramke, Wolfgang; Strassel, Jürgen (Hrsg.): Geographie als politische Bildung. Beiträge und Materialien für den Unterricht (= Geographische Hochschulmanuskripte, H. 6) – Göttingen, S. 9-43

Schramke, Wolfgang (1978b): Unterrichtseinheit: Wohnungsversorgung. – In: Fichten, Wolfgang; Schramke, Wolfgang; Strassel, Jürgen (Hrsg.): Geographie als politische Bildung. Beiträge und Materialien für den Unterricht (= Geographische Hochschulmanuskripte, H. 6) – Göttingen, S. 84-177

Schramke, Wolfgang (1981a): Nachträge und Forschungsfragen zur Geschichtsschreibung der bundesdeutschen Geographiedidaktik. Zugleich ein Beitrag zur Frage nach Erkenntnis, Interesse und politischer Verantwortung in der Geographie, ihrer Didaktik und beider Geschichtsaneignung. – In: Sperling, Walter (Hrsg.): Theorie und Geschichte des geographischen Unterrichts. 4. Geographiedidaktisches Symposium, Trier, 20. bis 23. Februar 1980. – Braunschweig, S. 185-202

Schramke, Wolfgang (1981b): Aufruf gegen das „Lager"-Denken und fachpolitische Bornierungen in der Geographiedidaktik. – unveröffentlichtes Manuskript

Schramke, Wolfgang (1982): Orientierungswissen / Topographie. – In: Jander, Lothar; Schramke, Wolfgang; Wenzel, Hans-Joachim (Hrsg.): Metzler Handbuch für den Geographieunterricht. Ein Leitfaden für Praxis und Ausbildung. – Stuttgart, S. 247-252

Schramke, Wolfgang (1983): Unterrichtseinheiten und Unterrichtsmaterialien im Fach Geographie 1970-1980. Quellenkunde, Bibliographie, Bezugshinweise, Annotationen. – Oldenburg

Schramke, Wolfgang (1986a): Heimwärts und schnell vergessen? Reform, „Wende" und neue heile Welt der Geographiedidaktik in der Bundesrepublik Deutschland. – In: Husa, Karl; Vielhaber, Christian; Wohlschlägl, Helmut (Hrsg.): Beiträge zur Didaktik der Geographie. Festschrift zum 60. Geburtstag von Ernest Troger, Band 2. – Wien, S. 113-128

Schramke, Wolfgang (1986b): Raumplanungs-Themen im Geographieunterricht – Als „Stoff" oder erfahrungs- und handlungsorientiert. – In: GW-Unterricht, H. 23, S. 160-169

Schramke, Wolfgang (1993a): Pluralisierung, Individualisierung – und Geographieunterricht? – In: Hasse, Jürgen; Isenberg, Wolfgang (Hrsg.): Vielperspektivischer Geographieunterricht (= Osnabrücker Studien zur Geographie, Bd. 13) – Osnabrück, S. 57-64

Schramke, Wolfgang (Hrsg.) (1993b): Der schriftliche Unterrichtsentwurf. Ein Leitfaden mit Lehrproben-Beispielen. Erdkunde; bearbeitet von W. Schramke und W. Storkebaum. – Hannover

Schramke, Wolfgang (1999a): Erdkunde: Der Zustand des Faches. Traditionelles Fachverständnis im gesellschaftlichen Gegenwind. – In: Schmidt-Wulffen, Wulf-D.;

Schramke, Wolfgang (Hrsg.): Zukunftsfähiger Erdkundeunterricht. Trittsteine für Unterricht und Ausbildung. – Gotha, S. 7-25

Schramke, Wolfgang (1999b): Erdkunde als politische Bildung heute – Orientierungshilfe bei der Suche nach der „Moral des eigenen Lebens". – In: Schmidt-Wulffen, Wulf-D.; Schramke, Wolfgang (Hrsg.): Zukunftsfähiger Erdkundeunterricht. Trittsteine für Unterricht und Ausbildung. – Gotha, S. 67-96

Schramke, Wolfgang (1999c): Concept Mapping. Schüler strukturieren ihr Wissen. – In: Praxis Geographie, H. 7-8, S. 18-23

Schramke, Wolfgang (1999d): Kulturerdteilgeographie: Weltsicht für Schüler? – In: Schmidt-Wulffen, Wulf-D.; Schramke, Wolfgang (Hrsg.): Zukunftsfähiger Erdkundeunterricht. Trittsteine für Unterricht und Ausbildung. – Gotha, S. 128-142

Schramke, Wolfgang (2000): Alle zu Wort kommen lassen – durch die Arbeit mit Bildkarteien. – In: GW-Unterricht, H. 79, S. 20-28

Schramke, Wolfgang (2002): Kreativitätstechniken im Geographieunterricht. – In: Praxis Geographie, H. 11, S. 4-8

Schramke, Wolfgang (2003): Bildkarteien. Kreative Arbeit mit Bildern im Geographieunterricht. – Abgerufen unter: http://www.geographiedidaktik.uni-bremen.de/bildkarteien.htm, 22.7.2003

Schramke, Wolfgang (2004): Lebenslauf. – Abgerufen unter: http://www.geographiedidaktik. uni-bremen.de/wolfgang-schramke.html, 2.11.2004

Schramke, Wolfgang (2005): Geographieunterricht nach PISA. – In: GW-Unterricht, H. 98, S. 39-46

Schramke, Wolfgang; Strassel, Jürgen (1982): Muster des Alltagsbewusstseins von Schülern zum Thema „Krieg". Friedenserziehung als Prinzip politischer Bildung im Geographieunterricht: Eine programmatische Skizze (= GHM Diskussionspapiere, Nr. 2) – Oldenburg

Schramke, Wolfgang; Uhlenwinkel, Anke (1999): Weltbilder als Inszenierungen – das Beispiel „Die Welt bei Nacht". – In: Praxis Geographie, H. 7-8, S. 10-12

Schramke, Wolfgang; Uhlenwinkel, Anke (2000): Zukunftsentwürfe im Geographieunterricht. – In: Praxis Geographie, H. 2, S. 4-8

Schramke, Wolfgang; Uhlenwinkel, Anke (2001a): Lesetagebuch „Oasen" – Texte konstruktiv verarbeiten im Geographieunterricht der Sekundarstufe II. – In: RAAbits, März, 23 S.

Schramke, Wolfgang; Uhlenwinkel, Anke (2001b): Kreative Einstiege im Geographieunterricht. – In: RAAbits, Dezember, 26 S.

Schramke, Wolfgang; Uhlenwinkel, Anke (2002): Geographiedidaktik in Deutschland: Personal, Probleme, Perspektiven. – In: Geographie und ihre Didaktik, H. 4, S. 189-218

Schramke, Wolfgang; Uhlenwinkel, Anke (2004): Eukalyptus in Portugal. Perspektivenwechsel im globalen ökologischen Dorf. – In: Praxis Geographie, H. 3, S. 27-31

Schrand, Hermann (1989): Zur Lage der Geographiedidaktik Ende der 80er Jahre. – In: Geographie und Schule, H. 57, S. 2-11

Schrand, Hermann (1999): Geographieunterricht im Spannungsfeld zwischen gesellschaftlichen Verwertungsinteressen, fachwissenschaftlichem Durchsetzungswillen und pädagogischer Verpflichtung. – In: Köck, Helmuth (Hrsg.): Geographieunterricht und

Gesellschaft. Vorträge des gleichnamigen Symposiums vom 12. – 15. Oktober 1998 in Landau. – Nürnberg, S. 111-121

Schratz, Michael; Iby, Manfred; Radnitzky, Edwin (2001): Qualitätsentwicklung mit Programm. – In: Kalb, Peter, E. (Hrsg.): Die Schule entwickeln. Auf dem Weg zur „guten" Schule. – Weinheim, Basel, S. 60-78

Schreiber, Jörg-Robert; Schuler, Stephan (2005): Wege Globalen Lernens unter dem Leitbild einer nachhaltigen Entwicklung. – In: Praxis Geographie, H. 4, S. 4-10

Schrettenbrunner, Helmut (1970a): Die Daseinsfunktion „Wohnen" als Thema des Geographieunterrichts. Ein Beitrag zur Neugestaltung der geographischen Unterrichtswerke. – In: Geographische Rundschau, H. 6, S. 299-235

Schrettenbrunner, Helmut (1970b): In der Gemeinschaft leben (= Westermannprogramm Sozialgeographie) – Braunschweig

Schrettenbrunner, Helmut (1971): Sich bilden (= Westermannprogramm Sozialgeographie) – Braunschweig

Schrettenbrunner, Helmut (1978a): Geographiedidaktik. – In: betrifft:erziehung, H. 4, S. 60-64

Schrettenbrunner, Helmut (1978b): Auswertungsphase 1979-1980. – In: RCFP-Informations-brief 3, S. 2

Schrettenbrunner, Helmut (1991): Tutorium Stadtgeographie. – Nürnberg

Schrettenbrunner, Helmut (1992): Atlas – Karte – Computer. – In: Geographie und Schule, H. 80, S. 23-31

Schrettenbrunner, Helmut (1994a): Die HGD-Programme für den Geographieunterricht. – In: Ders. (Hrsg.): Software für den Geographieunterricht (= Geographische Forschungen, Bd. 18) – Nürnberg, S. 3-6

Schrettenbrunner, Helmut (1994b): Wega über..... - In: Ders. (Hrsg.): Software für den Geographieunterricht (= Geographische Forschungen, Bd. 18) – Nürnberg, S. 81-94

Schrettenbrunner, Helmut (1994c): Stadtplanung Karberg. - In: Ders. (Hrsg.): Software für den Geographieunterricht (= Geographische Forschungen, Bd. 18) – Nürnberg, S. 7-18

Schrettenbrunner, Helmut (1994d): Standort City. - In: Ders. (Hrsg.): Software für den Geographieunterricht (= Geographische Forschungen, Bd. 18) – Nürnberg, S. 19-30

Schrettenbrunner, Helmut (1994e) Hunger in Afrika. - In: Ders. (Hrsg.): Software für den Geographieunterricht (= Geographische Forschungen, Bd. 18) – Nürnberg, S. 31-40

Schrettenbrunner, Helmut (1994f): Landwirtschaft im Sudan. - In: Ders. (Hrsg.): Software für den Geographieunterricht (= Geographische Forschungen, Bd. 18) – Nürnberg, S. 41-52

Schrettenbrunner, Helmut (1997): Individuelles Arbeiten mit Computer-Programmen. – In: Praxis Geographie, H. 12, S. 32-34

Schrettenbrunner, Helmut; Schleicher, Yvonne (2002a): Lernsoftware und komplexe Interaktivität. Erstellen individueller Unterrichtssoftware mit PowerPoint. – In: Praxis Geographie, H. 6, S. 24-27

Schrettenbrunner, Helmut; Schleicher, Yvonne (2002b): Räumliche Prozesse im Unterricht – Die Simulation als Arbeitsmethode. – In: Geographie und Schule, H. 140, S. 27-35

Schubert, Jan Christoph (2004): Vom „Entwicklungsländer-Unterricht" zum „entwicklungspolitischen Geographieunterricht" – Analyse des Wandels unter besonderer Berücksichtigung der Kontroverse Engelhard / Schmidt-Wulffen. – unveröffentlichtes Manuskript (Examensarbeit, Universität Bremen)

Schuler, Stephan (2001): Global lernen – E-Mail-Projekte im Geographieunterricht. – In: Praxis Geographie, H. 11, S. 23-28

Schuler, Stephan (2004): Alltagstheorien über den globalen Klimawandel. Eine empirische Untersuchung von Schülervorstellungen. – In: Praxis Geographie, H. 11, S. 42-43

Schultes, W. (1970a): Diskussionsbeitrag zur Sitzung „Der Geograph – Ausbildung und Beruf. – In: Meckelein, Wolfgang; Bocherdt, Christoph (Hrsg.): Deutscher Geographentag Kiel 21. bis 26. Juli 1969. Tagungsberichte und wissenschaftliche Abhandlungen. – Wiesbaden, S. 211-212

Schultes, W. (1970b): Diskussionsbeitrag zur Sitzung „Der Geograph – Ausbildung und Beruf. – In: Meckelein, Wolfgang; Bocherdt, Christoph (Hrsg.): Deutscher Geographentag Kiel 21. bis 26. Juli 1969. Tagungsberichte und wissenschaftliche Abhandlungen. – Wiesbaden, S. 224-225

Schultes, W. (1970c): Diskussionsbeitrag zur Sitzung „Der Geograph – Ausbildung und Beruf. – In: Meckelein, Wolfgang; Bocherdt, Christoph (Hrsg.): Deutscher Geographentag Kiel 21. bis 26. Juli 1969. Tagungsberichte und wissenschaftliche Abhandlungen. – Wiesbaden, S. 232

Schultz, Hans-Dietrich (1980): Die deutschsprachige Geographie von 1800 bis 1970. Ein Beitrag zur Geschichte ihrer Methodologie (= Abhandlungen des geographischen Instituts –Anthropogeographie, Bd. 29) - Berlin

Schultz, Hans-Dietrich (1989): Die Geographie als Bildungsfach im Kaiserreich – zugleich ein Beitrag zu ihrem Kampf um die preußische höhere Schule von 1870-1914 nebst dessen Vorgeschichte und teilweiser Berücksichtigung anderer deutscher Staaten (= Osnabrücker Studien zur Geographie, Bd. 10) - Osnabrück

Schultz, Hans-Dietrich (1993): „Mehr Geographie in die deutsche Schule!" Anpassungsstrategien eines Schlüsselfaches in historischer Rekonstruktion. – In: Geographie und Schule, H. 84, S. 4-14

Schultz, Hans-Dietrich (1996): Didaktische Petitessen zum Mensch-Umwelt-Problem im Kontext des geographischen Selbstverständnisses. Ein Plädoyer für geographische Bescheidenheit. – In: Zeitschrift für den Erdkundeunterricht, H. 2, S. 42- 47

Schultz, Hans-Dietrich (1997a): Mit oder gegen die Natur? Die Natur ist, was sie ist, und sonst gar nichts. – In: Zeitschrift für den Erdkundeunterricht, H. 7-8, S. 296-302

Schultz, Hans-Dietrich (1997b): Fachunterricht oder fächerübergreifender Unterricht? Anregungen zur Diskussion. – In: Zeitschrift für den Erdkundeunterricht, H. 10, S. 387-388

Schultz, Hans-Dietrich (1998): Herder und Ratzel: Zwei Extreme, ein Paradigma? – In: Erdkunde, H. 3, S. 127-143

Schultz, Hans-Dietrich (1999a): „Inwertsetzung", „Bewahrung" oder „erdgerechtes Verhalten"? Zur Leitbilddiskussion in der Geographiedidaktik. – In: Schmidt-Wulffen, Wulf-D.; Schramke, Wolfgang (Hrsg.): Zukunftsfähiger Erdkundeunterricht. Trittsteine für Unterricht und Ausbildung. – Gotha, S. 181-191

Schultz, Hans-Dietrich (1999b): Geographieunterricht und Gesellschaft. Kontinuitäten und Variationen am Beispiel der klassischen Länderkunde. – In: Köck, Helmuth (Hrsg.): Geographieunterricht und Gesellschaft. Vorträge des gleichnamigen Symposiums vom 12. – 15. Oktober 1998 in Landau. – Nürnberg, S. 35-47

Schultz, Hans-Dietrich (1999c): Einfach typisch! Zur Fiktion des Nationalcharakters. – In: Praxis Geographie, H. 7-8, S. 24-28

Schultz, Hans-Dietrich (2004a): Wie viel Vergangenheit braucht die Zukunft? Über Nutzen und Nachteil disziplinhistorischer Reflexionen für den Geographieunterricht. – In: Ortsauschuss des 29. Deutschen Schulgeographentages Berlin 2004 (Hrsg.): 29. Deutscher Schulgeographentag. Zwischen Kiez und Metropole – Zukunftsfähiges Berlin im neuen Europa (CD-ROM). – Berlin, S. 181-189

Schultz, Hans-Dietrich (2004b): Brauchen Geographielehrer Disziplingeschichte? – In: geographische revue, H. 2, S. 43-57

Schultz, Hans-Dietrich (2004c): Beruflicher Werdegang. – abgerufen unter: http://www.geographie.hu-berlin.de/di/leute/schultz.html, 2. 11. 2004

Schultze, Arnold (1956): Büppel. Die Geschichte eines stadtnahen Dorfes. – Rastede, 2. Aufl. 1997

Schultze, Arnold (1970a): Allgemeine Geographie statt Länderkunde! Zugleich eine Fortsetzung der Diskussion um den exemplarischen Erdkundeunterricht. – In: Geographische Rundschau, H. 1, S. 1-10

Schultze, Arnold (1970b): Kommentar zur Replik (von Birkenhauer) – In: Geographische Rundschau, H. 5, S. 204

Schultze, Arnold (Hrsg.) (1971a): Dreissig Texte zur Didaktik der Geographie. – Braunschweig

Schultze, Arnold (1971b): Einführung. – In: Ders. (Hrsg.): Dreissig Texte zur Didaktik der Geographie. – Braunschweig, S. 9-30

Schultze, Arnold (1972): Neue Inhalte, neue Methoden? Operationalisierung des Geographischen Unterrichts. – In: Schöller, Peter; Liedtke, Herbert (Hrsg.): Deutscher Geographentag Erlangen-Nürnberg 1971. Tagungsbericht und wissenschaftliche Abhandlungen. – Wiesbaden, S. 193-201

Schultze, Arnold (Hrsg.) (1976a): 30 Texte zur Didaktik der Geographie. – Braunschweig

Schultze, Arnold (1976b): Einführung in die Geographiedidaktik. – In: Ders. (Hrsg.): 30 Texte zur Didaktik der Geographie. – Braunschweig, S. 9-45

Schultze, Arnold (1978): Zur Überwindung der Lernzielkrise. - In: Ernst, Eugen; Hoffmann, Günter (Hrsg.): Geographie für die Schule. Ein Lernbereich in der Diskussion. – Braunschweig, S. 84-91

Schultze, Arnold (1979a): Kritische Zeitgeschichte der Schulgeographie. – In: Geographische Rundschau, H. 1, S. 2-9

Schultze, Arnold (1979b): Didaktische Innovationen. – In: Sedlacek, Peter (Hrsg.): Zur Situation der deutschen Geographie zehn Jahre nach Kiel (= Osnabrücker Studien zur Geographie, Bd. 2) – Osnabrück, S. 69-80

Schultze, Arnold (1988): Modelle im Geographieunterricht – zur Ergänzung des exemplarischen Ansatzes. – In: geographie heute, H. 58, S. 50-54

Schultze, Arnold (1994): Grafische und plastische Modelle im Erdkundeunterricht. – In: geographie heute, H. 122, S. 4-5

Schultze, Arnold (Hrsg.) (1996a): 40 Texte zur Didaktik der Geographie. – Gotha

Schultze, Arnold (1996b): Wege in die Geographiedidaktik. Einführung in die 40 Texte. – In: Ders. (Hrsg.): 40 Texte zur Didaktik der Geographie. – Gotha, S. 11-67

Schultze, Arnold (1998): Geographiedidaktik kontrovers. Konzepte und Fronten innerhalb des Faches. – In: Praxis Geographie, H. 4, S. 8-13

Schultze, Arnold (2001): Kurzbiographie und Veröffentlichungen. – Abgerufen unter: http://www.uni-lueneburg.de/fb3/geo/lehre/schultze.htm, 31.10.2001

Schultze, Arnold (2003a): Selektive Methoden und erschreckende Ergebnisse. Kommentar zum Artikel „Geographiedidaktik in Deutschland" von Wolfgang Schramke und Anke Uhlenwinkel. – In: Geographie und ihre Didaktik, H. 1, S. 22-26

Schultze, Arnold (2003b): „In Nacht und Eis". Eine Einführung in die Geographie der Polargebiete. – In: Praxis Geographie, H. 10, S. 4-10

Schultze, Arnold (2004): 90 Grad Nord. Zur Geschichte der Nordpol-Expeditionen. – In: geographie heute, H. 226, S. 24-29

Scoffham, Stephen (2000): Young Geographers. – In: Carter, Roger (Hrsg.): Handbook of Primary Geography. – Sheffield, S. 19-27

Scolnik, Hugo D. (2005): Una perspectiva histórica personal del Modelo Bariloche. - Abgerufen unter: http://www.idrc.ca/en/ev-84537-201-1-DO_TOPIC.html, 3. 11. 2005

Sedlacek, Peter (1979): Einleitung. - In: Ders. (Hrsg.): Zur Situation der deutschen Geographie zehn Jahre nach Kiel (= Osnabrücker Studien zur Geographie, Bd. 2) – Osnabrück, S. 7-9

Sedlacek, Peter (1980): Industrialisierung und Raumentwicklung. – Braunschweig

Seidl, Claudius (1994): Schrotthaufen der Geschichte. – In: Spiegel spezial, H. 2, S. 79-82

Shell Deutschland (Hrsg.) (2002): 50 Jahre Shell Jugendstudie. Von Fräuleinwundern bis zu neuen Machern. – o. O.

Sidwell, David (1996): Telling Stories From Our Lives. – Abgerufen unter: http://www.usu.edu/oralhist/tsfol.html, 14. 11. 2001

Sieverts, Thomas (2001): Zwischenstadt – zwischen Ort und Welt, Raum und Zeit, Stadt und Land. – Gütersloh, Berlin, Basel, Boston

Smeaton, Margaret (2000): Questioning Geography. – In: Carter, Roger (Hrsg.): Handbook of Primary Geography. – Sheffield, S. 15-17

Sokoll, Lena (2000): Angriff auf renommierte Projektschule Oberstufenkolleg. – abgerufen unter: http://www.wsws.org.de/2000/nov2000/os-n16.shtml, 2. 3. 2005

Sommer, Mona; Stöck, Kay (1998): Auswickeln, verwickeln, entwickeln. Zwischenbilanz nach einem Jahr – Der Weg zum Schulprogramm ist länger. – In: Pädagogik, H. 2, S. 20-23

Speake, Janet; Fox, Vivien (2002): Regenerating City Centres. – Sheffield

Sperling, Walter (1992): Nähe und Ferne – eine Frage des Maßstabs. Regionalgeographie und Maßstabstheorie. – In: geographie heute, H. 100, S. 63-69

Spielarchiv: Eskimemo. – Abgerufen unter: http://www.spielarchiv.de/spiel/e/eskimemo/eskimemo.htm, 15. 11. 2004

SSG (Seminar für Sozialwissenschaftliche Geographie der LMU) (2004a): Geschichte. - Abgerufen unter: http://www.geo.wiso.tu-muenchen.de/institut/geschichte/geschichte.html, 24.2.2004

SSG (Seminar für Sozialwissenschaftliche Geographie der LMU) (2004b): LIDOS-Recherche via WWW. – Abgerufen unter: http://www.geo.wiso.tu-muenchen.de/cgi-bin/lidosre-cherche/lidos_recherche.pl, 10. 5. 2004

Stadler, Irmgard (1995): Interesse an Tieren. Gleiche Interessen können verschieden sein. – In: Grundschule, H. 6, S. 30-31

Stary, Joachim (1997): Visualisieren. Ein Studien- und Praxisbuch. – Berlin

Stein, Christoph (2000): Die Zukunft unserer Städte als Unterrichtsthema. – In: Praxis Geographie, H. 11, S. 9-13

Stein, Werner (1993): Der große Kulturfahrplan. Die wichtigsten Daten der Weltgeschichte. Politik, Kunst, Religion, Wirtschaft. – München

Sternberg, Rolf (2004): Listen anerkannter Geographie-Zeitschriften. – In: Rundbrief Geographie, H. 186, S. 4-7

Stöber, Georg (1996): „Fremde Kulturen" und Geographieunterricht. – In: Internationale Schulbuchforschung, H. 2, S. 175-210

Stöber, Georg (2001): „Kulturerdteile", „Kulturräume" und die Problematik eines „räumlichen" Zugangs zum kulturellen Bereich. – In: Ders. (Hrsg.): „Fremde Kulturen" im Geographieunterricht. Analysen – Konzeptionen – Erfahrungen (= Studien zur internationalen Schulbuchforschung, Bd. 106) – Hannover, S. 138-155

Strassel, Jürgen (1978): Defizitanalyse und Handlungsorientierung als Gegenstand der Sachanalyse (am Beispiel des Themas Wohnversorgung). – In: Fichten, Wolfgang; Schramke, Wolfgang; Strassel, Jürgen (Hrsg.): Geographie als politische Bildung. Beiträge und Materialien für den Unterricht (= Geographische Hochschulmanuskripte, H. 6) – Göttingen, S. 71-83

SUUB (Staats- und Universitätsbibliothek Bremen) (2002): Online-Katalog der Staats- und Universitätsbibliothek Bremen. – Abgerufen unter: http://webopc.suub.uni-bremen.de/cgi-bin/nph-wwwredir/webops.suub.uni-bremen.de:4000/, 27.8.2002

Tatsch, Claudia (2000a): Schon Caesar ging hier baden. Reisen nach Italien und auf dem Mittelmeer. Ein Lernzirkel für Geographie und Geschichte. – In: Praxis Geographie, H. 7-8, S. 26-33

Tatsch, Claudia (2000b): Die ersten Schritte auf dem Weg in die eigene Unterrichtspraxis. – In: Seminar, H. 4, S. 30-44

Taubmann, Wolfgang (1983): Schreiben an Heinz W. Friese vom 31. 1. 1983

Taubmann, Wolfgang (1975): RCFP – Raumwissenschaftliches Curriculum-Forschungsprojekt des Zentralverbandes der Deutschen Geographen. Zweite Tagung von Lenkungsausschuss und regionalen Projektgruppen in Tutzing, 3.-7.3.1975. – In: Geographische Rundschau, H. 10, S. 433-435

Teachernet (2004): Teaching in England. – abgerufen unter: http://www.teachernet.gov.uk/ teachinginengland/detail.cfm?id=9, 1. 6. 2004

Tegeder, Gudrun (2004): Konsumenten im Netz der Möglichkeiten. Zum Einfluss des Internet auf den städtischen Einzelhandel. – In: Zeitschrift für Wirtschaftsgeographie, H. 2, S. 111-123

Tillmann, Klaus-Jürgen (1994): Nicht auf bessere Zeiten warten. – In: Friedrich Jahresheft, S. 4-5

Tillmann, Klaus-Jürgen (1997): Elvis, Ché und Fritz Herschenröder. Erinnerungen eines 50-Jährigen. – In: Schüler ´97. Stars – Idole – Vorbilder, S. 42-43

Thomä, Hartwig (1973): Die Wirtschafts- und Sozialstruktur der Oasen und ihr Wandel. Am Beispiel der Sahara. – Paderborn

Thöneböhn, Franz (1983): Zum Beitrag von J. Newig u.a. in GR 35 (1983) H. 1, S. 38. – In: Geographische Rundschau, H. 9, S. 476 und 478

Topsch, Wilhelm (2002): Die lern- / lehrtheoretische Didaktik. – In: Kiper, Hanna; Meyer, Hilbert; Topsch, Wilhelm: Einführung in die Schulpädagogik. – Berlin, S. 76-86

Trauth, Gerhard; Ihde, Gustav (1975): Curriculumrevision auch in der Ausbildung der Geographielehrer. – In: Geographische Rundschau, H. 11, S. 470-472

Treml, Alfred K. (1981): Erziehung und Evolution. Zur Kritik der Gesellschafts- und Erziehungstheorie von Niklas Luhmann. – In: Bildung und Erziehung, H. 4, S. 434-445

Tröger, Sabine (1987): „Die Erde ist ein Mosaik unterschiedlicher Kulturen" oder: die „Kulturerdteile" in der Schule. – In: Geographische Rundschau, H. 5, S. 278-282

Tröger, Sabine (1999a): Möglichkeiten und Bedingungen Globalen Lernens im Erdkundeunterricht – Eine handlungszentrierte Interpretation: Theoretische Hinführung, Teil 1. – In: GW-Unterricht, H. 75, S. 26-32

Tröger, Sabine (1999b): Möglichkeiten und Bedingungen Globalen Lernens im Erdkundeunterricht – Eine handlungszentrierte Interpretation: Thesen zu einer didaktischen Umsetzung, Teil 2. – In: GW-Unterricht, H. 76, S. 12-18

Tröger, Sabine (2002): Werte-„Vermittlung" im Zeichen globaler Vergesellschaftung. – In: geographie heute, H. 200, S. 34-37

Troll, Carl (1970): Diskussionsbeitrag zur Sitzung „Der Geograph – Ausbildung und Beruf. – In: Meckelein, Wolfgang; Bocherdt, Christoph (Hrsg.): Deutscher Geographentag Kiel 21. bis 26. Juli 1969. Tagungsberichte und wissenschaftliche Abhandlungen. – Wiesbaden, S. 230-232

Truesdell, Barbara (1999): Oral History techniques. How to Organize and Conduct Oral History Interviews. – Abgerufen unter: http://www.indiana.edu/~ohrc/pamph1.htm, 14. 11. 2001

Tutzing (1975) – Schlussdiskussionen. – In: Geipel, Robert, u.a. (Hrsg.): Das Raumwissenschaftliche Curriculum-Forschungsprojekt. Forschungskonzepte und Unterrichtsmodelle. Ergebnisse einer Tagung in Tutzing im März 1975 (= Der Erdkundeunterricht, Sonderheft 3) - Stuttgart, S. 106-111

Uellenberg, Klaus (1987): The Sixties. American Culture in a Decade of Change and Challenge.- Frankfurt

Uhlenwinkel, Anke (1993): Kein Armutszeugnis bitte. Zum „Schlüsselfach" Geographie. Zum Beitrag von H. Köck: Der Geographieunterricht – ein Schlüsselfach. Geographische Rundschau 1992 H. 3, S. 183-185. – In: Geographische Rundschau, H. 3, S. 198-200

Uhlenwinkel, Anke (1998): Zukunftsfähiges Wirtschaften – regional oder weltweit. – In: Praxis Geographie, H. 10, S. 26-30

Uhlenwinkel, Anke (1999): Topographie (und Begriffslernen) – mit dem Kopf durch die Wand? – In: Schmidt-Wulffen, Wulf; Schramke, Wolfgang (Hrsg.): Zukunftsfähiger Erdkundeunterricht. Trittsteine für Unterricht und Ausbildung. – Gotha, S. 286-309

Uhlenwinkel, Anke (2000a): Les Grands Projets. Ein Wochenplan zu den urbanen Entwürfen von Paris. – In: Praxis Geographie, H. 7-8, S. 8-13

Uhlenwinkel, Anke (2000b): Präsentationstechniken im Geographieunterricht. – In: RAAbits, Juni, 20 S.

Uhlenwinkel, Anke (2000c): Lernzirkel „Wasser". – In: RAAbits, September, 26 S.

Uhlenwinkel, Anke (2002): Freiarbeit im Geographieunterricht. Programm, Praxis, Perspektiven (Beilage: CD-ROM „Lernbuffet McDonald's") (= Bremer Beiträge zur Geographie und Raumplanung, H. 38) - Bremen

Uhlenwinkel, Anke (2003a): Lernzirkel: Landschaftsgürtel. – In: Praxis Geographie, H. 4, S. 4-43 (mit Ausnahme von S. 14-15, 22, 27-28 und 36-37)

Uhlenwinkel, Anke (2003b): Warum fressen Eisbären keine Pinguine? – In: Praxis Geographie, H. 10, S. 12-18

Uhlenwinkel, Anke (2003c): Nanooks Enkel – Wie leben Eskimos heute wirklich? Ein Wochenplan zum Leben der Inuit. – In: Praxis Geographie, H. 10, S. 31-38

Uhlenwinkel, Anke (2003d): Badlands contra Wattenmeer. Was ist anders an amerikanischen Nationalparks? – In: Praxis Geographie, H. 7-8, S. 29-36

Uhlenwinkel, Anke (2005a): Lernzirkel – ein oft genutztes ungenutztes Potenzial. – In: Praxis Geographie, H. 3, S. 48-49

Uhlenwinkel, Anke (2005b): PISA-Aufgaben sind anders. – In: Praxis Geographie, H. 9, S. 56-59

Uhlenwinkel, Anke; Wright, David R. (2000): Großbritannien jenseits des deutschen Schulbuchs. Eine E-mail-Diskussion zwischen Anke Uhlenwinkel und David R. Wright. – In: Praxis Geographie, H. 6, S. 4-7

Uhlenwinkel, Anke; Wright, David R. (2003): Researching textbooks: to see ourselves as others see us. – In: Teaching Geography, H. 3, S. 122-124

Uhlig, Harald (1970a): Diskussionsbeitrag zur Sitzung „Der Geograph – Ausbildung und Beruf. – In: Meckelein, Wolfgang; Bocherdt, Christoph (Hrsg.): Deutscher Geographentag Kiel 21. bis 26. Juli 1969. Tagungsberichte und wissenschaftliche Abhandlungen. – Wiesbaden, S. 213-215

Uhlig, Harald (1970b): Diskussionsbeitrag zur Sitzung „Der Geograph – Ausbildung und Beruf. – In: Meckelein, Wolfgang; Bocherdt, Christoph (Hrsg.): Deutscher Geographentag Kiel 21. bis 26. Juli 1969. Tagungsberichte und wissenschaftliche Abhandlungen. – Wiesbaden, S. 229

Universität Flensburg (2005): Stellenausschreibung „W3-Professur für Didaktik der Biologie – Mitweltbildung". – In: Die Zeit vom 12. 5. 2005

Unterbruner, Ulrike (1998): Zwischen Wunsch- und Albtraum. Jugendliche blicken in ihre Zukunft. - In: Friedrich-Jahresheft – Schüler '98, S.32-36

VDSG (Verband Deutscher Schulgeographen) (1970): Tagung der Arbeitsgruppen des Verbandes Deutscher Schulgeographen. – In: Geographische Rundschau, H. 8, S. 332-337

VDSG (Verband Deutscher Schulgeographen) (1975a): Empfehlungen zu Richtlinien und Lehrplänen für Geographie im Sekundarbereich I (Klassen 5-10). – In Geographische Rundschau, H. 8, S. 350-358

VDSG (Verband Deutscher Schulgeographen) (1975b): Vorschlag für einen Studienplan zur Ausbildung von Geographielehrern für die Sekundarstufe I und II. – In: Geographische Rundschau, H. 11, S. 472-479

VDSG (Verband Deutscher Schulgeographen) (1994): Geographische Bildung und Umwelterziehung – eine Forderung unserer Zeit. Ein bildungspolitisches Positionspapier zur Standortbestimmung des Geographieunterrichts in der Bundesrepublik Deutschland. – Hannover

VDSG (Verband Deutscher Schulgeographen) (1999): Grundlehrplan Geographie. Ein Vorschlag. – Bretten

Verbeek, Bernhard (1998): Anthropologie der Umweltzerstörung. – Darmstadt

Verbeek, Bernhard (2000): Kann Geoethik Sünde sein? – In: Die Erde, H. 4, S. 372-374

Vester, Frederic (1983): Ballungsgebiete in der Krise. Vom Verstehen und Planen menschlicher Lebensräume. – München

Vetter, F. (1970): Diskussionsbeitrag zur Sitzung „Der Geograph – Ausbildung und Beruf. – In: Meckelein, Wolfgang; Bocherdt, Christoph (Hrsg.): Deutscher Geographentag Kiel 21. bis 26. Juli 1969. Tagungsberichte und wissenschaftliche Abhandlungen. – Wiesbaden, S. 220

VGDH (Verband der Geographen an Deutschen Hochschulen) (Hrsg.) (2002): Wer ist wo? Geographinnen und Geographen an Universitäten, Hochschulen und Forschungseinrichtungen in Deutschland, Österreich und der Schweiz. – Bonn

Vielhaber, Christian (2000): Geschichten von Lebenswelten und Weltbildern – Tragfähige Erschließungsperspektiven für eine kritische Geographiedidaktik. – In: GW-Unterricht, H. 77, S. 44-51

Vielhaber, Christian (2003a): Räumliche Nähe ist keine Kategorie, wenn es um Wahrnehmung und Verständnis geht. – In: GW-Unterricht, H. 91, S. 2-12

Vielhaber, Christian (2003b): Rezension zu „Kestler, Franz (2002): Einführung in die Didaktik des Geographieunterrichts". – In: GW-Unterricht, H. 92, S. 104

Voland, Eckart (2000): Welche Werte? Ethik, Anthropologie und Naturschutz. – In: Philosophica naturalis, H. 1, S. 131-152

Voland, Eckart; Voland, Renate (2002): Erziehung in einer biologisch determinierten Welt. Herausforderung für die Theoriebildung einer evolutionären Pädagogik aus biologischer Perspektive. – In: Zeitschrift für Pädagogik, H. 5, S. 690-706

Volkers, Dietmar; Noth, Stephan (2000): Diagnose: Chronisches Beben. Unterrichtsbausteine zum Thema „Erdbeben". – In: geographie heute, H. 183, S. 16-21

Vorländer, Herwart (1990): Mündliches Erfragen von Geschichte. – In: Ders. (Hrsg.): Oral History. Mündlich erfragte Geschichte. – Göttingen, S. 7-28

Vorläufige Pläne Gesellschaftslehre Sekundarstufe I (1976). – In: Jüngst, Peter; Schultze-Göbel, Hans-Jörg; Wenzel, Hans-Joachim (Hrsg.) (1979): Verspielt die Geographie ihre Chance zur sozialwissenschaftlichen Neubesinnung? Stellungnahmen und Beiträge zu den hessischen Rahmenrichtlinien Gesellschaftslehre (= Urbs et Regio, H. 15) – Kassel, S. 14-17

Wagenschein, Martin (1956): Zum Begriff des exemplarischen Lernens. – In: Ders.: Verstehen lehren. – Weinheim, Basel, 1968, S. 7-39

Wagenschein, Martin (1965): Zum Problem des genetischen Lehrens. - In: Ders.: Verstehen lehren. – Weinheim, Basel, 1968, S. 55-94

Wagenschein, Martin (1966): Verdunkelndes Wissen?. – In: Ders.: Verstehen lehren. - Weinheim, Basel, 1999, S. 61-74

Wagenschein, Martin (1974): Entdeckung der Axiomatik. – In: Ders.: Verstehen lehren. - Weinheim, Basel, 1999, S. 125-158

Wagenschein, Martin (1983): Erinnerungen für morgen. Eine pädagogische Autobiographie. – Weinheim, Basel, 2002

Wagner, Horst-Günter (1975): Industrialisierung in Küstenräumen strukturschwacher Gebiete – Mezzogiorno. - In: Geipel, Robert, u.a. (Hrsg.): Das Raumwissenschaftliche Curriculum-Forschungsprojekt. Forschungskonzepte und Unterrichtsmodelle. Ergebnisse einer Tagung in Tutzing im März 1975 (= Der Erdkundeunterricht, Sonderheft. 3) - Stuttgart, S. 88-91

Wallrabenstein, Wulf (1991): Offene Schule – Offener Unterricht. – Reinbek

Wardenga, Ute (2002): Alte und neue Raumkonzepte für den Geographieunterricht. – In: geographie heute, H. 200, S. 8-11

Warkenthin, Stefanie (2004): Schriftlicher Unterrichtsentwurf zum Thema „Das Güterverkehrszentrum Bremen". – unveröffentlichtes Manuskript (Seminararbeit, Universität Bremen)

Weber, Jürgen (2001): Kleine Geschichte Deutschlands seit 1945. – München

Wehrt, Beke (1977): Soziale Bedingungen von Curriculumrevision – dargestellt am Beispiel des Raumwissenschaftlichen Curriculum-Forschungsprojekts. Schriftliche Hausarbeit im Rahmen der fachwissenschaftlichen Prüfung für das Lehramt an Gymnasien. – unveröffentlichtes Manuskript (Examensarbeit)

Weinbrenner, Peter (1998): Mit der Szenario-Technik Probleme erkennen. – In: Praxis Schule 5-10, H. 6, S. 14-18

Weischet, Wolfgang (1970): Diskussionsbeitrag zur Sitzung „Der Geograph – Ausbildung und Beruf. – In: Meckelein, Wolfgang; Bocherdt, Christoph (Hrsg.): Deutscher Geographentag Kiel 21. bis 26. Juli 1969. Tagungsberichte und wissenschaftliche Abhandlungen. – Wiesbaden, S. 216-217

Welzer, Harald (2005): Das kommunikative Gedächtnis. Eine Theorie der Erinnerung. - München

Wenzel, Hans-Joachim (1978): Der sozialgeographische Ansatz und seine methodisch-inhaltliche Ausformung im Unterrichtswerk „Welt und Umwelt" (Sek.1). - In: Poeschel, Hans-Claus; Stonjek, Diether (Hrsg.): Studien zur Didaktik der Geographie in Schule und Hochschule (= Osnabrücker Studien zur Geographie, Bd. 1) – Osnabrück, S. 185-217

Wenzel, Hans-Joachim (1982a): Sozialgeographie. – In: Jander, Lothar; Schramke, Wolfgang; Wenzel, Hans-Joachim (Hrsg.): Metzler Handbuch für den Geographieunterricht. Ein Leitfaden für Praxis und Ausbildung. – Stuttgart, S. 380-388

Wenzel, Hans-Joachim (1982b): Sozialgeographische Probleme im Unterricht. – In: Jander, Lothar; Schramke, Wolfgang; Wenzel, Hans-Joachim (Hrsg.): Metzler Handbuch für den Geographieunterricht. Ein Leitfaden für Praxis und Ausbildung. – Stuttgart, S. 389-395

Wenzel, Hans-Joachim u. a. (1983): Entwurf eines Schreibens an Heinz W. Friese vom 1. 3. 1983

Werlen, Benno (1997): Gesellschaft, Handlung und Raum. Grundlagen handlungstheoretischer Sozialgeographie. – Stuttgart

Werlen, Benno (2000a): Sozialgeographie. – Bern, Stuttgart, Wien

Werlen, Benno (2000b): Verschwindet die Ferne? Zur Zukunft der räumlichen Bedingungen. – In: Praxis Geographie, H. 2, S. 15-19

Werlen, Benno (2002): Handlungsorientierte Sozialgeographie. Eine neue geographische Ordnung der Dinge. – In: geographie heute, H. 200, S. 12-15

Werning, Rolf (1998): Konstruktivismus. Eine Anregung für die Pädagogik? – In: Pädagogik, H. 7-8, S. 39-41

Werning, Rolf; Kriwet, Ingeborg (1999): Problemlösendes Lernen. – In: Pädagogik, H. 10, S. 7-11

Wieditz, Heinrich (1988): Die bildungspolitische Wende in Hessen. – In: Pädagogik, H. 3, S. 58-60

Wierwille, Astrid (1998): Methode: Moderation. Hinweise zur Durchführung und Praxisbeispiele. – In: Friedrich Jahresheft, S. 76-81

Wiktorin, Dorothea; Rink, Claus 2002: Online-Datenbanken im Geographieunterricht. – In: Praxis Geographie, H. 6, S. 14-17

Wildt, Michael (1998): Ein konstruktivistischer Blick auf Mathematikunterricht. – In: Pädagogik, H. 7-8, S. 48-51

Wilhelmi, Volker (2000): Ökologie gehört zur Erdkunde – aber welche? Kritischer Kommentar. – In: Die Erde, H. 4, S. 379

Wilpert, Gero von (1979): Sachwörterbuch der Literatur. – Stuttgart

Witte, Erich H. (2002): Gruppe. – In: Endruweit, Günter; Trommsdorff, Gisela (Hrsg.): Wörterbuch der Soziologie. – Stuttgart, S. 203-209

Winkler, Carsten Michael (2004): Umwelterziehung im Geographieunterricht. Eine kritische Bestandsaufnahme der fachdidaktischen Diskussion im Rahmen der Werteerziehung. – In: Schultz, Hans-Dietrich (Hrsg.): Beiträge zur Didaktik der Geographie und zur Geschichte des Geographieunterrichts (= Arbeitsberichte des Geographischen Instituts der Humboldt-Universität zu Berlin, H. 92). – Berlin, S. 1-62

Wöhlke, Wilhelm (1970a): Diskussionsbeitrag zur Sitzung „Der Geograph – Ausbildung und Beruf. – In: Meckelein, Wolfgang; Bocherdt, Christoph (Hrsg.): Deutscher Geographentag Kiel 21. bis 26. Juli 1969. Tagungsberichte und wissenschaftliche Abhandlungen. – Wiesbaden, S. 209-211

Wöhlke, Wilhelm (1970b): Diskussionsbeitrag zur Sitzung „Der Geograph – Ausbildung und Beruf. – In: Meckelein, Wolfgang; Bocherdt, Christoph (Hrsg.): Deutscher Geographentag Kiel 21. bis 26. Juli 1969. Tagungsberichte und wissenschaftliche Abhandlungen. – Wiesbaden, S. 227-228

Wollnik, Carmen (1999): Das Konzept der Kulturerdteile im heutigen Erdkundeunterricht – exemplarisch untersucht am „Folienband Orient". - unveröffentlichtes Manuskript (Examensarbeit, Universität Bremen)

Wollnik, Carmen (2000): Perspektiven für die Umwelt. – In: Praxis Geographie, H. 2, S. 26-31

Wollnik, Carmen (2002): Mind Maps und Concept Maps. Orientierungskarten im Gedankendschungel. – In: Praxis Geographie, H. 11, S. 12-16

ZDF (2005): heute-journal vom 31. 3. 2005

Zehner, Klaus (2001): Stadtgeographie. – Gotha

Ziehe, Thomas (1991a): Zumutungen der Moderne. – In: Konkursbuch, H. 26, S. 35-62

Ziehe, Thomas (1991b): Von heute gesehen. – In: Ders.: Zeitvergleiche. Jugend in kulturellen Modernisierungen. – Weinheim, München, S. 53-60

Ziehe, Thomas (1996): Adieu 70er Jahre! Jugendliche und Schule in der zweiten Modernisierung. – In: Pädagogik, H.7-8, S. 35-39

Zickenheimer, G.-W. (1983): Zum Beitrag von J. Newig u.a. in GR 35 (1983) H. 1, S. 38. – In: Geographische Rundschau, H. 8, S. 407

Zinnecker, Jürgen (2001): Stadtkids. Kinderleben zwischen Straße und Schule. – Weinheim, München

ZVDG (Zentralverband der Deutschen Geographen) (Hrsg.) (1980): Basislehrplan „Geographie". Empfehlungen für die Sekundarstufe I. – Würzburg